科学出版社“十四五”普通高等教育本科规划教材

高等概率论

薄立军 编著

科学出版社

北 京

内 容 简 介

本书从Kolmogorov公理化体系出发，主要讲授高等概率论的基础概念和基本方法，分概率论、随机过程和鞅论三部分内容. 全书共十章，具体包括绪论、概率空间与随机变量、分布与积分、条件数学期望、随机变量列的收敛、特征函数及其应用、随机过程基础、鞅论基础、可选时定理的应用、随机点过程等. 本书在内容编排上由浅入深，在介绍理论知识之余配有相关实例，同时每章精心配制一定数量的练习和课后习题.

本书既可作为高等学校数学和统计学专业高年级本科生或研究生高等概率论课程的教材，也可作为金融数学、金融工程和管理科学与工程等专业研究生的基础课教材.

图书在版编目(CIP)数据

高等概率论 / 薄立军编著. —北京：科学出版社, 2023.6
科学出版社"十四五"普通高等教育本科规划教材
ISBN 978-7-03-075859-0

Ⅰ. ①高…　Ⅱ. ①薄…　Ⅲ. ①概率论-高等学校-教材　Ⅳ. ①O211

中国国家版本馆 CIP 数据核字(2023)第 108969 号

责任编辑：王胡权　李　萍　孙翠勤 / 责任校对：杨聪敏
责任印制：张　伟 / 封面设计：陈　敬

科学出版社 出版
北京东黄城根北街 16 号
邮政编码：100717
http://www.sciencep.com
北京建宏印刷有限公司 印刷
科学出版社发行　各地新华书店经销
*
2023 年 6 月第　一　版　开本：720×1000　1/16
2023 年12月第二次印刷　印张：24 1/4
字数：483 000

定价：98.00 元

(如有印装质量问题，我社负责调换)

前　　言

1933 年, 数学家 A. N. Kolmogorov 在其出版的奠基性著作《概率论的基本概念》中首次为概率论建立了以集合论和测度论为基础的严格公理化体系, 将概率论置于严格的测度论基础之上, 标志着现代概率论发展新纪元的开始. 现如今, 概率论与当今世界发展的联系愈加紧密, 在百年未有之大变局之中, 唯一可以确定的就是它的不确定性. 正如党的二十大报告指出: “我国发展进入战略机遇和风险挑战并存、不确定难预料因素增多的时期, 各种 ‘黑天鹅’、‘灰犀牛’ 事件随时可能发生.” 在不确定的世界中谋求发展, 必须从不确定中寻找确定性, 既要懂得市场大概率事件的正态分布, 又要拥有守正创新出奇招的逆向思维. 概率论为研究自然界、人类社会及科学技术过程中大量随机现象的统计规律性提供了理论基础, 在丰富对趋势性研判的同时, 增强对规律性的把握, 量化了不确定性现象中的随机性大小, 正逐渐成为推动高质量发展中最可信赖的力量.

本书内容是对高等学校数学系本科概率论课程内容的进一步提升, 是概率论方向研究生学习随机分析和随机微分方程等课程的先修基础课程. 因此, 本书可以作为高等学校数学和统计学专业高年级本科生或研究生高等概率论课程的教材, 也可作为金融数学、金融工程和管理科学与工程等专业的研究生基础课教材. 作为高等概率论的基础课程教材, 为了使读者更好地学习和理解本书内容, 这里特别强调读者除了要有本科概率论的基础外, 同时还需具备实分析和 Lebesgue 测度及积分理论的基本知识.

本书力争在内容编排上简洁明了、由浅入深; 在数学表述上推理清晰、逻辑严谨, 注重内容的可读性. 本书既系统详细地介绍了概率论和随机过程的相关概念和定理, 侧重数学思路的分析, 帮助学生掌握基本理论与方法, 夯实基础; 又配有一些实例, 旨在培养学生的数学应用意识, 增强其解决实际问题的能力. 同时为了便于学生进一步学习理解相关知识, 书中还配有一定数量的练习与课后习题. 练习题多为本书主要定理性质的补充, 配有完整的提示; 课后习题用来帮助学生加深对课本知识的理解, 提高其分析和解决问题的能力, 可根据实际需要选用.

本书是在广泛借鉴国内外高等概率论教材的基础上, 结合编者多年的授课讲义编写而成的. 本书在编写和出版过程中, 得到了西安电子科技大学数学与统计学院领导的支持, 科学出版社王胡权、李萍和孙翠勤编辑为本书的出版付出了辛勤的劳动, 在此一并表示感谢!

由于编者水平所限, 书中难免会有疏漏与不足之处, 恳请读者批评指正.

编　者

2023 年 3 月于西安

高等概率论思维导图

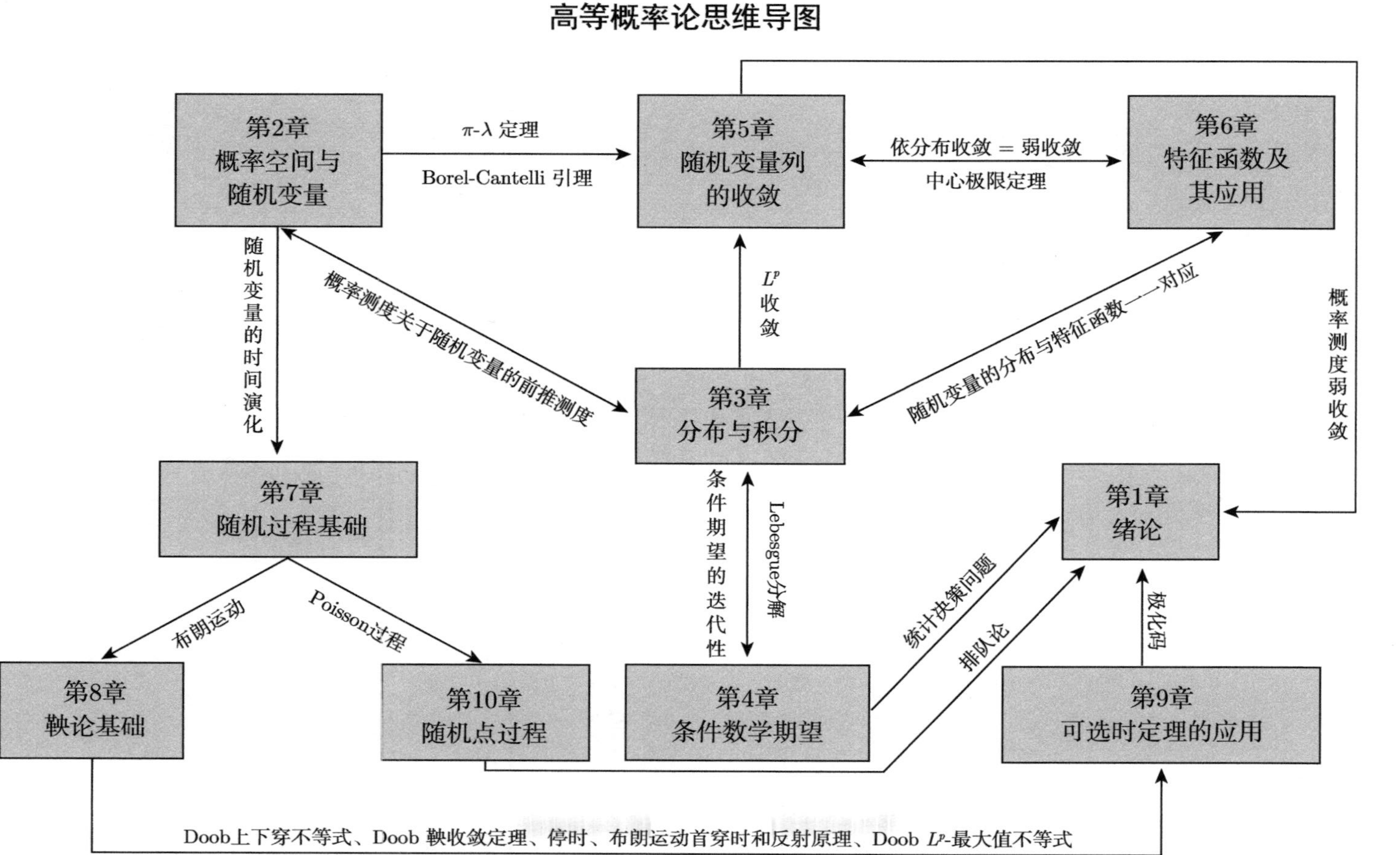
第2章
概率空间与
随机变量
π-λ 定理
Borel-Cantelli 引理
第5章
随机变量列
的收敛
依分布收敛 = 弱收敛
中心极限定理
第6章
特征函数及
其应用
随机变量的时间演化
概率测度关于随机变量的前推测度
L^p收敛
随机变量的分布与特征函数一一对应
概率测度弱收敛
第3章
分布与积分
第7章
随机过程基础
条件期望的迭代性
Lebesgue分解
第1章
绪论
布朗运动
Poisson过程
统计决策问题
排队论
极化码
第8章
鞅论基础
第10章
随机点过程
第4章
条件数学期望
第9章
可选时定理的应用
Doob上下穿不等式、Doob 鞅收敛定理、停时、布朗运动首穿时和反射原理、Doob L^p-最大值不等式

本书符号说明

$\mathbb{N}$	$\{1,2,\cdots,n,\cdots\}$
$\mathbb{N}^*$	$\{0\}\cup\mathbb{N}$
$\mathbb{Z}$	整数全体
$\mathbb{R}$	实数全体
$\overline{\mathbb{R}}$	$\mathbb{R}\cup\{\pm\infty\}$
$\mathbb{R}_+$	正实数全体
$\mathbb{R}_+^0$	非负实数全体
$\mathbb{Q}$	有理数全体
$\mathbb{Q}_+$	正的有理数全体
$\mathbb{C}$	复数全体
i	虚数单位, 即 $\mathrm{i}=\sqrt{-1}$
$\mathbb{P}$	概率测度
$m(\cdot)$	Lebesgue 测度
$\mathbb{E}$	数学期望
$\varnothing$	空集 (不可能发生事件)
$\|a\|$	复数 a 的模, 如果 $a\in\mathbb{R}$, 则表示 a 的绝对值
$\\|x\\|$	向量 $x\in\mathbb{R}^d$ 的欧氏范数
$\|A\|$	方阵 A 的行列式
$\#A$	集合 A 的元素个数
$\overline{z}$	复数 $z\in\mathbb{C}$ 的共轭
$\mathrm{Re}(z)$	复数 $z\in\mathbb{C}$ 的实部
$\mathrm{Im}(z)$	复数 $z\in\mathbb{C}$ 的虚部
x^+	实数 x 的正部, 即 $x^+:=\max\{x,0\}$
x^-	实数 x 的负部, 即 $x^-:=\max\{-x,0\}$
$\wedge$	$x\wedge y=\min\{x,y\}$
$\vee$	$x\vee y=\max\{x,y\}$
$A^\top$	矩阵 A 的转置
A^*	矩阵 A 的共轭转置
$\{\mathrm{C}_n^i\}_{i=0}^n$	组合 $\mathrm{C}_n^i=\dfrac{n!}{i!(n-i)!}$

$\{\mathrm{P}_n^i\}_{i=0}^n$	排列 $\mathrm{P}_n^i = \dfrac{n!}{(n-i)!}$
$\mathbb{E}[X\|Y](\omega)$	条件数学期望
$a := b$	表示 b 被定义为 a
$\mathrm{Var}[X]$	随机变量 X 的方差
$1\!\!1_A$	关于集合 (事件) A 的示性函数
$\mathcal{P}(S)$	拓扑空间 S 上所有 Borel-概率测度的全体
$\mathcal{P}_p(S)$	拓扑空间 S 上所有具有 p-阶矩的 Borel-概率测度的全体
$\mu(f)$	积分 $\int f\mathrm{d}\mu$, 其中 $\mu \in \mathcal{P}(S)$
a.e.	几乎处处, 即以概率 1 成立或不成立的测度为零
$\mathrm{Poisson}(\delta)$	参数为 $\delta > 0$ 的 Poisson 分布, $p_n = \dfrac{\delta^n}{n!}e^{-\delta}$, $n \in \mathbb{N}^*$
$\mathrm{Exp}(\delta)$	参数为 $\delta > 0$ 的指数分布, $p(x) = \delta e^{-\delta x} 1\!\!1_{x>0}$
$\mathrm{Gam}(\alpha, \beta)$	参数为 $(\alpha, \beta) \in \mathbb{R}_+^2$ 的 Γ-分布, $p(x) = \dfrac{\lambda^\alpha}{\Gamma(\alpha)} x^{\alpha-1} e^{-\lambda x} 1\!\!1_{x>0}$, $\Gamma(\alpha) = \int_0^\infty x^{\alpha-1} e^{-x} \mathrm{d}x$
$\chi^2(n)$	自由度为 $n \in \mathbb{N}$ 的 χ^2-分布, $\chi^2(n) = \mathrm{Gam}\left(\dfrac{n}{2}, \dfrac{1}{2}\right)$
$\mathrm{Er}(n, \delta)$	参数为 $(n, \delta) \in \mathbb{N} \times \mathbb{R}_+$ 的 Erlang-分布, $\mathrm{Er}(n, \delta) = \mathrm{Gam}(n, \delta)$
$\mathrm{Be}(\alpha, \beta)$	参数为 $(\alpha, \beta) \in \mathbb{R}_+^2$ 的 β-分布, $p(x) = \dfrac{\Gamma(\alpha+\beta)}{\Gamma(\alpha)\Gamma(\beta)} x^{\alpha-1}(1-x)^{\beta-1} 1\!\!1_{x\in(0,1)}$

目　录

第 1 章 绪　论

"人的伟大在于他思想的力量." (Blaise Pascal)

概率论的研究对象是随机事件的不确定性及其数量规律. 概率论起源于 17 世纪中叶的欧洲, 1654 年, 法国天才数学家 Blaise Pascal (1623—1662) 与法国律师和业余数学家 Pierre de Fermat (1601—1665) 在信件中讨论的分赌注问题则为概率论中数学期望概念的雏形. 之后, 数学家 Jacob Bernoulli (1654—1705) 在理论上证明了频率趋于概率的事实. 1812 年, 法国数学家和物理学家 Pierre-Simon Laplace (1749—1827) 在其《概率的分析理论》一书中系统地给出了"古典概型"的定义. 1900 年, 德国数学家 David Hilbert (1862—1943) 在法国巴黎举办的第二届国际数学家大会上受邀作了题为《数学问题》的著名讲演, 并提出了 23 个公开问题 (这 23 个问题通称 Hilbert 问题, 包括至今未解决的 Riemann 猜想). Hilbert 第六问题特别指出, 借助公理来研究那些在其中数学起重要作用的物理科学, 首先是概率论和力学. 随后法国数学家 Jules Henri Poincaré (1854—1912) 和法国数学家 Emile Borel (1871—1956) 等都对概率论的公理化体系的建立做出了努力, 但都未成功. 1933 年, 数学家 A. N. Kolmogorov (1903—1987) 在其出版的奠基性著作《概率论的基本概念》中首次为概率论建立了以集合论和测度论为基础的严格公理化体系, 将概率论置于严格的测度论基础之上, 从而解决了 Hilbert 第六问题的概率部分. 自此, 概率论逐渐成为一门独立的数学分支, Kolmogorov 创立的概率论公理体系, 影响巨大, 堪称概率理论的欧几里得几何公理体系, 标志着概率论发展新纪元的开始.

我们接下来通过引入几个具体的实例来说明如何用概率语言描述和建模实际问题, 其中引申出来的相关的概率概念和定理将在本书后续章节中作详细介绍.

1.1 统计决策问题

统计决策问题用概率语言可表述如下: 设 $(\Omega, \mathcal{F}, \mathbb{P})$ 为一个概率空间, 已知在该概率空间下 (X, Y) 是一个随机向量, 其中 X 表示随机输入 (这里假设 X 是一个 $\mathbb{R}^n$-值随机变量), 而 Y 表示随机输出 (这里假设 Y 是一个实值随机变量). 统计决策问题的本质是试图找到一个可测函数 $f: \mathbb{R}^n \to \mathbb{R}$ 使 $f(X)$ 在某种意义下

可以预测 (逼近) 输出 Y (参见图 1.1, 其中 $n=1$). 为此, 这需要考虑一个所谓的损失函数 $L:\mathbb{R}^2\to\mathbb{R}$ 来度量平均的预测损失. 于是, 我们期望找到一个可测函数使该平均预测损失达到最小. 这就产生了如下更具体的数学问题:

$$\inf_{f\in\mathcal{B}(\mathbb{R}^n\to\mathbb{R})}\mathbb{E}[L(Y,f(X))], \tag{1.1}$$

其中 $\mathcal{B}(\mathbb{R}^n\to\mathbb{R})$ 表示所有定义在 $\mathbb{R}^n$ 上的实值 Borel-函数的全体 (这里我们假设随机变量 $L(Y,f(X))$ 是可积的).

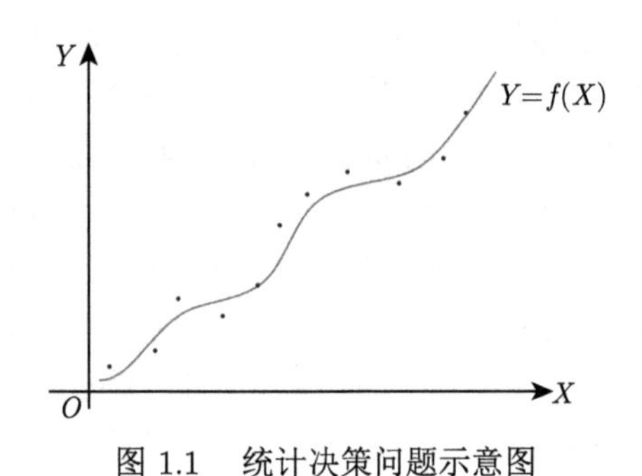

图 1.1 统计决策问题示意图

最为简单常用的损失函数为平方损失函数, 即 $L(Y,f(X))=|Y-f(X)|^2$. 于是, 问题 (1.2) 可重写为

$$\inf_{\xi\in L^2(\sigma(X))}\mathbb{E}[|Y-\xi|^2]. \tag{1.2}$$

根据第 4 章的条件数学期望理论 (参见 (4.54)), 我们事实上有

$$\inf_{\xi\in L^2(\sigma(X))}\mathbb{E}[|Y-\xi|^2]=\mathbb{E}[|Y-\xi^*|^2],\quad \xi^*=\mathbb{E}[Y|X],$$

其中 $\mathbb{E}[Y|X]$ 为在 X 已知的条件下 Y 的条件数学期望, 其定义请读者参见第 4 章. 形式上, 我们可以将问题 (1.2) 在平方损失函数下的最优逼近函数写为 $f^*(x)=\mathbb{E}[Y|X=x]$, 其也被称为回归函数. 然而, 在很多实际情况中, 这样的回归函数很难被解析刻画. 4.3 节则详细讨论了已知的输出数据 Y 关于输入数据 X 具有近似的线性关系的情况. 在这种情形下, 我们可以近似认为

$$f^*(x)\approx\alpha+x^\top\beta,$$

这里 $\alpha\in\mathbb{R},\beta\in\mathbb{R}^n$ 均为未知参数. 那么, 余下需要解决的问题就是在已知输入和输出样本数据的条件下估计参数 α,β. 主要的想法是应用最小二乘法, 其相关结果则为线性回归分析的理论基础 (具体细节请参见 4.3 节).

上面我们是通过应用概率模型来介绍如何研究统计决策问题的. 在平方损失的概率模型下, 关键点是刻画回归函数. 然而, 当已知的输出数据 Y 与输入数据 X 的线性关系并不明显时, 从函数逼近的角度, 我们可以通过建立一些易于实现的函数来逼近回归函数. 下面的定理 1.1 给出了这样逼近函数的形式 (即所谓的判别函数), 但前提是回归函数应为 $[0,1]^n$ 上的实值连续函数. 下面首先引入判别函数 (discriminant function) 的概念. 设 $C([0,1]^n)$ 是定义在 $[0,1]^n$ 上连续函数的全体, 而 $M([0,1]^n)$ 表示 $[0,1]^n$ 上有限符号正则 Borel-测度 (参见第 4 章中的定义 4.2) 的全体, 于是有如下关于判别函数的定义:

定义 1.1 (判别函数) 称一个可测函数 $\sigma:\mathbb{R}\to\mathbb{R}$ 为判别函数, 如果对某个 $\nu\in M([0,1]^n)$, 其满足

$$\int_{[0,1]^n}\sigma(w^\top x+b)\nu(\mathrm{d}x)=0,\forall w\in\mathbb{R}^n,\ b\in\mathbb{R}\Longrightarrow\nu=0. \tag{1.3}$$

函数逼近的主要结果陈述如下:

定理 1.1 设 $\sigma:\mathbb{R}\to\mathbb{R}$ 是连续的判别函数以及 $\mathcal{G}\subset C([0,1]^n)$ 为所有具有如下函数 $G(x)$ 形式的全体:

$$G(x)=\sum_{i=1}^{N}a_i\sigma(w_i^\top x+b),\quad a_i,b_i\in\mathbb{R},\ w_i\in\mathbb{R}^n,\ N\in\mathbb{N}, \tag{1.4}$$

那么函数类 $\mathcal{G}$ 在 $C([0,1]^n)$ 中是稠密的.

观察函数 $G(x)$ 的形式, 其本质是连续判别函数作用于线性函数后的加权平均. 如果用函数 $G(x)$ 逼近 $[0,1]^n$ 上的连续函数, 那么我们需要估计未知的权重因子 a_i,w_i 和偏移因子 b. 目前最为实用和流行的方法是通过神经网络对输入和输出样本进行训练得到对权重因子和偏移因子的某种最优估计. 本章的 1.4 节将以例子的形式介绍神经网络的工作机制, 在那里称函数 σ 为激活函数.

为了读者的方便, 我们这里给出定理 1.1 的证明. 读者也可略去下面的证明内容, 但并不影响对其他内容的阅读. 所需的工具是如下的 Hahn-Banach 定理的两个推论:

引理 1.1 设 S 是一个赋范线性空间. 则对任意非零 $x_0\in S$, 存在 S 上的一个有界线性泛函 L_0 (即 $L_0\in S^*$) 满足 $\|L_0\|=1$ 和 $L_0(x_0)=\|x_0\|$.

证 考虑一维子空间 $M=\mathrm{span}(x_0)=\mathbb{R}x_0$. 于是, 定义 M 上的线性泛函 $L_0(ax_0):=a\|x_0\|$, $a\in\mathbb{R}$ $(ax_0\in M)$. 显然 $\|L_0\|_{M^*}=1$. 那么, 由 Hahn-Banach 定理可将 L_0 从 M 拓展到 S. □

引理 1.2 设 S 是一个赋范线性空间以及 $M\subset S$ 是真闭线性子空间. 设

$x_0 \in S \setminus M$, 则存在 S 上的一个有界线性泛函 L (即 $L \in S^*$) 满足 $\|L\| = 1$, $M \subseteq \ker(L)$ 和 $L(x_0) = d(x_0, M)$.

证 考虑线性子空间 $M_1 := \mathrm{span}(M, x_0) = M + \mathbb{R}x_0$. 也就是, 对任意 $x \in M_1$, 存在 $a \in \mathbb{R}$ 和 $y \in M$ 使 $x = y + ax_0$. 那么, 我们在 M_1 上定义如下的线性泛函 L_1:

$$L_1(y + ax_0) := a.$$

因此 $\ker(L_1) = M$ 和 $L_1(x_0) = 1$. 进一步 $L_1^{-1}(\{1\}) = x_0 + M$. 此外, 我们还有

$$\|L_1\|_{M_1^*} = \frac{1}{d(0, x_0 + M)} = \frac{1}{d(x_0, M)}.$$

那么, 由 Hahn-Banach 定理可将 L_1 从 M_1 拓展到 S 上的有界线性泛函 L_2 满足 $\|L_2\|_{S^*} = \dfrac{1}{d(x_0, M)}$. 于是 $L := d(x_0, M)L_2$. □

定理 1.1 的证明 显然 $\mathcal{G}$ 是 $C([0,1]^n)$ 的一个线性子空间. 我们采用反证法, 为此假设 $\mathcal{G}$ 的闭包 $\bar{\mathcal{G}} \subsetneq C([0,1]^n)$. 由于 $\bar{\mathcal{G}}$ 是 $C([0,1]^n)$ 的闭真子空间, 则由引理 1.2 得到: 存在一个 $C([0,1]^n)$ 上的有界线性泛函 L 满足 $L \neq 0$ 和 $L(\bar{\mathcal{G}}) = L(\mathcal{G}) = 0$. 进一步, 由 Riesz 表示定理 (注意到 $[0,1]^n$ 是紧集): 存在 $\nu \in M([0,1]^n)$ 使得

$$L(f) = \int_{[0,1]^n} f(x)\nu(\mathrm{d}x), \quad \forall f \in C([0,1]^n).$$

特别地, 对任意 $w \in \mathbb{R}^n$ 和 $b \in \mathbb{R}$, 函数 $x \to \sigma(w^\top x + b)$ 属于 $\mathcal{G}$. 于是, 由 $L(\bar{\mathcal{G}}) = L(\mathcal{G}) = 0$ 得到

$$\int_{[0,1]^n} \sigma(w^\top x + b)\nu(\mathrm{d}x) = 0, \quad \forall w \in \mathbb{R}^n,\ b \in \mathbb{R}.$$

因为 $\sigma : \mathbb{R} \to \mathbb{R}$ 是一个判别函数, 故有 $\nu = 0$, 因此 $L = 0$, 这与 $L \neq 0$ 矛盾. □

1.2 极化码的香农极限

极化码是一种新型编码方式, 可以实现对称二进制输入离散无记忆信道 (B-DMC) 和二进制擦除信道 (BEC) 的容量代码构造方法. 极化码作为目前唯一在理论上可证明达到香农极限并且具有可实用的线性复杂编译码能力的信道编码技术, 成为通信系统 5G 中信道编码方案的主要候选方案. 极化码的概念和数学理论由土耳其数学家埃尔达尔 · 阿里坎 (Erdal Arikan) 在文献 [1] 中提出和实

现. 华为在极化码的基础上开发出 5G 通信技术后, 迎来了至关重要的 5G 标准投票.

在文献 [1] 中, 极化码的香农极限问题可归结为一个鞅收敛问题 (参见第 8 章). 设 $(\Omega, \mathcal{F}, \mathbb{P})$ 是一个概率空间. 该概率空间的三元对具体表述如下: 样本空间 $\Omega = \{\omega = (\omega_1, \cdots, \omega_n) \in \mathbb{R}^{\mathbb{N}};\ \omega_n \in \{0,1\},\ n \in \mathbb{N}\}$; 事件域 $\mathcal{F}$ 是由所有柱集 $C(a_1, \cdots, a_n) := \{\omega \in \Omega;\ \omega_n = a_n$, 其中 $a_i \in \{0,1\}$ 和 $i = 1, \cdots, n, n \in \mathbb{N}\}$ 生成的最小 σ-代数 (参见第 2 章), 而概率测度 $\mathbb{P} : \mathcal{F} \to [0,1]$ 满足 $\mathbb{P}(C(a_1, \cdots, a_n)) = 2^{-n}$, $\forall n \in \mathbb{N}$. 这里所考虑的信息流 (过滤) $\mathbb{F} = \{\mathcal{F}_n;\ n \geqslant 0\}$ 定义如下: $\mathcal{F}_0 = \{\varnothing, \Omega\}$ 和 $\mathcal{F}_n = \sigma(\{C(a_1, \cdots, a_i);\ i = 1, \cdots, n,\ a_1, \cdots, a_n \in \{0,1\}\})$, $\forall n \geqslant 1$. 显然 $\mathcal{F}_0 \subset \mathcal{F}_1 \subset \cdots \subset \mathcal{F}_n \subset \cdots \subset \mathcal{F}$. 在如上定义的过滤概率空间 $(\Omega, \mathcal{F}, \mathbb{F}, \mathbb{P})$ 上, 我们定义如下随机变量列: 设 $W, W_{\omega_1, \cdots, \omega_n}$, $n \geqslant 1$ $(\omega_1, \cdots, \omega_n \in \{0,1\})$ 为一列独立的随机变量. 随机变量 W 一般被称为一个基本的二进制输入离散无记忆信道 (B-DMC), 而随机变量列 $W_{\omega_1, \cdots, \omega_n}$, $n \geqslant 1$ 用来建立迭代通道的树过程 (参见文献 [1] 中的图 6). 那么, 对任意的 $\omega \in \Omega$ 和 $n \geqslant 1$, 定义:

$$B_n(\omega) := w_n, \quad K_n(\omega) := W_{\omega_1, \cdots, \omega_n}, \tag{1.5}$$

$$I_n(\omega) := I(K_n(\omega)), \quad Z_n(\omega) := Z(K_n(\omega)), \tag{1.6}$$

其中 $I(\cdot)$ 和 $Z(\cdot)$ 分别表示对称容量和巴氏变换 (参见文献 [1]). 对于 $n = 0$, 我们定义 $K_0 = W$, $I_0 = I(W)$ 和 $Z_0 = Z(W)$. 于是 $B = \{B_n;\ n \geqslant 0\}$, $I = \{I_n;\ n \geqslant 0\}$ 和 $Z = \{Z_n;\ n \geqslant 0\}$ 均为 $\mathbb{F}$-适应的离散时间随机过程 (参见第 7 章).

我们可以证明如下的结论 (参见文献 [1] 中的命题 8 和命题 9):

定理 1.2 对于上述定义的 $\mathbb{F}$-适应过程 $I = \{I_n;\ n \geqslant 0\}$ 和 $Z = \{Z_n;\ n \geqslant 0\}$, 则有

- 随机过程 $I = \{I_n;\ n \geqslant 0\}$ 是一个一致可积 (U.I.) $(\mathbb{P}, \mathbb{F})$-鞅. 进一步, 存在一个随机变量 I_∞ 使 $I_n \xrightarrow{\text{a.e.}} I_\infty$, $n \to \infty$, 并且 $\mathbb{E}[I_\infty] = \mathbb{E}[I_0]$.
- 随机过程 $Z = \{Z_n;\ n \geqslant 0\}$ 是一个一致可积 (U.I.) $(\mathbb{P}, \mathbb{F})$-上鞅. 进一步, 存在一个随机变量 Z_∞ 使 $Z_n \xrightarrow{\text{a.e.}} Z_\infty$, $n \to \infty$.

证明定理 1.2 的主要工具是第 8 章将要介绍的 Doob 鞅收敛定理和 5.2 节中的 Vitali 收敛定理 (定理 5.8).

1.3 排队论模型

排队论中经常使用斜线分隔的字符来表述常见类型的排队系统. 第一个字符表示队列的到达过程, 其中 M 表示无记忆, 即表示 Poisson 到达过程 (参见第 10

章); D 代表确定性, 其意味着顾客到达间隔是固定且非随机的; G 代表一般的到达间隔分布. 一般假设顾客的到达间隔为独立同分布的 (i.i.d.). 第二个字符用来描述服务过程, 其中用字母 M 表示指数服务时间分布. 第三个字符表示服务器的数量. 使用符号 M 时, 意味着服务时间为 i.i.d., 且与到达时间和使用的服务器无关. 考虑一个 $M/M/1$ 队列, 即具有 Poisson 到达的排队系统 (假设 Poisson 过程的参数为 $\delta > 0$) 和以服从指数分布 (假设参数为 $\mu > 0$) 的服务时间为到达顾客服务的单个服务器. 因此, 在服务器繁忙期间, 顾客根据一个参数为 $\mu > 0$ 的 Poisson 过程 (独立于顾客到达的 Poisson 过程) 离开系统.

根据上面解释的排队符号表示法, $M/G/\infty$ 队列表示具有 Poisson 到达、具有一般服务分布和无穷多个服务器的队列. 由于 $M/G/\infty$ 队列有无穷多个的服务器, 因此到达的顾客会立即接受服务, 而不用排队等候. 每个到达的顾客都立即开始由某个服务器提供服务. 对任意 $i \in \mathbb{N}$, 顾客 i 的服务时间 ξ_i 是 i.i.d.. 这里假设 ξ_i 的分布函数为 $G(t), t > 0$. 服务时间指的是从服务开始到完成的时间间隔且独立于顾客的到达时间. 我们想求出在给定的时间 T 被服务的顾客数量的分布函数. 假设顾客到达的计数过程服从参数为 $\delta > 0$ 的 Poisson 过程. 考虑那些在某个固定时刻 T 仍在接受服务的顾客的到达时间. 在任意小的时间区间 $(t, t+h]$, 根据第 10 章中的引理 10.2, 到达一个顾客的概率为 $h\delta + o(h)$, 而到达多于 2 个 (包括 2 个) 的概率可以忽略不计 (即 $o(h)$). 于是, 顾客在 $(t, t+h]$ 内到达且在 $T > t$ 时仍在接受服务的概率为 $h\delta[1 - G(T-t)] + o(\delta)$.

考虑一个计数过程 $N^{(1)} = \{N_t^{(1)};\ t \in [0, T]\}$, 其中 $N_t^{(1)}$ 表示 0 到 $t > 0$ 之间顾客到达且在 T 时刻仍接受服务的数量 (图 1.2). 该计数过程具有独立增量性 (参见第 7 章中的定义 7.15). 因此 $N^{(1)}$ 是一个双随机 Poisson 过程, 且强度过程为 $\lambda_t = \delta[1 - G(T-t)], t \in [0, T]$ (注意到这里的强度过程是确定性的). 于是, 应用第 10 章中的 **Campbell 公式** (10.15) 得到: 在时刻 T 仍接受服务的到达顾客数的期望值为

$$m(T) = \delta \int_0^T [1 - G(T-t)]\mathrm{d}t = \delta \int_0^T [1 - G(t)]\mathrm{d}t. \tag{1.7}$$

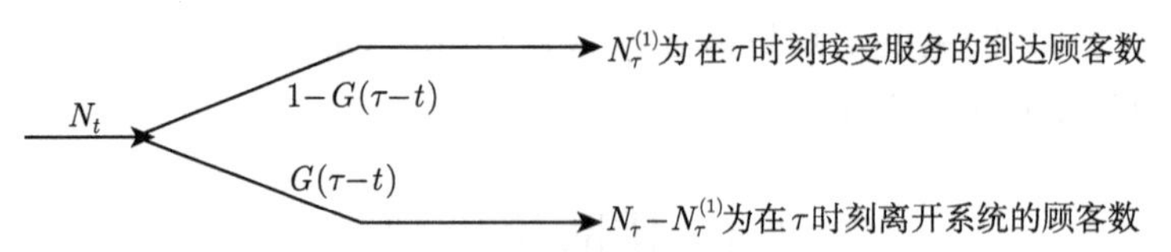

图 1.2 Poisson 过程 $N = \{N_t;\ t \geqslant 0\}$ 可以被考虑分解出一个以确定性过程为强度的双随机 Poisson 过程 (或称非齐次 Poisson 过程). 其可以视为一个在时刻 t 的顾客到达以概率 $1 - G(\tau - t)$ 被分解为一个在 τ 时刻仍在接受服务的顾客到达过程

于是, 我们有

$$\mathbb{P}\left(N_T^{(1)}=n\right)=\frac{m(T)^n}{n!}e^{-m(T)}. \tag{1.8}$$

根据 (1.7) 得到

$$\lim_{T\to\infty} m(T)=\delta\int_0^{\infty}[1-G(t)]\mathrm{d}t=\delta\mathbb{E}[\xi_i].$$

这意味着, 稳态下 ($T\to\infty$), 在时刻 T 接受服务的顾客数量的分布仅通过其期望值依赖于服务时间的分布. 例如, 考虑给定时间点接到的电话问询的数量, 我们就可以假设新电话呼叫的到达计数过程建模为一个 Poisson 过程, 以及每个呼叫的接听时间独立于其他接听时间和呼叫的到达时间.

我们将在第 10 章详细介绍 Poisson 过程的定义、性质和概率解释, 同时引入更一般的诸如随机计数测度、非齐次 Poisson 过程和双随机 Poisson 过程等计数过程.

在本章的最后一节, 我们介绍一个更加复杂的概率模型, 该模型源于机器学习领域中神经网络对数据训练的工作机制.

1.4 神经网络的概率模型

本节用稍微长一点的篇幅来介绍关于神经网络的概率模型, 其提炼出来的数学问题本质是一个非凸优化问题. 我们通过引入已有文献所提出的松弛控制思想来简单介绍神经网络的工作机制. 这里所涉及的概率工具是第 5 章中介绍的概率测度的弱收敛和 Wasserstein 距离.

神经网络是机器学习领域中最重要的模型之一. 我们首先介绍神经网络的基本结构.

神经网络的结构 一个神经网络由输入层、隐含层和输出层组成, 每一层包含多个神经元 (图 1.3). 一个经典的神经元结构元素包含输入、权重、连接、求和器、激活函数和输出. 图 1.4 给出了经典神经元的工作过程, 通过图 1.4 可以得到: 设 $\sigma:\mathbb{R}\to\mathbb{R}$ 是一个激活函数, $x=(x_1,\cdots,x_d)$ 为 d 个输入, $w_{11},\cdots,w_{d1}$ 为对应的权重, 那么经典神经元的输出为

$$y=\sigma\left(\sum_{i=1}^d w_{i1}x_i\right). \tag{1.9}$$

在分类问题中, 输出 $y \in \{0,1\}$. 例如, 经典的 Rosenblatt 神经元 (或称感知器 (perceptron)) 中的激活函数为

$$\sigma(x) := \mathbb{1}_{x \geqslant -b}, \tag{1.10}$$

其中 b 被称为偏移 (bias). 注意到, Rosenblatt 激活函数并不是光滑的, 而经常用到的光滑激活函数是 Sigmoid 函数 (其图形即为 Logistic 曲线)

$$\sigma(x) := \frac{1}{1+e^{-x}}. \tag{1.11}$$

此外, 还有其他较为常用的激活函数:

- ReLU 函数: $\sigma(x) = x^+$, 即正部函数.
- Tanh 函数: $\sigma(x) = \tanh(x) = \dfrac{e^x - e^{-x}}{e^x + e^{-x}}$.

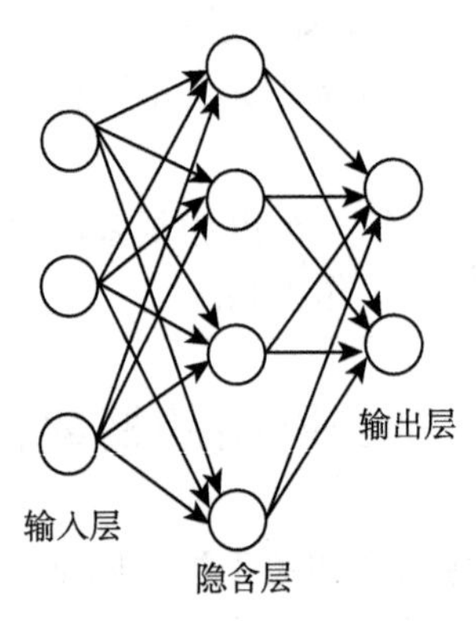

图 1.3　神经网络结构图

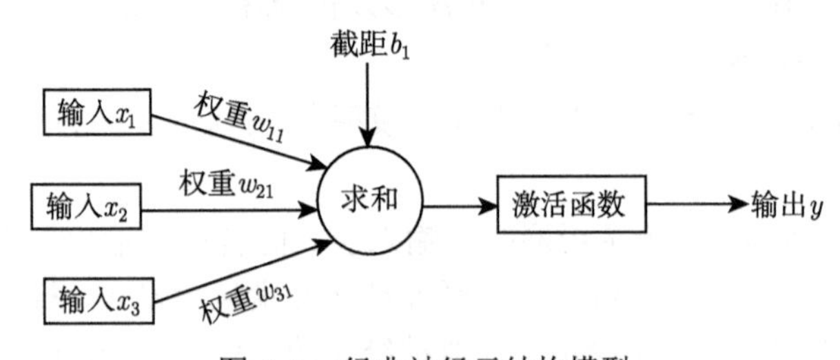

图 1.4　经典神经元结构模型

神经网络的训练　我们通过一个例子来介绍神经网络是如何训练工作的. 首先, 我们事先已知如下的元素:

(i) 设 $(X,Y) \in \mathbb{R}^d \times \mathbb{R}$ 为一个随机向量, 其联合分布为 $\mu \in \mathcal{P}(\mathbb{R}^d \times \mathbb{R})$ 且具有二阶矩, 但分布 μ 未知. 在监督式学习中, X 被称为特征向量 (feature vector),

而称 Y 为标记 (label). 例如, 医生要判断 CT (计算机断层扫描) 影像中的结节是否为癌变病灶 ("0" 表示未癌变, "1" 表示癌变), 那么影像所输出的量即为 X, 而 Y 即为实际的标记 0 或 1.

(ii) 神经网络只含有一个隐含层, 其中隐含层有 N 个神经元且每个神经元的激活函数取为相同的 $\sigma(x)$, 截距为 $b_i \in \mathbb{R}$, $x \in \mathbb{R}$, $i=1,\cdots,N$.

(iii) 对任意 $k=1,\cdots,d$, 第 k 个输入 X_k 对应的权重为 $w_k=(w_{k1},\cdots,w_{kN}) \in \mathbb{R}^N$.

(iv) 对任意 $i=1,\cdots,N$, 隐含层中第 i 个神经元对应输出的权重为 $a_i \in \mathbb{R}$.

图 1.5 为我们所考虑的两层神经网络结构图.

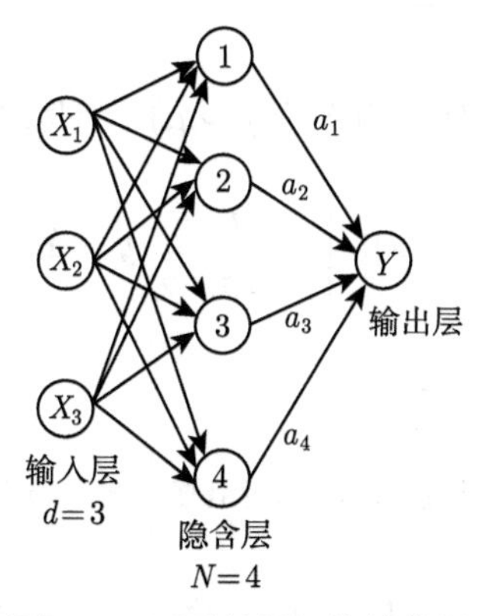

图 1.5 两层神经网络结构图

根据模型设定 (i)—(iv) 和图 1.5 所表述的结构, 我们有: 对任意的输入 $X=(X_1,\cdots,X_d)^\top \in \mathbb{R}^d$, 上述神经网络的输出为

$$Y=\sum_{i=1}^{N} a_i Y_i^h, \quad Y_i^h := \sigma\left([WX+b]_i\right), \quad i=1,\cdots,N,$$

其中 $W=(w_1^\top,\cdots,w_d^\top)_{N\times d}$ 和 $b=(b_1,\cdots,b_N)^\top$. 注意到, Y_i^h 表示隐含层中第 i 个神经元所得到的值. 我们也可以将上式写成如下统一的公式:

$$Y=\frac{1}{N}\sum_{i=1}^{N} a_i \sigma\left([WX+b]_i\right). \tag{1.12}$$

在实际情况中 N 往往很大, 这里用 $\frac{1}{N}$ 作为一个尺度缩放因子.

神经网络的监督训练的工作机制本质是通过对 (X,Y) 进行取样, 然后在最小

损失标准下来训练出最优的参数:

$$\theta=(\theta_1,\cdots,\theta_N),\quad \theta_i:=(a_i,b_i,W_i^r)\in\mathbb{R}^{2+d},\quad i=1,\cdots,N, \tag{1.13}$$

其中 W_i^r 表示权重矩阵 W 的 i 行. 为此, 对于 $(x,\theta_i)\in\mathbb{R}^d\times\mathbb{R}^{2+d}$, 定义

$$\hat{\sigma}(x;\theta_i):=a_i\sigma\left([WX+b]_i\right). \tag{1.14}$$

于是, 我们最终有如下基于参数 θ 和任意输入 X 的单隐含层神经网络的输出:

$$\hat{Y}(X;\theta):=\frac{1}{N}\sum_{i=1}^N\hat{\sigma}(X;\theta_i),\quad \theta=(\theta_1,\cdots,\theta_N). \tag{1.15}$$

对于输入 X, 其对应的标记为 Y $((X,Y)\sim\mu)$. 于是, 定义如下平均平方损失:

$$J_N(\theta):=\mathbb{E}\left[\left|Y-\hat{Y}(X;\theta)\right|^2\right]=\int_{\mathbb{R}^d\times\mathbb{R}}|y-\hat{Y}(x;\theta)|^2\mu(\mathrm{d}x,\mathrm{d}y). \tag{1.16}$$

神经网络的任务是找到 θ^* 满足

$$\begin{aligned}J_N(\theta^*)&:=\inf_\theta J_N(\theta)=\inf_\theta\mathbb{E}\left[\left|Y-\hat{Y}(X;\theta)\right|^2\right]\\&=\inf_\theta\int_{\mathbb{R}^d\times\mathbb{R}}|y-\hat{Y}(x;\theta)|^2\mu(\mathrm{d}x,\mathrm{d}y).\end{aligned} \tag{1.17}$$

神经网络的求解 上述优化问题 (1.17) 是一个非凸问题. 实际中, 人们经常采用随机梯度下降 (stochastic gradient descent, SGD) 法来近似求解:

$$\theta_i^{(k+1)}=\theta_i^{(k)}+2s_k(Y_k-\hat{Y}(X_k,\theta^{(k)}))\nabla_{\theta_i}\hat{\sigma}(X_k;\theta_i^{(k)}), \tag{1.18}$$

其中 $\theta^{(k)}=(\theta_i^{(k)})_{i=1}^N$ 表示第 k 次迭代, s_k 是选择的步长, $(x_k,y_k)\sim\mu$ 是第 k 次迭代选取的样本, ∇ 表示梯度算子. 注意到, 由 SGD 得到的 $\theta^{(k)}$ 并不能确保收敛到全局最优 θ^*, 有时其仅仅收敛到局部最小点.

文献 [14] 研究了当 N 趋于无穷时, 优化问题 (1.17) 和相应 SGD (1.18) 的极限问题. 文献 [14] 提出的关键研究思想是平均场 (mean field) 方法. 这里, 我们结合概率工具简要介绍这种方法. 首先将 (1.16) 中的目标函数写成如下的平均场形式:

$$J_N(\theta)=\mathbb{E}[|Y|^2]+\frac{1}{N}\sum_{i=1}^N F(\theta_i)+\frac{1}{N^2}\sum_{i,j=1}^N G(\theta_i,\theta_j).$$

由于 μ 是未知的, 根据大数定律 (在样本独立同分布的假设下), 我们认为

$$\frac{1}{n}\sum_{i=1}^{n}|Y^{(i)}|^2 \approx \mathbb{E}[|Y^2|],$$

其中 $(X^{(i)}, Y^{(i)}),\ i=1,\cdots,n$ 为总体 (X,Y) 的简单随机样本. 这里, 对于 $\theta_i, \theta_j \in \mathbb{R}^{2+d}$,

$$F(\theta_i) := -\mathbb{E}[2Y\hat{\sigma}(X;\theta_i)] = -2\int y\hat{\sigma}(x;\theta_i)\mu(\mathrm{d}x,\mathrm{d}y),$$

$$G(\theta_i,\theta_j) := \mathbb{E}[\hat{\sigma}(X;\theta_i)\hat{\sigma}(X;\theta_j)] = \int \hat{\sigma}(x;\theta_i)\hat{\sigma}(x;\theta_j)\mu(\mathrm{d}x,\mathrm{d}y).$$

定义经验测度:

$$\mu_N := \frac{1}{N}\sum_{i=1}^{N}\delta_{\theta_i} \in \mathcal{P}(\mathbb{R}^{3+2d}), \tag{1.19}$$

其中 δ_{θ_i} 表示关于 θ_i 的 Dirac-测度 (参见第 2 章). 于是, 我们得到

$$\begin{aligned} J_N(\mu_N) = \mathbb{E}[|Y|^2] + \mathbb{E}\left[\int F(\theta)\mu_N(\mathrm{d}\theta)\right] \\ + \mathbb{E}\left[\iint G(\theta_1,\theta_2)\mu_N(\mathrm{d}\theta_1)\mu_N(\mathrm{d}\theta_2)\right]. \end{aligned} \tag{1.20}$$

- **数学问题** 假设 $\mu_N \Longrightarrow \mu \in \mathcal{P}(\mathbb{R}^{3+2d})$①, $N\to\infty$ (其中 “$\Longrightarrow$” 表示概率测度的弱收敛, 参见 5.5 节), 如下的收敛是否会成立?

  $$J_N(\mu_N) \to J(\mu), \quad N\to\infty, \tag{1.21}$$

  其中

  $$J(\mu) := \mathbb{E}[|Y|^2] + \int F(\theta)\mu(\mathrm{d}\theta) + \iint G(\theta_1,\theta_2)\mu(\mathrm{d}\theta_1)\mu(\mathrm{d}\theta_2). \tag{1.22}$$

我们称此凸问题 $\inf_\mu J(\mu)$ 为非凸问题 (1.17) 的松弛控制问题 (relaxed control problem). 在某些合适的假设条件下, 文献 [14] 的命题 1 给出了如下逼近误差: $|\inf_\theta J_N(\theta) - \inf_\mu J(\mu)| \leqslant \dfrac{C}{N}$, 其中 $C>0$ 是独立于 N 的常数. 对于 (1.21) 的证明, 我们将在 5.5 节中介绍条件 $\mu_N \Longrightarrow \mu$, $N\to\infty$ 一般并不能确保其收敛. 其主

① 若 $\theta_i \to \theta_0$, $i\to\infty$, 则 $\mu = \delta_{\theta_0}$.

要原因是 F, G 一般并不是有界的. 然而, 注意到, 大部分激活函数都满足线性增长条件, 于是 F, G 满足平方增长条件 (参见 (1.14)). 5.8 节将介绍 Wasserstein 距离, 我们可以尝试证明 $\mu_N \to \mu$, $N \to \infty$ (在 W_2 中) (W_2 表示 2 阶 Wasserstein 距离, 参见 (5.121)). 特别地, 文献 [21] 中的第 7 章定理 7.12 给出了概率测度弱收敛和概率测度在 Wasserstein 距离下收敛的相互关系, 参见第 5 章中的定理 5.23. 文献 [21] 中的第 7 章定理 7.12 事实上提供了一种方法来证明收敛 (1.21). 例如, 对于 $p = 2$ 和 $E = \mathbb{R}^{2+d}$, 现在已知 $\mu_N \Longrightarrow \mu$, $N \to \infty$. 如果进一步假设:

$$\sup_{N \geqslant 1} \int_E |e|^p \mu_N(\mathrm{d}e) = \sup_{N \geqslant 1} \frac{1}{N} \sum_{i=1}^{N} |\theta_i|^p < +\infty, \tag{1.23}$$

那么, 我们可以证得收敛 (1.21) 成立. 待读者学习完第 5 章的知识点可对该问题有更深的理解.

第 2 章 概率空间与随机变量

"数学是一门赋予不同事物相同名称的艺术". (Jules Henri Poincaré)

本章从 Kolmogorov 概率论公理化出发, 重点介绍概率空间和随机变量的概念和各种性质. 本章的内容安排如下: 2.1 节介绍 σ-代数的概念; 2.2 节引入并证明集合和函数形式的 π-λ 定理; 2.3 节给出概率测度的定义和各种性质; 2.4 节证明两类 Borel-Cantelli 引理和 Kolmogorov 0-1 律; 2.5 节证明概率空间的完备化定理; 2.6 节讨论随机变量的定义和相关性质; 最后为本章的课后习题. 在本章中, Ω 为任意一个空间, 用其表示样本空间. 下面所有涉及的集合均假设为样本空间 Ω 的子集, 所有集类均为样本空间 Ω 中某些子集的全体.

2.1 σ-代数

为了引入事件域的公理化, 本节首先介绍代数的概念:

定义 2.1 (代数) 设 $\mathcal{A}$ 表示一个集类, 如果其满足如下性质:

(i) $\Omega \in \mathcal{A}$ (或用 $\varnothing \in \mathcal{A}$ 取代);

(ii) $A \in \mathcal{A} \Longrightarrow A^c \in \mathcal{A}$ (称为"补封闭");

(iii) $A_i \in \mathcal{A}$, $i = 1, \cdots, n \Longrightarrow \bigcup_{i=1}^n A_i \in \mathcal{A}$ (称为"有限并封闭"),

则称 $\mathcal{A}$ 为一个代数.

在代数学中, 如果定义 $\cap$ 为"$\times$"和对称差 Δ 为"$+$", 那么上面的代数 $\mathcal{A}$ 可以定义为代数学中的一个"代数". 这里对称差 Δ 定义如下 (对于此集合运算, 我们将在后面介绍概率空间的完备化时用到):

$$A\Delta B := A/B \cup B/A, \quad A, B \subset \Omega. \tag{2.1}$$

最为简单的代数例子为 $\mathcal{A} = \{\varnothing, \Omega\}$, 一般称其为平凡代数. 对任意的 $A \subset \Omega$, $\mathcal{A} = \{\varnothing, A, A^c, \Omega\}$ 也是一个代数. 由上面的条件 (ii) 和 (iii) 得到: 代数的有限交也是封闭的, 即 $A_i \in \mathcal{A}$, $i = 1, \cdots, n \Longrightarrow \bigcap_{i=1}^n A_i \in \mathcal{A}$. 如果将条件 (iii) 中的 n 换成 ∞, 那么代数将成为一个 σ-代数, 其定义如下:

定义 2.2 (σ-代数) 设 $\mathcal{F}$ 表示一集类, 如果其满足:

(i) $\Omega \in \mathcal{F}$ (或用 $\varnothing \in \mathcal{F}$ 取代);

(ii) $A\in\mathcal{F}\Longrightarrow A^{c}\in\mathcal{F}$;

(iii) $A_i\in\mathcal{F},\ i=1,2,\cdots\Longrightarrow\bigcup_{i=1}^{\infty}A_i\in\mathcal{F}$ (称为“可列并封闭”),

则称 $\mathcal{F}$ 为一个 σ-代数.

最为简单的 σ-代数例子同样为 $\mathcal{A}=\{\varnothing,\Omega\}$, 一般称其为平凡 σ-代数. 对任意的 $A\subset\Omega$, $\mathcal{A}=\{\varnothing,A,A^{c},\Omega\}$ 也是一个 σ-代数. 显然 2^{Ω} (即样本空间 Ω 中所有子集的全体) 是一个 σ-代数 (其为所有 σ-代数中最大的一个). 也就是, 对任意 σ-代数 $\mathcal{F}$, 我们有

$$\{\varnothing,\Omega\}\subset\mathcal{F}\subset 2^{\Omega}.$$

由上面的定义 2.2 中的条件 (ii) 和 (iii) 得到: σ-代数的可列交也是封闭的, 即 $A_i\in\mathcal{F},\ i=1,2,\cdots\Longrightarrow\bigcap_{i=1}^{\infty}A_i\in\mathcal{F}$. 由上面的定义 2.2, σ-代数一定是代数. 事实上, 假设 $\mathcal{F}$ 为 σ-代数和任意 n 个集合 $A_i\in\mathcal{F}$, $i=1,\cdots,n$, 取 $A_{n+1}=A_{n+2}=\cdots=\varnothing$. 由于 $\varnothing\in\mathcal{F}$, 故 $A_i\in\mathcal{F}$, $i=n+1,n+2,\cdots$. 于是 $\bigcup_{i=1}^{\infty}A_i\in\mathcal{F}$, 而 $\bigcup_{i=1}^{\infty}A_i=\bigcup_{i=1}^{n}A_i$, 因此 $\bigcup_{i=1}^{n}A_i\in\mathcal{F}$. 然而在一般情况下, 代数不一定是 σ-代数. 例如, 参见下面的反例: 设 $\Omega=(0,1]$. 定义下面的集类

$$\mathcal{A}:=\{(a_1,b_1]\cup\cdots\cup(a_n,b_n];\ 0\leqslant a_1<b_1<\cdots<a_n<b_n\leqslant 1,\ n\in\mathbb{N}^*\}. \tag{2.2}$$

记 $\bigcup_{i=1}^{0}(a_i,b_i]=\varnothing$. 那么 $\mathcal{A}$ 是一个代数, 但其并不是一个 σ-代数. 事实上, 我们只需注意到

$$\bigcup_{i=1}^{\infty}\left(0,\frac{i-1}{i}\right]=(0,1)\notin\mathcal{A}.$$

下面引入由集类所生成的 (最小) σ-代数的概念.

定义 2.3 设 $\{A_\alpha\}_{\alpha\in I}$ 为一族 Ω 子集 (这里 I 为一索引集合, 其可以为不可数的), 定义:

$$\sigma(\{A_\alpha\}_{\alpha\in I}):=\cap\left\{\mathcal{G}\subset 2^{\Omega};\ \mathcal{G}\text{ 是 }\sigma\text{-代数},\ A_\alpha\in\mathcal{G},\ \forall\alpha\in I\right\},$$

则称 $\sigma(\{A_\alpha\}_{\alpha\in I})$ 为由集类 $\{A_\alpha\}_{\alpha\in I}$ 所生成的 (最小) σ-代数.

如果 Ω 是一个拓扑空间, 则称 $\mathcal{B}_{\Omega}:=\sigma(\{\Omega\text{ 中所有开集}\})$ 为 Borel σ-代数, 以后称 Borel σ-代数中的元素为 **Borel-集**. 显然, 由 Borel-集的定义有: Borel-集包括开集、闭集、G_δ-集 (可列闭集的并) 和 F_σ-集 (可列开集交). 我们后面将经常用到 Borel σ-代数 $\mathcal{B}_{\mathbb{R}}$. 然而, 注意到 $\mathcal{B}_{\mathbb{R}}\subsetneq 2^{\mathbb{R}}$, 即并不是所有 $\mathbb{R}$ 中的子集都为 Borel-集 (对于反例, 读者可参见文献 [22]). 另一方面, 不同的集类可能会生成相同的 (最小) σ-代数, 见如下关于 $\mathcal{B}_{\mathbb{R}}$ 不同的等价表示的练习.

练习 2.1 证明如下关系成立:

$$\mathcal{B}_{\mathbb{R}} = \sigma(\{(a,b);\ a<b,\ a,b\in\mathbb{R}\}) = \sigma(\{[a,b];\ a<b,\ a,b\in\mathbb{R}\})$$
$$= \sigma(\{(a,b);\ a<b,\ a,b\in\mathbb{Q}\}) = \sigma(\{(-\infty,b];\ b\in\mathbb{R}\}).$$

提示 设 $\{A_\alpha\}_{\alpha\in I}$ 和 $\{B_\beta\}_{\beta\in J}$ 为一族 Ω 的子集 (这里 I,J 为一索引集合, 其可以为不可数的). 如果我们想要证明 $\sigma(\{A_\alpha\}_{\alpha\in I})=\sigma(\{B_\beta\}_{\beta\in J})$, 基本的想法是试图证明如下两个包含关系:

$$\{A_\alpha\}_{\alpha\in I}\subset\sigma(\{B_\beta\}_{\beta\in J}) \quad 和 \quad \{B_\beta\}_{\beta\in J}\subset\sigma(\{A_\alpha\}_{\alpha\in I}).$$

这样由生成 σ-代数的定义, 显然有

$$\sigma(\{A_\alpha\}_{\alpha\in I})\subset\sigma(\{B_\beta\}_{\beta\in J}) \quad 和 \quad \sigma(\{B_\beta\}_{\beta\in I})\subset\sigma(\{A_\alpha\}_{\alpha\in J}).$$

下面我们以证明 $\mathcal{B}_{\mathbb{R}}=\sigma(\{(a,b);\ a<b,\ a,b\in\mathbb{R}\})=\sigma(\{[a,b];\ a<b,\ a,b\in\mathbb{R}\})$ 为例来说明上面的方法. 事实上, 由于任意开区间是 Borel-集, 则 $\{(a,b);\ a<b,\ a,b\in\mathbb{R}\}\subset\mathcal{B}_{\mathbb{R}}$. 另一方面, 对任意 $\mathbb{R}$ 中的开区间 O, 则存在 (至多) 可列个互不相交的开区间 (我们把这些开区间的全体记为 $\mathcal{S}$) 满足

$$O=\bigcup_{(a,b)\in\mathcal{S}}(a,b).$$

由于 $\sigma(\{(a,b);\ a<b,\ a,b\in\mathbb{R}\})$ 为 σ-代数, 故可列 (或有限) 并是封闭的. 因此 $O\in\sigma(\{(a,b);\ a<b,\ a,b\in\mathbb{R}\})$, 即 $\{O;\ O\ 为开集\}\subset\sigma(\{(a,b);\ a<b,\ a,b\in\mathbb{R}\})$.

接下来证明 $\sigma(\{(a,b);\ a<b,\ a,b\in\mathbb{R}\})=\sigma(\{[a,b];\ a<b,\ a,b\in\mathbb{R}\})$. 事实上, 利用如下表示关系即可按照上面相似的思路证得该等式:

$$(a,b)=\bigcup_{n=1}^{\infty}\left[a+\frac{1}{n},b-\frac{1}{n}\right],\quad [a,b]=\bigcap_{n=1}^{\infty}\left(a-\frac{1}{n},b+\frac{1}{n}\right).$$ □

2.2 π-λ 定理

本节介绍著名的 π-λ 定理, 其将在后续章节学习中频繁用到. 该定理由 E. B. Dynkin (1924—2014) 首次证明, 因此也称该定理为 Dykin π-λ 定理. E. B. Dynkin 在概率和代数领域做出了杰出贡献, 特别是在李群、李代数和 Markov 过程领域成果卓著. 1954 年之后, 他转向了 Markov 过程及其与位势理论和偏微分方程的联系、最优控制 (最优停止与不完全数据控制) 和数理经济学 (不确定性下的经济增长和经济均衡) 的研究. Dynkin-图、Dynkin-类和 Dynkin-引理都是以他的名字命名的.

在介绍该定理之前, 我们首先分别引入 π-类和 λ-类的概念.

定义 2.4 (π-类)　设 $\mathcal{A}$ 为一个集类. 如果对任意 $A, B \in \mathcal{A}$ 满足 $A \cap B \in \mathcal{A}$, 则称 $\mathcal{A}$ 为一个 π-类.

显然, σ-代数和代数都是 π-类. 定义如下集类:

$$\mathcal{A} := \{(-\infty, x];\ x \in \mathbb{R}\},$$

则 $\mathcal{A}$ 为一个 π-类且满足 $\mathcal{B}_{\mathbb{R}} = \sigma(\mathcal{A})$, 但 $\mathcal{A}$ 不是代数和 σ-代数. 此外, 我们定义集类:

$$\mathcal{A} = \{\mathbb{R} \text{ 中任意开集 } O\},$$

则 $\mathcal{A}$ 为 π-类且满足 $\mathcal{B}_{\mathbb{R}} = \sigma(\mathcal{A})$, 但其不是代数和 σ-代数, 这是因为其对补运算并不是封闭的.

定义 2.5 (λ-类或 Dykin-类)　设 $\mathcal{L}$ 为一个集类. 如果其满足如下条件:

(a) $\Omega \in \mathcal{L}$;

(b) 对任意 $A, B \in \mathcal{L}$ 且 $A \subset B$, 则 $B \setminus A \in \mathcal{L}$;

(c) 对任意 $A_n \in \mathcal{L}$, $n \geqslant 1$ 且 $A_n \uparrow A := \bigcup_{n=1}^{\infty} A_n$, 则 $A \in \mathcal{L}$,

那么称 $\mathcal{L}$ 为一个 λ-类或 Dykin-类.

显然, σ-代数是 λ-类且 λ-类对补运算是封闭的. 事实上, 如果 $\mathcal{L}$ 为一个 λ-类, 那么对任意的 $A \in \mathcal{L}$ 和 $\Omega \in \mathcal{L}$, 由上面的条件 (b) 得到 $A^{\mathrm{c}} = \Omega \setminus A \in \mathcal{L}$. 因此, 这还意味着: 对任意 $A_n \in \mathcal{L}$, $n \geqslant 1$ 和 $A_n \downarrow A := \bigcap_{n=1}^{\infty} A_n$, 我们有 $A \in \mathcal{L}$.

练习 2.2　上面 λ-类的定义还等价于:

(a$'$) $\Omega \in \mathcal{L}$;

(b$'$) 对任意 $A \in \mathcal{L}$, 则 $A^{\mathrm{c}} \in \mathcal{L}$;

(c$'$) 对任意 $A_n \in \mathcal{L}$, $n \geqslant 1$ 和 $A_i \cap A_j = \varnothing$ $(i \neq j)$, 则 $\bigcup_{n=1}^{\infty} A_n \in \mathcal{L}$.

提示　首先假设集类 $\mathcal{L}$ 满足定义 2.5 中的条件 (a)—(c) (即 $\mathcal{L}$ 为一个 λ-类). 那么由 λ-类的性质有 (a$'$) 和 (b$'$) 成立. 下证 (c$'$). 事实上, 对任意 $A_n \in \mathcal{L}$, $n \geqslant 1$ 和 $A_i \cap A_j = \varnothing$ $(i \neq j)$, 则有 $A_i \subset A_j^{\mathrm{c}}$ $(i \neq j)$, 而由 λ-类对补运算封闭知 $A_j^{\mathrm{c}} \in \mathcal{L}$. 再由 (b) 得 $A_j^{\mathrm{c}} \setminus A_i \in \mathcal{L}$, 而 $A_j^{\mathrm{c}} \setminus A_i = (A_i \cup A_j)^{\mathrm{c}}$, 故 $(A_i \cup A_j)^{\mathrm{c}} \in \mathcal{L}$. 因此 $A_i \cup A_j \in \mathcal{L}$. 现在定义 $B_n = \bigcup_{i=1}^{n} A_i$, 因此 $B_n \in \mathcal{L}$, $n \geqslant 1$. 又注意到 $B_n \uparrow \bigcup_{i=1}^{\infty} A_i$, 那么由 (c) 得 $\bigcup_{i=1}^{\infty} A_i \in \mathcal{L}$. 这样证得 (c$'$) 成立.

下面假设集类 $\mathcal{L}$ 满足条件 (a$'$)—(c$'$). 设对任意固定的 $n \geqslant 2$, $A_i \in \mathcal{L}$, $i = 1, \cdots, n$ 和 $A_i \cap A_j = \varnothing$ $(i \neq j)$. 我们取 $A_i = \varnothing$, $i \geqslant n+1$. 由条件 (a$'$) 和 (b$'$) 知: $A_i = \varnothing \in \mathcal{L}$, $i \geqslant n+1$. 进一步, 对任意 $i, j \geqslant 1$ 和 $i \neq j$, $A_i \cap A_j = \varnothing$. 那么, 由条件 (c$'$) 得 $\bigcup_{i=1}^{n} A_i = \bigcup_{i=1}^{\infty} A_i \in \mathcal{L}$. 现对任意 $A, B \in \mathcal{L}$ 和 $A \subset B$, 则有 $A \cap B^{\mathrm{c}} = \varnothing$, 因此 $A \cup B^{\mathrm{c}} \in \mathcal{L}$. 再由条件 (b$'$) 得 $B \setminus A = (A \cup B^{\mathrm{c}})^{\mathrm{c}} \in \mathcal{L}$, 即 (b) 成立. 下面假设 $A_n \in \mathcal{L}$, $n \geqslant 1$ 和 $A_n \uparrow A := \bigcup_{n=1}^{\infty} A_n$, 则再由 (b) 知 A_1, $A_2 \setminus A_1, \cdots, A_{n+1} \setminus A_n, \cdots$ 是 $\mathcal{L}$ 中互不相交的集合且 $A = \bigcup_{n=0}^{\infty}(A_{n+1} \setminus A_n)$ (其中定义 $A_0 = \varnothing$). 于是, 由条件 (c$'$) 得到 $A = \bigcup_{n=0}^{\infty}(A_{n+1} \setminus A_n) \in \mathcal{L}$, 此即 (c) 成立. □

下面的定理给出了 σ-代数、π-类和 λ-类之间的关系:

定理 2.1 ($\sigma = \pi + \lambda$) 设 $\mathcal{F}$ 为一集类, 则 $\mathcal{F}$ 为 σ-代数当且仅当 $\mathcal{F}$ 既为 π-类又为 λ-类 (为方便记忆, 我们将该定理结果简记为 $\sigma = \pi + \lambda$).

证 由定义显然有 σ-代数既为 π-类又为 λ-类. 下面假设 $\mathcal{F}$ 既为 π-类又为 λ-类, 那么由 λ-类的定义得 $\Omega \in \mathcal{F}$ 且其对补运算是封闭的. 下面证明 $\mathcal{F}$ 是可列并封闭的. 事实上, 设 $A_n \in \mathcal{F}$, $n \geqslant 1$, 则定义 $B_n = \bigcup_{i=1}^n A_i$, 于是 $B_n \uparrow A = \bigcup_{n=1}^\infty A_n$. 如果我们能够证明: 对每一个 $n \geqslant 1$, $B_n \in \mathcal{F}$. 则由 λ-类的定义 (c) 得到 $A \in \mathcal{F}$, 因此 $\mathcal{F}$ 对可列并是封闭的. 由于 $A_n^{\mathrm{c}} \in \mathcal{F}$, 则由 $\mathcal{F}$ 为 π-类有 $\bigcap_{i=1}^n A_i^{\mathrm{c}} \in \mathcal{F}$. 又由于 $\mathcal{F}$ 为一个 λ-类, 故其对补封闭. 这样, 我们有

$$B_n = \bigcup_{i=1}^n A_i = \left(\bigcap_{i=1}^n A_i^{\mathrm{c}}\right)^{\mathrm{c}} \in \mathcal{F}.$$

□

至此, 我们现在可以引入并证明经典的 (Dykin) π-λ 定理:

定理 2.2 (π-λ 定理) 设 $\mathcal{A}$ 和 $\mathcal{L}$ 为两个集类. 如果 $\mathcal{A}$ 为一个 π-类, 而 $\mathcal{L}$ 为一个 λ-类, 那么有

$$\mathcal{A} \subset \mathcal{L} \Longrightarrow \sigma(\mathcal{A}) \subset \mathcal{L}.$$

证 我们这里给出证明该定理的详细分解步骤 (见如下的分解框图). 首先用 $\lambda(\mathcal{A})$ 表示包含 $\mathcal{A}$ 的最小 λ-类 (即由 $\mathcal{A}$ 生成的 λ-类). 由于 $\mathcal{A} \subset \mathcal{L}$, 故 $\lambda(\mathcal{A}) \subset \mathcal{L}$. 如果能证明 $\lambda(\mathcal{A})$ 为一个 σ-代数, 那么由 $\mathcal{A} \subset \lambda(\mathcal{A})$ 得到 $\sigma(\mathcal{A}) \subset \lambda(\mathcal{A})$. 这样, 我们最终有 $\sigma(\mathcal{A}) \subset \mathcal{L}$. 又由于 $\lambda(\mathcal{A})$ 本身为 λ-类, 故由定理 2.1 知: 我们仅需证明 $\lambda(\mathcal{A})$ 本身为一个 π-类即可.

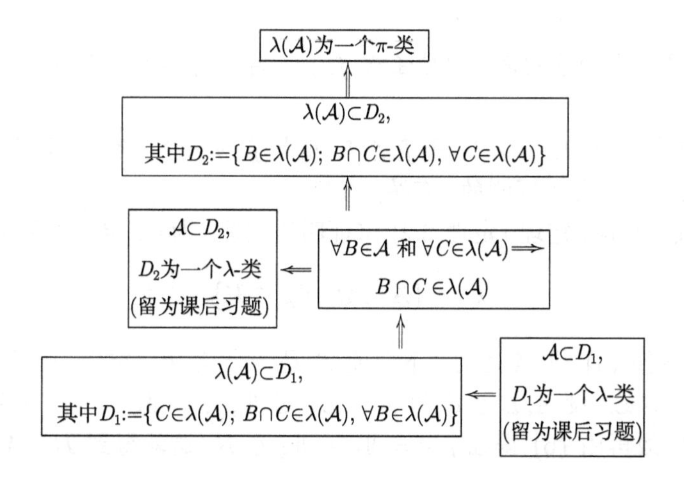

下面只需证明 $\mathcal{A} \subset D_1$. 事实上, 对任意 $A \in \mathcal{A}$ 和 $B \in \mathcal{A}$, 由于 $\mathcal{A}$ 为一个 π-类, 故 $A \cap B \in \mathcal{A} \subset \lambda(\mathcal{A})$. 这样证得 $\mathcal{A} \subset D_1$. □

我们可以将 π-λ 定理用通俗的语言表述为: 假设已知一个数学性质在一个 π-类 $\mathcal{A}$ 上成立, 但想试图证明这个数学性质在比 $\mathcal{A}$ 更大的集类 $\sigma(\mathcal{A})$ ($\sigma(\mathcal{A}) \supset \mathcal{A}$) 上也成立. 那么, 可以设 $\mathcal{L}$ 为该数学性质成立的集合所形成的集类. 于是, 根据 π-λ 定理 (定理 2.2), 只需要证明 $\mathcal{L}$ 是一个 λ-类, 则可完成目标. 图 2.1 为 π-λ 定理示意图.

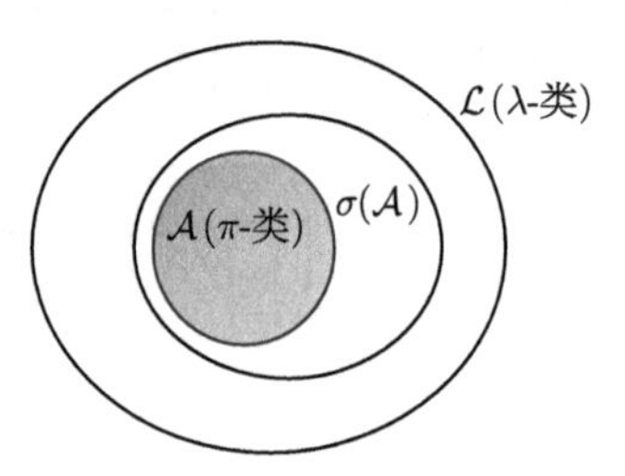

图 2.1　π-λ 定理示意图

推论 2.1　设 $\mathcal{A}$ 是一个 π-类, 则 $\sigma(\mathcal{A}) = \lambda(\mathcal{A})$.

证　由于本身 $\mathcal{A} \subset \lambda(\mathcal{A})$ 和 $\lambda(\mathcal{A})$ 为一个 λ-类, 则由定理 2.2 得到 $\sigma(\mathcal{A}) \subset \lambda(\mathcal{A})$. 另一方面, 由于 $\mathcal{A} \subset \sigma(\mathcal{A})$ 和 $\sigma(\mathcal{A})$ 为一个 σ-代数, 因此其为一个 λ-类. 这样 $\sigma(\mathcal{A})$ 为包含 $\mathcal{A}$ 的一个 λ-类. 由于 $\lambda(\mathcal{A})$ 为包含 $\mathcal{A}$ 的最小 λ-类, 故 $\lambda(\mathcal{A}) \subset \sigma(\mathcal{A})$. □

此外, π-λ 定理还有其他一些形式的版本, 下面是函数形式的 π-λ 定理:

定理 2.3 (函数形式的 π-λ 定理)　设 $\mathcal{A}$ 为一个 π-类且样本空间 $\Omega \in \mathcal{A}$. 假设 $\mathcal{H}$ 是包含某些定义在 Ω 上的实值函数且满足如下条件的函数类:

(a) 如果 $A \in \mathcal{A}$, 则 $\mathbb{1}_A \in \mathcal{H}$;

(b) $\mathcal{H}$ 是一个向量空间 (即对任意 $f, g \in \mathcal{H}$ 和 $c \in \mathbb{R}$, 则有 $f + g \in \mathcal{H}$ 和 $cf \in \mathcal{H}$);

(c) 设非负 $f_n \in \mathcal{H}$, $n \geqslant 1$, 且 $f_n \uparrow f$, 其中 f 为一个 (有界) 函数, 则 $f \in \mathcal{H}$, 那么 $\mathcal{H}$ 包含所有 $\sigma(\mathcal{A})$-可测的 (有界) 函数.

证　我们用 π-λ 定理 (定理 2.2) 来证明该定理. 为此, 定义如下集类:

$$\mathcal{L} := \{A \subset \Omega;\ \mathbb{1}_A \in \mathcal{H}\}.$$

由题设中的条件 (a) 得 $\mathcal{A} \subset \mathcal{L}$. 下面证 $\mathcal{L}$ 是一个 λ-类. 首先, 由于 $\Omega \in \mathcal{A}$, 而 $\mathcal{A} \subset \mathcal{L}$, 故 $\Omega \in \mathcal{L}$. 设 $A, B \in \mathcal{L}$ 和 $A \subset B$, 则 $\mathbb{1}_{B \setminus A} = \mathbb{1}_B - \mathbb{1}_A$. 由条件 (a) 知: $\mathbb{1}_A, \mathbb{1}_B \in \mathcal{H}$, 故再由 (b) 得 $\mathbb{1}_{B \setminus A} = \mathbb{1}_B - \mathbb{1}_A \in \mathcal{H}$, 这就得到 $B \setminus A \in \mathcal{L}$. 现设

$A_n \in \mathcal{L}$, $n \geqslant 1$ 和 $A_n \uparrow A$, 则非负的 $\mathbb{1}_{A_n} \in \mathcal{H}$ 和 $\mathbb{1}_{A_n} \uparrow \mathbb{1}_A$, $n \to \infty$. 那么, 由条件 (c) 得 $\mathbb{1}_A \in \mathcal{H}$, 此即 $A \in \mathcal{L}$. 综上 $\mathcal{L}$ 为一个 λ-类. 于是, 根据定理 2.2, 我们有 $\sigma(\mathcal{A}) \subset \mathcal{L}$, 即对任意的 $A \in \sigma(\mathcal{A})$, 有 $\mathbb{1}_A \in \mathcal{H}$. 再由条件 (b) 得 $\mathcal{H}$ 包含所有 $\sigma(\mathcal{A})$-可测的简单函数.

设 $f : \Omega \to \mathbb{R}$ 为任意 (有界) $\sigma(\mathcal{A})$-可测函数, 那么存在一列非负 $\sigma(\mathcal{A})$-可测简单函数 $\bar{f}_n \in \mathcal{H}$ 使得 $\bar{f}_n \uparrow f^+$, $n \to \infty$, 再由 (c) 得 $f^+ \in \mathcal{H}$. 同理, 存在一列非负 $\sigma(\mathcal{A})$-可测简单函数 $\tilde{f}_n \in \mathcal{H}$ 使得 $\tilde{f}_n \uparrow f^-$, 则由 (c) 得到 $f^- \in \mathcal{H}$. 这样, 由 (b) 得到 $f = f^+ - f^- \in \mathcal{H}$. 于是证得 $\mathcal{H}$ 包含所有 $\sigma(\mathcal{A})$-可测的 (有界) 函数. □

让我们考虑一个简单情况, 设 $\mathcal{A} = \{\mathbb{R}$ 中的开集 $O\}$. 显然, $\mathcal{A}$ 是一个 π-类和 $\mathbb{R} \in \mathcal{A}$. 于是, 由上面的定理 2.3 得: 如果 $\mathcal{H}$ 为包含某些定义在 $\mathbb{R}$ 上的实值函数且满足上面定理 2.3 中的条件 (a)—(c), 则 $\mathcal{H}$ 包括所有 (有界) Borel-可测函数 (这是因为 $\mathcal{B}_{\mathbb{R}} = \sigma(\mathcal{A})$).

练习 2.3 设 $\mathcal{H}$ 是包含某些定义在 Ω 上的实值有界函数的集合且满足

(a) $1 \in \mathcal{H}$;

(b) $\mathcal{H}$ 为向量空间;

(c) 任意非负 $f_n \in \mathcal{H}$, $n \geqslant 1$ 和 $f_n \uparrow f$, $n \to \infty$, 则 $f \in \mathcal{H}$.

那么 $\mathcal{H}$ 还满足如下性质:

(d) 对任意 $f_n \in \mathcal{H}$, $n \geqslant 1$ 和 $\|f_n - f\|_\infty := \sup_{\omega\in\Omega} |f_n(\omega) - f(\omega)| \to 0$, $n \to \infty$, 则 $f \in \mathcal{H}$.

提示 假设 $f_n \in \mathcal{H}$, $n \geqslant 1$ 和 $\lim_{n\to\infty} \|f_n - f\|_\infty = 0$. 那么, 对任意 $\varepsilon > 0$, 存在 $\{f_n\}_{n\geqslant 1}$ 的子列 (这里仍用 $\{f_n\}_{n\geqslant 1}$ 表示) 使得

$$\|f_n - f\|_\infty \leqslant \varepsilon 2^{-(n+1)}, \quad \forall n \geqslant 1.$$

于是, 我们定义:

$$g_n := f_n - \delta_n + M,$$

其中 δ_n 和 M 为待定常数. 那么, 由上面 g_n 的定义得到

$$g_{n+1} - g_n = f_{n+1} - f_n + \delta_n - \delta_{n+1} \geqslant -\varepsilon 2^{-(n+1)} + \delta_n - \delta_{n+1}.$$

我们下面取 $\delta_n = \varepsilon 2^{-n}$, 于是 $\delta_n - \delta_{n+1} = \varepsilon 2^{-(n+1)}$. 故 $g_{n+1} - g_n \geqslant 0$, $n \geqslant 1$. 同时, 选 M 充分大使 $g_n \geqslant 0$, $n \geqslant 1$. 由条件 (b) 知: $g_n \in \mathcal{H}$, 而非负 $g_n \uparrow f + M$, $n \to \infty$, 这样由条件 (c) 得到 $f + M \in \mathcal{H}$. 由 (a) 知: $M \in \mathcal{H}$. 因此, 再由条件 (c) 得到 $f = f + M - M \in \mathcal{H}$. □

定理 2.4 (Dykin-乘法类定理) 设 $\mathcal{H}$ 是包含某些定义在 Ω 上的实值有界函数的集合且满足:

(a) $1 \in \mathcal{H}$;

(b) $\mathcal{H}$ 为向量空间;

(c) 若非负 $f_n \in \mathcal{H}$, $n \geqslant 1$ 且 $f_n \uparrow f$, $n \to \infty$, 则 $f \in \mathcal{H}$.

设 $\mathcal{M} \subset \mathcal{H}$ 为一个包含所有常数的乘法类 (即对任意 $f, g \in \mathcal{M}$, 有 $f \cdot g \in \mathcal{M}$), 则 $\mathcal{H}$ 包含所有有界 $\sigma(\mathcal{M})$-可测函数. 这里 $\sigma(\mathcal{M})$ 是定义为如下的集类:

$$\sigma(\mathcal{M}) := \sigma(\{f^{-1}(B);\ B \in \mathcal{B}_{\mathbb{R}},\ f \in \mathcal{M}\}). \tag{2.3}$$

证 我们应用定理 2.3 来证明该定理结论. 为此, 由条件 (b) 和 (c), 我们需要构造一个由 Ω 的某些子集形成的 π-类 $\mathcal{A}$ 使其满足:

(i) $\Omega \in \mathcal{A}$;

(ii) 对任意 $A \in \mathcal{A}$, 有 $\mathbb{1}_A \in \mathcal{H}$;

(iii) $\sigma(\mathcal{A}) = \sigma(\mathcal{M})$.

基于此, 我们可以应用定理 2.3 得到: $\mathcal{H}$ 包含所有 $\sigma(\mathcal{A}) = \sigma(\mathcal{M})$-可测的有界实值函数.

为了构造满足上面条件的 π-类 $\mathcal{A}$, 注意到

$$\begin{aligned}\sigma(\mathcal{M}) &= \sigma(\{f^{-1}(B);\ B \in \mathcal{B}_{\mathbb{R}},\ f \in \mathcal{M}\}) \\ &= \sigma(\{f^{-1}((a, +\infty));\ a \in \mathbb{R},\ f \in \mathcal{M}\}).\end{aligned} \tag{2.4}$$

由于 $\{f^{-1}((a, +\infty));\ a \in \mathbb{R},\ f \in \mathcal{M}\}$ 并不一定是 π-类, 为了克服这个困难, 我们构造如下集类:

$$\mathcal{A} := \left\{\bigcap_{i=1}^{k}\{f_i > a_i\};\ k \in \mathbb{N},\ f_i \in \mathcal{M},\ a_i \in \mathbb{R},\ i = 1, \cdots, k\right\}. \tag{2.5}$$

根据 (2.4), 有 $\sigma(\mathcal{M}) = \sigma(\mathcal{A})$, 此即 (ii) 成立. 另一方面, 由于 f_i 是有界的, 故显然有 $\Omega \in \mathcal{A}$ (事实上, 由于 $f_i \in \mathcal{M}$ 有界, 那取 $a_i = -\sup_{\omega\in\Omega}|f_i(\omega)| - \varepsilon$, 其中 $\varepsilon > 0$ 是一个充分小正数, 因此 $\{f_i > a_i\} = \Omega$). 下面只需证明: 对任意 $A \in \mathcal{A}$, 我们有 $\mathbb{1}_A \in \mathcal{H}$, 即证对任意 $k \in \mathbb{N}$, $f_i \in \mathcal{M}$, $a_i \in \mathbb{R}$, $i = 1, \cdots, k$,

$$\mathbf{1}_{\bigcap_{i=1}^{k}\{f_i > a_i\}} \in \mathcal{H} \Longleftrightarrow \prod_{i=1}^{k}\mathbf{1}_{\{f_i - a_i > 0\}} \in \mathcal{H}. \tag{2.6}$$

为证明 (2.6), 我们首先注意到: 存在一列非负函数 $\varphi_n \in C(\mathbb{R})$, $n \geqslant 1$ 使得

$$\varphi_n(x) \uparrow \mathbb{1}_{x>0}, \quad x \in \mathbb{R}, \quad n \to \infty.$$

例如 $\varphi_n(x) := 0 \vee [(nx) \wedge 1]$, $x \in \mathbb{R}$. 进一步, 定义:

$$F_n(\omega) := \prod_{i=1}^{k} \varphi_n(f_i(\omega) - a_i), \quad \omega \in \Omega.$$

显然 $F_n \geqslant 0$ 和 $F_n \uparrow \prod_{i=1}^{k} \mathbb{1}_{\{f_i - a_i > 0\}}$. 如果我们能够证明: $F_n \in \mathcal{H}$, $\forall n \geqslant 1$, 那么由条件 (c) 得到

$$\prod_{i=1}^{k} \mathbb{1}_{\{f_i - a_i > 0\}} \in \mathcal{H},$$

即 (2.6) 成立. 因此, 现在只留下证明 $F_n \in \mathcal{H}$. 为此, 让我们定义:

$$M := \max_{i=1,\cdots,k} \sup_{\omega \in \Omega} |f_i(\omega) - a_i|.$$

由于 f_i 是有界的, 因此 $M \in (0, \infty)$. 对固定的 $n \geqslant 1$, 由于 $\varphi_n \in C(\mathbb{R})$, 故由 Weierstrass 逼近定理知: 存在一列多项式函数 $p_l(x)$ 满足

$$\lim_{l \to \infty} \sup_{x \in [-M, M]} |p_l(x) - \varphi_n(x)| = 0. \tag{2.7}$$

由于 $x \to p_l(x)$ 为多项式函数且 $f_i \in \mathcal{M}$, 而 $\mathcal{M} \subset \mathcal{H}$ 为乘法类, 且注意到 $\mathcal{H}$ 为向量空间, 故 $\prod_{i=1}^{k} p_l \circ (f_i - a_i) \in \mathcal{H}$, $\forall l \geqslant 1$. 那么极限 (2.7) 意味着

$$\lim_{l \to \infty} \sup_{\omega \in \Omega} \left| \prod_{i=1}^{k} p_l(f_i(\omega) - a_i) - F_n(\omega) \right| = 0,$$

即 $\prod_{i=1}^{k} p_l \circ (f_i - a_i) \to F_n$ (一致), $l \to \infty$. 这样, 由上面的练习 2.3 得到 $F_n \in \mathcal{H}$, $n \geqslant 1$. □

如果将 π-λ 定理 (定理 2.2) 中的 λ-类换成一种更弱的集类, 那么 π-λ 定理 (定理 2.2) 的结果又会是什么样呢？下面介绍的单调类定理给出了一种情形. 为此, 首先引入单调类的概念.

定义 2.6 (单调类) 设 $\mathcal{M}$ 为一个集类. 如果其满足如下条件:

(a) 对任意 $A_n \in \mathcal{M}$, $n \geqslant 1$ 和 $A_n \uparrow A := \bigcup_{n=1}^{\infty} A_n$, 则 $A \in \mathcal{M}$;

(b) 对任意 $A_n \in \mathcal{M}$, $n \geqslant 1$ 和 $A_n \downarrow A := \bigcap_{n=1}^{\infty} A_n$, 则 $A \in \mathcal{M}$,

那么称 $\mathcal{M}$ 是一个单调类.

显然, λ-类一定是单调类, 故 σ-代数也是单调类. 更具体地, 我们有如下关于 σ-代数、代数和单调类相互关系的结论:

定理 2.5 ($\sigma = a + m$) 设 $\mathcal{F}$ 为一个集类. 那么 $\mathcal{F}$ 为 σ-代数当且仅当 $\mathcal{F}$ 既为代数又为单调类 (为方便记忆, 我们可将该定理内容简记为 $\sigma = a + m$).

证 如果 $\mathcal{F}$ 为 σ-代数, 则由定义可知: $\mathcal{F}$ 既为代数又为单调类. 反之, 假设 $\mathcal{F}$ 既为代数又为单调类. 对任意 $A_n \in \mathcal{F}$, $n \geqslant 1$, 我们定义 $B_n = \bigcup_{i=1}^n A_i$, $n \geqslant 1$. 由于 $\mathcal{F}$ 为代数, 故 $B_n \in \mathcal{F}$, $n \geqslant 1$. 注意到 $B_n \uparrow \bigcup_{n=1}^\infty B_n = \bigcup_{n=1}^\infty A_n$, 再由 $\mathcal{F}$ 为单调类可得 $\bigcup_{n=1}^\infty A_n \in \mathcal{F}$, 此证得 $\mathcal{F}$ 对于可列并是封闭的. 于是, $\mathcal{F}$ 是一个 σ-代数. □

基于上述定理, 我们有如下的 Halmos 单调类定理:

定理 2.6 (Halmos 单调类定理) 设 $\mathcal{A}$ 和 $\mathcal{M}$ 为两个集类. 如果 $\mathcal{A}$ 为代数, 而 $\mathcal{M}$ 为单调类, 则

$$\mathcal{A} \subset \mathcal{M} \Longrightarrow \sigma(\mathcal{A}) \subset \mathcal{M}.$$

证 证明完全类似于 π-λ 定理 (定理 2.2) 的证明. 设 $m(\mathcal{A})$ 表示包含代数 $\mathcal{A}$ 的最小单调类, 则 $m(\mathcal{A}) \subset \mathcal{M}$. **如果我们能证明** $m(\mathcal{A})$ **也为代数**, 那么由上面的定理 2.5 可得: $m(\mathcal{A})$ 是包含 $\mathcal{A}$ 的一个 σ-代数. 于是有 $\sigma(\mathcal{A}) \subset m(\mathcal{A})$. 这样可得 $\sigma(\mathcal{A}) \subset \mathcal{M}$. 因此, 下面我们只需证明 $m(\mathcal{A})$ 是一个代数.

为此, 首先定义:

$$\mathcal{D}_1 := \{B \in m(\mathcal{A});\ B \cap C \in m(\mathcal{A}),\ \forall C \in \mathcal{A}\}. \tag{2.8}$$

显然, 由定义, 我们有 $\mathcal{D}_1 \subset m(\mathcal{A})$. 另一方面, 由于 $\mathcal{A}$ 为代数, 故对任意 $A \in \mathcal{A} \subset m(\mathcal{A})$ 和任意 $C \in \mathcal{A}$, 有 $A \cap C \in \mathcal{A} \subset m(\mathcal{A})$. 这样 $A \in \mathcal{D}_1$, 此即 $\mathcal{A} \subset \mathcal{D}_1$. 不难证明 $\mathcal{D}_1$ 是一个单调类 (留为课后习题), 则有 $m(\mathcal{A}) \subset \mathcal{D}_1$. 因此 $m(\mathcal{A}) = \mathcal{D}_1$.

下面定义

$$\mathcal{D}_2 := \{B \in m(\mathcal{A});\ B \cap C \in m(\mathcal{A}),\ \forall C \in m(\mathcal{A})\}. \tag{2.9}$$

由上一步可证得 $m(\mathcal{A}) = \mathcal{D}_1$, 故也有

$$\mathcal{D}_2 = \{B \in m(\mathcal{A});\ B \cap C \in m(\mathcal{A}),\ \forall C \in \mathcal{D}_1\}.$$

显然, 由定义得到 $\mathcal{D}_2 \subset m(\mathcal{A})$. 另一方面, 对任意 $A \in \mathcal{A} \subset m(\mathcal{A})$ 和任意 $C \in \mathcal{D}_1$, 根据 $\mathcal{D}_1$ 的定义, 我们有 $A \cap C \in m(\mathcal{A})$, 这样 $A \in \mathcal{D}_2$, 此即 $\mathcal{A} \subset \mathcal{D}_2$. 不难证明 $\mathcal{D}_2$ 也是一个单调类 (留为课后习题), 则有 $m(\mathcal{A}) \subset \mathcal{D}_2$. 因此 $m(\mathcal{A}) = \mathcal{D}_2$. 这说明 $m(\mathcal{A})$ 是一个 π-类. 下证 $m(\mathcal{A})$ 对补运算是封闭的. 为此, 定义集类

$$\mathcal{D}_3 := \{B \in m(\mathcal{A});\ B^{\mathrm{c}} \in m(\mathcal{A})\} \subset m(\mathcal{A}). \tag{2.10}$$

由于 $m(\mathcal{A})$ 是一个代数, 则对任意 $A \in \mathcal{A} \subset m(\mathcal{A})$, 我们有 $A^c \in \mathcal{A} \subset m(\mathcal{A})$, 故 $A \in \mathcal{D}_3$, 于是 $\mathcal{A} \subset \mathcal{D}_3$. 不难证明 $\mathcal{D}_3$ 也为一个单调类 (留为课后习题), 故 $m(\mathcal{A}) = \mathcal{D}_3$. 此即说明 $m(\mathcal{A})$ 对补运算是封闭的. 综上 $m(\mathcal{A})$ 是一个代数. □

Halmos 单调类定理 (定理 2.6) 还有如下的推论:

推论 2.2 设 $\mathcal{A}$ 是一个代数, 则 $m(\mathcal{A}) = \sigma(\mathcal{A})$.

证 由于 $\mathcal{A} \subset m(\mathcal{A})$ 和 $m(\mathcal{A})$ 为单调类, 故由上面的 Halmos 单调类定理 (定理 2.6) 得到 $\sigma(\mathcal{A}) \subset m(\mathcal{A})$. 另一方面, 由于 $\mathcal{A} \subset \sigma(\mathcal{A})$ 和 $\sigma(\mathcal{A})$ 为一个 σ-代数, 因此为单调类. 这样 $\sigma(\mathcal{A})$ 为包含 $\mathcal{A}$ 的一个单调类. 由于 $m(\mathcal{A})$ 为包含 $\mathcal{A}$ 的最小单调类, 故 $m(\mathcal{A}) \subset \sigma(\mathcal{A})$. 这样, 该推论得证. □

2.3 概率测度

概率测度本质是一个定义在事件域 (σ-代数) 上的归一且满足可列可加性的集函数, 其具体定义可表述如下:

定义 2.7 (概率测度) 设 $\mathcal{F}$ 为一个 σ-代数和定义在 $\mathcal{F}$ 上的一个 $\mathbb{R}_+^0$-值的集函数 $\mathbb{P}: \mathcal{F} \to \mathbb{R}_+^0$. 如果其满足:

(a) $\mathbb{P}(\varnothing) = 0$ 和 $\mathbb{P}(\Omega) = 1$;

(b) 对任意 $A_n \in \mathcal{F}, n \geqslant 1$ 和 $A_m \cap A_n = \varnothing \ (m \neq n)$, 则

$$\mathbb{P}\left(\bigcup_{n=1}^{\infty} A_n\right) = \sum_{n=1}^{\infty} \mathbb{P}(A_n), \tag{2.11}$$

那么称 $\mathbb{P}$ 是定义在 $\mathcal{F}$ 上的一个概率测度.

一般称上面的条件 (b) 为可列可加性或 σ-可加性. 事实上, 在测度论中, 如果一个定义在 σ-代数 $\mathcal{F}$ 上的非负集函数 $\mu: \mathcal{F} \to [0, \infty]$ 满足 $\mu(\varnothing) = 0$ 和 σ-可加性, 则称 μ 为 $\mathcal{F}$ 上的**测度**. 也就是说, 概率测度就是归一化的测度. 进一步, 我们还有

- 如果测度 $\mu(\Omega) < +\infty$, 则称其为一个有限测度. 因此, 概率测度是一个有限测度.
- 如果 $\mu(\Omega) = +\infty$, 但存在 Ω 的一个划分 $\{A_n\}_{n \geqslant 1}$ 使 $\mu(A_n) < +\infty$, $\forall n \geqslant 1$, 则称 μ 为一个 σ-有限测度. 特别地, Lebesgue 测度是 $\mathcal{B}_{\mathbb{R}}$ 上的一个 σ-有限测度.

如果 $\mathbb{P}$ 是一个 σ-代数 $\mathcal{F}$ 上的概率测度, 则称 $(\Omega, \mathcal{F}, \mathbb{P})$ 是一个概率空间, 此即为 **Kolmogorov 关于概率论的公理化**内容. 显然, 任何一个 $\mathcal{F}$ 上的有限测度 μ 都可以定义一个概率测度, 即 $\mathbb{P}(A) := \dfrac{\mu(A)}{\mu(\Omega)}$, $A \in \mathcal{F}$ 是 $\mathcal{F}$ 上的一个概率

测度. 然而, 对于任意 $\mathcal{F}$ 上的 σ-有限测度 μ, 设 $\{A_n\}_{n\in\mathbb{N}}$ 为 Ω 的一个划分使得 $\mu(A_n)<\infty, \forall n\geqslant 1$, 则对每一个 $n\geqslant 1$,

$$\mathbb{P}_n(A):=\frac{\mu(A\cap A_n)}{\mu(A_n)},\quad A\in\mathcal{F}$$

为 $\mathcal{F}$ 上的一个概率测度. 特别地, 下面的三元对是一个概率空间:

$$\big((0,1],\mathcal{B}_{(0,1]},m\big),\quad \text{其中 } m \text{ 为 } \mathcal{B}_{\mathbb{R}} \text{ 上的 Lebesgue 测度.} \tag{2.12}$$

以后称上述概率空间 (2.12) 为均匀分布的概率空间.

对每一个 $x\in\mathbb{R}^d$, 我们定义:

$$\delta_x(A):=\mathbb{1}_A(x),\quad A\in\mathcal{B}_{\mathbb{R}^d}, \tag{2.13}$$

那么 δ_x 是 $\mathcal{B}_{\mathbb{R}^d}$ 上的一个概率测度. 称 δ_x 为关于点 $x\in\mathbb{R}^d$ 的 **Dirac-测度**. 进一步, 如果我们有 n 个点 $x_1,\cdots,x_n\in\mathbb{R}^d$, 定义:

$$\mu^{(n)}(A):=\frac{1}{n}\sum_{i=1}^{n}\delta_{x_i}(A),\quad A\in\mathcal{B}_{\mathbb{R}^d}, \tag{2.14}$$

同样, $\mu^{(n)}$ 也是 $\mathcal{B}_{\mathbb{R}^d}$ 上的一个概率测度. 称 $\mu^{(n)}$ 为点列 $\{x_1,\cdots,x_n\}$ 的经验概率测度 (empirical probability measure).

我们下面通过一个简单的样本空间和一系列练习利用 Carathéodory 延拓定理来建立概率空间.

例 2.1 • 考虑关于一个硬币被掷无穷次的随机试验的样本空间:

$$\Omega=\{w=(w_i;\ i\in\mathbb{N});\ w_i=0 \text{ 或 } 1,\ i\in\mathbb{N}\}=\{0,1\}^{\infty}.$$

更具体地, 当 $w_i=0$ 时, 即第 i 次掷出的硬币正面朝上; 当 $w_i=1$ 时, 即第 i 次掷出的硬币背面朝上. 对任意 $n\in\mathbb{N}$, 我们定义:

$$\Omega_n:=\{(w_1,\cdots,w_n);\ w_i=0 \text{ 或 } 1,\ i=1,\cdots,n\}=\{0,1\}^n$$

和取 σ-代数 2^{Ω_n}. 因此 $|\Omega_n|=2^n$. 对每一个 $n\in\mathbb{N}$, 定义 $p_n:\Omega_n\to[0,1]$ 为

$$p_n(\omega)=2^{-n},\quad \forall\omega\in\Omega_n.$$

因此 $\sum_{\omega\in\Omega_n}p(\omega)=2^n\cdot 2^{-n}=1$. 于是, 我们有如下的 $\mathbb{P}_n$ 是 2^{Ω_n} 上的一个概率测度, 其中

$$\mathbb{P}_n(A):=\sum_{\omega\in A}p_n(\omega),\quad A\in 2^{\Omega_n}.$$

• 进一步, 对任意 $n \in \mathbb{N}$, 定义:

$$\begin{aligned}\mathcal{F}_n := \{A \subset \Omega;\ \exists\ B \in 2^{\Omega_n} \text{ s.t.}\\ A = \{\omega = (w_i;\ i \in \mathbb{N});\ (w_1, \cdots, w_n) \in B\}\}.\end{aligned} \tag{2.15}$$

也就是说, $\mathcal{F}_n$ 是所有 Ω 中仅依赖于前 n 次掷硬币试验的子集全体. 下面, 让我们看一下 $\mathcal{F}_1$ 中具体的元素组成. 注意到 $\Omega_1 = \{0,1\}$, 那么 $B \in 2^{\Omega_1}$ 意味着 $B = \varnothing, \{0\}, \{1\}$ 和 $\{0,1\}$, 于是

$$\begin{aligned}\mathcal{F}_1 = \{\varnothing, \{(0, w_2, w_3, \cdots);\ w_i \in \{0,1\},\ i \geqslant 2\},\\ \{(1, w_2, w_3, \cdots);\ w_i \in \{0,1\},\ i \geqslant 2\},\\ \{(0, w_2, w_3, \cdots), (1, w_2, w_3, \cdots);\ w_i \in \{0,1\},\ i \geqslant 2\}\}.\end{aligned}$$

• 设 A 包括所有在前 4 次掷硬币中恰有两次是正面的 Ω 中的元素, 即

$$\begin{aligned}A = \{\omega = (w_i)_{i\in\mathbb{N}} \in \Omega;\ (w_1, \cdots, w_4) = (0,0,1,1),\ (w_1, \cdots, w_4) = (0,1,0,1),\\ (w_1, \cdots, w_4) = (0,1,1,0),\ (w_1, \cdots, w_4) = (1,0,0,1),\\ (w_1, \cdots, w_4) = (1,0,1,0),\ (w_1, \cdots, w_4) = (1,1,0,0)\}.\end{aligned}$$

那么, 取 $\{0,1\}^4$ 的子集为

$$B = \{(0,0,1,1), (0,1,0,1), (0,1,1,0), (1,0,0,1), (1,0,1,0), (1,1,0,0)\},$$

则有

$$\{\omega \in \Omega;\ (w_1, \cdots, w_4) \in B\} = A \Longrightarrow A \in \mathcal{F}_4.$$

如果取 $\{0,1\}^3$ 的子集为

$$B = \{(0,0,1), (0,1,0), (0,1,1), (1,0,0), (1,0,1), (1,1,0)\},$$

则有

$$\{\omega \in \Omega;\ (w_1, w_2, w_3) \in B\} \supsetneqq A \Longrightarrow A \notin \mathcal{F}_3.$$

如果取 $\{0,1\}^5$ 的子集为

$$\begin{aligned}B = \{(0,0,1,1,w_1), (0,1,0,1,w_2), (0,1,1,0,w_3), (1,0,0,1,w_4), (1,0,1,0,w_5),\\ (1,1,0,0,w_6);\ w_i = 0 \text{ 或 } 1,\ i = 1, \cdots, 6\},\end{aligned}$$

则有

$$\{\omega \in \Omega;\ (w_1, w_2, w_3, w_4, w_5) \in B\} = A \Longrightarrow A \in \mathcal{F}_5.$$

同理, 我们有更一般的结论: $\{\mathcal{F}_n\}_{n\geqslant 1}$ 是一个单增的 σ-代数流, 我们称之为**过滤** (证明留作课后习题). 对任意 $A\in\mathcal{F}_n$, 则存在 $B\in 2^{\Omega_n}$ 使得

$$A=\{\omega=(w_i;\ i\in\mathbb{N});\ (w_1,\cdots,w_n)\in B\},$$

为此, 我们定义:

$$\mathbb{P}(A)=\mathbb{P}_n(B). \tag{2.16}$$

这样, 对任意 $n\geqslant 1$, 由 (2.16) 建立了 $\mathcal{F}_\infty:=\bigcup_{n=0}^\infty\mathcal{F}_n$ 上的一个集函数 $\mathbb{P}$.

练习 2.4 证明上面的 $\mathcal{F}_\infty$ 是一个代数但不是一个 σ-代数.

提示 首先因为 $\mathcal{F}_1$ 是 σ-代数, 故 $\Omega\in\mathcal{F}_1\subset\mathcal{F}_\infty$, 即 $\Omega\in\mathcal{F}_\infty$. 对任意 $A\in\mathcal{F}_\infty$, 存在 $n\in\mathbb{N}$ 使得 $A\in\mathcal{F}_n$. 因为 $\mathcal{F}_n$ 为 σ-代数, 故 $A^{\mathrm{c}}\in\mathcal{F}_n\subset\mathcal{F}_\infty$, 即 $A^{\mathrm{c}}\in\mathcal{F}_\infty$. 现在设 $A_1,A_2\in\mathcal{F}_\infty$, 则存在 $m,k\in\mathbb{N}$ 使得 $A_1\in\mathcal{F}_m$ 和 $A_2\in\mathcal{F}_k$. 设 $n:=m\vee k$. 由于 $\mathcal{F}_1\subset\mathcal{F}_2\subset\cdots\subset\mathcal{F}_n\subset\cdots\subset\mathcal{F}_\infty$, 故 $A_1,A_2\in\mathcal{F}_n$. 由于 $\mathcal{F}_n$ 是一个 σ-代数, 故 $A_1\cup A_2\in\mathcal{F}_n\subset\mathcal{F}_\infty$, 即 $A_1\cup A_2\in\mathcal{F}_\infty$. 这证明了 $\mathcal{F}_\infty$ 是一个代数. 下面通过举一个反例来说明 $\mathcal{F}_\infty$ 并不是一个 σ-代数. 事实上, 我们取一个单点集 $A=\{(1,1,1,1,\cdots)\}$, 那么有

$$A=\bigcap_{n=1}^\infty A_n,\quad A_n=\{(w_i;\ i\in\mathbb{N});w_1=\cdots=w_n=1\}.$$

显然, $A_n\in\mathcal{F}_n\subset\mathcal{F}_\infty$, 即 $A_n\in\mathcal{F}_\infty,\forall n\in\mathbb{N}$. 但 $A\notin\mathcal{F}_\infty$, 故 $\mathcal{F}_\infty$ 不是 σ-代数. □

练习 2.5 证明由上面 (2.16) 建立的 $\mathcal{F}_\infty$ 上的集函数 $\mathbb{P}$ 在代数 $\mathcal{F}_\infty$ 上满足可列可加性.

提示 我们首先可以证明 $\mathbb{P}$ 在 $\mathcal{F}_\infty$ 上满足有限可加性. 事实上, 设 $A_1,\cdots,A_n\in\mathcal{F}_\infty$ 为 n 个互不相交的集合. 于是, 存在一个 $N\in\mathbb{N}$ 使得 $A_1,\cdots,A_n\in\mathcal{F}_N$. 这样, 存在互不相交的 $B_i\in 2^{\Omega_N}$ 使得

$$A_i=\{(w_i;\ i\in\mathbb{N});\ (w_1,\cdots,w_N)\in B_i\},\quad i=1,\cdots,n.$$

再由定义 (2.16) 得到

$$\mathbb{P}(A_i)=\mathbb{P}_N(B_i),\quad i=1,\cdots,n.$$

由于 $\mathbb{P}_N$ 是 2^{Ω_N} 上的概率测度, 故我们有

$$\mathbb{P}\left(\bigcup_{i=1}^n A_i\right)=\mathbb{P}_N\left(\bigcup_{i=1}^n B_i\right)=\sum_{i=1}^n\mathbb{P}_N\left(B_i\right)=\sum_{i=1}^n\mathbb{P}\left(A_i\right).$$

为证明可列可加性, 首先假设 $\{A_n\}_{n\in\mathbb{N}} \subset \mathcal{F}_\infty$ 为互不相交的且 $A := \bigcup_{n=1}^\infty A_n \in \mathcal{F}_\infty$. 我们下面证明一定存在 $N \in \mathbb{N}$ 使得对任意 $i > N$, $A_i = \varnothing$. 如果此结论成立, 那么 $\mathbb{P}$ 在 $\mathcal{F}_\infty$ 上的可列可加性可由上面的有限可加性立即得到.

事实上, 我们可以重写样本空间为一个乘积空间, 其作为一个拓扑空间, 即 $\Omega = \{0,1\} \times \{0,1\} \times \cdots$, 其拓扑取为所有 $\{0,1\}$ 产生的离散拓扑 (即定义 $\{0,1\}$, $\{0\}$, $\{1\}$, $\varnothing$ 均为开集) 的乘积拓扑. 这样, Ω 是一个离散拓扑空间. 进一步, 这样的乘积拓扑是使所有 $\mathcal{F}_\infty$ 中的集合均为开集的最小拓扑. 由于 $\mathcal{F}_\infty$ 为一个代数, 故 $\mathcal{F}_\infty$ 中所有的集合都可以是 $\mathcal{F}_\infty$ 中某个集合的补集. 于是, 所有 $\mathcal{F}_\infty$ 中的集合也都是闭集. 由 Tychonoff 定理, 在此乘积拓扑下, Ω 是一个紧的拓扑空间. 回顾 $\{A_n\}_{n\in\mathbb{N}} \subset \mathcal{F}_\infty$ 为互不相交集且 $A := \bigcup_{n=1}^\infty A_n \in \mathcal{F}_\infty$, 则说明 $\{A_n\}_{n\in\mathbb{N}}$ 是闭 (紧) 集 A 的一个开覆盖, 因此存在 $N \in \mathbb{N}$ 使得 A 存在一个有限开覆盖 $\{A_n\}_{n=1,\cdots,N}$, 即 $A = \bigcup_{n=1}^N A_n$. 由于 $\{A_n\}_{n\in\mathbb{N}} \subset \mathcal{F}_\infty$ 为互不相交的, 那么我们只能有 $A_i = \varnothing$, $\forall i > N$. □

由上面的练习 2.4 和练习 2.5, 再根据下面的 Carathéodory 延拓定理 (定理 2.7) 可知: 由上面 (2.16) 所建立的在代数 $\mathcal{F}_\infty$ 上满足可列可加的集函数 $\mathbb{P}$ 一定可以唯一延拓为 $\mathcal{F} := \sigma(\mathcal{F}_\infty)$ 上的一个测度 μ 且满足 $\mu = \mathbb{P}$ (在 $\mathcal{F}_\infty$ 上). 这里, 我们仅仅给出 Carathéodory 延拓定理的内容, 其证明可参见文献 ([17], 第 10—14 页).

定理 2.7 (Carathéodory 延拓定理) *设 $\mathcal{A}$ 为一个代数和 $\mu_0 : \mathcal{A} \to [0, +\infty]$ 为在 $\mathcal{A}$ 上满足可列可加的一个集函数, 则一定存在一个 $(\Omega, \sigma(\mathcal{A}))$ 上的测度 μ 使得在 $\mathcal{A}$ 上, $\mu = \mu_0$. 进一步, 如果 $\mu_0(\Omega) < +\infty$, 则这样的测度 μ 是唯一的.*

对于上面 μ 的唯一性的条件, 我们事实上可以将 $\mu_0(\Omega) < +\infty$ 拓展为 μ 为 σ-有限的条件, 即 $\mu_0(A_n) < +\infty$, $\forall n \geqslant 1$, 其中 $\{A_n\}_{n\geqslant 1}$ 为 Ω 的一个划分.

下面列出概率测度 $\mathbb{P} : \mathcal{F} \to [0,1]$ 所满足的一些基本性质:

(i) 概率测度 $\mathbb{P} : \mathcal{F} \to [0,1]$ 也满足有限可加性: 事实上, 对任意 $n \in \mathbb{N}$ 和互不相交的 $\{A_i\}_{i=1}^n \subset \mathcal{F}$ (即 $A_j \cap A_j = \varnothing$, $i \neq j$), 我们取 $A_i = \varnothing$, $i \geqslant n+1$, 于是 $\{A_i\}_{i\in\mathbb{N}} \subset \mathcal{F}$ 且互不相交, 因此由 $\mathbb{P}(\varnothing) = 0$ 和可列可加性得 $\mathbb{P}(\bigcup_{i=1}^n A_i) = \mathbb{P}(\bigcup_{i=1}^\infty A_i) = \sum_{i=1}^\infty \mathbb{P}(A_i) = \sum_{i=1}^n \mathbb{P}(A_i)$, 此即为有限可加性.

(ii) 容斥公式: 设 $A_1, \cdots, A_n \in \mathcal{F}$, 则如下等式成立:

$$\mathbb{P}\left(\bigcup_{i=1}^n A_i\right) = \sum_{i=1}^n (-1)^{i-1} \sum_{J\subset\{1,2,\cdots,n\};\ |J|=i} \mathbb{P}\left(\bigcap_{j\in J} A_j\right). \tag{2.17}$$

特别地, 当 $n = 2$ 时, 上述等式可简化为

$$\mathbb{P}(A_1 \cup A_2) = \mathbb{P}(A_1) + \mathbb{P}(A_2) - \mathbb{P}(A_1 \cap A_2).$$

当然, 对于 $n=2$ 的情形, 也可以直接应用概率测度的有限可加性来证得 (因为 $A_1\cap A_2=[A_1\setminus(A_1\cap A_2)]\cup[A_1\cap A_2]\cup[A_2\setminus(A_1\cap A_2)]$). 我们也可利用归纳法来证明等式 (2.17). 事实上, 假设对于 $n=m$ 时, 等式 (2.17) 成立. 那么, 我们想要证明等式 (2.17) 在 $n=m+1$ 时也成立. 事实上, 我们有

$$\begin{aligned}\mathbb{P}\left(\bigcup_{i=1}^{m+1}A_i\right)&=\mathbb{P}\left(A_{m+1}\cup\left(\bigcup_{i=1}^{m}A_i\right)\right)\\&=\mathbb{P}\left(\bigcup_{i=1}^{m}A_i\right)+\mathbb{P}(A_{m+1})-\mathbb{P}\left(\bigcup_{i=1}^{m}(A_i\cap A_{m+1})\right)\\&=\sum_{i=1}^{m}(-1)^{i-1}\sum_{J\subset\{1,\cdots,m\};\ |J|=i}\mathbb{P}\left(\bigcap_{j\in J}A_j\right)+\mathbb{P}(A_{m+1})\\&\quad-\sum_{i=1}^{m}(-1)^{i-1}\sum_{J\subset\{1,\cdots,m\};\ |J|=i}\mathbb{P}\left(A_{m+1}\cap\left(\bigcap_{j\in J}A_j\right)\right)\\&=\sum_{i=1}^{m+1}(-1)^{i-1}\sum_{J\subset\{1,\cdots,m+1\};\ |J|=i}\mathbb{P}\left(\bigcap_{j\in J}A_j\right).\end{aligned}$$

类似地, 还可以得到如下等式:

$$\mathbb{P}\left(\bigcap_{i=1}^{n}A_i\right)=\sum_{i=1}^{n}(-1)^{i-1}\sum_{J\subset\{1,2,\cdots,n\};\ |J|=i}\mathbb{P}\left(\bigcup_{j\in J}A_j\right).\tag{2.18}$$

事实上, 由等式 (2.17) 得到

$$\mathbb{P}\left(\bigcup_{i=1}^{n}A_i^{\mathrm{c}}\right)=\sum_{i=1}^{n}(-1)^{i-1}\sum_{J\subset\{1,2,\cdots,n\};\ |J|=i}\mathbb{P}\left(\bigcap_{j\in J}A_j^{\mathrm{c}}\right).$$

于是有

$$1-\mathbb{P}\left(\bigcap_{i=1}^{n}A_i\right)=\sum_{i=1}^{n}(-1)^{i-1}\sum_{J\subset\{1,2,\cdots,n\};\ |J|=i}\left\{1-\mathbb{P}\left(\bigcup_{j\in J}A_j\right)\right\}.$$

由于 $\sum_{i=1}^{n}(-1)^{i-1}\sum_{J\subset\{1,2,\cdots,n\};\ |J|=i}1=1$, 故等式 (2.18) 成立.

(iii) Bonferroni 不等式: 设 $A_1,\cdots,A_n\in\mathcal{F}$, 则对任意 $m=1,\cdots,n$, 我们有

$$\begin{cases}\mathbb{P}\left(\bigcup_{i=1}^n A_i\right)\leqslant\sum_{i=1}^m(-1)^{i-1}\sum_{J\subset\{1,\cdots,n\};\ |J|=i}\mathbb{P}\left(\bigcap_{j\in J}A_j\right), & m\text{ 为奇数},\\ \mathbb{P}\left(\bigcup_{i=1}^n A_i\right)\geqslant\sum_{i=1}^m(-1)^{i-1}\sum_{J\subset\{1,\cdots,n\};\ |J|=i}\mathbb{P}\left(\bigcap_{j\in J}A_j\right), & m\text{ 为偶数}.\end{cases}$$

为了证明上面的 Bonferroni 不等式, 我们需要下面的辅助结果:

引理 2.1 设 $n\in\mathbb{N}$ 和非负数列 $\{a_i\}_{i=0}^n$ 且满足: 存在某个 $k\in\{1,\cdots,n-1\}$ 使得

$$a_0\leqslant a_1\leqslant\cdots\leqslant a_k\geqslant a_{k+1}\geqslant a_{k+1}\geqslant\cdots\geqslant a_n,$$

则称上面的数列为单峰数列 (unimodal sequence). 如果 $\sum_{i=0}^n(-1)^ia_i=0$, 那么对任意 $m=0,\cdots,n$, 则有

$$\begin{cases}\sum_{i=0}^m(-1)^ia_i\leqslant 0, & m\text{ 为奇数},\\ \sum_{i=0}^m(-1)^ia_i\geqslant 0, & m\text{ 为偶数}.\end{cases}$$

注意到, 对任意 $n\in\mathbb{N}$, 二项数列 $\{\mathrm{C}_n^i\}_{i=0}^n$ 是一个非负单峰数列且满足

$$\sum_{i=0}^n(-1)^i\mathrm{C}_n^i=\sum_{i=0}^n\mathrm{C}_n^i(-1)^i1^{n-i}=(1-1)^n=0.$$

于是, 我们有如下的推论:

推论 2.3 设 $n\in\mathbb{N}$, 则对任意 $m=0,\cdots,n$, 我们有

$$\sum_{i=0}^m(-1)^i\mathrm{C}_n^i\begin{cases}\leqslant 0, & m\text{ 为奇数},\\ \geqslant 0, & m\text{ 为偶数}.\end{cases}$$

现在设 $A:=\bigcup_{i=1}^n A_i$. 对任意 $\omega\in A$, 定义 $I(\omega):=\{i=1,\cdots,n;\ \omega\in A_i\}$. 那么, 对任意 $k=1,\cdots,n$,

$$\sum_{1\leqslant i_1<i_2<\cdots<i_k\leqslant n}\mathbb{1}_{\bigcap_{j=1}^k A_{i_j}}(\omega)=\mathrm{C}_{|I(\omega)|}^k.\tag{2.19}$$

进一步, 对任意 $m=1,\cdots,n$, 定义:

$$S_m:=\mathbb{P}(A)+\sum_{k=1}^m(-1)^k\sum_{1\leqslant i_1<i_2<\cdots<i_k\leqslant n}\mathbb{P}\left(\bigcap_{j=1}^k A_{i_j}\right).$$

于是, 由等式 (2.19) 得到 (关于概率测度 $\mathbb{P}$ 的积分请参见第 3 章):

$$\begin{aligned} S_m &= \int_A \mathrm{d}\mathbb{P} + \sum_{k=1}^{m}(-1)^k \int_A \left(\sum_{1\leqslant i_1<i_2<\cdots<i_k\leqslant n} \mathbb{1}_{\bigcap_{j=1}^k A_{i_j}} \right) \mathrm{d}\mathbb{P} \\ &= \int_A \sum_{k=0}^{m}(-1)^k \mathrm{C}_{|I(\omega)|}^k \mathrm{d}\mathbb{P}. \end{aligned}$$

这样, 由推论 2.3 得到

$$S_m \begin{cases} \leqslant 0, & m \text{ 为奇数}, \\ \geqslant 0, & m \text{ 为偶数}. \end{cases} \tag{2.20}$$

注意到

$$S_m = \mathbb{P}(A) - \sum_{k=1}^{m}(-1)^{k-1} \sum_{1\leqslant i_1<i_2<\cdots<i_k\leqslant n} \mathbb{P}\left(\bigcap_{j=1}^{k} A_{i_j} \right).$$

那么 Bonferroni 不等式由 (2.20) 证得. 特别地, 对于 $m=1$, Bonferroni 不等式可退化为如下的 Boole 不等式:

$$\mathbb{P}\left(\bigcup_{i=1}^{n} A_i \right) \leqslant \sum_{i=1}^{n} \mathbb{P}(A_i). \tag{2.21}$$

(iv) 概率测度的连续性: 设 $A_n \in \mathcal{F}$, $n \geqslant 1$, 则有

$$\begin{cases} \text{如果 } A_n \uparrow A,\ n\to\infty \Longrightarrow \lim\limits_{n\to\infty} \mathbb{P}(A_n) = \mathbb{P}(A), & \text{下连续性}, \\ \text{如果 } A_n \downarrow A,\ n\to\infty \Longrightarrow \lim\limits_{n\to\infty} \mathbb{P}(A_n) = \mathbb{P}(A), & \text{上连续性}. \end{cases}$$

我们下面仅证明下连续性. 事实上, 由于 $A_n \uparrow A$, $n \to \infty$. 定义 $V_n := A_{n+1} \setminus A_n \in \mathcal{F}$, $n \in \mathbb{N}$. 则对任意 $n \in \mathbb{N}$, $A_n, V_n, V_{n+1}, \cdots$ 互不相交且 $A = A_n \cup (\bigcup_{j=n}^{\infty} V_j)$. 于是, 由 $\mathbb{P}$ 的可列可加性得

$$\mathbb{P}(A) = \mathbb{P}(A_n) + \sum_{j=n}^{\infty} \mathbb{P}(V_j), \quad \forall n \in \mathbb{N}. \tag{2.22}$$

显然, 在上式中取 $n=1$, 则 $\sum_{j=1}^{\infty} \mathbb{P}(V_j) = \mathbb{P}(A) - \mathbb{P}(A_1) \in (0,1)$. 这意味着

$$\lim_{n\to\infty} \sum_{j=n}^{\infty} \mathbb{P}(V_j) = 0.$$

由于 $\{\mathbb{P}(A_n)\}_{n\in\mathbb{N}}$ 为单增数列, 故由等式 (2.22) 得到 $\lim_{n\to\infty}\mathbb{P}(A_n)=\mathbb{P}(A)$. 由概率测度的连续性可得如下拓展的 Boole 不等式 (比较于 (2.21)):

$$\mathbb{P}\left(\bigcup_{i=1}^{\infty}A_i\right)\leqslant\sum_{i=1}^{\infty}\mathbb{P}(A_i). \tag{2.23}$$

练习 2.6 设 $\mu:\mathcal{F}\to[0,+\infty]$ 为事件域 $\mathcal{F}$ 上满足 $\mu(\varnothing)=0$ 和有限可加性的集函数以及 $A_n\in\mathcal{F}$, $n\geqslant 1$ 满足当 $A_n\downarrow\varnothing$ 时有 $\mu(A_n)\downarrow 0$, $n\to\infty$, 则 μ 在 $\mathcal{F}$ 上满足可列可加性.

提示 设 $A_n\in\mathcal{F}$, $n\geqslant 1$ 且 $A_i\cap A_j=\varnothing$ $(i\neq j)$. 定义 $A:=\bigcup_{i=1}^{\infty}A_i\in\mathcal{F}$ 和 $B_n:=\bigcup_{i=1}^{n}A_i\in\mathcal{F}$ 以及 $C_n:=A\setminus B_n$, $n\geqslant 1$. 于是, $C_n\downarrow\varnothing$, $n\to\infty$. 那么, 对任意 $n\in\mathbb{N}$, 由 μ 的有限可加性得到

$$\mu(A)=\mu(B_n)+\mu(C_n)=\sum_{i=1}^{n}\mu(A_i)+\mu(C_n).$$

对上式两边同时取 $n\to\infty$, 则有

$$\mu(A)=\sum_{i=1}^{\infty}\mu(A_i)+\lim_{n\to\infty}\mu(C_n)=\sum_{i=1}^{\infty}\mu(A_i),$$

此即 μ 在事件域 $\mathcal{F}$ 上的可列可加性. □

注意到, 如果 $\mathcal{F}$ 为一个代数, 则上面的结论也成立. 下面应用 Carathéodory 延拓定理 (定理 2.7) 和练习 2.6 建立基于 Lebesgue 测度的概率空间 (即建立概率空间 (2.12) 的存在性). 首先回顾由 (2.2) 所定义的代数 $\mathcal{A}$, 即

$$\mathcal{A}=\{(a_1,b_1]\cup\cdots\cup(a_n,b_n];\ 0\leqslant a_1<b_1<\cdots<a_n<b_n\leqslant 1,\ n\in\mathbb{N}^*\}.$$

尽管 $\mathcal{A}$ 不是一个 σ-代数但 $\sigma(\mathcal{A})=\mathcal{B}_{(0,1]}$. 现假设一个集函数 $\mu_0:\mathcal{A}\to[0,+\infty]$ 满足: 对任意 $A=\bigcup_{k=1}^{n}(a_k,b_k]\in\mathcal{A}$, 其中 $0\leqslant a_1<b_1<\cdots<a_n<b_n\leqslant 1$, $n\in\mathbb{N}$, 有

$$\mu_0(A)=\sum_{k=1}^{n}(b_k-a_k). \tag{2.24}$$

显然 $\mu_0((0,1])=1-0=1$ 且 μ_0 在 $\mathcal{A}$ 上满足有限可加性.

我们下面应用 Carathéodory 延拓定理 (定理 2.7) 建立一个唯一的 $((0,1],\mathcal{B}_{(0,1]})$ 上的概率测度 μ 使得在 $\mathcal{A}$ 上, $\mu=\mu_0$. 由于 $\mathcal{A}$ 本身是一个代数, 因此我们只需证明 μ_0 在代数 $\mathcal{A}$ 上满足可列可加性, 这由下面的引理给出:

引理 2.2　集函数 μ_0 在代数 $\mathcal{A}$ 上满足可列可加性, 即对任意互不相交的 $A_n \in \mathcal{A}$, $n \geqslant 1$ 和 $A := \bigcup_{n=1}^{\infty} A_n \in \mathcal{A}$ 满足 $\mu_0(\bigcup_{n=1}^{\infty} A_n) = \sum_{n=1}^{\infty} \mu_0(A_n)$.

证　设 $G_n := \bigcup_{k=1}^{n} A_k$ 和 $H_n := A \setminus G_n$, $n \geqslant 1$. 由于 $\mathcal{A}$ 为代数且 $A \in \mathcal{A}$, 故 $G_n, H_n \in \mathcal{A}$, $n \geqslant 1$, 并且 $H_n \downarrow \varnothing$. 又由于 μ_0 在 $\mathcal{A}$ 上满足有限可加性, 于是根据练习 2.6, 为证明 μ_0 在代数 $\mathcal{A}$ 上的可列可加性, 我们只需证明 $\mu_0(H_n) \downarrow 0$. 下面用反证法. 为此, 假设对某个 $\varepsilon > 0$ 和任意 $n \in \mathbb{N}$ 有 $\mu_0(H_n) \geqslant 2\varepsilon$. 因此, 根据 $\mathcal{A}$ 和 μ_0 的定义, 对任意 $l \in \mathbb{N}$, 均存在一集合 $J_l \in \mathcal{A}$ 使其闭包 $\bar{J}_l \subset H_l$ 和 $\mu_0(H_l \setminus J_l) \leqslant \varepsilon 2^{-l}$. 于是, 由 μ_0 在 $\mathcal{A}$ 上的有限可加性得到: 对任意 $n \in \mathbb{N}$,

$$\mu_0\left(\bigcup_{l=1}^{n}(H_l \setminus J_l)\right) \leqslant \sum_{l=1}^{n} \mu_0(H_l \setminus J_l) \leqslant \varepsilon. \tag{2.25}$$

注意到, 对任意 $l \leqslant n$, $H_n \subset H_l$, 故有

$$H_n \Big\backslash \left(\bigcap_{l \leqslant n} J_l\right) = \bigcup_{l \leqslant n}(H_n \setminus J_l) \subset \bigcup_{l \leqslant n}(H_l \setminus J_l).$$

再由 μ_0 在 $\mathcal{A}$ 上的有限可加性、(2.25) 和假设 $\mu_0(H_n) \geqslant 2\varepsilon$ 得到

$$\mu_0\left(\bigcap_{l \leqslant n} J_l\right) = \mu_0(H_n) - \mu_0\left(H_n \Big\backslash \left(\bigcap_{l \leqslant n} J_l\right)\right) \geqslant 2\varepsilon - \mu_0\left(\bigcup_{l \leqslant n}(H_l \setminus J_l)\right) \geqslant \varepsilon.$$

上面的不等式意味着

$$C_n := \bigcap_{l \leqslant n} \bar{J}_l \neq \varnothing.$$

显然 C_n 关于 n 是单减的. 故由 Heine-Borel 定理得到 C_n 是紧集. 那么, 我们能断言①:

$$\lim_{n \to \infty} C_n = \bigcap_{l \in \mathbb{N}} \bar{J}_l \neq \varnothing.$$

然而, $\bigcap_{l \in \mathbb{N}} \bar{J}_l \subset \bigcap_{l \in \mathbb{N}} H_l$, 因此 $\bigcap_{l \in \mathbb{N}} H_l$ 是非空的, 这与 $H_n \downarrow \varnothing$ 矛盾. □

下面的练习是应用 π-λ 定理证明概率测度性质的一个例子.

练习 2.7　设 $(\Omega, \mathcal{F}, \mathbb{P})$ 为一个概率空间和 $\mathcal{F} = \sigma(\mathcal{A})$, 其中 $\mathcal{A}$ 为一个代数. 则对任意 $B \in \mathcal{F}$ 和 $\varepsilon > 0$, 存在一个 $A \in \mathcal{A}$ 使得 $\mathbb{P}(A \Delta B) < \varepsilon$.

① 由于 $C_n \neq \varnothing$, $\forall n \geqslant 1$, 那么对于 $n \in \mathbb{N}$, 存在 $a_n \in C_n$. 由于 C_n 关于 n 是单减的, 故 $\{a_n\} \subset C_1$. 因为 C_1 是紧的, 故存在一子列 $\{a_{n_k}\}$ 使 $a_{n_k} \to a^* \in A_1$. 这样, 对任意 $m \in \mathbb{N}$, 存在 $n_k \geqslant m$ 使得 $a_{n_k} \in C_{n_k} \subset C_m$. 再由 C_m 的紧性得 $a^* = \lim_{k\to\infty} a_{n_k} \in C_m$, $\forall m \geqslant 1$. 这得到 $a^* \in \bigcap_{m=1}^{\infty} C_m$.

提示 首先定义如下集类

$$\mathcal{L} := \left\{B \in \mathcal{F};\ \forall \varepsilon > 0,\ \exists\, A \in \mathcal{A} \text{ 使得 } \mathbb{P}(A\Delta B) < \varepsilon\right\}.$$

注意到, 对任意 $B \in \mathcal{A} \subset \mathcal{F}$ 和任意 $\varepsilon > 0$, 我们有 $\mathbb{P}(B\Delta B) = \mathbb{P}(\varnothing) = 0 < \varepsilon$. 这说明 $\mathcal{A} \subset \mathcal{L}$.

下面证明 $\mathcal{L}$ 为一个 λ-类. 事实上, 由于 $\mathcal{F}$ 为一个代数, 故 $\Omega \in \mathcal{F}$. 于是, 对任意 $\varepsilon > 0$, 我们有 $\mathbb{P}(\Omega\Delta\Omega) = \mathbb{P}(\varnothing) = 0 < \varepsilon$, 此即 $\Omega \in \mathcal{L}$. 下面设 $B_1, B_2 \in \mathcal{L}$ 和 $B_2 \subset B_1$. 那么, 对固定的 $\varepsilon > 0$, 则存在 $A_1, A_2 \in \mathcal{A}$ 使得 $\mathbb{P}(A_1\Delta B_1) < \varepsilon/2$ 和 $\mathbb{P}(A_2\Delta B_2) < \varepsilon/2$. 再设 $A := A_1 \setminus A_2$ 和 $B := B_1 \setminus B_2$, 故有

$$A\Delta B = (A \cap B^{\mathrm{c}}) \cup (B \cap A^{\mathrm{c}}).$$

进一步, 我们得到

$$\begin{aligned} B \cap A^{\mathrm{c}} &= (B_1 \cap B_2^{\mathrm{c}}) \cap (A_1^{\mathrm{c}} \cup A_2) = (B_1 \cap B_2^{\mathrm{c}} \cap A_1^{\mathrm{c}}) \cup (B_1 \cap B_2^{\mathrm{c}} \cap A_2) \\ &\subset (B_1 \cap A_1^{\mathrm{c}}) \cup (B_2^{\mathrm{c}} \cap A_2) \subset (B_1\Delta A_1) \cup (B_2\Delta A_2). \end{aligned}$$

类似地, 我们还有

$$B^{\mathrm{c}} \cap A \subset (B_1\Delta A_1) \cup (B_2\Delta A_2).$$

因此, 这意味着

$$A\Delta B \subset (A_1\Delta B_1) \cup (A_2\Delta B_2).$$

于是 $\mathbb{P}(A\Delta B) \leqslant \mathbb{P}(A_1\Delta B_1) + \mathbb{P}(A_2\Delta B_2) < \varepsilon$, 此即 $B = B_1 \setminus B_2 \in \mathcal{L}$.

设 $B_n \in \mathcal{L}$, $n \geqslant 1$ 和 $B_n \uparrow B$. 下证 $B \in \mathcal{L}$. 对固定的 $\varepsilon > 0$, 由于 $B_n \in \mathcal{F}$ 和 $B = \bigcup_{n=1}^{\infty} B_n \in \mathcal{F}$, 则 $\mathbb{P}(B_n) \uparrow \mathbb{P}(B)$. 这样, 存在 $N \in \mathbb{N}$ 使得

$$\mathbb{P}(B_N) > \mathbb{P}(B) - \varepsilon/2.$$

由于 $B_N \in \mathcal{L}$, 则存在 $A \in \mathcal{A}$ 使得 $\mathbb{P}(A\Delta B_N) < \varepsilon/2$. 设 $C := B \setminus B_N$, 故 $\mathbb{P}(C) < \varepsilon/2$. 于是

$$\begin{aligned} B\Delta A &= (B^{\mathrm{c}} \cap A) \cup (B \cap A^{\mathrm{c}}) = (B_N^{\mathrm{c}} \cap C^{\mathrm{c}} \cap A) \cup ((B_N \cup C) \cap A^{\mathrm{c}}) \\ &\subset (B_N^{\mathrm{c}} \cap A) \cup (B_N \cap A^{\mathrm{c}}) \cup (C \cap A^{\mathrm{c}}) \subset (B_N\Delta A) \cup C. \end{aligned}$$

因此得到

$$\mathbb{P}(B\Delta A) \leqslant \mathbb{P}(B_N\Delta A) + \mathbb{P}(C) < \varepsilon/2 + \varepsilon/2 = \varepsilon.$$

这意味着 $B \in \mathcal{L}$. 综上 $\mathcal{L}$ 为一个 λ-类. 再由 π-λ 定理得 $\mathcal{F} = \sigma(\mathcal{A}) \subset \mathcal{L}$. 因此 $\mathcal{L} = \sigma(\mathcal{A})$. □

2.4 Borel-Cantelli 引理

本节引入和证明 Borel-Cantelli 引理以及由此得到的 Kolmogorov 0-1 律. Borel-Cantelli 引理是证明随机变量列几乎处处收敛的一个主要工具 (参见第 5 章).

在引入 Borel-Cantelli 引理之前, 我们首先给出一列事件上下极限的定义. 为此, 设 $(\Omega,\mathcal{F},\mathbb{P})$ 为一个概率空间. 对于 $A_n\in\mathcal{F}$, $n\geqslant 1$, 定义:

$$\overline{\lim_{n\to\infty}}\,A_n:=\bigcap_{m=1}^{\infty}\bigcup_{n=m}^{\infty}A_n,\quad \underline{\lim_{n\to\infty}}\,A_n:=\bigcup_{m=1}^{\infty}\bigcap_{n=m}^{\infty}A_n. \tag{2.26}$$

由于 $\mathcal{F}$ 是一个 σ-代数, 故根据 (2.26) 得到

$$\overline{\lim_{n\to\infty}}\,A_n\in\mathcal{F},\quad \underline{\lim_{n\to\infty}}\,A_n\in\mathcal{F},\quad \overline{\lim_{n\to\infty}}\,A_n^{\mathrm{c}}:=\left(\underline{\lim_{n\to\infty}}\,A_n\right)^{\mathrm{c}}.$$

我们还可以将事件列 $\{A_n\}_{n\geqslant 1}\subset\mathcal{F}$ 的上下极限刻画为如下更具体的关于样本点的集合:

$$\begin{aligned}\overline{\lim_{n\to\infty}}\,A_n&=\left\{\omega\in\Omega;\ \forall m\geqslant 1,\ \exists\, n(\omega)\geqslant m \text{ s.t. } \omega\in A_{n(\omega)}\right\}\\&=\left\{\omega\in\Omega;\ \omega\in A_n,\ \text{对无穷多个 } n\right\}\\&=\{A_n;\ \text{i.o.}\},\end{aligned} \tag{2.27}$$

以及

$$\begin{aligned}\underline{\lim_{n\to\infty}}\,A_n&=\{\omega\in\Omega;\ \exists\, m(\omega)\geqslant 1,\ \omega\in A_n,\ \forall n\geqslant m(\omega)\}\\&=\left\{\omega\in\Omega;\ \omega\in A_n,\ \text{对所有大的 } n\right\}\\&=\{A_n;\ \text{e.v.}\}.\end{aligned} \tag{2.28}$$

根据 (2.27) 和 (2.28), 则还有 $\underline{\lim}_{n\to\infty}A_n\subset\overline{\lim}_{n\to\infty}A_n$ 以及如下等式: 对任意 $\omega\in\Omega$,

$$\mathbb{1}_{\underline{\lim}_{n\to\infty}A_n}(\omega)=\underline{\lim_{n\to\infty}}\,\mathbb{1}_{A_n}(\omega),\quad \mathbb{1}_{\overline{\lim}_{n\to\infty}A_n}(\omega)=\overline{\lim_{n\to\infty}}\,\mathbb{1}_{A_n}(\omega).$$

类似于实变函数中的 Fatou 引理, 对于概率测度和事件列, 我们有如下形式的 Fatou 引理:

引理 2.3 (Fatou 引理) 设 $A_n \in \mathcal{F}, n \geqslant 1$, 则有

$$\mathbb{P}\left(\varliminf_{n\to\infty} A_n\right) \leqslant \varliminf_{n\to\infty} \mathbb{P}(A_n) \leqslant \varlimsup_{n\to\infty} \mathbb{P}(A_n) \leqslant \mathbb{P}\left(\varlimsup_{n\to\infty} A_n\right).$$

证 我们先证下极限部分. 事实上, 对任意 $m \geqslant 1$, 定义 $G_m := \bigcap_{n\geqslant m} A_n$, 于是有

$$G_m \uparrow G := \varliminf_{n\to\infty} A_n, \quad m \to \infty.$$

由概率测度的连续性得到 $\lim_{m\to\infty} \mathbb{P}(G_m) = \mathbb{P}(G)$. 另外, 对任意固定的 $m \geqslant 1$,

$$\mathbb{P}(G_m) \leqslant \mathbb{P}(A_n), \quad \forall n \geqslant m.$$

因此, 对任意 $m \geqslant 1$,

$$\mathbb{P}(G_m) \leqslant \inf_{n\geqslant m} \mathbb{P}(A_n).$$

这样得到 $\lim_{m\to\infty} \mathbb{P}(G_m) \leqslant \varliminf_{n\to\infty} \mathbb{P}(A_n)$, 此即 $\mathbb{P}(G) \leqslant \varliminf_{n\to\infty} \mathbb{P}(A_n)$.

对于上极限部分, 注意到 $\mathbb{P}\left(\varliminf_{n\to\infty} A_n^{\mathrm{c}}\right) \leqslant \varliminf_{n\to\infty} \mathbb{P}(A_n^{\mathrm{c}})$, 于是, 我们得到

$$1 - \mathbb{P}\left(\varlimsup_{n\to\infty} A_n\right) \leqslant \varliminf_{n\to\infty} (1 - \mathbb{P}(A_n)) = 1 - \varlimsup_{n\to\infty} \mathbb{P}(A_n).$$

这得到 $\mathbb{P}\left(\varlimsup_{n\to\infty} A_n\right) \geqslant \varlimsup_{n\to\infty} \mathbb{P}(A_n)$. 这样, 该引理得证. □

下面引入两类 Borel-Cantelli 引理:

引理 2.4 (Borel-Cantelli 引理 I) 设 $A_n \in \mathcal{F}, n \geqslant 1$. 如果 $\sum_{n=1}^{\infty} \mathbb{P}(A_n) < +\infty$, 则有

$$\mathbb{P}\left(\varlimsup_{n\to\infty} A_n\right) = \mathbb{P}(A_n;\ \text{i.o.}) = 0.$$

证 设 $H_m := \bigcup_{n\geqslant m} A_n, m \geqslant 1$, 则 $H_m \downarrow H := \varlimsup_{n\to\infty} A_n$, 于是, 对任意 $m \geqslant 1$, 我们有

$$\mathbb{P}(H) \leqslant \mathbb{P}(H_m) = \mathbb{P}\left(\bigcup_{n\geqslant m} A_n\right) \leqslant \sum_{n\geqslant m} \mathbb{P}(A_n).$$

由于 $\sum_{n=1}^{\infty} \mathbb{P}(A_n) < +\infty$, 因此 $\lim_{m\to\infty} \sum_{n\geqslant m} \mathbb{P}(A_n) = 0$, 这样 $\mathbb{P}(H) \leqslant 0$, 此即 $\mathbb{P}(H) = 0$. □

引理 2.5 (Borel-Cantelli 引理 II)　设 $A_n \in \mathcal{F}$, $n \geqslant 1$ 是相互独立的 (关于事件独立性的概念可参见 3.7 节). 如果 $\sum_{n=1}^{\infty} \mathbb{P}(A_n) = +\infty$, 则有

$$\mathbb{P}\left(\overline{\lim_{n\to\infty}} A_n\right) = \mathbb{P}(A_n;\ \text{i.o.}) = 1.$$

证　设 $0 < m < n < +\infty$ 为固定的正整数. 由 $A_n \in \mathcal{F}$, $n \geqslant 1$ 的独立性和不等式 $1 - x \leqslant e^{-x}$, $x \geqslant 0$, 我们得到

$$\begin{aligned}\mathbb{P}\left(\bigcap_{k=m}^{n} A_k^{\mathrm{c}}\right) &= \prod_{k=m}^{n} \mathbb{P}(A_k^{\mathrm{c}}) = \prod_{k=m}^{n} (1 - \mathbb{P}(A_k)) \\ &\leqslant \prod_{k=m}^{n} e^{-\mathbb{P}(A_k)} = \exp\left(-\sum_{k=m}^{n} \mathbb{P}(A_k)\right).\end{aligned}$$

于是, 应用 $\sum_{n=1}^{\infty} \mathbb{P}(A_n) = +\infty$, 则有

$$\lim_{n\to\infty} \mathbb{P}\left(\bigcap_{k=m}^{n} A_k^{\mathrm{c}}\right) = \mathbb{P}\left(\bigcap_{k=m}^{\infty} A_k^{\mathrm{c}}\right) \leqslant \exp\left(-\sum_{k=m}^{\infty} \mathbb{P}(A_k)\right) = 0.$$

这意味着 $\mathbb{P}(\bigcup_{k=m}^{\infty} A_k) = 1$, $m \geqslant 1$, 于是

$$\mathbb{P}\left(\overline{\lim_{n\to\infty}} A_n\right) = \lim_{m\to\infty} \mathbb{P}\left(\bigcup_{k=m}^{\infty} A_k\right) = 1.$$

这样, 该引理得证. □

由上面的 Borel-Cantelli-引理 I 和 II, 我们立刻得到如下的推论:

定理 2.8 (Kolmogorov 0-1 律)　设 $A_n \in \mathcal{F}$, $n \geqslant 1$ 是相互独立的, 则我们有如下的 0-1 律:

$$\mathbb{P}\left(\overline{\lim_{n\to\infty}} A_n\right) = 0 \text{ 或 } 1.$$

在学习完关于 σ-代数的独立性的概念后, 我们还将在后面的章节中引入 σ-代数版的 Kolmogorov 0-1 律, 其本质与定理 2.8 的结果等价 (参见 3.7 节中的定理 3.12).

2.5　概率空间的完备化

本节介绍概率空间完备化的概念. 为此, 我们首先给出零事件 (null event) 的概念:

定义 2.8 设 $(\Omega,\mathcal{F},\mathbb{P})$ 为一个概率空间. 如果 $A\in\mathcal{F}$ 且满足 $\mathbb{P}(A)=0$, 则称 A 为一个零事件. 我们以后用 $\mathcal{N}$ 表示概率空间 $(\Omega,\mathcal{F},\mathbb{P})$ 上零事件的全体.

零事件集合 $\mathcal{N}$ 是一个特殊的集类. 首先, $\mathcal{N}$ 显然是一个 π-类. 进一步, 对任意的 $A_n\in\mathcal{N}$, $n\geqslant 1$, 则有 $\bigcup_{n=1}^{\infty}A_n\in\mathcal{F}$ 和 $\mathbb{P}(\bigcup_{n=1}^{\infty}A_n)\leqslant\sum_{n=1}^{\infty}\mathbb{P}(A_n)=0$. 这样得到 $\bigcup_{n=1}^{\infty}A_n\in\mathcal{N}$. 相似地, $\bigcap_{n=1}^{\infty}A_n\in\mathcal{F}$ 和 $\mathbb{P}(\bigcap_{n=1}^{\infty}A_n)\leqslant\mathbb{P}(A_n)=0$, $\forall n\geqslant 1$. 于是得到 $\bigcap_{n=1}^{\infty}A_n\in\mathcal{N}$. 综上, 零事件集合 $\mathcal{N}$ 满足可列交和可列并封闭. 再根据定义 2.6 和概率测度的连续性, 我们还有 $\mathcal{N}$ 也是一个单调类. 然而, 其对补并不是封闭的.

一个接下来的问题是: 是否在任意概率空间 $(\Omega,\mathcal{F},\mathbb{P})$ 上, 其零事件的子集也是零事件? 答案是否定的. 然而, 如果一个概率空间 $(\Omega,\mathcal{F},\mathbb{P})$ 满足这个性质, 即对任意 $B\subset A\in\mathcal{N}$, 有 $B\in\mathcal{N}$, 那么我们称该概率空间是**完备的**. 这里需要注意的是, 完备的概率空间与泛函分析中的完备空间是两个不同的概念.

尽管任意概率空间不一定是完备的, 但我们总可以将初始的概率空间进行延拓使其为完备的概率空间, 见下面的概率空间完备化定理:

定理 2.9 (概率空间完备化定理) 设 $(\Omega,\mathcal{F},\mathbb{P})$ 为一个概率空间. 那么存在一个完备的概率空间 $(\Omega,\bar{\mathcal{F}},\bar{\mathbb{P}})$ 满足 $\mathcal{F}\subset\bar{\mathcal{F}}$ 和 $\bar{\mathbb{P}}=\mathbb{P}$ (在 $\mathcal{F}$ 上).

证 概率空间完备化定理的证明思路很简单, 就是将初始事件域进行适当扩张, 然后建立扩张后的概率测度使其与初始概率测度在初始事件域上相等. 为此, 我们首先定义如下集类:

$$\bar{\mathcal{N}}:=\{B\subset\Omega;\ B\subset N,\ N\in\mathcal{N}\},\tag{2.29}$$

也就是, $\bar{\mathcal{N}}$ 表示零事件的子集的全体. 进一步, 定义如下对初始事件域的扩张:

$$\bar{\mathcal{F}}:=\{E:=A\cup B;\ A\in\mathcal{F},\ B\subset N,\ N\in\mathcal{N}\}.\tag{2.30}$$

显然有 $\mathcal{F}\subset\bar{\mathcal{F}}$.

下面证明 $\bar{\mathcal{F}}$ 的确是一个 σ-代数. 事实上, 由于 $\varnothing\in\mathcal{F}$, 故 $\varnothing\in\bar{\mathcal{F}}$. 现在假设 $E\in\bar{\mathcal{F}}$, 则由 $\bar{\mathcal{F}}$ 的定义, 存在 $A\in\mathcal{F}$ 和某个 $N\in\mathcal{N}$ 使得 $B\subset N$ 满足 $E=A\cup B$, 于是 (图 2.2)

$$E^{\mathrm{c}}=A^{\mathrm{c}}\cap B^{\mathrm{c}}=(A^{\mathrm{c}}\cap N^{\mathrm{c}})\cup(A^{\mathrm{c}}\cap B^{\mathrm{c}}\cap N).$$

注意到 $A^{\mathrm{c}}\cap N^{\mathrm{c}}\in\mathcal{F}$, 而 $A^{\mathrm{c}}\cap B^{\mathrm{c}}\cap N\subset N\in\mathcal{N}$ (即 $A^{\mathrm{c}}\cap B^{\mathrm{c}}\cap N\in\bar{\mathcal{N}}$), 这说明 $E^{\mathrm{c}}=A^{\mathrm{c}}\cap B^{\mathrm{c}}\in\bar{\mathcal{F}}$, 此即 $\bar{\mathcal{F}}$ 对补是封闭的. 下面假设任意 $E_i=A_i\cup B_i\in\bar{\mathcal{F}}$, $i\geqslant 1$, 其中 $A_i\in\mathcal{F}$, 而存在 $N_i\in\mathcal{N}$ 使 $B_i\subset N_i$, $i\geqslant 1$. 于是 $\bigcup_{i=1}^{\infty}E_i=(\bigcup_{i=1}^{\infty}A_i)\cup(\bigcup_{i=1}^{\infty}B_i)$. 注意到 $\bigcup_{i=1}^{\infty}A_i\in\mathcal{F}$, 而 $\bigcup_{i=1}^{\infty}B_i\subset\bigcup_{i=1}^{\infty}N_i\in\mathcal{N}$, 故 $\bigcup_{i=1}^{\infty}E_i\in\bar{\mathcal{F}}$, 此即 $\bar{\mathcal{F}}$ 对可列并是封闭的. 因此 $\bar{\mathcal{F}}$ 是一个 σ-代数.

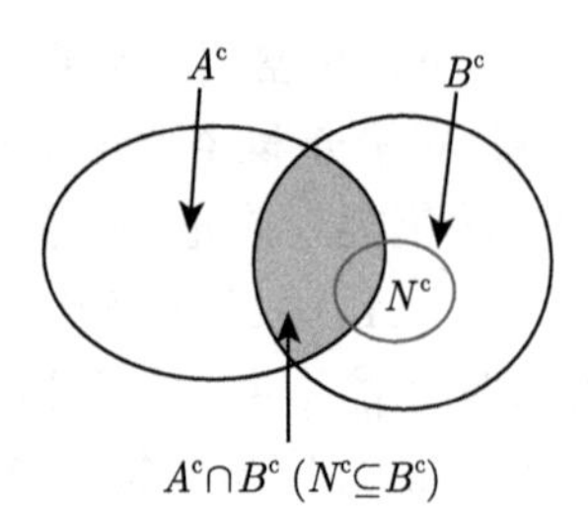

图 2.2 $A^c \cap B^c = (A^c \cap N^c) \cup (A^c \cap B^c \cap N)$, 其中 $(N^c \subset B^c)$

对任意的 $E = A \cup B \in \bar{\mathcal{F}}$, 其中 $A \in \mathcal{F}$ 以及存在 $N \in \mathcal{N}$ 使得 $B \subset N$, 我们定义如下 $\bar{\mathcal{F}}$ 上的集函数:

$$\bar{\mathbb{P}}(E) := \mathbb{P}(A). \tag{2.31}$$

下面证明上面定义的 $\bar{\mathbb{P}}$ 是良定的, 即如果 $E \in \bar{\mathcal{F}}$ 满足 $E = A_1 \cup B_1 = A_2 \cup B_2$, 其中 $A_i \in \mathcal{F}$, $i = 1, 2$, 以及存在 $N_i \in \mathcal{N}$, $i = 1, 2$ 使得 $B_i \subset N_i$, $i = 1, 2$, 那么有 $\mathbb{P}(A_1) = \mathbb{P}(A_2)$. 事实上, 对任意 $i = 1, 2$, 显然有 $A_i \subset A_1 \cup B_1 = A_2 \cup B_2$. 于是

$$\mathbb{P}(A_1) \leqslant \mathbb{P}(A_2) + \mathbb{P}(N_2) = \mathbb{P}(A_2).$$

同理 $\mathbb{P}(A_2) \leqslant \mathbb{P}(A_1) + \mathbb{P}(N_1) = \mathbb{P}(A_1)$. 因此 $\mathbb{P}(A_1) = \mathbb{P}(A_2)$.

[我们实际上有: $\mathbb{P}(A_1) = \mathbb{P}(A_2) = \mathbb{P}(A_1 \cap A_2)$. 为证此, 我们注意到

$$A_i \subset A_1 \cup B_1 = A_2 \cup B_2, \quad i = 1, 2.$$

则有如下包含关系:

$$A_i \subset (A_1 \cup B_1) \cap (A_2 \cup B_2) \subset (A_1 \cap A_2) \cup (B_1 \cup B_2).$$

于是 $A_i \subset (A_1 \cap A_2) \cup (N_1 \cup N_2)$, $i = 1, 2$. 这样得到 $\mathbb{P}(A_i) \leqslant \mathbb{P}(A_1 \cap A_2)$, $i = 1, 2$. 由于 $\mathbb{P}(A_i) \geqslant \mathbb{P}(A_1 \cap A_2)$, $i = 1, 2$, 故 $\mathbb{P}(A_i) = \mathbb{P}(A_1 \cap A_2)$, $i = 1, 2$.]

下面验证由 (2.31) 所定义的 $\bar{\mathbb{P}}$ 在 $\bar{\mathcal{F}}$ 上是一个概率测度. 显然 $\varnothing = \varnothing \cup \varnothing$ 和 $\Omega = \Omega \cup \varnothing$, 于是 $\bar{\mathbb{P}}(\varnothing) = \mathbb{P}(\varnothing) = 0$ 和 $\bar{\mathbb{P}}(\Omega) = \mathbb{P}(\Omega) = 1$. 设 $E_n = A_n \cup B_n$, $n \geqslant 1$, 其中 $A_n \in \mathcal{F}$ 和 $B_n \in \bar{\mathcal{N}}$, $n \geqslant 1$. 进一步, 假设 $E_m \cap E_n = \varnothing$, $m \neq n$. 故 $A_m \cap A_n = \varnothing$, $m \neq n$. 由 (2.31) 得到

$$\begin{aligned}
\bar{\mathbb{P}}\left(\bigcup_{n=1}^{\infty} E_n\right) &= \bar{\mathbb{P}}\left(\left(\bigcup_{n=1}^{\infty} A_n\right) \cup \left(\bigcup_{n=1}^{\infty} B_n\right)\right) = \mathbb{P}\left(\bigcup_{n=1}^{\infty} A_n\right) \\
&= \sum_{n=1}^{\infty} \mathbb{P}(A_n) = \sum_{n=1}^{\infty} \bar{\mathbb{P}}(E_n).
\end{aligned}$$

这证明了 $\bar{\mathbb{P}}$ 在 $\bar{\mathcal{F}}$ 上满足可列可加性. □

下面的练习给出了由 (2.30) 所定义的扩充事件域 $\bar{\mathcal{F}}$ 的另一种刻画 (参见文献 [3]):

练习 2.8 回顾 (2.29) 所定义的集类 $\bar{\mathcal{N}}$. 让我们定义如下的集类:

$$\mathcal{H}=\{F\subset\Omega;\ \exists\, G\in\mathcal{F}\ \text{使}\ F\Delta G\in\bar{\mathcal{N}}\},\tag{2.32}$$

则有 $\bar{\mathcal{F}}=\mathcal{H}$.

提示 我们首先证明 $\mathcal{H}$ 是一个 σ-代数. 事实上, 对任意 $F\in\mathcal{H}$, 则存在 $G\in\mathcal{F}$ 满足 $F\Delta G\in\bar{\mathcal{N}}$. 注意到 $G^{\mathrm{c}}\in\mathcal{F}$ 以及根据如下等式:

$$F^{\mathrm{c}}\Delta G^{\mathrm{c}}=F\Delta G,\tag{2.33}$$

我们有 $F^{\mathrm{c}}\Delta G^{\mathrm{c}}\in\bar{\mathcal{N}}$. 因此 $F^{\mathrm{c}}\in\mathcal{H}$. 另一方面, 设 $F_n\in\mathcal{H}$, $n\geqslant 1$, 则存在 $G_n\in\mathcal{F}$, $n\geqslant 1$ 满足 $F_n\Delta G_n\in\bar{\mathcal{N}}$, $n\geqslant 1$. 由于 $\bigcup_{n=1}^{\infty}G_n\in\mathcal{F}$ 以及如下包含关系:

$$\left(\bigcup_{n=1}^{\infty}F_n\right)\Delta\left(\bigcup_{n=1}^{\infty}G_n\right)\subset\bigcup_{n=1}^{\infty}(F_n\Delta G_n)\in\bar{\mathcal{N}},\tag{2.34}$$

则有 $\bigcup_{n=1}^{\infty}F_n\in\mathcal{H}$.

下面证明 $\mathcal{H}\subset\bar{\mathcal{F}}$. 事实上, 对任意 $F\in\mathcal{H}$, 则存在 $G\in\mathcal{F}$ 满足 $N:=F\Delta G\in\bar{\mathcal{N}}$. 注意到, 如下等价关系成立:

$$N=F\Delta G\Longleftrightarrow F=G\Delta N.\tag{2.35}$$

这意味着 $\mathcal{H}$ 可写成如下形式:

$$\mathcal{H}=\{G\Delta N;\ N\in\bar{\mathcal{N}},\ G\in\mathcal{F}\}.\tag{2.36}$$

由于, 对于 $N\in\bar{\mathcal{N}}$, $G\in\mathcal{F}$ 和 $A\in\mathcal{N}$ 使得 $N\subset A$, 则它们满足 (图 2.3):

$$G\Delta N=(G\cap A^{\mathrm{c}})\cup(A\cap(G\Delta N)).\tag{2.37}$$

由于 A 为零事件, 故 $A^{\mathrm{c}}\in\mathcal{F}$, 因此 $G\cap A^{\mathrm{c}}\in\mathcal{F}$. 另一方面, $A\cap(G\Delta N)\subset A\in\mathcal{N}$, 故 $A\cap(G\Delta N)\in\bar{\mathcal{N}}$. 这证明了 $\mathcal{H}\subset\bar{\mathcal{F}}$. 再根据 $\mathcal{H}$ 的定义, 则有 $\bar{\mathcal{N}}\subset\mathcal{H}$ 和 $\mathcal{F}\subset\mathcal{H}$. 因为 $\mathcal{H}$ 本身是 σ-代数, 这得到 $\bar{\mathcal{F}}\subset\mathcal{H}$. □

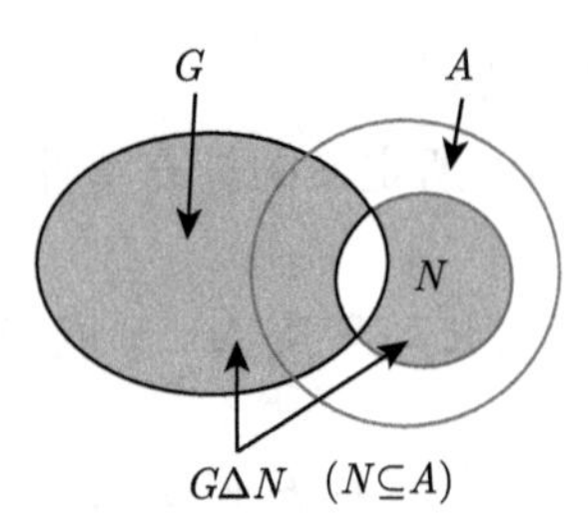

图 2.3 $G\Delta N=(G\cap A^{c})\cup(A\cap(G\Delta N))$, 其中 $N\subseteq A$

2.6 随 机 变 量

本节介绍随机变量的概念及其衍生出来的相关定义和性质. 随机变量本质是样本空间上"可测"的函数, 对"可测"的要求是为了定义随机变量分布和数学期望的需要.

定义 2.9 (随机变量) 设 $(\Omega,\mathcal{F},\mathbb{P})$ 为一个概率空间和 $(S,\mathcal{S})$ 是任意可测空间 (即 $\mathcal{S}$ 为 S 中某些子集所形成的 σ-代数), 称定义在样本空间上的函数 $X(\omega):\Omega\to S$ 是一个 $(\Omega,\mathcal{F},\mathbb{P})$ 上的 S-值随机变量 (random variable, r.v.), 如果对任意 $B\in\mathcal{S}$, 我们有

$$X^{-1}(B):=\{\omega\in\Omega;\ X(\omega)\in B\}\in\mathcal{F}.\tag{2.38}$$

对于概率空间 $(\Omega,\mathcal{F},\mathbb{P})$ 上的随机变量 $X(\omega)$, 我们有时也记为 $X\in\mathcal{F}$. 如果取 $\mathcal{F}=2^{\Omega}$, 那么根据上面的定义 2.9 知: 任何样本空间的函数 $X(\omega)$ 都是随机变量. 因此, 事件域的大小可以决定一个样本空间的函数 $X(\omega)$ 是否为一个随机变量. 例如, 取 $(\Omega,\mathcal{F})=(\mathbb{R},\mathcal{B}_{\mathbb{R}})$ 以及样本空间上的函数 $X(\omega)=\omega,\ \omega\in\mathbb{R}$, 那这样的 $X(\omega)$ 是一个实值的随机变量. 然而, 如果取 $(\Omega,\mathcal{F})=(\mathbb{R},\sigma(\{[a,b];\ a<b,\ a,b\in\mathbb{Z}\}))$, 那么 $X(\omega)=\omega,\ \omega\in\mathbb{R}$ 并不是一个随机变量, 这是因为对任意 $a\notin\mathbb{Z}$, $\{\omega\in\mathbb{R};\ \omega\leqslant a\}\notin\mathcal{F}$.

如果 $f:(S,\mathcal{S})\to(T,\mathcal{T})$ 是一个可测函数和 $X(\omega):\Omega\to S$ 为 $(\Omega,\mathcal{F},\mathbb{P})$ 上的随机变量, 则 $f(X):\Omega\to T$ 也是一个随机变量. 事实上, 对任意 $B\in\mathcal{T}$, 由于 $f:(S,\mathcal{S})\to(T,\mathcal{T})$ 为可测的, 故 $f^{-1}(B)\in\mathcal{S}$, 于是有

$$[f(X)]^{-1}(B)=\{\omega\in\Omega;\ f(X(\omega))\in B\}=\{\omega\in\Omega;\ X(\omega)\in f^{-1}(B)\}\in\mathcal{F}.$$

如果 $(S,\mathcal{S})=(T,\mathcal{T})=(\mathbb{R}^d,\mathcal{B}_{\mathbb{R}^d})$, 那么 f 为 Borel-函数则可确保 $f(X)$ 是一个实值随机变量 $(d=1)$. 注意到, 任意下 (上) 半连续函数都是 Borel-函数, 因此连续函数是 Borel-函数; 单调函数也是 Borel-函数.

例 2.2 (简单随机变量) 首先引入最简单的随机变量, 即**示性随机变量**. 设 $(\Omega,\mathcal{F},\mathbb{P})$ 为一个概率空间以及 $A\in\mathcal{F}$, 定义如下样本空间上的示性函数:

$$\mathbb{1}_A(\omega)=\begin{cases}1, & \omega\in A,\\ 0, & \omega\in A^{\mathrm{c}}.\end{cases}$$

则 $\mathbb{1}_A:\Omega\to\mathbb{R}$ 是一个实值随机变量. 事实上, 由于 $A\in\mathcal{F}$, 则有

$$\{\mathbb{1}_A^{-1}(B);\ B\in\mathcal{B}_{\mathbb{R}}\}=\{\Omega,\varnothing,A,A^{\mathrm{c}}\}\subset\mathcal{F}. \tag{2.39}$$

我们从 (2.39) 中可以看到 $\{\mathbb{1}_A^{-1}(B);\ B\in\mathcal{B}_{\mathbb{R}}\}$ 也是一个 σ-代数.

下面设 $\{A_i\}_{i=1}^n\subset\mathcal{F}$ 是样本空间 Ω 的一个划分. 对任意非零互不相同的常数 $a_1,\cdots,a_n\in\mathbb{R}$, 定义:

$$X(\omega):=\sum_{i=1}^n a_i\mathbb{1}_{A_i}(\omega),\quad \omega\in\Omega.$$

则 $X(\omega):\Omega\to\mathbb{R}$ 是一个实值随机变量 (以后称为简单随机变量). 事实上, 由于 $\{A_i\}_{i=1}^n\subset\mathcal{F}$, 则有

$$\left\{X^{-1}(B);\ B\in\mathcal{B}_{\mathbb{R}}\right\}=\left\{\bigcup_{i\in I}A_i;\ I\subset\{1,\cdots,n\}\right\}. \tag{2.40}$$

若 $I=\varnothing$, 则记 $\bigcup_{i\in I}A_i=\varnothing$. 因为如下关系成立:

$$\left\{\bigcup_{i\in I}A_i;\ I\subset\{1,\cdots,n\}\right\}=\sigma(\{A_1,\cdots,A_n\}), \tag{2.41}$$

故集类 $\{X^{-1}(B);\ B\in\mathcal{B}_{\mathbb{R}}\}$ 也是一个 σ-代数.

观察上面例子中的 (2.41), 我们有: 对于简单随机变量 $X(\omega):\Omega\to\mathbb{R}$, 集类 $\{X^{-1}(B);\ B\in\mathcal{B}_{\mathbb{R}}\}$ 是一个 σ-代数. 事实上, 对任意一个随机变量 $X(\omega):\Omega\to S$, 集类 $\{X^{-1}(B);\ B\in\mathcal{B}_{\mathbb{R}}\}$ 都是一个 σ-代数. 为了证明这一点, 只需注意到如下等式:

$$\begin{cases}X^{-1}(A^{\mathrm{c}})=\left(X^{-1}(A)\right)^{\mathrm{c}}, & A\subset S,\\ X^{-1}\left(\bigcup_{i\in I}A_i\right)=\bigcup_{i\in I}X^{-1}(A_i), & A_i\subset S,\\ X^{-1}\left(\bigcap_{i\in I}A_i\right)=\bigcap_{i\in I}X^{-1}(A_i), & A_i\subset S,\end{cases} \tag{2.42}$$

其中, 索引集合 I 不一定可数, 且上式中的 $X:\Omega\to S$ 仅需要是样本空间的函数即可, 并非一定是可测的. 以后, 对任意 S-值样本空间上的函数 $X(\omega)$, 我们记 σ-代数:

$$\sigma(X):=\left\{X^{-1}(B);\ B\in\mathcal{S}\right\}. \tag{2.43}$$

显然, 任何样本空间上的函数 $X(\omega)$ 都是 $\sigma(X)$-可测的, 即 $X\in\sigma(X)$. 由 (2.43), 这说明:

$\sigma(X)$ 是使样本空间上的函数 $X(\omega)$ 为随机变量的最小事件域.

如果 $X=(X_1,\cdots,X_n):(\Omega,\mathcal{F})\to(\mathbb{R}^n,\mathcal{B}_{\mathbb{R}^n})$ 是一个 n-维随机变量, 则有

$$\sigma(X)=\sigma\left(\bigcup_{i=1}^{n}\sigma(X_i)\right). \tag{2.44}$$

如果 $X=(X_1,\cdots,X_n,\cdots)$ 是一个可数无穷维随机变量, 那么得到

$$\sigma(X)=\sigma\left(\bigcup_{n=1}^{\infty}\sigma(X_1,\cdots,X_n)\right). \tag{2.45}$$

进一步, 我们还能断言:

引理 2.6 样本空间上的函数 $X:(\Omega,\mathcal{F})\to(S,\mathcal{S})$ 为一个随机变量当且仅当 $\sigma(X)\subset\mathcal{F}$ (即 $\sigma(X)$ 是一个子事件域).

下面的命题表明: 任意实值随机变量可用简单随机变量列来逐点逼近. 该逼近结果将是定义随机变量数学期望的主要工具.

命题 2.1 设 $X(\omega):\Omega\to\mathbb{R}$ 为概率空间 $(\Omega,\mathcal{F},\mathbb{P})$ 上的任意实值随机变量. 那么, 存在一列简单随机变量列 $\{X_n(\omega)\}_{n\in\mathbb{N}}$ 使得: 当 $n\to\infty$ 时,

$$X_n(\omega)\to X(\omega),\quad \forall\omega\in\Omega. \tag{2.46}$$

证 对任意 $n\in\mathbb{N}$, 让我们定义如下简单 Borel-函数:

$$f_n(x)=n\mathbb{1}_{(n,+\infty)}(x)+\sum_{k=0}^{n2^n-1}\frac{k}{2^n}\mathbb{1}_{\left(\frac{k}{2^n},\frac{k+1}{2^n}\right]}(x),\quad x\geqslant 0. \tag{2.47}$$

注意到, 对任意 $x\geqslant 0$, 我们有 (图 2.4)

$$f_n(x)\uparrow x,\quad n\to\infty. \tag{2.48}$$

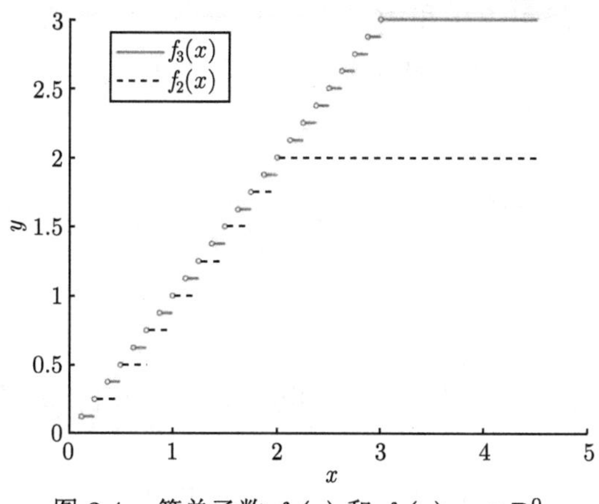

图 2.4 简单函数 $f_2(x)$ 和 $f_3(x)$, $x \in \mathbb{R}_+^0$

于是, 对任意 $n \in \mathbb{N}$, 定义简单随机变量:

$$Y_n(\omega) := f_n(X^+(\omega)), \quad Z_n(\omega) := f_n(X^-(\omega)), \quad \omega \in \Omega.$$

因此, 当 $n \to \infty$ 时, 我们有

$$Y_n(\omega) \uparrow X^+(\omega), \quad Z_n(\omega) \uparrow X^-(\omega), \quad \forall \omega \in \Omega. \tag{2.49}$$

这样, 定义简单随机变量 $X_n(\omega) := Y_n(\omega) - Z_n(\omega)$, $\omega \in \Omega$. 那么根据 (2.49), 我们得到收敛 (2.46). □

练习 2.9 设 $\mathcal{A}$ 为空间 S 中某些子集所形成的集类. 现有样本空间上的函数 $X(\omega) : (\Omega, \mathcal{F}) \to (S, \sigma(\mathcal{A}))$ 满足: 对任意 $A \in \mathcal{A}$, $X^{-1}(A) \in \mathcal{F}$. 那么 $X(\omega) : (\Omega, \mathcal{F}) \to (S, \sigma(\mathcal{A}))$ 是一个随机变量.

提示 我们首先定义如下集类

$$\mathcal{M} := \{B \subset S;\ X^{-1}(B) \in \mathcal{F}\}.$$

那么, 由 (2.42), 不难验证 $\mathcal{M}$ 是一个 σ-代数. 另一方面, 由题设显然有 $\mathcal{A} \subset \mathcal{M}$, 因此得到 $\sigma(\mathcal{A}) \subset \mathcal{M}$. □

下面的练习说明了, 随机变量列的上下确界和上下极限也都是扩展值的随机变量:

练习 2.10 设 $\overline{\mathbb{R}} = [-\infty, +\infty]$ 和 $\mathcal{B}_{\overline{\mathbb{R}}} := \sigma(\{[-\infty, x);\ x \in \mathbb{R}\})$. 假设 $\{X_n\}_{n \geqslant 1}$ 为概率空间 $(\Omega, \mathcal{F}, \mathbb{P})$ 上的一列 $\overline{\mathbb{R}}$-值随机变量, 那么以下样本空间上的函数也都是 $\overline{\mathbb{R}}$-值随机变量:

$$\inf_{n \geqslant 1} X_n, \quad \sup_{n \geqslant 1} X_n, \quad \underline{\lim}_{n \to \infty} X_n, \quad \overline{\lim}_{n \to \infty} X_n.$$

提示　由上面的练习 2.9 和 $\mathcal{B}_{\overline{\mathbb{R}}} = \sigma(\{[-\infty, x);\ x \in \mathbb{R}\})$, 为证 $\inf_{n\geqslant} X_n$ 为 $\overline{\mathbb{R}}$-值随机变量, 只需验证: 对任意 $x \in \mathbb{R}$, $\{\omega \in \Omega;\ \inf_{n\geqslant 1} X_n(\omega) < x\} \in \mathcal{F}$. 事实上, 对任意 $x \in \mathbb{R}$, 我们有

$$\left\{\omega \in \Omega;\ \inf_{n\geqslant 1} X_n(\omega) < x\right\} = \bigcup_{n=1}^{\infty} X_n^{-1}([-\infty, x)) \in \mathcal{F}.$$

另外, 注意到

$$\sup_{n\geqslant 1} X_n = -\inf_{n\geqslant 1}(-X_n), \quad \underline{\lim}_{n\to\infty} X_n = \sup_{m\geqslant 1}\left(\inf_{n\geqslant m} X_n\right),$$

$$\overline{\lim}_{n\to\infty} X_n = \inf_{m\geqslant 1}\left(\sup_{n\geqslant m} X_n\right).$$

由此, 我们可以验证 $\sup_{n\geqslant 1} X_n$, $\underline{\lim}_{n\to\infty} X_n$ 和 $\overline{\lim}_{n\to\infty} X_n$ 也是随机变量. □

下面考虑 $\{X_\alpha\}_{\alpha\in I}$ 为概率空间 $(\Omega, \mathcal{F}, \mathbb{P})$ 上的一族 $\overline{\mathbb{R}}$-随机变量 (这里 I 可以不可数). 如果索引集合 I 是可数的, 练习 2.10 证明了 $\inf_{\alpha\in I} X_\alpha$ 和 $\sup_{\alpha\in I} X_\alpha$ 都是 $\mathcal{F}$-可测的 (即它们为随机变量). 然而, 当 I 不可数时, 我们并不能保证 $\inf_{\alpha\in I} X_\alpha$ 和 $\sup_{\alpha\in I} X_\alpha$ 关于 $\mathcal{F}$ 的可测性. 为了处理 $\inf_{\alpha\in I} X_\alpha$ 和 $\sup_{\alpha\in I} X_\alpha$ 的可测性问题, 我们这里介绍**本质上、下确界**的概念.

定义 2.10 (本质上确界)　设 $\{X_\alpha\}_{\alpha\in I}$ 为概率空间 $(\Omega, \mathcal{F}, \mathbb{P})$ 上的一族 $\overline{\mathbb{R}}$-值随机变量, 称随机变量 X^* 为 $\{X_\alpha\}_{\alpha\in I}$ 的本质上确界 (essential supremum), 如果其满足如下条件:

(i) 对任意 $\alpha \in I$, $X_\alpha \leqslant X^*$, a.e.;

(ii) 对任意随机变量 Y 满足 $X_\alpha \leqslant Y$, a.e., $\forall \alpha \in I$, 则有 $X^* \leqslant Y$, a.e..

以后记 $X^* := \operatorname{ess\,sup}_{\alpha\in I} X_\alpha$.

称如下随机变量:

$$X_* := \operatorname*{ess\,inf}_{\alpha\in I} X_\alpha := -\operatorname*{ess\,sup}_{\alpha\in I}(-X_\alpha) \tag{2.50}$$

为随机变量族 $\{X_\alpha\}_{\alpha\in I}$ 的本质下确界 (essential infimum).

对任意 $\omega \in \Omega$, 定义 $X(\omega) := \sup_{\alpha\in I} X_\alpha(\omega)$. 由于 I 不一定可数, 那么 X 并不是一个随机变量. 然而, 即使 X 是随机变量, 但 X 甚至不能满足定义 2.10 中的条件 (i) 和 (ii). 让我们看下面的例子:

例 2.3　设概率空间 $(\Omega, \mathcal{F}, \mathbb{P}) = ([0,1], \mathcal{B}_{[0,1]}, m)$ (m 为 Lebesgue 测度). 对任意 $\alpha \in I := [0,1]$, 定义:

$$X_\alpha(\omega) := \mathbb{1}_{\omega=\alpha}, \quad \omega \in \Omega = [0,1].$$

于是, 对任意 $\omega \in \Omega = [0,1]$, 我们有

$$X(\omega) := \sup_{\alpha \in I} X_\alpha(\omega) = \sup_{\alpha \in [0,1]} \mathbb{1}_{\omega=\alpha} = 1.$$

因此 $X \equiv 1$ 是可测的. 然而, 对每个固定 $\alpha \in I$, 有 $X_\alpha = 0$, $\mathbb{P}$-a.e., 于是有

$$X^* = \operatorname*{ess\,sup}_{\alpha \in I} X_\alpha = 0, \quad \mathbb{P}\text{-a.e.}.$$

下面的定理证明了本质上确界的存在唯一性:

定理 2.10 (本质上确界的存在唯一性) 设 $\{X_\alpha\}_{\alpha \in I}$ 为概率空间 $(\Omega, \mathcal{F}, \mathbb{P})$ 下的一族 $\overline{\mathbb{R}}$-值随机变量, 则 $\{X_\alpha\}_{\alpha \in I}$ 的本质上确界 $X^* = \operatorname{ess\,sup}_{\alpha \in I} X_\alpha$ 存在. 进一步, 存在一个可数集 $I_0 \subset I$ 使得

$$X^* = \sup_{i \in I_0} X_i. \tag{2.51}$$

此外, 本质上确界 X^* 以概率 1 唯一.

证 该定理证明用到了数学期望的概念. 因此, 读者此时可略去本证明, 待学完第 3 章后可返回到此处的证明. 不失一般性, 让我们假设 X_α 关于 (α, ω) 是一致有界且非负的. 于是, 我们可以定义:

$$M := \sup_{J \subset I;\ J\text{可数}} \left\{ \mathbb{E}\left[\sup_{i \in J} X_i \right] \right\}.$$

那么, 存在最大化单增索引序列 $\{J_n\}_{n \geqslant 1} \subset I$ 和对任意 $n \geqslant 1$, $J_n \subset I$ 是可数的且满足

$$\lim_{n \to \infty} \mathbb{E}\left[\sup_{i \in J_n} X_i \right] = M.$$

显然 $I_0 := \bigcup_{n=1}^{\infty} J_n$ 是可数的. 进一步, 定义 $X^* := \sup_{i \in I_0} X_i$, 则 X^* 是一个随机变量. 那么, 应用单调收敛定理得到

$$\mathbb{E}[X^*] = \mathbb{E}\left[\sup_{i \in \bigcup_{n=1}^{\infty} J_n} X_i \right] = \lim_{n \to \infty} \mathbb{E}\left[\sup_{i \in J_n} X_i \right] = M. \tag{2.52}$$

下面证明 $X^* := \sup_{i \in I_0} X_i$ 满足定义 2.10 中的条件 (i)—(ii). 事实上, 对任意随机变量 Y 且满足 $Y \geqslant X_\alpha$, a.e., $\forall \alpha \in I$, 因为 $I_0 \subset I$, 故对任意 $i \in I_0$, 我们有 $Y \geqslant X_i$, a.e.. 由于 I_0 是可数的, 故 $\mathbb{P}(Y \geqslant X_i,\ \forall i \in I_0) = 1$. 这意味着

$$\mathbb{P}\left(Y \geqslant \sup_{i \in I_0} X_i \right) \geqslant \mathbb{P}(Y \geqslant X_i,\ \forall i \in I_0) = 1,$$

此即 $Y \geqslant X^*$, a.e., 也就是 $X^* := \sup_{i\in I_0} X_i$ 满足定义 2.10 中的条件 (ii). 另一方面, 对任意 $\alpha \in I$, 显然有 $X^* \leqslant X^* \vee X_\alpha$. 于是, 由 (2.52), 我们有

$$\mathbb{E}[X^* \vee X_\alpha] = \mathbb{E}\left[\sup_{i\in I_0\cup\{\alpha\}} X_i\right] \leqslant M = \mathbb{E}[X^*].$$

这得到了 $\mathbb{E}[X^* \vee X_\alpha - X^*] \leqslant 0$. 注意到 $\mathbb{E}[X^* \vee X_\alpha - X^*] \geqslant 0$. 因此得到

$$\mathbb{E}[|X^* \vee X_\alpha - X^*|] = \mathbb{E}[X^* \vee X_\alpha - X^*] = 0,$$

那么 $X^* \vee X_\alpha = X^*$, a.e., 这给出了 $X^* \geqslant X_\alpha$, a.e.. 由于 $\alpha \in I$ 是任意的, 故 X^* 满足定义 2.10 中的条件 (i).

最后, 我们证明 X^* 的唯一性. 为此, 假设 Z^* 也满足定义 2.10 中的条件 (i) 和 (ii). 于是, 我们有

(iii) 对任意 $\alpha \in I$, $X_\alpha \leqslant Z^*$, a.e.;

(iv) 对任意随机变量 Y 满足 $Y \geqslant X_\alpha$, a.e., $\forall \alpha \in I$, 有 $Z^* \leqslant Y$, a.e..

由 (i), 对任意 $\alpha \in I$, $X_\alpha \leqslant X^*$, a.e.. 于是, 应用 (iv) 有: $Z^* \leqslant X^*$, a.e.. 对称地, 由条件 (iii), 对任意 $\alpha \in I$, $X_\alpha \leqslant Z^*$, a.e.. 那么应用条件 (ii) 有: $X^* \leqslant Z^*$, a.e.. 这样, 最终证得 $X^* = Z^*$, a.e.. □

练习 2.11 设 $\{X_\alpha\}_{\alpha\in I}$ 为概率空间 $(\Omega, \mathcal{F}, \mathbb{P})$ 上的一族 $\overline{\mathbb{R}}$-值随机变量且满足所谓的**直上性** (direct upward): 对任意 $\alpha, \beta \in I$, 存在 $\gamma \in I$ 使得

$$X_\alpha \vee X_\beta \leqslant X_\gamma, \quad \text{a.e.}.$$

那么, 存在 $\{i_n\}_{n\geqslant 1} \subset I$ 满足: 对任意 $n \geqslant 1$,

$$X_{i_n} \leqslant X_{i_{n+1}} \text{ 和 } \lim_{n\to\infty} X_{i_n} = X^*, \quad \text{a.e.}.$$

提示 由定理 2.10, 存在可数集 $I_0 = \{i_n\}_{n\geqslant 1} \subset I$ 满足 $X^* = \sup_{n\geqslant 1} X_{i_n}$. 定义 $j_1 = i_1$ 和迭代地选择 $j_n \in I$ 使得

$$X_{j_{n-1}} \vee X_{j_n} \leqslant X_{j_n}, \quad \text{a.e.}.$$

因此, 对任意 $n \geqslant 1$, $X_{j_{n-1}} \leqslant X_{j_n} \leqslant X^*$ 和 $X_{j_n} \geqslant \max_{l=1,\cdots,n} X_{i_l}$, a.e.. 这样, 我们得到

$$X^* \geqslant \lim_{n\to\infty} X_{j_n} = \sup_{n\geqslant 1} X_{j_n} \geqslant \sup_{n\geqslant 1} X_{i_n} = X^*.$$

因此证得结论. □

下面我们重新返回随机变量的判别.

定理 2.11 设 $\mathcal{A}$ 为空间 S 中某些子集所形成的集类. 如果 $X(\omega):(\Omega,\mathcal{F})\to(S,\sigma(\mathcal{A}))$ 是一个随机变量, 那么有

$$\sigma(X)=\{X^{-1}(A);\ A\in\sigma(\mathcal{A})\}=\sigma(\{X^{-1}(A);\ A\in\mathcal{A}\}).$$

证 因为 $X(\omega):(\Omega,\mathcal{F})\to(S,\sigma(\mathcal{A}))$ 是一个随机变量, 故对任意 $A\in\mathcal{A}\subset\sigma(\mathcal{A})$, 我们有 $X^{-1}(A)\in\mathcal{F}$, 此即 $\{X^{-1}(A);\ A\in\mathcal{A}\}\subset\mathcal{F}$. 由于 $\mathcal{F}$ 为 σ-代数, 那么

$$\mathcal{G}:=\sigma(\{X^{-1}(A);\ A\in\mathcal{A}\})\subset\mathcal{F}.$$

下面证明 $X\in\mathcal{G}$. 为此定义:

$$\mathcal{M}:=\{B\subset S;\ X^{-1}(B)\in\mathcal{G}\}.$$

由于 $\mathcal{G}$ 为 σ-代数, 故 $\mathcal{M}$ 也为 σ-代数. 由于显然有 $\mathcal{A}\subset\mathcal{G}$, 故 $\sigma(\mathcal{A})\subset\mathcal{M}$. 这意味着, 对任意 $B\in\sigma(\mathcal{A})$, 有 $X^{-1}(B)\in\mathcal{G}$. 这证明 $X\in\mathcal{G}$, 此即说明 $\mathcal{G}:=\sigma(\{X^{-1}(A);\ A\in\mathcal{A}\})$ 为使 $X(\omega)$ 为随机变量的一个事件域. 由于 $\sigma(X)$ 是使样本空间上的函数 $X(\omega)$ 为随机变量的最小事件域, 因此有

$$\sigma(X)\subset\sigma(\{X^{-1}(A);\ A\in\mathcal{A}\}).$$

另一方面, 由于

$$\{X^{-1}(A);\ A\in\mathcal{A}\}\subset\{X^{-1}(A);\ A\in\sigma(\mathcal{A})\}=\sigma(X),$$

而 $\sigma(X)$ 本身为 σ-代数, 故 $\sigma(\{X^{-1}(A);\ A\in\mathcal{A}\})\subset\sigma(X)$. 这样, 该定理得证. □

如果 $X=(X_1,\cdots,X_n):(\Omega,\mathcal{F})\to(\mathbb{R}^n,\mathcal{B}_{\mathbb{R}^n})$ 为一个 n-维随机变量, 由于

$$\mathcal{B}_{\mathbb{R}^n}=\sigma\left(\left\{\prod_{i=1}^n(-\infty,x_i];\ x_i\in\mathbb{R},\ i=1,\cdots,n\right\}\right),\tag{2.53}$$

那么由上面的定理 2.11 得到

$$\sigma(X_1,\cdots,X_n)=\sigma\left(\left\{\bigcap_{i=1}^n\{X_i\leqslant x_i\};\ x_i\in\mathbb{R},\ i=1,\cdots,n\right\}\right).\tag{2.54}$$

下面关于可测性的结果将在本书后续章节学习中频繁用到:

练习 2.12 设 $X(\omega),Y(\omega)$ 为概率空间 $(\Omega,\mathcal{F},\mathbb{P})$ 上的两个实值随机变量, 那么有

$$\text{存在 Borel-函数 } f:\mathbb{R}\to\mathbb{R} \text{ 使得 } Y=f(X)\Longleftrightarrow\sigma(Y)\subset\sigma(X).$$

提示　首先假设存在 Borel-函数 $f:\mathbb{R}\to\mathbb{R}$ 使得 $Y=f(X)$. 于是, $Y:(\Omega,\mathcal{F})\to(\mathbb{R},\mathcal{B}_{\mathbb{R}})$ 是一个随机变量. 这样, 我们得到

$$\begin{aligned}\sigma(Y)&=\{Y^{-1}(B);\ B\in\mathcal{B}_{\mathbb{R}}\}=\{X^{-1}(f^{-1}(B));\ B\in\mathcal{B}_{\mathbb{R}}\}\\&=\{X^{-1}(A);\ A=f^{-1}(B)\in\mathcal{B}_{\mathbb{R}},\ B\in\mathcal{B}_{\mathbb{R}}\}\\&\subset\{X^{-1}(A);\ A\in\mathcal{B}_{\mathbb{R}}\}=\sigma(X).\end{aligned}$$

下面假设 $\sigma(Y)\subset\sigma(X)$. 对任意固定的 $n\in\mathbb{N}$, 让我们定义:

$$A_{mn}:=\left\{\omega\in\Omega;\ Y(\omega)\in\left[\frac{m}{2^n},\frac{m+1}{2^n}\right)\right\},\quad \forall m\in\mathbb{Z}.$$

那么由定理 2.11 得到 $A_{mn}\in\sigma(Y)\subset\sigma(X)$. 这样, 存在某个 $B_{mn}\in\mathcal{B}_{\mathbb{R}}$ 使得

$$A_{mn}=X^{-1}(B_{mn})=\{\omega\in\Omega;\ X(\omega)\in B_{mn}\}.$$

为此, 定义如下 Borel-函数列:

$$f_n(x):=\sum_{m\in\mathbb{Z}}\frac{m}{2^n}\mathbb{1}_{B_{mn}}(x),\quad x\in\mathbb{R}.$$

设 $f(x):=\limsup_{n\to\infty}f_n(x)$, 以及我们注意到

$$\begin{aligned}f_n(X(\omega))\leqslant Y(\omega)&=\sum_{m\in\mathbb{Z}}Y(\omega)\mathbb{1}_{\left[\frac{m}{2^n},\frac{m+1}{2^n}\right)}(Y(\omega))\\&\leqslant\sum_{m\in\mathbb{Z}}\left(\frac{m}{2^n}+\frac{1}{2^n}\right)\mathbb{1}_{\left[\frac{m}{2^n},\frac{m+1}{2^n}\right)}(Y(\omega))\\&=f_n(X(\omega))+\frac{1}{2^n}.\end{aligned}$$

对上面不等式两边同时令 $n\to\infty$, 我们有 $f(X(\omega))\leqslant Y(\omega)\leqslant f(X(\omega))$. □

下面的练习刻画了多维随机变量所生成的 σ-代数:

练习 2.13　设 $X=(X_1,\cdots,X_n):(\Omega,\mathcal{F})\to(\mathbb{R}^n,\mathcal{B}_{\mathbb{R}^n})$ 是一个 $\mathbb{R}^d$-值随机变量, 则有

$$\sigma(X)=\sigma\left(\bigcup_{i=1}^n\sigma(X_i)\right).\tag{2.55}$$

提示　首先注意到 (参见第 3 章中的练习 3.14)

$$\mathcal{B}_{\mathbb{R}^n}=\sigma\left(\left\{\prod_{i=1}^nB_i;\ B_i\in\mathcal{B}_{\mathbb{R}},\ i=1,\cdots,n\right\}\right).$$

于是, 由定理 2.11 得

$$\sigma(X)=\{(X_1,\cdots,X_n)^{-1}(B);\ B\in\mathcal{B}_{\mathbb{R}^n}\}$$
$$=\sigma\left(\left\{\bigcap_{i=1}^n X_i^{-1}(B_i);\ B_i\in\mathcal{B}_{\mathbb{R}}\right\}\right).\tag{2.56}$$

因此 $\left(\text{取 } B_i\cap\left(\bigcap_{j\neq i}\mathbb{R}\right),\ i=1,\cdots,n\right)$:

$$\bigcup_{i=1}^n\sigma(X_i)=\left\{X_i^{-1}(B_i);\ B_i\in\mathcal{B}_{\mathbb{R}},\ i=1,\cdots,n\right\}\subset\left\{\bigcap_{i=1}^n X_i^{-1}(B_i);\ B_i\in\mathcal{B}_{\mathbb{R}}\right\}.$$

根据 (2.56), 这意味着

$$\sigma\left(\bigcup_{i=1}^n\sigma(X_i)\right)\subset\sigma\left(\left\{\bigcap_{i=1}^n X_i^{-1}(B_i);\ B_i\in\mathcal{B}_{\mathbb{R}}\right\}\right)=\sigma(X).\tag{2.57}$$

由于 $\sigma(\{X_i^{-1}(B_i);\ B_i\in\mathcal{B}_{\mathbb{R}},\ i=1,\cdots,n\})$ 是一个 σ-代数, 则显然有

$$\left\{\bigcap_{i=1}^n X_i^{-1}(B_i);\ B_i\in\mathcal{B}_{\mathbb{R}}\right\}\subset\sigma\left(\left\{X_i^{-1}(B_i);\ B_i\in\mathcal{B}_{\mathbb{R}},\ i=1,\cdots,n\right\}\right)$$
$$=\sigma\left(\bigcup_{i=1}^n\sigma(X_i)\right).$$

于是, 我们得到

$$\sigma(X)=\sigma\left(\left\{\bigcap_{i=1}^n X_i^{-1}(B_i);\ B_i\in\mathcal{B}_{\mathbb{R}}\right\}\right)\subset\sigma\left(\bigcup_{i=1}^n\sigma(X_i)\right).\tag{2.58}$$

结合 (2.57) 和 (2.58) 得到 (2.55). □

习 题 2

1. 分别表述 “古典概型”、“n 重 Bernoulli 试验” 和 “几何概型” 的概率空间.
2. 验证如下对称差所满足的性质:

$$(A\Delta B)\Delta(B\Delta C)=A\Delta C,\quad (A\Delta B)\Delta(C\Delta D)=(A\Delta C)\Delta(B\Delta D).$$

3. 证明对称差满足 (2.33) 和 (2.34).

4. 证明 (2.42) 中的等式关系.

5. 对任意 $\alpha \in I$, $\mathcal{F}_\alpha$ 为 σ-代数, 其中 I 是一个索引集合 (可以为不可数的). 证明 $\bigcap_{\alpha\in I}\mathcal{F}_\alpha$ 也是一个 σ-代数.

6. 设 $\mathcal{H}\subset\mathcal{G}$ 为两个 σ-代数. 对任意的 $H\in\mathcal{H}$, 定义 $\mathcal{H}^H := \{A\in\mathcal{G};\ A\cap H\in\mathcal{H}\}$. 证明如下结论:

(a) $\mathcal{H}^H$ 是一个 σ-代数;

(b) $H\to\mathcal{H}^H$ 是单减的 ($\mathcal{H}^\Omega=\mathcal{H}$ 和 $\mathcal{H}^\varnothing=\mathcal{G}$);

(c) 对任意的 $H,H'\in\mathcal{H}$, 有 $\mathcal{H}^{H\cup H'}=\mathcal{H}^H\cap\mathcal{H}^{H'}$.

7. 补充完整 π-λ 定理 (定理 2.2) 的证明.

8. 补充完整 Halmos 单调类定理 (定理 2.6) 的证明.

9. 试图用 Halmos 单调类定理 (定理 2.6) 证明练习 2.7.

10. 设 $A\subset\mathbb{N}$. 如果存在一个常数 θ 使得

$$\lim_{n\to\infty}\frac{\#(A\cap\{1,2,\cdots,n\})}{n}=\theta,$$

其中 $\#(A\cap\{1,2,\cdots,n\})$ 表示集合 $A\cap\{1,2,\cdots,n\}$ 中元素的个数. 那么称集合 A 具有渐近密度 θ. 定义集类:

$$\mathcal{A}:=\{A\subset\mathbb{N};\ A\text{ 具有渐近密度}\}.$$

判别 $\mathcal{A}$ 是否是一个代数? 判别 $\mathcal{A}$ 是否是一个 σ-代数?

11. 设 $\mathcal{C}$ 为 Ω 上的某些集类, 则对任意 $A\subset\Omega$, 定义:

$$A\cap\mathcal{C}=\{A\cap B;\ B\in\mathcal{C}\}.$$

(i) 记 $\sigma_A(A\cap\mathcal{C})$ 为 $A\cap\mathcal{C}$ (视为 A 上集类) 在 A 上生成的 σ-代数, 证明:

$$\sigma_A(A\cap\mathcal{C})=A\cap\sigma(\mathcal{C}).$$

(ii) 证明对 $m(\mathcal{C})$ 和 $\lambda(\mathcal{C})$ 也有类似的结果.

12. 设 $\mathcal{F}$ 为 Ω 中某些子集所形成的 σ-代数和 $\mathcal{C}:=\{A_1,A_2,\cdots\}$ 为 Ω 的一个可数划分 (即对任意 $n\neq m$, 都有 $A_n\cap A_m=\varnothing$ 和 $\bigcup_{n\geqslant1}A_n=\Omega$). 那么, 对任意 $B\in\sigma(\mathcal{F}\cup\mathcal{C})$, 存在 $B_n\in\mathcal{F}$, $n\in\mathbb{N}$ 使得

$$B=\biguplus_{n=1}^{\infty}(B_n\cap A_n).$$

13. 设 $\mathcal{C}$ 为一个集类且满足以下条件:

(i) 若 $A\in\mathcal{C}$, 则 $A^{\mathrm{c}}\in m(\mathcal{C})$;

(ii) 若 $A,B\in\mathcal{C}$ 和 $A\cap B=\varnothing$, 则 $A\cup B\in m(\mathcal{C})$.

证明 $\lambda(\mathcal{C})=m(\mathcal{C})$.

14. 证明: 如果 $\mathcal{M}=\sigma(\mathcal{E})$, 则有

$$\mathcal{M}=\bigcup_{\mathcal{F}\text{ 包含可列个 }\mathcal{E}\text{ 中元素}}\sigma(\mathcal{F}).$$

提示 先证明等式右边的集类是一个 σ-代数.

15. 设 $(\Omega,\mathcal{F},\mu)$ 为一个有限测度空间且对某个代数 $\mathcal{C}$, $\mathcal{F}=\sigma(\mathcal{C})$. 证明: 对任意 $A\in\mathcal{F}$,

$$\mu(A)=\sup\{\mu(B);\ B\in\mathcal{C}_\delta, B\subset A\}=\inf\{\mu(B);\ B\in\mathcal{C}_\sigma, A\subset B\},$$

其中 $\mathcal{C}_\delta$ 和 $\mathcal{C}_\sigma$ 分别为包含所有可表示为 $\mathcal{C}$ 中元素可列交和可列并的集合.

提示 设 $\mathcal{G}$ 为 $\mathcal{F}$ 中使得上式成立的集合 A 的全体, 证明其为单调类, 再利用单调类定理.

16. 设 $(\Omega,\mathcal{F},\mathbb{P})$ 是一个概率空间. 回答如下问题:

(i) 证明: 对于任意 $A,B,C\in\mathcal{F}$,

$$\mathbb{P}(A\Delta B)\leqslant\mathbb{P}(B\Delta C)+\mathbb{P}(A\Delta C).$$

(ii) 证明: 设对任意 $A_1,A_2,\cdots,A_n\in\mathcal{F}$,

$$\begin{aligned}\mathbb{P}(A_1\Delta A_2\Delta\cdots\Delta A_n)=&\sum_{i=1}^n\mathbb{P}(A_i)-2\sum_{1\leqslant i_1<i_2\leqslant n}\mathbb{P}(A_{i_1}A_{i_2})\\&+4\sum_{1\leqslant i_1<i_2<i_3\leqslant n}\mathbb{P}(A_{i_1}A_{i_2}A_{i_3})+\cdots+(-2)^{n-1}\mathbb{P}(A_{i_1}A_{i_2}\cdots A_{i_n}).\end{aligned}$$

17. 设 $\mu_1,\cdots,\mu_n$ 为可测空间 $(\Omega,\mathcal{F})$ 上的 n 个测度. 对于非负有限常数 $a_1,\cdots,a_n$, 证明: $\sum_{j=1}^n a_j\mu_j$ 也是 $(\Omega,\mathcal{F})$ 上的一个测度.

18. 设 $(\Omega,\mathcal{F},\mu)$ 为一个测度空间和 $E\in\mathcal{F}$. 对任意 $A\in\mathcal{F}$, 定义 $\mu_E(A):=\mu(A\cap E)$. 证明: $\mu_E(\cdot)$ 是可测空间 $(\Omega,\mathcal{F})$ 上的一个测度.

19. 举例: 给出一个概率空间 $(\Omega,\mathcal{F},\mathbb{P})$ 和事件 $\{A_n\}_{n\geqslant1}$ 使其满足

$$\overline{\lim_{n\to\infty}}A_n=\varnothing\quad 和\quad\sum_{n=1}^\infty\mathbb{P}(A_n)=+\infty.$$

20. (Kochen-Stone 引理) 设 $(\Omega,\mathcal{F},\mathbb{P})$ 是一个概率空间和 $\{A_k\}_{k\geqslant1}\subset\mathcal{F}$ 满足 $\sum_{k=1}^\infty\mathbb{P}(A_k)=+\infty$. 如果如下极限成立:

$$\overline{\lim_{n\to\infty}}\frac{\left(\sum_{k=1}^n\mathbb{P}(A_k)\right)^2}{\sum_{1\leqslant j,k\leqslant n}\mathbb{P}(A_j\cap A_k)}=\alpha\in(0,1],$$

证明 $\mathbb{P}(A_n;\ \text{i.o.})\geqslant\alpha$.

21. 设 $(\Omega,\mathcal{F},\mathbb{P})$ 为一个概率空间和 $\{A_n\}_{n\geqslant1}\subset\mathcal{F}$. 对任意 $n\geqslant1$, $\mathbb{P}(A_n)<1$. 证明: 如果 $\mathbb{P}\left(\bigcup_{n\geqslant1}A_n\right)=1$, 那么 $\mathbb{P}(A_n;\ \text{i.o.})=1$.

22. 设 $(\Omega,\mathcal{F},\mathbb{P})$ 为一个概率空间和 $\{A_n\}_{n\geqslant1}\subset\mathcal{F}$ 为一列事件. 回答以下问题:

(i) 证明: 如果 $\mathbb{P}(A_n)\to0$, $n\to\infty$ 和 $\sum_{n=1}^\infty\mathbb{P}(A_n^{\mathrm{c}}\cap A_{n+1})<+\infty$, 则

$$\mathbb{P}(A_n;\ \text{i.o.})=0.$$

(ii) 举例: 找到一列事件 $\{A_n\}_{n\geqslant 1}$ 使其不满足 Borel-Cantelli 引理的条件, 但上面的结论 (i) 成立.

23. 构造一个概率空间 $(\Omega,\mathcal{F},\mathbb{P})$ 和其上的一个随机变量 $X:\Omega\to\mathbb{R}$ 使其满足

(i) $\mathbb{P}(X\text{是无理数})=1$;

(ii) 对任意无理数 q, $\mathbb{P}(X=q)=0$.

24. 设 $(\Omega,\mathcal{F},\mu)$ 为一完备的测度空间和 $\mathcal{N}_\mu=\{A\in\mathcal{F};\ \mu(A)=0\}$. 设 $\mathcal{G}$ 为 $\mathcal{F}$ 的一个子 σ-代数, 定义:

$$\tilde{\mathcal{G}}:=\{A\subset\Omega;\ \exists\ B\in\mathcal{G}\ \text{使得}\ A\Delta B\in\mathcal{N}_\mu\}$$

和对任意 $A\in\tilde{\mathcal{G}}$,

$$\tilde{\mu}(A):=\mu(B),\quad \forall B\in\mathcal{G},\quad A\Delta B\in\mathcal{N}_\mu.$$

那么 $\tilde{\mathcal{G}}=\sigma(\mathcal{G}\cup\mathcal{N}_\mu)$ 且 $\tilde{\mu}$ 为 $\tilde{\mathcal{G}}$ 上的一个测度.

25. 设 $\xi_1,\cdots,\xi_n$ 是概率空间 $(\Omega,\mathcal{F},\mathbb{P})$ 上的 n 个随机变量, 证明 $X_1+\cdots+X_n$ 也是同一概率空间上的一个随机变量.

26. 已知 ξ 和 η 是概率空间 $(\Omega,\mathcal{F},\mathbb{P})$ 上的两个随机变量. 对任意 $A\in\mathcal{F}$, 定义:

$$X(\omega)=\begin{cases}\xi(\omega), & \omega\in A,\\ \eta(\omega), & \omega\in A^{\mathrm{c}}.\end{cases}$$

证明 X 也是一个随机变量.

第 3 章　分布与积分

"数学是科学之王." (Carolus Fridericus Gauss)

本章首先介绍随机变量分布的概念, 然后证明分布函数的基本性质以及根据分布的特点对其进行分类. 最后, 我们定义随机变量关于概率测度的积分, 即数学期望的概念. 本章的内容安排如下: 3.1 节介绍随机变量的分布; 3.2 节证明分布函数的各种性质; 3.3 节对分布函数进行分类与分解; 3.4 节引入随机变量关于概率测度的积分; 3.5 节证明变量变换公式, 其本质上可以解释随机变量关于概率测度的积分, 即我们熟知的随机变量的数学期望; 3.6 节介绍常用的概率不等式; 3.7 节讨论 σ-代数的独立性与乘积测度; 最后为本章课后习题.

3.1　随机变量的分布

我们首先引入随机变量分布 (视为一个概率测度) 的概念:

定义 3.1 (随机变量的分布)　设 $X:(\Omega,\mathcal{F})\to(S,\mathcal{S})$ 为概率空间 $(\Omega,\mathcal{F},\mathbb{P})$ 上的一个随机变量. 对任意 $B\in\mathcal{S}$, 定义:

$$\mathcal{P}_X(B):=\mathbb{P}(X^{-1}(B)), \tag{3.1}$$

则称 $\mathcal{P}_X$ 为随机变量 X 的分布. 如果 $(S,\mathcal{S})=(\mathbb{R},\mathcal{B}_{\mathbb{R}})$, 则称如下函数:

$$F_X(x):=\mathcal{P}_X((-\infty,x]),\quad x\in\mathbb{R} \tag{3.2}$$

为实值随机变量 X 的分布函数.

根据 (2.42), 我们不难验证 $(S,\mathcal{S},\mathcal{P}_X)$ 也是一个概率空间, 即有如下关系:

$$(\Omega,\mathcal{F},\mathbb{P})\xrightarrow{\text{r.v.}X:\ \Omega\to S}(S,\mathcal{S},\mathcal{P}_X).$$

回顾 $\sigma(X)=\{X^{-1}(B);\ B\in\mathcal{S}\}$, 则随机变量 X 的分布 $\mathcal{P}_X$ 本质上是**概率测度 $\mathbb{P}$ 在 $\sigma(X)$ 上的所有取值**. 特别地, 一个定义在 $\mathbb{R}$ 上的实值函数 $F(x)$ 是一个分布函数当且仅当它单调不减、右连续且满足 $F(-\infty)=0$ 和 $F(+\infty)=1$.

下面引入随机变量同分布的概念:

定义 3.2　设 X, Y 是两个取值于同一空间 S 的随机变量. 如果 $\mathcal{P}_X = \mathcal{P}_Y$ (即对任意 $B \in \mathcal{S}$, $\mathcal{P}_X(B) = \mathcal{P}_Y(B)$), 则称 X 与 Y 同分布. 以后记为 $X \overset{d}{=} Y$.

注意到, 同分布的两个随机变量并不要求必须定义在同一个概率空间上.

练习 3.1　设 X, Y 是两个实值随机变量. 如果 $F_X(x) = F_Y(x)$, $\forall x \in \mathbb{R}$, 那么 $X \overset{d}{=} Y$.

提示　应用 π-λ 定理. 事实上, 定义如下集类:

$$\mathcal{A} := \{(-\infty, x];\ x \in \mathbb{R}\}.$$

那么, 显然有 $\mathcal{A}$ 是一个 π-类. 进一步, 由题设 $F_X(x) = F_Y(x)$, $\forall x \in \mathbb{R}$, 我们有

$$\mathcal{P}_X = \mathcal{P}_Y, \quad \text{在 } \mathcal{A} \text{ 上}. \tag{3.3}$$

让我们再定义下面的集类:

$$\mathcal{L} := \{B \in \mathcal{B}_{\mathbb{R}};\ \mathcal{P}_X(B) = \mathcal{P}_Y(B)\}.$$

根据 (3.3), 则有 $\mathcal{A} \subset \mathcal{L}$.

下面证明 $\mathcal{L}$ 是一个 λ-类. 事实上, 我们有

(i) 由于 $\mathcal{P}_X(\mathbb{R}) = \mathcal{P}_Y(\mathbb{R}) = 1$, 则 $\mathbb{R} \in \mathcal{L}$.

(ii) 对任意 $A, B \in \mathcal{L}$ 和 $A \subset B$, 我们有 $\mathcal{P}_X(A) = \mathcal{P}_Y(A)$ 和 $\mathcal{P}_X(B) = \mathcal{P}_Y(B)$ 以及

$$\mathcal{P}_X(B \setminus A) = \mathcal{P}_X(B) - \mathcal{P}_X(A) = \mathcal{P}_Y(B) - \mathcal{P}_Y(A) = \mathcal{P}_Y(B \setminus A),$$

其中我们用到了 $\mathcal{P}_X$ 和 $\mathcal{P}_Y$ 均为 $\mathcal{B}_{\mathbb{R}}$ 上的概率测度. 这意味着 $B \setminus A \in \mathcal{L}$.

(iii) 对任意 $A_n \in \mathcal{L}$, $n \geqslant 1$ 和 $A_n \uparrow \bigcup_{i=1}^{\infty} A_i$, $n \to \infty$, 则有 $\mathcal{P}_X(A_n) = \mathcal{P}_Y(A_n)$, $n \geqslant 1$. 再由概率测度的连续性得

$$\mathcal{P}_X\left(\bigcup_{i=1}^{\infty} A_i\right) = \lim_{n\to\infty} \mathcal{P}_X(A_n) = \lim_{n\to\infty} \mathcal{P}_Y(A_n) = \mathcal{P}_Y\left(\bigcup_{i=1}^{\infty} A_i\right).$$

这意味着 $\bigcup_{i=1}^{\infty} A_i \in \mathcal{L}$.

这样, 由 π-λ 定理得到: $\sigma(\mathcal{A}) \subset \mathcal{L}$, 而 $\sigma(\mathcal{A}) = \mathcal{B}_{\mathbb{R}}$, 于是 $\mathcal{L} = \mathcal{B}_{\mathbb{R}}$. □

应用 π-λ 定理, 上面的练习 3.1 还可拓展到如下更一般的形式:

引理 3.1　设 X, Y 是两个取值于空间 S 的随机变量且满足 $\mathcal{S} = \sigma(\mathcal{A})$, 这里 $\mathcal{A}$ 是一个 π-类. 如果对任意 $B \in \mathcal{A}$, $\mathcal{P}_X(B) = \mathcal{P}_Y(B)$, 则 $X \overset{d}{=} Y$.

下面引入随机变量几乎处处相等的概念.

练习 3.2 设 $X,Y:(\Omega,\mathcal{F})\to(S,\mathcal{S})$ 是定义在同一概率空间 $(\Omega,\mathcal{F},\mathbb{P})$ 上的两个随机变量. 如果 $\mathbb{P}(X=Y)=1$, 则称 X 与 Y 几乎处处相等, 记为 $X\overset{\text{a.e.}}{=\!=}Y$. 那么, 我们有

$$X\overset{\text{a.e.}}{=\!=}Y\Longrightarrow X\overset{d}{=}Y.\tag{3.4}$$

提示 对任意 $B\in\mathcal{S}$, 定义如下事件:

$$A:=\{X=Y\},\quad C=\{X\in B\},\quad D=\{Y\in B\}.$$

那么, 由题设有

$$\mathbb{P}(A)=1\quad \text{和}\quad A\cap C=A\cap D.$$

我们注意到

$$0\leqslant\mathbb{P}(C)-\mathbb{P}(A\cap C)=\mathbb{P}(C\cap A^{\mathrm{c}})\leqslant\mathbb{P}(A^{\mathrm{c}})=0\Longrightarrow\mathbb{P}(C)=\mathbb{P}(A\cap C),$$
$$0\leqslant\mathbb{P}(D)-\mathbb{P}(A\cap D)=\mathbb{P}(D\cap A^{\mathrm{c}})\leqslant\mathbb{P}(A^{\mathrm{c}})=0\Longrightarrow\mathbb{P}(D)=\mathbb{P}(A\cap D).$$

因此得到

$$\mathbb{P}(C)=\mathbb{P}(A\cap C)=\mathbb{P}(A\cap D)=\mathbb{P}(D).$$

这给出了暗含关系 (3.4). □

我们下面说明每一个 $(\mathbb{R},\mathcal{B}_{\mathbb{R}})$ 上的概率测度都可以生成一个分布函数. 为此, 设 μ 为可测空间 $(\mathbb{R},\mathcal{B}_{\mathbb{R}})$ 上的任意一个概率测度. 于是, 定义:

$$F(x):=\mu((-\infty,x]),\quad \forall x\in\mathbb{R},$$

则 $F(x)$, $x\in\mathbb{R}$ 是一个分布函数. 进一步, $\forall a,b\in\mathbb{R}$, 且 $a<b$, 我们还有

$$\begin{cases}F(b)-F(a)=\mu((a,b]),\quad F(b-)-F(a)=\mu((a,b)),\\ F(b-)-F(a-)=\mu([a,b)),\quad F(b)-F(a-)=\mu([a,b]).\end{cases}\tag{3.5}$$

反之, 已知一个分布函数 $F(x)$, $x\in\mathbb{R}$, 我们也可以通过 (3.5) 中任何一个等式来构造一个 $\mathcal{B}_{\mathbb{R}}$ 上的概率测度 μ. 由于 (3.5) 中只要有一个等式成立, 那其他三个等式也成立. 不失一般性, 我们从等式 $\mu((a,b)):=F(b-)-F(a)$ 出发来建立集函数 μ. 具体步骤如下:

- 我们首先在开集上定义 μ. 设 $C\subset\mathbb{R}$ 为任意一个开集, 则 $C=\bigcup_{i=1}^{\infty}(a_i,b_i)$, 其中 (a_i,b_i), $i\geqslant1$ 为互不相交的开区间, 且这种开集的表示是唯一的. 于是, 我们定义:

$$\mu(C):=\sum_{i=1}^{\infty}\mu((a_i,b_i))=\sum_{i=1}^{\infty}[F(b_i-)-F(a_i)].\tag{3.6}$$

上面定义的 μ 确保了 μ 在开集上满足可列可加性.

- 下面在闭集上定义 μ. 设 $D \subset \mathbb{R}$ 为任意一个闭集, 则开集 $D^{\mathrm{c}} = \bigcup_{i=1}^{\infty}(c_i, d_i)$, 其中 (c_i, d_i), $i \geqslant 1$ 为互不相交的开区间, 且这种开集的表示是唯一的. 于是, 我们定义:

$$\mu(D) := 1 - \mu(D^{\mathrm{c}}) = 1 - \sum_{i=1}^{\infty} \mu((c_i, d_i)) = 1 - \sum_{i=1}^{\infty} [F(d_i-) - F(c_i)]. \tag{3.7}$$

- 下面在非开或非闭集 (例如 G_δ-集和 F_σ-集) 上定义 μ. 这里采用定义 "内、外测度" 的想法. 也就是, 对任意 $S \subset \mathbb{R}$, 我们定义:

$$\begin{aligned} \mu^*(S) &:= \inf_{\text{开集}U,\ S\subset U} \mu(U), \qquad (\text{外测度}) \\ \mu_*(S) &:= \sup_{\text{闭集}D,\ D\subset S} \mu(D), \qquad (\text{内测度}) \end{aligned}$$

显然 $\mu_*(S) \leqslant \mu^*(S)$. 如果 $\mu_*(S) = \mu^*(S)$, 则我们称子集 S (关于分布函数 $F(x)$) 是 "可测的". 于是, 当 $S \subset \mathbb{R}$ 是 "可测的", 则我们定义 $\mu(S) := \mu^*(S) = \mu_*(S)$. 进一步, 我们注意到如下的事实成立:

(i) 如果 S 是开或闭的, 则 S 是 "可测的";

(ii) 定义 $\mathcal{G} := \{S \subset \mathbb{R};\ S \text{ 是 "可测的"}\}$, 则 $\mathcal{G}$ 是一个 σ-代数. 那么, 由 (i) 知

$$\{\mathbb{R} \text{ 中的开集}\} \subset \mathcal{G},$$

因此 $\mathcal{B}_{\mathbb{R}} \subset \mathcal{G}$;

(iii) 由上面定义的 μ 是 $\mathcal{G}$ 上的一个概率测度.

关于如上事实的细节验证可参见 Lebesgue-Stieltjes 理论 (文献 [7]).

作为更一般的推广, 设 (S, d) 是一个度量空间 (metric space) 和 $\mathcal{B}_S$ 为其相应的 Borel σ-代数. 我们称定义在 $\mathcal{B}_S$ 上的概率测度为 Borel 概率测度. 下面的定理证明了任何 Borel 概率测度的内、外测度都是相等的:

定理 3.1 设 (S, d) 是一个度量空间, 则任意 Borel 概率测度 μ 都是正则的 (regular), 即对任意 $B \in \mathcal{B}_S$, 我们有

$$\mu(B) = \inf_{\text{开集}U,\ B\subset U} \mu(U) = \sup_{\text{闭集}D,\ D\subset B} \mu(D). \tag{3.8}$$

证 我们将所有满足 (3.8) 的 Borel 集定义为

$$\mathcal{M} := \left\{ B \in \mathcal{B}_S;\ \mu(B) = \inf_{\text{开集}U,\ B\subset U} \mu(U) = \sup_{\text{闭集}D,\ D\subset B} \mu(D) \right\}. \tag{3.9}$$

那么, 只需证明 $\mathcal{M} = \mathcal{B}_S$. 根据上面关于 $\mathcal{M}$ 的定义 (3.9), 显然有 $\mathcal{M} \subset \mathcal{B}_S$. 于是, 我们只需证明:

$$\mathcal{B}_S \subset \mathcal{M}. \tag{3.10}$$

为此, 由 $\mathcal{B}_S$ 的定义, 我们下面只需证明:

(i) $\mathcal{M}$ 是一个 σ-代数;

(ii) $\{U \subset S;\ U \text{ 是开集}\} \subset \mathcal{M}$.

首先证明 (i) $\mathcal{M}$ 是一个 σ-代数.

首先注意到 S 既是开集也是闭集, 故 ① $S \in \mathcal{M}$. ② 根据定义 (3.9), 对任意 $B \in \mathcal{M}$ 和 $\varepsilon > 0$, 存在一个开集 U 和一个闭集 D 使得 $D \subset B \subset U$ 以及

$$\mu(B) > \mu(U) - \varepsilon, \quad \mu(B) < \mu(D) + \varepsilon.$$

由于 $U^{\mathrm{c}} \subset B^{\mathrm{c}} \subset D^{\mathrm{c}}$ 和 U^{c} 是闭集, 而 D^{c} 是开集, 于是有

$$\begin{cases} \mu(B^{\mathrm{c}}) = 1 - \mu(B) < 1 - \mu(U) + \varepsilon = \mu(U^{\mathrm{c}}) + \varepsilon, \\ \mu(B^{\mathrm{c}}) = 1 - \mu(B) > 1 - \mu(D) - \varepsilon = \mu(D^{\mathrm{c}}) - \varepsilon. \end{cases} \tag{3.11}$$

那么, 由 (3.11) 中第二个不等式有: 对任意开集 $\tilde{B} \supset B^{\mathrm{c}}$,

$$\inf_{\text{开集}\tilde{C},\ B^{\mathrm{c}} \subset \tilde{C}} \mu(\tilde{C}) - \varepsilon < \mu(D^{\mathrm{c}}) - \varepsilon < \mu(B^{\mathrm{c}}) \leqslant \mu(\tilde{B}).$$

于是, 由 ε 的任意性得: 对任意开集 $\tilde{B} \supset B^{\mathrm{c}}$,

$$\inf_{\text{开集}\tilde{C},\ B^{\mathrm{c}} \subset \tilde{C}} \mu(\tilde{C}) \leqslant \mu(B^{\mathrm{c}}) \leqslant \mu(\tilde{B}).$$

因此, 再由开集 $\tilde{B} \supset B^{\mathrm{c}}$ 的任意性得到

$$\mu(B^{\mathrm{c}}) = \inf_{\text{开集}\tilde{C},\ B^{\mathrm{c}} \subset \tilde{C}} \mu(\tilde{C}).$$

由 (3.11) 中第一个不等式, 同理有

$$\mu(B^{\mathrm{c}}) = \sup_{\text{闭集}\tilde{D},\ B^{\mathrm{c}} \supset \tilde{D}} \mu(\tilde{D}).$$

这意味着 $B^{\mathrm{c}} \in \mathcal{M}$. ③ 设 $B_n \in \mathcal{M}, n \geqslant 1$ 以及对任意 $\varepsilon > 0$, 存在 $D_n \subset B_n \subset U_n$, $n \geqslant 1$, 其中 D_n 为闭集和 U_n 为开集使其满足

$$\mu(U_n \setminus B_n) = \mu(U_n) - \mu(B_n) < 2^{-n}\varepsilon, \tag{3.12}$$

$$\mu(B_n \setminus D_n) = \mu(B_n) - \mu(D_n) < 2^{-n-1}\varepsilon. \tag{3.13}$$

由于 $\bigcup_{n=1}^{\infty} D_n \subset \bigcup_{n=1}^{\infty} B_n \subset \bigcup_{n=1}^{\infty} U_n$, 而 $\bigcup_{n=1}^{\infty} U_n$ 是开集, 则

$$\begin{aligned}\mu\left(\bigcup_{n=1}^{\infty} U_n\right) - \mu\left(\bigcup_{n=1}^{\infty} B_n\right) &= \mu\left(\bigcup_{n=1}^{\infty}(U_n \setminus B_n)\right) \leqslant \sum_{n=1}^{\infty} \mu(U_n \setminus B_n)\\ &< \varepsilon \sum_{n=1}^{\infty} 2^{-n} = \varepsilon.\end{aligned}$$

另一方面, 由概率测度的连续性有 $\mu(\bigcup_{n=1}^{\infty} D_n) = \lim_{m\to\infty} \mu(\bigcup_{n=1}^{m} D_n)$. 于是, 对上面任意的 $\varepsilon > 0$, 存在 $M \geqslant 1$ 使得, 当 $m \geqslant M$ 时,

$$\mu\left(\bigcup_{n=1}^{\infty} D_n\right) - \mu\left(\bigcup_{n=1}^{m} D_n\right) < \frac{\varepsilon}{2}.$$

记 $D^M := \bigcup_{n=1}^{m} D_n$, 则 $D^M \subset \bigcup_{n=1}^{\infty} B_n$ 为闭集. 那么, 由 (3.13) 有

$$\begin{aligned}\mu\left(\bigcup_{n=1}^{\infty} B_n\right) - \mu\left(D^M\right) &< \mu\left(\bigcup_{n=1}^{\infty} B_n\right) - \mu\left(\bigcup_{n=1}^{\infty} D_n\right) + \frac{\varepsilon}{2}\\ &= \mu\left(\bigcup_{n=1}^{\infty}(B_n \setminus D_n)\right) + \frac{\varepsilon}{2}\\ &\leqslant \sum_{n=1}^{\infty} \mu(B_n \setminus D_n) + \frac{\varepsilon}{2}\\ &\leqslant \varepsilon.\end{aligned}$$

定义 $U^* := \bigcup_{n=1}^{\infty} U_n$ 和 $B^* := \bigcup_{n=1}^{\infty} B_n$, 则由上面的证明得到: $\forall \varepsilon > 0$,

$$\mu(U^*) \leqslant \mu(B^*) + \varepsilon, \quad \mu(B^*) \leqslant \mu(D^M) + \varepsilon. \tag{3.14}$$

由于 $B^* \subset U^*$ 且 U^* 是开集, 则根据 (3.14) 中的第一个不等式得到

$$\inf_{\text{开集}U,\ B^* \subset U} \mu(U) \leqslant \mu(U^*) \leqslant \mu(B^*) + \varepsilon.$$

同时, 对任意开集 U 满足 $B^* \subset U$, 则有 $\mu(B^*) \leqslant \mu(U)$. 于是, 我们有

$$\mu(B^*) \leqslant \inf_{\text{开集}U,\ B^* \subset U} \mu(U).$$

这样有

$$\inf_{\text{开集}U,\ B^*\subset U}\mu(U)\leqslant\mu(B^*)\leqslant\inf_{\text{开集}U,\ B^*\subset U}\mu(U)+\varepsilon.$$

再由 ε 的任意性得到

$$\mu(B^*)=\inf_{\text{开集}U,\ B^*\subset U}\mu(U).$$

另一方面, 由 (3.14) 中的第二个不等式, 对任意闭集 $D\subset B^*$,

$$\mu(D)\leqslant\mu(B^*)\leqslant\mu(D^M)+\varepsilon\leqslant\sup_{\text{闭集}D,\ D\subset B^*}\mu(D)+\varepsilon.$$

这样得到

$$\sup_{\text{闭集}D,\ D\subset B^*}\mu(D)\leqslant\mu(B^*)\leqslant\mu(D^M)+\varepsilon\leqslant\sup_{\text{闭集}D,\ D\subset B^*}\mu(D)+\varepsilon.$$

再由 ε 任意性得

$$\mu(B^*)=\sup_{\text{闭集}D,\ D\subset B^*}\mu(D).$$

于是有 $B^*=\bigcup_{n=1}^{\infty}B_n\in\mathcal{M}$. 因此 $\mathcal{M}$ 是一个 σ-代数.

下面证明 $\mathcal{M}$ 包含所有的闭集. 那么, 由于 $\mathcal{M}$ 是一个 σ-代数, 则 (ii) 成立. 事实上, 对任意闭集 $D\subset S$ 和任意 $x\in S$, 定义:

$$d(x,D):=\inf\{y\in D;\ d(x,y)\}. \tag{3.15}$$

进一步, 我们定义:

$$U_n:=\{x\in S;\ d(x,D)<n^{-1}\},\quad n\geqslant 1.$$

那么 U_n 是开集. 由于 $D=\overline{D}$, 则 $x\in D=\overline{D}$ 当且仅当 $d(x,D)=0$[①], 则有 $U_n\downarrow\bigcap_{n=1}^{\infty}U_n=D$. 因此得到

$$\mu(D)=\lim_{n\to\infty}\mu(U_n)=\inf_{n\geqslant1}\mu(U_n).$$

这样有

$$\mu(D)\leqslant\inf_{\text{开集}U,\ D\subset U}\mu(U)\leqslant\inf_{n\geqslant1}\mu(U_n)=\mu(D).$$

---

① 事实上, 如果 D 是任意集合, 那么 $x\in\overline{D}\Longleftrightarrow d(x,D)=0$.

于是得到

$$\mu(D) = \inf_{\text{开集}U,\ D\subset U} \mu(U).$$

此即 $D \in \mathcal{M}$. □

定理 3.1 意味着: 如果定义在 $\mathcal{B}_S$ 上的两个 Borel 概率测度 μ, ν 满足, 对任意开集 B (或闭集 B), $\mu(B) = \nu(B)$, 则 $\mu = \nu$ (参见习题 3 的第 1 题).

3.2 分布函数的性质

本节介绍分布函数的性质、分类与分解. 为此, 设 $F(x), x \in \mathbb{R}$ 是一个分布函数. 我们首先引入关于分布函数 $x \to F(x)$ 的如下基本性质.

(i) 分布函数 $\mathbb{R} \ni x \to F(x)$ 是一个单增函数, 即 $\forall x < y$, $F(x) \leqslant F(y)$. 进一步, 由单增性得: 对任意 $x \in \mathbb{R}$,

$$F(x-) := \lim_{y\uparrow x} F(y) = \sup_{y<x} F(y), \quad F(x+) := \lim_{y\downarrow x} F(y) = \inf_{y>x} F(y). \tag{3.16}$$

这意味着 $F(x-) \leqslant F(x) \leqslant F(x+)$. 又由于分布函数 $x \to F(x)$ 本身是右连续的, 故我们有

$$F(x-) \leqslant F(x) = F(x+). \tag{3.17}$$

(ii) 对任意的实值函数 $f(x) : \mathbb{R} \to \mathbb{R}$, 如果其在 x 点不连续, 那么这个不连续点可分为以下三种类型:

(a) x 为可移不连续点, 即 $f(x-) = f(x+) \neq f(x)$;

(b) x 为跳不连续点, 即 $f(x-) \neq f(x+)$;

(c) x 为本质不连续点, 即 $f(x-)$ 和 $f(x+)$ 至少有一个不存在或为无穷.

于是, 任何单增函数 f, 其不连续点只可能为跳不连续点 (这是因为 $f(x-) \leqslant f(x) \leqslant f(x+)$). 以后记

$$\Delta f(x) := f(x+) - f(x-). \tag{3.18}$$

因此, 分布函数 $x \to F(x)$ 的不连续点只能是跳不连续点.

(iii) 单增函数 $f(x) : \mathbb{R} \to \mathbb{R}$ 的不连续点 (即跳不连续点) 所形成的集合是可数的. 事实上, 设 x 为 f 的跳不连续点, 则我们可以定义开区间 $I_x := (f(x-), f(x+))$. 考虑 f 的另一跳不连续点 x' 使 $x' > x$, 则存在 x_0 使 $x_0 \in (x, x')$. 由 f 的单增性, $f(x+) \leqslant f(x_0) \leqslant f(x'-)$. 于是 $f(x-) < f(x+) \leqslant f(x_0) \leqslant f(x'-) < f(x'+)$. 对于开区间 $I_{x'} := (f(x'-), f(x'+))$, 我们有 $I_x \cap I_{x'} = \varnothing$, 因此 f 的每一

个跳不连续点 x 对应一个开区间 I_x. 由于每个开区间 I_x 包含一有理数, 故开区间与有理数一一对应. 这样, 跳不连续点是可数的. 这也意味着分布函数 $x \to F(x)$ 的所有不连续点是可数的.

练习 3.3 设单增函数 f 定义在区间 $I := [c,d]$ $(-\infty < c < d < +\infty)$ 上. 对每一个 $\varepsilon > 0$, 我们用 N_ε 表示 f 跳大小不小于 $\varepsilon > 0$ 的跳不连续点的个数, 也就是

$$N_\varepsilon := \#\{\text{跳不连续点 } x;\ \Delta f(x) \geqslant \varepsilon\}, \tag{3.19}$$

则有

(i) $N_\varepsilon \leqslant (f(d) - f(c))/\varepsilon$;

(ii) 应用 (i) 证明 "单增函数所有不连续点形成的集合是可数的".

提示 由 f 的单增性得到, 对任意 $x \in (c,d)$,

$$f(c) \leqslant f(c+) \leqslant f(x-) \leqslant f(x+) \leqslant f(d-) \leqslant f(d).$$

设 $x_1 < x_2 < \cdots < x_{N_\varepsilon}$ 为 f 的 N_ε 个跳不连续点且对应于 $\Delta f(x_i) \geqslant \varepsilon$, $i = 1, \cdots, N_\varepsilon$. 因此 $f(x_{i+1}-) - f(x_i+) \geqslant 0$, $\forall i = 1, \cdots, N_\varepsilon - 1$. 于是, 我们有

$$\begin{aligned} f(d) - f(c) &\geqslant f(x_{N_\varepsilon}+) - f(x_1-) \\ &= \sum_{i=1}^{N} [f(x_i+) - f(x_i-)] + \sum_{i=1}^{N_\varepsilon - 1} [f(x_{i+1}-) - f(x_i+)] \\ &\geqslant \sum_{i=1}^{N_\varepsilon} [f(x_i+) - f(x_i-)] \geqslant N_\varepsilon \varepsilon. \end{aligned}$$

这意味着 (i) 成立. 进一步, 我们定义:

$$A_1 := \{x \in I;\ \Delta f(x) \geqslant 1\}, \quad A_n := \{x \in I;\ n^{-1} \leqslant \Delta f(x) < (n-1)^{-1}\},\ n \geqslant 2.$$

那么 f 所有跳不连续点的全体可表示为 $\bigcup_{n=1}^\infty A_n$. 这样, 应用 (i) 可得 $\bigcup_{n=1}^\infty A_n$ 是可数的. 注意到, 存在一列有界闭区间 I_n, $n \geqslant 1$ 使得 $I = \bigcup_{n=1}^\infty I_n$. 由于在每个 I_n 上所有跳不连续点都可数, 故在 $\mathbb{R}$ 上也是可数的. □

3.3 分布函数的分类与分解

本节将分布函数分为离散型、连续型、奇异型和绝对连续型. 然后, 我们证明分布函数的 Jordan 分解和 Lebesgue 分解.

现设 $F(x)$, $x\in\mathbb{R}$ 是任意一个分布函数, 则由 3.2 节可知: $x\to F(x)$ 的跳不连续点是可数个, 于是我们将其记为 $\{a_n;\ n\in\mathbb{Z}\}$ 以及相应跳的大小依次记为 $\{b_n;\ n\in\mathbb{Z}\}$. 这样, 对任意 $n\in\mathbb{Z}$, 我们有

$$b_n=\Delta F(a_n)=F(a_n)-F(a_n-), \tag{3.20}$$

因此, 对任意 $n\in\mathbb{Z}$, $b_n>0$. 进一步, 我们定义:

$$F_d(x):=\sum_{n\in\mathbb{Z}}b_n\mathbb{1}_{[a_n,\infty)}(x),\quad x\in\mathbb{R}. \tag{3.21}$$

注意到 $\mathbb{1}_{[a_n,\infty)}(x)$, $x\in\mathbb{R}$ 是常数 a_n 的分布函数, 我们称这样的分布函数为**退化分布函数**. 不难看到: 函数 $x\to F_d(x)$ 是单增、右连续以及 $F_d(-\infty)=0$ 和

$$F_d(+\infty)=\sum_{n\in\mathbb{Z}}b_n=\sum_{n\in\mathbb{Z}}[F(a_n)-F(a_n-)]\leqslant F(+\infty)-F(-\infty)=1,$$

以后称 $x\to F_d(x)$ 为 $x\to F(x)$ 的 “跳” 部分. 如果 $\sum_{n\in\mathbb{Z}}b_n=1$, 那么 $F_d(x)$, $x\in\mathbb{R}$ 也是一个分布函数, 此时我们称分布函数 $x\to F_d(x)$ 为**离散型分布函数**.

例 3.1　设 $X(\omega):\Omega\to\mathbb{R}$ 是概率空间 $(\Omega,\mathcal{F},\mathbb{P})$ 上的一个取值于 $\{a_n;\ n\in\mathbb{Z}\}$ 的离散型随机变量. 设其分布律为

$$b_n=\mathbb{P}(X=a_n),\quad n\in\mathbb{Z},$$

则随机变量 X 的分布函数为

$$F(x)=\mathbb{P}(X\leqslant x)=F_d(x),\quad x\in\mathbb{R}.$$

由于 $\sum_{n\in\mathbb{Z}}b_n=1$, 故 $F_d(x)$, $x\in\mathbb{R}$ 是一个离散型分布函数.

我们进一步定义:

$$F_c(x):=F(x)-F_d(x),\quad x\in\mathbb{R}, \tag{3.22}$$

则 $x\to F_c(x)$ 是单增、连续函数且满足 $F_c(-\infty)=F(-\infty)-F_d(-\infty)=0$ 和 $F_c(+\infty)=1-\sum_{n\in\mathbb{Z}}b_n\in[0,1]$. 事实上, 对任意 $x_1>x_2$, 我们有

$$\begin{aligned}F_c(x_1)-F_c(x_2)&=F(x_1)-F_d(x_1)-(F(x_2)-F_d(x_2))\\&=(F(x_1)-F(x_2))-(F_d(x_1)-F_d(x_2))\geqslant 0.\end{aligned}$$

在上面不等式中, 我们用到如下事实: F 在 $[x_1,x_2)$ 的跳大小大于 F_d 在 $[x_1,x_2)$ 的跳大小. 另一方面, 我们还有

$$\Delta F_c(x)=\Delta F(x)-\Delta F_d(x)=0.$$

故 F_c 是单增连续的. 此外, 如果 F_c 是一个分布函数 (即 $F_c(+\infty)=1$), 那么称 $F_c(x), x\in\mathbb{R}$ 是一个**连续型分布函数**.

下面的定理证明了任意分布函数都可写成一个离散型分布函数和一个连续型分布函数的凸组合:

定理 3.2 (分布函数的 Jordan 分解) 设 $F(x), x\in\mathbb{R}$ 是任意一个分布函数, 则存在 $\alpha\in[0,1]$ 使得

$$F(x)=\alpha F_1(x)+(1-\alpha)F_2(x),\quad x\in\mathbb{R}, \tag{3.23}$$

其中 F_1 为离散型分布函数和 F_2 为连续型分布函数.

证 由 (3.21) 和 (3.22) 得到

$$F(x)=F_d(x)+F_c(x),\quad x\in\mathbb{R}.$$

假设 F_d 和 F_c 不恒为零, 则取 $\alpha=F_d(+\infty)\in(0,1)$. 于是, 定义:

$$F_1(x):=\frac{1}{\alpha}F_d(x),\quad F_2(x):=\frac{1}{1-\alpha}F_c(x),\quad x\in\mathbb{R}.$$

这意味着 $F_1(+\infty)=F_2(+\infty)=1$. 因此 F_1 为离散型分布函数, 而 F_2 为连续型分布函数. □

下面引入奇异型分布函数的概念:

定义 3.3 (奇异型分布函数) 设 $F(x), x\in\mathbb{R}$ 为一个分布函数. 如果 $F'=0$, a.e., 则称 F 为奇异型分布函数. 进一步, 如果 F 为连续的, 则称 F 为连续奇异型分布函数.

由于任何单调函数都是几乎处处可导的 (参见定理 3.4), 故分布函数是几乎处处可导的. 显然, 任何离散型分布函数都是奇异型分布函数. 连续奇异型分布函数经典的例子是 Cantor 分布函数 (参见文献 [3]). 下面我们简单介绍 Cantor 分布函数是如何构造的. 首先, 按如下方式构造 Cantor 集 C_∞: 设 $C_0=[0,1]$, 定义 $C_1=C_0\Big/\left(\frac{1}{3},\frac{2}{3}\right)$ (即删除区间 $[0,1]$ 中间的 $1/3$ 子区间 $(1/3,2/3)$). 类似地, 对 C_1 中每一个子区间删除其中间的 $1/3$ 子 (开) 区间则可得到 C_2. 这样, 我们得到 $C_n, n\in\mathbb{N}$, 例如: $C_1=\left[0,\frac{1}{3}\right]\cup\left[\frac{2}{3},1\right]$, $C_2=\left[0,\frac{1}{9}\right]\cup\left[\frac{2}{9},\frac{3}{9}\right]\cup\left[\frac{6}{9},\frac{7}{9}\right]\cup\left[\frac{8}{9},1\right]$, $\cdots$. 对任意 $n\in\mathbb{N}^*$, C_n 包含 2^n 个长度为 $\frac{1}{3^n}$ 的子区间. 那么, Cantor 集定义为 $C_\infty=\bigcap_{n=1}^\infty C_n$. Cantor 集是紧集且是不可数的, 但其 Lebesgue 测度为零. 另一

方面, 我们注意到: 任意 $[0,1]$ 中的数都满足一个三元展开, 即对任意 $x \in [0,1]$,

$$x = \sum_{k=1}^{\infty} \frac{a_k}{3^k}, \tag{3.24}$$

其中, 对任意 $k \geqslant 1$, $a_k = 0, 1$ 或 2. 那么, 根据文献 [8] 中第 41 页的定理有

> 设 $x \in [0,1]$, 则 $x \in C_\infty$ 当且仅当 x 具有一个仅含 $a_k \in \{0,2\}$ 的三元展开.

设 $\{\xi_k\}_{k\in\mathbb{N}}$ 为概率空间 $(\Omega, \mathcal{F}, \mathbb{P})$ 上的相互独立的随机变量且满足: 对任意 $k \in \mathbb{N}$,

$$\mathbb{P}\left(\xi_k = \frac{0}{3^k}\right) = \frac{1}{2}, \quad \mathbb{P}\left(\xi_k = \frac{2}{3^k}\right) = \frac{1}{2}. \tag{3.25}$$

定义 $X := \sum_{k=1}^{\infty} \xi_k$. 那么称随机变量 X 的分布函数 $F(x), x \in \mathbb{R}$ 为 Cantor 分布函数. 例如, 当 $x < 0$ 时, $F(x) = 0$; 当 $x > 1$ 时, $F(x) = 1$; 当 $x \in (1/3, 2/3)$ 时, $F(x) = 1/2$; 当 $x \in (1/9, 2/9)$ 时, $F(x) = 1/4$; 当 $x \in (7/9, 8/9)$ 时, $F(x) = 3/4, \cdots$. 我们通常称上述定义的 Cantor 分布为**标准 Cantor 分布**. 作为标准 Cantor 分布的推广, 我们下面还可以定义参数为 $\lambda \in (0,1)$ 的 Cantor 分布, 记为 Cantor(λ):

> 设 $\{\xi_k\}_{k\in\mathbb{N}}$ 为概率空间 $(\Omega, \mathcal{F}, \mathbb{P})$ 上的相互独立的随机变量且满足: 对任意 $k \in \mathbb{N}$,
>
> $$\mathbb{P}(\xi_k = 0) = \frac{1}{2}, \quad \mathbb{P}\left(\xi_k = \overline{\alpha}_\lambda \alpha_\lambda^{k-1}\right) = \frac{1}{2}, \tag{3.26}$$
>
> 其中 $\alpha_\lambda := \dfrac{1-\lambda}{2}$ 和 $\overline{\alpha}_\lambda := \dfrac{1+\lambda}{2}$. 定义 $X := \sum_{k=1}^{\infty} \xi_k$. 那么称随机变量 X 服从参数为 λ 的 Cantor 分布, 即 $X \sim \text{Cantor}(\lambda)$.

显然, Cantor$\left(\dfrac{1}{3}\right)$ 就是标准的 Cantor 分布. 图 3.1 给出了 Cantor 分布函数的示意图.

下面引入绝对连续型分布函数的概念:

定义 3.4(绝对连续型分布函数)　设 $F(x), x \in \mathbb{R}$ 为一个分布函数. 如果 F 还是绝对连续的 (AC), 即对任意 $-\infty < x_1 < y_1 < x_2 < y_2 < \cdots < x_m < y_m < +\infty$ 和任意 $\varepsilon > 0$, 存在 $\delta > 0$ 使得

$$\sum_{i=1}^{m} |y_i - x_i| < \delta \Longrightarrow \sum_{i=1}^{m} |F(y_i) - F(x_i)| < \varepsilon,$$

则称 F 为一个绝对连续型分布函数.

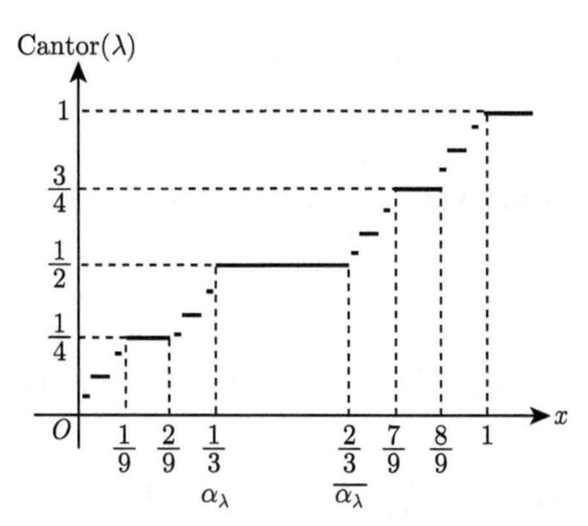

图 3.1 参数为 $\lambda \in (0,1)$ 的 Cantor 分布函数的示意图, 其为连续奇异型分布函数

根据绝对连续函数的性质, 我们还有: 如果 F 是一个绝对连续分布函数, 则存在一个非负函数 $f \in L^1(\mathbb{R})$ 使得, 对任意 $x_1 < x_2$ 满足

$$F(x_2) - F(x_1) = \int_{x_1}^{x_2} p(x)\mathrm{d}x,$$

其中 $\|f\|_{L^1} := \int_{\mathbb{R}} |p(x)|\mathrm{d}x = 1$. 于是 $F' = p \geqslant 0$, a.e. (因为分布函数 F 是单增的), 以后我们称 $x \to p(x)$ 为绝对连续型分布函数 F 的**概率密度函数**.

最后, 我们引入分布函数的 Lebesgue 分解定理:

定理 3.3 (分布函数的 Lebesgue 分解定理) 设 $F(x), x \in \mathbb{R}$ 为任意一个分布函数, 那么存在常数 $\alpha_1, \alpha_2 \in [0,1]$ 使得

$$F(x) = \alpha_1 F_d(x) + \alpha_2 F_{ac}(x) + (1-\alpha_1-\alpha_2)F_{cs}(x), \quad x \in \mathbb{R}, \tag{3.27}$$

其中 F_d 为离散型分布函数, F_{ac} 为绝对连续型分布函数, 而 F_{cs} 为连续奇异型分布函数.

为了证明定理 3.3, 我们需要如下关于单增函数的 Lebesgue 分解定理 (参见文献 [8]):

定理 3.4 (单调函数的 Lebesgue 分解定理) 设 $f(x), x \in \mathbb{R}$ 为任意有界单增函数且 $f(-\infty) = 0$. 用 f' 表示 f 的导函数 (如果 f' 存在), 于是有

(a) 定义 $S := \{x \in \mathbb{R};\ f' \text{ 存在且 } f' \in [0,\infty)\}$, 则 $m(S^c) = 0$ (其中 m 表示 Lebesgue 测度).

(b) $f' \in L^1(\mathbb{R})$ 且对任意 $x_1 < x_2$ 满足

$$\int_{x_1}^{x_2} f'(x)\mathrm{d}x \leqslant f(x_2) - f(x_1).$$

特别地, 若 f 为绝对连续的, 则有 $\int_{x_1}^{x_2} f'(x)\mathrm{d}x = f(x_2) - f(x_1)$.

(c) 定义如下函数:

$$f_{ac}(x) := \int_{-\infty}^{x} f'(y)\mathrm{d}y, \quad f_s(x) := f(x) - f_{ac}(x), \quad x \in \mathbb{R},$$

那么 f_{ac} 和 f_s 均为单增函数且 $f'_{ac} = f'$ 和 $f'_s = 0$, a.e..

一般分布函数的 Jordan 分解和 Lebesgue 分解总结见图 3.2.

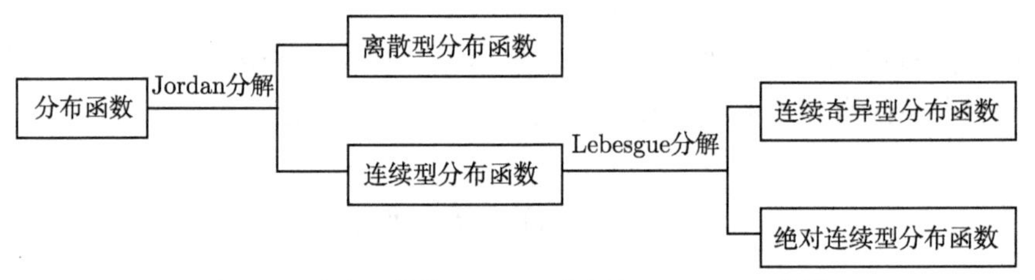

图 3.2　分布函数的 Jordan 分解和 Lebesgue 分解

定理 3.3 的证明　显然, 分布函数 F 是单增的且 $F(-\infty) = 0$. 那么, 由定理 3.4-(c) 得到

$$F(x) = \hat{F}_{ac}(x) + \hat{F}_s(x), \quad x \in \mathbb{R}, \tag{3.28}$$

其中 $\hat{F}_{ac}(x) := \int_{-\infty}^{x} F'(y)\mathrm{d}y$ 和 $\hat{F}_s(x) = F(x) - \hat{F}_{ac}(x)$. 由定理 3.4-(b) 得到

$$\hat{F}_{ac}(+\infty) = \int_{-\infty}^{\infty} F'(y)\mathrm{d}y \leqslant F(+\infty) - F(-\infty) = 1 - 0 = 1.$$

进一步, $\hat{F}'_s = 0$, a.e. 和 $\hat{F}_s(-\infty) = 0$ 以及

$$\hat{F}_s(+\infty) = F(+\infty) - \hat{F}_{ac}(+\infty) = 1 - \hat{F}_{ac}(+\infty) \in [0, 1].$$

我们应用定理 3.2 有: 存在一个常数 $\alpha \in [0, 1]$ 使得

$$F(x) = \alpha F_d(x) + (1 - \alpha)F_c(x), \quad x \in \mathbb{R}. \tag{3.29}$$

利用分解 (3.28) 得到: 连续型分布函数 $F_c(x)$ 可分解为 $F_c(x)=F_{ac}^*(x)+F_s^*(x)$, 其中 F_{ac}^* 为绝对连续型函数而 F_s^* 为连续奇异型函数. 假设 F_{ac}^* 和 F_s^* 不恒为零. 定义:

$$\beta := F_{ac}^*(+\infty) \in (0,1), \quad F_{ac}(x) := \beta^{-1}F_{ac}^*(x),$$

那么 F_{ac} 是一个绝对连续型函数. 进一步, 定义 $F_{cs}(x) := (1-\beta)^{-1}F_s^*(x)$, 则 F_{cs} 是一个连续奇异型分布函数. 这样有

$$F_c(x) = \beta F_{ac}(x) + (1-\beta)F_{cs}(x), \quad x \in \mathbb{R}.$$

结合分解 (3.29), 我们得到分解 (3.27). □

3.4 积分 (数学期望)

本节定义随机变量关于概率测度的积分. 根据 3.5 节的结果, 这样的积分本质上是我们熟知的随机变量的数学期望. 建立随机变量关于概率测度积分的思路非常类似于 Lebesgue 积分定义的思想, 我们将具体的定义步骤陈述如下:

首先设 $(\Omega,\mathcal{F},\mathbb{P})$ 是一个概率空间和 $X(\omega):(\Omega,\mathcal{F})\to(\mathbb{R},\mathcal{B}_{\mathbb{R}})$ 为一个随机变量. 我们分以下几个步骤来定义随机变量 X 关于 $\mathbb{P}$ 的积分 $\left(\text{该积分用 } \mathbb{E} \text{ 或 } \int_\Omega X(\omega)\mathbb{P}(\mathrm{d}\omega) \text{ 来表示}\right)$:

步骤 1 假设 X 是一个示性随机变量, 即存在 $A\in\mathcal{F}$ 使得 $X=\mathbb{1}_A$, 那么我们定义:

$$\mathbb{E}[X] = \mathbb{E}[\mathbb{1}_A] = \int_\Omega \mathbb{1}_A(\omega)\mathbb{P}(\mathrm{d}\omega) := \mathbb{P}(A). \tag{3.30}$$

步骤 2 假设 X 是一个非负简单随机变量, 即存在 Ω 的一个划分 $\{A_i\}_{i-1}^n \subset \mathcal{F}$ (其中 $A_n\cap A_m=\varnothing$, $m\neq n$) 和非负权重 $\{b_n\}_{n\geqslant 1}$ 使得

$$X(\omega) = \sum_{i=1}^n b_i \mathbb{1}_{A_i}(\omega).$$

于是, 由步骤 1, 如图 3.3 所示, 我们可以定义 X 关于 $\mathbb{P}$ 的积分为

$$\mathbb{E}[X] = \int_\Omega X(\omega)\mathbb{P}(\mathrm{d}\omega) := \sum_{i=1}^n b_i\mathbb{P}(A_i). \tag{3.31}$$

步骤 3 现在设 X 是任意一个非负随机变量, 那么由命题 2.1 得: 存在一列单增非负简单随机变量列 $\{X^{(m)}\}_{m\geqslant 1}$ 满足

$$0 \leqslant |X(\omega) - X^{(m)}(\omega)| \leqslant 2^{-m}, \quad \forall \omega \in \Omega.$$

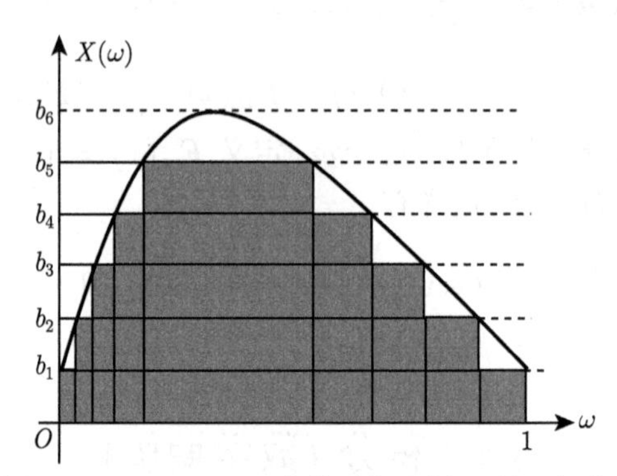

图 3.3　概率空间 $([0,1], \mathcal{B}_{[0,1]}, m)$ 上的随机变量 x 关于概率测度 m 的积分

根据步骤 2, 我们可以定义积分 $\mathbb{E}[X^{(m)}]$ 以及得到 $m \to \mathbb{E}[X^{(m)}]$ 是单增的. 因此, 我们可以定义 X 关于 $\mathbb{P}$ 的积分如下:

$$\mathbb{E}[X] := \sup\left\{\mathbb{E}[\xi];\ \xi \text{ 是非负简单随机变量且 } \xi \leqslant X\right\} \in [0, +\infty]. \tag{3.32}$$

如果非负的 $\mathbb{E}[X] = +\infty$, 则我们称 X 的数学期望不存在.

步骤 4　对任意实值随机变量 X, 则 $X = X^+ - X^-$, 其中 X^+ 和 X^- 分别表示 X 的正部和负部. 那么, X 关于 $\mathbb{P}$ 的积分定义为

$$\mathbb{E}[X] = \int_\Omega X(\omega)\mathbb{P}(\mathrm{d}\omega) := \mathbb{E}[X^+] - \mathbb{E}[X^-]. \tag{3.33}$$

根据上面积分的定义 (参见 (3.33)), 我们可以看到: $\mathbb{E}[X]$ 存在当且仅当 $\mathbb{E}[|X|] < +\infty$. 此时, 称随机变量 X 是可积的. 于是, 用如下等式:

$$X^+ = \frac{1}{2}(|X| + X), \quad X^- = \frac{1}{2}(|X| - X),$$

我们得到: X 是可积的当且仅当 X^+ 和 X^- 都是可积的.

我们下面证明数学期望的性质 (如下所有出现的随机变量都假设定义在同一概率空间 $(\Omega, \mathcal{F}, \mathbb{P})$ 下):

(P1) 设 X, Y 为两个可积随机变量, 那么对任意常数 $a, b \in \mathbb{R}$, $aX + bY$ 也是可积的, 以及

$$\mathbb{E}[aX + bY] = a\mathbb{E}[X] + b\mathbb{E}[Y].$$

(P2) 设 X 为可积随机变量且 $X \geqslant 0$, a.e. (即 $\mathbb{P}(X \geqslant 0) = 1$), 则 $\mathbb{E}[X] \geqslant 0$. 特别地, 如果 $X = 0$, a.e., 则 $\mathbb{E}[X] = 0$.

上面的性质 (P1) 和 (P2) 由定义直接验证.

(P3) 设 X, Y 为两个可积随机变量和 $X \leqslant Y$, a.e., 则 $\mathbb{E}[X] \leqslant \mathbb{E}[Y]$. 显然, 这是性质 (P2) 的推论.

(P4) 设 X, Y 为两个可积随机变量, 那么 $|X+Y|$ 也是可积的, 以及

$$\mathbb{E}[|X+Y|] \leqslant \mathbb{E}[|X|] + \mathbb{E}[|Y|].$$

事实上, 由不等式 $|X+Y| \leqslant |X| + |Y|$ 和性质 (P3) 可证得该性质.

(P5) 设随机变量 X 可积, 则 $|\mathbb{E}[X]| \leqslant \mathbb{E}[|X|]$. 事实上, 应用不等式 $-|X| \leqslant X \leqslant |X|$ 以及性质 (P3) 证得该性质.

(P6) 设随机变量 X 可积和 $A \in \mathcal{F}$. 如果存在常数 a, b 使得 $a \leqslant X(\omega) \leqslant b$, $\forall \omega \in A$, 那么

$$a\mathbb{P}(A) \leqslant \mathbb{E}[X \mathbb{1}_A] \leqslant b\mathbb{P}(A).$$

事实上, 由性质 (P3) 即可验证此性质.

(P7) 设随机变量 X 可积且 $X \geqslant 0$, a.e., 对任意 $A \in \mathcal{F}$, 我们定义:

$$\mu(A) := \mathbb{E}[X \mathbb{1}_A] = \int_A X(\omega)\mathbb{P}(\mathrm{d}\omega). \tag{3.34}$$

则 μ 是 $\mathcal{F}$ 上的一个有限测度. 事实上, 显然有 $\mu(\varnothing) = 0$ (因为 $\mathbb{1}_{\varnothing}(\omega) = 0$, $\forall \omega \in \Omega$). 由数学期望的定义可验证 μ 在 $\mathcal{F}$ 上满足可列可加性, 即对任意 $A_n \in \mathcal{F}$, $n \geqslant 1$ 和 $A_j \cap A_j = \varnothing$, $i \neq j$, 我们有

$$\mathbb{E}\left[X \mathbb{1}_{\bigcup_{n=1}^{\infty} A_n}\right] = \sum_{n=1}^{\infty} \mathbb{E}\left[X \mathbb{1}_{A_n}\right]. \tag{3.35}$$

最后, 注意到 $\mu(\Omega) = \mathbb{E}[X] \in [0, \infty)$ (这是因为 $X \geqslant 0$, a.e. 是可积的). 因此 μ 是 $\mathcal{F}$ 上的一个有限测度. 如果 $\mathbb{E}[X] = 1$, 那么 μ 为 $\mathcal{F}$ 上的一个概率测度.

下面的结果有助于我们计算随机变量的数学期望:

练习 3.4 设 X 是概率空间 $(\Omega, \mathcal{F}, \mathbb{P})$ 上的一个可积实值随机变量, 则有

$$\sum_{n=1}^{\infty} n\mathbb{P}(n \leqslant |X| < n+1) = \sum_{n=1}^{\infty} \mathbb{P}(|X| \geqslant n). \tag{3.36}$$

提示 首先注意到如下等式成立

$$\sum_{n=1}^{\infty} n\mathbb{P}(n \leqslant |X| < n+1) = \sum_{n=1}^{\infty} n[\mathbb{P}(|X| \geqslant n) - \mathbb{P}(|X| \geqslant n+1)]. \tag{3.37}$$

另一方面, 我们还有

$$\begin{aligned}\sum_{n=1}^{\infty} n\mathbb{P}(|X|\geqslant n) &= \sum_{n=1}^{\infty}(n-1+1)\mathbb{P}(|X|\geqslant n)\\ &= \sum_{n=1}^{\infty}\mathbb{P}(|X|\geqslant n)+\sum_{n=1}^{\infty}(n-1)\mathbb{P}(|X|\geqslant n)\\ &= \sum_{n=1}^{\infty}\mathbb{P}(|X|\geqslant n)+\sum_{n=2}^{\infty}(n-1)\mathbb{P}(|X|\geqslant n)\\ &= \sum_{n=1}^{\infty}\mathbb{P}(|X|\geqslant n)+\sum_{n=1}^{\infty}n\mathbb{P}(|X|\geqslant n+1).\end{aligned}$$

那么, 等式 (3.36) 由 (3.37) 给出. □

特别地, 如果 X 是取值于 $\mathbb{N}$ 的离散型可积随机变量, 那么根据练习 3.4 有

$$\mathbb{E}[X] = \sum_{n=1}^{\infty} n\mathbb{P}(X=n) = \sum_{n=1}^{\infty} n\mathbb{P}(n\leqslant X<n+1) \xlongequal{(3.36)} \sum_{n=1}^{\infty}\mathbb{P}(X\geqslant n). \tag{3.38}$$

类似地, 如果 X 为**非负**可积随机变量, 则由 Fubini 定理 (参见定理 3.17) 得

$$\begin{aligned}\mathbb{E}[X] &= \int_{\Omega} X(\omega)\mathbb{P}(\mathrm{d}\omega) = \int_{\Omega}\left(\int_0^{\infty} \mathbb{1}_{X(\omega)\geqslant t}\mathrm{d}t\right)\mathbb{P}(\mathrm{d}\omega)\\ &= \int_0^{\infty}\left(\int_{\Omega}\mathbb{1}_{X(\omega)\geqslant t}\mathbb{P}(\mathrm{d}\omega)\right)\mathrm{d}t = \int_0^{\infty}\mathbb{P}(X\geqslant t)\mathrm{d}t.\end{aligned} \tag{3.39}$$

下面给出类似于实分析中的有界收敛定理、Fatou 引理、单调收敛定理和控制收敛定理 (参见文献 [8]):

我们首先引入关于随机变量列的单调收敛定理, 其证明可参见文献 [8].

定理 3.5 (单调收敛定理) 设 $\{X_n\}_{n\geqslant 1}$ 为概率空间 $(\Omega,\mathcal{F},\mathbb{P})$ 上的一列非负、单增和可积随机变量, 那么有

$$\mathbb{E}\left[\lim_{n\to\infty} X_n\right] = \lim_{n\to\infty}\mathbb{E}[X_n].$$

由单调收敛定理 (定理 3.5), 我们可证得如下的 Fatou 引理:

定理 3.6 (Fatou 引理) 设 $\{X_n\}_{n\geqslant 1}$ 是概率空间 $(\Omega,\mathcal{F},\mathbb{P})$ 上的一列非负、可积随机变量, 则

$$\mathbb{E}\left[\varliminf_{n\to\infty} X_n\right] \leqslant \varliminf_{n\to\infty}\mathbb{E}[X_n].$$

证 定义 $Y_n := \inf_{m\geqslant n} X_m$, $n \geqslant 1$. 那么, 我们有, a.e.,

$$\begin{aligned}&X_n \geqslant Y_n \geqslant 0, \quad \forall n \geqslant 1,\\ &Y_n \uparrow \varliminf_{n\to\infty} X_n, \quad n\to\infty.\end{aligned}$$

因此, 由单调收敛定理 (定理 3.5) 得到 ·

$$\mathbb{E}[X_n] \geqslant \mathbb{E}[Y_n] \Longrightarrow \varliminf_{n\to\infty} \mathbb{E}[X_n] \geqslant \varliminf_{n\to\infty} \mathbb{E}[Y_n] = \mathbb{E}\left[\varliminf_{n\to\infty} X_n\right].$$

这样 Fatou 引理得证. □

基于 Fatou 引理 (引理 3.6), 我们可证得如下的控制收敛定理:

定理 3.7 (控制收敛定理) 设 $\{X_n\}_{n\geqslant 1}$ 是概率空间 $(\Omega, \mathcal{F}, \mathbb{P})$ 上的一列随机变量且满足

$$|X_n| \leqslant Y, \quad \forall n \geqslant 1, \tag{3.40}$$

其中 Y 是一个独立于 n 的非负可积随机变量. 进一步, 如果

$$\mathbb{P}\left(\lim_{n\to\infty} X_n = X\right) = 1 \quad (\text{我们记为 } X_n \xrightarrow{\text{a.e.}} X,\ n\to\infty), \tag{3.41}$$

那么有

$$\mathbb{E}\left[\lim_{n\to\infty} X_n\right] = \lim_{n\to\infty} \mathbb{E}[X_n].$$

证 首先让我们定义

$$Z_n := X_n + Y, \quad \hat{Z}_n := Y - X_n.$$

那么, 根据 (3.40) 有: $Z_n \geqslant 0$ 和 $\hat{Z}_n \geqslant 0$, $\forall n \geqslant 1$. 由于 $X_n \to X$, $n\to\infty$, a.e., 则 $Z_n \to X+Y$ 和 $\hat{Z}_n \to Y - X$, $n \to \infty$, a.e.. 于是, 应用 Fatou 引理 (引理 3.6) 得到

$$\begin{aligned}&\mathbb{E}[X+Y] = \mathbb{E}\left[\lim_{n\to\infty}(X_n+Y)\right] \leqslant \varliminf_{n\to\infty} \mathbb{E}[X_n+Y]\\ \Longrightarrow\ &\mathbb{E}[X] \leqslant \varliminf_{n\to\infty} \mathbb{E}[X_n],\\ &\mathbb{E}[Y-X] = \mathbb{E}\left[\lim_{n\to\infty}(Y-X_n)\right] \leqslant \varliminf_{n\to\infty} \mathbb{E}[Y-X_n]\\ \Longrightarrow\ &\mathbb{E}[-X] \leqslant \varliminf_{n\to\infty} \mathbb{E}[-X_n]\end{aligned}$$

$$\Longrightarrow \varlimsup_{n\to\infty} \mathbb{E}[X_n] \leqslant \mathbb{E}[X].$$

这样, 该定理得证. □

如下的有界收敛定理可作为上面控制收敛定理的一个直接推论. 此外, 有界收敛定理也可作为我们即将在后面章节介绍的 Vitali 收敛定理的推论 (参见定理 5.8).

定理 3.8 (有界收敛定理) 设 $\{X_n\}_{n\geqslant 1}$ 和 X 是概率空间 $(\Omega,\mathcal{F},\mathbb{P})$ 上的一列有界随机变量且满足 $X_n \xrightarrow{\text{a.e.}} X$, $n\to\infty$, 则

$$\lim_{n\to\infty} \mathbb{E}[X_n] = \mathbb{E}\left[\lim_{n\to\infty} X_n\right].$$

下面是关于控制收敛定理的一个应用:

练习 3.5 设 $p>0$ 和 X 为 $(\Omega,\mathcal{F},\mathbb{P})$ 上的一个实值随机变量且满足 $\mathbb{E}[|X|^p]<+\infty$, 则

$$\lim_{x\to\infty} x^p\mathbb{P}(|X|>x)=0.$$

提示 对任意 $x>0$, 我们有

$$x^p\mathbb{P}(|X|>x)=\int_\Omega x^p \mathbb{1}_{x<|X|}\mathrm{d}\mathbb{P} \leqslant \int_\Omega |X|^p\mathbb{1}_{x<|X|}\mathrm{d}\mathbb{P} = \mathbb{E}\left[|X|^p\mathbb{1}_{|X|>x}\right].$$

那么, 由控制收敛定理 (定理 3.7) 得到

$$\lim_{x\to\infty}\mathbb{E}\left[|X|^p\mathbb{1}_{|X|>x}\right] = \mathbb{E}\left[|X|^p \lim_{x\to\infty}\mathbb{1}_{|X|>x}\right]=0.$$

这样, 该练习结果得证. □

练习 3.6 设 X 为概率空间 $(\Omega,\mathcal{F},\mathbb{P})$ 上的一个非负可积实值随机变量. 那么, 对任意 $A\in\mathcal{N}$ (即 $A\in\mathcal{F}$ 且 $\mathbb{P}(A)=0$), 则有 $\mathbb{E}[X\mathbb{1}_A]=0$.

提示 (i) 首先假设 X 是有界的, 即存在常数 $M>0$ 使 $0\leqslant X\leqslant M$. 于是有

$$0\leqslant \mathbb{E}[X\mathbb{1}_A]\leqslant M\mathbb{P}(A).$$

由于 $\mathbb{P}(A)=0$, 因此 $\mathbb{E}[X\mathbb{1}_A]=0$.

(ii) 下面考虑 X 为非负可积的. 那么, 我们定义 $X_n := X\wedge n$, $n\geqslant 1$. 于是 $\{X_n\}_{n\geqslant 1}$ 是非负、单增的且 $\lim_{n\to\infty}X_n = X$. 注意到, 对固定的 $n\geqslant 1$, $X_n\in[0,n]$, 即 X_n 是有界的. 于是, 由 (i) 知: $\mathbb{E}[X_n\mathbb{1}_A]=0$, $\forall n\geqslant 1$. 故应用单调收敛定理 (定理 3.5) 得到

$$\mathbb{E}[X\mathbb{1}_A]=\lim_{n\to\infty}\mathbb{E}[X_n\mathbb{1}_A]=0.$$

这样, 该练习得证. □

在练习 3.6 中, 如果 X 还满足 $\mathbb{E}[X]=1$, 则由数学期望的性质 (P7) 得到: 由 (3.34) 定义的测度 μ, 即

$$\mu(A):=\mathbb{E}\left[X\mathbb{1}_A\right],\quad A\in\mathcal{F}$$

是一个 $\mathcal{F}$ 上的概率测度. 于是, 练习 3.6 的结果意味着:

如果对任意 $A\in\mathcal{F}$ 满足 $\mathbb{P}(A)=0$, 那么则有 $\mu(A)=0$.

以后称概率测度 μ 关于概率测度 $\mathbb{P}$ 是**绝对连续的**, 记为 $\mu\ll\mathbb{P}$.

练习 3.7 设 X 为概率空间 $(\Omega,\mathcal{F},\mathbb{P})$ 上的一个非负、可积实值随机变量. 那么, 对任意 $A_n\in\mathcal{F}$ 且满足 $\lim_{n\to\infty}\mathbb{P}(A_n)=0$, 则有

$$\lim_{n\to\infty}\mathbb{E}\left[X\mathbb{1}_{A_n}\right]=0. \tag{3.42}$$

提示 我们首先定义

$$l:=\varlimsup_{n\to\infty}\mathbb{E}\left[X\mathbb{1}_{A_n}\right].$$

于是, 存在一个子列 $\{n_k\}$ 使得 $l=\lim_{k\to\infty}\mathbb{E}[X\mathbb{1}_{A_{n_k}}]$. 由题设 $\mathbb{P}(A_{n_k})\to 0$, $k\to\infty$. 因此 $\mathbb{E}[\mathbb{1}_{A_k}]\to 0$, $k\to\infty$, 此即 $\mathbb{1}_{A_k}\xrightarrow{L^1}0$ (参见第 5 章). 这样得到

$$\mathbb{1}_{A_k}\xrightarrow{\mathbb{P}}0,\quad k\to\infty. \tag{3.43}$$

那么, 存在子列 $\{m_k\}\subset\{n_k\}$ 使得 $\mathbb{1}_{A_{m_k}}\xrightarrow{\text{a.e.}}0$, $k\to\infty$ (这部分推导可参见第 5 章). 由于 $|X\mathbb{1}_{A_{m_k}}|\leqslant X$, 那么, 由控制收敛定理 (定理 3.7) 得到

$$\lim_{k\to\infty}\mathbb{E}[X\mathbb{1}_{A_{m_k}}]=0.$$

因此 $l=\lim_{k\to\infty}\mathbb{E}[X\mathbb{1}_{A_{n_k}}]=\lim_{k\to\infty}\mathbb{E}[X\mathbb{1}_{A_{m_k}}]=0$. 故有 $\lim_{n\to\infty}\mathbb{E}\left[X\mathbb{1}_{A_n}\right]=0$.

另一种证明方法类似于练习 3.6 的证明. 定义 $X_m:=X\wedge m$, $\forall m\geqslant 1$. 那么, 非负 $X_m\uparrow X$, $m\to\infty$. 于是, 由单调收敛定理 (定理 3.5) 得到: 对任意 $\varepsilon>0$, 存在 $N\geqslant 1$ 使当 $m\geqslant N$ 时, 有 $\mathbb{E}[|X-X_m|]\leqslant\varepsilon$. 因此, 当 $m\geqslant N$ 时,

$$\begin{aligned}\mathbb{E}[X\mathbb{1}_{A_n}]&=|\mathbb{E}[X\mathbb{1}_{A_n}]-\mathbb{E}[X_m\mathbb{1}_{A_n}]+\mathbb{E}[X_m\mathbb{1}_{A_n}]|\\&\leqslant\mathbb{E}[|X-X_m|]+\mathbb{E}[X_m\mathbb{1}_{A_n}]\\&\leqslant\varepsilon+\mathbb{E}[X_N\mathbb{1}_{A_n}]\end{aligned}$$

$$\leqslant \varepsilon + N\mathbb{P}(A_n).$$

对上式不等式两边取 $n \to \infty$, 则有: $\lim_{n\to\infty} \mathbb{E}[X \mathbb{1}_{A_n}] \leqslant \varepsilon$. 那么, 由 $\varepsilon > 0$ 的任意性证得 (3.42). □

下面的引理在证明数学期望的各种性质时具有重要的应用.

引理 3.2 设 X 是概率空间 $(\Omega, \mathcal{F}, \mathbb{P})$ 上一个可积的随机变量且满足

$$X > 0, \text{ a.e. 在 } A \in \mathcal{F} \text{ 上} \quad (\text{即 } \mathbb{P}(A \cap \{X \leqslant 0\}) = 0). \tag{3.44}$$

如果 $\mathbb{E}[X \mathbb{1}_A] = 0$, 那么 $\mathbb{P}(A) = 0$.

证 我们首先定义下面的事件

$$A_0 := \{\omega \in \Omega;\ X(\omega) > 0\}, \quad A_n := \{\omega \in \Omega;\ X(\omega) \geqslant n^{-1}\},\ n \geqslant 1.$$

于是 $A_0, A_n \in \mathcal{F}$, $n \geqslant 1$ 且 $A_0 = \bigcup_{n=1}^{\infty} A_n$. 由题设知: $\mathbb{P}(A \cap A_0^{\mathrm{c}}) = 0$. 另一方面, 对任意 $n \geqslant 1$, 我们有

$$0 \leqslant \mathbb{E}\left[X \mathbb{1}_{A \cap A_n}\right] \leqslant \mathbb{E}\left[X \mathbb{1}_A\right] = 0.$$

因此

$$\mathbb{E}\left[X \mathbb{1}_{A \cap A_n}\right] = 0, \quad \forall n \geqslant 1.$$

然而, 我们注意到

$$\mathbb{E}\left[X \mathbb{1}_{A \cap A_n}\right] \geqslant \frac{1}{n}\mathbb{P}(A \cap A_n) \geqslant 0, \quad \forall n \geqslant 1.$$

这样有

$$\mathbb{P}(A \cap A_n) = 0, \quad \forall n \geqslant 1.$$

这意味着

$$\mathbb{P}\left(A \cap A_0\right) = \mathbb{P}\left(\bigcup_{n=1}^{\infty} (A \cap A_n)\right) \leqslant \sum_{n=1}^{\infty} \mathbb{P}\left(A \cap A_n\right) = 0.$$

那么得到

$$\mathbb{P}(A) = \mathbb{P}(A \cap A_0) + \mathbb{P}(A \cap A_0^{\mathrm{c}}) = \mathbb{P}(A \cap A_0) = 0.$$

这样, 该引理得证. □

下面介绍引理 3.2 的几个重要应用. 让我们首先重返练习 3.6 和由 (3.34) 所定义的测度 μ. 如果 $X>0$, a.e. 且满足 $\mathbb{E}[X]=1$, 那么有

$$\mu \ll \mathbb{P}. \tag{3.45}$$

同时, 对任意 $A\in\mathcal{F}$ 且满足 $\mu(A)=\mathbb{E}[X\mathbb{1}_A]=0$, 应用上面的引理 3.2, 则有 $\mathbb{P}(A)=0$. 这证明了如下结论成立:

$$\mathbb{P} \ll \mu. \tag{3.46}$$

此时, 我们称 μ 与 $\mathbb{P}$ 是**等价的**, 记为 $\mu\sim\mathbb{P}$.

例 3.2 设 $\alpha\in\mathbb{R}$, $\sigma>0$ 和定义在概率空间 $(\Omega,\mathcal{F},\mathbb{P})$ 上随机变量 $\xi\sim N(\alpha,\sigma^2)$. 那么, ξ 的概率密度函数为

$$p_{\alpha,\sigma^2}(x)=\frac{1}{\sqrt{2\pi\sigma^2}}\exp\left(\frac{|x-\alpha|^2}{2\sigma^2}\right),\quad x\in\mathbb{R}.$$

于是, 对任意的 $\alpha_1\in\mathbb{R}$ 和 $\sigma_1>0$, 我们定义如下函数:

$$\phi(x):=\frac{p_{\alpha_1,\sigma_1^2}(x)}{p_{\alpha,\sigma^2}(x)}=\sqrt{\frac{\sigma^2}{\sigma_1^2}}\exp\left(\frac{|x-\alpha_1|^2}{2\sigma_1^2}-\frac{|x-\alpha|^2}{2\sigma^2}\right),\quad x\in\mathbb{R}. \tag{3.47}$$

进一步, 定义随机变量 $X:=\phi(\xi)$, 则有

- $X>0$;
- $\mathbb{E}[X]=1$. 事实上, 我们有

$$\mathbb{E}[X]=\int_{\mathbb{R}}\phi(x)p_{\alpha,\sigma^2}(x)\mathrm{d}x=\int_{\mathbb{R}}p_{\alpha_1,\sigma_1^2}(x)\mathrm{d}x=1.$$

于是, 由 (3.34) 所定义的测度 μ (即对任意 $A\in\mathcal{F}$, $\mu(A):=\mathbb{E}[X\mathbb{1}_A]$) 是一个概率测度. 因此 $\mu\sim\mathbb{P}$.

设 $\mathbb{E}^\mu$ 表示关于概率测度 μ 下的数学期望. 因此, 对任意 $t\in\mathbb{R}$,

$$\begin{aligned}\mathbb{E}^\mu\left[e^{\mathrm{i}t\xi}\right]&=\int_\Omega e^{\mathrm{i}t\xi}\mathrm{d}\mu=\mathbb{E}\left[Xe^{\mathrm{i}t\xi}\right]=\mathbb{E}\left[\phi(\xi)e^{\mathrm{i}t\xi}\right]=\int_{\mathbb{R}}\phi(x)e^{\mathrm{i}tx}\phi_{\alpha,\sigma^2}(x)\mathrm{d}x\\&=\int_{\mathbb{R}}e^{\mathrm{i}ty}\phi_{\alpha_1,\sigma_1^2}(x)\mathrm{d}x=\exp\left(\mathrm{i}\alpha_1 t-\frac{\sigma_1^2}{2}t^2\right).\end{aligned}$$

也就是说: 在概率测度 μ 下, 随机变量 $\xi\sim N(\alpha_1,\sigma_1^2)$ (参见第 6 章). 显然, 如果取 $\alpha_1=0$ 和 $\sigma_1=1$, 则随机变量 ξ 在概率测度 μ 下服从标准正态分布.

利用上述思想, 假设 $N \sim \text{Poisson}(\lambda)$, 其中 $\lambda > 0$, 则其分布律为

$$p_n^{\lambda} := \mathbb{P}(N = n) = \frac{\lambda^n e^{-\lambda}}{n!}, \quad n \in \mathbb{N}. \tag{3.48}$$

对任意 $\lambda_1 > 0$, 让我们定义:

$$q(n) := p_n^{\lambda_1}/p_n^{\lambda} = \left(\frac{\lambda_1}{\lambda}\right)^n e^{-(\lambda_1 - \lambda)}, \quad n \in \mathbb{N}.$$

进一步, 定义随机变量 $X := q(N) = \left(\frac{\lambda_1}{\lambda}\right)^N e^{-(\lambda_1-\lambda)}$, 那么则有

- $X > 0$;
- $\mathbb{E}[X] = 1$.

通过计算特征函数可证得: 在由 (3.34) 所定义的概率测度 μ 下, 随机变量

$$N \sim \text{Poisson}(\lambda_1).$$

这说明: 我们可以定义与初始概率测度等价的概率测度使其在新的概率测度下, Poisson 随机变量的分布的参数发生变化.

下面是由引理 3.2 衍生出来的另外三个推论:

推论 3.1　设 X 为概率空间 $(\Omega, \mathcal{F}, \mathbb{P})$ 上一个可积实值随机变量. 如果对任意 $A \in \mathcal{F}$, $\mathbb{E}[X \mathbb{1}_A] = 0$, 那么 $X = 0$, a.e. (在 Ω 上).

证　定义 $A_0 := \{\omega \in \Omega;\ X(\omega) > 0\}$, 于是 $A_0 \in \mathcal{F}$. 由题设知 $\mathbb{E}[X \mathbb{1}_{A_0}] = 0$. 再由 A_0 定义, 显然在 $A_0 \in \mathcal{F}$ 上, 有 $X > 0$. 于是, 应用引理 3.2 有: $\mathbb{P}(A_0) = 0$. 另一方面, 我们定义事件 $\bar{A}_0 := \{\omega \in \Omega;\ X(\omega) < 0\}$, 那么在 $\bar{A}_0 \in \mathcal{F}$ 上有 $-X > 0$. 于是, 由题设知

$$\mathbb{E}[(-X)\mathbb{1}_{A_0}] = -\mathbb{E}[X \mathbb{1}_{A_0}] = 0.$$

那么, 应用引理 3.2 得到 $\mathbb{P}(\bar{A}_0) = 0$. 因此,

$$\mathbb{P}(X = 0) = 1 - (\mathbb{P}(A_0) + \mathbb{P}(\bar{A}_0)) = 1 - 0 = 1.$$

这样, 该推论得证. □

推论 3.2　设 X_1, X_2 为概率空间 $(\Omega, \mathcal{F}, \mathbb{P})$ 上的两个随机变量且满足: 对某个 $p > 0$,

$$\mathbb{E}\left[|X_1 - X_2|^p\right] = 0. \tag{3.49}$$

则有 $X_1 \overset{\text{a.e.}}{=\!=} X_2$.

证 我们首先定义如下事件

$$A := \{\omega \in \Omega;\ X_1(\omega) \neq X_2(\omega)\},$$

则 $A \in \mathcal{F}$. 进一步注意到

$$\mathbb{E}\left[|X_1 - X_2|^p \mathbb{1}_{A^c}\right] = \mathbb{E}\left[|X_1 - X_2|^p \mathbb{1}_{\{X_1 = X_2\}}\right] = 0.$$

那么, 由 (3.49) 得到

$$\mathbb{E}\left[|X_1 - X_2|^p \mathbb{1}_A\right] = \mathbb{E}\left[|X_1 - X_2|^p\right] - \mathbb{E}\left[|X_1 - X_2|^p \mathbb{1}_{A^c}\right] = 0 - 0 = 0.$$

注意到在 A 上, $X := |X_1 - X_2|^p > 0$. 那么, 应用引理 3.2 有 $\mathbb{P}(A) = 0$. 这样得到 $\mathbb{P}(X_1 = X_2) = 1 - \mathbb{P}(A) = 1$. □

推论 3.3 设 X_1, X_2 为概率空间 $(\Omega, \mathcal{F}, \mathbb{P})$ 上两个可积随机变量且满足: 对任意 $A \in \mathcal{F}$,

$$\mathbb{E}[X_1 \mathbb{1}_A] \leqslant \mathbb{E}[X_2 \mathbb{1}_A].$$

那么 $X_1 \leqslant X_2$, a.e..

证 定义 $A_0 := \{\omega \in \Omega;\ X_1(\omega) > X_2(\omega)\}$, 则 $A_0 \in \mathcal{F}$. 由 A_0 的定义得

$$\mathbb{E}[X_1 \mathbb{1}_{A_0}] \geqslant \mathbb{E}[X_2 \mathbb{1}_{A_0}].$$

再由题设知: $\mathbb{E}[X_1 \mathbb{1}_{A_0}] \leqslant \mathbb{E}[X_2 \mathbb{1}_{A_0}]$. 因此有

$$\mathbb{E}[X_1 \mathbb{1}_{A_0}] = \mathbb{E}[X_2 \mathbb{1}_{A_0}]. \tag{3.50}$$

设 $X := X_1 - X_2$, 那么在 A_0 上, 有 $X > 0$. 进一步, 由 (3.50) 得: $\mathbb{E}[X \mathbb{1}_{A_0}] = 0$. 那么, 应用引理 3.2 得到: $\mathbb{P}(A_0) = 0$. 于是证得 $\mathbb{P}(X_1 \leqslant X_2) = 1 - \mathbb{P}(A_0) = 1$. □

下面是单调收敛定理和引理 3.2 的一个联合应用:

练习 3.8 设 $\{X_n\}_{n \geqslant 1}$ 是概率空间 $(\Omega, \mathcal{F}, \mathbb{P})$ 上一列随机变量且满足 $\sum_{n=1}^{\infty} \mathbb{E}[|X_n|] < +\infty$, 则有

$$\mathbb{E}\left[\sum_{n=1}^{\infty} |X_n|\right] = \sum_{n=1}^{\infty} \mathbb{E}\left[|X_n|\right]. \tag{3.51}$$

因此 $\sum_{n=1}^{\infty} |X_n| < +\infty$, a.e..

提示 定义非负随机变量列 $Y_m := \sum_{n=1}^{m} |X_n|$, $m \geqslant 1$. 则 $Y_m \uparrow Y := \sum_{n=1}^{\infty} |X_n|$, $m \to \infty$. 应用单调收敛定理 (定理 3.5) 得到

$$\lim_{m \to \infty} \mathbb{E}\left[\sum_{n=1}^{m} |X_n|\right] = \lim_{m \to \infty} \mathbb{E}\left[Y_m\right] = \mathbb{E}\left[\lim_{m \to \infty} Y_m\right] = \mathbb{E}\left[\sum_{n=1}^{\infty} |X_n|\right].$$

由数学期望的线性性 (P1) 得到

$$\lim_{m\to\infty}\mathbb{E}\left[\sum_{n=1}^{m}|X_n|\right]=\lim_{m\to\infty}\sum_{n=1}^{m}\mathbb{E}\left[|X_n|\right]=\sum_{n=1}^{\infty}\mathbb{E}\left[|X_n|\right].$$

结合上面两个等式得到 (3.51).

我们下面证明: 一个随机变量 X 是可积的 (i.e., $\mathbb{E}[|X|]<+\infty$), 则 $|X|<+\infty$, a.e.. 事实上, 由于 X 可积, 故

$$\mathbb{E}[|X|]=\mathbb{E}\left[|X|\mathbb{1}_A\right]+\mathbb{E}\left[|X|\mathbb{1}_{A^c}\right]<+\infty,\quad A:=\{|X|=+\infty\}.$$

由 A 的定义, 再结合上式, 我们只能有 $\mathbb{E}\left[|X|\mathbb{1}_A\right]=0$. 那么, 应用引理 3.2 得到 $\mathbb{P}(A)=0$, 此即 $|X|<+\infty$, a.e.. 将这个结论应用到 (3.51), 则有 $\sum_{n=1}^{\infty}|X_n|<+\infty$, a.e.. □

下面是 π-λ 定理的一个具体应用:

练习 3.9　设 X,Y 为概率空间 $(\Omega,\mathcal{F},\mathbb{P})$ 上的两个实值随机变量且满足: 对任意有界实值 Borel-函数 $f,g:\mathbb{R}\to\mathbb{R}$,

$$\mathbb{E}[f(X)g(Y)]=\mathbb{E}[f(X)g(X)],\tag{3.52}$$

那么 $\mathbb{P}(X=Y)=1$, 即 $X\overset{\text{a.e.}}{=\!=}Y$.

提示　定义如下集类

$$\mathcal{L}:=\{E\in\mathcal{B}_{\mathbb{R}^2};\ \mathbb{P}((X,Y)\in E)=\mathbb{P}((X,X)\in E)\}.\tag{3.53}$$

于是 $\mathcal{L}$ 是一个 λ-类. 事实上, $\mathbb{R}^2\in\mathcal{L}$ (这是因为 $\mathbb{P}((X,Y)\in\mathbb{R}^2)=\mathbb{P}((X,X)\in\mathbb{R}^2)=1$). 对任意 $E,F\in\mathcal{L}$ 和 $E\subset F$, 则 $\mathbb{P}((X,Y)\in E)=\mathbb{P}((X,X)\in E)$ 以及 $\mathbb{P}((X,Y)\in F)=\mathbb{P}((X,X)\in F)$. 那么有

$$\begin{aligned}\mathbb{P}((X,Y)\in F\setminus E)&=\mathbb{P}((X,Y)\in F)-\mathbb{P}((X,Y)\in E)\\&=\mathbb{P}((X,X)\in F)-\mathbb{P}((X,X)\in E)\\&=\mathbb{P}((X,X)\in F\setminus E).\end{aligned}$$

这样 $F\setminus E\in\mathcal{L}$. 最后, 设 $\{E_n\}_{n\geqslant1}$ 和 $E_n\uparrow E:=\bigcup_{n=1}^{\infty}E_n$. 那么, 由概率测度的连续性得到

$$\begin{aligned}\mathbb{P}((X,Y)\in E)&=\lim_{n\to\infty}\mathbb{P}((X,Y)\in E_n)=\lim_{n\to\infty}\mathbb{P}((X,X)\in E_n)\\&=\mathbb{P}((X,X)\in E).\end{aligned}$$

于是 $E \in \mathcal{L}$.

再定义 $\mathcal{R} := \{A \times B;\ A \in \mathcal{B}_{\mathbb{R}}, B \in \mathcal{B}_{\mathbb{R}}\}$. 那么 $\mathcal{R}$ 是一个 π-类. 对任意 $A, B \in \mathcal{B}_{\mathbb{R}}$, 取 $f(x) = \mathbb{1}_A(x)$ 和 $g(y) = \mathbb{1}_B(y)$, 则由 (3.52) 有

$$\mathbb{P}((X,Y) \in A \times B) = \mathbb{P}((X,X) \in A \times B).$$

这意味着 $\mathcal{R} \subset \mathcal{L}$. 于是, 应用 π-λ 定理得 $\sigma(\mathcal{R}) \subset \mathcal{L}$. 由于 $\sigma(\mathcal{R}) = \mathcal{B}_{\mathbb{R}^2}$ (参见 3.7 节), 因此 $\mathcal{L} = \mathcal{B}_{\mathbb{R}^2}$. 又由于 $E_0 := \{(x,y) \in \mathbb{R}^2;\ x = y\} \in \mathcal{B}_{\mathbb{R}^2} = \mathcal{L}$, 则由 $\mathcal{L}$ 的定义, 我们有 $\mathbb{P}((X,Y) \in E_0) = \mathbb{P}((X,X) \in E_0)$. 显然 $\mathbb{P}((X,Y) \in E_0) = \mathbb{P}(X = Y)$, 而 $\mathbb{P}((X,X) \in E_0) = \mathbb{P}(X = X) = 1$. 这就得到 $\mathbb{P}(X = Y) = 1$. □

3.5 变量变换公式

本节证明一类变量变换公式, 其可以将欧氏空间值的随机变量关于概率测度的积分转换为我们所熟知的 Riemann-Stieltjes 积分.

定理 3.9 (变量变换公式) 设 $X : (\Omega, \mathcal{F}) \to (S, \mathcal{S})$ 为概率空间 $(\Omega, \mathcal{F}, \mathbb{P})$ 上的一个随机变量和 h 为定义在 S 上的一个实值可测函数, 使得 $h(X)$ 是可积的, 那么

$$\mathbb{E}[h(X)] = \int_\Omega h(X(\omega))\mathbb{P}(\mathrm{d}\omega) = \int_S h(x)\mathcal{P}_X(\mathrm{d}x). \tag{3.54}$$

如果 $S = \mathbb{R}^d$, 则有

$$\mathbb{E}[h(X)] = \int_\Omega h(X(\omega))\mathbb{P}(\mathrm{d}\omega) = \int_S h(x)\mathcal{P}_X(\mathrm{d}x) = \int_{\mathbb{R}^d} h(x)F(\mathrm{d}x), \tag{3.55}$$

其中 $\mathcal{P}_X$ 表示随机变量 X 的分布, 而当 $S = \mathbb{R}^d$ 时, $F(x)$, $x \in \mathbb{R}$ 则表示其分布函数.

证 我们分以下几个步骤来证明该定理.

步骤 1 设 h 是可测的示性函数, 即 $h = \mathbb{1}_B$, $\forall B \in \mathcal{S}$. 于是

$$\mathbb{E}[h(X)] = \mathbb{P}(X \in B) = \mathcal{P}_X(B) = \int_S \mathbb{1}_B(x)\mathcal{P}_X(\mathrm{d}x) = \int_S h(x)\mathcal{P}_X(\mathrm{d}x).$$

步骤 2 设 h 为可测的非负简单函数, 即 $h = \sum_{k=1}^n a_k \mathbb{1}_{B_k}$, 其中 $a_k \geqslant 0$ 和 $\{B_k\}_{k=1}^n$ 为 S 的一个划分. 于是

$$\mathbb{E}[h(X)] = \sum_{k=1}^n a_k \mathbb{P}(X \in B_k) = \sum_{k=1}^n a_k \mathcal{P}_X(B_k)$$

$$= \sum_{k=1}^{n} a_k \mathbb{1}_{B_k}(x)\mathcal{P}_X(\mathrm{d}x) = \int_S h(x)\mathcal{P}_X(\mathrm{d}x).$$

步骤 3　设 h 为非负可测函数, 则存在一列非负可测简单函数 $\{h_n\}_{n\geqslant 1}$ 使得 $h_n \uparrow h$, $n \to \infty$. 于是 $h(X_n) \uparrow h(X)$, $n \to \infty$. 那么, 由步骤 2 得

$$\mathbb{E}\left[h_n(X)\right] = \int_S h_n(x)\mathcal{P}_X(dx), \quad \forall n \geqslant 1.$$

应用单调收敛定理 (定理 3.5) 证得 (3.54) 成立.

步骤 4　对一般的可测函数 h, 则有 $h = h^+ - h^-$. 那么, 由步骤 3 有

$$\mathbb{E}[h^\pm(X)] = \int_S h^\pm(x)\mathcal{P}_X(\mathrm{d}x).$$

于是

$$\begin{aligned}\mathbb{E}[h(X)] = \mathbb{E}[h^+(X)] - \mathbb{E}[h^-(X)] &= \int_S (h^+(x) - h^-(x))\mathcal{P}_X(\mathrm{d}x)\\ &= \int_S h(x)\mathcal{P}_X(\mathrm{d}x).\end{aligned}$$

当 $S = \mathbb{R}^d$ 时, $\mathcal{P}_X(\mathrm{d}x) = F(\mathrm{d}x)$. 这样, 该定理得证. □

如果 X 是一个实值随机变量 (即 $S = \mathbb{R}$) 且其分布函数 F 为绝对连续的, 那么存在一个非负的**密度函数** $p(x)$, $x \in \mathbb{R}$ 使得 $F(\mathrm{d}x) = p(x)\mathrm{d}x$. 假设 h 是定义在实数域上的可测函数使 $\mathbb{E}[h(X)]$ 存在, 那么应用变量变换公式 (3.55) 得到

$$\mathbb{E}[h(X)] = \int_{\mathbb{R}} h(x)F(\mathrm{d}x) = \int_{\mathbb{R}} h(x)p(x)\mathrm{d}x. \tag{3.56}$$

如果 X 是一个取值于 $\{x_i;\ i \in \mathbb{N}\}$ 的离散随机变量和分布律 $b_i := \mathbb{P}(X = x_i)$, $i \geqslant 1$, 那么, 随机变量 X 的分布函数 F 为一个离散型分布函数:

$$F(x) = \sum_{i\geqslant 1} b_i \mathbb{1}_{[x_i,+\infty)}(x), \quad x \in \mathbb{R}. \tag{3.57}$$

相应地, 其对应的离散随机变量 X 的分布为 (参见 3.1 节)

$$\mathcal{P}_X = \sum_{i\geqslant 1} b_i \delta_{x_i}, \tag{3.58}$$

其中 δ_{x_i} 表示集中在点 x_i 的 Dirac-测度. 假设 h 是定义在实数域上的可测函数使得 $\mathbb{E}[h(X)]$ 存在, 那么应用变量变换公式 (3.55) 得到

$$\begin{aligned}\mathbb{E}[h(X)] &= \int_{\mathbb{R}} h(x)F(\mathrm{d}x) = \sum_{i=1}^{\infty}\int_{\mathbb{R}} b_i h(x)\mathbb{1}_{[x_i,+\infty)}(\mathrm{d}x)\\ &= \sum_{i=1}^{\infty} b_i h(x_i)\left(\int_{\mathbb{R}}\mathbb{1}_{x_i\in\mathrm{d}x}\right) = \sum_{i=1}^{\infty}\int_{\mathbb{R}} b_i h(x)\delta_{x_i}(\mathrm{d}x) = \sum_{i=1}^{\infty} b_i h(x_i). \end{aligned} \tag{3.59}$$

上面的等式 (3.56) 和 (3.59) 即为我们所熟知的绝对连续型随机变量和离散型随机变量的数学期望的计算公式.

作为进一步的拓展, 我们将上面的变量变换公式推广到一般测度的情形. 为此, 首先回顾如下测度论中前推 (push forward) 测度的概念.

定义 3.5 (前推测度) 设 $(S_i,\mathcal{S}_i)$, $i=1,2$ 是两个可测空间以及 $T:(S_1,\mathcal{S}_1)\to(S_2,\mathcal{S}_2)$ 是一个可测映射. 对于给定的 $(S_1,\mathcal{S}_1)$ 上的测度 μ, 定义:

$$(T_{\#}\mu)(B) := \mu(T^{-1}(B)),\quad \forall B\in\mathcal{S}_2, \tag{3.60}$$

那么称 $T_{\#}\mu:\mathcal{S}_2\to[0,+\infty]$ 为测度 μ 关于映射 T 的前推测度. 这里, 对于 $B\in\mathcal{S}_2$,

$$T^{-1}(B) := \{x\in S_1;\ T(x)\in B\}. \tag{3.61}$$

显然, 概率空间 $(\Omega,\mathcal{F},\mathbb{P})$ 上的随机变量 $X:(\Omega,\mathcal{F})\to(S,\mathcal{S})$ 的分布 $\mathcal{P}_X$ 为概率测度 $\mathbb{P}$ 关于 X 的前推测度, 即 $\mathcal{P}_X = X_{\#}\mathbb{P}$.

另外, 关于前推测度的一个重要概念是一个测度关于某个可测函数是不变的概念. 设 $(S,\mathcal{S})$ 是一个可测空间和 $T:(S,\mathcal{S})\to(S,\mathcal{S})$ 是一个可测映射. 如果对给定的 $(S,\mathcal{S})$ 上的测度 μ 满足

$$(T_{\#}\mu) = \mu, \tag{3.62}$$

则称 μ 关于 T 是不变的 (或称 μ 为 T 的一个不变测度). 例如, 对给定的常数 $a\in\mathbb{R}$, 定义如下平移映射 (translation map):

$$T^a(x) := x+a,\quad \forall x\in\mathbb{R}. \tag{3.63}$$

设 m 为 $\mathcal{B}_{\mathbb{R}}$ 上的 Lebesgue 测度. 由于 m 具有平移不变性, 故对任意 $B\in\mathcal{B}_{\mathbb{R}}$, 我们有

$$\begin{aligned}(T^a_{\#}m)(B) &= m((T^a)^{-1}(B)) = m(\{x\in\mathbb{R};\ x+a\in B\})\\ &= m(B-a) = m(B), \end{aligned} \tag{3.64}$$

此即 $T^a_{\#}m = m$. 这意味着 Lebesgue 测度关于平移映射是不变的, 或称 Lebesgue 测度是平移映射的一个不变测度.

类似于定理 3.9, 对于一般的前推测度, 我们有如下的变量变换公式.

定理 3.10 (变量变换公式)　设 $(S_i, \mathcal{S}_i)$, $i = 1, 2$ 是两个可测空间以及

$$T : (S_1, \mathcal{S}_1) \to (S_2, \mathcal{S}_2) \text{ 是一个可测映射.}$$

那么, 对于给定的 $(S_1, \mathcal{S}_1)$ 上的测度 μ, 我们有: 一个定义在 $(S_2, \mathcal{S}_2)$ 上的可测函数 h 关于前推测度 $T_{\#}\mu$ 是可积的当且仅当 $h \circ T$ 关于 μ 是可积的. 进一步, 我们还有

$$\int_{S_2} h\mathrm{d}(T_{\#}\mu) = \int_{S_1} h \circ T \mathrm{d}\mu. \tag{3.65}$$

定理 3.10 的证明完全类似于定理 3.9 的证明, 我们将该定理的证明作为课后习题.

3.6　常用的概率不等式

本节介绍常用的概率不等式 (证明从略). 我们假设本节所涉及的 (欧氏空间值) 随机变量都是定义在同一概率空间 $(\Omega, \mathcal{F}, \mathbb{P})$ 上且满足所需要的可积性.

- **Hölder 不等式**　设 $1 < p, q < +\infty$ 和 $p^{-1} + q^{-1} = 1$, 则有

$$|\mathbb{E}[XY]| \leqslant \mathbb{E}[|XY|] \leqslant \{\mathbb{E}[|X|^p]\}^{p^{-1}} \{\mathbb{E}[|Y|^q]\}^{q^{-1}}. \tag{3.66}$$

- **Minkovski 不等式**　对任意 $p > 0$, 则有

$$\{\mathbb{E}[|X+Y|^p]\}^{p^{-1}} \leqslant \{\mathbb{E}[|X|^p]\}^{p^{-1}} + \{\mathbb{E}[|Y|^p]\}^{p^{-1}}. \tag{3.67}$$

- **Lyapunov 不等式**　对任意 $1 < p < q < +\infty$, 则有

$$\{\mathbb{E}[|X|^p]\}^{p^{-1}} \leqslant \{\mathbb{E}[|X|^q]\}^{q^{-1}}. \tag{3.68}$$

- **Jensen 不等式**　设 $\varphi(x) : \mathbb{R}^d \to \mathbb{R}$ 为一个凸函数, 则有

$$\varphi(\mathbb{E}[X]) \leqslant \mathbb{E}[\varphi(X)]. \tag{3.69}$$

Jensen 不等式在概率论中具有重要的应用. 我们可以通过 Jensen 不等式证明一些基本的不等式. 假设 X 为取值于 $\{x_i\}_{i=1}^n \subset \mathbb{R}$ 的离散型随机变量和 $b_i = \mathbb{P}(X = x_i)$, $i = 1, \cdots, n$. 于是, 对任意的凸函数 $\varphi : \mathbb{R} \to \mathbb{R}$, 则有

$$\varphi\left(\sum_{i=1}^n b_i x_i\right) = \varphi(\mathbb{E}[X]) \leqslant \mathbb{E}[\varphi(X)] = \sum_{i=1}^n b_i \varphi(x_i). \tag{3.70}$$

特别地, 我们取 $b_i = \dfrac{1}{n}$, $\forall i = 1, \cdots, n$. 于是, 由 (3.70) 得到

$$\varphi\left(\frac{1}{n}\sum_{i=1}^{n} x_i\right) \leqslant \frac{1}{n}\sum_{i=1}^{n} \varphi(x_i). \tag{3.71}$$

进一步, 假设 $x_1, \cdots, x_n > 0$, 那么取凸函数为 $\varphi(x) = -\ln x$, $x > 0$. 于是, 由 Jensen 不等式 (3.71) 得到

$$\ln\left(\frac{1}{n}\sum_{i=1}^{n} x_i\right) \geqslant \frac{1}{n}\sum_{i=1}^{n} \ln x_i \iff \frac{1}{n}\sum_{i=1}^{n} x_i \geqslant \sqrt[n]{x_1 \cdots x_n}. \tag{3.72}$$

如果取 $\varphi(x) = e^x$, $x \in \mathbb{R}$, 则 $\varphi: \mathbb{R} \to \mathbb{R}$ 是一个凸函数. 假设随机变量 X 满足指数可积性, 即 e^X 是可积的. 这样, 应用 Jensen 不等式可得

$$\exp\left(\mathbb{E}[X]\right) \leqslant \mathbb{E}[\exp(X)], \tag{3.73}$$

不等式 (3.73) 在统计物理中有重要应用.

下面的练习可由上述概率不等式证明得到

练习 3.10 设 X 为概率空间 $(\Omega, \mathcal{F}, \mathbb{P})$ 上的一个非负随机变量和 $c := \mathbb{E}[|X|^2] \in (0, \infty)$, 证明如下问题.

(i) 对任意 $a \in [0, \mathbb{E}[X])$, 如下不等式成立:

$$\frac{(\mathbb{E}[X] - a)^2}{c} \leqslant \mathbb{P}(X > a).$$

(ii) 如下不等式成立:

$$\mathbb{E}[|X^2 - c|] \leqslant 2\sqrt{c[c - (\mathbb{E}[X])^2]}.$$

(iii) 设 $A_i \in \mathcal{F}$, $i = 1, \cdots, n$, 如下不等式成立:

$$\frac{\left(\displaystyle\sum_{i=1}^{n} \mathbb{P}(A_i)\right)^2}{\displaystyle\sum_{i=1}^{n} \mathbb{P}(A_i) + 2\sum_{1 \leqslant i < j \leqslant n} \mathbb{P}(A_i \cap A_j)} \leqslant \mathbb{P}\left(\bigcup_{i=1}^{n} A_i\right).$$

提示 由于随机变量 X 是非负的, 故应用 Hölder 不等式有: 对任意 $a \geqslant 0$,

$$\{\mathbb{E}[X 1\!\!1_{X>a}]\}^2 \leqslant \mathbb{E}[X^2]\mathbb{P}(X > a).$$

于是, 对任意 $a \geqslant 0$,

$$\mathbb{P}(X > a) \geqslant \frac{\{\mathbb{E}[X\mathbb{1}_{X>a}]\}^2}{c}. \tag{3.74}$$

由于如下等式和不等式成立: 对任意 $a \geqslant 0$,

$$\mathbb{E}[X\mathbb{1}_{X>a}] = \mathbb{E}[X] - \mathbb{E}[X\mathbb{1}_{X\leqslant a}], \quad \mathbb{E}[X\mathbb{1}_{X\leqslant a}] \leqslant a\mathbb{P}(X \leqslant a) \leqslant a,$$

因此, 我们得到

$$\mathbb{E}[X\mathbb{1}_{X>a}] \geqslant \mathbb{E}[X] - a > 0, \quad \forall a \in [0, \mathbb{E}[X]). \tag{3.75}$$

那么, 不等式 (i) 可由不等式 (3.74) 和 (3.75) 联合证得.

下面证不等式 (ii). 应用 Hölder 不等式有

$$\begin{aligned}\left\{\mathbb{E}[|X^2 - c|]\right\}^2 &= \left\{\mathbb{E}[|X + \sqrt{c}||X - \sqrt{c}|]\right\}^2 \\ &\leqslant \mathbb{E}[|X + \sqrt{c}|^2]\mathbb{E}[|X - \sqrt{c}|^2] \\ &= \left\{2c + 2\sqrt{c}\mathbb{E}[X]\right\}\left\{2c - 2\sqrt{c}\mathbb{E}[X]\right\} \\ &= 4c\{c - (\mathbb{E}[X])^2\}.\end{aligned}$$

下证不等式 (iii). 定义 $X := \sum_{i=1}^n \mathbb{1}_{A_i}$ 和取 $a = 0$. 那么, 由 (i) 得到

$$\mathbb{P}(X > a) = \mathbb{P}\left(\sum_{i=1}^n \mathbb{1}_{A_i} > 0\right) = \mathbb{P}\left(\bigcup_{i=1}^n A_i\right) \geqslant \frac{(\mathbb{E}[X] - a)^2}{c}. \tag{3.76}$$

注意到 $\mathbb{E}[X] = \sum_{i=1}^n \mathbb{P}(A_i)$ 和 X 的二阶矩:

$$c := \mathbb{E}[|X|^2] = \mathbb{E}\left[\sum_{i,j=1}^n \mathbb{1}_{A_i}\mathbb{1}_{A_j}\right] = \sum_{i=1}^n \mathbb{P}(A_i) + \sum_{i\neq j}\mathbb{P}(A_i \cap A_j).$$

将此代入 (3.76), 则得到不等式 (iii). □

3.7 独立性与乘积测度

本节首先引入 σ-代数独立性的概念, 然后通过 σ-代数独立性来定义随机变量的独立性, 从而证明 Kolmogorov 0-1 律. 本节最后将介绍独立性与乘积测度之间的联系.

定义 3.6 (σ-代数的独立性) 设 $(\Omega,\mathcal{F},\mathbb{P})$ 是一个概率空间. 假设 $\mathcal{H},\mathcal{G}\subset\mathcal{F}$ 为两个 σ-代数 (即 $\mathcal{H},\mathcal{G}$ 为两个子事件域). 如果对任意 $H\in\mathcal{H}$ 和 $G\in\mathcal{G}$, 我们有

$$\mathbb{P}(G\cap H)=\mathbb{P}(G)\mathbb{P}(H), \tag{3.77}$$

则称 σ-代数 $\mathcal{H}$ 和 $\mathcal{G}$ 是相互独立的.

显然, 我们也可以通过定义 3.6 的形式来定义任意包含于 $\mathcal{F}$ 的两个集类的独立性.

例 3.3 (平凡 σ-代数) 在第 2 章中, 我们称 $\mathcal{H}=\{\Omega,\varnothing\}$ 是一个平凡 σ-代数. 然而, 平凡 σ-代数的概念可以被进一步拓展. 以后称 $\mathcal{H}$ 是一个平凡 σ-代数, 如果其满足

$$\mathbb{P}(H)=0 \text{ 或 } 1,\quad \forall H\in\mathcal{H}. \tag{3.78}$$

那么, 平凡 σ-代数 $\mathcal{H}\subset\mathcal{F}$ 独立于任意 σ-代数 $\mathcal{G}\subset\mathcal{F}$. 事实上, 对任意 $H\in\mathcal{H}$, 当 $\mathbb{P}(H)=0$ 时, 对任意 $G\in\mathcal{G}$,

$$\mathbb{P}(H\cap G)\leqslant\mathbb{P}(H)=0=\mathbb{P}(H)\mathbb{P}(G).$$

当 $\mathbb{P}(H)=1$ 时, 对任意 $G\in\mathcal{G}$, 则有

$$\mathbb{P}(H\cap G)=\mathbb{P}(G)-\mathbb{P}(G\cap H^{\mathrm{c}})=\mathbb{P}(G)=\mathbb{P}(H)\mathbb{P}(G).$$

下面根据定义 3.6 来引入随机变量独立性的概念:

定义 3.7 (随机变量的独立性) 设 X,Y 为概率空间 $(\Omega,\mathcal{F},\mathbb{P})$ 上的两个随机变量. 如果 $\sigma(X)$ 与 $\sigma(Y)$ 是相互独立的, 那么称 X 与 Y 是相互独立的.

上面随机变量独立性的定义事实上与事件的独立性的定义 (参见 (3.77)) 是一致的. 例如: 假设 $A,B\in\mathcal{F}$ 是相互独立的, 即满足 (3.77). 由于

$$\sigma(\mathbb{1}_A)=\{\varnothing,\Omega,A,A^{\mathrm{c}}\},\quad \sigma(\mathbb{1}_B)=\{\varnothing,\Omega,B,B^{\mathrm{c}}\},$$

那么, 根据定义 3.6, 我们容易验证 $\sigma(\mathbb{1}_A)$ 与 $\sigma(\mathbb{1}_B)$ 是相互独立的 (注意到 $\varnothing,\Omega$ 与任何事件都是独立的, 且 $\varnothing,\Omega$ 与其本身也是相互独立的).

下面定义关于多个事件的独立性.

定义 3.8 设 $(\Omega,\mathcal{F},\mathbb{P})$ 是一个概率空间和 $\{A_n\}_{n\geqslant1}\subset\mathcal{F}$. 如果对任意的正整数 $L>0$ 和互不相同的 $i_1,\cdots,i_L\in\mathbb{N}$,

$$\mathbb{P}\left(\bigcap_{k=1}^{L}A_{i_k}\right)=\prod_{k=1}^{L}\mathbb{P}(A_{i_k}), \tag{3.79}$$

那么称 $\{A_n\}_{n\geqslant1}$ 是相互独立的.

下面是关于一族集类的独立性:

定义 3.9(一族集类的独立性)　设 $(\Omega, \mathcal{F}, \mathbb{P})$ 是一个概率空间和 $\{\mathcal{A}_\alpha\}_{\alpha\in I} \subset \mathcal{F}$ 为一族集类 (其中 I 可以不可数). 如果对任意的正整数 $L > 0$ 和互不相同的 $\alpha_1, \cdots, \alpha_L \in I$,

$$\mathbb{P}\left(\bigcap_{k=1}^{L} A_k\right) = \prod_{k=1}^{L} \mathbb{P}(A_k), \quad \forall A_k \in \mathcal{A}_{\alpha_k},\ k = 1, \cdots, L, \tag{3.80}$$

则称 $\{\mathcal{A}_\alpha\}_{\alpha\in I}$ 是相互独立的. 进一步, 称一族随机变量 $\{X_\alpha\}_{\alpha\in I}$ 是相互独立的, 如果 $\{\sigma(X_\alpha)\}_{\alpha\in I}$ 是相互独立的.

下面的定理给出了判别 σ-代数相互独立的一个充分条件.

定理 3.11　设 σ-代数 $\mathcal{G}_i := \sigma(\mathcal{A}_i) \subset \mathcal{F}$, $i = 1, \cdots, n$, 其中 $\mathcal{A}_1, \cdots, \mathcal{A}_n$ 均为 π-类. 如果 $\mathcal{A}_1, \cdots, \mathcal{A}_n$ 是相互独立的, 那么 $\mathcal{G}_1, \cdots, \mathcal{G}_n$ 也是相互独立的.

证　对任意正整数 $L \leqslant n-1$ 和互不相同的 $i_1, \cdots, i_L \in \{1, 2, \cdots, n-1\}$, 让我们定义:

$$H := \bigcap_{k=1}^{L} A_{i_k}, \quad A_{i_k} \in \mathcal{A}_{i_k},\ k = 1, \cdots, L.$$

进一步, 定义如下测度: 对任意 $A \in \mathcal{G}_n := \sigma(\mathcal{A}_n)$,

$$\mu_1(A) := \mathbb{P}(A \cap H), \quad \mu_2(A) := \mathbb{P}(A)\mathbb{P}(H). \tag{3.81}$$

显然, 我们有

$$\mu_1(\Omega) = \mathbb{P}(H) = \mathbb{P}(H)\mathbb{P}(\Omega) = \mu_2(\Omega). \tag{3.82}$$

另一方面, 对任意 $A \in \mathcal{A}_n$, 根据 $\mathcal{A}_1, \cdots, \mathcal{A}_n$ 的相互独立性, 得到

$$\begin{aligned}\mu_1(A) &= \mathbb{P}\left(A \cap \bigcap_{k=1}^{L} A_{i_k}\right) = \left\{\prod_{k=1}^{L} \mathbb{P}(A_{i_k})\right\} \mathbb{P}(A) \\ &= \mathbb{P}\left(\bigcap_{k=1}^{L} A_{i_k}\right) \mathbb{P}(A) = \mathbb{P}(H)\mathbb{P}(A) = \mu_2(A).\end{aligned} \tag{3.83}$$

上面此即为

$$\text{在 } \mathcal{A}_n \text{ 上}, \mu_1 = \mu_2. \tag{3.84}$$

根据 (3.82) 和 $\mathcal{A}_n$ 为一个 π-类. 于是, 由 π-λ 定理 (参见练习 3.1) 得到

$$\mu_1 = \mu_2 \quad \text{在 } \mathcal{G}_n = \sigma(\mathcal{A}_n) \text{ 上}. \tag{3.85}$$

这等价于说, 对任意 $G \in \mathcal{G}_n$, 如下等式成立:

$$\mathbb{P}(G \cap H) = \mathbb{P}(G)\mathbb{P}(H). \tag{3.86}$$

此即

$$\mathbb{P}\left(G \cap \bigcap_{k=1}^{L} A_{i_k}\right) = \mathbb{P}(G)\mathbb{P}\left(\bigcap_{k=1}^{L} A_{i_k}\right) \xlongequal{\mathcal{A}_1,\cdots,\mathcal{A}_{n-1} \text{ 独立}} \mathbb{P}(G)\prod_{k=1}^{L}\mathbb{P}(A_{i_k}). \tag{3.87}$$

这意味着 $\mathcal{A}_1, \cdots, \mathcal{A}_{n-1}, \mathcal{G}_n$ 是相互独立的 (注意到 $\mathcal{A}_1, \cdots, \mathcal{A}_{n-1}$ 相互独立). 因此 $\mathcal{G}_n, \mathcal{A}_1, \cdots, \mathcal{A}_{n-1}$ 也是相互独立的. 那么, 我们应用上面同样的方法可证得

$$\mathcal{G}_n, \mathcal{A}_1, \cdots, \mathcal{A}_{n-2}, \mathcal{G}_{n-1} \text{ 也是相互独立的}.$$

以此类推, 可证得 $\mathcal{G}_1, \cdots, \mathcal{G}_n$ 是相互独立的. □

注意到, 对于索引集合 I (I 可以不可数), 集类 $\{\mathcal{A}_\alpha\}_{\alpha\in I} \subset \mathcal{F}$ 相互独立等价于: 对任意正整数 L 和互不相同的 $\alpha_1, \cdots, \alpha_L \in I$, $\{\mathcal{A}_{\alpha_i}\}_{i=1}^{L}$ 是相互独立的. 于是, 我们可以将定理 3.11 中的有限个 π-类拓展到任意多个 π-类的情形:

推论 3.4 对任意 $\alpha \in I$, 设 $\mathcal{A}_\alpha \subset \mathcal{F}$ 为一个 π-类. 如果 $\{\mathcal{A}_\alpha\}_{\alpha\in I}$ 是相互独立的, 则 $\{\sigma(\mathcal{A}_\alpha)\}_{\alpha\in I}$ 也是相互独立的.

设 $X_1, \cdots, X_n$ 是定义在同一概率空间 $(\Omega, \mathcal{F}, \mathbb{P})$ 上的实值随机变量. 那么, 随机变量 $X_1, \cdots, X_n$ 是相互独立的当且仅当

$$\mathbb{P}(X_1 \leqslant x_1, \cdots, X_n \leqslant x_n) = \prod_{k=1}^{n}\mathbb{P}(X_k \leqslant x_k), \quad \forall x_k \in \mathbb{R},\ k = 1, \cdots, n. \tag{3.88}$$

事实上, 对任意 $k = 1, \cdots, n$, 我们定义如下集类:

$$\mathcal{A}_k := \left\{X_k^{-1}((-\infty, x]);\ x \in \mathbb{R}\right\}.$$

显然 $\mathcal{A}_k$ 是 π-类. 由 (3.88) 有: $\mathcal{A}_1, \cdots, \mathcal{A}_n$ 是相互独立的. 那么, 定理 3.11 意味着 $\sigma(\mathcal{A}_1), \cdots, \sigma(\mathcal{A}_n)$ 是相互独立的. 应用 (2.54) 得 $\sigma(\mathcal{A}_k) = \sigma(X_k)$, $k = 1, \cdots, n$.

设 $X_1,\cdots,X_n$ 是定义在同一概率空间上相互独立的 $(S,\mathcal{S})$-值随机变量. 假设 $f_1,\cdots,f_n:(S,\mathcal{S})\to(T,\mathcal{T})$ 是可测函数, 则 $f_1(X_1),\cdots,f_n(X_n)$ 也是相互独立的. 事实上, 由于 f_k 是可测的, 则对任意的 $B\in\mathcal{T}$, 我们有: $f_k^{-1}(B)\in\mathcal{S}$, $k=1,\cdots,n$. 于是, 对任意 $B_k\in\mathcal{T}$, $k=1,\cdots,n$,

$$\bigcap_{k=1}^{n}\{f_k(X_k)\in B_k\}=\bigcap_{k=1}^{n}\left\{X_k\in f_k^{-1}(B_k)\right\}.$$

因此, 由 $X_1,\cdots,X_n$ 的独立性可得

$$\mathbb{P}\left(\bigcap_{k=1}^{n}\{f_k(X_k)\in B_k\}\right)=\mathbb{P}\left(\bigcap_{k=1}^{n}\left\{X_k\in f_k^{-1}(B_k)\right\}\right)$$
$$=\prod_{k=1}^{n}\mathbb{P}\left(X_k\in f_k^{-1}(B_k)\right)=\prod_{k=1}^{n}\mathbb{P}(f_k(X_k)\in B_k).$$

这意味着 $f_1(X_1),\cdots,f_n(X_n)$ 是相互独立的.

引理 3.3 设 $i\in\mathbb{N}$ 和 $m(i)\geqslant 1$ 取值于整数. 假设 $\{\mathcal{F}_{ij}\}_{i\in\mathbb{N};j=1,\cdots,m(i)}$ 是一列相互独立的 σ-代数组. 进一步, 定义:

$$\mathcal{F}_i=\bigvee_{j=1}^{m(i)}\mathcal{F}_{ij}:=\sigma\left(\bigcup_{j=1}^{m(i)}\mathcal{F}_{ij}\right),\quad i\in\mathbb{N},$$

那么 $\{\mathcal{F}_i\}_{i\in\mathbb{N}}$ 也是相互独立的.

证 我们首先将 σ-代数组 $\{\mathcal{F}_{ij}\}_{i\in\mathbb{N};j=1,\cdots,m(i)}$ 写成如下的矩阵形式:

$$\begin{bmatrix}\mathcal{F}_{11} & \mathcal{F}_{12} & \cdots & \mathcal{F}_{1m(1)}\\ \mathcal{F}_{21} & \mathcal{F}_{22} & \cdots & \mathcal{F}_{2m(2)}\\ \vdots & \vdots & & \vdots\\ \mathcal{F}_{i1} & \mathcal{F}_{i2} & \cdots & \mathcal{F}_{im(i)}\\ \vdots & \vdots & & \vdots\end{bmatrix}.$$

注意到, 上面矩阵中 $m(i)$ 并不一定等于 $m(j)$ $(i\neq j)$. 该引理的结论即是说上面矩阵每行的并所生成的 σ-代数是相互独立的.

对任意 $i\geqslant 1$, 定义

$$Q_i:=\left\{\bigcap_{j=1}^{m(i)}E_{ij};\ E_{ij}\in\mathcal{F}_{ij}\right\}.\tag{3.89}$$

显然 Q_i 是一个 π-类和 $\Omega \in Q_i$. 事实上, 对任意 $\bigcap_{j=1}^{m(i)} E_{ij}^{(k)} \in Q_i$, $k=1,2$, 则

$$\left(\bigcap_{j=1}^{m(i)} E_{ij}^{(1)}\right) \cap \left(\bigcap_{j=1}^{m(i)} E_{ij}^{(2)}\right) = \bigcap_{j=1}^{m(i)} \left(E_{ij}^{(1)} \cap E_{ij}^{(2)}\right) \in Q_i,$$

这是因为 $E_{ij}^{(1)} \cap E_{ij}^{(2)} \in \mathcal{F}_{ij}$. 另一方面, 不难证明 $\sigma(Q_i) = \sigma(\bigcup_{j=1}^{m(i)} \mathcal{F}_{ij})$, $i \in \mathbb{N}$. 由题设知: $\{Q_i\}_{i\in\mathbb{N}}$ 是相互独立的, 故应用定理 3.11 得到 $\{\sigma(Q_i)\}_{i\in\mathbb{N}}$ 是相互独立的. □

下面的练习将引理 3.3 的结果推广到了不可数的情形.

练习 3.11 设 J 是一个可能为不可数的双索引集合. 对任意 $(\alpha,\beta) \in J$, $H_{\alpha,\beta} \subset \mathcal{F}$ 为 π-类. 对任意 α, 定义 $\mathcal{G}_\alpha := \sigma(\bigcup_\beta H_{\alpha,\beta})$. 如果 $\{H_{\alpha,\beta}\}_{(\alpha,\beta)\in J}$ 是相互独立的, 那么 $\{\mathcal{G}_\alpha\}_\alpha$ 也是相互独立的.

提示 定义如下集类:

$$\mathcal{A}_\alpha := \left\{A := \bigcap_{j=1}^{m} H_j;\ \exists\, m \in \mathbb{N},\ H_j \in \mathcal{H}_{\alpha,\beta_j},\ \beta_j \text{ 互不相等},\ j=1,\cdots,m\right\}.$$

由于 $\mathcal{H}_{\alpha,\beta}$ 是 π-类, 那么容易验证 $\mathcal{A}_\alpha$ 也是一个 π-类. 因为 $\{H_{\alpha,\beta}\}_{(\alpha,\beta)\in J}$ 是相互独立的, 则显然 $\{\mathcal{A}_\alpha\}_\alpha$ 也是相互独立的. 定理 3.11 意味着 $\{\sigma(\mathcal{A}_\alpha)\}_\alpha$ 是相互独立的. 另一方面, 由 $\mathcal{A}_\alpha$ 的定义 (取 $m=1$), 则有: 对任意 β, $\mathcal{H}_{\alpha,\beta} \subset \mathcal{A}_\alpha$. 于是 $\mathcal{G}_\alpha := \sigma(\bigcup_\beta H_{\alpha,\beta}) \subset \sigma(\mathcal{A}_\alpha)$, 这得到 $\{\mathcal{G}_\alpha\}_\alpha$ 是相互独立的. □

下面的练习是证明 Kolmogorov 0-1 律的一个辅助结果.

练习 3.12 设 $\{X_i\}_{i\geqslant 1}$ 是定义在同一概率空间 $(\Omega,\mathcal{F},\mathbb{P})$ 上的一个 $(S,\mathcal{S})$-值随机变量. 那么有

(i) 如果对任意 $n \geqslant 1$, $\mathcal{F}_n^X := \sigma(X_1,\cdots,X_n)$ 与 $\sigma(X_{n+1})$ 是相互独立的, 则 $\{X_i\}_{i\geqslant 1}$ 是相互独立的;

(ii) 如果 $\{X_i\}_{i\geqslant 1}$ 是相互独立的, 那么对任意 $n \geqslant 1$, 我们有 $\mathcal{F}_n^X$ 与 $\mathcal{T}_n^X := \sigma(X_i;\ i>n)$ 是相互独立的.

提示 (i) 为证 $\{X_i\}_{i\geqslant 1}$ 是相互独立的, 我们只需证明: 对任意正整数 L 和 $i_1,\cdots,i_L \in \mathbb{N}$,

$$\mathbb{P}\left(\bigcap_{k=1}^{L} X_{i_k}^{-1}(B_k)\right) = \prod_{k=1}^{L} \mathbb{P}\left(X_{i_k}^{-1}(B_k)\right), \tag{3.90}$$

其中 $B_k \in \mathcal{S}$, $k=1,\cdots,L$. 由于对任意 $n \geqslant 1$, $\mathcal{F}_n^X := \sigma(X_1,\cdots,X_n)$ 与 $\sigma(X_{n+1})$ 相互独立, 故对任意 $A \in \mathcal{S}^{\otimes n}$ (参见关于乘积 σ-代数的定义 3.10) 和

$C \in \mathcal{S}$, 我们有

$$
\begin{aligned}
&\mathbb{P}\left((X_1, \cdots, X_n)^{-1}(A) \cap X_{n+1}^{-1}(C)\right) \\
&= \mathbb{P}\left((X_1, \cdots, X_n)^{-1}(A)\right) \mathbb{P}\left(X_{n+1}^{-1}(C)\right).
\end{aligned} \tag{3.91}
$$

于是, 我们取 $A = \prod_{i=1}^{n} B_i$, $B_i \in \mathcal{S}$, $i = 1, \cdots, n$, 则 $A \in \mathcal{S}^{\otimes n}$, 因此, 应用 (3.91) 得到

$$
\begin{aligned}
&\mathbb{P}\left(X_1^{-1}(B_1) \cap \cdots \cap X_n^{-1}(B_n) \cap X_{n+1}^{-1}(C)\right) \\
&= \mathbb{P}\left(X_1^{-1}(B_1) \cap \cdots \cap X_n^{-1}(B_n)\right) \mathbb{P}\left(X_{n+1}^{-1}(C)\right).
\end{aligned} \tag{3.92}
$$

考虑 $n = 1$, 则应用 (3.92) 得到

$$
\mathbb{P}\left(X_1^{-1}(B_1) \cap X_2^{-1}(C)\right) = \mathbb{P}\left(X_1^{-1}(B_1)\right) \mathbb{P}\left(X_2^{-1}(C)\right).
$$

再考虑 $n = 2$, 则有

$$
\begin{aligned}
&\mathbb{P}\left(X_1^{-1}(B_1) \cap X_2^{-1}(B_2) \cap X_3^{-1}(C)\right) \\
&= \mathbb{P}\left(X_1^{-1}(B_1) \cap X_2^{-1}(B_2)\right) \mathbb{P}\left(X_3^{-1}(C)\right) \\
&\xlongequal{\text{应用 } n=1} \mathbb{P}\left(X_1^{-1}(B_1)\right) \cap \mathbb{P}\left(X_2^{-1}(B_2)\right) \mathbb{P}\left(X_3^{-1}(C)\right).
\end{aligned}
$$

那么迭代可证得 (3.90).

(ii) 我们这里需要应用引理 3.3. 为此, 设 $d \in \mathbb{N}$ 为一有限整数, 考虑如下矩阵形式 σ-代数组:

$$
\begin{bmatrix}
\mathcal{F}_{11} := \sigma(X_1) & \mathcal{F}_{12} := \sigma(X_2) & \cdots & \mathcal{F}_{1n} := \sigma(X_n) \\
\mathcal{F}_{21} := \sigma(X_{n+1}) & \mathcal{F}_{22} := \sigma(X_{n+2}) & \cdots & \mathcal{F}_{2d} := \sigma(X_{n+d})
\end{bmatrix},
$$

即有 $\{\mathcal{F}_{ij}\}_{i=1,2;j=1,\cdots,m(i)}$ (其中 $m(1) = n$ 和 $m(2) = d$) 是相互独立的. 于是, 应用引理 3.3 得: 对任意 $d \geqslant 1$,

$$
\mathcal{F}_1 := \sigma\left(\bigcup_{j=1}^{m(1)} \mathcal{F}_{1j}\right) = \sigma\left(\bigcup_{j=1}^{n} \sigma(X_j)\right) = \sigma(X_1, \cdots, X_n) = \mathcal{F}_n^X,
$$

$$
\mathcal{F}_2 := \sigma\left(\bigcup_{j=1}^{m(2)} \mathcal{F}_{2j}\right) = \sigma\left(\bigcup_{j=1}^{d} \sigma(X_{n+j})\right) = \sigma(X_{n+1}, \cdots, X_{n+d})
$$

是相互独立的. 因此, 应用集类独立性的定义 3.9, 我们容易验证:

$$\mathcal{F}_n^X \text{ 与 } \bigcup_{d=1}^{\infty}\sigma(X_{n+1},\cdots,X_{n+d}) \text{ 相互独立.}$$

另一方面, 还有

$$\mathcal{T}_n^X=\sigma(X_{n+1},X_{n+2},\cdots)=\sigma\left(\bigcup_{d=1}^{\infty}\sigma(X_{n+1},\cdots,X_{n+d})\right).$$

因为 $\bigcup_{d=1}^{\infty}\sigma(X_{n+1},\cdots,X_{n+d})$ 是一个 π-类, 故应用定理 3.11 有: $\mathcal{T}_n^X$ 与 $\mathcal{F}_n^X$ 相互独立. □

在上面的证明中, 我们用到了事实: $\bigcup_{d=1}^{\infty}\sigma(X_{n+1},\cdots,X_{n+d})$ 是一个 π-类. 事实上, 注意到 $\{\mathcal{G}_d\}_{d\geqslant 1}:=\{\sigma(X_{n+1},\cdots,X_{n+d})\}_{d\geqslant 1}$ 是一列单增 σ-代数 (即过滤). 于是, 对任意 $A,B\in\bigcup_{d\geqslant 1}\mathcal{G}_d$, 存在 $m\geqslant 1$ 使得 $A,B\in\mathcal{G}_m$. 由于 $\mathcal{G}_m$ 是一个 σ-代数, 故 $A\cap B\in\mathcal{G}_m\subset\bigcup_{d\geqslant 1}\mathcal{G}_d$. 此即证得 $\bigcup_{d\geqslant 1}\mathcal{G}_d$ 是一个 π-类.

然而, 任意 σ-代数的并不一定是一个 π-类. 例如, $\mathcal{G}_1=\{\varnothing,A,A^{\mathrm{c}},\Omega\}$ 和 $\mathcal{G}_2=\{\varnothing,B,B^{\mathrm{c}},\Omega\}$, 那么 $\mathcal{G}_1\cup\mathcal{G}_2=\{\varnothing,A,A^{\mathrm{c}},B,B^{\mathrm{c}},\Omega\}$ 并不是一个 π-类.

有了以上的准备, 我们下面可以证明 Kolmogorov 0-1 律.

定理 3.12 设 $\{X_n\}_{n\geqslant 1}$ 是定义在概率空间 $(\Omega,\mathcal{F},\mathbb{P})$ 上相互独立的随机变量. 定义如下所谓的**尾 σ-代数**:

$$\mathcal{T}^X:=\bigcap_{n=1}^{\infty}\mathcal{T}_n^X=\bigcap_{n=1}^{\infty}\sigma(X_i;\ i>n), \tag{3.93}$$

那么 $\mathcal{T}^X$ 是一个平凡 σ-代数. 也就是说, 对任意 $H\in\mathcal{T}^X$, $\mathbb{P}(H)=0$ 或 1.

证 我们只需证明尾 σ-代数 $\mathcal{T}^X$ 与其本身相互独立 (基于此, 对任意 $H\in\mathcal{T}^X$, 我们则有 $\mathbb{P}(H\cap H)=\mathbb{P}(H)^2$, 因此 $\mathbb{P}(H)=0$ 或 1). 首先, 由练习 3.12-(ii) 得到

$$\sigma(X_1,\cdots,X_n) \text{ 与 } \sigma(X_{n+1},X_{n+2},\cdots) \text{ 相互独立.}$$

由于尾 σ-代数 $\mathcal{T}^X\subset\sigma(X_{n+1},X_{n+2},\cdots)$, 那么尾 σ-代数 $\mathcal{T}^X$ 也与 $\sigma(X_1,\cdots,X_n)$ 相互独立. 于是, $\bigcup_{n=1}^{\infty}\sigma(X_1,\cdots,X_n)$ 与 $\mathcal{T}^X$ 相互独立, 且其也为一个 π-类. 因此, 应用定理 3.11 得到

$$\sigma(X_1,X_2,\cdots)=\sigma\left(\bigcup_{n=1}^{\infty}\sigma(X_1,\cdots,X_n)\right) \text{ 与 } \mathcal{T}^X \text{ 相互独立.}$$

然而 $\mathcal{T}^X \subset \sigma(X_1, X_2, \cdots)$, 故 $\mathcal{T}^X$ 与其本身相互独立. □

回顾定理 2.8 中独立事件版的 Kolmogorov 0-1 律: 如果 $\{A_n\}_{n\geqslant 1} \subset \mathcal{F}$ 是相互独立的, 则 $\mathbb{P}\left(\overline{\lim}_{n\to\infty} A_n\right) = 0$ 或 1. 事实上, 此版本的 Kolmogorov 0-1 律可由定理 3.12 直接推出. 定义随机变量 $X_n := \mathbb{1}_{A_n}$, $n \geqslant 1$. 那么, 由 $\{A_n\}_{n\geqslant 1}$ 的独立性得到 $\{X_n\}_{n\geqslant 1}$ 是相互独立的. 进一步, 我们有: $\overline{\lim}_{n\to\infty} A_n \in \mathcal{T}^X$. 因此, 由定理 3.12 得 $\mathbb{P}\left(\overline{\lim}_{n\to\infty} A_n\right) = 0$ 或 1.

本章的余下部分将讨论独立性与乘积测度之间的联系. 为此, 我们首先引入乘积 σ-代数的概念:

定义 3.10 (乘积 σ-代数) 设 $\mathcal{F}_1$ 和 $\mathcal{F}_2$ 是两个 σ-代数. 定义如下矩阵集类:

$$\mathcal{R} := \{A \times B;\ A \in \mathcal{F}_1,\ B \in \mathcal{F}_2\}, \tag{3.94}$$

那么称 $\mathcal{F}_1 \otimes \mathcal{F}_2 := \sigma(\mathcal{R})$ 为 σ-代数 $\mathcal{F}_1, \mathcal{F}_2$ 的乘积 σ-代数. 进一步, 我们称 $\mathcal{R}$ 中的集合为可测矩形.

设 $(\Omega_k, \mathcal{F}_k)$, $k = 1, 2$ 是两个可测空间, 那么称

$$(\Omega, \mathcal{F}) := (\Omega_1 \times \Omega_2, \mathcal{F}_1 \otimes \mathcal{F}_2)$$

为乘积可测空间. 对任意 $E \subset \Omega_1 \times \Omega_2$ 和 $w_i \in \Omega_i$, $i = 1, 2$, 我们定义:

$$\begin{cases} E_{\omega_1} := \{w \in \Omega_2;\ (\omega_1, \omega) \in E\} \subset \Omega_2, \\ E_{\omega_2} := \{w \in \Omega_1;\ (\omega, \omega_2) \in E\} \subset \Omega_1. \end{cases} \tag{3.95}$$

进一步, 分别称 E_{ω_1} 为 E 的 ω_1-截口 (ω_1-section) 和 E_{ω_2} 为 E 的 ω_2-截口 (ω_2-section).

下面证明任何 $\Omega_1 \times \Omega_2$ 中的可测集的截口都是可测的.

引理 3.4 设 $(\Omega, \mathcal{F}) := (\Omega_1 \times \Omega_2, \mathcal{F}_1 \otimes \mathcal{F}_2)$ 为一个乘积可测空间. 对任意的 $E \in \mathcal{F}_1 \otimes \mathcal{F}_2$ 和 $w_i \in \Omega_i$, $i = 1, 2$, 则有 $E_{\omega_1} \in \mathcal{F}_2$ 和 $E_{\omega_2} \in \mathcal{F}_1$.

证 定义如下集类:

$$\mathcal{M} := \{E \subset \Omega_1 \times \Omega_2;\ E_{\omega_1} \in \mathcal{F}_2,\ \forall \omega_1 \in \Omega_1 \text{ 和 } E_{\omega_2} \in \mathcal{F}_1,\ \forall \omega_2 \in \Omega_2\}.$$

首先假设 $E = A \times B$, $A \in \mathcal{F}_1$, $B \in \mathcal{F}_2$ (即 E 为可测矩形). 于是有

$$E_{\omega_1} = B,\ \text{若 } \omega_1 \in A;\ E_{\omega_1} = \varnothing,\ \text{若 } \omega_1 \in A^{\mathrm{c}};$$
$$E_{\omega_2} = A,\ \text{若 } \omega_2 \in B;\ E_{\omega_2} = \varnothing,\ \text{若 } \omega_2 \in B^{\mathrm{c}}.$$

这意味着

$$\{A \times B;\ A \in \mathcal{F}_1,\ B \in \mathcal{F}_2\} \subset \mathcal{M}.$$

下证 $\mathcal{M}$ 是一个 σ-代数. 事实上, (i) 显然 $\Omega_1\times\Omega_2\in\mathcal{M}$ (因为 $\Omega_1\times\Omega_2$ 是最大的可测矩形); (ii) 设 $E\in\mathcal{M}$, 则由 $\mathcal{M}$ 的定义知: $E\subset\Omega_1\times\Omega_2$, $E_{\omega_1}\in\mathcal{F}_2$ 和 $E_{\omega_2}\in\mathcal{F}_1$, $\forall w_i\in\Omega_i$, $i=1,2$. 根据如下关系式:

$$(E^{\mathrm{c}})_{\omega_i}=(E_{\omega_i})^{\mathrm{c}},\quad i=1,2,\tag{3.96}$$

由 $\mathcal{F}_i$, $i=1,2$ 为 σ-代数得到: $(E^{\mathrm{c}})_{\omega_1}\in\mathcal{F}_2$ 和 $(E^{\mathrm{c}})_{\omega_2}\in\mathcal{F}_1$. 这样 $E^{\mathrm{c}}\in\mathcal{M}$; (iii) 设 $E_n\in\mathcal{M}$, $n\geqslant 1$, 则 $E_n\subset\Omega_1\times\Omega_2$, $(E_n)_{\omega_1}\in\mathcal{F}_2$ 和 $(E_n)_{\omega_2}\in\mathcal{F}_1$, $\forall w_i\in\Omega_i$, $i=1,2$. 根据如下关系式:

$$\left(\bigcup_{n=1}^{\infty}E_n\right)_{\omega_i}=\bigcup_{n=1}^{\infty}(E_n)_{\omega_i},\quad i=1,2,\tag{3.97}$$

由 $\mathcal{F}_i$, $i=1,2$ 为 σ-代数得到 $\bigcup_{n=1}^{\infty}E_n\in\mathcal{M}$. 这证得 $\mathcal{M}$ 是 σ-代数, 因此得到 $\mathcal{F}_1\otimes\mathcal{F}_2\subset\mathcal{M}$. □

练习 3.13 设 $f:\Omega_1\times\Omega_2\to\overline{\mathbb{R}}$ 是一个可测函数. 对于 $\omega_i\in\Omega_i$, $i=1,2$, 定义截口函数:

$$f_{\omega_1}(\omega_2):=f(\omega_1,\omega_2),\quad f_{\omega_2}(\omega_1):=f(\omega_1,\omega_2).\tag{3.98}$$

那么有

(i) 对任意 $\omega_1\in\Omega_1$, $f_{\omega_1}:\Omega_2\to\overline{\mathbb{R}}$ 是可测的;

(ii) 对任意 $\omega_2\in\Omega_2$, $f_{\omega_2}:\Omega_1\to\overline{\mathbb{R}}$ 是可测的.

提示 对任意的 $x\in\mathbb{R}$, 我们有: 对任意 $\omega_1\in\Omega_1$,

$$\begin{aligned}\{\omega_2\in\Omega_2;\ f_{\omega_1}(\omega_2)>x\}&=\{\omega_2\in\Omega_2;\ f(\omega_1,\omega_2)>x\}\\&=\{(\omega,\omega_2)\in\Omega_1\times\Omega_2;\ f(\omega,\omega_2)>x\}_{\omega_1}.\end{aligned}$$

由于 $f:\Omega_1\times\Omega_2\to\overline{\mathbb{R}}$ 是可测的, 故得到

$$\{(\omega,\omega_2)\in\Omega_1\times\Omega_2;\ f(\omega,\omega_2)>x\}\in\mathcal{F}_1\otimes\mathcal{F}_2,$$

即可测的. 那么, 由引理 3.4 得 $\{(\omega,\omega_2)\in\Omega_1\times\Omega_2;\ f(\omega,\omega_2)>x\}_{\omega_1}\in\mathcal{F}_2$, 即可测的. 这意味着 $f_{\omega_1}:\Omega_2\to\overline{\mathbb{R}}$ 是可测的. 结论 (ii) 的证明是类似的. □

练习 3.14 设 $m,n\in\mathbb{N}$, 那么有

$$\mathcal{B}_{\mathbb{R}^{m+n}}=\mathcal{B}_{\mathbb{R}^m}\otimes\mathcal{B}_{\mathbb{R}^n}.\tag{3.99}$$

提示　定义如下矩形集类:

$$\mathcal{R}(\mathbb{R}^{m+n}) := \left\{ \prod_{k=1}^{m+n} [a_k, b_k];\ -\infty < a_k \leqslant b_k < +\infty,\ k = 1, \cdots, m+n \right\},$$

那么 $\mathcal{B}_{\mathbb{R}^{m+n}} = \sigma(\mathcal{R}(\mathbb{R}^{m+n}))$. 另一方面, 我们重写 $\mathcal{R}(\mathbb{R}^{m+n})$ 为

$$\begin{aligned}
&\mathcal{R}(\mathbb{R}^{m+n}) \\
= &\left\{ \prod_{k=1}^{m} [a_k, b_k] \times \prod_{k=m+1}^{m+n} [a_k, b_k];\ -\infty < a_k \leqslant b_k < +\infty,\ k = 1, \cdots, m+n \right\},
\end{aligned}$$

因此 $\mathcal{R}(\mathbb{R}^{m+n}) \subset \mathcal{B}_{\mathbb{R}^m} \otimes \mathcal{B}_{\mathbb{R}^n}$. 于是 $\mathcal{B}_{\mathbb{R}^{m+n}} = \sigma(\mathcal{R}(\mathbb{R}^{m+n})) \subset \mathcal{B}_{\mathbb{R}^m} \otimes \mathcal{B}_{\mathbb{R}^n}$.

下面证明 $\mathcal{B}_{\mathbb{R}^m} \otimes \mathcal{B}_{\mathbb{R}^n} \subset \mathcal{B}_{\mathbb{R}^{m+n}}$. 为此, 我们定义:

$$\mathcal{M} := \{A \subset \mathbb{R}^m;\ A \times \mathbb{R}^n \in \mathcal{B}_{\mathbb{R}^{m+n}}\}.$$

首先, 不难证明 $\mathcal{M}$ 是一个 σ-代数. 进一步得到 $\{\mathbb{R}^m$ 中的开集 $G\} \subset \mathcal{M}$. 于是

$$\mathcal{B}_{\mathbb{R}^m} = \sigma(\{\mathbb{R}^m \text{ 中的开集 } G\}) \subset \mathcal{M}.$$

因此, 我们有

$$\{A \times \mathbb{R}^n;\ A \in \mathcal{B}_{\mathbb{R}^m}\} \subset \mathcal{B}_{\mathbb{R}^{m+n}} \quad \text{和} \quad \{\mathbb{R}^m \times B;\ B \in \mathcal{B}_{\mathbb{R}^n}\} \subset \mathcal{B}_{\mathbb{R}^{m+n}}.$$

这样, 对任意 $A \in \mathcal{B}_{\mathbb{R}^m}$ 和 $B \in \mathcal{B}_{\mathbb{R}^n}$ (参见下面的 (3.101)),

$$A \times B = (A \times \mathbb{R}^n) \cap (\mathbb{R}^m \times B) \in \mathcal{B}_{\mathbb{R}^{m+n}}.$$

那么得到 $\mathcal{B}_{\mathbb{R}^m} \otimes \mathcal{B}_{\mathbb{R}^n} \subset \mathcal{B}_{\mathbb{R}^{m+n}}$. □

下面, 我们定义乘积测度. 为此, 设 $(\Omega_i, \mathcal{F}_i)$, $i = 1, 2$ 为两个可测空间, 定义如下集类:

$$\mathcal{A} := \left\{ \biguplus_{k=1}^{m} A_k \times B_k;\ A_k \in \mathcal{F}_1,\ B_k \in \mathcal{F}_2,\ k = 1, \cdots, m,\ m \in \mathbb{N} \right\}. \tag{3.100}$$

这里 $\biguplus$ 表示不交集合的并. 那么 $\mathcal{A}$ 是一个代数. 事实上, 设 $A \in \mathcal{F}_1$, $B \in \mathcal{F}_2$ 和 $C \in \mathcal{F}_1$, $D \in \mathcal{F}_2$, 则有

$$\begin{aligned}
&(A \times B) \cap (C \times D) \\
&= (A \cap C) \times (B \cap D), \quad A \cap C \in \mathcal{F}_1, \quad B \cap D \in \mathcal{F}_2,
\end{aligned} \tag{3.101}$$

以及

$$(A\times B)^{\mathrm{c}}=(A^{\mathrm{c}}\times B)\cup(A\times B^{\mathrm{c}})\cup(A^{\mathrm{c}}\times B^{\mathrm{c}}). \tag{3.102}$$

对于 $i=1,2$, 设 ν_i 是 $(\Omega_i,\mathcal{F}_i)$ 上的 σ-有限测度. 对任意 $E:=A\times B$ $(A\in\mathcal{F}_1,$ $B\in\mathcal{F}_2)$, 定义:

$$\nu(E):=\nu_1(A)\nu_2(B), \tag{3.103}$$

那么, 我们称 ν 为**乘积拟测度**. 于是有

引理 3.5 假设可测矩形 $A\times B$ $(A\in\mathcal{F}_1,\ B\in\mathcal{F}_2)$ 满足如下形式:

$$A\times B=\biguplus_{k=1}^{\infty}A_k\times B_k,\quad \forall A_k\in\mathcal{F}_1,\ B_k\in\mathcal{F}_2,\ k\geqslant 1, \tag{3.104}$$

那么有

$$\nu(A\times B)=\sum_{k=1}^{\infty}\nu(A_k\times B_k). \tag{3.105}$$

证 由题设知 $A\times B=\biguplus_{k=1}^{\infty}A_k\times B_k$ $(A_k\in\mathcal{F}_1,\ B_k\in\mathcal{F}_2,\ k\geqslant 1)$, 其中 $A_k\times B_k,\ k\geqslant 1$ 互不相交. 因此, 我们有

$$\mathbb{1}_{A\times B}(\omega_1,\omega_2)=\sum_{k=1}^{\infty}\mathbb{1}_{A_k\times B_k}(\omega_1,\omega_2).$$

于是

$$\mathbb{1}_{A}(\omega_1)\cdot\mathbb{1}_{B}(\omega_2)=\sum_{k=1}^{\infty}\mathbb{1}_{A_k}(\omega_1)\cdot\mathbb{1}_{B_k}(\omega_2).$$

那么, 应用单调收敛定理 (定理 3.5) 得到

$$\mathbb{1}_{A}(\omega_1)\cdot\int_{\Omega_2}\mathbb{1}_{B}(\omega_2)\nu_2(\mathrm{d}\omega_2)=\sum_{k=1}^{\infty}\mathbb{1}_{A_k}(\omega_1)\cdot\int_{\Omega_2}\mathbb{1}_{B_k}(\omega_2)\nu_2(\mathrm{d}\omega_2).$$

这意味着

$$\mathbb{1}_{A}(\omega_1)\nu_2(B)=\sum_{k=1}^{\infty}\mathbb{1}_{A_k}(\omega_1)\nu_2(B_k).$$

进一步, 利用单调收敛定理 (定理 3.5) 有

$$\int_{\Omega_1}\mathbb{1}_{A}(\omega_1)\nu_1(\mathrm{d}\omega_1)\nu_2(B)=\sum_{k=1}^{\infty}\int_{\Omega_1}\mathbb{1}_{A_k}(\omega_1)\nu_1(\mathrm{d}\omega_1)\nu_2(B_k),$$

此即 $\nu(A\times B)=\sum_{k=1}^{\infty}\nu(A_k\times B_k)$. □

下面我们将定义在可测矩形上的乘积拟测度 ν (参见 (3.103)) 拓展定义到代数 $\mathcal{A}$ (参见 (3.100)) 上.

定义 3.11　对于 $i=1,2$, 设 ν_i 是 $(\Omega_i,\mathcal{F}_i)$ 上的 σ-有限测度. 定义 $\nu:\mathcal{A}\to[0,\infty]$ 如下:

$$\nu(E):=\sum_{k=1}^{m}\nu_1(A_k)\nu_2(B_k),\quad E=\biguplus_{k=1}^{m}A_k\times B_k\in\mathcal{A}.$$

我们首先有如下的注释:

注释 3.1　对某个正整数 $m,n\in\mathbb{N}$, 假设

$$E=\biguplus_{k=1}^{m}A_k\times B_k=\biguplus_{l=1}^{n}C_l\times D_l,\quad A_k,C_l\in\mathcal{F}_1,\ B_k,D_l\in\mathcal{F}_2,$$

那么有

$$E=\left(\biguplus_{k=1}^{m}A_k\times B_k\right)\cap\left(\biguplus_{l=1}^{n}C_l\times D_l\right)=\biguplus_{k=1,\cdots,m;l=1,\cdots,n}(A_k\cap C_l)\times(B_k\cap D_l).$$

因此得到

$$\nu(E)=\sum_{k=1,\cdots,m;l=1,\cdots,n}\nu_1(A_k\cap C_l)\times\nu_2(B_k\cap D_l).$$

引理 3.5 意味着, 由上面定义的 ν 在代数 $\mathcal{A}$ 上满足可列可加性. 又注意到

$$\mathcal{F}_1\otimes\mathcal{F}_2=\sigma(\mathcal{R})=\sigma(\mathcal{A}).$$

那么, 根据 Carathéodory 延拓定理 (定理 2.7), 我们有如下的结果:

定理 3.13　对于 $i=1,2$, 设 ν_i 为可测空间 $(\Omega_i,\mathcal{F}_i)$ 上的 σ-有限测度, 那么, 存在唯一的 $(\Omega,\mathcal{F}):=(\Omega_1\times\Omega_2,\mathcal{F}_1\otimes\mathcal{F}_2)$ 上的 σ-有限测度 ν, 使得

$$\nu\left(\biguplus_{k=1}^{m}A_k\times B_k\right)=\sum_{k=1}^{m}\nu_1(A_k)\nu_2(B_k),\tag{3.106}$$

其中 $A_k\in\mathcal{F}_1$, $B_k\in\mathcal{F}_2$ 使得 $\{A_k\times B_k\}_{k=1}^{m}$ 是互不相交的.

定理 3.13 中得到的 $(\Omega_1\times\Omega_2,\mathcal{F}_1\otimes\mathcal{F}_2)$ 上的测度 ν 通常被称为 (张量) 乘积测度 (tensor product measure). 又由于

$$\nu(A\times\Omega_2)=\nu_1(A),\quad\nu(\Omega_1\times B)=\nu_2(B),\quad A\in\mathcal{F}_1,B\in\mathcal{F}_2,$$

则称 ν_1 和 ν_2 分别为乘积测度 ν 的**边际测度** (marginals measure).

作为乘积测度的应用, 我们将乘积测度与独立随机变量的联合分布建立联系. 为此, 对于 $i=1,\cdots,n$, 设 $X_i:(\Omega,\mathcal{F})\to(S,\mathcal{S})$ 为定义在概率空间 $(\Omega,\mathcal{F},\mathbb{P})$ 上的随机变量以及 $\mathcal{P}_{X_i}$ 为 X_i 的分布. 那么有

定理 3.14 随机变量 $X_1,\cdots,X_n$ 是相互独立的当且仅当如下等式成立:

$$\mathcal{P}_{(X_1,\cdots,X_n)}=\prod_{i=1}^n\mathcal{P}_{X_i},\quad \text{在 } \mathcal{S}^{\otimes n} \text{ 上}. \tag{3.107}$$

证 (i) 首先假设 $X_1,\cdots,X_n$ 是相互独立的. 于是, 对任意 $B_i\in\mathcal{S}$, $i=1,\cdots,n$,

$$\begin{aligned}\mathcal{P}_{(X_1,\cdots,X_n)}\left(\prod_{i=1}^n B_i\right)&=\mathbb{P}\left((X_1,\cdots,X_n)\in\prod_{i=1}^n B_i\right)\\&=\prod_{i=1}^n\mathbb{P}(X_i\in B_i)\\&=\left[\prod_{i=1}^n\mathcal{P}_{X_i}\right]\left(\prod_{i=1}^n B_i\right),\end{aligned} \tag{3.108}$$

其中 $\prod_{i=1}^n\mathcal{P}_{X_i}:=\mathcal{P}_{X_1}\times\cdots\times\mathcal{P}_{X_n}$ 表示乘积测度. 我们定义如下可测矩形的集类:

$$\mathcal{R}:=\left\{\prod_{i=1}^n B_i;\ B_i\in\mathcal{S},\ i=1,\cdots,n\right\}.$$

那么, 根据 (3.108), 则有

$$\mathcal{P}_{(X_1,\cdots,X_n)}=\prod_{i=1,\cdots,n}\mathcal{P}_{X_i}\quad(\text{在 } \mathcal{R} \text{ 上}).$$

注意到, $\mathcal{R}$ 为一个 π-类且 $\sigma(\mathcal{R})=\mathcal{S}$. 这样, 由 π-λ 定理, 则有

$$\mathcal{P}_{(X_1,\cdots,X_n)}=\prod_{i=1,\cdots,n}\mathcal{P}_{X_i},\quad \text{在 } \sigma(\mathcal{R})=\mathcal{S}^{\otimes n} \text{ 上},$$

此即 $\mathcal{P}_{(X_1,\cdots,X_n)}=\prod_{i=1}^n\mathcal{P}_{X_i}$.

(ii) 假设 $\mathcal{P}_{(X_1,\cdots,X_n)}=\prod_{i=1}^n\mathcal{P}_{X_i}$. 那么, 显然在 $\mathcal{R}$ 上,

$$\mathcal{P}_{(X_1,\cdots,X_n)}=\prod_{i=1,\cdots,n}\mathcal{P}_{X_i}.$$

因此 (3.108) 成立. 进一步, 根据 (3.108), 则不难证明 $X_1, \cdots, X_n$ 是相互独立的. □

最后, 我们引入可数无穷个测度的乘积测度的概念, 其中所涉及的证明这里从略. 为此, 首先引入如下的符号: $\mathbb{R}^{\mathbb{N}} := \{x = (x_1, x_2, \cdots);\ x_i \in \mathbb{R},\ i \geqslant 1\}$. 于是, 定义如下集类:

$$\begin{aligned}\mathcal{R} := \{\{x = (x_1, \cdots, x_n, \cdots) \in \mathbb{R}^{\mathbb{N}};\\ x_i \in B_i \in \mathcal{B}_{\mathbb{R}},\ i = 1, \cdots, n\},\ n \in \mathbb{N}\},\end{aligned} \tag{3.109}$$

则称 $\mathcal{R}$ 中的集合 $\{x = (x_1, \cdots, x_n, \cdots) \in \mathbb{R}^{\mathbb{N}};\ x_i \in B_i \in \mathcal{B}_{\mathbb{R}},\ i = 1, \cdots, n\}$ 为一个**柱集** (cylinder set). 进一步, 我们定义 $\mathcal{B}_c := \sigma(\mathcal{R})$.

定理 3.15 (Kolmogorov 延拓定理) 对任意 $n \in \mathbb{N}$, 设 μ_n 为 $(\mathbb{R}^n, \mathcal{B}_{\mathbb{R}^n})$ 上的概率测度且满足如下的相容性条件: 对任意 $B_i \in \mathcal{B}_{\mathbb{R}}, i = 1, \cdots, n \in \mathbb{N}$,

$$\mu_{n+1}(B_1 \times \cdots \times B_n \times \mathbb{R}) = \mu_n(B_1 \times \cdots \times B_n), \tag{3.110}$$

那么存在 $(\mathbb{R}^{\mathbb{N}}, \mathcal{B}_c)$ 上唯一的概率测度 μ_∞ 使得

$$\mu_\infty(\{x \in \mathbb{R}^{\mathbb{N}};\ x_i \in B_i,\ i = 1, \cdots, n\}) = \mu_n(B_1 \times \cdots \times B_n). \tag{3.111}$$

上面的 Kolmogorov 延拓定理中的相容性条件 (3.110) 是不可或缺的. 事实上, 如果 (3.111) 成立, 那么有

$$\mu_\infty(\{x \in \mathbb{R}^{\mathbb{N}};\ x_i \in B_i,\ i = 1, \cdots, n+1\}) = \mu_{n+1}(B_1 \times \cdots \times B_n \times B_{n+1}).$$

取 $B_{n+1} = \mathbb{R}$, 则上式意味着

$$\begin{aligned}&\mu_\infty(\{x \in \mathbb{R}^{\mathbb{N}};\ x_i \in B_i,\ i = 1, \cdots, n+1\})\\ &= \mu_\infty(\{x \in \mathbb{R}^{\mathbb{N}};\ x_i \in B_i,\ i = 1, \cdots, n\})\\ &= \mu_n(B_1 \times \cdots \times B_n) = \mu_{n+1}(B_1 \times \cdots \times B_n \times \mathbb{R}),\end{aligned}$$

此即为相容性条件 (3.110).

引理 3.6 对于 $i = 1, 2$, 设 ν_i 为可测空间 $(\Omega_i, \mathcal{F}_i)$ 上的 σ-有限测度. 那么, 对任意 $E \in \mathcal{F}_1 \otimes \mathcal{F}_2$, 我们有

(i) 对于 $\omega_1 \in \Omega_1$, 定义 $f(\omega_1) := \nu_2(E_{\omega_1})$, 则 $f : \Omega_1 \to \mathbb{R}$ 是可测的;

(ii) 对于 $\omega_2 \in \Omega_2$, 定义 $g(\omega_2) := \nu_1(E_{\omega_2})$, 则 $g : \Omega_2 \to \mathbb{R}$ 是可测的;

(iii) 如下等式成立:

$$\int_{\Omega_1} f(\omega_1)\nu_1(\mathrm{d}\omega_1) = (\nu_1 \times \nu_2)(E) = \int_{\Omega_2} g(\omega_2)\nu_2(\mathrm{d}\omega_2).$$

证 首先假设 ν_i 是有限的情况. 在此情况下, 让我们定义如下集类:

$$\mathcal{M} := \left\{E \in \mathcal{F}_1 \otimes \mathcal{F}_2;\ E \text{ 使得 (i)—(iii) 成立}\right\}.$$

下面证明 $\mathcal{M}$ 是一个单调类. 事实上, 对 $n \geqslant 1$, 设 $E_n \in \mathcal{M}$ 且满足 $E_n \subset E_{n+1}$. 于是 $f_n(\omega_1) := \nu_2((E_n)_{\omega_1})$ 和 $g_n(\omega_2) := \nu_1((E_n)_{\omega_2})$ 都是可测的, 且满足

$$\int_{\Omega_1} f_n(\omega_1)\nu_1(\mathrm{d}\omega_1) = (\nu_1 \times \nu_2)(E_n) = \int_{\Omega_2} g_n(\omega_2)\nu_2(\mathrm{d}\omega_2). \tag{3.112}$$

注意到 $E_n \uparrow E := \bigcup_{n=1}^{\infty} E_n$, $n \to \infty$. 进一步, 定义 $f(\omega_1) := \nu_2(E_{\omega_1})$ 和 $g(\omega_2) := \nu_1(E_{\omega_2})$. 那么, 由单调收敛定理 (MCT) 得 $f_n \uparrow f$ 和 $g_n \uparrow g$, $n \to \infty$. 显然 f, g 都是可测的. 再由单调收敛定理, 乘积测度 $\nu_1 \times \nu_2$ 的连续性 (注意到 ν_i 是有限的) 和 (3.112) 得到

$$\int_{\Omega_1} f(\omega_1)\nu_1(\mathrm{d}\omega_1) = (\nu_1 \times \nu_2)(E) = \int_{\Omega_2} g(\omega_2)\nu_2(\mathrm{d}\omega_2).$$

于是 $E := \bigcup_{n=1}^{\infty} E_n \in \mathcal{M}$.

对于 $n \geqslant 1$, 设 $E_n \in \mathcal{M}$ 且满足 $E_{n+1} \subset E_n$. 注意到 ν_i 是一个有限测度. 那么, 由 $\nu_1 \times \nu_2$ 的有限性、连续性和控制收敛定理得: $E := \bigcap_{n=1}^{\infty} E_n \in \mathcal{M}$. 因此 $\mathcal{M}$ 是一个单调类.

下面证明 $\mathcal{A} \subset \mathcal{M}$. 首先设 $E = A \times B$, $A \in \mathcal{F}_1$, $B \in \mathcal{F}_2$, 于是 $f(\omega_1) = \mathbf{1}_A(\omega_1)\nu_2(B)$ 和 $g(\omega_2) = \mathbb{1}_B(\omega_2)\nu_1(A)$. 那么, 显然 f, g 都是可测的 (这是因为 $A \in \mathcal{F}_1$ 和 $B \in \mathcal{F}_2$). 进一步, 我们有

$$\int_{\Omega_1} f(\omega_1)\nu_1(\mathrm{d}\omega_1) = \nu_1(A)\nu_2(B) = \int_{\Omega_2} g(\omega_2)\nu_2(\mathrm{d}\omega_2).$$

这意味着 $E = A \times B \in \mathcal{M}$. 由于代数 $\mathcal{A}$ 为有限个互不相交的可测矩形的并, 故容易得到 $\mathcal{A} \subset \mathcal{M}$. 因此, 由单调类定理得: $\sigma(\mathcal{A}) \subset \mathcal{M}$. 注意到 $\sigma(\mathcal{A}) = \mathcal{F}_1 \otimes \mathcal{F}_2$ 和 $\mathcal{M} \subset \mathcal{F}_1 \otimes \mathcal{F}_2$, 这证得 $\mathcal{M} = \mathcal{F}_1 \otimes \mathcal{F}_2$.

下面假设 ν_i 是 σ-有限的, 那么 $\nu_1 \otimes \nu_2$ 也是 σ-有限的. 这意味着, 存在一个 $\Omega_1 \times \Omega_2$ 的划分 $\{E_n\}_{n \geqslant 1} \subset \mathcal{F}_1 \otimes \mathcal{F}_2$ 满足 $E_n \subset E_{n+1}$ 和 $(\nu_1 \times \nu_2)(E_n) < +\infty$, $n \geqslant 1$. 于是, 根据单调收敛定理和将上面有限测度的情形应用到 $E \cap E_n$ 上, 即得到引理的结论. □

在本节的最后, 我们分别引入 Tonelli 定理和 Fubini 定理:

定理 3.16 (Tonelli 定理) 对于 $i = 1, 2$, 设 ν_i 为可测空间 $(\Omega_i, \mathcal{F}_i)$ 上的两个 σ-有限测度和 $\mu := \nu_1 \times \nu_2$ 为其乘积测度. 设 $h : \Omega_1 \times \Omega_2 \to [0, \infty]$ 为

$\mathcal{F} := \mathcal{F}_1 \otimes \mathcal{F}_2$-可测函数. 对任意 $\omega_i \in \Omega_i$, $i = 1, 2$, 定义:

$$f(\omega_1) := \int_{\Omega_2} h_{\omega_1} \mathrm{d}\nu_2, \quad g(\omega_2) := \int_{\Omega_1} h_{\omega_2} \mathrm{d}\nu_1, \tag{3.113}$$

那么 $f : \Omega_1 \to [0, \infty]$ 和 $g : \Omega_2 \to [0, \infty]$ 是可测的. 进一步, 我们还有

$$\int_{\Omega_1} f \mathrm{d}\nu_1 = \int_{\Omega_1 \times \Omega_2} h \mathrm{d}\mu = \int_{\Omega_2} g \mathrm{d}\nu_2, \tag{3.114}$$

此即

$$\begin{aligned} \int_{\Omega_1 \times \Omega_2} h(\omega_1, \omega_2) \mu(\mathrm{d}(\omega_1, \omega_2)) &= \int_{\Omega_1} \left(\int_{\Omega_2} h(\omega_1, \omega_2) \nu_2(\mathrm{d}\omega_2) \right) \nu_1(\mathrm{d}\omega_1) \\ &= \int_{\Omega_2} \left(\int_{\Omega_1} h(\omega_1, \omega_2) \nu_1(\mathrm{d}\omega_1) \right) \nu_2(\mathrm{d}\omega_2). \end{aligned} \tag{3.115}$$

证 该定理的证明类似于变量变换公式 (定理 3.9) 的证明. 即先考虑 $h = \mathbb{1}_E$, $E \in \mathcal{F}$. 然后, 我们考虑 h 为可测简单函数情形, 最后对于一般的 h, 我们应用单调收敛定理. □

定理 3.17 (Fubini 定理) 对于 $i = 1, 2$, 设 ν_i 为可测空间 $(\Omega_i, \mathcal{F}_i)$ 上的两个 σ-有限测度和 $\mu := \nu_1 \times \nu_2$ 为其乘积测度. 如果 h 为 $\mathcal{F} := \mathcal{F}_1 \otimes \mathcal{F}_2$-可测实值函数且满足 $h \geqslant 0$ 或 $\int_{\Omega_1 \times \Omega_2} |h(\omega)| \mu(\mathrm{d}\omega) < \infty$, 那么

$$\begin{aligned} \int_{\Omega_1 \times \Omega_2} h(\omega_1, \omega_2) \mu(\mathrm{d}(\omega_1, \omega_2)) &= \int_{\Omega_1} \left(\int_{\Omega_2} h(\omega_1, \omega_2) \nu_2(\mathrm{d}\omega_2) \right) \nu_1(\mathrm{d}\omega_1) \\ &= \int_{\Omega_2} \left(\int_{\Omega_1} h(\omega_1, \omega_2) \nu_1(\mathrm{d}\omega_1) \right) \nu_2(\mathrm{d}\omega_2). \end{aligned} \tag{3.116}$$

证 对上面的 h, 应用分解 $h = h^+ - h^-$. 那么, 对 h^+ 和 h^- 分别应用上面的 Tonelli 定理 (定理 3.16). □

设 $X : \Omega \to S_X$ 和 $Y : \Omega \to S_Y$ 为同一概率空间下的两个独立的随机变量, 那么定理 3.14 意味着 (X, Y) 的 (联合) 分布 $\mathcal{P}_{(X,Y)} = \mathcal{P}_X \times \mathcal{P}_Y$. 假设 $h : S_X \times S_Y \to \mathbb{R}$ 为可测函数满足 $h \geqslant 0$ 或 $\mathbb{E}[|h(X, Y)|] < \infty$. 于是, 由定理 3.9 和定理 3.17, 我们有

$$\mathbb{E}[h(X, Y)] = \int_{S_X \times S_Y} h(x, y) \mathcal{P}_{(X,Y)}(\mathrm{d}x, \mathrm{d}y) = \int_{S_X} \left(\int_{S_Y} h(x, y) \mathcal{P}_Y(\mathrm{d}y) \right) \mathcal{P}_X(\mathrm{d}x)$$

$$= \int_{S_Y} \left(\int_{S_X} h(x,y) \mathcal{P}_Y(\mathrm{d}x) \right) \mathcal{P}_X(\mathrm{d}y). \tag{3.117}$$

如果上面的可测函数 $h(x,y) = f(x)g(y)$, 其中 $f : S_X \to \mathbb{R}$ 和 $g : S_Y \to \mathbb{R}$ 为可测函数, 那么等式 (3.117) 则给出

$$\mathbb{E}\left[h(X,Y)\right] = \mathbb{E}[f(X)]\mathbb{E}[g(Y)]. \tag{3.118}$$

下面的推论则给出了 (3.118) 的更一般的形式:

推论 3.5 设 $X_1, \cdots, X_n$ 是概率空间 $(\Omega, \mathcal{F}, \mathbb{P})$ 上相互独立的随机变量且满足 $X_i \geqslant 0$ 或 X_i 可积的 $(i = 1, \cdots, n)$, 则有

$$\mathbb{E}\left[\prod_{i=1}^{n} X_i\right] = \prod_{i=1}^{n} \mathbb{E}\left[X_i\right]. \tag{3.119}$$

证 定义 $X = X_1$ 和 $Y = \prod_{i=2}^{n} X_i$. 在 (3.118) 中取 $f(x) = |x|$ 和 $g(y) = |y|$, 于是得到

$$\mathbb{E}\left[\left|\prod_{i=1}^{n} X_i\right|\right] = \mathbb{E}[|X_1|]\mathbb{E}\left[\left|\prod_{i=2}^{n} X_i\right|\right], \quad \forall n \geqslant 2. \tag{3.120}$$

类似地有

$$\mathbb{E}\left[\left|\prod_{i=m}^{n} X_i\right|\right] = \prod_{i=m}^{n} \mathbb{E}\left[|X_i|\right], \quad \forall 1 \leqslant m \leqslant n. \tag{3.121}$$

当 $X_i \geqslant 0, i = 1, \cdots, n$ 时, 在 (3.121) 中取 $m = 1$, 则有 (3.119). 当 X_i 可积 $i = 1, \cdots, n$ 时, 在 (3.121) 中取 $m = 2$, 则有 $\mathbb{E}[|Y|] = \prod_{k=2}^{m} \mathbb{E}[|X_k|] < \infty$, 即 Y 是可积的. 因此, 在 (3.118) 中取 $f(x) = x$ 和 $g(y) = y$, 则有

$$\mathbb{E}\left[\prod_{i=1}^{n} X_i\right] = \mathbb{E}[X_1]\mathbb{E}\left[\prod_{i=2}^{n} X_i\right].$$

对 $\mathbb{E}\left[\prod_{i=2}^{n} X_i\right]$ 用上面的关系得到

$$\mathbb{E}\left[\prod_{i=2}^{n} X_i\right] = \mathbb{E}[X_2]\mathbb{E}\left[\prod_{i=3}^{n} X_i\right].$$

这样依次迭代得到 (3.119). □

下面的练习可以用 Fubini 定理 (定理 3.17) 来证得.

练习 3.15　(a) 设 $r>0$, 对任意 $p\in(0,r)$ 和任意非负随机变量 Y 且满足 $\mathbb{E}[Y^p]<\infty$, 则有

$$\mathbb{E}[Y^p]=\int_0^\infty py^{p-1}\mathbb{P}(Y\geqslant y)\mathrm{d}y=\left(1-\frac{p}{r}\right)\int_0^\infty py^{p-1}\mathbb{E}\left[\left(\frac{Y}{y}\wedge 1\right)^r\right]\mathrm{d}y.$$

(b) 设 $p>1$ 和 $q:=\dfrac{p}{p-1}$. 对任意非负随机变量 X,Y 满足 $\mathbb{E}[X^p]<\infty$ 和 $\mathbb{E}[Y^p]<\infty$, 定义 $\|X\|_p:=\{\mathbb{E}[|X|^p]\}^{\frac{1}{p}}$. 假设对任意 $y>0$,

$$y\mathbb{P}(Y\geqslant y)\leqslant\mathbb{E}[X\mathbb{1}_{Y\geqslant y}],$$

则有 $\|Y\|_p\leqslant q\|X\|_p$ (本练习来自文献 [5]).

提示　(a) 应用 Fubini 定理 (定理 3.17) 得到

$$\begin{aligned}\mathbb{E}[Y^p]&=\int_\Omega\int_0^{Y(\omega)}py^{p-1}\mathrm{d}y\mathbb{P}(\mathrm{d}\omega)=\int_\Omega\int_0^\infty py^{p-1}\mathbb{1}_{y\leqslant Y(\omega)}\mathrm{d}y\mathbb{P}(\mathrm{d}\omega)\\&=\int_0^\infty py^{p-1}\left(\int_\Omega\mathbb{1}_{y\leqslant Y(\omega)}\mathbb{P}(\mathrm{d}\omega)\right)\mathrm{d}y=\int_0^\infty py^{p-1}\mathbb{P}(Y\geqslant y)\mathrm{d}y.\end{aligned}$$

另一方面, 我们引入如下的二元函数:

$$g(x,y):=\left(1-\frac{p}{r}\right)py^{p-1}\left(\frac{x}{y}\wedge 1\right)^r\mathbb{1}_{x\geqslant 0,y>0}.$$

那么有 $x\mathbb{1}_{x\geqslant 0}=\int_{\mathbb{R}}g(x,y)\mathrm{d}y$. 再应用 Fubini 定理 (定理 3.17) 得到

$$\mathbb{E}[Y^p]=\int_0^\infty\mathbb{E}[g(Y,y)]\mathrm{d}y=\left(1-\frac{p}{r}\right)\int_0^\infty py^{p-1}\mathbb{E}\left[\left(\frac{Y}{y}\wedge 1\right)^r\right]\mathrm{d}y.$$

(b) 我们首先注意到

$$\begin{aligned}\mathbb{E}[XY^{p-1}]&=\mathbb{E}\left[X\left(\int_0^\infty(p-1)x^{p-2}\mathbb{1}_{Y\geqslant x}\mathrm{d}x\right)\right]\\&=\mathbb{E}\left[\int_0^\infty(p-1)x^{p-2}X\mathbb{1}_{Y\geqslant x}\mathrm{d}x\right]\\&=\int_0^\infty(p-1)x^{p-2}\mathbb{E}[X\mathbb{1}_{Y\geqslant x}]\mathrm{d}x.\end{aligned}\tag{3.122}$$

另一方面, 根据题设有

$$\mathbb{P}(Y\geqslant x)\leqslant x^{-1}\mathbb{E}[X\mathbb{1}_{Y\geqslant x}],\quad\forall x>0.$$

于是

$$\begin{aligned}
\mathbb{E}[Y^p] &= \int_0^\infty px^{p-1}\mathbb{P}(Y \geqslant x)\mathrm{d}x \\
&= \int_0^\infty q(p-1)x^{p-2}x\mathbb{P}(Y \geqslant x)\mathrm{d}x \\
&\leqslant \int_0^\infty q(p-1)x^{p-2}\mathbb{E}[X\mathbb{1}_{Y\geqslant x}]\mathrm{d}x \\
&= \mathbb{E}\left[X\left(\int_0^\infty q(p-1)x^{p-2}\mathbb{1}_{Y\geqslant x}\mathrm{d}x\right)\right] \\
&= q\mathbb{E}[XY^{p-1}].
\end{aligned}$$

进一步, 应用 Hölder 不等式得到

$$\mathbb{E}[XY^{p-1}] \leqslant \|X\|_p\|Y^{p-1}\|_q = \|X\|_p\{\mathbb{E}[Y^p]\}^{\frac{1}{q}}.$$

这意味着 $\mathbb{E}[Y^p] \leqslant q\|X\|_p\{\mathbb{E}[Y^p]\}^{\frac{1}{q}}$, 此等价于 $\|Y\|_p \leqslant q\|X\|_p$. □

习 题 3

1. 设 μ, ν 为定义在度量空间 (S, d) 上的两个 Borel 概率测度. 如果对任意开集 (或闭集) $B \subset S$, 有 $\mu(B) = \nu(B)$. 证明在 S 上, $\mu = \nu$.

2. 证明定理 3.10.

3. 设 $\{F_n(x), x \in \mathbb{R}\}_{n\in\mathbb{N}}$ 是一列分布函数且非负实数列 $\{a_n\}_{n\in\mathbb{N}}$ 满足 $\sum_{n=1}^\infty a_n = 1$. 那么称 $F(x) = \sum_{n=1}^\infty a_nF_n(x)$, $x \in \mathbb{R}$ 为该列分布函数的凸组合. 证明: 分布函数的凸组合还是一个分布函数.

4. 设 X 是概率空间 $(\Omega, \mathcal{F}, \mathbb{P})$ 上的一个实值随机变量. 如果函数 $F(x) = \mathbb{P}(X \leqslant x)$ 关于 $x \in \mathbb{R}$ 连续, 则 $Y = F(X)$ 服从 $(0,1)$ 上的均匀分布, 即对任意 $y \in (0,1)$, 都有 $\mathbb{P}(Y \leqslant y) = y$.

5. 设 X 为概率空间 $(\Omega, \mathcal{F}, \mathbb{P})$ 上具有概率密度函数为 f 的一个实值随机变量且满足 $\mathbb{P}(\alpha \leqslant X \leqslant \beta) = 1$. 设 g 是定义在 (α, β) 上严格单增的可微函数. 证明: $g(X)$ 也存在概率密度函数且具有以下形式:

$$p(x) = \begin{cases} f(g^{-1}(y))/g'(g^{-1}(y)), & y \in (g(\alpha), g(\beta)), \\ 0, & y \notin (g(\alpha), g(\beta)). \end{cases}$$

6. 设 X 是概率空间 $(\Omega, \mathcal{F}, \mathbb{P})$ 上的一个实值随机变量. 回答以下问题:

(i) 设 X 存在密度函数 f, 计算 X^2 的分布函数和概率密度函数.

(ii) 设 X 服从标准正态分布, 应用 (i) 的结论得到 χ^2-分布的概率密度函数.

7. 设 X 是概率空间 $(\Omega, \mathcal{F}, \mathbb{P})$ 上的一个实值随机变量和 $\varphi: \mathbb{R} \to \mathbb{R}$ 是一个严格凸函数, 即对任意 $\lambda \in (0,1)$ 和 $x, y \in \mathbb{R}$,

$$\lambda\varphi(x) + (1-\lambda)\varphi(y) > \varphi(\lambda x + (1-\lambda)y). \tag{3.123}$$

证明: 在满足所需可积性的假设下, 如果 $\varphi(\mathbb{E}[X]) = \mathbb{E}[\varphi(X)]$, 那么 $X = \mathbb{E}[X]$, a.e..

8. 设 X 和 Y 是概率空间 $(\Omega, \mathcal{F}, \mathbb{P})$ 上的两个实值随机变量. 回答以下问题:

(i) 设 $a > b > 0$, $0 < p < 1$ 和 X 满足

$$\mathbb{P}(X = a) = p, \quad \mathbb{P}(X = -b) = 1 - p.$$

证明: 如果 Y 满足 $\mathbb{E}[Y] = \mathbb{E}[X]$ 和 $\mathrm{Var}[Y] = \mathrm{Var}[X]$, 则

$$\mathbb{P}(Y \geqslant a) \leqslant p,$$

并且当 $Y = X$ 时, "等号" 成立.

提示　取 $\varphi(x) = (x + b)^2$, 并应用 Chebyshev 不等式.

(ii) 设 $\mathbb{E}[Y] = 0$, $\mathrm{Var}[Y] = \sigma^2 > 0$ 和 $a > 0$ 是任意常数. 证明: $\mathbb{P}(Y \geqslant a) \leqslant \dfrac{\sigma^2}{a^2 + \sigma^2}$ 且存在 Y 使得 "等式" 成立.

9. 设 X 和 Y 是概率空间 $(\Omega, \mathcal{F}, \mathbb{P})$ 上的两个实值随机变量. 证明如下两个问题:

(i) 如果 $\varepsilon > 0$, 则

$$\inf\{\mathbb{P}(|X| > \varepsilon);\ \mathbb{E}[X] = 0,\ \mathrm{Var}[X] = 1\} = 0.$$

(ii) 如果 $y \geqslant 1$ 和 $\sigma^2 > 0$, 则

$$\inf\left\{\mathbb{P}(|X| > y);\ \mathbb{E}[X] = 1,\ \mathrm{Var}[X] = \sigma^2\right\} = 0.$$

10. 对于 $m = 1, \cdots, n$, 设 $y_m > 0$ 和非负 p_m 满足 $\sum_{m=1}^n p_m = 1$. 证明如下不等式成立:

$$\sum_{m=1}^n p_m y_m \geqslant \prod_{m=1}^n y_m^{p_m}.$$

当 $p_m = 1/n$ 时, 上式即意味着算术平均值大于几何平均值.

提示　应用 Jensen 不等式.

11. 设 X 为概率空间 $(\Omega, \mathcal{F}, \mathbb{P})$ 上的一个实值随机变量且满足 $0 \leqslant X \leqslant 1$, a.e.. 计算: 当 $p \to \infty$ 时, $\mathbb{E}[X^p]$ 的极限.

12. 设 X 是概率空间 $(\Omega, \mathcal{F}, \mathbb{P})$ 上的一个非负随机变量. 证明如下极限成立:

$$\lim_{y\to\infty} y\mathbb{E}\left[\frac{1}{X}\mathbb{1}_{\{X>y\}}\right] = 0, \quad \lim_{y\downarrow 0} y\mathbb{E}\left[\frac{1}{X}\mathbb{1}_{\{X>y\}}\right] = 0.$$

注意　我们并没有假设 $\mathbb{E}\left[\dfrac{1}{X}\right] < \infty$.

13. 设 $\{X_n\}_{n\in\mathbb{N}}$ 和 X 是概率空间 $(\Omega, \mathcal{F}, \mathbb{P})$ 上的一列非负随机变量且满足: $X_n \stackrel{\text{a.e.}}{\to} X$, $n \to \infty$. 设 $g, h: \mathbb{R} \to \mathbb{R}$ 是满足以下条件的连续函数:

(i) $g \geqslant 0$, 且当 $|x| \to \infty$ 时, $g(x) \to \infty$;

(ii) 当 $|x| \to \infty$ 时, $|h(x)|/g(x) \to 0$;

(iii) 对于任意 $n \in \mathbb{N}$, $\mathbb{E}[g(X_n)] \leqslant K < \infty$.

证明: $\mathbb{E}[h(X_n)] \to \mathbb{E}[h(X)]$, $n \to \infty$.

14. 设 $(X, \mathcal{A}, \mu)$ 和 $(Y, \mathcal{B}, \nu)$ 为两个 σ-有限的测度空间和 $E \in \mathcal{A} \otimes \mathcal{B}$. 证明下列条件等价:
(i) $(\mu \times \nu)(E) = 0$;
(ii) $\mu(E_y) = 0$, ν-a.e. y;
(iii) $\nu(E_x) = 0$, μ-a.e. x.

15. 证明 Tonelli 定理 (定理 3.16) 和 Fubini 定理 (定理 3.17).

16. 应用 Fubini 定理证明:

$$\frac{1}{\sqrt{2\pi}} \int_{-\infty}^{\infty} \exp\left(-\frac{x^2}{2}\right) \mathrm{d}x = 1.$$

提示 考虑 $\int_{\mathbb{R}^2} \exp\left(-\frac{x^2+y^2}{2}\right) \mathrm{d}x\mathrm{d}y$, 并应用极坐标变换.

17. 设 $(S, \mathcal{S}, \mu)$ 为一个 σ-有限测度空间和 $f: S \to \mathbb{R}$ 为 S 上的非负 $\mathcal{S}$-可测函数. 证明如下等式:

$$\int_S f(x)\mu(\mathrm{d}x) = \int_0^{\infty} \mu(\{f > y\})\mathrm{d}y.$$

提示 设 m 为 Lebesgue 测度. 定义 $E := \{(x, y) \in S \times \mathbb{R};\ 0 \leqslant y \leqslant f(x)\}$, 则 $m(E_x) = f(x)$, $x \in \mathbb{R}$.

18. 设 I 是一个索引集合和 $\{(\Omega_i, \mathcal{F}_i, \mathbb{P}_i);\ i \in I\}$ 为一族概率空间. 设 $\mathcal{P}_0(I)$ 表示 I 的非空有限子集的全体, 那么在 $(\prod_{i\in I} \Omega_i, \prod_{i\in I} \mathcal{F}_i)$ 上存在唯一的概率测度 $\mathbb{P}$ 使得: 对任意 $J \in \mathcal{P}_0(I)$,

$$\mathbb{P}\left(\prod_{i\in J} A_i \times \prod_{i\in I\setminus J} \Omega_i\right) = \prod_{i\in J} \mathbb{P}_i(A_i), \quad \forall A_i \in \mathcal{F}_i,\ i \in J.$$

第 4 章　条件数学期望

“发现每一个新的群体在形式上都是数学的, 因为我们不可能有其他的指导.” (Charles Robert Darwin)

条件数学期望在鞅论、线性回归和过滤理论中扮演着重要角色. 本章首先通过引例引入条件数学期望的概念, 然后利用 Radom-Nikodym 定理证明条件数学期望的存在唯一性. 之后讨论条件数学期望的性质和它在线性回归中的应用. 最后, 我们介绍正则条件分布. 本章的内容安排如下: 4.1 节证明条件数学期望的存在唯一性; 4.2 节介绍条件数学期望的关键性质; 4.3 节讨论条件数学期望在线性回归分析中的应用; 4.4 节引入正则条件分布; 最后为本章课后习题.

4.1　条件数学期望的存在唯一性

我们首先通过一个引例来引入条件数学期望的概念:

设 (X,Z) 为定义在概率空间 $(\Omega,\mathcal{F},\mathbb{P})$ 上取值于 $\{(a_i,b_j);\ i=1,\cdots,m;\ j=1,\cdots,n\}$ 的一个离散随机变量 (其中 $a_i,b_j\in\mathbb{R}$). 设 $p_{ij}:=\mathbb{P}(X=a_i,Z=b_j)$ 为 (X,Z) 的分布律. 那么, 我们考虑如下的条件概率:

$$\mathbb{P}(X=a_i|Z=b_j)=\frac{p_{ij}}{\sum_{i=1}^m p_{ij}}.$$

于是, 对任意 $j=1,\cdots,n$, 定义:

$$f(b_j):=\mathbb{E}[X|Z=b_j]=\sum_{i=1}^m a_i\mathbb{P}(X=a_i|Z=b_j)=\frac{\sum_{i=1}^m a_ip_{ij}}{\sum_{i=1}^m p_{ij}}.$$

显然 $f(b_j)$ 是关于变量 b_j 的一个确定性函数. 我们称这样的函数为回归函数 (regression function). 进一步, 定义如下随机变量:

$$\mathbb{E}[X|\sigma(Z)]:=f(Z). \tag{4.1}$$

我们下面解释为什么这里定义符号 $\mathbb{E}[X|\sigma(Z)]$ 以及这样定义的随机变量满足什么性质. 由于随机变量 Z 只取值于 $\{b_1,\cdots,b_n\}$, 那么定义如下 n 个事件:

$$G_j:=\{Z=b_j\},\quad j=1,\cdots,n.$$

于是 $\{G_j\}_{j=1,\cdots,n}$ 形成 Ω 的一个划分. 注意到 $Z(\omega)=\sum_{j=1}^n b_j \mathbb{1}_{G_j}(\omega)$ 是一个简单随机变量. 那么, 应用第 2 章中的例 2.2 得到

$$\sigma(Z)=\sigma(\{G_1,\cdots,G_n\})=\left\{\bigcup_{j\in J} G_j;\ J\subset\{1,2,\cdots,n\}\right\}.$$

注意到, 上面的 J 可取 $\varnothing$, 此时我们定义 $\bigcup_{j\in\varnothing} G_j=\varnothing$. 于是, 对任意 $G\in\sigma(Z)$, 存在 $J\subset\{1,2,\cdots,n\}$ 使得 $G=\bigcup_{j\in J} G_j$. 因此有

$$\begin{aligned}
\mathbb{E}\left[f(Z)\mathbb{1}_G\right] &= \sum_{j\in J}\mathbb{E}\left[f(Z)\mathbb{1}_{G_j}\right]=\sum_{j\in J}\mathbb{E}\left[f(b_j)\mathbb{1}_{Z=b_j}\right]\\
&= \sum_{j\in J}\mathbb{E}\left\{\mathbb{E}[X|Z=b_j]\mathbb{1}_{Z=b_j}\right\}=\sum_{j\in J}\mathbb{E}[X|Z=b_j]\mathbb{P}(Z=b_j)\\
&= \sum_{j\in J}\sum_{i=1}^m a_i\mathbb{P}(X=a_i, Z=b_j).
\end{aligned}$$

另一方面, 我们还有

$$\begin{aligned}
\mathbb{E}[X\mathbb{1}_G] &= \sum_{j\in J}\mathbb{E}\left[X\mathbb{1}_{G_j}\right]=\sum_{j\in J}\mathbb{E}\left[X\mathbb{1}_{Z=b_j}\right]\\
&= \sum_{j\in J}\sum_{i=1}^m (a_i\cdot 1)\mathbb{P}(X=a_i, \mathbb{1}_{Z=b_j}=1)\\
&= \sum_{j\in J}\sum_{i=1}^m a_i\mathbb{P}(X=a_i, Z=b_j).
\end{aligned}$$

由上面两个等式联合起来, 则推出如下等式:

$$\mathbb{E}\left\{\mathbb{E}[X|\sigma(Z)]\mathbb{1}_G\right\}=\mathbb{E}[X\mathbb{1}_G],\quad \forall G\in\sigma(Z). \tag{4.2}$$

以后, 我们称 $\mathbb{E}[X|\sigma(Z)]$ 为随机变量 X 关于 $\sigma(Z)$ 的条件数学期望.

我们接下来的问题是: 设 X 是概率空间 $(\Omega,\mathcal{F},\mathbb{P})$ 上的一个实值可积随机变量和任意 σ-代数 $\mathcal{G}\subset\mathcal{F}$, 那么是否存在一个 $\mathcal{G}$-可测随机变量 Y 使其满足 (4.2), 即

$$\mathbb{E}\left\{Y\mathbb{1}_G\right\}=\mathbb{E}[X\mathbb{1}_G],\quad \forall G\in\mathcal{G}. \tag{4.3}$$

如下的定理证明了上面 $\mathcal{G}$-可测随机变量 Y 的存在唯一性:

定理 4.1 (条件数学期望的存在唯一性)　设 X 为概率空间 $(\Omega, \mathcal{F}, \mathbb{P})$ 上的一个实值可积随机变量和 $\mathcal{G} \subset \mathcal{F}$ 为一个 σ-代数, 则存在一个可积随机变量 $Y \in \mathcal{G}$ 满足 (4.3). 进一步, 如果存在另一个可积随机变量 $\tilde{Y} \in \mathcal{G}$ 也满足 (4.3), 那么 $\mathbb{P}(Y = \tilde{Y}) = 1$, 即 $Y \overset{\text{a.e.}}{=\!=} \tilde{Y}$.

以后, 我们记上面的随机变量 $Y \in \mathcal{G}$ 为

$$\mathbb{E}[X|\mathcal{G}] := Y. \tag{4.4}$$

那么称 $\mathbb{E}[X|\mathcal{G}]$ 为随机变量 X 关于子事件域 $\mathcal{G}$ 的条件数学期望. 如果 $\mathcal{G} = \sigma(Z)$, 其中 Z 为概率空间 $(\Omega, \mathcal{F}, \mathbb{P})$ 上的一个随机变量, 则记

$$\mathbb{E}[X|Z] := \mathbb{E}[X|\sigma(Z)]. \tag{4.5}$$

因此, $\mathbb{E}[X|Z]$ 是 $\sigma(Z)$-可测的. 于是, 由第 2 章中的练习 2.12 得到: 存在一个可测函数 f 使得 $\mathbb{E}[X|Z] = f(Z)$, 其中称 f 为回归函数. 为了以后陈述的方便, 我们引入如下关于某些随机变量的空间: 对任意子事件域 $\mathcal{G} \subset \mathcal{F}$ 和 $p \geqslant 1$, 定义

$$L^p(\mathcal{G}) := \left\{ \text{定义 } (\Omega, \mathcal{F}, \mathbb{P}) \text{ 上的实值随机变量 } X \in \mathcal{G};\ \mathbb{E}[|X|^p] < +\infty \right\}. \tag{4.6}$$

当 $X \in L^1(\mathcal{G})$ 时, 则称 X 为可积的 $\mathcal{G}$-可测随机变量; 当 $X \in L^1(\mathcal{F})$ 时, 称 X 为可积 ($\mathcal{F}$-可测) 随机变量. 于是, 我们可以将条件数学期望视为一个滤波算子, 即 $\mathbb{E}[\cdot|\mathcal{G}] : L^1(\mathcal{F}) \to L^1(\mathcal{G})$. 如果子事件域 $\mathcal{G}$ 依赖于时间索引且关于时间索引是单增的, 则 $\mathbb{G} = \{\mathcal{G}_t; t \in [0, T]\} \subset \mathcal{F}$ 是一个**过滤**. 假设 $X \in L^1(\mathcal{G}_T)$, 那么如下过程

$$M_t := \mathbb{E}[X|\mathcal{G}_t], \quad t \in [0, T] \tag{4.7}$$

满足 $M_t = \mathbb{E}[M_T|\mathcal{G}_t], \forall t \in [0, T]$ 和 $M_T = X$. 这意味着 $M = \{M_t; t \in [0, T]\}$ 是一个 $(\mathbb{P}, \mathbb{G})$-鞅 (参见 8.4 节).

练习 4.1　设 $\mathcal{A} \subset 2^\Omega$ 为一个 π-类和 $\Omega \in \mathcal{A}$. 假设 $\mathcal{G} := \sigma(\mathcal{A}) \subset \mathcal{F}$, $X \in L^1(\mathcal{F})$ 和 $Y \in L^1(\mathcal{G})$ 满足

$$\mathbb{E}\left[Y \mathbb{1}_G\right] = \mathbb{E}[X \mathbb{1}_G], \quad \forall G \in \mathcal{A}, \tag{4.8}$$

那么有 $Y = \mathbb{E}[X|\mathcal{G}]$.

提示　我们只需证明 (4.3) 成立. 这里应用 π-λ 定理. 为此, 定义如下集类:

$$\mathcal{L} := \{G \in \mathcal{F};\ \mathbb{E}\left[Y \mathbb{1}_G\right] = \mathbb{E}[X \mathbb{1}_G]\}.$$

于是, 根据题设 (4.8) 得到 $\mathcal{A} \subset \mathcal{L}$.

下面证明 $\mathcal{L}$ 是一个 λ-类. 事实上, ① 由于 $\Omega \in \mathcal{A}$, 则 $\Omega \in \mathcal{L}$; ② 设 $A, B \in \mathcal{L}$ 和 $A \subset B$, 于是 $A, B \in \mathcal{F}$ 以及

$$\mathbb{E}[Y \mathbb{1}_A] = \mathbb{E}[X \mathbb{1}_A], \quad \mathbb{E}[Y \mathbb{1}_B] = \mathbb{E}[X \mathbb{1}_B].$$

根据数学期望的线性性得到

$$\mathbb{E}\left[Y \mathbb{1}_{B \setminus A}\right] = \mathbb{E}[X \mathbb{1}_{B \setminus A}], \quad B \setminus A \in \mathcal{F}.$$

因此 $B \setminus A \in \mathcal{L}$; ③ 设 $G_n \in \mathcal{L}$, $n \geqslant 1$ 和 $G_n \uparrow \bigcup_{i=1}^{\infty} G_i$, 则 $G_n \in \mathcal{F}$ 以及

$$\mathbb{E}[Y \mathbb{1}_{G_n}] = \mathbb{E}[X \mathbb{1}_{G_n}], \quad \forall n \geqslant 1.$$

那么, 应用单调收敛定理有

$$\mathbb{E}\left[Y \mathbb{1}_{\cup_{n=1}^{\infty} G_n}\right] = \mathbb{E}[X \mathbb{1}_{\cup_{n=1}^{\infty} G_n}],$$

此即 $\bigcup_{n=1}^{\infty} G_n \in \mathcal{L}$. 最后, 应用 π-λ 定理得到 $\sigma(\mathcal{A}) \subset \mathcal{L}$. □

我们下面用较大篇幅来证明定理 4.1. 为此, 我们需要给出一系列辅助的结果, 其中包括关于测度的 **Lebesgue 分解**、**符号测度的 Hahn 分解**和 **Radon-Nikodym 定理**.

定义 4.1 (奇异测度) 设 μ, ν 为可测空间 $(S, \mathcal{S})$ 上的两个 σ-有限测度. 如果存在 $B \in \mathcal{S}$ 使得

$$\mu(B) = \nu(B^{\mathrm{c}}) = 0, \tag{4.9}$$

那么称测度 μ 和 ν 是互为奇异的. 以后记为 $\mu \perp \nu$ 或 $\nu \perp \mu$.

下面引入 Lebesgue 分解定理:

定理 4.2 (Lebesgue 分解定理) 设 μ, ν 为可测空间 $(S, \mathcal{S})$ 上的两个 σ-有限测度. 那么, 测度 ν 具有如下的分解:

$$\nu = \nu_{ac} + \nu_s, \tag{4.10}$$

其中测度 $\nu_s \perp \mu$ 和 $\nu_{ac} = f\mu := \int_{\cdot} f \mathrm{d}\mu$. 这里 f 为一个非负 $\mathcal{S}$-可测 (μ-可积) 函数. 进一步, 对固定的测度 μ, 这样的分解 (4.10) 是唯一的.

证 这里只证明 μ, ν 为有限测度的情况 (我们把 σ-有限而非有限的情形留为课后习题). 为此, 只需证明存在一非负 $\mathcal{S}$-可测 (μ-可积) 函数 f 使得 $\nu_s := \nu - f\mu$ 与 μ 是相互奇异的. 注意到, 如果这样的函数 f 存在, 那么 $\nu_s(B) \geqslant 0$, $\forall B \in \mathcal{S}$. 于是, 函数 f 应该满足 $\nu(B) \geqslant (f\mu)(B)$, $\forall B \in \mathcal{S}$. 也就是说

$$f \in \mathcal{H} := \left\{ \text{非负 } \mathcal{S}\text{ -可测函数 } h;\ \nu(B) \geqslant (h\mu)(B) := \int_B h \mathrm{d}\mu,\ \forall B \in \mathcal{S} \right\}. \tag{4.11}$$

由于 $0 \in \mathcal{H}$, 故 $\mathcal{H}$ 是非空的. 进一步, 空间 $\mathcal{H}$ 满足如下性质:

(H1) 如果 $h_n \in \mathcal{H}$, $n \geqslant 1$ 和 $h_n \uparrow h$, $n \to \infty$, 则 $h \in \mathcal{H}$. 事实上, 由于对任意 $B \in \mathcal{S}$, 我们有 $\nu(B) \geqslant (h_n\mu)(B)$, 那么, 应用单调收敛定理得到: $\forall B \in \mathcal{S}$,

$$(h_n\mu)(B) \uparrow (h\mu)(B), \quad n \to \infty.$$

这样就得到: $\nu(B) \geqslant (h\mu)(B)$, $\forall B \in \mathcal{S}$. 根据 (4.11), 则有 $h \in \mathcal{H}$.

(H2) 如果 $h_1, h_2 \in \mathcal{H}$, 那么 $h_1 \vee h_2 \in \mathcal{H}$. 事实上, 让我们定义如下 S 的子集:

$$\Gamma := \{x \in S;\ h_1(x) \geqslant h_2(x)\}.$$

那么, 对任意 $B \in \mathcal{S}$, 则有

$$\begin{aligned}\int_B h_1 \vee h_2 \mathrm{d}\mu &= \int_{B\cap\Gamma} h_1 \mathrm{d}\mu + \int_{B\cap\Gamma^c} h_2 \mathrm{d}\mu \\ &\leqslant \nu(B\cap\Gamma) + \nu(B\cap\Gamma^c) \quad (\text{因为 } h_1, h_2 \in \mathcal{H}) \\ &= \nu(B).\end{aligned}$$

根据 (4.11), 这意味着 $h_1 \vee h_2 \in \mathcal{H}$.

进一步, 定义如下常数:

$$\kappa := \sup_{h\in\mathcal{H}} \left\{ \int_S h \mathrm{d}\mu \right\} \overset{(4.11)}{\leqslant} \sup_{h\in\mathcal{H}} \nu(S) = \nu(S) < +\infty.$$

由上确界的定义, 存在 $h_n \in \mathcal{H}$ 使得

$$\int_S h_n \mathrm{d}\mu > \kappa - \frac{1}{n}, \quad \forall n \geqslant 1. \tag{4.12}$$

于是, 我们定义如下非负单增函数列:

$$f_n := \max\{h_1, \cdots, h_n\}, \quad n \geqslant 1.$$

那么, 根据上面的性质 (H2) 有 $f_n \in \mathcal{H}$, $\forall n \geqslant 1$. 由于 f_n 关于 n 单增, 故由上面的性质 (H1) 有

$$f := \lim_{n\to\infty} f_n \in \mathcal{H}. \tag{4.13}$$

因此, 单调收敛定理则给出如下关系:

$$\int_S f \mathrm{d}\mu = \lim_{n\to\infty} \int_S f_n \mathrm{d}\mu.$$

另一方面, 应用 (4.12) 和 $f_n \geqslant h_n, n \geqslant 1$, 则有

$$\int_S f_n \mathrm{d}\mu \geqslant \int_S h_n \mathrm{d}\mu > \kappa - \frac{1}{n}, \quad \forall n \geqslant 1.$$

因此[①],

$$\int_S f \mathrm{d}\mu \geqslant \kappa. \tag{4.14}$$

对于由 (4.13) 所定义的函数 $f \in \mathcal{H}$, 我们定义:

$$\nu_{ac}(B) := \int_B f \mathrm{d}\mu, \quad \forall B \in \mathcal{S}. \tag{4.15}$$

显然 $\nu_{ac} \ll \mu$.

下面证明 $\nu_s := \nu - \nu_{ac} \perp \mu$. 为此, 考虑如下**符号测度** (signed measure):

$$\vartheta_n := \nu_s - \frac{1}{n}\mu. \tag{4.16}$$

我们应用下面关于符号测度的 Hahn 分解定理:

定理 4.3 (符号测度的 Hahn 分解定理) 设 ϑ 是可测空间 $(S, \mathcal{S})$ 上的一个符号测度, 则存在 $G \in \mathcal{S}$ 使得

(i) 对任意 $A \in \mathcal{S}$ 和 $A \subset G$ 满足 $\vartheta(A) \geqslant 0$ (即 G 是 ϑ 的一个正集);

(ii) 对任意 $A \in \mathcal{S}$ 和 $A \subset G^c$ 满足 $\vartheta(A) \leqslant 0$ (即 G^c 是 ϑ 的一个负集).

称 (G, G^c) 为符号测度 ϑ 的一个 Hahn 分解. 如果存在 ϑ 的另一个 Hahn 分解 $(\tilde{G}, \tilde{G}^c)$, 则 $G \triangle \tilde{G} = G^c \triangle \tilde{G}^c$ 是 ϑ-零集.

得到: 对每一个 $n \geqslant 1$, 设 (G_n, G_n^c) 为符号测度 $\vartheta_n := \nu_s - \frac{1}{n}\mu$ 的一个 Hahn 分解. 于是, 对任意 $B \in \mathcal{S}$,

$$\begin{aligned}\int_B \left(f + \frac{1}{n}1\!\!1_{G_n}\right) \mathrm{d}\mu &= \nu_{ac}(B) + \frac{1}{n}\mu(G_n \cap B) \\ &= \nu(B) - \left(\nu_s(B) - \frac{1}{n}\mu(G_n \cap B)\right).\end{aligned}$$

① 由 κ 的定义和关系 (4.14), 我们事实上有 $\int_S f \mathrm{d}\mu = \kappa$.

由于 G_n 为符号测度 $\vartheta_n := \nu_s - \frac{1}{n}\mu$ 的正集, 故有

$$\nu_s(B) - \frac{1}{n}\mu(G_n \cap B) \geqslant \nu_s(G_n \cap B) - \frac{1}{n}\mu(G_n \cap B) \geqslant 0, \quad \forall B \in \mathcal{S}.$$

这意味着, 对任意 $B \in \mathcal{S}$,

$$\int_B \left(f + \frac{1}{n}\mathbb{1}_{G_n}\right) \mathrm{d}\mu = \nu(B) - \left(\nu_s(B) - \frac{1}{n}\mu(G_n \cap B)\right) \leqslant \nu(B).$$

显然 $f + \frac{1}{n}\mathbb{1}_{G_n}$ 是非负 $\mathcal{S}$-可测的, 因此

$$f + \frac{1}{n}\mathbb{1}_{G_n} \in \mathcal{H}, \quad \forall n \geqslant 1. \tag{4.17}$$

下面证明 $\mu(G_n) = 0$, $\forall n \geqslant 1$. 我们用反证法. 为此, 假设存在某个 $m \geqslant 1$ 使得 $\mu(G_m) > 0$. 于是, 应用 (4.14) 得到

$$\int_S \left(f + \frac{1}{m}\mathbb{1}_{G_m}\right) \mathrm{d}\mu = \int_S f \mathrm{d}\mu + \frac{1}{m}\mu(G_m) \geqslant \kappa + \frac{1}{m}\mu(G_m) > \kappa.$$

因为 $f + \frac{1}{m}\mathbb{1}_{G_m} \in \mathcal{H}$, 这显然与 $\kappa := \sup_{h\in\mathcal{H}}(h\mu)(S)$ 的定义矛盾, 故有 $\mu(G_n) = 0$, $\forall n \geqslant 1$.

设 $G := \bigcup_{n=1}^{\infty} G_n$. 于是 $\mu(G) \leqslant \sum_{n=1}^{\infty} \mu(G_n) = 0$. 因此 $\mu(G) = 0$. 我们下面证明 $\nu_s(G^c) = 0$ (这样就有 $\nu_s \perp \mu$). 仍然应用反证法. 为此, 假设 $\nu_s(G^c) > 0$. 那么, 对于充分大的 $n \in \mathbb{N}$, 则有

$$\nu_s(G^c) - \frac{1}{n}\mu(G^c) > 0. \tag{4.18}$$

然而, 由于 $G^c \subset G_n^c$, $\forall n \geqslant 1$ 以及 G_n^c 为符号测度 $\nu_s - n^{-1}\mu$ 的一个负集, 那么根据定理 4.3-(ii), 则有

$$\nu_s(G^c) - \frac{1}{n}\mu(G^c) \leqslant 0, \quad \forall n \geqslant 1,$$

这显然与 (4.18) 矛盾. 于是 $\nu_s(G^c) = 0$, 此即 $\nu_s \perp \mu$. 我们将唯一性的证明留作课后习题. □

在上面 Lebesgue 分解定理的证明中用到了符号测度和 Hahn 分解定理, 我们下面给出符号测度的具体定义和 Hahn 分解定理 (定理 4.3) 的证明. 首先给出符号测度的定义:

定义 4.2 (符号测度) 设 $(S,\mathcal{S})$ 是一个可测空间和 $\vartheta:\mathcal{S}\to\overline{\mathbb{R}}$ 为一个集函数. 称 ϑ 为符号测度, 如果其满足

(i) ϑ 至多取 $-\infty$ 和 $+\infty$ 中的一个值;

(ii) $\vartheta(\varnothing)=0$;

(iii) ϑ 满足可列可加性: 对任意 $\{B_n\}_{n\geqslant 1}\subset\mathcal{S}$ 满足 $B_n\cap B_m=\varnothing$ $(m\neq n)$, 那么有

$$\vartheta\left(\bigcup_{n=1}^{\infty}B_n\right)=\sum_{n=1}^{\infty}\vartheta(B_n).$$

进一步, 若 $\vartheta(\cup_{n=1}^{\infty}B_n)$ 是有限的, 那么无穷级数 $\sum_{n=1}^{\infty}\vartheta(B_n)$ 是绝对收敛的.

为了证明 Hahn 分解定理 (定理 4.3), 我们需要下面所谓的 Hahn 引理:

引理 4.1 (Hahn 引理) 设 ϑ 是 $(S,\mathcal{S})$ 上的一个符号测度和一个可测集 $H\in\mathcal{S}$ 满足 $0<\vartheta(H)<+\infty$, 则存在一个正集 $G\subset H$ $(G\in\mathcal{S})$ 满足 $\vartheta(G)>0$.

证 如果 H 本身是一个正集, 那么取 $G=H$ 即满足该引理结论. 下面假设 H 并不是正集 (也就是 H 会包含一些具有负测度值的可测集). 让我们定义:

$$n_1:=\inf\{n\in\mathbb{N};\ \exists H_1\in\mathcal{S}\text{ 和 }H_1\subset H\text{ 使 }\vartheta(H_1)<-n^{-1}\}.\tag{4.19}$$

由于 H 不是正集, 那么集合 $\{n\in\mathbb{N};\ \exists H_1\in\mathcal{S}\text{ 和 }H_1\subset H\text{ 使 }\vartheta(H_1)<-n^{-1}\}\neq\varnothing$, 即 n_1 是有限的. 于是, 存在一个可测集 $H_1\subset H$ 满足 $\vartheta(H_1)\leqslant -n_1^{-1}$. 如果 $H\setminus H_1$ 本身是正集, 则取 $G=H\setminus H_1$, 那么有

$$\vartheta(G)=\vartheta(H)-\vartheta(H_1)\geqslant\vartheta(H)+n_1^{-1}>0,$$

此即 $G=H\setminus H_1$ 满足该引理结论.

下面假设 $H\setminus H_1$ 并不是正集 (也就是 $H\setminus H_1$ 会包含一些具有负测度值的可测集). 那么定义:

$$n_2:=\inf\{n\in\mathbb{N};\ \exists H_2\in\mathcal{S}\text{ 和 }H_2\subset H\setminus H_1\text{ 使 }\vartheta(H_2)<-n^{-1}\}.$$

由于 $H\setminus H_1$ 不是正集, 故 n_2 是有限的. 于是, 存在一个可测集 $H_2\subset H\setminus H_1$ 满足 $\vartheta(H_2)\leqslant -n_2^{-1}$. 如果 $H\setminus(H_1\cup H_2)$ 本身是正集, 则取 $G=H\setminus(H_1\cup H_2)$, 于是有

$$\vartheta(G)=\vartheta(H)-\vartheta(H_1)-\vartheta(H_2)\geqslant\vartheta(H)+n_1^{-1}+n_2^{-1}>0,$$

此即 $G=H\setminus(H_1\cup H_2)$ 满足该引理结论.

下面假设 $H\setminus(H_1\cup H_2)$ 不是正集, 则重复上面的方法. 现在, 假设我们按照上面的步骤已经得到 $H_1,H_2,\cdots,H_{k-1}$ 和正整数 $n_1,n_2,\cdots,n_{k-1}$ $(k\geqslant 2)$ 以及

$H \setminus \bigcup_{i=1}^{k-1} H_i$ 并不是正集, 因此定义:

$$n_k := \inf\left\{n \in \mathbb{N};\ \exists H_k \in \mathcal{S} \text{ 和 } H_k \subset H \Bigg\backslash \bigcup_{i=1}^{k-1} H_i \text{ 使 } \vartheta(H_k) < -n^{-1}\right\}.$$

由于 $H \setminus \bigcup_{i=1}^{k-1} H_i$ 不是正集, 则 n_k 是有限的. 于是, 存在一个可测集 $H_k \subset H \setminus \bigcup_{i=1}^{k-1} H_i$ 满足 $\vartheta(H_k) \leqslant -n_k^{-1}$. 如果 $H \setminus \bigcup_{i=1}^{k} H_i$ 本身是正集, 则取 $G = H \setminus \bigcup_{i=1}^{k} H_i$ 满足该引理结论. 否则继续重复迭代得到互不相交的 $\{H_k\}_{k\geqslant 1}$, 那么取

$$G := H \Bigg\backslash \bigcup_{k=1}^{\infty} H_k. \tag{4.20}$$

注意到 $\{H_k\}_{k\geqslant 1}$ 与 G 是不相交的, 那么有

$$\vartheta(H) = \vartheta(G) + \sum_{k=1}^{\infty} \vartheta(H_k). \tag{4.21}$$

由题设 $\vartheta(H) \in (0, \infty)$, 则无穷级数 $\sum_{k=1}^{\infty} \vartheta(H_k)$ 是收敛的. 由于 $\sum_{k=1}^{\infty} \vartheta(H_k) \leqslant -\sum_{k=1}^{\infty} n_k^{-1}$, 此即 $\sum_{k=1}^{\infty} n_k^{-1} \leqslant \sum_{k=1}^{\infty}(-\vartheta(H_k))$ 是有限的. 因此 $\sum_{k=1}^{\infty} n_k^{-1}$ 收敛, 于是 $n_k \to \infty$, $k \to \infty$.

另一方面, 注意到 $\vartheta(H_k) < -n_k^{-1} < 0$, 那么由 (4.21) 和题设得 $0 < \vartheta(H) < \vartheta(G)$. 下面证明由 (4.20) 给出的 G 是一个正集. 事实上, 对于任意可测集 $A \subset G$, 我们有

$$A \subset G \subset H \Bigg\backslash \bigcup_{i=1}^{k-1} H_k, \quad \forall k \geqslant 1.$$

注意到 n_k 是使存在 $H \setminus \bigcup_{i=1}^{k-1} H_k$ 的可测子集在 ϑ 下的测度值小于 n_k^{-1} 的最小正整数. 根据 H_k 的构造, 则有 $-(n_k - 1)^{-1} \leqslant \vartheta(H_k) < -n_k^{-1}$. 因为 A 也是 $H \setminus \bigcup_{i=1}^{k-1} H_k$ 的子集, 那么对任意 $k \geqslant 1$, $\vartheta(A) > -(n_k - 1)^{-1}$. 由于 $n_k \to \infty$, $k \to \infty$, 因此 $\vartheta(A) \geqslant 0$. 由于可测集 $A \subset G$ 是任意的, 故 $G \subset H$ 是 ϑ 的正集且满足 $\vartheta(G) > 0$. □

根据上面的辅助结果, 我们下面可以正式证明 Hahn 分解定理 (定理 4.3).

定理 4.3 的证明 由符号测度的定义, ϑ 不能同时取 $\pm\infty$. 不失一般性, 假设 ϑ 不取 $+\infty$ (否则用 $-\vartheta$ 来代替 ϑ). 进一步, 定义:

$$\alpha := \sup_{G \in \mathcal{S} \text{ 是正集}} \vartheta(G). \tag{4.22}$$

由于 $\varnothing$ 是 ϑ 的一个正集, 故 $\alpha \geqslant 0$ (注意到 $\vartheta(\varnothing)=0$). 根据上确界的定义, 存在一列正集 $\{G_n\}_{n\geqslant 1}\subset \mathcal{S}$ 使正集 $\{G_n\}_{n\geqslant 1}\subset \mathcal{S}$ 是 α 的一个最大化序列, 即

$$\lim_{n\to\infty}\vartheta(G_n)=\alpha.$$

于是, 我们可以定义:

$$G:=\bigcup_{n=1}^{\infty}G_n.$$

由于 $G_n\subset G, \forall n\geqslant 1$, 故 $G\in\mathcal{S}$ 也是一个正集. 因此有

$$\vartheta(G)=\vartheta\left(\bigcup_{n=1}^{\infty}G_n\right)=\lim_{n\to\infty}\vartheta(G_n)=\alpha\geqslant 0.$$

由于我们已经假设 ϑ 并不取 $+\infty$, 故 $0\leqslant\alpha=\vartheta(G)<+\infty$.

下面证明 $G^c\in\mathcal{S}$ 是一个负集. 我们用反证法. 为此, 假设 G^c 不是负集, 则存在可测集 $A\subset G^c$ 满足 $\vartheta(A)>0$. 用 Hahn 引理 (引理 4.1), 存在一个正集 $A_0\subset G^c$ 满足 $\vartheta(A_0)>0$. 于是 $A^*:=G\cup A_0$ 也是正集. 注意到 $G\cap A_0=\varnothing$, 故

$$\vartheta(A^*)=\vartheta(G)+\vartheta(A_0)>\alpha.$$

但由于 A^* 是正集以及应用 (4.22) 有: $\vartheta(A^*)\leqslant\alpha$, 这样得到矛盾. □

设 ϑ 为 $(S,\mathcal{S})$ 上的一个符号测度. 根据 Hahn 分解定理 (定理 4.3), 设 (G,G^c) 为 ϑ 的 Hahn 分解. 于是, 我们定义:

$$\vartheta^+(B):=\vartheta(B\cap G),\quad \vartheta^-(B):=-\vartheta(B\cap G^c),\quad \forall B\in\mathcal{S}, \tag{4.23}$$

那么 $\vartheta^\pm$ 为 $(S,\mathcal{S})$ 上的测度. 进一步, 由 (4.23) 得到

$$\vartheta^+(G^c)=\vartheta(G^c\cap G)=0,\quad \vartheta^-(G)=-\vartheta(G\cap G^c)=0.$$

这意味着 ϑ^+ 和 ϑ^- 是**相互奇异**的. 因此, 得到如下符号测度的所谓 **Jordan 分解**:

$$\vartheta=\vartheta^+-\vartheta^-,\quad \vartheta^+\perp\vartheta^-. \tag{4.24}$$

此外, 上面的 Jordan 分解 (4.24) 是唯一的. 事实上, 设 (μ^+,μ^-) 是 ϑ 的另一个 Jordan 分解, 即

$$\vartheta=\mu^+-\mu^-,\quad \mu^+\perp\mu^-.$$

由于 $\mu^+\perp\mu^-$, 则存在 $G\in\mathcal{S}$ 使得 $\mu^+(G)=\mu^-(G^c)=0$. 于是, 对任意 $A\subset G$ 和 $A\in\mathcal{S}$, 我们有: $\mu^+(A)\leqslant\mu^+(G)=0$. 因此

$$\vartheta(A)=\mu^+(A)-\mu^-(A)=-\mu^-(A)\leqslant 0.$$

另一方面, 对任意 $A \subset G^c$ 和 $A \in \mathcal{S}$ 有 $\mu^-(A) \leqslant \mu^-(G^c) = 0$, 于是

$$\vartheta(A) = \mu^+(A) - \mu^-(A) = \mu^+(A) \geqslant 0.$$

这意味着 (G^c, G) 为 ϑ 的 Hahn 分解. 由于 Hahn 分解是本质唯一的, 故 $\vartheta^\pm = \mu^\pm$.

根据符号测度 ϑ 的 Jordan 分解 $(\vartheta^+, \vartheta^-)$, 我们称

$$|\vartheta| := \vartheta^+ + \vartheta^- \tag{4.25}$$

为符号测度 ϑ 的**全变差**. 下面是计算一个特殊符号测度全变差的例子:

例 4.1　设 μ 为可测空间 $(S, \mathcal{S})$ 上的测度和可测函数 $f: S \to \mathbb{R}$ 为 μ-可积的, 定义:

$$\vartheta(A) := \int_A f \mathrm{d}\mu, \tag{4.26}$$

则 ϑ 为 $(S, \mathcal{S})$ 上的一个符号测度. 进一步, 定义 $G := \{f \geqslant 0\}$, 那么 (G, G^c) 为 ϑ 的 Hahn **分解**. 因此 ϑ 的 Jordan **分解**为

$$\vartheta^+(A) := \int_A f^+ \mathrm{d}\mu, \quad \vartheta^-(A) := \int_A f^- \mathrm{d}\mu, \quad \forall A \in \mathcal{S}. \tag{4.27}$$

于是, 符号测度 ϑ 的全变差为

$$|\vartheta|(A) = \int_A |f| \mathrm{d}\mu, \quad \forall A \in \mathcal{S}. \tag{4.28}$$

下面应用 Lebesgue 分解定理 (定理 4.2) 来证明如下的 Radom-Nikodym 定理:

定理 4.4 (Radom-Nikodym 定理)　设 μ, ν 为可测空间 $(S, \mathcal{S})$ 上的两个 σ-有限测度且 $\nu \ll \mu$, 那么存在一个 $\mathcal{S}$-可测非负函数 $f: S \to [0, \infty)$ 使得: 对任意 $B \in \mathcal{S}$,

$$\nu(B) = (f\mu)(B) := \int_B f \mathrm{d}\mu. \tag{4.29}$$

进一步, 如果存在另一个 $\mathcal{S}$-可测函数 $g: S \to [0, \infty)$ 使 $\nu = \mu(g)$, 则 $f = g$, μ-a.e. (即 $\mu(f \neq g) = 0$).

证　先假设 μ, ν 为有限测度. 那么, 对于固定的 μ, 由 Lebesgue 分解定理 (定理 4.2) 得到: $\nu = \nu_{ac} + \nu_s$, 其中 $\nu_{ac} \ll \mu$ 和 $\nu_s \perp \mu$. 于是, 存在 $G \in \mathcal{S}$ 使 $\mu(G) = \nu_s(G^c) = 0$. 再由 $\nu \ll \mu$, 则对任意 $B \in \mathcal{S}$ 满足 $\mu(B) = 0$, 我们有

$\nu(B)=0$. 因此 $\nu(G)=0$ (因为 $\mu(G)=0$). 注意到 $\nu_s(G)\leqslant\nu(G)=0$, 于是 $\nu_s(G)=0$. 这样得到

$$\nu_s(S)=\nu_s(G)+\nu_s(G^{\mathrm{c}})=0+0=0,$$

此即 $\nu_s\equiv 0$. 故再由 Lebesgue 分解定理 (定理 4.2) 得 $\nu=\nu_{ac}=f\mu$, 其中函数 f 是 Lebesgue 分解定理 (定理 4.2) 中所给出的.

下面设 μ,ν 是 σ-有限的. 于是, 存在 S 的一个划分 $\{B_n\}_{n\geqslant 1}$ 使得 $\mu(B_n)$, $\nu(B_n)$, $n\geqslant 1$ 都是有限的. 那么, 我们考虑如下有限测度:

$$\nu_n:=\mathbb{1}_{B_n}\nu,\quad \mu_n:=\mathbb{1}_{B_n}\mu,\quad n\geqslant 1.$$

因此 $\nu_n(S)<+\infty$ 和 $\mu_n(S)<+\infty$, $\forall n\geqslant 1$. 由题设 $\nu\ll\mu$ 得到: $\nu_n\ll\mu_n$, $\forall n\geqslant 1$. 这样, 根据上面有限测度的证明有: 存在非负 $\mathcal{S}$-可测函数 f_n 使得

$$\nu_n(B)=(f_n\mu_n)(B)=(f_n\mathbb{1}_{B_n}\mu)(B)=\int_{B_n\cap B}f_n\mathrm{d}\mu,\quad \forall B\in\mathcal{S}.$$

因此,

$$\nu=\sum_{n\geqslant 1}\nu_n=f\mu,\quad 其中\ f:=\sum_{n\geqslant 1}f_n\mathbb{1}_{B_n}.$$

最后, 我们证明唯一性. 由题设得到 $\nu=f\mu=g\mu$. 设 $D_n\in\mathcal{S}$, $n\geqslant 1$ 和 $D_n\uparrow S$ 以及 $\mu(D_n)<+\infty$, $n\geqslant 1$. 于是, 定义:

$$E_n=D_n\cap\left\{x\in S;\ g(x)-f(x)\geqslant\frac{1}{n},\ g(x)\leqslant n\right\}.$$

显然, 对任意 $n\geqslant 1$, 如果 $x\in E_n$, 则 $f(x)\leqslant n+\dfrac{1}{n}$ 和 $g(x)\leqslant n$. 由于 f,g 非负, 因此, $f\mathbb{1}_{E_n}\mu$ 和 $g\mathbb{1}_{E_n}\mu$ 都是有限测度. 进一步, 我们有

$$\begin{aligned}0\leqslant\frac{1}{n}\mu(E_n)&\leqslant(g-f)\mathbb{1}_{E_n}\mu=((g-f)\mu)(E_n)\\&=(g\mu)(E_n)-(f\mu)(E_n)=0\quad(因为\ f\mu=g\mu).\end{aligned}$$

这意味着 $\mu(E_n)=0$, $\forall n\geqslant 1$. 于是得到

$$0=\sum_{n=1}^{\infty}\mu(E_n)=\mu(\{x\in S;\ g(x)-f(x)>0\}).$$

在上面的证明中互换 f 和 g, 则有 $f=g$, μ-a.e.. □

下面我们可以开始证明定理 4.1, 即条件数学期望的存在唯一性.

- **存在性证明**　首先假设 $X \in L^1(\mathcal{F})$ 为非负的. 于是, 在 $\mathcal{G}$ 上定义:

$$\mu = \mathbb{P}, \tag{4.30}$$

即 μ 为概率测度 $\mathbb{P}$ 限制在可测空间 $(\Omega, \mathcal{G})$ 上的概率测度. 假设 $G \in \mathcal{G}$ 和 $\mu(G) = 0$, 则有 $\mathbb{P}(G) = \mu(G) = 0$. 那么, 由第 3 章中的练习 3.6 得到

$$\nu(G) := \mathbb{E}[X \mathbb{1}_G] = 0. \tag{4.31}$$

再由数学期望性质 (P7) 有: ν 实际上是 $\mathcal{G}$ 上的一个有限测度 (即 $\nu(\Omega) = \mathbb{E}[X] < +\infty$). 故从 (4.31) 得到 $\nu \ll \mu$. 因此, 根据 Radom-Nikodym 定理 (定理 4.4): 存在一个非负 $\mathcal{G}$-可测函数 Y 使得 $\nu = Y\mu$. 此即, 对任意 $G \in \mathcal{G}$, 我们有

$$\nu(G) = \mathbb{E}[X \mathbb{1}_G] = \int_G Y \mathrm{d}\mu = \int_\Omega Y \mathbb{1}_G \mathrm{d}\mu = \int_\Omega Y \mathbb{1}_G \mathrm{d}\mathbb{P} = \mathbb{E}[Y \mathbb{1}_G].$$

这证明了 (4.3) 成立, 也就是 $Y = \mathbb{E}[X|\mathcal{G}]$.

如果 $X \in L^1(\mathcal{F})$ 并不是非负的, 那么用分解 $X = X^+ - X^-$. 对于非负可积随机变量 X^+ 和 X^-, 则分别存在非负可积 $Y_1, Y_2 \in \mathcal{G}$ 使得 $Y_1 = \mathbb{E}[X^+|\mathcal{G}]$ 和 $Y_2 = \mathbb{E}[X^-|\mathcal{G}]$. 于是 $Y := Y_1 - Y_2$, 此即满足 (4.3) 中的随机变量 Y.

- **唯一性证明**　假设还存在一个非负可积随机变量 $\tilde{Y} \in \mathcal{G}$ 使 (4.3) 成立. 那么, 我们有

$$\mathbb{E}[Y \mathbb{1}_G] = \mathbb{E}[X \mathbb{1}_G] = \mathbb{E}[\tilde{Y} \mathbb{1}_G], \quad \forall G \in \mathcal{G}.$$

于是, 对任意 $G \in \mathcal{G}$,

$$\mathbb{E}[(Y - \tilde{Y}) \mathbb{1}_G] = 0, \quad \forall G \in \mathcal{G}. \tag{4.32}$$

下面, 我们定义如下事件:

$$G_0 := \{\omega \in \Omega;\ Y(\omega) - \tilde{Y}(\omega) > 0\}.$$

由于 $Y, \tilde{Y} \in \mathcal{G}$, 故 $G_0 \in \mathcal{G}$, 于是在 G_0 上, $Z := Y - \tilde{Y} > 0$. 但 (4.32) 意味着

$$\mathbb{E}[Z \mathbb{1}_{G_0}] = 0.$$

这样, 由引理 3.2 得到 $\mathbb{P}(G_0) = 0$. 相似地, 定义:

$$\tilde{G}_0 := \{\omega \in \Omega;\ \tilde{Y}(\omega) - Y(\omega) > 0\},$$

故 $\tilde{G}_0 \in \mathcal{G}$, 于是在 $\tilde{G}_0$ 上, $\tilde{Z} := -Z > 0$. 然而, 根据等式 (4.32) 则有 $\mathbb{E}[\tilde{Z}\mathbb{1}_{\tilde{G}_0}] = 0$. 于是, 由引理 3.2 得到 $\mathbb{P}(\tilde{G}_0) = 0$. 因此, 我们得到

$$\mathbb{P}(Y = \tilde{Y}) = 1 - \mathbb{P}(G_0) - \mathbb{P}(\tilde{G}_0) = 1.$$

至此, 该定理证毕. □

4.2 条件数学期望的性质

本节介绍条件数学期望的性质, 这些性质会在后续学习鞅论时频繁用到. 我们假设下面所涉及的随机变量均定义在概率空间 $(\Omega, \mathcal{F}, \mathbb{P})$ 上, 以及 $\mathcal{G} \subset \mathcal{F}$ 为一子事件域.

(C1) 设 $X \in \mathcal{G}$, 则有 $\mathbb{E}[X|\mathcal{G}] = X$. 事实上, 由于 $X \in \mathcal{G}$, 则直接验证等式 (4.3) 成立即可. 特别地, 对任意常数 $C \in \mathbb{R}$, 我们有 $\mathbb{E}[C|\mathcal{G}] = C$, 这是因为任何常数都是任意 σ-代数可测的.

(C2) 设 $Y : (\Omega, \mathcal{G}) \to (S, \mathcal{S})$ 为一个随机变量 (即 $Y \in \mathcal{G}$), 而 $Z : (\Omega, \mathcal{F}) \to (\hat{S}, \hat{\mathcal{S}})$ 为独立于 $\mathcal{G}$ 的随机变量 (记为 $Z \in \mathcal{F}$ 且 $Z \perp \mathcal{G}$). 设 $\varphi : (S \times \hat{S}, \mathcal{S} \otimes \hat{\mathcal{S}}) \to (\mathbb{R}, \mathcal{B}_{\mathbb{R}})$ 为一个可测函数且满足 $\varphi(Z, Y)$ 是可积的, 则有

$$\mathbb{E}\left[\varphi(Y, Z)|\mathcal{G}\right] = g(Y), \quad g(y) := \mathbb{E}[\varphi(y, Z)], \ y \in S. \tag{4.33}$$

为证 (4.33), 只需证明 $\mathbb{E}[\varphi(Y, Z)X] = \mathbb{E}[g(Y)X]$, 其中 $X = \mathbb{1}_G$ 和 $G \in \mathcal{G}$. 由题设知: Z 与 $\mathcal{G}$ 独立, 而 $X, Y \in \mathcal{G}$, 故 Z 与 (X, Y) 独立. 于是, 由变量变换公式 (定理 3.9) 和 Fubini 定理 (定理 3.17) 得到

$$\begin{aligned}
\mathbb{E}[\varphi(Y, Z)X] &= \int_{\Omega} X(\omega)\varphi(Y, Z)(\omega)\mathbb{P}(\mathrm{d}\omega) \\
&= \int_{\mathbb{R}\times S\times\hat{S}} x\varphi(y, z)\mathbb{P}(X \in \mathrm{d}x, Y \in \mathrm{d}y, Z \in \mathrm{d}z) \\
&= \int_{\mathbb{R}\times S} x\left(\int_{\hat{S}} \varphi(y, z)\mathbb{P}(Z \in \mathrm{d}z)\right)\mathbb{P}(X \in \mathrm{d}x, Y \in \mathrm{d}y) \\
&= \int_{\mathbb{R}\times S} xg(y)\mathbb{P}(X \in \mathrm{d}x, Y \in \mathrm{d}y) \\
&= \mathbb{E}[Xg(Y)],
\end{aligned}$$

此即为等式 (4.33). 取可测函数 $\varphi(y, z) = f(y)h(z)$. 则当 $Y \in \mathcal{G}$ 和 $Z \perp \mathcal{G}$ 时, 结合性质 (C1) 和根据等式 (4.33) 得到

$$\mathbb{E}\left[f(Y)h(Z)|\mathcal{G}\right] = f(Y)\mathbb{E}[h(Z)]. \tag{4.34}$$

如果 $f\equiv 1$ (其中 $Z\perp\mathcal{G}$), 则有

$$\mathbb{E}\left[h(Z)|\mathcal{G}\right]=\mathbb{E}[h(Z)]. \tag{4.35}$$

如果 $h\equiv 1$ (其中 $Y\in\mathcal{G}$), 则得到

$$\mathbb{E}\left[f(Y)|\mathcal{G}\right]=f(Y). \tag{4.36}$$

(C3) 设 $X\in L^1(\mathcal{F})$, 则有 $\mathbb{E}[X]=\mathbb{E}\{\mathbb{E}[X|\mathcal{G}]\}$. 进一步, 如果 $X\geqslant 0$, a.e., 则 $\mathbb{E}[X|\mathcal{G}]\geqslant 0$, a.e.. 事实上, 根据等式 (4.3) 以及取 $G=\Omega$, 我们有 $\mathbb{E}[X]=\mathbb{E}\{\mathbb{E}[X|\mathcal{G}]\}$. 应用等式 (4.3) 得到: 对任意 $G\in\mathcal{G}$, $\mathbb{E}[X\mathbb{1}_G]=\mathbb{E}\{\mathbb{E}[X|\mathcal{G}]\mathbb{1}_G\}$. 由于 $X\geqslant 0$, a.e., 则 $X\mathbb{1}_G\geqslant 0$, a.e.. 因此, 应用练习 3.6 有

$$\mathbb{E}[\mathbb{E}[X|\mathcal{G}]\mathbb{1}_G]\geqslant 0,\quad \forall G\in\mathcal{G}. \tag{4.37}$$

定义如下事件:

$$G_0:=\{\omega\in\Omega;\ \mathbb{E}[X|\mathcal{G}](\omega)<0\}.$$

由于 $\mathbb{E}[X|\mathcal{G}]\in\mathcal{G}$, 故 $G_0\in\mathcal{G}$ 和 $\mathbb{E}[X|\mathcal{G}]\mathbb{1}_{G_0}\leqslant 0$, a.e.. 于是 $\mathbb{E}[\mathbb{E}[X|\mathcal{G}]\mathbb{1}_{G_0}]\leqslant 0$. 再由 (4.37) 有 $\mathbb{E}[\mathbb{E}[X|\mathcal{G}]\mathbb{1}_{G_0}]\geqslant 0$. 因此 $\mathbb{E}[\mathbb{E}[X|\mathcal{G}]\mathbb{1}_{G_0}]=0$. 注意到 $-\mathbb{E}[X|\mathcal{G}]>0$, 在 G_0 上. 于是, 应用引理 3.2 得到 $\mathbb{P}(G_0)=0$, 此即 $\mathbb{P}(\mathbb{E}[X|\mathcal{G}]\geqslant 0)=1$, 即 $\mathbb{E}[X|\mathcal{G}]\geqslant 0$, a.e..

(C4) 设 $X,Y\in L^1(\mathcal{F})$, 则对任意 $\alpha,\beta\in\mathbb{R}$, 我们有

$$\mathbb{E}[\alpha X+\beta Y|\mathcal{G}]=\alpha\mathbb{E}[X|\mathcal{G}]+\beta\mathbb{E}[Y|\mathcal{G}]. \tag{4.38}$$

事实上, 定义 $Z_1:=\mathbb{E}[X|\mathcal{G}]$ 和 $Z_2:=\mathbb{E}[Y|\mathcal{G}]$. 那么, 定理 4.1 给出: $Z_i\in L^1(\mathcal{G})$, $i=1,2$. 因此 $\alpha Z_1+\beta Z_2\in L^1(\mathcal{G})$. 于是, 对任意 $G\in\mathcal{G}$, 由数学期望的线性性得到

$$\begin{aligned}\mathbb{E}[(\alpha Z_1+\beta Z_2)\mathbb{1}_G]&=\alpha\mathbb{E}[Z_1\mathbb{1}_G]+\beta\mathbb{E}[Z_2\mathbb{1}_G]\\&=\alpha\mathbb{E}[X\mathbb{1}_G]+\beta\mathbb{E}[Y\mathbb{1}_G]\\&=\mathbb{E}[(\alpha X+\beta Y)\mathbb{1}_G].\end{aligned}$$

这意味着 $\mathbb{E}[\alpha X+\beta Y|\mathcal{G}]=\alpha Z_1+\beta Z_2=\alpha\mathbb{E}[X|\mathcal{G}]+\beta\mathbb{E}[Y|\mathcal{G}]$, 此即 (4.38).

(C5) 设 $X,Y\in L^1(\mathcal{F})$ 和 $X\leqslant Y$, a.e., 则 $\mathbb{E}[X|\mathcal{G}]\leqslant\mathbb{E}[Y|\mathcal{G}]$, a.e.. 事实上, 由题设知: $Y-X\geqslant 0$, a.e. 和 $Y-X\in L^1(\mathcal{F})$. 于是, 由性质 (C3) 有 $\mathbb{E}[Y-X|\mathcal{G}]\geqslant 0$, a.e..

(C6) 设 $X \in L^1(\mathcal{F})$ 以及 $\mathcal{H} \subset \mathcal{G}$ 也是一个 σ-代数, 那么有

$$\mathbb{E}[X|\mathcal{H}] = \mathbb{E}\left\{\mathbb{E}[X|\mathcal{G}]|\mathcal{H}\right\}. \tag{4.39}$$

通常称等式 (4.39) 为条件数学期望的塔性质 (tower property). 事实上, 让我们定义:

$$Y := \mathbb{E}[X|\mathcal{G}], \quad Z := \mathbb{E}[Y|\mathcal{H}].$$

由于 $Y \in L^1(\mathcal{G})$, 则 $Z \in L^1(\mathcal{H})$. 首先, 由 $Z = \mathbb{E}[Y|\mathcal{H}]$ 得到: 对任意 $H \in \mathcal{H}$, $\mathbb{E}[Y\mathbb{1}_H] = \mathbb{E}[Z\mathbb{1}_H]$. 因为 $\mathcal{H} \subset \mathcal{G}$, 故 $H \in \mathcal{G}$. 那么, 根据 $Y = \mathbb{E}[X|\mathcal{G}]$ 有 $\mathbb{E}[X\mathbb{1}_H] = \mathbb{E}[Y\mathbb{1}_H]$. 于是, 我们得到

$$\mathbb{E}[X\mathbb{1}_H] = \mathbb{E}[Z\mathbb{1}_H], \quad \forall H \in \mathcal{H}.$$

此即 $Z = \mathbb{E}[X|\mathcal{H}]$.

应用上面条件数学期望的性质, 我们可以得到如下平方可积随机变量的一种分解.

练习 4.2 设 $Y \in L^2(\mathcal{F})$ 和 $\mathcal{G} \subset \mathcal{F}$ 为一个 σ-代数. 那么, Y 具有如下的分解:

$$Y = \mathbb{E}[Y|\mathcal{G}] + \xi, \tag{4.40}$$

其中随机变量 ξ 满足 (i) $\mathbb{E}[\xi] = 0$ 和 (ii) $\mathbb{E}[\xi X] = 0, \forall X \in L^2(\mathcal{G})$.

提示 由于 $\xi = Y - \mathbb{E}[Y|\mathcal{G}]$, 故由条件数学期望的性质 (C3) 得到 $\mathbb{E}[\xi] = \mathbb{E}[Y] - \mathbb{E}[Y] = 0$. 事实上, 对任意 $G \in \mathcal{G}$,

$$\mathbb{E}[\xi\mathbb{1}_G] = \mathbb{E}[(Y - \mathbb{E}[Y|\mathcal{G}])\mathbb{1}_G] = \mathbb{E}[Y\mathbb{1}_G] - \mathbb{E}[\mathbb{E}[Y|\mathcal{G}]\mathbb{1}_G] = 0.$$

因为 $\xi = \xi^+ - \xi^-$, 故这等价于

$$\mathbb{E}[\xi^+\mathbb{1}_G] = \mathbb{E}[\xi^-\mathbb{1}_G], \quad \forall G \in \mathcal{G}. \tag{4.41}$$

上面等式 (4.41) 意味着: 任意 $L^2(\mathcal{G})$ 中的非负简单随机变量 X 满足 (必要时应用单调收敛定理) $\mathbb{E}[\xi^+X] = \mathbb{E}[\xi^-X]$. 注意到, 对任意非负 $X \in L^2(\mathcal{G})$, 存在一列非负简单随机变量 $\{X_n\}_{n\geqslant 1} \subset L^2(\mathcal{G})$ 使得 $X_n(\omega) \uparrow X(\omega)$, $\forall \omega \in \Omega$. 于是 $\mathbb{E}[\xi^+X_n] = \mathbb{E}[\xi^-X_n]$, $\forall n \geqslant 1$. 那么, 应用单调收敛定理得到: $\mathbb{E}[\xi^+X] = \mathbb{E}[\xi^-X]$. 而对于一般的情况 $X \in L^2(\mathcal{G})$, 考虑 $X = X^+ - X^-$. 因此, 对于 X^+ 和 X^-, 条件 (ii) 成立. 再由条件数学期望的线性性 (C4) 有题设中的条件 (ii) 成立. □

下面的练习是对条件数学期望所满足等式 (4.3) 和如上性质的联合应用:

练习 4.3　设 X 为概率空间 $(\Omega, \mathcal{F}, \mathbb{P})$ 上的一个可积随机变量, 即 $X \in L^1(\mathcal{F})$. 设 $\mathcal{G} \subset \mathcal{H} \subset \mathcal{F}$ 为两个子事件域且满足 $\mathcal{H} \cap A = \mathcal{G} \cap A$, 其中 $A \in \mathcal{H}$, 则有

$$\mathbb{E}\left[X 1\!\!1_A | \mathcal{H}\right] = 1\!\!1_A \frac{\mathbb{E}\left[X 1\!\!1_A | \mathcal{G}\right]}{\mathbb{P}(A|\mathcal{G})}, \quad \text{a.e..} \tag{4.42}$$

提示　我们首先证明如下等式:

$$\mathbb{E}\left[X 1\!\!1_A | \mathcal{H}\right] = \mathbb{E}\left[X 1\!\!1_A | \mathcal{G} \cap A\right], \quad \text{a.e..} \tag{4.43}$$

事实上, 对任意 $B \in \mathcal{H}$, 由于 $A \in \mathcal{H}$, 则有 $A \cap B \in \mathcal{H}$, 于是

$$\int_{A \cap B} X \mathrm{d}\mathbb{P} = \int_B X 1\!\!1_A \mathrm{d}\mathbb{P} = \int_B \underbrace{\mathbb{E}\left[X 1\!\!1_A | \mathcal{H}\right]}_{1\!\!1_A \mathbb{E}[X|\mathcal{H}]} \mathrm{d}\mathbb{P} = \int_{A \cap B} \mathbb{E}[X|\mathcal{H}] \mathrm{d}\mathbb{P}.$$

这意味着

$$\mathbb{E}[X|\mathcal{H} \cap A] = \mathbb{E}[X|\mathcal{H}].$$

由题设 $\mathcal{H} \cap A = \mathcal{G} \cap A$, 则 $\mathbb{E}[X|\mathcal{G} \cap A] = \mathbb{E}[X|\mathcal{H}]$, 此即等式 (4.43). 基于此, 为了证明 (4.42), 则我们只需证明如下等式:

$$\mathbb{E}\left[1\!\!1_A \mathbb{E}[X 1\!\!1_A | \mathcal{G} \cap A] | \mathcal{G}\right] = \mathbb{E}\left[X 1\!\!1_A | \mathcal{G}\right], \quad \text{a.e..} \tag{4.44}$$

事实上, 对任意 $C \in \mathcal{G}$, 我们有

$$\begin{aligned}
\int_C 1\!\!1_A \mathbb{E}[X 1\!\!1_A | \mathcal{G} \cap A] \mathrm{d}\mathbb{P} &= \int_{C \cap A} \mathbb{E}[X 1\!\!1_A | \mathcal{G} \cap A] \mathrm{d}\mathbb{P} \\
&= \int_{C \cap A} X 1\!\!1_A \mathrm{d}\mathbb{P} \\
&= \int_C X 1\!\!1_A \mathrm{d}\mathbb{P}.
\end{aligned}$$

这验证了等式 (4.44). □

下面的练习是条件数学期望性质 (C3) 的一个具体应用:

练习 4.4　设 N, $\{\xi_n\}_{n \geqslant 1}$ 是定义在概率空间 $(\Omega, \mathcal{F}, \mathbb{P})$ 上的一列随机变量. 随机变量 N 取值于非负整数且与可积随机变量 $\{\xi_n\}_{n \geqslant 1}$ 相互独立. 假设如下无穷级数收敛:

$$\sum_{n=1}^{\infty} \mathbb{P}(N \geqslant n) \mathbb{E}[|\xi_n|], \tag{4.45}$$

那么有

(a) 定义 $X := \sum_{n=1}^{N} \xi_n$ (记 $\sum_{n=1}^{0} \cdot = 0$), 那么 X 是可积的且具有如下数学期望:

$$\mathbb{E}[X] = \sum_{n=1}^{\infty} \mathbb{P}(N \geqslant n) \mathbb{E}[\xi_n]. \tag{4.46}$$

(b) 如果 $\{\xi_n\}_{n \geqslant 1}$ 还是同分布的, 则有如下所谓的 Wald 等式成立:

$$\mathbb{E}[X] = \mathbb{E}[N] \cdot \mathbb{E}[\xi_1]. \tag{4.47}$$

进一步, 如果 $\{\xi_n\}_{n \geqslant 1}$ 是独立同分布的, 以及 ξ_1 与 N 都是平方可积的, 那么 X 也是平方可积的且具有如下的方差:

$$\text{Var}[X] = \text{Var}[\xi_1] \cdot \mathbb{E}[N] + \text{Var}[N] \cdot |\mathbb{E}[\xi_1]|^2. \tag{4.48}$$

提示 (a) 由条件数学期望的性质 (C3) 得到

$$\mathbb{E}[X] = \mathbb{E}\left[\sum_{n=1}^{N} \xi_n\right] = \mathbb{E}\left\{\mathbb{E}\left[\sum_{n=1}^{N} \xi_n \Big| \sigma(N)\right]\right\}.$$

根据题设: $\{\xi_n\}_{n \geqslant 1}$ 与 $\sigma(N)$ 独立, 条件数学期望的性质 (C2) 意味着

$$\mathbb{E}\left[\sum_{n=1}^{N} \xi_n \Big| \sigma(N)\right] = g(N), \quad g(n) := \mathbb{E}\left[\sum_{i=1}^{n} \xi_i\right], \ n = 0, 1, \cdots.$$

因此有

$$\begin{aligned}
\mathbb{E}[X] = \mathbb{E}[g(N)] &= \sum_{n=0}^{\infty} g(n) \mathbb{P}(N = n) \\
&= \sum_{n=0}^{\infty} \left(\sum_{i=1}^{n} \mathbb{E}[\xi_i]\right) \mathbb{P}(N = n) \\
&= \sum_{i=1}^{\infty} \left(\sum_{n=i}^{\infty} \mathbb{P}(N = n)\right) \mathbb{E}[\xi_i] \\
&= \sum_{i=1}^{\infty} \mathbb{P}(N \geqslant i) \mathbb{E}[\xi_i].
\end{aligned}$$

(b) 如果 $\{\xi_n\}_{n\geqslant 1}$ 还是同分布的, 则 $g(n)=n\mathbb{E}[\xi_1]$. 于是

$$\begin{aligned}\mathbb{E}[X]=\mathbb{E}[g(N)]&=\sum_{n=0}^{\infty}g(n)\mathbb{P}(N=n)\\&=\sum_{n=0}^{\infty}\left(n\mathbb{E}\left[\xi_1\right]\right)\mathbb{P}(N=n)\\&=\left(\sum_{n=1}^{\infty}n\mathbb{P}(N=n)\right)\mathbb{E}[\xi_1]\\&=\mathbb{E}[N]\mathbb{E}[\xi_1].\end{aligned}$$

进一步, 若 $\{\xi_n\}_{n\geqslant 1}$ 还是独立的, 且 ξ_1 和 N 都是平方可积的, 那么有

$$\mathbb{E}\left[|X|^2\right]=\mathbb{E}\left[\sum_{i,j=1}^{N}\xi_i\xi_j\right]=\mathbb{E}\left\{\mathbb{E}\left[\sum_{i,j=1}^{N}\xi_i\xi_j\Big|\sigma(N)\right]\right\}=\mathbb{E}\left[h(N)\right],$$

其中, 函数 $h:\mathbb{N}\to\mathbb{R}$ 定义为

$$\begin{aligned}h(n):=\mathbb{E}\left[\sum_{i,j=1}^{n}\xi_i\xi_j\right]&=\sum_{i=1}^{n}\mathbb{E}\left[|\xi_i|^2\right]+\sum_{i\neq j}\mathbb{E}\left[\xi_i\right]\mathbb{E}\left[\xi_j\right]\\&=n\mathbb{E}\left[|\xi_1|^2\right]+\mathrm{P}_n^2\left|\mathbb{E}\left[\xi_1\right]\right|^2.\end{aligned}$$

因此得到

$$\begin{aligned}\mathbb{E}\left[|X|^2\right]=\mathbb{E}\left[h(N)\right]&=\sum_{n=0}^{\infty}h(n)\mathbb{P}(N=n)\\&=\sum_{n=0}^{\infty}\left\{n\mathbb{E}\left[|\xi_1|^2\right]+\mathrm{P}_n^2\left|\mathbb{E}\left[\xi_1\right]\right|^2\right\}\mathbb{P}(N=n)\\&=\mathbb{E}[N]\mathbb{E}\left[|\xi_1|^2\right]+\left|\mathbb{E}\left[\xi_1\right]\right|^2\left(\sum_{n=0}^{\infty}\mathrm{P}_n^2\mathbb{P}(N=n)\right).\end{aligned}$$

我们把计算 $\mathrm{Var}[X]$ 留作课后习题. □

下面介绍两个常见的关于条件数学期望的不等式 (证明从略). 假设下面所涉及的随机变量 X,Y 都是建立在同一概率空间 $(\Omega,\mathcal{F},\mathbb{P})$ 上且满足所需要的可积性.

设 $\mathcal{G}\subset\mathcal{F}$ 为一个 σ-代数 (即 $\mathcal{G}$ 为一个子事件域).

• **Hölder 不等式** 设 $1 < p, q < +\infty$ 和 $p^{-1} + q^{-1} = 1$, 则有

$$\mathbb{E}[|XY||\mathcal{G}] \leqslant \{\mathbb{E}[|X|^p|\mathcal{G}]\}^{p^{-1}} \{\mathbb{E}[|Y|^q|\mathcal{G}]\}^{q^{-1}}. \tag{4.49}$$

• **Jensen 不等式** 设 $\varphi: \mathbb{R}^d \to \mathbb{R}$ 为一个凸函数, 则有

$$\varphi(\mathbb{E}[X|\mathcal{G}]) \leqslant \mathbb{E}[\varphi(X)|\mathcal{G}]. \tag{4.50}$$

本节最后介绍两个有关随机变量列极限的条件数学期望的计算公式:

定理 4.5 (单调收敛定理) 设 $\{X_n\}_{n\geqslant 1}$ 是概率空间 $(\Omega, \mathcal{F}, \mathbb{P})$ 上的一列非负、单增和可积实值随机变量, 那么有

$$\mathbb{E}\left[\lim_{n\to\infty} X_n|\mathcal{G}\right] = \lim_{n\to\infty} \mathbb{E}[X_n|\mathcal{G}], \quad \text{a.e..}$$

证 我们定义

$$Y_n := \mathbb{E}[X_n|\mathcal{G}], \quad n \geqslant 1.$$

则由条件数学期望的单调性 (C5) 有: $\{Y_n\}_{n\geqslant 1}$ 是一列非负单增的随机变量. 为此, 我们可以定义 $Y := \lim_{n\to\infty} Y_n$. 这样, 我们只需证明 $Y = \mathbb{E}[X|\mathcal{G}]$, 其中 $X := \lim_{n\to\infty} X_n$. 事实上, 应用单调收敛定理 (定理 4.5) 得到: 对任意 $G \in \mathcal{G}$,

$$\begin{aligned}\mathbb{E}[X1\!\!1_G] &= \mathbb{E}\left[\lim_{n\to\infty} X_n 1\!\!1_G\right] \overset{\text{MCT}}{=\!=\!=} \lim_{n\to\infty} \mathbb{E}\left[X_n 1\!\!1_G\right] = \lim_{n\to\infty} \mathbb{E}\left[Y_n 1\!\!1_G\right] \\ &\overset{\text{MCT}}{=\!=\!=} \mathbb{E}\left[\lim_{n\to\infty} Y_n 1\!\!1_G\right] = \mathbb{E}\left[Y 1\!\!1_G\right],\end{aligned}$$

此即 $Y = \mathbb{E}[X|\mathcal{G}]$. □

下面证明关于条件数学期望的 Fatou 引理:

定理 4.6 (Fatou 引理) 设 $\{X_n\}_{n\geqslant 1}$ 是概率空间 $(\Omega, \mathcal{F}, \mathbb{P})$ 上的一列非负可积实值随机变量, 则有

$$\mathbb{E}\left[\left.\varliminf_{n\to\infty} X_n\right|\mathcal{G}\right] \leqslant \varliminf_{n\to\infty} \mathbb{E}[X_n|\mathcal{G}], \quad \text{a.e..}$$

证 让我们先定义如下随机变量列

$$Y_n := \inf_{m\geqslant n} X_m, \quad n \geqslant 1.$$

那么得到: a.e.,

$$X_n \geqslant Y_n \geqslant 0,\ \forall n \geqslant 1, \quad Y_n \uparrow Y := \varliminf_{n\to\infty} X_n,\ n \to \infty.$$

由条件数学期望的单调性 (C5) 有

$$\mathbb{E}[Y_n|\mathcal{G}] \leqslant \inf_{m\geqslant n} \mathbb{E}[X_m|\mathcal{G}], \quad \text{a.e.}.$$

因此, 应用单调收敛定理 (定理 4.5) 得到

$$\mathbb{E}[Y|\mathcal{G}] = \lim_{n\to\infty} \mathbb{E}[Y_n|\mathcal{G}] \leqslant \lim_{n\to\infty} \inf_{m\geqslant n} \mathbb{E}[X_m|\mathcal{G}] = \underline{\lim}_{n\to\infty} \mathbb{E}[X_n|\mathcal{G}].$$

这样, Fatou 引理得证. □

下面引入控制收敛定理 (DCT):

定理 4.7 (控制收敛定理)　设 $\{X_n\}_{n\geqslant 1}$ 是概率空间 $(\Omega, \mathcal{F}, \mathbb{P})$ 上的一列实值随机变量且满足 $|X_n| \leqslant Y$, $\forall n \geqslant 1$, 其中 Y 是一个非负可积随机变量. 如果 $X_n \xrightarrow{\text{a.e.}} X$, $n \to \infty$, 则有

$$\mathbb{E}\left[\lim_{n\to\infty} X_n \Big| \mathcal{G}\right] = \lim_{n\to\infty} \mathbb{E}[X_n|\mathcal{G}], \quad \text{a.e.}.$$

证　我们定义如下随机变量列

$$Z_n := X_n + Y \text{ 和 } \hat{Z}_n := Y - X_n, \quad n \geqslant 1.$$

由 $-Y \leqslant X_n \leqslant Y$ 得到: $Z_n \geqslant 0$ 和 $\hat{Z}_n \geqslant 0$, $\forall n \geqslant 1$. 根据题设 $X_n \xrightarrow{\text{a.e.}} X$, $n \to \infty$, 则

$$Z_n \xrightarrow{\text{a.e.}} X + Y \text{ 和 } \hat{Z}_n \xrightarrow{\text{a.e.}} Y - X, \quad n \to \infty.$$

于是, 应用 Fatou 引理 (引理 4.6) 得到: a.e.,

$$\begin{aligned}
&\mathbb{E}[X+Y|\mathcal{G}] \leqslant \underline{\lim}_{n\to\infty} \mathbb{E}[X_n+Y|\mathcal{G}] \Longrightarrow \mathbb{E}[X|\mathcal{G}] \leqslant \underline{\lim}_{n\to\infty} \mathbb{E}[X_n|\mathcal{G}];\\
&\mathbb{E}[Y-X|\mathcal{G}] \leqslant \underline{\lim}_{n\to\infty} \mathbb{E}[Y-X_n|\mathcal{G}] \Longrightarrow \mathbb{E}[-X|\mathcal{G}] \leqslant \underline{\lim}_{n\to\infty} \mathbb{E}[-X_n|\mathcal{G}]\\
&\qquad\qquad\qquad\qquad\qquad\qquad\qquad \Longrightarrow \overline{\lim}_{n\to\infty} \mathbb{E}[X_n|\mathcal{G}] \leqslant \mathbb{E}[X|\mathcal{G}].
\end{aligned}$$

这样, 控制收敛定理得证. □

4.3　条件数学期望的应用

条件数学期望是随机分析 (如鞅论) 和统计决策理论 (如回归分析) 中所使用的基本工具. 本节将介绍条件数学期望在回归分析中的应用, 而第 8 章将详细介绍条件数学期望在鞅论定义中所扮演的角色.

我们首先通过下面的练习证明条件数学期望是某个平方优化问题的最优值点:

练习 4.5 设 $(\Omega,\mathcal{F},\mathbb{P})$ 为一个概率空间和 $X\in L^2(\mathcal{F})$. 对于一个给定的子事件域 $\mathcal{G}\subset\mathcal{F}$, 计算如下优化问题的最小值 V_X:

$$V_X := \inf_{Y\in L^2(\mathcal{G})} \mathbb{E}\left[|X-Y|^2\right]. \tag{4.51}$$

提示 对任意的随机变量 $Y\in L^2(\mathcal{G})$, 考虑计算

$$\begin{aligned}\mathbb{E}[|X-Y|^2] &= \mathbb{E}\left[|X-\mathbb{E}[X|\mathcal{G}]+\mathbb{E}[X|\mathcal{G}]-Y|^2\right]\\ &= \mathbb{E}\left[|X-\mathbb{E}[X|\mathcal{G}]|^2\right]+\mathbb{E}\left[|Y-\mathbb{E}[X|\mathcal{G}]|^2\right]\\ &\quad +2\mathbb{E}\left[(X-\mathbb{E}[X|\mathcal{G}])(Y-\mathbb{E}[X|\mathcal{G}])\right].\end{aligned}$$

我们下面计算 $\mathbb{E}[(X-\mathbb{E}[X|\mathcal{G}])(Y-\mathbb{E}[X|\mathcal{G}])]$. 为了方便, 定义 $Z:=Y-\mathbb{E}[X|\mathcal{G}]$. 因此 $Z\in\mathcal{G}$. 于是, 应用条件数学期望的性质 (C3) 和 (4.34) 得到

$$\mathbb{E}[(X-\mathbb{E}[X|\mathcal{G}])Z] = \mathbb{E}\left\{\mathbb{E}[(X-\mathbb{E}[X|\mathcal{G}])Z|\mathcal{G}]\right\} = \mathbb{E}\left\{Z\mathbb{E}[(X-\mathbb{E}[X|\mathcal{G}])|\mathcal{G}]\right\}.$$

注意到, 如下等式成立:

$$\mathbb{E}[(X-\mathbb{E}[X|\mathcal{G}])|\mathcal{G}] = \mathbb{E}[X|\mathcal{G}]-\mathbb{E}[X|\mathcal{G}] = 0.$$

于是, 我们有 $\mathbb{E}[(X-\mathbb{E}[X|\mathcal{G}])Z]=0$. 这意味着如下等式成立:

$$\mathbb{E}[|X-Y|^2] = \mathbb{E}\left[|X-\mathbb{E}[X|\mathcal{G}]|^2\right]+\mathbb{E}\left[|Y-\mathbb{E}[X|\mathcal{G}]|^2\right]. \tag{4.52}$$

因此, 对任意 $Y\in L^2(\mathcal{G})$,

$$\mathbb{E}[|X-Y|^2] \geqslant \mathbb{E}\left[|X-\mathbb{E}[X|\mathcal{G}]|^2\right]. \tag{4.53}$$

当 $Y=\mathbb{E}[X|\mathcal{G}]$ 时, 如上不等式 (4.53) 中的等号成立. 故有

$$V_X := \inf_{Y\in L^2(\mathcal{G})} \mathbb{E}\left[|X-Y|^2\right] = \mathbb{E}\left[|X-\mathbb{E}[X|\mathcal{G}]|^2\right]. \tag{4.54}$$

这样, 该练习得解. □

我们可将等式 (4.54) 理解为

随机变量 $X\in L^2(\mathcal{F})$ 在 $\mathcal{G}$-投影下的 L^2-最优逼近为其关于 $\mathcal{G}$ 的条件期望.

练习 4.6 设 X 为概率空间 $(\Omega,\mathcal{F},\mathbb{P})$ 上的一个平方可积随机变量 (即 $X\in L^2(\mathcal{F})$) 和 $\mathcal{G}\subset\mathcal{F}$ 为一个 σ-代数. 定义 X 的条件方差:

$$\mathrm{Var}[X|\mathcal{G}] := \mathbb{E}[(X-\mathbb{E}[X|\mathcal{G}])^2|\mathcal{G}]. \tag{4.55}$$

那么有

(a) 对任意 σ-代数 $\mathcal{G}_1 \subset \mathcal{G}_2 \subset \mathcal{F}$, 如下不等式成立:

$$\mathbb{E}\left\{\mathrm{Var}[X|\mathcal{G}_2]\right\} \leqslant \mathbb{E}\left\{\mathrm{Var}[X|\mathcal{G}_1]\right\}.$$

(b) 如下等式成立:

$$\mathrm{Var}[X] = \mathbb{E}\left\{\mathrm{Var}[X|\mathcal{G}]\right\} + \mathrm{Var}[\mathbb{E}[X|\mathcal{G}]].$$

提示　(a) 根据条件方差的定义, 我们有

$$\mathbb{E}[\mathrm{Var}[X|\mathcal{G}]] = \mathbb{E}[(X - \mathbb{E}[X|\mathcal{G}])^2].$$

于是, 我们考虑如下最优问题:

$$\inf_{Y \in L^2(\mathcal{G}_2)} \mathbb{E}\left[|X - Y|^2\right].$$

那么, 练习 4.5 意味着: 对任意 $Y \in L^2(\mathcal{G}_2)$,

$$\mathbb{E}\left[|X - \mathbb{E}[X|\mathcal{G}_2]|^2\right] \leqslant \mathbb{E}\left[|X - Y|^2\right]. \tag{4.56}$$

由于 $\mathcal{G}_1 \subset \mathcal{G}_2$, 故 $\mathbb{E}[X|\mathcal{G}_1] \in \mathcal{G}_2$. 注意到 $X \in L^2(\mathcal{F})$, 于是 $\mathbb{E}[X|\mathcal{G}_1] \in L^2(\mathcal{G}_2)$. 应用 (4.56), 则有

$$\mathbb{E}\left[|X - \mathbb{E}[X|\mathcal{G}_2]|^2\right] \leqslant \mathbb{E}\left[|X - \mathbb{E}[X|\mathcal{G}_1]|^2\right],$$

此即 (a) 成立.

(b) 首先注意到

$$\begin{aligned}\mathrm{Var}[X|\mathcal{G}] &= \mathbb{E}[X^2 - 2X\mathbb{E}[X|\mathcal{G}] + (\mathbb{E}[X|\mathcal{G}])^2|\mathcal{G}] \\ &= \mathbb{E}[X^2|\mathcal{G}] - (\mathbb{E}[X|\mathcal{G}])^2.\end{aligned}$$

因此, 我们得到

$$\mathbb{E}[\mathrm{Var}[X|\mathcal{G}]] = \mathbb{E}[X^2] - \mathbb{E}[X\mathbb{E}[X|\mathcal{G}]].$$

另一方面, 我们有

$$\begin{aligned}\mathrm{Var}[\mathbb{E}[X|\mathcal{G}]] &= \mathbb{E}[(\mathbb{E}[X|\mathcal{G}])^2] - \{\mathbb{E}[\mathbb{E}[X|\mathcal{G}]]\}^2 \\ &= \mathbb{E}[X\mathbb{E}[X|\mathcal{G}]] - \{\mathbb{E}[X]\}^2.\end{aligned}$$

结合上面两个等式得到

$$\mathbb{E}[\mathrm{Var}[X|\mathcal{G}]] + \mathrm{Var}[\mathbb{E}[X|\mathcal{G}]] = \mathbb{E}[X^2] - (\mathbb{E}[X])^2 = \mathrm{Var}[X],$$

此即 (b) 成立. □

我们重返第 1 章中的 1.1 节所介绍的统计决策问题. 在统计决策问题中, 设 X 表示输入 (这里假设 X 是一个 $\mathbb{R}^n$-值随机变量), 而 Y 表示输出 (这里假设 Y 是一个实值随机变量). 统计决策问题可表述为: 已知 (X, Y), 我们想要找到一个可测函数 $f: \mathbb{R}^n \to \mathbb{R}$ 使得 $f(X)$ 在某种意义下可以预测输出 (参见第 1 章中的图 1.1). 通常的想法是引入一个所谓的**损失函数** $L: \mathbb{R}^2 \to \mathbb{R}$ 使得期望预测损失达到最小. 更具体的数学表述为

$$\inf_{f\in\mathcal{B}(\mathbb{R}^n\to\mathbb{R})} \mathbb{E}[L(Y, f(X))], \tag{4.57}$$

其中 $\mathcal{B}(\mathbb{R}^n \to \mathbb{R})$ 表示所有定义在 $\mathbb{R}^n$ 上取值于 $\mathbb{R}$ 的 Borel-函数的全体和. 假设 $L(Y, f(X))$ 是可积的. 最常见的损失函数为平方损失函数, 即

$$L(Y, f(X)) = |Y - f(X)|^2. \tag{4.58}$$

于是, 上面的问题 (4.59) 可写为

$$\inf_{\xi\in L^2(\sigma(X))} \mathbb{E}[|Y - \xi|^2]. \tag{4.59}$$

那么, 根据 (4.54), 我们有

$$\inf_{\xi\in L^2(\sigma(X))} \mathbb{E}[|Y - \xi|^2] = \mathbb{E}[|Y - \xi^*|^2], \quad 其中\ \xi^* = \mathbb{E}[Y|X].$$

由练习 2.12 得到: 存在一个可测函数 f^* 使 $\xi^* = f^*(X)$, 记该函数为

$$f^*(x) := \mathbb{E}[Y|X = x], \quad x \in \mathbb{R}^n. \tag{4.60}$$

观察 (4.60), 上述回归函数 f^* 依赖于 (X, Y) 的联合分布. 然而, 在实际中 (X, Y) 的联合分布往往是未知的.

如果已知的输出数据 Y 关于输入数据 X 具有近似的线性关系, 那么我们可以通过线性函数来近似回归函数:

$$\begin{aligned} &f^*(x) \approx x^\top \beta, \\ &x = (1, x_1, \cdots, x_n)^\top \in \mathbb{R}^{n+1}, \end{aligned}$$

$$\beta = (\beta_0, \beta_1, \cdots, \beta_n)^\top \in \mathbb{R}^{n+1}.$$

于是, 基于线性回归函数得到的近似预测为

$$\hat{Y} = \beta_0 + \sum_{i=1}^{n} X_i \beta_i = X^\top \beta, \quad X = (1, X_1, \cdots, X_n)^\top. \tag{4.61}$$

那么, 最后的问题是通过 (X, Y) 的样本观测值来估计未知系数 β: 设 $(x_i, y_i) \in \mathbb{R}^n \times \mathbb{R}$, $i = 1, \cdots, N$ 为样本 (X, Y) 的 N 个观测值. 根据 (4.61), 预测 $\hat{Y}$ 的观测值为

$$\hat{y}_i = x_i^\top \beta, \quad i = 1, \cdots, N, \quad x_i = (1, x_{i1}, \cdots, x_{in})^\top. \tag{4.62}$$

下面定义**残差平方和** (residual sum of squares):

$$\mathrm{RSS}(\beta) := \sum_{i=1}^{N} (y_i - \hat{y}_i)^2 = \sum_{i=1}^{N} (y_i - x_i^\top \beta)^2 = (\boldsymbol{y} - \boldsymbol{x}\beta)^\top (\boldsymbol{y} - \boldsymbol{x}\beta), \tag{4.63}$$

其中 $\boldsymbol{y} = (y_1, \cdots, y_N)^\top$, 而 $\boldsymbol{x}$ 为一个 $N \times (n+1)$-维矩阵, 其具体形式为

$$\boldsymbol{x} = \begin{pmatrix} 1 & x_{11} & \cdots & x_{1n} \\ 1 & x_{21} & \cdots & x_{2n} \\ \vdots & \vdots & & \vdots \\ 1 & x_{N1} & \cdots & x_{Nn} \end{pmatrix}.$$

那么, 我们选择参数 $\beta^* = \beta^*(\boldsymbol{x}, \boldsymbol{y})$ 使得残差平方和 (4.63) 达到最小, 即

$$\mathrm{RSS}(\beta^*) = \inf_{\beta \in \mathbb{R}^{n+1}} (\boldsymbol{y} - \boldsymbol{x}\beta)^\top (\boldsymbol{y} - \boldsymbol{x}\beta). \tag{4.64}$$

根据一阶条件得到: 如果 $\boldsymbol{x}^\top \boldsymbol{x}$ 非奇异, 则有

$$\beta^* = (\boldsymbol{x}^\top \boldsymbol{x})^{-1} \boldsymbol{x}^\top \boldsymbol{y}. \tag{4.65}$$

于是, 基于 β^* 得到的预测模型为

$$\hat{Y} = X^\top \beta^*(X, Y). \tag{4.66}$$

对应于第 i 个输入观测值的预测值则为 $\hat{y}_i = x_i^\top \beta^*(\boldsymbol{x}, \boldsymbol{y})$, $i = 1, \cdots, N$. 上面介绍的内容即为基于最小二乘法的多元线性回归.

4.4 正则条件分布

由数学期望的定义, 我们可以将数学期望 $\mathbb{E}$ 视为一个算子 $\mathbb{E}: L^1(\mathcal{F}) \to \mathbb{R}$. 那么, 对任意 $A \in \mathcal{F}$, $\mathbb{P}(A) := \mathbb{E}[\mathbb{1}_A]$ 则定义了一个 $\mathcal{F}$ 上的概率测度. 类似地, 对于条件数学期望 $\mathbb{E}[\cdot|\mathcal{G}]$ (其中 $\mathcal{G} \subset \mathcal{F}$ 是一个 σ-代数), 我们仍可将其看作一个算子 $\mathbb{E}[\cdot|\mathcal{G}]: L^1(\mathcal{F}) \to L^1(\mathcal{G})$. 同样地, 我们还可以定义如下的条件概率:

$$\mathbb{P}(A|\mathcal{G}) := \mathbb{E}[\mathbb{1}_A|\mathcal{G}]. \tag{4.67}$$

那么, 应用条件数学期望的单调收敛定理 (定理 4.5), 则有: 对任意 $\{A_n\}_{n\geqslant 1} \subset \mathcal{F}$ 且满足 $A_m \cap A_n = \varnothing$ $(m \neq n)$,

$$\begin{aligned}\mathbb{P}\left(\bigcup_{n=1}^{\infty} A_n \Big| \mathcal{G}\right) &= \mathbb{E}\left[\mathbb{1}_{\bigcup_{n=1}^{\infty} A_n} \Big| \mathcal{G}\right] = \lim_{m\to\infty} \sum_{n=1}^{m} \mathbb{P}(A_n|\mathcal{G}) \\ &= \sum_{n=1}^{\infty} \mathbb{P}(A_n|\mathcal{G}), \quad \text{a.e..}\end{aligned} \tag{4.68}$$

由上面的等式得到: 条件概率 $\mathbb{P}(\cdot|\mathcal{G})$ 的可列可加性几乎处处成立. 然而, 这并不意味着: 对任意 $\omega \in \Omega$, $\mathbb{P}(\cdot|\mathcal{G})(\omega)$ 是 $\mathcal{F}$ 上的一个概率测度.

我们下面证明条件概率 $\mathbb{P}(\cdot|\mathcal{G})$ 是一个向量测度 (vector measure). 首先给出向量测度的定义:

定义 4.3 (向量测度) 设 $(S, \|\cdot\|)$ 是一个 Banach 空间. 称集函数 $\mu: \mathcal{F} \to S$ 为一个向量测度, 如果其满足

(a) $\mu(\varnothing) = 0$;

(b) 对任意 $\{A_n\}_{n\geqslant 1} \subset \mathcal{F}$ 且满足 $A_m \cap A_n = \varnothing$ $(m \neq n)$, 则有

$$\mu\left(\bigcup_{n=1}^{\infty} A_n\right) = \sum_{n=1}^{\infty} \mu(A_n), \quad \text{在 } S \text{ 中}, \tag{4.69}$$

其中上面等式 (4.69) 右边的无穷级数在 S 中绝对收敛, 即

$$\sum_{n=1}^{\infty} \|\mu(A_n)\| < +\infty. \tag{4.70}$$

那么, 我们有

命题 4.1 由 (4.67) 定义的条件概率 $\mathbb{P}(\cdot|\mathcal{G}): \mathcal{F} \to L^1(\mathcal{G})$ 是一个向量测度. 这里 $(L^1(\mathcal{G}), \|\cdot\|_{L^1})$ 为一个 Banach 空间, 其中范数 $\|\cdot\|_{L^1}$ 定义为

$$\|Y\|_{L^1} := \mathbb{E}[|Y|], \quad \forall Y \in L^1(\mathcal{G}). \tag{4.71}$$

证　显然 $\mathbb{P}(\varnothing|\mathcal{G})=0$. 另一方面, 对任意 $\{A_n\}_{n\geqslant 1}\subset\mathcal{F}$ 且满足 $A_m\cap A_n=\varnothing$ $(m\neq n)$, 我们有

$$\|\mathbb{P}(A_n|\mathcal{G})\|_{L^1}=\mathbb{E}\left[\mathbb{P}(A_n|\mathcal{G})\right]=\mathbb{P}(A_n),\quad \forall n\geqslant 1.$$

因此, 由概率测度的可列可加性得到

$$\sum_{n=1}^{\infty}\|\mathbb{P}(A_n|\mathcal{G})\|_{L^1}=\sum_{n=1}^{\infty}\mathbb{P}(A_n)=\mathbb{P}\left(\bigcup_{n=1}^{\infty}A_n\right)\leqslant 1<+\infty,$$

此即 $\sum_{n=1}^{\infty}\mathbb{P}(A_n|\mathcal{G})$ 在 $L^1(\mathcal{G})$ 中是绝对收敛的.

下面证明定义 4.3-(b) 成立. 事实上, 当 $N\to\infty$ 时,

$$\begin{aligned}
&\left\|\mathbb{P}\left(\bigcup_{n=1}^{\infty}A_n\middle|\mathcal{G}\right)-\sum_{n=1}^{N}\mathbb{P}(A_n|\mathcal{G})\right\|_{L^1}\\
=&\left\|\mathbb{E}\left[\sum_{n=N+1}^{\infty}\mathbb{1}_{A_n}\middle|\mathcal{G}\right]\right\|_{L^1}\\
=&\left\|\mathbb{E}\left[\mathbb{1}_{\bigcup_{n=N+1}^{\infty}A_n}\middle|\mathcal{G}\right]\right\|_{L^1}=\mathbb{E}\left[\mathbb{E}\left[\mathbb{1}_{\bigcup_{n=N+1}^{\infty}A_n}|\mathcal{G}\right]\right]\\
=&\mathbb{P}\left(\bigcup_{n=N+1}^{\infty}A_n\right)=\sum_{n=N+1}^{\infty}\mathbb{P}(A_n)\to 0,
\end{aligned}$$

其中我们用到了如下事实: 对于两两互斥的 $\{A_n\}_{n\geqslant 1}\subset\mathcal{F}$,

$$\sum_{n=1}^{\infty}\mathbb{P}(A_n)=\mathbb{P}\left(\bigcup_{n=1}^{\infty}A_n\right)\leqslant 1\Longrightarrow\sum_{n=N+1}^{\infty}\mathbb{P}(A_n)\to 0,\quad N\to\infty.$$

于是有

$$\mathbb{P}\left(\bigcup_{n=1}^{\infty}A_n\middle|\mathcal{G}\right)=\sum_{n=1}^{\infty}\mathbb{P}(A_n|\mathcal{G}),\quad 在\ L^1(\mathcal{G})\ 中.$$

这样验证了定义 4.3-(b) 成立.　□

现在, 设 $X:(\Omega,\mathcal{F})\to(S,\mathcal{S})$ 是概率空间 $(\Omega,\mathcal{F},\mathbb{P})$ 上的一个随机变量. 那么, 我们可以定义 X 关于 σ-代数 $\mathcal{G}\subset\mathcal{F}$ 的条件分布:

$$\mathcal{P}_X(B):=\mathbb{P}(X^{-1}(B)|\mathcal{G})=\mathbb{E}\left[\mathbb{1}_B(X)|\mathcal{G}\right],\quad\forall B\in\mathcal{S}.\tag{4.72}$$

与条件概率 $\mathbb{P}(\cdot|\mathcal{G})$ 一样 (参见 (4.68)), $\mathcal{P}_X$ 仅是几乎处处满足可列可加性. 因此, 对任意 $\omega\in\Omega$, $\mathcal{P}(\omega,\cdot)$ 并不是 $(S,\mathcal{S})$ 上的一个概率测度.

我们下面希望在可测空间 $(S, \mathcal{S})$ 上建立**一族概率测度**$\{\mu(\omega, \cdot)\}_{\omega\in\Omega}$ 使得: 对任意 $B \in \mathcal{S}$,

$$\mu(B) = \mathcal{P}_X(B), \quad \text{a.e..}$$

称这样的概率测度族为正则条件分布. 下面给出正则条件分布和正则条件概率的具体定义:

定义 4.4 (正则条件概率) 设 $X : (\Omega, \mathcal{F}) \to (S, \mathcal{S})$ 是概率空间 $(\Omega, \mathcal{F}, \mathbb{P})$ 上的一个随机变量和 $(S, \mathcal{S})$ 上的一族概率测度 $\{\mu(\omega, \cdot)\}_{\omega\in\Omega}$ (即对任意 $\omega \in \Omega$, $\mu(\omega, \cdot) : (S, \mathcal{S}) \to [0, 1]$ 是一个概率测度以及对任意 $B \in \mathcal{S}$, $\mu(B)$ 是一个随机变量). 如果对任意 $B \in \mathcal{S}$,

$$\mu(B) = \mathcal{P}_X(B) = \mathbb{E}\left[\mathbb{1}_B(X)|\mathcal{G}\right], \quad \text{a.e.}, \tag{4.73}$$

则称 $\{\mu(\omega, \cdot)\}_{\omega\in\Omega}$ 为 X 在已知 $\mathcal{G}$ 下的正则条件分布. 当 $(S, \mathcal{S}) = (\Omega, \mathcal{F})$ 和 $X(\omega) = \omega$ 时, 称 $\{\mu(\omega, \cdot)\}_{\omega\in\Omega}$ 为在已知 $\mathcal{G}$ 下的 $\mathcal{F}$ 上的正则条件概率.

注意到: 随机变量 X 在已知 $\mathcal{G}$ 下的正则条件分布并不一定存在. 如果存在, 则有如下类似于定理 3.9 的变量变换公式:

定理 4.8 (变量变换公式) 设 $X : (\Omega, \mathcal{F}) \to (S, \mathcal{S})$ 是概率空间 $(\Omega, \mathcal{F}, \mathbb{P})$ 上的一个随机变量. 设 $f : (S, \mathcal{S}) \to (\mathbb{R}, \mathcal{B}_{\mathbb{R}})$ 为一个可测函数. 如果 X 在已知 $\mathcal{G}$ 下的正则条件分布 $\{\mu(\omega, \cdot)\}_{\omega\in\Omega}$ 存在且 $\mathbb{E}[|f(X)|] < +\infty$, 则有

$$\mathbb{E}[f(X)|\mathcal{G}] = \int_S f(x)\mu(\mathrm{d}x), \quad \text{a.e..} \tag{4.74}$$

等式 (4.74) 的证明完全类似于定理 3.9 的证明. 我们将其留作本章课后习题.

下面讨论随机变量 X 在已知 $\mathcal{G}$ 下的正则条件分布的存在性. 下面的定理表明: 如果随机变量 X 的取值空间 S 是 Polish 空间 (即完备可分的度量空间), 那么正则条件分布存在.

定理 4.9 (正则条件分布的存在性) 设 $X : (\Omega, \mathcal{F}) \to (S, \mathcal{S})$ 是概率空间 $(\Omega, \mathcal{F}, \mathbb{P})$ 上的一个随机变量. 如果 S 是一个 Polish 空间以及 $\mathcal{S}$ 为 S 上的 Borel σ-代数, 那么 X 在已知 $\mathcal{G}$ 上的正则条件分布 $\{\mu(\omega, \cdot)\}_{\omega\in\Omega}$ 存在.

证 由于 S 是一个完备可分的度量空间和 $\mathcal{S}$ 是 Borel σ-代数, 则存在一个一对一的映射 $\phi : (S, \mathcal{S}) \to (\mathbb{R}, \mathcal{B}_{\mathbb{R}})$ 使得 ϕ 和其逆映射 ϕ^{-1} 都是可测的. 为此, 我们首先假设 $(S, \mathcal{S}) = (\mathbb{R}, \mathcal{B}_{\mathbb{R}})$. 设 $\mathbb{Q}$ 表示所有有理数的全体. 那么, 对任意 $q \in \mathbb{Q}$, 定义:

$$U(\omega, q) := \mathbb{E}[\mathbb{1}_{X\leqslant q}|\mathcal{G}](\omega), \quad \omega \in \Omega. \tag{4.75}$$

于是, 我们有

- 应用条件数学期望的单调性 (C3) 得到: 对任意 $q_1, q_2 \in \mathbb{Q}$ 和 $q_1 < q_2$, 存在一个零事件 $\mathcal{N}_{q_1,q_2} \in \mathcal{G}$ 使得对任意 $\omega \notin \mathcal{N}_{q_1,q_2}$ 满足 $U(\omega, q_1) \leqslant U(\omega, q_2)$.
- 根据条件数学期望的控制收敛定理 (定理 4.7), 对任意 $q \in \mathbb{Q}$, 存在一个零事件 $\mathcal{N}_q \in \mathcal{G}$ 使得对任意 $\omega \notin \mathcal{N}_q$ 满足 $\lim_{n\to\infty} U(\omega, q + n^{-1}) = U(\omega, q)$.
- 根据条件数学期望的控制收敛定理 (定理 4.7), 存在一个零事件 $\mathcal{N}_0 \in \mathcal{G}$ 使得对任意 $\omega \notin \mathcal{N}_0$ 满足 $\lim_{q\to\infty} U(\omega, q) = 1$ 和 $\lim_{q\to-\infty} U(\omega, q) = 0$.

定义 $\mathcal{N} := \mathcal{N}_0 \bigcup_{q\in\mathbb{Q}} \mathcal{N}_q \bigcup_{q_1,q_2\in\mathbb{Q}} \mathcal{N}_{q_1,q_2}$. 由于 $\mathbb{Q}$ 可数, 故 $\mathcal{N} \in \mathcal{G}$ 且 $\mathbb{P}(\mathcal{N}) = 0$, 也就是 $\mathcal{N} \in \mathcal{G}$ 是一个零事件. 设 $F : \mathbb{R} \to [0, 1]$ 是一个给定的分布函数, 那我们定义:

$$\overline{U}(\omega, q) := \begin{cases} U(\omega, q), & \omega \notin \mathcal{N}, \\ F(q), & \omega \in \mathcal{N}, \end{cases} \quad (\omega, q) \in \Omega \times \mathbb{Q}. \tag{4.76}$$

进一步, 对任意 $\omega \in \Omega$ 和 $x \in \mathbb{R}$, 定义:

$$F(\omega, x) := \lim_{q\downarrow x, q\in\mathbb{Q}} \overline{U}(\omega, q) = \inf_{q>x, q\in\mathbb{Q}} \overline{U}(\omega, q). \tag{4.77}$$

由 (4.76) 和 (4.77), 对任意 $\omega \in \Omega$, $x \to F(\omega, x)$ 是单增、右连续的且 $F(\omega, -\infty) = 1 - F(\omega, +\infty) = 0$. 因此, 对任意 $\omega \in \Omega$, $F(\omega, x)$ 是一个分布函数. 那么, 由 3.1 节的 Lebesgue-Stieltjes 理论得到: 对任意 $\omega \in \Omega$, 存在一个唯一的 $(\mathbb{R}, \mathcal{B}_{\mathbb{R}})$ 上概率测度 $\{\mu(\omega, \cdot)\}_{\omega\in\Omega}$ 使得, 对任意 $x \in \mathbb{R}$,

$$\mu(\omega, (-\infty, x]) = F(\omega, x) = \lim_{q\downarrow x, q\in\mathbb{Q}} \mathbb{E}[\mathbb{1}_{X\leqslant q}|\mathcal{G}](\omega) = \mathbb{E}[\mathbb{1}_{X\leqslant x}|\mathcal{G}](\omega), \text{ a.e.}, \tag{4.78}$$

其中 (4.78) 中的最后一个等式用到了条件数学期望的单调收敛定理 (定理 4.5). 这验证了上面定义的 μ 在 π-类 $\mathcal{A} := \{(-\infty, x];\ x \in \mathbb{R}\}$ 上满足定义 4.4 中的等式 (4.73).

我们应用 π-λ 定理证明上面定义的 μ 在 $\mathcal{B}_{\mathbb{R}}$ 上满足定义 4.4 中的等式 (4.73). 为此, 定义:

$$\mathcal{L} := \{B \in \mathcal{B}_{\mathbb{R}};\ \mu(B) = \mathbb{E}[\mathbb{1}_{X\in B}|\mathcal{G}],\ \text{a.e.}\}.$$

显然 $\mathcal{L}$ 是一个 λ-类. 进一步, $\mathcal{A} \subset \mathcal{L}$. 于是, 由 π-λ 定理得到

$$\mathcal{B}_{\mathbb{R}} = \sigma(\mathcal{A}) \subset \mathcal{L} \subset \mathcal{B}_{\mathbb{R}}.$$

也就是 $\mathcal{L} = \mathcal{B}_{\mathbb{R}}$. 这证明了上面定义的 μ 满足定义 4.4 中的等式 (4.73).

最后, 我们证明 $(S, \mathcal{S})$ 为一般的 Polish 空间的情况. 在该情况下, 存在一对一的映射 $\phi : (S, \mathcal{S}) \to (\mathbb{R}, \mathcal{B}_{\mathbb{R}})$ 使得 ϕ 和逆映射 ϕ^{-1} 都是可测的. 于是, $Y = \phi(X)$

是一个随机变量. 那么, 根据上面 $(\mathbb{R},\mathcal{B}_{\mathbb{R}})$ 的结论, 存在一族 $(\mathbb{R},\mathcal{B}_{\mathbb{R}})$ 上的概率测度 $\{\mu_Y(\omega,\cdot)\}_{\omega\in\Omega}$ 满足: 对任意 $A\in\mathcal{B}_{\mathbb{R}}$,

$$\mu_Y(A)=\mathbb{P}(Y\in A|\mathcal{G}),\quad \text{a.e.}. \tag{4.79}$$

于是, 定义 $\mu(\omega,B):=\mu_Y(\omega,\phi(B))$, $(\omega,B)\in\Omega\times\mathcal{S}$. 因此, 对任意 $B\in\mathcal{S}$, $\mu(B)$ 是随机变量, 且对任意互不相交 $\{B_n\}_{n\geqslant 1}\subset\mathcal{S}$, 我们有: $\forall\omega\in\Omega$,

$$\begin{aligned}\mu\left(\omega,\bigcup_{n=1}^{\infty}B_n\right)&=\mu_Y\left(\omega,\phi\left(\bigcup_{n=1}^{\infty}B_n\right)\right)=\mu_Y\left(\omega,\bigcup_{n=1}^{\infty}\phi\left(B_n\right)\right)\\&=\sum_{n=1}^{\infty}\mu_Y(\omega,\phi(B_n))=\sum_{n=1}^{\infty}\mu(\omega,B_n).\end{aligned}$$

其中, 我们用到了事实: $\{\phi(B_n)\}_{n\geqslant 1}$ 是 $\mathcal{B}_{\mathbb{R}}$ 中的互不相交集. 这意味着: $\{\mu(\omega,\cdot)\}_{\omega\in\Omega}$ 是一族概率测度.

下面证明定义 4.4 中的等式 (4.73) 成立. 事实上, 由于 ϕ 为一对一的映射, 故对任意 $B\in\mathcal{S}$,

$$\mathbb{P}(X\in B|\mathcal{G})=\mathbb{P}(\phi(X)\in\phi(B)|\mathcal{G})\overset{(4.79)}{=\!=}\mu_Y(\phi(B))=\mu(B),\quad \text{a.e.}.$$

此即定义 4.4 中的等式 (4.73) 成立. □

根据上面的证明, 正则条件分布的存在定理 (定理 4.9) 依赖于可测空间 $(S,\mathcal{S})$ 的性质, 即可测空间 $(S,\mathcal{S})$ 满足: 存在一个一对一的映射 $\phi:(S,\mathcal{S})\to(\mathbb{R},\mathcal{B}_{\mathbb{R}})$ 使得 ϕ 和其逆映射 ϕ^{-1} 都是可测的. 因此, 除了 $(S,\mathcal{S})$ 为 Polish 空间 (例如 $(S,\mathcal{S})=(\mathbb{R}^d,\mathcal{B}_{\mathbb{R}^d})$ 和赋以最大值范数的 $S=C([0,1];\mathbb{R})$) 外, 其还可以是赋以 Borel σ-代数的拓扑空间.

习 题 4

1. 证明当测度为 σ-有限 (非有限) 测度时的 Lebesgue 分解定理 (定理 4.2) 和 Lebesgue 分解的唯一性.

2. 证明练习 4.4 中的等式 (4.48).

3. 证明变量变换公式 (定理 4.8).

4. 设 $(\mathbb{R},\mathcal{B}_{\mathbb{R}},\mu)$ 是一个概率空间和 m 为 Lebesgue 测度. 证明: $\mu\ll m$ 当且仅当分布函数 $F(x):=\mu((-\infty,x])$, $x\in\mathbb{R}$ 是一个绝对连续函数.

5. 设 X 和 Y 是概率空间 $(\Omega,\mathcal{F},\mathbb{P})$ 上的两个随机变量且满足

$$\mathbb{E}[Y|\mathcal{G}]=X,\text{a.e.}\quad 和\quad \mathbb{E}[Y^2]=\mathbb{E}[X^2]<+\infty.$$

证明 $X \overset{\text{a.e.}}{=} Y$.

6. 设 X 和 Y 是概率空间 $(\Omega, \mathcal{F}, \mathbb{P})$ 上的两个实值随机变量. 如果对任意的有界连续函数 $f: \mathbb{R} \to \mathbb{R}$ 满足

$$\mathbb{E}\left[X^2|f(X)\right] = \mathbb{E}\left[Y^2|f(X)\right], \quad \mathbb{E}[X|f(X)] = \mathbb{E}[Y|f(X)],$$

则 $X \overset{\text{a.e.}}{=} Y$.

提示 由 π-λ 定理证明这些等式对 $f = \mathbb{1}_B$, $B \in \mathcal{B}_{\mathbb{R}}$ 成立.

7. 设 X 是概率空间 $(\Omega, \mathcal{F}, \mathbb{P})$ 上的实值可积随机变量和 $\mathcal{G} \subset \mathcal{F}$ 为一个子事件域. 证明: 如果 $\mathbb{E}[X|\mathcal{G}] \overset{d}{=} X$, 则 $\mathbb{E}[X|\mathcal{G}] \overset{\text{a.e.}}{=} X$.

8. 设 X 和 Y 分别是概率空间 $(\Omega, \mathcal{F}, \mathbb{P})$ 上的可积和有界随机变量与 $\mathcal{G} \subset \mathcal{F}$ 是一个子事件域. 证明如下等式成立:

$$\mathbb{E}[\mathbb{E}[X|\mathcal{G}]Y] = \mathbb{E}[X\mathbb{E}[Y|\mathcal{G}]], \quad \text{a.e.}.$$

9. 设 X_1, X_2, Y 为概率空间 $(\Omega, \mathcal{F}, \mathbb{P})$ 上的三个可积随机变量. 建立 (X_1, X_2, Y) 使其满足

$$\mathbb{E}\left[\mathbb{E}\left[Y|X_1\right]|X_2\right] \neq \mathbb{E}\left[\mathbb{E}\left[Y|X_2\right]|X_1\right].$$

提示 建立 (X, Y) 使其满足 $\mathbb{E}\left[X|Y\right] \neq \mathbb{E}\left[\mathbb{E}\left[X|Y\right]|X\right]$ 即可; 可考虑只有三个样本点的样本空间.

10. 设 $\{\xi_n\}_{n\in\mathbb{N}}$ 为定义在同一概率空间 $(\Omega, \mathcal{F}, \mathbb{P})$ 上的独立同分布可积随机变量且满足: $\mathbb{E}[\xi_1] = 0$. 定义 $X_n := \sum_{k=1}^n \xi_k$, $n \in \mathbb{N}$ 和 $\mathcal{F}_n := \sigma(\xi_1, \cdots, \xi_n)$, $n \in \mathbb{N}$. 证明: 对任意 $n, m \in \mathbb{N}$,

$$\mathbb{E}\left[X_{n+m}|\mathcal{F}_n\right] = \mathbb{E}\left[X_{n+m}|\sigma\left(\xi_1, \cdots, \xi_n\right)\right] = X_n, \text{a.e.}.$$

11. 证明如下关于条件期望的 Hölder 不等式. 对任意 $1 < p, q < +\infty$ 且满足 $p^{-1} + q^{-1} = 1$, 则

$$\mathbb{E}[|XY||\mathcal{G}] \leqslant \{\mathbb{E}[|X|^p|\mathcal{G}]\}^{p^{-1}} \{\mathbb{E}[|X|^q|\mathcal{G}]\}^{q^{-1}}.$$

12. 设 N_1, N_2 是概率空间 $(\Omega, \mathcal{F}, \mathbb{P})$ 上相互独立且分别服从强度为 $\delta_1 > 0$ 和 $\delta_2 > 0$ 的 Poisson 分布. 计算条件期望 $\mathbb{E}\left[N_1|N_1 + N_2\right]$.

13. 设 $X \sim N(\mu, \sigma^2)$ 和 $Y \sim N(0, 1)$ 且 X 与 Y 相互独立. 计算 $\mathbb{E}[X + Y|X]$ 和 $\mathbb{E}[X|X + Y]$.

14. 设 X 是概率空间 $(\Omega, \mathcal{F}, \mathbb{P})$ 下的一个可积随机变量与 $\mathcal{H} \subset \mathcal{F}$ 和 $\mathcal{G} \subset \mathcal{F}$ 为两个子事件域. 判断下述命题是否成立: $\mathcal{H} = \mathcal{G}$ 当且仅当 $\mathbb{E}[X|\mathcal{G}] = \mathbb{E}[X|\mathcal{H}]$, a.e., 并说明原因.

15. 构造一个概率空间 $(\Omega, \mathcal{F}, \mathbb{P})$ 和其上的两个可积随机变量 X, Y 满足

$$\mathbb{E}[X|\sigma(Y)] = \mathbb{E}[X], \quad \text{a.e.},$$

但随机变量 X 和 Y 并不是相互独立的.

第 5 章 随机变量列的收敛

"对自然的深入研究是数学发现的最富饶的源泉." (Joseph Fourier)

本章首先介绍随机变量列的四种概率收敛, 讨论这四种概率收敛的性质与关系. 然后, 引入一致可积的定义和应用. 之后, 证明 Skorokhod 表示定理、连续映射定理, 以及介绍概率测度列的弱收敛和胎紧性. 最后, 我们引入 Prokhorov 度量，以及证明 Prokhorov 定理. 此外, 我们还介绍 Wasserstein 度量和在此度量下的概率测度列的收敛. 本章的内容安排如下: 5.1 节引入随机变量列的四种概率收敛; 5.2 节定义随机变量列的一致可积性; 5.3 节给出 Skorokhod 表示定理; 5.4 节介绍连续映射定理; 5.5 节定义概率测度列的弱收敛, 证明其与依分布收敛的关系; 5.6 节讨论概率测度的胎紧性; 5.7 节证明 Prokhorov 定理; 5.8 节引入 Wasserstein 度量; 最后为本章课后习题.

5.1 随机变量列的四种概率收敛

本节介绍随机变量列的四种概率收敛. 为此, 设 $\{X_n\}_{n\geqslant 1}$ 和 X 为定义在同一概率空间 $(\Omega,\mathcal{F},\mathbb{P})$ 上的一列实值随机变量.

定义 5.1 (几乎处处收敛) 称随机变量列 $\{X_n\}_{n\geqslant 1}$ 几乎处处收敛到随机变量 X, 如果如下概率:

$$\mathbb{P}\left(\left\{\omega\in\Omega;\ \lim_{n\to\infty}X_n(\omega)=X(\omega)\right\}\right)=1.$$

我们以后记这种收敛为

$$X_n\xrightarrow{\text{a.e.}}X,\quad n\to\infty.$$

注意到: 实数列 $x_n\to x$, $n\to\infty$, 当且仅当

$$\forall\varepsilon>0,\ \exists\, N\in\mathbb{N},\ \forall n\geqslant N: |x_n-x|\leqslant\varepsilon. \tag{5.1}$$

那么 (5.1) 意味着如下条件成立:

$$\forall m\in\mathbb{N},\ \exists\, N\in\mathbb{N},\ \forall n\geqslant N: |x_n-x|\leqslant m^{-1}. \tag{5.2}$$

事实上, 条件 (5.1) 与 (5.2) 是等价的. 为此, 我们首先假设 (5.2) 成立. 那么, 对任意 $\varepsilon > 0$, 取正整数 $m \geqslant 1$ 使 $m^{-1} \leqslant \varepsilon$. 于是, 应用 (5.2), 则存在 $N \in \mathbb{N}$ 使得: 对任意 $n \geqslant N$, 有 $|x_n - x| \leqslant m^{-1} \leqslant \varepsilon$. 这样得到 (5.2). 因此, 定理 5.1 可等价于:

$$\boxed{X_n \xrightarrow{\text{a.e.}} X,\, n \to \infty \Longleftrightarrow \mathbb{P}(|X_n - X| > m^{-1},\ \text{i.o.}) = 0, \forall m \in \mathbb{N}.}$$

如果 $\{X_n\}_{n\geqslant 1}$ 和 X 取值于一般的度量空间 (S, d), 那么 $X_n \xrightarrow{\text{a.e.}} X$, $n \to \infty$ 可定义为

$$\mathbb{P}\left(\left\{\omega \in \Omega;\ \lim_{n\to\infty} d(X_n(\omega), X(\omega)) = 0\right\}\right) = 1. \tag{5.3}$$

然而, 应用定义 5.1 来判别随机变量列的几乎处处收敛并不是很方便. 我们下面提供一种常见的用来判别几乎处处收敛的准则.

定理 5.1 $X_n \xrightarrow{\text{a.e.}} X$, $n \to \infty$ 当且仅当对任意的 $\varepsilon > 0$,

$$\mathbb{P}(|X_n - X| > \varepsilon,\ \text{i.o.}) = 0. \tag{5.4}$$

证 设 $\Omega_0 := \{\omega \in \Omega;\ \lim_{n\to\infty} X_n(\omega) = X(\omega)\} \subset \Omega$. 于是, 对任意 $\omega \in \Omega_0$, 这等价于: 对任意 $\varepsilon > 0$, 存在 $n_0(\omega) \geqslant 1$ 使得, 对任意 $n \geqslant n_0(\omega)$ 满足 $|X_n(\omega) - X(\omega)| \leqslant \varepsilon$. 也就是

$$\omega \in \varliminf_{n\to\infty} (A_n^\varepsilon)^{\text{c}} = \bigcup_{n_0=1}^{\infty} \bigcap_{n\geqslant n_0} (A_n^\varepsilon)^{\text{c}},$$

其中 $A_n^\varepsilon := \{|X_n - X| > \varepsilon\}$. 因此,

$$\omega \in \Omega_0 \Longleftrightarrow \omega \in \varliminf_{n\to\infty} (A_n^\varepsilon)^{\text{c}}, \quad \forall \varepsilon > 0.$$

于是, 我们得到

$$\Omega_0 = \bigcap_{\varepsilon>0} \varliminf_{n\to\infty} (A_n^\varepsilon)^{\text{c}} = \bigcap_{i=1}^{\infty} \varliminf_{n\to\infty} (A_n^{\varepsilon_i})^{\text{c}}, \tag{5.5}$$

其中 $\{\varepsilon_i\}_{i\geqslant 1}$ 是一列正的递减于 0 的实数列 (参见上面的 (5.1) 和 (5.2)).

- 如果 $X_n \xrightarrow{\text{a.e.}} X$, 则有

$$1 = \mathbb{P}(\Omega_0) \leqslant \mathbb{P}\left(\varliminf_{n\to\infty} (A_n^\varepsilon)^{\text{c}}\right), \quad \forall \varepsilon > 0,$$

  此即 $\mathbb{P}(\varliminf_{n\to\infty}(A_n^\varepsilon)^{\text{c}}) = 1$, $\forall \varepsilon > 0$. 这等价于: 对任意的 $\varepsilon > 0$, 有 $\mathbb{P}(|X_n - X| > \varepsilon,\ \text{i.o.}) = 0$.

- 如果对任意 $\varepsilon>0$, 我们有 $\mathbb{P}(|X_n-X|>\varepsilon,\ \text{i.o.})=0$. 这意味着

$$\mathbb{P}\left(\bigcup_{i=1}^{\infty}\{|X_n-X|>\varepsilon_i,\ \text{i.o.}\}\right)=0.$$

此即

$$1=\mathbb{P}\left(\bigcap_{i=1}^{\infty}\varliminf_{n\to\infty}(A_n^{\varepsilon_i})^{\mathrm{c}}\right)=\mathbb{P}(\Omega_0).$$

这得到 $X_n\xrightarrow{\text{a.e.}}X,\ n\to\infty$. 于是, 该定理得证. □

应用第 2 章中的 Borel-Cantelli 引理 (引理 2.4) 和上面定理 5.1 的结论, 我们立即得到判别几乎处处收敛的一个**充分条件**: 对任意 $\varepsilon>0$,

$$\sum_{n=1}^{\infty}\mathbb{P}(A_n^{\varepsilon})=\sum_{n=1}^{\infty}\mathbb{P}\left(|X_n-X|>\varepsilon\right)<+\infty. \tag{5.6}$$

由于 $X_n\xrightarrow{\text{a.e.}}X,\ n\to\infty$ 等价于对任意的 $m\in\mathbb{N}$, 有 $\mathbb{P}(|X_n-X|>m^{-1},\ \text{i.o.})=0$, 于是, 如果如下条件成立:

$$\sum_{n=1}^{\infty}\mathbb{P}(|X_n-X|>m^{-1})<+\infty,\quad \forall m\in\mathbb{N}, \tag{5.7}$$

则 $X_n\xrightarrow{\text{a.e.}}X,\ n\to\infty$.

注意到, 如果一个无穷级数是收敛的, 那么该无穷级数中的数列一定收敛到 0. 于是, 上面的条件 (5.6) 意味着: 对任意 $\varepsilon>0$,

$$\mathbb{P}\left(|X_n-X|>\varepsilon\right)\to 0,\quad n\to\infty.$$

这种收敛性即为我们下面将要介绍的依概率收敛.

定义 5.2 (依概率收敛) 称随机变量列 $\{X_n\}_{n\geqslant 1}$ 依概率收敛到随机变量 X, 如果对任意的 $\varepsilon>0$, 我们有

$$\lim_{n\to\infty}\mathbb{P}\left(\{\omega\in\Omega;\ |X_n(\omega)-X(\omega)|>\varepsilon\}\right)=0.$$

以后记这种收敛为

$$X_n\xrightarrow{\mathbb{P}}X,\quad n\to\infty. \tag{5.8}$$

如果 $\{X_n\}_{n\geqslant 1}$ 和 X 取值于度量空间 (S,d), 那么 $X_n \xrightarrow{\mathbb{P}} X,\ n\to\infty$ 可定义为

$$\lim_{n\to\infty}\mathbb{P}\left(d(X_n,X)>\varepsilon\right)=0,\quad \forall\varepsilon>0. \tag{5.9}$$

特别地, 当 $(S,\|\cdot\|)$ 是一个赋范空间 (如 Banach 空间) 时, 那么 $X_n \xrightarrow{\mathbb{P}} X,\ n\to\infty$ 可定义为

$$\lim_{n\to\infty}\mathbb{P}\left(\|X_n-X\|>\varepsilon\right)=0,\quad \forall\varepsilon>0. \tag{5.10}$$

显然, 我们有

引理 5.1 条件 (5.6) 同时意味着几乎处处收敛和依概率收敛.

下面的定理说明几乎处处收敛暗含着依概率收敛:

定理 5.2 如果 $X_n \xrightarrow{\text{a.e.}} X,\ n\to\infty$, 那么 $X_n \xrightarrow{\mathbb{P}} X,\ n\to\infty$.

证 对任意的 $\varepsilon>0$, 定义如下事件列:

$$A_n^\varepsilon := \{|X_n-X|>\varepsilon\},\quad n\geqslant 1.$$

于是 $A_n^\varepsilon\in\mathcal{F}$. 再由定理 5.1 得到

$$\mathbb{P}\left(\overline{\lim_{n\to\infty}}\,A_n^\varepsilon\right)=0,\quad \forall\varepsilon>0. \tag{5.11}$$

那么, 应用 Fatou 引理 (引理 2.3) 得到

$$0=\mathbb{P}\left(\overline{\lim_{n\to\infty}}\,A_n^\varepsilon\right)\geqslant \overline{\lim_{n\to\infty}}\,\mathbb{P}\left(A_n^\varepsilon\right),\quad \forall\varepsilon>0.$$

因此,

$$0\leqslant \underline{\lim_{n\to\infty}}\,\mathbb{P}\left(A_n^\varepsilon\right)=\overline{\lim_{n\to\infty}}\,\mathbb{P}\left(A_n^\varepsilon\right)=0,\quad \forall\varepsilon>0.$$

这意味着: 对任意的 $\varepsilon>0$, $\lim_{n\to\infty}\mathbb{P}\left(A_n^\varepsilon\right)=0$, 此即 $X_n \xrightarrow{\mathbb{P}} X,\ n\to\infty$. □

下面的定理给出了依概率收敛与几乎处处收敛之间的关系:

定理 5.3 $X_n \xrightarrow{\mathbb{P}} X,\ n\to\infty$ 当且仅当对任意 $\{X_n\}_{n\geqslant 1}$ 的子列都包含一个几乎处处收敛到 X 的子列.

证 首先假设 $X_n \xrightarrow{\mathbb{P}} X,\ n\to\infty$. 则对任意 $\varepsilon>0$, 我们有: $\mathbb{P}(|X_n-X|>\varepsilon)\to 0,\ n\to\infty$. 设 $\{\varepsilon_k\}_{k\geqslant 1}$ 是一列正的单减收敛到 0 的实数列. 于是, 我们有

$$\mathbb{P}(|X_n-X|>\varepsilon_k)\to 0,\quad n\to\infty.$$

这意味着, 对任意 $k,N\in\mathbb{N}$, 我们可以取某个 $n>N$ 使得

$$\mathbb{P}(|X_n-X|>\varepsilon_k)\leqslant 2^{-k}.$$

这样, 我们可以迭代地定义一列独立于 ε 的严格递增索引序列 $\{n_k\}_{k\geqslant 1}$ 使得: 对任意 $k\geqslant 1$, 满足[①]

$$\mathbb{P}(|X_{n_k}-X|>\varepsilon_k)\leqslant 2^{-k}.$$

对于任意的 $\varepsilon>0$, 由于 $\{\varepsilon_k\}_{k\geqslant 1}$ 递减到 0, 则存在 $M\in\mathbb{N}$ 使当 $k\geqslant M$ 时, $\varepsilon_k\leqslant\varepsilon$. 那么有

$$\sum_{k=M}^{\infty}\mathbb{P}(|X_{n_k}-X|>\varepsilon)\leqslant\sum_{k=M}^{\infty}\mathbb{P}(|X_{n_k}-X|>\varepsilon_k)\leqslant\sum_{k=M}^{\infty}2^{-k}<+\infty.$$

这样证得: $\sum_{k=1}^{\infty}\mathbb{P}(|X_{n_k}-X|>\varepsilon)<+\infty$. 那么, 由 Borel-Cantelli 引理和定理 5.1 得到: $X_{n_k}\xrightarrow{\text{a.e.}}X$, $k\to\infty$.

下面假设任意 $\{X_n\}_{n\geqslant 1}$ 的子列 $\{X_{n_k}\}_{k\geqslant 1}$ 都包含一个几乎处处收敛到 X 的子列. 我们用反证法. 为此, 假设 $X_n\xrightarrow{\mathbb{P}}X$ 并不成立. 于是, 存在 $\varepsilon>0$ 和 $\delta>0$ 使得某个子列 $\{X_{n_k}\}_{k\geqslant 1}$ 满足

$$\mathbb{P}\left(|X_{n_k}-X|>\varepsilon\right)>\delta,\quad\forall k\geqslant 1.\tag{5.12}$$

由假设得 $\{X_{n_k}\}_{k\geqslant 1}$ 一定存在某个子列 $\{X_{n_{k_p}}\}$ 满足 $X_{n_{k_p}}\xrightarrow{\text{a.e.}}X$, $p\to\infty$. 再由定理 5.2 得到: $X_{n_{k_p}}\xrightarrow{\mathbb{P}}X$, $p\to\infty$. 这显然与 (5.12) 矛盾. 于是, 我们一定有 $X_n\xrightarrow{\mathbb{P}}X$, $n\to\infty$. 这样, 该定理得证. □

练习 5.1 设定义在同一概率空间 $(\Omega,\mathcal{F},\mathbb{P})$ 上的随机变量列 $\{X_n\}_{n\geqslant 1}$ 和 $\{Y_n\}_{n\geqslant 1}$ 分别满足

$$\lim_{a\to\infty}\sup_{n\geqslant 1}\mathbb{P}\left(|X_n|\geqslant a\right)=0\ \ \text{和}\ \ Y_n\xrightarrow{\mathbb{P}}0,\quad n\to\infty.\tag{5.13}$$

那么有: $X_nY_n\xrightarrow{\mathbb{P}}0$, $n\to\infty$.

提示 对任意 $\varepsilon>0$ 和 $a>0$, 我们有

$$\begin{aligned}\mathbb{P}(|X_nY_n|>\varepsilon)&=\mathbb{P}(|X_nY_n|>\varepsilon,|X_n|\leqslant a)+\mathbb{P}(|X_nY_n|>\varepsilon,|X_n|>a)\\&\leqslant\mathbb{P}(|X_n||Y_n|>\varepsilon,|X_n|\leqslant a)+\mathbb{P}(|X_n|>a)\\&\leqslant\mathbb{P}(|Y_n|>\varepsilon|X_n|^{-1},|X_n|\leqslant a)+\sup_{n\geqslant 1}\mathbb{P}(|X_n|>a)\end{aligned}$$

① 递增数列 $\{n_k\}_{k\geqslant 1}$ 可按如下方式进行迭代构造. 设 $n_0=0$ 和对任意 $k\geqslant 1$, 定义:

$$n_k:=\inf\left\{n>n_{k-1};\ \mathbb{P}(|X_n-X|>\varepsilon_k)\leqslant 2^{-k}\right\}.$$

$$\leqslant \mathbb{P}(|Y_n| > \varepsilon a^{-1}) + \sup_{n\geqslant 1}\mathbb{P}(|X_n| > a).$$

由于 $Y_n \xrightarrow{\mathbb{P}} 0,\ n\to\infty$, 故有

$$\overline{\lim_{n\to\infty}}\ \mathbb{P}(|X_nY_n| > \varepsilon) \leqslant \sup_{n\geqslant 1}\mathbb{P}(|X_n| > a).$$

应用条件 (5.13), 对上式两边令 $a\to\infty$, 得到

$$\overline{\lim_{n\to\infty}}\ \mathbb{P}(|X_nY_n| > \varepsilon) \leqslant \lim_{a\to\infty}\sup_{n\geqslant 1}\mathbb{P}(|X_n| > a) = 0.$$

这样有

$$0 \leqslant \underline{\lim}_{n\to\infty}\ \mathbb{P}(|X_nY_n| > \varepsilon) \leqslant \overline{\lim_{n\to\infty}}\ \mathbb{P}(|X_nY_n| > \varepsilon) \leqslant 0.$$

于是, 我们有 $X_nY_n \xrightarrow{\mathbb{P}} 0,\ n\to\infty$. □

下面的练习说明边际的依概率收敛可以推出联合的依概率收敛:

练习 5.2 设 $\{X_n\}_{n\geqslant 1}$, $\{Y_n\}_{n\geqslant 1}$ 和 X, Y 为定义在概率空间 $(\Omega,\mathcal{F},\mathbb{P})$ 上的一列实值随机变量. 如果 $X_n \xrightarrow{\mathbb{P}} X$ 和 $Y_n \xrightarrow{\mathbb{P}} Y,\ n\to\infty$, 则

$$(X_n, Y_n) \xrightarrow{\mathbb{P}} (X, Y),\quad n\to\infty.$$

提示 对任意 $\varepsilon > 0$, 我们有

$$\begin{aligned}
\mathbb{P}(|(X_n,Y_n)-(X,Y)| > \varepsilon) &= \mathbb{P}(|(X_n,Y_n)-(X,Y)|^2 > \varepsilon^2)\\
&= \mathbb{P}(|X_n-X|^2 + |Y_n-Y|^2 > \varepsilon^2)\\
&\leqslant \mathbb{P}\left(|X_n-X|^2 > \frac{\varepsilon^2}{2}\right) + \mathbb{P}\left(|Y_n-Y|^2 > \frac{\varepsilon^2}{2}\right)\\
&= \mathbb{P}\left(|X_n-X| > \frac{\varepsilon}{\sqrt{2}}\right) + \mathbb{P}\left(|Y_n-Y| > \frac{\varepsilon}{\sqrt{2}}\right)\\
&\to 0,\quad n\to\infty.
\end{aligned}$$

于是, 根据 (5.10), 该练习得证. □

我们下面引入随机变量列的第三种概率收敛, 即 L^p 收敛:

定义 5.3 (L^p 收敛) 设 $p\geqslant 1$. 如果随机变量列 $\{X_n\}_{n\geqslant 1}\subset L^p(\mathcal{F})$ 和随机变量 $X\in L^p(\mathcal{F})$ 满足

$$\lim_{n\to\infty}\mathbb{E}\left[|X_n - X|^p\right] = 0,$$

那么称 X_n 在 L^p 意义下收敛到 X. 以后记这种收敛为

$$X_n \xrightarrow{L^p} X, \quad n \to \infty. \tag{5.14}$$

若 $p=2$, 则称 $X_n \xrightarrow{L^2} X, n \to \infty$ 为均方收敛.

对于 $p \geqslant 1$, 如果随机变量 $\{X_n\}_{n\geqslant 1}$ 和 X 取值于度量空间 (S, d), 那么 $X_n \xrightarrow{L^p} X$ 可定义为

$$\lim_{n\to\infty} \mathbb{E}\left[d(X_n, X)^p\right] = 0. \tag{5.15}$$

下面的定理说明 L^p 收敛暗含着依概率收敛:

定理 5.4 设 $p \geqslant 1$. 则我们有

(i) 如果 $X_n \xrightarrow{L^p} X, n \to \infty$, 则有 $X_n \xrightarrow{\mathbb{P}} X, n \to \infty$.

(ii) 如果 $X_n \xrightarrow{\mathbb{P}} X, n \to \infty$ 以及存在一个非负随机变量 $Y \in L^p(\mathcal{F})$ 满足

$$|X_n| \leqslant Y, \quad \text{a.e.}, \quad \forall n \geqslant 1, \tag{5.16}$$

则有 $X_n \xrightarrow{L^p} X, n \to \infty$.

证 (i) 应用 Markov 不等式得到, 对任意 $\varepsilon > 0$,

$$\mathbb{P}(|X_n - X| > \varepsilon) \leqslant \frac{\mathbb{E}\left[|X_n - X|^p\right]}{\varepsilon^p}.$$

于是, 结论 (i) 得证.

(ii) 根据 5.2 节中的练习 5.5, 我们有 $|X| \leqslant Y$, a.e.. 不失一般性, 我们假设 $X \equiv 0$. 于是,

$$\begin{aligned}
\mathbb{E}\left[|X_n|^p\right] &= \mathbb{E}\left[|X_n|^p \mathbb{1}_{|X_n|\leqslant\varepsilon}\right] + \mathbb{E}\left[|X_n|^p \mathbb{1}_{|X_n|>\varepsilon}\right] \\
&\leqslant \varepsilon^p \mathbb{P}(|X_n| \leqslant \varepsilon) + \mathbb{E}\left[Y^p \mathbb{1}_{|X_n|>\varepsilon}\right] \\
&\leqslant \varepsilon^p + \mathbb{E}\left[Y^p \mathbb{1}_{|X_n|>\varepsilon}\right].
\end{aligned}$$

由于 $X_n \xrightarrow{\mathbb{P}} 0, n \to \infty$, 则对任意 $\varepsilon > 0$, 有 $\mathbb{P}(|X_n| > \varepsilon) \to 0, n \to \infty$. 于是, 由数学期望的性质 (参考第 3 章中的练习 3.7) 得到

$$\mathbb{E}\left[Y^p \mathbb{1}_{|X_n|>\varepsilon}\right] \to 0, \quad n \to \infty.$$

再令 $\varepsilon \to 0$ 得到 $\lim_{n\to\infty} \mathbb{E}\left[|X_n|^p\right] = 0$. □

在 5.2 节中 (参见 Vitali 引理 (定理 5.8)), 我们将引入**一致可积**的概念. 那么, 上述的结论 (ii) 还可以被进一步弱化为

(ii)′ $X_n \xrightarrow{\mathbb{P}} X,\ n\to\infty$ 和 $\{X_n^p\}_{n\geqslant 1}$ 一致可积.

下面的练习证明 L^p 收敛意味着 p-阶矩的收敛:

练习 5.3　设 $p\geqslant 1$. 如果 $X_n \xrightarrow{L^p} X,\ n\to\infty$, 则有

$$\mathbb{E}[|X_n|^p]\to\mathbb{E}[|X|^p] \quad 或 \quad \mathbb{E}[X_n^p]\to\mathbb{E}[X^p],\quad n\to\infty.$$

提示　应用 Minkowski 不等式, 我们有

$$\{\mathbb{E}[|X_n|^p]\}^{\frac{1}{p}}=\{\mathbb{E}[|X_n-X+X|^p]\}^{\frac{1}{p}}\leqslant\{\mathbb{E}[|X_n-X|^p]\}^{\frac{1}{p}}+\{\mathbb{E}[|X|^p]\}^{\frac{1}{p}}.$$

由于 $\{\mathbb{E}[|X_n-X|^p]\}^{\frac{1}{p}}\to 0,\ n\to\infty$, 故有

$$\{\mathbb{E}[|X_n|^p]\}^{\frac{1}{p}}\to\{\mathbb{E}[|X|^p]\}^{\frac{1}{p}},\quad n\to\infty.$$

因此 $\mathbb{E}[|X_n|^p]\to\mathbb{E}[|X|^p],\ n\to\infty$. □

下面的定理结果表明: 上述介绍的三种概率收敛的极限是几乎处处唯一的(即以概率 1 唯一).

定理 5.5　几乎处处收敛、依概率收敛和 L^p 收敛的极限都是几乎处处唯一的.

证　(i) 设 $X_n \xrightarrow{\text{a.e.}} X$ 和 $X_n \xrightarrow{\text{a.e.}} Y,\ n\to\infty$. 定义如下事件:

$$\Omega_X:=\left\{\omega\in\Omega;\ \lim_{n\to\infty}X_n(\omega)=X(\omega)\right\},\quad \Omega_Y:=\left\{\omega\in\Omega;\ \lim_{n\to\infty}X_n(\omega)=Y(\omega)\right\}.$$

于是 $\mathbb{P}(\Omega_X)=\mathbb{P}(\Omega_Y)=1$. 因此,

$$0\leqslant\mathbb{P}(\Omega_X^{\mathrm{c}}\cup\Omega_Y^{\mathrm{c}})\leqslant\mathbb{P}(\Omega_X^{\mathrm{c}})+\mathbb{P}(\Omega_Y^{\mathrm{c}})=0+0=0.$$

这样得到: $\mathbb{P}(\Omega_X\cap\Omega_Y)=1$. 那么, 根据数列极限的唯一性: 对任意 $\omega\in\Omega_X\cap\Omega_Y$, 则有 $X(\omega)=Y(\omega)$. 因此得到

$$1=\mathbb{P}(\Omega_X\cap\Omega_Y)\leqslant\mathbb{P}(X=Y).$$

故有 $\mathbb{P}(X=Y)=1$.

(ii) 设 $X_n\xrightarrow{\mathbb{P}}X$ 和 $X_n\xrightarrow{\mathbb{P}}Y,\ n\to\infty$. 那么, 对任意 $\varepsilon>0$,

$$\begin{aligned}0\leqslant\mathbb{P}\left(|X-Y|>\varepsilon\right)&\leqslant\mathbb{P}\left(|X-X_n|>\frac{\varepsilon}{2}\right)+\mathbb{P}\left(|X_n-Y|>\frac{\varepsilon}{2}\right)\\&\to 0,\quad n\to\infty,\end{aligned}$$

此即 $\mathbb{P}(|X-Y|>\varepsilon)=0$. 由于 $\varepsilon>0$ 是任意的, 故由概率测度的连续性得到 $\mathbb{P}(X=Y)=1$.

(iii) 设 $X_n \xrightarrow{L^p} X$ 和 $X_n \xrightarrow{L^p} Y$, $n\to\infty$. 于是得到

$$\begin{aligned}\mathbb{E}[|X-Y|^p] &\leqslant 2^{p-1}\{\mathbb{E}[|X_n-X|^p]+\mathbb{E}[|X_n-Y|^p]\}\\ &\to 0,\quad n\to\infty,\end{aligned}$$

此即 $\mathbb{E}[|X-Y|^p]=0$. 那么, 由数学期望的性质 (推论 3.2) 得到 $\mathbb{P}(X=Y)=1$. □

练习 5.4 对于 $p\geqslant 1$, 设 $X_n \xrightarrow{L^p} X$ 和 $X_n \xrightarrow{\text{a.e.}} Y$, $n\to\infty$, 则有 $\mathbb{P}(X=Y)=1$ (即 $X \overset{\text{a.e.}}{=\!=} Y$).

提示 对任意 $\varepsilon>0$, 我们有

$$\begin{aligned}\mathbb{P}(|X-Y|>\varepsilon) &\leqslant \mathbb{P}\left(|X-X_n|>\frac{\varepsilon}{2}\right)+\mathbb{P}\left(|X_n-Y|>\frac{\varepsilon}{2}\right)\\ &\leqslant \frac{\mathbb{E}[|X_n-X|^p]}{\left(\frac{\varepsilon}{2}\right)^p}+\mathbb{P}\left(|X_n-Y|>\frac{\varepsilon}{2}\right).\end{aligned}$$

由于 $X_n \xrightarrow{L^p} X$, 故上面公式的第一项收敛到 0 (当 $n\to\infty$). 又由于 $X_n \xrightarrow{\text{a.e.}} Y$, $n\to\infty$, 故 $X_n \xrightarrow{\mathbb{P}} Y$, $n\to\infty$. 因此, 上面公式的第二项也收敛到 0 (当 $n\to\infty$). 这样得到 $\mathbb{P}(|X-Y|>\varepsilon)=0$. 因为 $\varepsilon>0$ 是任意的, 故由概率测度的连续性证得 $\mathbb{P}(X=Y)=1$. □

下面我们引入随机变量列依分布收敛的概念:

定义 5.4 (依分布收敛) 设 $\{X_n\}_{n\geqslant 1}$ 和 X 为一列实值随机变量以及 $\{F_n(x)\}_{n\geqslant 1}$ 和 $F(x)$ 为相应的分布函数. 定义如下集合:

$$C_F := \{x\in\mathbb{R};\ x \text{ 为 } F \text{ 的连续点}\}. \tag{5.17}$$

如果

$$\lim_{n\to\infty} F_n(x)=F(x),\quad \forall x\in C_F, \tag{5.18}$$

则称随机变量 X_n 依分布收敛于随机变量 X (当 $n\to\infty$). 以后记这种收敛为

$$X_n \xrightarrow{d} X \quad \text{或} \quad F_n \Longrightarrow F,\quad n\to\infty. \tag{5.19}$$

这里需要强调的是依分布收敛 (5.18) 并不是分布函数的逐点收敛. 我们参见下面的例子:

例 5.1 对任意 $n\in\mathbb{N}$, 定义: $F_n(x)=\dfrac{e^{nx}}{1+e^{nx}}$, $x\in\mathbb{R}$. 那么, 不难验证 $\{F_n\}_{n\geqslant 1}$ 是一列分布函数. 进一步, 当 $n\to\infty$ 时, 我们有

$$F_n(x)\to F(x):=\mathbb{1}_{x\geqslant 0},\quad \forall x\in C_F. \tag{5.20}$$

显然, $F(x) := \mathbb{1}_{x\geqslant 0}$, $x\in\mathbb{R}$ 是常数 0 的分布函数. 然而 $F_n(x)$, $x\in\mathbb{R}$ 的逐点收敛极限为: 当 $n\to\infty$ 时,

$$F_n(x)\to\tilde{F}(x) := \mathbb{1}_{x>0}+\frac{1}{2}\mathbb{1}_{x=0},\quad \forall x\in\mathbb{R}.$$

但是 $\tilde{F}(x)$, $x\in\mathbb{R}$ 并不是一个分布函数, 这是因为其在 $x=0$ 处并不是右连续的. 不过, 收敛 (5.20) 已经足以说明 $F_n\Longrightarrow F$, $n\to\infty$.

下面的定理证明了依概率收敛与依分布收敛之间的关系:

定理 5.6 设 $\{X_n\}_{n\geqslant 1}$ 和 X 为概率空间 $(\Omega,\mathcal{F},\mathbb{P})$ 上的一列随机变量. 如果 $X_n\xrightarrow{\mathbb{P}}X$, $n\to\infty$, 则 $X_n\xrightarrow{d}X$, $n\to\infty$. 如果 $X\equiv c$ (其中 $c\in\mathbb{R}$ 为常数), 则 $X_n\xrightarrow{\mathbb{P}}X$, $n\to\infty$ 当且仅当 $X_n\xrightarrow{d}X$, $n\to\infty$.

证 设 $\{F_n(x)\}_{n\geqslant 1}$ 和 $F(x)$ 分别为 $\{X_n\}_{n\geqslant 1}$ 和 X 的分布函数. 于是, 对任意 $\varepsilon>0$ 和 $x\in\mathbb{R}$, 我们有

$$\begin{aligned}F_n(x)&=\mathbb{P}(X_n\leqslant x, X\leqslant x+\varepsilon)+\mathbb{P}(X_n\leqslant x, X>x+\varepsilon)\\&\leqslant\mathbb{P}(X\leqslant x+\varepsilon)+\mathbb{P}(|X_n-X|>\varepsilon)=F(x+\varepsilon)+\mathbb{P}(|X_n-X|>\varepsilon).\end{aligned}$$

另一方面, 我们还有

$$\begin{aligned}F(x-\varepsilon)&=\mathbb{P}(X\leqslant x-\varepsilon, X_n\leqslant x)+\mathbb{P}(X\leqslant x-\varepsilon, X_n>x)\\&\leqslant\mathbb{P}(X_n\leqslant x)+\mathbb{P}(|X_n-X|>\varepsilon)=F_n(x)+\mathbb{P}(|X_n-X|>\varepsilon).\end{aligned}$$

因此得到

$$F(x-\varepsilon)-\mathbb{P}(|X_n-X|>\varepsilon)\leqslant F_n(x)\leqslant F(x+\varepsilon)+\mathbb{P}(|X_n-X|>\varepsilon).$$

由于 $X_n\xrightarrow{\mathbb{P}}X$, $n\to\infty$, 那么由上面的不等式得到: 对任意 $\varepsilon>0$,

$$F(x-\varepsilon)\leqslant\varliminf_{n\to\infty}F_n(x)\leqslant\varlimsup_{n\to\infty}F_n(x)\leqslant F(x+\varepsilon).$$

于是, 对任意 $x\in C_F$, 上面不等式两边令 $\varepsilon\to 0$ 得到 $F_n\Longrightarrow F$, $n\to\infty$.

下面假设 $X\equiv c$. 那么, 对任意 $\varepsilon>0$, 我们有

$$\begin{aligned}\mathbb{P}(|X_n-c|>\varepsilon)&=\mathbb{P}(X_n<c-\varepsilon)+\mathbb{P}(X_n>c+\varepsilon)\\&\leqslant F_n(c-\varepsilon)+1-F_n(c+\varepsilon).\end{aligned}\tag{5.21}$$

由于 $F(x)=\mathbb{P}(c\leqslant x)=\mathbb{1}_{x\geqslant c}$, $\forall x\in\mathbb{R}$, 故有

$$C_F=\{x\in\mathbb{R};\ x\neq c\}.$$

显然 $x \pm \varepsilon \in C_F$. 因此, 根据 $F_n \Longrightarrow F$ 得到

$$F_n(c \pm \varepsilon) \to F(c \pm \varepsilon), \quad n \to \infty.$$

这样, 由不等式 (5.21) 得到

$$\begin{aligned} 0 \leqslant \lim_{n\to\infty} \mathbb{P}(|X_n - c| > \varepsilon) &\leqslant F(c-\varepsilon) + 1 - F(c+\varepsilon) \\ &= \mathbb{1}_{c-\varepsilon \geqslant c} + 1 - \mathbb{1}_{c+\varepsilon \geqslant c} \\ &= 0 + 1 - 1 = 0, \end{aligned}$$

此即 $X_n \xrightarrow{\mathbb{P}} c$, $n \to \infty$. 至此, 该定理证毕. □

取一般空间值的随机变量列的依分布收敛将在后面的 5.5 节中介绍. 特别地, 以后我们将频繁用到 $\mathbb{R}^d$-值随机变量列的依分布收敛. 习题 5 的第 3 题陈述了所谓的 Cramér-Wold 定理的内容, 其建立了 $\mathbb{R}^d$-值随机变量列与实值随机变量列依分布收敛之间的关系.

5.2 一致可积

本节引入随机变量列一致可积的概念. 为了说明随机变量列的一致可积性在随机变量列收敛中所扮演的角色, 我们首先重返上一节的定理 5.4 中的结论 (ii) 和练习 5.3: 设 $\{X_n\}_{n\geqslant 1}$ 和 X 为概率空间 $(\Omega, \mathcal{F}, \mathbb{P})$ 上的一列实值随机变量且满足 $X_n \xrightarrow{\mathbb{P}} X$, $n \to \infty$ 以及存在一个非负可积随机变量 Y 使得 $|X_n| \leqslant Y$, a.e., 则 $\mathbb{E}[X_n] \to \mathbb{E}[X]$, $n \to \infty$. 然而, 正如 5.1 节所讨论的, 随机变量列 $\{X_n\}_{n\geqslant 1}$ 的可控条件 $|X_n| \leqslant Y$, a.e. 可被进一步减弱为该随机变量列的一致可积性条件. 进一步, 我们证明: 当 $X_n \xrightarrow{\mathbb{P}} X$, $n \to \infty$ 时, 随机变量列的一致可积性条件是使 $\mathbb{E}[X_n] \to \mathbb{E}[X]$, $n \to \infty$ 成立的最低要求, 其不能被进一步减弱. 事实上, 可控条件 $|X_n| \leqslant Y$, a.e. 意味着依概率收敛的极限随机变量也是可控的.

练习 5.5 设 $X_n \xrightarrow{\mathbb{P}} X$, $n \to \infty$. 如果 $\mathbb{P}(|X_n| \leqslant Y) = 1$, 其中非负 $Y \in L^1(\mathcal{F})$, 那么 $\mathbb{P}(|X| \leqslant Y) = 1$.

提示 由 $|X_n| \leqslant Y$, a.e. 和 $Y \in L^1(\mathcal{F})$, 则 $\sup_{n\geqslant 1} \mathbb{E}[|X_n|] < \infty$. 根据定理 5.3, $X_n \xrightarrow{\mathbb{P}} X$, $n \to \infty$ 当且仅当对任意 $\{X_n\}_{n\geqslant 1}$ 的子列都包含一个几乎处处收敛到 X 的子列. 我们假设该子列为 $\{X_{n_k}\}_{k\geqslant 1}$, 于是 $X_{n_k} \xrightarrow{\text{a.e.}} X$, $k \to \infty$. 因此 $|X_{n_k}| \xrightarrow{\text{a.e.}} |X|$, $k \to \infty$ (应用 5.4 节中的连续映射定理 (定理 5.11)). 那么, 应用 Fatou 引理 (引理 3.6) 得到

$$\mathbb{E}[|X|] = \mathbb{E}\left[\varliminf_{k\to\infty} |X_{n_k}|\right] \leqslant \varliminf_{k\to\infty} \mathbb{E}[|X_{n_k}|] \leqslant \sup_{n\geqslant 1} \mathbb{E}[|X_n|] < +\infty,$$

即 $X \in L^1(\mathcal{F})$.

现在, 让我们定义:

$$\bar{\Omega} := \{|X_n| \leqslant Y;\ \forall n \geqslant 1\}.$$

由题设知: $\mathbb{P}(|X_n| > Y) = 0, \forall n \geqslant 1$. 故有

$$\mathbb{P}(\bar{\Omega}) = 1 - \mathbb{P}\left(\bigcup_{n=1}^{\infty}\{|X_n| > Y\}\right) = 1 - 0 = 1.$$

另一方面, 对任意 $\varepsilon > 0$ 和 $n \geqslant 1$, 我们有

$$\{|X| > Y + \varepsilon\} \cap \bar{\Omega} \subset \{|X - X_n| > \varepsilon\} \cap \bar{\Omega}. \tag{5.22}$$

事实上, 对任意 $\omega \in \{|X| > Y + \varepsilon\} \cap \bar{\Omega}$,

$$|X(\omega)| > Y(\omega) + \varepsilon \geqslant |X_n(\omega)| + \varepsilon.$$

于是 $|X(\omega) - X_n(\omega)| \geqslant ||X(\omega)| - |X_n(\omega)|| > \varepsilon$, 此即 $\omega \in \{|X - X_n| > \varepsilon\} \cap \bar{\Omega}$.

根据 (5.22) 和 $X_n \xrightarrow{\mathbb{P}} X$, $n \to \infty$, 我们得到: 对任意 $\varepsilon > 0$,

$$\begin{aligned}\mathbb{P}(\{|X| > Y + \varepsilon\} \cap \bar{\Omega}) &\leqslant \mathbb{P}(\{|X - X_n| > \varepsilon\} \cap \bar{\Omega}) \\ &\leqslant \mathbb{P}(|X - X_n| > \varepsilon) \\ &\to 0, \quad n \to \infty.\end{aligned}$$

这意味着 $\mathbb{P}(\{|X| > Y + \varepsilon\} \cap \bar{\Omega}) = 0$. 由于 $\mathbb{P}(\bar{\Omega}) = 1$, 那么有

$$\begin{aligned}\mathbb{P}(\{|X| \leqslant Y + \varepsilon\} \cap \bar{\Omega}) &= \mathbb{P}(\bar{\Omega}) - \mathbb{P}(\{|X| > Y + \varepsilon\} \cap \bar{\Omega}) \\ &= 1 - 0 = 1.\end{aligned}$$

由于 $\mathbb{P}(\{|X| \leqslant Y + \varepsilon\} \cap \bar{\Omega}) \leqslant \mathbb{P}(|X| \leqslant Y + \varepsilon)$, 故 $\mathbb{P}(|X| \leqslant Y + \varepsilon) = 1$. 再令 $\varepsilon \to 0$ 得到 $\mathbb{P}(|X| \leqslant Y) = 1$. □

下面, 我们引入随机变量列一致可积性的定义:

定义 5.5　设 $\{X_n\}_{n \geqslant 1}$ 为概率空间 $(\Omega, \mathcal{F}, \mathbb{P})$ 上的一列随机变量. 如果其满足

$$\lim_{M \to \infty} \sup_{n \geqslant 1} \mathbb{E}\left[|X_n| \mathbb{1}_{|X_n| > M}\right] = 0, \tag{5.23}$$

那么称随机变量列 $\{X_n\}_{n \geqslant 1}$ 是一致可积的 (uniformly integrable), 以后简写为 U.I..

上面一致可积的定义 (定义 5.5) 也可以拓展到随机变量族 (即随机变量可以是不可数的). 事实上, 设 $\{X_\alpha\}_{\alpha\in I}$ 为概率空间 $(\Omega,\mathcal{F},\mathbb{P})$ 上的一族随机变量. 如果其满足

$$\lim_{M\to\infty}\sup_{\alpha\in I}\mathbb{E}\left[|X_\alpha|\mathbb{1}_{|X_\alpha|>M}\right]=0, \tag{5.24}$$

那么称随机变量族 $\{X_\alpha\}_{\alpha\in I}$ 是 U.I..

下面介绍的关于一致可积的性质对于随机变量族也是成立的.

- 如果存在一个非负可积随机变量 Y 使 $|X_n|\leqslant Y$, a.e., 那么 $\{X_n\}_{n\geqslant 1}$ 是 U.I.. 事实上, 对任意 $M>0$, 我们有

$$\sup_{n\geqslant 1}\mathbb{E}\left[|X_n|\mathbb{1}_{|X_n|>M}\right]\leqslant\mathbb{E}\left[Y\mathbb{1}_{Y>M}\right].$$

  由于 Y 是非负可积的, 那么根据单调收敛定理得到 $\mathbb{E}\left[Y\mathbb{1}_{Y>M}\right]\to 0$, $M\to\infty$. 这证得 (5.23).
- 如果 $\{X_n\}_{n=1,\cdots,N}$ 为概率空间 $(\Omega,\mathcal{F},\mathbb{P})$ 上的有限个可积随机变量, 那么 $|X_n|\leqslant Y:=\sum_{i=1}^N|X_i|$ 以及 $Y:=\sum_{i=1}^N|X_i|$ 是可积的, 故 $\{X_n\}_{n=1,\cdots,N}$ 是 U.I..

下面的引理说明一致可积随机变量列是一致 L^1-有界的.

引理 5.2 设 $\{X_n\}_{n\geqslant 1}$ 为概率空间 $(\Omega,\mathcal{F},\mathbb{P})$ 上的一列 U.I. 随机变量, 则 $\{X_n\}_{n\geqslant 1}$ 是一致 L^1-有界的, 即

$$\sup_{n\geqslant 1}\mathbb{E}\left[|X_n|\right]<+\infty. \tag{5.25}$$

证 对任意 $n\geqslant 1$ 和常数 $M>0$, 我们有

$$\begin{aligned}\mathbb{E}\left[|X_n|\right]&=\mathbb{E}\left[|X_n|\,\mathbb{1}_{|X_n|\leqslant M}\right]+\mathbb{E}\left[|X_n|\,\mathbb{1}_{|X_n|>M}\right]\\&\leqslant M+\mathbb{E}\left[|X_n|\,\mathbb{1}_{|X_n|>M}\right].\end{aligned}$$

因此得到

$$\sup_{n\geqslant 1}\mathbb{E}\left[|X_n|\right]\leqslant M+\sup_{n\geqslant 1}\mathbb{E}\left[|X_n|\,\mathbb{1}_{|X_n|>M}\right].$$

根据一致可积的定义 (定义 5.5) 有

$$\sup_{n\geqslant 1}\mathbb{E}\left[|X_n|\,\mathbb{1}_{|X_n|>M}\right]<+\infty.$$

这意味着 $\{X_n\}_{n\geqslant 1}$ 为一致 L^1-有界的. 至此, 该引理得证. □

上面引理 5.2 的逆命题并不一定成立. 也就是说 $\{X_n\}_{n\geqslant 1}$ 的一致 L^1-有界性并不一定意味着其是一致可积的. 让我们参见下面的反例:

例 5.2 设概率空间 $(\Omega,\mathcal{F},\mathbb{P})=((0,1],\mathcal{B}_{(0,1]},m)$, 其中 m 为 Lebesgue 测度. 进一步, 定义: 对任意 $\omega\in\Omega$ 和 $n\in\mathbb{N}$,

$$X_n(\omega):=\begin{cases} n, & \omega\leqslant \dfrac{1}{n},\\ 0, & 其他. \end{cases} \tag{5.26}$$

因此, 对任意 $x\in\mathbb{R}$, 随机变量 X_n 的分布函数为

$$\mathbb{P}(X_n\leqslant x)=m(\{w\in(0,1];X_n(\omega)\leqslant x\})=\begin{cases} 1, & x\geqslant n,\\ 1-\dfrac{1}{n}, & 0\leqslant x<n,\\ 0, & x<0. \end{cases}$$

由于对任意 $n\in\mathbb{N}$,

$$\mathbb{P}(X_n=n)=m\left(\left\{\omega\in(0,1];\ w\leqslant\frac{1}{n}\right\}\right)=\frac{1}{n},$$

故有

$$\mathbb{E}[|X_n|]=\mathbb{E}[X_n]=n\mathbb{P}(X_n=n)=n\times\frac{1}{n}=1,\quad \forall n\in\mathbb{N}.$$

这意味着 $\{X_n\}_{n\geqslant 1}$ 是一致 L^1-有界的. 然而, 对任意 $M>0$, 我们还有: $\forall n>M$,

$$\begin{aligned}\mathbb{E}\left[|X_n|\mathbb{1}_{|X_n|>M}\right]&=\mathbb{E}\left[n\mathbb{1}_{\left\{\omega\in(0,1];w\leqslant\frac{1}{n}\right\}}\right]\\ &=nm\left(\left(0,\frac{1}{n}\right]\right)=n\times\frac{1}{n}=1.\end{aligned}$$

根据一致可积的定义 (定义 5.5), 可得到 $\{X_n\}_{n\geqslant 1}$ 并不是一致可积的.

如下的引理给出了随机变量列一致可积和一致 L^1-有界的精确关系.

引理 5.3 概率空间 $(\Omega,\mathcal{F},\mathbb{P})$ 上的随机变量列 $\{X_n\}_{n\geqslant 1}$ 为 U.I. 当且仅当如下条件成立:

(i) $\{X_n\}_{n\geqslant 1}$ 为一致 L^1-有界的;

(ii) 对任意 $\varepsilon>0$, 存在常数 $\delta=\delta(\varepsilon)>0$ 使得: 对任意 $A\in\mathcal{F}$,

$$\mathbb{P}(A)<\delta\Longrightarrow\sup_{n\geqslant 1}\mathbb{E}[|X_n|\mathbb{1}_A]<\varepsilon.$$

证 首先假设 $\{X_n\}_{n\geqslant 1}$ 是 U.I.. 那么, 由上面的引理 5.2 知 (i) 成立. 下面证明 (ii). 事实上, 对任意 $M>0$, 我们有

$$\begin{aligned}\mathbb{E}[|X_n|\mathbb{1}_A] &= \mathbb{E}[|X_n|\mathbb{1}_{A\cap\{|X_n|>M\}}] + \mathbb{E}[|X_n|\mathbb{1}_{A\cap\{|X_n|\leqslant M\}}] \\ &\leqslant \mathbb{E}[|X_n|\mathbb{1}_{\{|X_n|>M\}}] + M\mathbb{P}(A).\end{aligned} \tag{5.27}$$

于是, 对于任意 $\varepsilon>0$, 由一致可积的定义 (定义 5.5), 存在 $M>0$ 使得

$$\mathbb{E}[|X_n|\mathbb{1}_{\{|X_n|>M\}}] < \frac{\varepsilon}{2}, \quad \forall n\geqslant 1.$$

取 $\delta=\dfrac{\varepsilon}{2M}$. 那么, 当 $\mathbb{P}(A)<\delta$ 时, 我们有 $M\mathbb{P}(A)<\dfrac{\varepsilon}{2}$. 根据 (5.27), 这意味着 $\mathbb{E}[|X_n|\mathbb{1}_A]<\varepsilon$, $\forall n\geqslant 1$.

下面假设 (i) 和 (ii) 同时成立. 由 Markov 不等式得到: 对任意 $n\geqslant 1$ 和 $M>0$,

$$\mathbb{P}(|X_n|>M) \leqslant \frac{\mathbb{E}[|X_n|]}{M} \leqslant \frac{1}{M}\sup_{n\geqslant 1}\mathbb{E}[|X_n|].$$

由 (i) 知 $\sup_{n\geqslant 1}\mathbb{E}[|X_n|]<\infty$. 这样, 如果 $M>\delta^{-1}\sup_{n\geqslant 1}\mathbb{E}[|X_n|]$, 则由上式得到: 对任意 $n\geqslant 1$, $\mathbb{P}(|X_n|>M)<\delta$. 再由 (ii) 得到

$$\mathbb{E}[|X_n|\mathbb{1}_{|X_n|>M}] < \varepsilon, \quad \forall n\geqslant 1.$$

这给出 (5.23), 此即 $\{X_n\}$ 是 U.I.. □

我们下面引入判别一致可积的一个充分必要条件. 为此, 首先定义一类一致可积测试函数.

定义 5.6 (一致可积测试函数) 设 $\phi:\mathbb{R}_+\to\mathbb{R}_+$ 是一个 Borel-函数, 如果其满足如下条件:

$$\lim_{x\to\infty}\frac{\phi(x)}{x} = +\infty, \tag{5.28}$$

那么我们称 ϕ 是一个一致可积测试函数 (以后简写为 U.I.T.F.).

根据 (5.28), 一致可积测试函数事实上是一个超线性 (superlinear) 函数. 经典的一致可积测试函数为

$$\phi(x) = x^{1+\varepsilon}, \quad x>0, \tag{5.29}$$

其中 $\varepsilon>0$.

我们下面通过上面的例子来说明一致可积测试函数在判别一致可积时所扮演的角色. 事实上, 根据定义 5.5, 为了验证随机变量族 $\{X_\alpha\}_{\alpha\in I}$ 的一致可积性, 我们首先有: 对任意 $M>0$ 和 $\varepsilon>0$,

$$
\begin{aligned}
\sup_{\alpha\in I}\mathbb{E}\left[|X_\alpha|\mathbb{1}_{|X_\alpha|>M}\right] &\leqslant \sup_{\alpha\in I}\mathbb{E}\left[|X_\alpha|\mathbb{1}_{|X_\alpha|>M}\frac{|X_\alpha|^\varepsilon}{M^\varepsilon}\right]\\
&=\frac{1}{M^\varepsilon}\sup_{\alpha\in I}\mathbb{E}\left[|X_\alpha|^{1+\varepsilon}\mathbb{1}_{|X_\alpha|>M}\right]\\
&\leqslant \frac{1}{M^\varepsilon}\sup_{\alpha\in I}\mathbb{E}\left[|X_\alpha|^{1+\varepsilon}\right].
\end{aligned}
$$

因此, 如果对于由上面 (5.29) 给出的一致可积测试函数 ϕ 满足

$$
\sup_{\alpha\in I}\mathbb{E}\left[\phi(|X_\alpha|)\right]<\infty,
$$

那么 $\{X_\alpha\}_{\alpha\in I}$ 是 U.I.. 因此, 我们有下面判别一致可积的一个简单结论:

> 设 $p>1$. 如果随机变量族 $\{X_\alpha\}_{\alpha\in I}$ 是一致 L^p-有界的 (即 $\sup_{\alpha\in I}\mathbb{E}[|X_\alpha|^p]<+\infty$), 则 $\{X_\alpha\}_{\alpha\in I}$ 是 U.I..

事实上, 我们有如下等价判别一致可积的条件:

定理 5.7 (一致可积的等价判别)　设 $\{X_\alpha\}_{\alpha\in I}$ 为概率空间 $(\Omega,\mathcal{F},\mathbb{P})$ 上的一族随机变量. 那么 $\{X_\alpha\}_{\alpha\in I}$ 是 U.I. 当且仅当存在一个一致可积测试函数 ϕ 使得

$$
\sup_{\alpha\in I}\mathbb{E}[\phi(|X_\alpha|)]<+\infty. \tag{5.30}
$$

进一步, 如果 $\{X_\alpha\}_{\alpha\in I}$ 是 U.I., 则我们可以找到一个单增、凸的一致可积测试函数 ϕ 使得 (5.30) 成立.

称由定理 5.7 所给出的等价的 U.I. 判别条件为 **de la Vallée-Poussin 判别**. 为证上面的定理 5.7, 我们需要下面的引理:

引理 5.4　设 $f:\mathbb{R}_+\to\mathbb{R}_+$ 为一个单减函数且满足 $\lim_{x\to\infty}f(x)=0$. 那么, 存在一个连续函数 $g:\mathbb{R}_+\to\mathbb{R}_+$ 满足如下条件:

$$
\int_0^\infty g(x)\mathrm{d}x=+\infty,\quad \int_0^\infty f(x)g(x)\mathrm{d}x<+\infty.
$$

进一步, 上述函数 g 的合适选取可以保证 $x\to x\int_0^x g(y)\mathrm{d}y$ 为定义在 $\mathbb{R}_+$ 上的凸函数.

证 设 $\tilde{f}:\mathbb{R}_+\to\mathbb{R}_+$ 为任意严格正、连续可微的函数且满足

$$\tilde{f}\geqslant f,\quad \lim_{x\to\infty}\tilde{f}(x)=0,\quad \mathbb{R}_+\ni x\to -x\ln\tilde{f}(x)\text{为凸函数}.$$

定义 $g:=-\frac{\tilde{f}'}{\tilde{f}}$, 则有

$$\int_0^\infty g(x)\mathrm{d}x=\lim_{x\to\infty}(\ln\tilde{f}(0)-\ln\tilde{f}(x))=\infty.$$

另一方面, 我们还有

$$\int_0^\infty f(x)g(x)\mathrm{d}x\leqslant\int_0^\infty\tilde{f}(x)g(x)\mathrm{d}x=\lim_{x\to\infty}(\tilde{f}(0)-\tilde{f}(x))=\tilde{f}(0)<\infty.$$

这样, 该引理证毕. □

下面开始证明定理 5.7.

定理 5.7 的证明 先证明充分性. 为此, 设 $M:=\sup_{\alpha\in I}\mathbb{E}[\phi(|X_\alpha|)]<\infty$, 其中 ϕ 是一个一致可积测试函数. 由定义 5.6 得到: 对任意 $n\in\mathbb{N}$, 存在一个正的数列 $C_n\uparrow\infty$ $(n\to\infty)$ 使得 $\phi(x)\geqslant nMx$, $\forall x\geqslant C_n$. 于是, 对任意 $\alpha\in I$,

$$M\geqslant\mathbb{E}[\phi(|X_\alpha|)]\geqslant\mathbb{E}[\phi(|X_\alpha|)\mathbb{1}_{|X_\alpha|\geqslant C_n}]\geqslant nM\mathbb{E}[|X_\alpha|\mathbb{1}_{|X_\alpha|\geqslant C_n}].$$

这意味着: 对任意 $n\in\mathbb{N}$,

$$\sup_{\alpha\in I}\mathbb{E}[|X_\alpha|\mathbb{1}_{|X_\alpha|\geqslant C_n}]\leqslant n^{-1}.$$

因此 $\{X_\alpha\}_{\alpha\in I}$ 是 U.I..

下面证明必要性. 为此, 设 $\{X_\alpha\}_{\alpha\in I}$ 是 U.I.. 那么, 定义如下函数:

$$f(K):=\sup_{\alpha\in I}\mathbb{E}[|X_\alpha|\mathbb{1}_{|X_\alpha|\geqslant K}],\quad K>0. \tag{5.31}$$

显然, 函数 $K\to f(K)$ 是单减的. 进一步, 根据定义 5.5 有

$$\lim_{K\to\infty}f(K)=0.$$

于是, 由引理 5.4, 存在一个连续函数 $g:\mathbb{R}_+\to\mathbb{R}_+$ 使得 $x\to x\int_0^x g(y)\mathrm{d}y$ 为凸的且满足

$$\int_0^\infty g(x)\mathrm{d}x=+\infty,\quad \int_0^\infty f(x)g(x)\mathrm{d}x<+\infty. \tag{5.32}$$

定义如下函数:

$$\phi(x)=x\int_0^x g(y)\mathrm{d}y,\quad x>0. \tag{5.33}$$

由 (5.32) 得 $\lim_{x\to\infty}\dfrac{\phi(x)}{x}=+\infty$, 故 ϕ 是一个一致可积测试函数. 此外, ϕ 是凸的单增函数. 进一步, 我们还有: 对任意 $\alpha\in I$,

$$\begin{aligned}\mathbb{E}[\phi(|X_\alpha|)]&=\mathbb{E}\left[|X_\alpha|\int_0^\infty g(K)\mathbb{1}_{|X_\alpha|\geqslant K}\mathrm{d}K\right]\\&=\int_0^\infty g(K)\mathbb{E}\left[|X_\alpha|\mathbb{1}_{|X_\alpha|\geqslant K}\right]\mathrm{d}K\\&\leqslant\int_0^\infty g(K)f(K)\mathrm{d}K<+\infty.\end{aligned}$$

此即 $\sup_{\alpha\in I}\mathbb{E}[\phi(|X_\alpha|)]<\infty$. 至此, 该定理证毕. □

下面的练习给出了一类特殊的一致可积随机变量族:

练习 5.6 设 X 为概率空间 $(\Omega,\mathcal{F},\mathbb{P})$ 上的可积随机变量以及 $\mathcal{C}$ 为包含某些子事件域的非空集合, 那么随机变量族 $\{\mathbb{E}[X|\mathcal{G}]\}_{\mathcal{G}\in\mathcal{C}}$ 是一致可积的.

提示 由于任意可积的随机变量都是一致可积的, 那么由定理 5.7 有: 存在一个单增、凸的 U.I.T.F. ϕ 满足 $\mathbb{E}[\phi(|X|)]<+\infty$. 于是, 由 Jensen 不等式得到

$$\begin{aligned}\sup_{\mathcal{G}\in\mathcal{C}}\mathbb{E}\left[\phi\left(|\mathbb{E}[X|\mathcal{G}]|\right)\right]&\leqslant\sup_{\mathcal{G}\in\mathcal{C}}\mathbb{E}\left[\mathbb{E}[\phi\left(|X|\right)|\mathcal{G}]\right]\\&=\sup_{\mathcal{G}\in\mathcal{C}}\mathbb{E}[\phi(|X|)]\\&=\mathbb{E}[\phi(|X|)]<+\infty.\end{aligned}$$

因此, 再由定理 5.7 证得 $\{\mathbb{E}[X|\mathcal{G}]\}_{\mathcal{G}\in\mathcal{C}}$ 是一致可积的. □

我们下面引入和证明本节的主要结果——Vitali 收敛定理.

定理 5.8 (Vitali 收敛定理) 对于 $p\geqslant 1$, 设 $\{X_n\}_{n\geqslant 1}$ 和 X 是概率空间 $(\Omega,\mathcal{F},\mathbb{P})$ 上的一列实值随机变量且满足 $X_n\in L^p(\mathcal{F})$. 如果 $X_n\xrightarrow{\mathbb{P}}X$, $n\to\infty$, 那么如下条件等价:

(i) 随机变量列 $\{|X_n|^p\}_{n\geqslant 1}$ 是 U.I.;

(ii) $X_n\xrightarrow{L^p}X$, $n\to\infty$;

(iii) $\mathbb{E}[|X_n|^p]\to\mathbb{E}[|X|^p]$, $n\to\infty$, 其中 $X\in L^p(\mathcal{F})$.

证 首先假设 (i) 成立, 即 $\{|X_n|^p\}_{n\geqslant 1}$ 是一致可积的. 下面证明 (ii) 成立. 事实上, 对任意的 $\varepsilon > 0$, 我们有

$$\begin{aligned}\mathbb{E}[|X_n - X|^p] &= \mathbb{E}[|X_n - X|^p \mathbb{1}_{|X_n-X|>\varepsilon}] + \mathbb{E}[|X_n - X|^p \mathbb{1}_{|X_n-X|\leqslant\varepsilon}] \\ &\leqslant \mathbb{E}[|X_n - X|^p \mathbb{1}_{|X_n-X|>\varepsilon}] + \varepsilon^p.\end{aligned}$$

由于 $X_n \xrightarrow{\mathbb{P}} X$, $n \to \infty$, 故 $\mathbb{P}(|X_n - X| > \varepsilon) \to 0$, $n \to \infty$. 于是, 对任意 $\delta > 0$, 存在 $N \geqslant 1$, 当 $n \geqslant N$ 时,

$$\mathbb{P}(|X_n - X| > \varepsilon) \leqslant \delta.$$

根据不等式 $|X_n - X|^p \leqslant 2^{p-1}(|X_n|^p + |X|^p)$, 又因为 $\{|X_n|^p\}_{n\geqslant 1}$ 是 U.I., 那么 $\{|X_n - X|^p\}_{n\geqslant 1}$ 也是 U.I.. 故由引理 5.3 得到

$$\mathbb{E}[|X_n - X|^p \mathbb{1}_{|X_n-X|>\varepsilon}] < \delta.$$

由于 $\delta > 0$ 和 $\varepsilon > 0$ 都是任意的, 那么令其趋于 0, 从而得到 $\lim_{n\to\infty} \mathbb{E}[|X_n - X|^p] = 0$, 此即 (ii) 成立.

下面假设 (ii) 成立. 注意到 $X = X_n + (X - X_n) = X_n - (X_n - X)$, 那么由 Minkowski 不等式得

$$\begin{aligned}\{\mathbb{E}[|X_n|^p]\}^{\frac{1}{p}} - \{\mathbb{E}[|X_n - X|^p]\}^{\frac{1}{p}} &\leqslant \{\mathbb{E}[|X|^p]\}^{\frac{1}{p}} \\ &\leqslant \{\mathbb{E}[|X_n|^p]\}^{\frac{1}{p}} + \{\mathbb{E}[|X_n - X|^p]\}^{\frac{1}{p}}.\end{aligned}$$

那么, 对上不等式左边关于 $n \to \infty$ 取上极限, 而在右边关于 $n \to \infty$ 取下极限, 则有

$$\overline{\lim_{n\to\infty}} \{\mathbb{E}[|X_n|^p]\}^{\frac{1}{p}} \leqslant \{\mathbb{E}[|X|^p]\}^{\frac{1}{p}} \leqslant \underline{\lim_{n\to\infty}} \{\mathbb{E}[|X_n|^p]\}^{\frac{1}{p}}.$$

这得到 (iii) 成立.

下面假设 (iii) 成立. 为此, 我们构造如下有界连续函数 (参见图 5.1): 对于 $M > 1$ 和 $x \geqslant 0$,

$$g_M(x) := \begin{cases} x, & x \in [0, M-1], \\ \text{线性插值}, & x \in [M-1, M], \\ 0, & x \geqslant M. \end{cases} \tag{5.34}$$

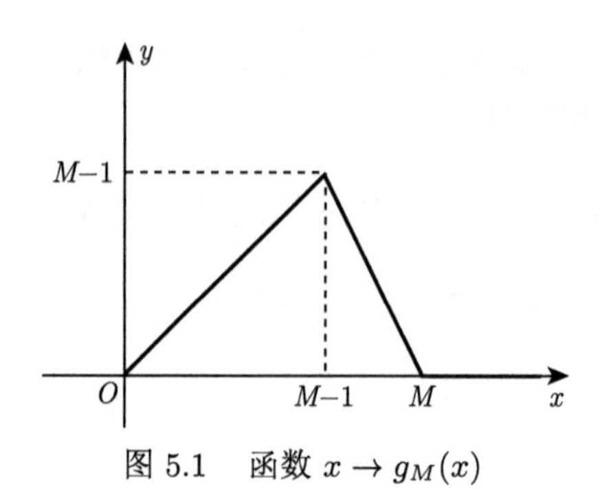

图 5.1 函数 $x \to g_M(x)$

于是 $g_M(x) \uparrow x$, $M \to \infty$ 和 $x\mathbb{1}_{x \leqslant M-1} \leqslant g_M(x) \leqslant x\mathbb{1}_{x \leqslant M}$. 因此,

$$\mathbb{E}[g_M(|X_n|^p)] \leqslant \mathbb{E}[|X_n|^p \mathbb{1}_{|X_n|^p \leqslant M}], \tag{5.35}$$

$$\mathbb{E}[g_M(|X|^p)] \geqslant \mathbb{E}[|X|^p \mathbb{1}_{|X|^p \leqslant M-1}]. \tag{5.36}$$

由于 $X_n \xrightarrow{\mathbb{P}} X$, $n \to \infty$, 那么, 由 5.4 节中的连续映射定理 (定理 5.11) 得到

$$|X_n|^p \xrightarrow{\mathbb{P}} |X|^p, \quad n \to \infty.$$

因为 $x \to g_M(x)$ 为有界连续函数, 那么根据控制收敛定理有

$$\lim_{n\to\infty} \mathbb{E}[g_M(|X_n|^p)] = \mathbb{E}[g_M(|X|^p)].$$

应用 (5.35) 和 (5.36), 我们得到

$$\varliminf_{n\to\infty} \mathbb{E}[|X_n|^p \mathbb{1}_{|X_n|^p \leqslant M}] \geqslant \lim_{n\to\infty} \mathbb{E}[g_M(|X_n|^p)] = \mathbb{E}[g_M(|X|^p)] \geqslant \mathbb{E}[|X|^p \mathbb{1}_{|X|^p \leqslant M-1}].$$

于是,

$$\mathbb{E}[|X|^p \mathbb{1}_{|X|^p \leqslant M-1}] \leqslant \varliminf_{n\to\infty} \mathbb{E}[|X_n|^p \mathbb{1}_{|X_n|^p \leqslant M}].$$

注意到, 如下关系式成立:

$$\mathbb{E}[|X|^p] - \mathbb{E}[|X|^p \mathbb{1}_{|X|^p > M-1}] \leqslant \varliminf_{n\to\infty} \left\{\mathbb{E}[|X_n|^p] - \mathbb{E}[|X_n|^p \mathbb{1}_{|X_n|^p > M}]\right\}.$$

再由 (iii) 得到

$$\mathbb{E}[|X|^p \mathbb{1}_{|X|^p > M-1}] \geqslant \varlimsup_{n\to\infty} \mathbb{E}[|X_n|^p \mathbb{1}_{|X_n|^p > M}].$$

由于 $X \in L^p(\mathcal{F})$, 故 $\mathbb{E}[|X|^p \mathbb{1}_{|X|^p > M-1}] \leqslant \mathbb{E}[|X|^p] < +\infty$ 且其并不依赖于 M. 由于 $\lim_{M\to\infty} \mathbb{E}[|X|^p \mathbb{1}_{|X|^p > M-1}] = 0$, 故对任意 $\varepsilon > 0$, 存在 $M_0 = M_0(\varepsilon) > 0$ 和 $m = m(\varepsilon) \geqslant 1$ 使得: 当 $M > M_0$ 时,

$$\sup_{n>m} \mathbb{E}[|X_n|^p \mathbb{1}_{|X_n|^p > M}] < \frac{\varepsilon}{2}.$$

注意到, 对每个 $n \geqslant 1$, $X_n \in L^p(\mathcal{F})$. 于是, 存在 $M_1 = M_1(\varepsilon) > 0$, 当 $M > M_0 \vee M_1$ 时, 我们有

$$\sup_{n\geqslant 1} \mathbb{E}[|X_n|^p \mathbb{1}_{|X_n|^p > M}] < \varepsilon.$$

这证明了 $\{X_n\}_{n\geqslant 1}$ 是 U.I., 即 (i) 成立. □

5.3 Skorokhod 表示定理

本节讨论几乎处处收敛与依分布收敛的关系. 两者之间的关系可以由如下引入的 Skorokhod 表示定理来给出. 此外, Skorokhod 表示定理也是证明 5.4 节中的连续映射定理的主要工具.

定理 5.9 (Skorokhod 表示定理) 设 $\{X_n\}_{n\geqslant 1}$ 和 X 为概率空间 $(\Omega, \mathcal{F}, \mathbb{P})$ 上的一列实值随机变量且满足

$$X_n \xrightarrow{d} X, \quad n \to \infty.$$

那么, 存在一个概率空间 $(\tilde{\Omega}, \tilde{\mathcal{F}}, \tilde{\mathbb{P}})$ 和其下的一列随机变量 $\{\tilde{X}_n\}_{n\geqslant 1}$ 和 $\tilde{X}$ 满足

(i) $\tilde{X}_n \overset{d}{=} X_n$, $\forall n \geqslant 1$;

(ii) $\tilde{X} \overset{d}{=} X$;

(iii) $\tilde{\mathbb{P}}(\lim_{n\to\infty} \tilde{X}_n = \tilde{X}) = 1$, i.e., 在概率测度 $\tilde{\mathbb{P}}$ 下, $\tilde{X}_n \xrightarrow{\text{a.e.}} \tilde{X}$, $n \to \infty$.

证 设 $\{F_n(x)\}_{n\geqslant 1}$ 和 $F(x)$, $x \in \mathbb{R}$ 分别为 $\{X_n\}_{n\geqslant 1}$ 和 X 的分布函数. 让我们定义概率空间:

$$(\tilde{\Omega}, \tilde{\mathcal{F}}, \tilde{\mathbb{P}}) = ((0,1], \mathcal{B}_{(0,1]}, m), \quad m \text{ 为 Lebesgue 测度}.$$

进一步, 定义如下 $\tilde{\Omega}$ 上的函数: 对任意 $\omega \in \tilde{\Omega} = (0,1]$,

$$\tilde{X}(\omega) := \inf\{x \in \mathbb{R};\ F(x) \geqslant w\}. \tag{5.37}$$

由于 $F(x)$ 为分布函数, 故其是右连续、单调不减的, 于是 $\omega \to \tilde{X}(\omega)$ 也是单调不减的 (图 5.2), 故 $\omega \to \tilde{X}(\omega)$ 是可测的. 因此, $\tilde{X}(\omega)$ 为 $(\tilde{\Omega}, \tilde{\mathcal{F}}, \tilde{\mathbb{P}})$ 上的随机变量. 进一步, 我们还有

$$x \geqslant \tilde{X}(\omega) \Longleftrightarrow F(x) \geqslant \omega. \tag{5.38}$$

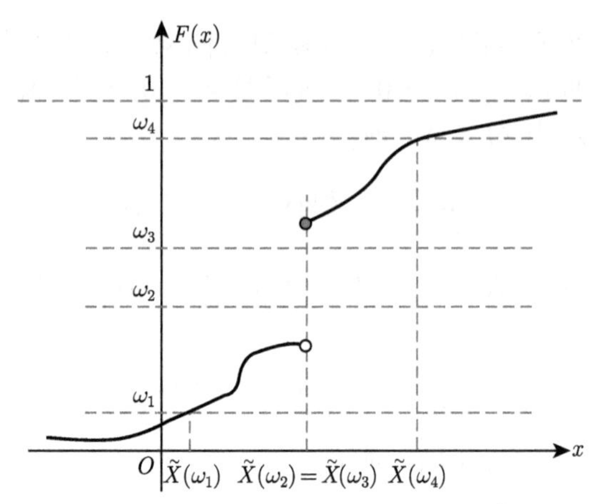

图 5.2 由 (5.37) 所定义的函数 $\omega \to \tilde{X}(\omega)$

事实上, 如果 $x \geqslant \tilde{X}(\omega)$, 则存在 $x' \leqslant x$ 使得 $F(x') \geqslant \omega$. 再由 $F(x)$ 的单增性有: $F(x) \geqslant F(x') \geqslant \omega$. 反之, 如果 $F(x) \geqslant \omega$, 则由定义 (5.37) 得 $\tilde{X}(\omega) \leqslant x$. 于是, 由 (5.38) 得到 $\tilde{X}$ 的分布函数为: 对任意 $x \in \mathbb{R}$,

$$\tilde{\mathbb{P}}(\{\omega \in \tilde{\Omega};\ \tilde{X}(\omega) \leqslant x\}) = m(\{\omega \in (0,1];\ \omega \leqslant F(x)\}) = F(x),$$

此即 $\tilde{X} \stackrel{d}{=} X$. 类似于定义 (5.37), 我们定义, 对任意 $n \geqslant 1$,

$$\tilde{X}_n(\omega) := \inf\{x \in \mathbb{R};\ F_n(x) \geqslant w\}, \quad \omega \in \tilde{\Omega}. \tag{5.39}$$

应用证明 (5.38) 类似的方法, 我们同样证得 $\tilde{X}_n \stackrel{d}{=} X_n$, $n \geqslant 1$.

下面证明: 在概率测度 $\tilde{\mathbb{P}}$ 下, $\tilde{X}_n \xrightarrow{\text{a.e.}} \tilde{X}$, $n \to \infty$. 对任意 $\omega \in \tilde{\Omega} = (0,1]$ 和 $\varepsilon > 0$, 取 $x \in C_F$ 满足

$$\tilde{X}(\omega) - \varepsilon < x < \tilde{X}(\omega),$$

这样的 x 的存在性是由于 $F(x)$ 的跳是可数的, 故每个非空区间一定包含 $F(x)$ 的一个连续点. 根据 $x < \tilde{X}(\omega)$ 和定义 (5.37) 得到: $F(x) < \omega$. 由于 $F_n \Longrightarrow F$, $n \to \infty$, 即 $F_n(x) \to F(x)$, $x \in C_F$, $n \to \infty$. 于是, 存在一个常数 $M > 0$ 使得: 当 $n > M$ 时, $F_n(x) < \omega$. 这意味着 $x < \tilde{X}_n(\omega)$, $n > M$. 因此, 当 $n > M$ 时, 我们得到

$$\tilde{X}(\omega) - \varepsilon < x < \tilde{X}_n(\omega).$$

故对任意 $\varepsilon > 0$, 我们有

$$\varliminf_{n\to\infty} \tilde{X}_n(\omega) > \tilde{X}(\omega) - \varepsilon.$$

因此, 根据 $\varepsilon>0$ 的任意性得到: $\underline{\lim}_{n\to\infty}\tilde{X}_n(\omega)\geqslant\tilde{X}(\omega)$.

现在, 对任意 $\omega'>\omega$ 和 $\varepsilon>0$, 取 $y\in C_F$ 满足

$$\tilde{X}(\omega')<y<\tilde{X}(w')+\varepsilon.$$

仍由定义 (5.37) 得到 $\omega<\omega'\leqslant F(y)$. 由于 $F_n\Longrightarrow F$, $n\to\infty$, 即 $F_n(y)\to F(y)$, $y\in C_F$, $n\to\infty$. 那么, 存在一个常数 $M'>0$ 使得: 当 $n>M'$ 时, $F_n(y)>\omega$. 再由 (5.38) 有: $\tilde{X}_n(\omega)\leqslant y$, $\forall n>M'$. 因此, 当 $n>M'$ 时, 我们得到

$$\tilde{X}_n(\omega)\leqslant y<\tilde{X}(\omega')+\varepsilon.$$

于是, 对任意 $\varepsilon>0$,

$$\overline{\lim_{n\to\infty}}\tilde{X}_n(\omega)\leqslant\tilde{X}(\omega')+\varepsilon.$$

因此, 根据 $\varepsilon>0$ 的任意性得到: $\overline{\lim}_{n\to\infty}\tilde{X}_n(\omega)\leqslant\tilde{X}(\omega')$. 联合上面的结果, 我们最终得到: 对任意 $\omega'>\omega$,

$$\tilde{X}(\omega)\leqslant\underline{\lim_{n\to\infty}}\tilde{X}_n(\omega)\leqslant\overline{\lim_{n\to\infty}}\tilde{X}_n(\omega)\leqslant\tilde{X}(\omega'). \tag{5.40}$$

如果 $w\in C_{\tilde{X}}$, 即 ω 为 $\tilde{X}(\omega)$ 的连续点, 则在 (5.40) 中, 令 $\omega'\downarrow\omega$, 那么有

$$\lim_{n\to\infty}\tilde{X}_n(\omega)=\tilde{X}(\omega).$$

设 $D_{\tilde{X}}\subset\tilde{\Omega}$ 表示 $\tilde{X}(\omega)$ 所有不连续点的集合. 由于 $\omega\to\tilde{X}(\omega)$ 是单增函数, 故 $D_{\tilde{X}}$ 是可数的. 于是,

$$\tilde{\mathbb{P}}(D_{\tilde{X}})=m(D_{\tilde{X}})=0.$$

这证得: 在概率测度 $\tilde{\mathbb{P}}$ 下, $\tilde{X}_n\xrightarrow{\text{a.e.}}\tilde{X}$, $n\to\infty$. □

定理 5.9 给出的是实值随机变量情形的 Skorokhod 表示定理. 对于取值于一般空间值 (Polish 空间, 即完备可分的度量空间), 随机变量列的 Skorokhod 表示定理由乌克兰数学家 A. V. Skorokhod (1930—2011) 在文献 [19] 中证得. 1956—1964 年, Skorokhod 在乌克兰基辅大学任教. 随后, 他于 1964—2002 年在乌克兰国家科学院数学研究所工作. 自 1993 年以来, 他还是美国密歇根州立大学数学系教授, 同时也是美国艺术与科学院院士. Skorokhod 在随机微分方程、随机过程的极限定理和随机过程与 Markov 过程的统计等领域取得了一系列重要成果, 发表论文 450 多篇, 撰写 40 多部专著和教材.

定理 5.10 (Skorokhod[19]) 设 (S,d) 是一个 Polish 空间, $\{\mu_n\}_{n\geqslant 1}\subset\mathcal{P}(S)$ 和 $\mu\in\mathcal{P}(S)$. 如果 $\mu_n\Longrightarrow\mu$, $n\to\infty$①, 那么, 存在一个概率空间 $(\tilde{\Omega},\tilde{\mathcal{F}},\tilde{\mathbb{P}})$ 和其上的 S-值随机变量 $\{X_n\}_{n\geqslant 1}$, X 使得

- X_n 的分布为 μ_n;
- X 的分布为 μ;
- 在概率测度 $\tilde{\mathbb{P}}$ 下, $X_n\xrightarrow{\text{a.e.}}X$, $n\to\infty$.

读者也可参考文献 [6] (第 274—276 页) 关于上述定理 5.10 的证明 (仍取概率空间 $(\tilde{\Omega},\tilde{\mathcal{F}},\tilde{\mathbb{P}})=((0,1],\mathcal{B}_{(0,1]},m))$.

5.4 连续映射定理

我们已经在 5.3 节证明 Vitali 收敛定理 (定理 5.8) 的过程中用到了连续映射定理 (continuous mapping theorem). 连续映射定理的结论告诉我们: 几乎处处收敛、依概率收敛和依分布收敛在一个连续函数作用下, 初始的收敛性保持不变.

下面引入连续映射定理的一般形式. 为此, 设 $\{X_n\}_{n\geqslant 1}$ 和 X 为概率空间 $(\Omega,\mathcal{F},\mathbb{P})$ 上的一列实值随机变量. 对任意可测函数 $g:\mathbb{R}\to\mathbb{R}$, 我们定义函数 g 的不连续点的集合:

$$D_g:=\{x\in\mathbb{R};\ x \text{ 为可测函数 } g \text{ 的不连续点}\}. \tag{5.41}$$

那么, 连续映射定理可表述为

定理 5.11 (连续映射定理) 如果 $\mathbb{P}(X\in D_g)=0$, 则如下结论成立:

(i) $X_n\xrightarrow{\mathbb{P}}X$, $n\to\infty\Longrightarrow g(X_n)\xrightarrow{\mathbb{P}}g(X)$, $n\to\infty$;

(ii) $X_n\xrightarrow{\text{a.e.}}X$, $n\to\infty\Longrightarrow g(X_n)\xrightarrow{\text{a.e.}}g(X)$, $n\to\infty$;

(iii) $X_n\xrightarrow{d}X$, $n\to\infty\Longrightarrow g(X_n)\xrightarrow{d}g(X)$, $n\to\infty$.

证 先证 (i). 对任意 $\varepsilon>0$ 和 $\delta>0$, 定义如下集合:

$$B_\delta^\varepsilon:=\{x\notin D_g;\ \exists y\in\mathbb{R} \text{ 使得 } |x-y|\leqslant\delta \text{ 和 } |g(x)-g(y)|>\varepsilon\}.$$

于是, 根据 D_g 的定义 (5.41), 我们有: 当 $\delta\downarrow 0$ 时, $B_\delta^\varepsilon\downarrow\varnothing$. 另一方面, 我们注意到

$$\begin{aligned}&\{\omega\in\Omega;\ |g(X_n(\omega))-g(X(\omega))|>\varepsilon\}\\ \subset&\{\omega\in\Omega;\ |X_n(\omega)-X(\omega)|>\delta\}\\ &\cup\{\omega\in\Omega;\ X(\omega)\in D_g\}\cup\{\omega\in\Omega;\ X(\omega)\in B_\delta^\varepsilon\}.\end{aligned}$$

① $\mu_n\Longrightarrow\mu$, $n\to\infty$ 表示概率测度的弱收敛, 其定义将在 5.5 节中引入.

因此, 由题设条件 $\mathbb{P}(X \in D_g) = 0$ 得到

$$\mathbb{P}(|g(X_n) - g(X)| > \varepsilon) \leqslant \mathbb{P}(|X_n - X| > \delta) + \mathbb{P}(X \in B_\delta^\varepsilon).$$

根据 $X_n \xrightarrow{\mathbb{P}} X$, $n \to \infty$, 那么, 对任意 $\delta > 0$, $\lim_{n\to\infty} \mathbb{P}(|X_n - X| > \delta) = 0$. 再利用概率测度的上连续性得到: $\lim_{\delta\downarrow 0} \mathbb{P}(X \in B_\delta^\varepsilon) = 0$. 于是有

$$\lim_{n\to\infty} \mathbb{P}(|g(X_n) - g(X)| > \varepsilon) = 0,$$

此即 $g(X_n) \xrightarrow{\mathbb{P}} g(X)$, $n \to \infty$.

下证 (ii). 首先注意到: 对任意 $w^* \in \{X \notin D_g\} \cap \{\lim_{n\to\infty} X_n(\omega) = X(\omega)\}$, 即 $X(\omega^*)$ 为 g 的连续点且 $\lim_{n\to\infty} X_n(\omega^*) = X(\omega^*)$, 则有

$$w^* \in \left\{\lim_{n\to\infty} g(X_n) = g(X)\right\}.$$

因此如下不等式成立:

$$\begin{aligned}
\mathbb{P}\left(\lim_{n\to\infty} g(X_n) = g(X)\right) &\geqslant \mathbb{P}\left(X \notin D_g,\ \lim_{n\to\infty} X_n = X\right) \\
&= \mathbb{P}\left(\lim_{n\to\infty} X_n = X\right) - \mathbb{P}\left(X \in D_g,\ \lim_{n\to\infty} X_n = X\right) \\
&\geqslant \mathbb{P}\left(\lim_{n\to\infty} X_n = X\right) - \mathbb{P}(X \in D_g) \\
&= 1 - 0 = 1.
\end{aligned}$$

这样证得 $\mathbb{P}(\lim_{n\to\infty} g(X_n) = g(X)) = 1$, 此即 $g(X_n) \xrightarrow{\text{a.e.}} g(X)$, $n \to \infty$.

最后, 我们应用 Skorokhod 表示定理 (定理 5.9) 来证明 (iii). 事实上, 由于 $X_n \xrightarrow{d} X$, $n \to \infty$, 则根据 Skorokhod 表示定理知: 存在一个概率空间 $(\tilde{\Omega}, \tilde{\mathcal{F}}, \tilde{\mathbb{P}})$ 以及其上的一列随机变量 $\{\tilde{X}_n\}_{n\geqslant 1}$ 和 $\tilde{X}$ 满足 (a) $\tilde{X}_n \stackrel{d}{=} X_n$, $\forall n \geqslant 1$; (b) $\tilde{X} \stackrel{d}{=} X$; (c) 在该概率测度 $\tilde{\mathbb{P}}$ 下, $\tilde{X}_n \xrightarrow{\text{a.e.}} \tilde{X}$, $n \to \infty$. 于是,

$$\tilde{\mathbb{P}}(\tilde{X} \in D_g) = \mathbb{P}(X \in D_g) = 0.$$

那么, 应用 (ii) 的结论, 我们得到

$$\tilde{\mathbb{P}}\left(\lim_{n\to\infty} g(\tilde{X}_n) = g(\tilde{X})\right) = 1.$$

这立即推出, 在概率测度 $\tilde{\mathbb{P}}$ 下,

$$g(\tilde{X}_n) \xrightarrow{d} g(\tilde{X}), \quad n \to \infty. \tag{5.42}$$

定义 $F_g(x) := \mathbb{P}(g(X) \leqslant x)$, $x \in \mathbb{R}$. 于是, 由 (b) 得到 $F_g(x) = \tilde{\mathbb{P}}(g(\tilde{X}) \leqslant x)$, $x \in \mathbb{R}$. 因此 (5.42) 等价于

$$\lim_{n\to\infty} \tilde{\mathbb{P}}(g(\tilde{X}_n) \leqslant x) = F_g(x), \quad \forall x \in C_{F_g}.$$

应用 (a), 则有: $\tilde{\mathbb{P}}(g(\tilde{X}_n) \leqslant x) = \mathbb{P}(g(X_n) \leqslant x)$. 于是, 我们得到

$$\lim_{n\to\infty} \mathbb{P}(g(X_n) \leqslant x) = F_g(x), \quad \forall x \in C_{F_g},$$

此即, 在概率测度 $\tilde{\mathbb{P}}$ 下, $g(X_n) \xrightarrow{d} g(X)$, $n \to \infty$. □

注意到, 连续映射定理 (定理 5.11) 对于 L^p-收敛并不成立. 然而, 如果将定理 5.11 中的函数加强为 Lipschitz 函数, 那么定理 5.11 对 L^p-收敛也成立 (参见习题 5 的第 20 题). 在介绍完 5.5 节中的概率测度的弱收敛概念之后, 我们可以将定理 5.11 的结论拓展到 X_n, X 的取值空间为一般的度量空间上 (参见习题 5 的第 1 题和第 2 题). 特别地, X_n, X 取值为 $\mathbb{R}^d$ 所对应的结果将在下面的章节中用到. 下面的练习是 $\mathbb{R}^2$ 情形下的连续映射定理的一个具体应用:

练习 5.7 设 $\{X_n\}_{n\geqslant 1}$, $\{Y_n\}_{n\geqslant 1}$ 和 X, Y 为定义在概率空间 $(\Omega, \mathcal{F}, \mathbb{P})$ 上的实值随机变量. 如果 $X_n \xrightarrow{\mathbb{P}} X$ 和 $Y_n \xrightarrow{\mathbb{P}} Y$, $n \to \infty$, 则

$$X_n \pm Y_n \xrightarrow{\mathbb{P}} X \pm Y, \quad X_nY_n \xrightarrow{\mathbb{P}} XY, \quad n \to \infty.$$

提示 由练习 5.2, 我们有

$$(X_n, Y_n) \xrightarrow{\mathbb{P}} (X, Y), \quad n \to \infty.$$

那么, 由定理 5.11, 取 $\mathbb{R}^2$ 上的连续函数 $g(x,y) = x \pm y$ 和 $g(x,y) = xy$, 则证得该练习的结论. □

下面的例子是定理 5.11 和练习 5.7 的一个联合应用:

例 5.3 设 $\{X_n\}_{n\geqslant 1}$ 为概率空间 $(\Omega, \mathcal{F}, \mathbb{P})$ 上的一列独立同分布 (i.i.d.) 随机变量列且 $\mu = \mathbb{E}[X_1] \in \mathbb{R}$ 和 $\sigma^2 = \mathrm{Var}[X_1] > 0$. 那么, 根据弱大数定律有

$$\overline{X}_n := \frac{1}{n}\sum_{i=1}^n X_i \xrightarrow{\mathbb{P}} \mu, \quad n \to \infty, \tag{5.43}$$

$$\frac{1}{n}\sum_{i=1}^n (X_i - \mu)^2 \xrightarrow{\mathbb{P}} \sigma^2, \quad n \to \infty. \tag{5.44}$$

定义 $\mathbb{R}$ 上的连续函数 $g_1(x) = (x-\mu)^2$, $x \in \mathbb{R}$. 于是, 应用定理 5.11-(i) 得到: $g(\overline{X}_n) \xrightarrow{\mathbb{P}} g(\mu) = 0$, $n \to \infty$, 此即

$$\left(\overline{X}_n - \mu\right)^2 \xrightarrow{\mathbb{P}} 0, \quad n \to \infty. \tag{5.45}$$

那么, 将练习 5.2 应用到 (5.44) 和 (5.45) 得到

$$\left(\frac{1}{n}\sum_{i=1}^{n}(X_i-\mu)^2, \left(\overline{X}_n-\mu\right)^2\right) \xrightarrow{\mathbb{P}} (\sigma^2, 0), \quad n\to\infty.$$

因此, 根据练习 5.7 得到

$$\hat{\sigma}_n^2 := \frac{1}{n}\sum_{i=1}^{n}(X_i-\mu)^2 - \left(\overline{X}_n-\mu\right)^2 \xrightarrow{\mathbb{P}} \sigma^2, \quad n\to\infty. \tag{5.46}$$

通过简单计算得到

$$\hat{\sigma}_n^2 = \frac{1}{n}\sum_{i=1}^{n}\left(X_i-\overline{X}_n\right)^2, \quad n\geqslant 1.$$

于是, 依概率收敛 (5.46) 给出了

$$\hat{\sigma}_n^2 = \frac{1}{n}\sum_{i=1}^{n}\left(X_i-\overline{X}_n\right)^2 \xrightarrow{\mathbb{P}} \sigma^2, \quad n\to\infty.$$

5.5 概率测度的弱收敛

5.1 节中的定义 5.4 通过分布函数给出了实值随机变量列依分布收敛的概念. 然而, 对于一般空间值 (如度量空间) 的随机变量, 其无法定义分布函数. 那么, 一般空间值随机变量列的依分布收敛不能通过分布函数的收敛来定义. 为此, 我们可以将分布函数用随机变量的分布 (作为一个概率测度) 来替代, 从而定义一般空间值随机变量列的依分布收敛, 这本质上就是本节所介绍的概率测度弱收敛的概念.

下面首先给出概率测度弱收敛的定义. 为此, 设 S 为一个拓扑空间, 而 $\mathcal{B}_S$ 为由 S 中所有开集生成的 σ-代数 (即 Borel σ-代数). 用 $C_b(S)$ 表示定义在 S 上的所有有界实值连续函数的全体. 于是:

定义 5.7 (概率测度列的弱收敛) 设 $\{\mu_n\}_{n\geqslant 1}\subset\mathcal{P}(S)$ 和 $\mu\in\mathcal{P}(S)$. 如果对任意 $f\in C_b(S)$ 满足

$$\lim_{n\to\infty}\mu_n(f)\left(:=\int_S f\mathrm{d}\mu_n\right) = \mu(f)\left(:=\int_S f\mathrm{d}\mu\right), \tag{5.47}$$

那么称概率测度列 $\{\mu_n\}_{n\geqslant 1}$ 弱收敛到概率测度 μ. 以后, 我们记为

$$\mu_n \Longrightarrow \mu, \quad n\to\infty. \tag{5.48}$$

注意到: 对于 $f \in C_b(S)$, 由于 f 有界, 故积分 $\mu_n(f)$ 和 $\mu(f)$ 都是有限的. 设 $\{X_n\}_{n\geqslant 1}$ 和 X 为概率空间 $(\Omega, \mathcal{F}, \mathbb{P})$ 上的一列 S-值随机变量. 设 $\mathcal{P}_{X_n}$ 和 $\mathcal{P}_X$ 分别表示 X_n 和 X 的分布. 那么, 根据定义 5.7 和变量变换公式 (参见定理 3.9), 我们则有

$$\boxed{\mathcal{P}_{X_n} \Longrightarrow \mathcal{P}_X, n \to \infty \text{ 当且仅当 } \mathbb{E}[f(X_n)] \to \mathbb{E}[f(X)], n \to \infty, \forall f \in C_b(S).}$$

设 $\{x_n\}_{n\geqslant 1} \subset S$ 和 $x^* \in S$. 那么, 对于 $X_n = x_n$, $n \geqslant 1$ 和 $X = x^*$, 随机变量 X_n 和 X 的分布分别为

$$\mathcal{P}_{X_n} = \delta_{x_n}, n \geqslant 1 \quad \text{和} \quad \mathcal{P}_X = \delta_x.$$

根据上面的等价条件, 我们得到

$$\delta_{x_n} \Longrightarrow \delta_x, n \to \infty \Longleftrightarrow f(x_n) \to f(x), n \to \infty, \forall f \in C_b(S).$$

显然, 如果 $x_n \to x^*$, $n \to \infty$, 则对任意 $f \in C_b(\mathbb{R})$, 我们有

$$\mu_n(f) = f(x_n) \to f(x^*) = \mu(f), \quad n \to \infty.$$

于是, $\delta_{x_n} \Longrightarrow \delta_{x^*}$, $n \to \infty$.

下面的定理 5.12 表明: 实值随机变量列的依分布收敛事实上等价于其相应分布列 (视为 $\mathcal{P}(\mathbb{R})$ 中的概率测度列) 的弱收敛. 为此, 我们首先给出下面的一个预备结果:

引理 5.5　设 (S, d) 是一个度量空间以及 $h: S \to \mathbb{R}$ 是一个非负下半连续函数:

- 函数 h 的下半连续性等价于对任意 $x \in S$, $h(x) \leqslant \underline{\lim}_{y\to x} h(y)$ 或等价于对任意 $\alpha \in \mathbb{R}$, h 的水平集 $\{x \in S;\ h(x) \leqslant \alpha\}$ 是闭的.

我们定义如下一列非负单增函数 (inf-convolution), 即对任意 $k \in \mathbb{N}$,

$$h_k(x) := \inf_{y\in S} \{h(y) + kd(x,y)\}, \quad \forall x \in S. \tag{5.49}$$

那么, 对任意 $k \in \mathbb{N}$, 非负函数 h_k 是 Lipschitz 连续的 (因此是一致连续的). 进一步, 对每一个 $x \in S$, 我们还有

$$h_k(x) \uparrow h(x), \quad k \to \infty. \tag{5.50}$$

证　因为 h 是非负的, 故 h_k, $k \geqslant 1$ 是良定的. 事实上, 由 h_k 的定义 (5.49), 则我们有

$$0 \leqslant h_k(x) \leqslant h(x) + kd(x,x) = h(x) + 0 = h(x), \quad \forall x \in S.$$

那么, 由 (5.49) 得到: $0 \leqslant h_k(x) \uparrow h(x)$, $k \to \infty$. 另一方面, 应用不等式 $|\inf f - \inf g| \leqslant \sup|f-g|$, 则对任意 $x, z \in S$,

$$
\begin{aligned}
|h_k(x) - h_k(z)| &= \left|\inf_{y\in S}\{h(y)+kd(x,y)\} - \inf_{y\in S}\{h(y)+kd(z,y)\}\right| \\
&\leqslant \sup_{y\in S}|h(y)+kd(x,y)-(h(y)+kd(z,y))| \\
&= k\sup_{y\in S}|d(x,y)-d(y,z)| \\
&\leqslant kd(x,z).
\end{aligned}
$$

这样, 该引理得证. □

下面的定理证明了随机变量列的依分布收敛与其分布弱收敛的等价性:

定理 5.12 设 $\{X_n\}_{n\geqslant 1}$ 和 X 为定义在概率空间 $(\Omega, \mathcal{F}, \mathbb{P})$ 上的一列实值随机变量, 则有

$$
X_n \xrightarrow{d} X, n \to \infty \text{ 当且仅当 } \mathcal{P}_{X_n} \Longrightarrow \mathcal{P}_X, n \to \infty,
$$

其中 $\mathcal{P}_{X_n}$ 和 $\mathcal{P}_X$ 分别表示随机变量 X_n 和 X 的分布.

证 首先假设 $X_n \xrightarrow{d} X$, $n \to \infty$. 那么, 根据 Skorokhod 表示定理 (定理 5.9) 得到: 存在一个概率空间 $(\tilde{\Omega}, \tilde{\mathcal{F}}, \tilde{\mathbb{P}})$ 以及其上的一列随机变量 $\{\tilde{X}_n\}_{n\geqslant 1}$ 和 $\tilde{X}$ 满足

(a) $\tilde{X}_n \overset{d}{=} X_n$, $\forall n \geqslant 1$;

(b) $\tilde{X} \overset{d}{=} X$;

(c) 在概率测度 $\tilde{\mathbb{P}}$ 下, $\tilde{X}_n \xrightarrow{\text{a.e.}} \tilde{X}$, $n \to \infty$.

于是, 对任意 $f \in C_b(\mathbb{R})$, 应用连续映射定理 (定理 5.11)-(ii) 得到: 在概率测度 $\tilde{\mathbb{P}}$ 下,

$$
f(\tilde{X}_n) \xrightarrow{\text{a.e.}} f(\tilde{X}), \quad n \to \infty.
$$

另一方面, 由于 f 有界, 即存在一个常数 $M_f > 0$ 使得 $|f(\tilde{X}_n)| \leqslant M_f$, $\forall n \geqslant 1$. 那么, 根据有界收敛定理得到

$$
\lim_{n\to\infty} \tilde{\mathbb{E}}[f(\tilde{X}_n)] = \tilde{\mathbb{E}}[\lim_{n\to\infty} f(\tilde{X}_n)] = \tilde{\mathbb{E}}[f(\tilde{X})], \tag{5.51}
$$

其中 $\tilde{\mathbb{E}}$ 表示在概率测度 $\tilde{\mathbb{P}}$ 下的数学期望. 再由上面的 (a) 和 (b) 得到

$$
\mathcal{P}_{X_n}(f) = \mathbb{E}[f(X_n)] = \tilde{\mathbb{E}}[f(\tilde{X}_n)], \quad \mathcal{P}_X(f) = \mathbb{E}[f(X)] = \tilde{\mathbb{E}}[f(\tilde{X})].
$$

这样, 上面的收敛 (5.51) 意味着: 对任意 $f \in C_b(\mathbb{R})$,

$$\lim_{n\to\infty} \mathcal{P}_{X_n}(f) = \mathcal{P}_X(f), \quad n\to\infty, \tag{5.52}$$

此即 $\mathcal{P}_{X_n} \Longrightarrow \mathcal{P}_X$, $n\to\infty$.

下面假设 $\mathcal{P}_{X_n} \Longrightarrow \mathcal{P}_X$, $n\to\infty$, 即等价于

$$\lim_{n\to\infty} \mathbb{E}[f(X_n)] = \mathbb{E}[f(X)], \quad \forall f \in C_b(\mathbb{R}).$$

首先, 对任意 $\alpha \in \mathbb{R}$, 根据引理 5.5 得到: 存在一列非负函数 $f_k^{\pm} \in C_b(\mathbb{R})$, $k \geqslant 1$ 满足, 对任意 $x \in \mathbb{R}$,

$$f_k^-(x) \uparrow \mathbb{1}_{(-\infty,\alpha)}(x) \quad 和 \quad f_k^+(x) \downarrow \mathbb{1}_{(-\infty,\alpha]}(x), \quad n\to\infty. \tag{5.53}$$

得到上面的第一个收敛之所以可以应用引理 5.5, 我们只需注意到: $\mathbb{R} \ni x \to \mathbb{1}_{(-\infty,\alpha)}(x)$ 是非负下半连续的 (这是因为 $(-\infty,\alpha)$ 是一个开集), 如图 5.3 所示. 又因为 $\mathbb{R} \ni x \to -\mathbb{1}_{(-\infty,\alpha]}(x) \geqslant -1$ 是具有下界的下半连续函数, 故对 $\mathbb{R} \ni x \to 1 - \mathbb{1}_{(-\infty,\alpha]}(x)$ 也可以应用引理 5.5, 从而得到 (5.53) 中的第二个收敛.

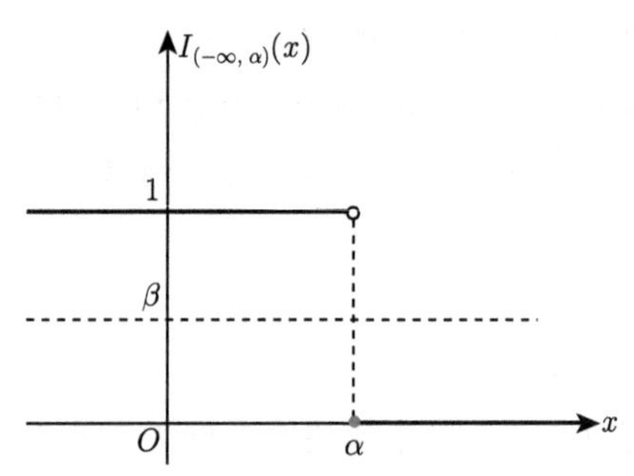

图 5.3 非负有界下半连续函数 $\mathbb{R} \ni x \to \mathbb{1}_{(-\infty,\alpha)}(x)$

由于 $f_k^{\pm} \in C_b(\mathbb{R})$, 故对任意 $k \geqslant 1$, 我们有

$$\lim_{n\to\infty} \mathbb{E}[f_k^-(X_n)] = \mathbb{E}[f_k^-(X)], \quad \lim_{n\to\infty} \mathbb{E}[f_k^+(X_n)] = \mathbb{E}[f_k^+(X)].$$

由于 $\mathbb{E}[\mathbb{1}_{(-\infty,\alpha)}(X_n)] \geqslant \mathbb{E}[f_k^-(X_n)]$, $\forall k \geqslant 1$ 和 $f_k^- \in C_b(\mathbb{R})$, 故有

$$\lim_{n\to\infty} \mathbb{E}[f_k^-(X_n)] = \mathbb{E}[f_k^-(X)].$$

于是,

$$\varliminf_{n\to\infty} \mathbb{E}[\mathbb{1}_{(-\infty,\alpha)}(X_n)] \geqslant \mathbb{E}[f_k^-(X)], \quad \forall k \geqslant 1.$$

那么, 根据单调收敛定理得到: $\lim_{k\to\infty}\mathbb{E}[f_k^-(X)]=\mathbb{E}[\mathbb{1}_{(-\infty,\alpha)}(X)]$. 因此, 对上面的不等式两边取 $k\to\infty$, 则

$$\varliminf_{n\to\infty}\mathbb{E}[\mathbb{1}_{(-\infty,\alpha)}(X_n)]\geqslant\mathbb{E}[\mathbb{1}_{(-\infty,\alpha)}(X)],$$

此即为如下不等式:

$$\varliminf_{n\to\infty}\mathbb{P}(X_n\leqslant\alpha)\geqslant\varliminf_{n\to\infty}\mathbb{P}(X_n<\alpha)\geqslant\mathbb{P}(X<\alpha). \tag{5.54}$$

另一方面, 对任意 $k\geqslant 1$, 我们有 $\mathbb{E}[\mathbb{1}_{(-\infty,\alpha]}(X_n)]\leqslant\mathbb{E}[f_k^+(X_n)]$. 由于 $f_k^+\in C_b(\mathbb{R})$, 故 $\lim_{n\to\infty}\mathbb{E}[f_k^+(X_n)]=\mathbb{E}[f_k^+(X)]$. 于是,

$$\varlimsup_{n\to\infty}\mathbb{E}[\mathbb{1}_{(-\infty,\alpha]}(X_n)]\leqslant\mathbb{E}[f_k^+(X)],\quad\forall k\geqslant 1.$$

由单调收敛定理得到: $\lim_{k\to\infty}\mathbb{E}[f_k^+(X)]=\mathbb{E}[\mathbb{1}_{(-\infty,\alpha]}(X)]$. 因此, 对上面的不等式两边取 $k\to\infty$, 则

$$\varlimsup_{n\to\infty}\mathbb{E}[\mathbb{1}_{(-\infty,\alpha]}(X_n)]\leqslant\mathbb{E}[\mathbb{1}_{(-\infty,\alpha]}(X)],$$

此即为如下不等式:

$$\varlimsup_{n\to\infty}\mathbb{P}(X_n\leqslant\alpha)\leqslant\mathbb{P}(X\leqslant\alpha). \tag{5.55}$$

下面取任意 $\alpha\in C_F$ (即 α 为 $F(x):=\mathbb{P}(X\leqslant x)$ 的连续点), 则有 $\mathbb{P}(X\leqslant\alpha)=\mathbb{P}(X<\alpha)$. 那么, 由 (5.54) 和 (5.55) 得到

$$\varliminf_{n\to\infty}F_n(\alpha)\geqslant F(\alpha-)=F(\alpha)\geqslant\varlimsup_{n\to\infty}F_n(\alpha),$$

其中 $F_n(\alpha):=\mathbb{E}[\mathbb{1}_{(-\infty,\alpha]}(X_n)]$. 这意味着: 对任意 $\alpha\in C_F$, 我们有 $\lim_{n\to\infty}F_n(\alpha)=F(\alpha)$, 此即 $X_n\xrightarrow{d}X$, $n\to\infty$. 至此, 该定理得证. □

下面的练习是定理 5.12 的一个应用:

练习 5.8 设 $\{X_n\}_{n\geqslant 1}$ 和 X 是概率空间 $(\Omega,\mathcal{F},\mathbb{P})$ 上的一列实值随机变量且满足如下有界性条件:

$$|X_n|\leqslant M,\ \forall n\geqslant 1,\quad |X|\leqslant M,\text{a.e.},$$

其中 $M>0$ 是一个独立于 n 的正常数. 那么, 如下两个结论等价:

(i) $X_n\xrightarrow{d}X$, $n\to\infty$;

(ii) 对任意 $p\in\mathbb{N}$, $\mathbb{E}[X_n^p]\to\mathbb{E}[X^p]$, $n\to\infty$.

提示　我们首先给出一个预备结果

- 设 S 是一个拓扑空间和 $(S,\mathcal{B}_S,\mu)$ 为一个概率空间. 设对任意 $k\geqslant 1$, 可测函数 $f_k:S\to\mathbb{R}$ 是 μ-可积的且存在一个函数 $f:S\to\mathbb{R}$ 满足

$$\sup_{x\in S}|f_k(x)-f(x)|\to 0,\quad k\to\infty. \tag{5.56}$$

此即 $f_k\to f$ (一致), $k\to\infty$. 那么 $\mu(f_k)\to\mu(f)$, $k\to\infty$.

事实上, 由 $\{f_k\}_{k\geqslant 1}$ 的可测性和一致收敛性, 则得到 f 的可测性. 进一步, 由于

$$\mu(|f|)\leqslant\mu(|f-f_k|)+\mu(|f_k|),\quad \forall k\geqslant 1,$$

以及 $f_k\to f$ (一致), $k\to\infty$, 则对任意 $\varepsilon>0$, 存在 $N\geqslant 1$ 使得: 对任意 $k\geqslant N$ 和任意 $x\in S$,

$$|f_k(x)-f(x)|\leqslant\varepsilon.$$

因为 $\mu(S)=1$ 和 f_k 是 μ-可积的, 故对任意 $\varepsilon>0$ 和 $k\geqslant N$, 我们有

$$\mu(|f|)\leqslant\varepsilon\mu(S)+\mu(|f_k|)<+\infty,$$

这得到 f 是 μ-可积的. 此外, 对任意 $k\geqslant N$,

$$|\mu(f_k)-\mu(f)|\leqslant\mu(|f-f_n|)\leqslant\varepsilon\mu(S)=\varepsilon.$$

这证得

$$\lim_{k\to\infty}\mu(f_k)=\mu(f). \tag{5.57}$$

我们下面证明 (i) 和 (ii) 的等价性. 先设 $X_n\xrightarrow{d}X$, $n\to\infty$. 那么, 对任意 $h\in C([-M,M])=C_b([-M,M])$, $\mathbb{E}[h(X_n)]\to\mathbb{E}[h(X)]$, $n\to\infty$. 在 $x\in[-M,M]$ 上取 $f(x):=x^p$ 和 $h(x)=f(x)$. 这得到 (ii).

下面假设 (ii) 成立, 即 $\mathbb{E}[f(X_n)]\to\mathbb{E}[f(X)]$, $n\to\infty$. 则对任意 $h\in C([-M,M])$, 由 Weierstrass 逼近定理有: 存在一列多项式 $f_k:[-M,M]\to\mathbb{R}$ 使得

$$\sup_{x\in[-M,M]}|f_k(x)-h(x)|\to 0,\quad k\to\infty.$$

再由 (5.57) 则证得 (i). □

下面引入和证明 Portmanteau 定理, 其本质给出了度量空间上概率测度列弱收敛的几个等价判别条件. 为此, 我们需要如下的辅助结果:

练习 5.9 设 μ 为可测空间 $(S,\mathcal{S})$ 上的一个有限测度和 $\{A_\alpha\}_{\alpha\in I}\subset\mathcal{S}$ (其中 I 是一个索引集合以及 $A_\alpha\cap A_\beta=\varnothing$, $\forall\alpha\neq\beta$). 如果 $\mathbb{P}(A_\alpha)>0$, $\forall\alpha\in I$, 那么 I 至多是可数的.

提示 用反证法证明该练习. 为此, 假设 I 是不可数的. 则由题设 $\mathbb{P}(A_\alpha)>0$, $\forall\alpha\in I$ 得到: 存在至少可数个 $n\geqslant 1$ 满足

$$\mu(A_n)\geqslant n^{-1}.$$

由于 $\{A_n\}_{n\geqslant1}\subset\{A_\alpha\}_{\alpha\in I}$, 故 $\{A_n\}_{n\geqslant1}$ 是相互不交的. 因此, 我们得到

$$+\infty=\sum_{n=1}^{\infty}\frac{1}{n}\leqslant\sum_{n=1}^{\infty}\mu(A_n)=\mu\left(\bigcup_{n=1}^{\infty}A_n\right)\leqslant\mu(S)<+\infty.$$

显然上式是不可能成立的, 因此 I 是至多可数的. □

引理 5.6 设 (S,d) 是一个度量空间. 对任意 $x\in S$ 和非空 $A\subset S$, 点 x 到集合 A 的距离定义为 (参见第 3 章中的 (3.15))

$$d(x,A)=\inf\{y\in A;d(x,y)\}.\tag{5.58}$$

那么, 对任意非空集合 $A\subset S$, 我们有

$$|d(x,A)-d(y,A)|\leqslant d(x,y),\quad\forall x,y\in S,\tag{5.59}$$

此即 $S\ni x\to d(x,A)$ 是一个 Lipschitz 系数为 1 的 Lipschitz 连续函数, 因此是一致连续函数.

证 根据 (5.58), 对任意 $z\in S$, $d(x,A)\leqslant d(x,z)$. 于是, 对任意 $y\in S$,

$$d(x,A)-d(y,z)\leqslant d(x,z)-d(y,z).$$

由于度量 d 满足三角不等式: $d(x,z)\leqslant d(y,z)+d(x,y)$, 故有

$$d(x,A)-d(y,z)\leqslant d(x,z)-d(y,z)\leqslant d(x,y).\tag{5.60}$$

于是得到

$$d(x,A)-d(y,A)=\sup_{z\in A}\{d(x,A)-d(y,z)\}\leqslant d(x,y).\tag{5.61}$$

再由度量 d 的对称性得到 $d(y,A)-d(x,A)\leqslant d(x,y)$. 这样证得不等式 (5.59).

□

注释 5.1 设 (S,d) 是一个度量空间. 点 $x\in S$ 到非空 $A\subset S$ 的距离 $d(x,A)$ 满足:

- 若 $x\in A$, 则 $d(x,A)=0$; 反之并不成立. 例如 $(S,d)=(\mathbb{R},|\cdot|)$, 取 $x=0$ 和 $A=(0,1)$. 那么, 根据定义 (5.58) 则有

$$d(x,A)=\inf_{y\in(0,1)}|y-0|=\inf_{y\in(0,1)}y=0,$$

  然而 $x\notin A$.
- $d(x,A)=0$ 当且仅当 $x\in\overline{A}$ (其中 $\overline{A}=A\cup\partial A$).

练习 5.10 设 (S,d) 是一个度量空间. 对任意 $A\subset S$, 定义 A 的直径 (diameter) 如下:

$$\mathrm{diam}(A):=\sup_{x,y\in A}d(x,y)\quad(\text{如果存在}).\tag{5.62}$$

如果 A 是紧的, 那么存在 $x_0,y_0\in A$ 使得 $\mathrm{diam}(A)=d(x_0,y_0)$.

提示 注意到 $d(x,y):A\times A\to\mathbb{R}$ 是一个连续函数. 由于 A 是紧的, 故 $A\times A$ 也是紧的. 那么, 我们只需应用如下的事实: 定义在紧集上的连续函数存在最大值和最小值. □

下面引入关于测度连续集的概念:

定义 5.8 (关于概率测度的连续集) 设 S 为一个拓扑空间和 μ 为 $(S,\mathcal{B}_S)$ 上的一个测度. 对于任意 Borel-集 $A\in\mathcal{B}_S$, 如果 $\mu(\partial A)=0$ (其中 $\partial A=\overline{A}\setminus A^{\circ}$), 则称 $A\in\mathcal{B}_S$ 为一个 μ-连续集.

我们接下来开始介绍和证明 Portmanteau 定理. Portmanteau 定理首次出现在文献 [2] 中, 其给出了度量空间上概率测度列弱收敛的几个等价条件. Patrick Billingsley (1925—2011) 是一位颇有影响力的美国概率学家, 同时也是一位舞台和银幕演员. 他是下列五本书的作者或合著者, 包括 *Statistical Inference for Markov Processes* (1961)、*Ergodic Theory and Information* (1965)、*Convergence of Probability Measures* (1968)[2]、*Elements of Statistical Inference* (1973) 和 *Probability and Measure* (1986). 这些书后来都成了概率论和统计领域的经典教材和著作. 他还在 1983 年担任国际数理统计学会 (IMS) 主席. 此外, 作为演员, 他在芝加哥宫廷剧院和政治剧院的 20 多部话剧作品中担任主角. 作为一个英文单词, “Portmanteau” 是旅行箱的意思. Billingsley 幽默地将概率测度列弱收敛的所有等价条件比作一个旅行箱, 这也许是 Billingsley 将下面的定理称为 Portmanteau 定理的原因.

定理 5.13 (Portmanteau 定理) 设 (S,d) 是一个度量空间以及 $(\mu_n)_{n\geqslant1}\subset\mathcal{P}(S)$ 和 $\mu\in\mathcal{P}(S)$, 那么如下的条件是等价的:

(a) $\mu_n \Longrightarrow \mu$, $n \to \infty$;

(b) 设 $UC_b(S) := \{f : S \to \mathbb{R};\ f$ 是有界一致连续的$\}$, 则对任意 $f \in UC_b(S)$, $\mu_n(f) \to \mu(f)$, $n \to \infty$;

(c) 对任意闭集 $D \subset S$, $\overline{\lim}_{n\to\infty} \mu_n(D) \leqslant \mu(D)$;

(d) 对任意开集 $C \subset S$, $\underline{\lim}_{n\to\infty} \mu_n(C) \geqslant \mu(C)$;

(e) 对任意 μ-连续集 $A \in \mathcal{B}_{\mathcal{S}}$, $\lim_{n\to\infty} \mu_n(A) = \mu(A)$.

证 由定义 5.7 知: (a) 意味着 $\mu_n(f) \to \mu(f)$, $\forall f \in C_b(S)$. 由于 $UC_b(S) \subset C_b(S)$, 那么, 显然 (b) 成立. 这样证得 (a) $\Longrightarrow$ (b).

下证 (b) $\Longrightarrow$ (c): 对任意闭集 $D \subset S$ 和 $k \geqslant 1$, 我们定义:

$$f_k(x) := 1 - 1 \wedge (kd(x, D)) = \left(1 - \frac{d(x, D)}{\frac{1}{k}}\right)^+, \quad x \in S. \tag{5.63}$$

于是, 对任意 $x, y \in S$, 根据引理 5.6 得到

$$\begin{aligned}|f_k(x) - f_k(y)| &= \left|\left(1 - \frac{d(x, D)}{\frac{1}{k}}\right)^+ - \left(1 - \frac{d(y, D)}{\frac{1}{k}}\right)^+\right| \\ &\leqslant k\,|d(x, D) - d(y, D)| \\ &\leqslant kd(x, y),\end{aligned}$$

此即 f_k 为 k-Lipschitz 连续的 (相对于距离 d). 因此, f_k 是一致连续的. 这样 $f_k \in UC_b(S)$. 由于 D 为闭集, 则 $x \in D$ 当且仅当 $d(x, D) = 0$. 于是,

$$f_k(x) = \begin{cases} 1, & x \in D, \\ 0, & d(x, D) \geqslant k^{-1}. \end{cases}$$

因此 $f_k \downarrow \mathbb{1}_D$, $k \to \infty$. 那么, 由 (b) 和单调收敛定理得到

$$\begin{aligned}\mu(D) &= \int \mathbb{1}_D \mathrm{d}\mu \overset{\text{MCT}}{=\!=} \lim_{k\to\infty} \int f_k \mathrm{d}\mu \overset{\text{(ii)}}{=} \lim_{k\to\infty}\left(\lim_{n\to\infty}\int f_k \mathrm{d}\mu_n\right) \\ &\overset{f_k\downarrow \mathbb{1}_D}{\geqslant} \lim_{k\to\infty}\left(\overline{\lim_{n\to\infty}}\int \mathbb{1}_D \mathrm{d}\mu_n\right) = \overline{\lim_{n\to\infty}}\, \mu_n(D),\end{aligned}$$

此即 (c) 成立. 显然 (c) $\Longleftrightarrow$ (d).

下面我们证明 (c)+(d) $\Longrightarrow$ (e). 为此, 设 A 为 μ-连续集, 那么 A° 是开集, 而 $\overline{A}$ 是闭集. 由此, 由 (c) 和 (d), 得到

$$\mu(A^{\circ}) \leqslant \varliminf_{n\to\infty} \mu_n(A^{\circ}) \leqslant \varliminf_{n\to\infty} \mu_n(A) \leqslant \varlimsup_{n\to\infty} \mu_n(A) \leqslant \varlimsup_{n\to\infty} \mu_n(\overline{A}) \leqslant \mu(\overline{A}). \tag{5.64}$$

由于 $0 = \mu(\partial A) = \mu(\overline{A} \setminus A^{\circ}) = \mu(\overline{A}) - \mu(A^{\circ})$, 于是 $\mu(A^{\circ}) = \mu(\overline{A})$. 因此, 根据 (5.64) 得到 $\lim_{n\to\infty} \mu_n(A) = \mu(A)$.

下证 (e) $\Longrightarrow$ (a). 注意到, 如果 $S = \mathbb{R}$, 那么定理 5.12 意味着 (e) $\Longrightarrow$ (a). 事实上, 如果 $A \in \mathcal{B}_{\mathbb{R}}$ 是一个 μ-连续集且满足 $\mu_n(A) \to \mu(A)$, $n \to \infty$. 设 $F(x) := \mu((-\infty, x])$, $x \in \mathbb{R}$, 则其为分布函数. 因此,

$$C_F = \{x \in \mathbb{R};\ F(x) = F(x-) = 0\} = \{x \in \mathbb{R};\ \mu(\{x\}) = 0\}.$$

这意味着, 对任意 $x \in C_F$, $A := (-\infty, x]$ 是 μ-连续集. 这样, 分布函数 $F_n(x) := \mu_n((-\infty, x]) \to F(x)$, $\forall x \in C_F$. 这证明了 $F_n \Longrightarrow F$, $n \to \infty$. 由于 μ_n (分别地 μ) 为 F_n (分别地 F) 的分布, 故定理 5.12 意味着 (a) 成立.

对于一般的度量空间 (S, d), 假设 (e) 成立, 我们下面证明 (a) 成立: 对任意 $f \in C_b(S)$, 有 $\mu_n(f) \to \mu(f)$, $n \to \infty$. 由于 f 是定义在 S 上的实值函数, 那么定义 $\nu := f_{\#}\mu$, 即 ν 为概率测度 μ 关于函数 f 的前推测度 (参见定义 3.5). 于是 ν 为 $\mathcal{B}_{\mathbb{R}}$ 上的概率测度. 另一方面, 由于 $f \in C_b(S)$, 则 $\|f\|_{\infty} = \sup_{x\in S} |f(x)|$ 是有限的. 这样取 $a < -\|f\|_{\infty}$ 和 $b > \|f\|_{\infty}$, 我们有: $\nu((a, b)^{\mathrm{c}}) = 0$. 因为 ν 是有限测度, 故根据练习 5.9 得到: 对任意 $\varepsilon > 0$, 存在实数 s_i, $i = 0, 1, \cdots, m$ 满足

(i) $a = s_0 < s_1 < \cdots < s_m = b$;

(ii) $s_i - s_{i-1} < \varepsilon$, $\forall i = 1, \cdots, m$;

(iii) $\nu(\{s_i\}) = 0$, $\forall i = 0, 1, \cdots, m$.

进一步, 对任意 $i = 1, \cdots, m$, 定义 $A_i := f^{-1}([s_{i-1}, s_i))$. 因为 $f \in C_b(S)$, 故 $f \in \mathcal{B}_S$, 因此 $A_i \in \mathcal{B}_S$, $i = 1, \cdots, m$. 显然, 我们还有 $S = \bigcup_{i=1}^m A_i$ 和 $A_i \cap A_j = \varnothing$, $i \neq j$. 那么, 我们得到①:

$$\partial A_i = \overline{A}_i \setminus A_i^{\circ} \subset f^{-1}(\{s_{i-1}\} \cup \{s_i\}), \quad i = 1, \cdots, m. \tag{5.65}$$

因此, 对任意 $i = 1, \cdots, m$,

$$\mu(\partial A_i) \leqslant \mu(f^{-1}(\{s_{i-1}\})) + \mu(f^{-1}(\{s_i\})) = \nu(\{s_i\}) + \nu(\{s_{i-1}\}) = 0 + 0 = 0,$$

① 设 $I_i := [s_{i-1}, s_i)$, 则有: $\partial f^{-1}(I_i) \subset f^{-1}(\partial I_i)$. 事实上, $f^{-1}(I_i^{\circ}) \subset f^{-1}(I_i)$. 由于 f 是连续的, 故 $f^{-1}(I_i^{\circ})$ 是开集, 那么 $f^{-1}(I_i^{\circ}) = (f^{-1}(I_i^{\circ}))^{\circ} \subset (f^{-1}(I_i))^{\circ}$. 同理 $f^{-1}(\overline{I}_i)$ 是闭集, 于是 $f^{-1}(\overline{I}_i) = \overline{f^{-1}(\overline{I}_i)} \supset \overline{f^{-1}(I_i)}$. 因此得到: $\partial f^{-1}(I_i) = \overline{f^{-1}(I_i)}/(f^{-1}(I_i^{\circ}))^{\circ} \subset f^{-1}(\overline{I}_i)/f^{-1}(I_i^{\circ}) = f^{-1}(\partial I_i)$.

这得到 $\mu(\partial A_i)=0$, 此即 A_i, $i=1,\cdots,m$ 都是 μ-连续集. 应用 (e) 得到: 对任意 $i=1,\cdots,m$, 我们有

$$\lim_{n\to\infty}\mu_n(A_i)=\mu(A_i). \tag{5.66}$$

另一方面, 对任意 $x\in S$, 定义:

$$h(x):=\sum_{i=1}^m s_{i-1}\mathbb{1}_{A_i}(x)=\sum_{i=1}^m s_{i-1}\mathbb{1}_{s_{i-1}\leqslant f(x)<s_i}. \tag{5.67}$$

于是, 对任意 $x\in S$,

$$h(x)\leqslant\sum_{i=1}^m f(x)\mathbb{1}_{s_{i-1}\leqslant f(x)<s_i}=f(x)\sum_{i=1}^m \mathbb{1}_{s_{i-1}\leqslant f(x)<s_i}=f(x),$$

以及

$$\begin{aligned}
f(x)&=\sum_{i=1}^m f(x)\mathbb{1}_{s_{i-1}\leqslant f(x)<s_i}\leqslant\sum_{i=1}^m s_i\mathbb{1}_{s_{i-1}\leqslant f(x)<s_i}\\
&=\sum_{i=1}^m(s_{i-1}+s_i-s_{i-1})\mathbb{1}_{s_{i-1}\leqslant f(x)<s_i}\\
&\leqslant\sum_{i=1}^m(s_{i-1}+\varepsilon)\mathbb{1}_{s_{i-1}\leqslant f(x)<s_i}\\
&=h(x)+\varepsilon.
\end{aligned}$$

综上得到

$$h(x)\leqslant f(x)\leqslant h(x)+\varepsilon,\quad \forall x\in S. \tag{5.68}$$

这样, 由 (5.68) 得到

$$\begin{aligned}
|\mu_n(f)-\mu(f)|&=|\mu_n(f-h)+\mu_n(h)-\mu(f-h)-\mu(h)|\\
&\leqslant|\mu_n(f-h)|+|\mu_n(h)-\mu(h)|+|\mu(f-h)|\\
&\leqslant\mu_n(|f-h|)+|\mu_n(h)-\mu(h)|+\mu(|f-h|)\\
&\leqslant\varepsilon\mu_n(S)+|\mu_n(h)-\mu(h)|+\varepsilon\mu(S)\\
&=2\varepsilon+|\mu_n(h)-\mu(h)|.
\end{aligned} \tag{5.69}$$

注意到函数 h 定义为 (5.67), 那么根据 (5.66) 有

$$
\begin{aligned}
|\mu_n(h)-\mu(h)| &= \left|\mu_n\left(\sum_{i=1}^m s_{i-1}\mathbb{1}_{A_i}(x)\right)-\mu\left(\sum_{i=1}^m s_{i-1}\mathbb{1}_{A_i}(x)\right)\right| \\
&\leqslant \sum_{i=1}^m |s_{i-1}|\,|\mu_n(A_i)-\mu(A_i)| \to 0, \quad n\to\infty.
\end{aligned}
$$

于是, 应用 (5.69) 得到

$$\overline{\lim_{n\to\infty}}\,|\mu_n(f)-\mu(f)| \leqslant 2\varepsilon.$$

再由 ε 的任意性得到 (a). □

根据 f_k 的构造 (5.63), f_k 是有界 Lipschitz 的. 于是, 我们将 Portmanteau 定理 5.13 中的条件 (b) 换为

(b)′ 设 $\mathrm{Lip}_b(S) := \{f: S\to\mathbb{R};\ f\text{是有界 Lipschitz 的}\}$, 则对任意 $f\in \mathrm{Lip}_b(S)$, $\mu_n(f)\to\mu(f)$, $n\to\infty$.

那么 (a), (b)′, (c), (d) 和 (e) 是相互等价的.

证 (a) $\Longrightarrow$ (b): 由于 $\mathrm{Lip}_b(S)\subset C_b(S)$, 故 (a) $\Longrightarrow$ (b). 下证 (b)′ $\Longrightarrow$ (c): 对任意闭集 $D\subset S$ 和 $k\geqslant 1$, 设 f_k 由 (5.63) 给出, 那么 $f_k\in \mathrm{Lip}_b(S)$, $k\geqslant 1$. 再根据 Portmanteau 定理 (定理 5.13) 中 (b) $\Longrightarrow$ (c) 相同的证明, 可得到 (b)′ $\Longrightarrow$ (c). 其余的证明与定理 5.13 相应的证明相同, 这里略去. □

对于度量空间 (S,d) 和任意 $f\in \mathrm{Lip}_b(S)$, 我们定义如下 f 的 Lipschitz 系数:

$$\|f\|_{\mathrm{Lip}} := \sup_{x\neq y,\ x,y\in S}\frac{|f(x)-f(y)|}{d(x,y)}. \tag{5.70}$$

设 $\{X\}_{n\geqslant 1}$ 和 X 为概率空间 $(\Omega,\mathcal{F},\mathbb{P})$ 上的 S-值随机变量. 如果 $\mathcal{P}_{X_n}\Longrightarrow\mathcal{P}_X$, $n\to\infty$, 那么称 X_n 依分布收敛到 X, 记为 $X_n\xrightarrow{d}X$, $n\to\infty$. 此时, Portmanteau 定理 (定理 5.13) 可以写成如下随机变量的形式:

定理 5.14 (随机变量形式的 Portmanteau 定理) 设 (S,d) 是一个度量空间以及 $\{X\}_{n\geqslant 1}$ 和 X 为概率空间 $(\Omega,\mathcal{F},\mathbb{P})$ 上的 S-值随机变量, 那么如下的条件是等价的:

(a) $X_n\xrightarrow{d}X$, $n\to\infty$;

(b) 对任意 $f\in C_b(S)$, $\lim_{n\to\infty}\mathbb{E}[f(X_n)]=\mathbb{E}[f(X)]$;

(c) 对任意 $f\in UC_b(S)$, $\lim_{n\to\infty}\mathbb{E}[f(X_n)]=\mathbb{E}[f(X)]$;

(d) 对任意 $f\in \mathrm{Lip}_b(S)$, $\lim_{n\to\infty}\mathbb{E}[f(X_n)]=\mathbb{E}[f(X)]$;

(e) 对任意闭集 $D\subset S$, $\overline{\lim}_{n\to\infty}\mathbb{P}(X_n\in D)\leqslant\mathbb{P}(X\in D)$;

(f) 对任意开集 $C \subset S$, $\underline{\lim}_{n\to\infty} \mathbb{P}_n(X_n \in C) \geqslant \mathbb{P}(X \in C)$;

(g) 对任意 μ-连续集 $A \in \mathcal{B}_S$, $\lim_{n\to\infty} \mathbb{P}(X_n \in A) = \mathbb{P}(X \in A)$.

此外, Portmanteau 定理可以推出很多关于依分布收敛的有用的结论:

引理 5.7 设 $\{X_n\}_{n\geqslant 1}$, $\{Y_n\}_{n\geqslant 1}$ 和 X, Y 为定义在 $(\Omega, \mathcal{F}, \mathbb{P})$ 上的实值随机变量. 如果 $|X_n - Y_n| \xrightarrow{\mathbb{P}} 0$ 和 $X_n \xrightarrow{d} X$, $n \to \infty$, 则 $Y_n \xrightarrow{d} X$, $n \to \infty$.

证 对任意 $f \in \mathrm{Lip}_b(\mathbb{R})$, 根据 (5.70), 我们有

$$|f(x) - f(y)| \leqslant \|f\|_{\mathrm{Lip}} |x - y|, \quad \forall x, y \in \mathbb{R}.$$

因此, 对任意 $\varepsilon > 0$,

$$\begin{aligned}
&|\mathbb{E}[f(Y_n)] - \mathbb{E}[f(X_n)]| \leqslant \mathbb{E}[|f(Y_n) - f(X_n)|] \\
&= \mathbb{E}[|f(Y_n) - f(X_n)| \mathbb{1}_{|X_n - Y_n| \leqslant \varepsilon}] + \mathbb{E}[|f(Y_n) - f(X_n)| \mathbb{1}_{|X_n - Y_n| > \varepsilon}] \\
&\leqslant \|f\|_{\mathrm{Lip}} \mathbb{E}[|Y_n - X_n| \mathbb{1}_{|X_n - Y_n| \leqslant \varepsilon}] + 2\|f\|_\infty \mathbb{P}(|X_n - Y_n| > \varepsilon) \\
&\leqslant \varepsilon \|f\|_{\mathrm{Lip}} + 2\|f\|_\infty \mathbb{P}(|X_n - Y_n| > \varepsilon),
\end{aligned}$$

其中 $\|f\|_\infty := \sup_{x\in S} |f(x)|$. 由于 f 有界, 故 $\|f\|_\infty < \infty$. 这样得到

$$\begin{aligned}
&|\mathbb{E}[f(Y_n)] - \mathbb{E}[f(X)]| \\
&\leqslant \mathbb{E}[|f(Y_n) - f(X_n)|] + |\mathbb{E}[f(X_n)] - \mathbb{E}[f(X)]| \\
&\leqslant \varepsilon \|f\|_{\mathrm{Lip}} + 2\|f\|_\infty \mathbb{P}(|X_n - Y_n| > \varepsilon) + |\mathbb{E}[f(X_n)] - \mathbb{E}[f(X)]|.
\end{aligned}$$

由于 $|X_n - Y_n| \xrightarrow{\mathbb{P}} 0$, $n \to \infty$, 则 $\lim_{n\to\infty} \mathbb{P}(|X_n - Y_n| > \varepsilon) = 0$, 而由 $X_n \xrightarrow{d} X$, $n \to \infty$, 得到: $\lim_{n\to\infty} |\mathbb{E}[f(X_n)] - \mathbb{E}[f(X)]| = 0$. 那么, 对任意 $\varepsilon > 0$,

$$\overline{\lim_{n\to\infty}} |\mathbb{E}[f(Y_n)] - \mathbb{E}[f(X_n)]| \leqslant \varepsilon \|f\|_{\mathrm{Lip}}.$$

于是, 由 ε 的任意性, 则有 $\overline{\lim}_{n\to\infty} |\mathbb{E}[f(Y_n)] - \mathbb{E}[f(X_n)]| = 0$. 因此 $\mathbb{E}[f(Y_n)] \to \mathbb{E}[f(X)]$, $n \to \infty$. 再根据 Portmanteau 定理 (定理 5.13), 我们证得 $Y_n \xrightarrow{d} X$, $n \to \infty$. □

定理 5.15 (Slutzky 定理) 设 $\{X_n\}_{n\geqslant 1}$, $\{Y_n\}_{n\geqslant 1}$ 和 X 为定义在概率空间 $(\Omega, \mathcal{F}, \mathbb{P})$ 上的实值随机变量. 设 $X_n \xrightarrow{d} X$ 和 $Y_n \xrightarrow{d} C$ (C 为常数), $n \to \infty$, 则

$$(X_n, Y_n) \xrightarrow{d} (X, C), \quad n \to \infty.$$

因此, 当 $n \to \infty$ 时,

$$X_n + Y_n \xrightarrow{d} X + C, \quad X_n Y_n \xrightarrow{d} CX, \quad X \setminus Y_n \xrightarrow{d} X \setminus C, \quad 若\ C \neq 0.$$

证 设 $f:\mathbb{R}^2\to\mathbb{R}$ 为任意有界连续函数, 即 $f\in C_b(\mathbb{R}^2)$. 于是, 我们定义:

$$g(x):=f(x,C),\quad x\in\mathbb{R}.$$

因此 $g\in C_b(\mathbb{R})$. 由于 $X_n\xrightarrow{d}X$, $n\to\infty$, 那么得到

$$\mathbb{E}[g(X_n)]\to\mathbb{E}[g(X)],\quad n\to\infty.$$

这等价于

$$\mathbb{E}[f(X_n,C)]\to\mathbb{E}[f(X,C)],\quad n\to\infty.$$

再根据 Portmanteau 定理 (定理 5.13), 我们证得

$$(X_n,C)\xrightarrow{d}(X,C),\quad n\to\infty. \tag{5.71}$$

另一方面, 由于 $Y_n\xrightarrow{d}C$, $n\to\infty$, 则 $Y_n\xrightarrow{\mathbb{P}}C$, $n\to\infty$. 那么 $|Y_n-C|\xrightarrow{\mathbb{P}}0$, $n\to\infty$. 注意到 $|(X_n,Y_n)-(X_n,C)|=|Y_n-C|$, 则

$$|(X_n,Y_n)-(X_n,C)|\xrightarrow{\mathbb{P}}0,\quad n\to\infty. \tag{5.72}$$

于是, 应用引理 5.7 得到

$$(X_n,Y_n)\xrightarrow{d}(X,C),\quad n\to\infty. \tag{5.73}$$

那么, 根据 (5.73) 和连续映射定理 (定理 5.11), 我们取 $\mathbb{R}^2$ 上的连续函数 $g(x,y)=x+y$, xy, x/y, 则证得该定理. □

对于多维情况的 Slutzky 定理, 即 $\{X_n\}_{n\geqslant 1}$ 和 $\{Y_n\}_{n\geqslant 1}$ 为 $\mathbb{R}^d$-值的随机变量列, 我们可以应用 (5.71), Cramér-Wold 定理 (参见习题 5 的第 3 题) 和连续映射定理来证得. 我们将多维情况的 Slutzky 定理的证明留作本节课后习题 (参见习题 5 的第 4 题).

下面的例子是 Slutzky 定理 (定理 5.15) 的一个应用:

例 5.4 让我们重返例 5.3. 设 $\{X_n\}_{n\geqslant 1}$ 为概率空间 $(\Omega,\mathcal{F},\mathbb{P})$ 上的一列独立同分布 (i.i.d.) 随机变量列且 $\mu=\mathbb{E}[X_1]\in\mathbb{R}$ 和 $\sigma^2=\mathrm{Var}[X_1]>0$. 于是,

$$\hat{\sigma}_n^2=\frac{1}{n}\sum_{i=1}^{n}\left(X_i-\overline{X}_n\right)^2\xrightarrow{\mathbb{P}}\sigma^2,\quad n\to\infty. \tag{5.74}$$

那么, 根据连续映射定理 (定理 5.11) 得到: $\sqrt{\dfrac{\hat{\sigma}_n^2}{\sigma^2}}\xrightarrow{\mathbb{P}}1$, $n\to\infty$. 另一方面, 根据 Khinchine 中心极限定理, 则

$$\frac{\overline{X}_n-\mu}{\sqrt{\sigma^2/n}}\xrightarrow{d}\xi\sim N(0,1),\quad n\to\infty. \tag{5.75}$$

这样, 应用 Slutzky 定理 (定理 5.15) 得到

$$\frac{\overline{X}_n-\mu}{\sqrt{\hat{\sigma}_n^2/n}}=\frac{\overline{X}_n-\mu}{\sqrt{\sigma^2/n}}\Bigg/\left(\sqrt{\frac{\hat{\sigma}_n^2}{\sigma^2}}\right)\xrightarrow{d}\xi/1=\xi\sim N(0,1),\quad n\to\infty. \tag{5.76}$$

下面的例子是多维 Slutzky 定理 (参见习题 5 的第 4 题) 的一个应用:

例 5.5 (Delta 方法) 设 $\theta\in\mathbb{R}^m$ 为一个 m 维的未知列向量. 假设我们通过简单随机样本建立了一个关于 θ 的估计量 $\hat{\theta}_n$ 满足

$$\sqrt{n}(\hat{\theta}_n-\theta)\xrightarrow{d}\xi\sim N(0,\Sigma),\quad n\to\infty, \tag{5.77}$$

其中 Σ 为 $m\times m$ 的协方差矩阵. 现在设 $g:\mathbb{R}^m\to\mathbb{R}^d$ 为一个在 θ 的邻域内连续可微的函数. 于是, 根据中值定理得到

$$\sqrt{n}(g(\hat{\theta}_n)-g(\theta))=\nabla_\theta g(\eta_n)^\top\sqrt{n}(\hat{\theta}_n-\theta), \tag{5.78}$$

其中 $\nabla_\theta g=\left(\frac{\partial g}{\partial\theta_i};i=1,\cdots,m\right)^\top$ 为函数 g 关于 θ 的梯度算子, 而 η_n 位于连接 θ_n 和 θ 之间的线段上.

根据 (5.77) 和多维 Slutzky 定理, 我们有

$$\hat{\theta}_n-\theta=\frac{1}{\sqrt{n}}\sqrt{n}(\hat{\theta}_n-\theta)\xrightarrow{d}0\cdot\xi=0,\quad n\to\infty.$$

因此, 由多维的情况下的定理 5.6 (参见本章习题 6), 我们得到

$$\hat{\theta}_n-\theta\xrightarrow{\mathbb{P}}0,\quad n\to\infty.$$

注意到 $|\eta_n-\theta|\leqslant|\hat{\theta}_n-\theta|$. 那么, 对任意 $\varepsilon>0$,

$$\mathbb{P}(|\eta_n-\theta|>\varepsilon)\leqslant\mathbb{P}(|\hat{\theta}_n-\theta|>\varepsilon)\to 0,\quad n\to\infty.$$

这等价于 $\eta_n\xrightarrow{\mathbb{P}}\theta, n\to\infty$. 于是, 联合应用 Slutzky 定理和连续映射定理, 得到

$$\nabla_\theta g(\eta_n)\xrightarrow{\mathbb{P}}\nabla_\theta g(\theta),\quad n\to\infty. \tag{5.79}$$

由于 $\nabla_\theta g(\theta)$ 是常向量, 故对 (5.78) 和 (5.79) 应用多维 Slutzky 定理得到: 当 $n\to\infty$ 时,

$$\sqrt{n}(g(\hat{\theta}_n)-g(\theta))\xrightarrow{d}\nabla_\theta g(\theta)^\top\xi\sim N(0,\nabla_\theta g(\theta)^\top\Sigma\nabla_\theta g(\theta)). \tag{5.80}$$

我们通常称 (5.80) 为 **Delta 方法**.

定理 5.5 证明了几乎处处收敛、依概率收敛和 L^p 收敛的极限都是唯一的. 下面的练习证明了概率测度列弱收敛 (依分布收敛) 的极限也是唯一的.

练习 5.11 (弱收敛极限的唯一性)　设 (S,d) 是一个度量空间以及 $\{\mu_n\}_{n\geqslant 1}\subset\mathcal{P}(S)$ 和 $\mu,\nu\in\mathcal{P}(S)$ 满足 $\mu_n\Longrightarrow\mu$ 和 $\mu_n\Longrightarrow\nu$, $n\to\infty$, 则 $\mu=\nu$.

提示　由于 $\mu_n\Longrightarrow\mu$ 和 $\mu_n\Longrightarrow\nu$, $n\to\infty$, 故对任意 $f\in C_b(S)$, 我们有

$$\mu(f)=\lim_{n\to\infty}\mu_n(f)=\nu(f). \tag{5.81}$$

设 D 是任意闭集和 f_k 由 (5.63) 给出, 则 $f_k\downarrow \mathbb{1}_D$, $k\to\infty$. 因此, 对任意 $k\geqslant 1$,

$$\mathbb{1}_D\leqslant f_k\leqslant \mathbb{1}_{D_k},\quad D_k:=\{x\in S;\ d(x,D)\leqslant k^{-1}\}. \tag{5.82}$$

根据引理 5.6, $x\to d(x,D)$ 是 Lipschitz 连续的. 于是, D_k 是闭集. 那么, 由 (5.81) 得到

$$\begin{aligned}&\mu(D)\leqslant\mu(f_k)=\nu(f_k)\leqslant\nu(D_k),\quad k\geqslant 1;\\&\nu(D)\leqslant\nu(f_k)=\mu(f_k)\leqslant\mu(D_k),\quad k\geqslant 1.\end{aligned}$$

注意到 $D_k\downarrow D$ (因为 D 为闭集), 则

$$\mu(f_k)\downarrow\mu(D),\quad \nu(f_k)\downarrow\nu(D),\quad k\to\infty.$$

于是, 对任意闭集 D, 我们有: $\mu(D)=\nu(D)$. 那么, 根据定理 3.1 或参见习题 5 中的第 1 题, 我们证得 $\mu=\nu$. □

5.6　概率测度的胎紧性

本节分别引入单一概率测度胎紧性和概率测度列或族一致胎紧性的概念:

定义 5.9 (概率测度的胎紧)　设 S 为一个拓扑空间, $\mathcal{B}_S$ 表示 Borel σ-代数和 $\mu\in\mathcal{P}(S)$. 如果对任意的 $\varepsilon>0$, 存在一个紧集 $K_\varepsilon\subset S$ 使得

$$\mu(K_\varepsilon^{\rm c})\leqslant\varepsilon, \tag{5.83}$$

那么则称 μ 是胎紧的 (tightness).

从上面概率测度胎紧性的定义 (定义 5.9) 来看, 胎紧的概率测度的质量主要集中在一个紧集上. 因此, 有时我们也称胎紧的概率测度是**依概率有界**的 (bounded in probability). 如果取 $(S,\mathcal{B}_S)=(\mathbb{R},\mathcal{B}_{\mathbb{R}})$ 和 $\mu\in\mathcal{P}(\mathbb{R})$, 则 μ 是胎紧的. 事实上, 应用概率测度的连续性, 则有 $\lim_{M\to\infty}\mu([-M,M]^{\rm c})=0$. 注意到, 对任意

$M > 0$, $[-M, M] \subset \mathbb{R}$ 是紧集[①], 因此 μ 是胎紧的. 这说明任意实值随机变量的分布是胎紧的.

对于胎紧的概率测度, 我们有如下更一般的结论:

定理 5.16 设 (S, d) 是一个 Polish 空间 (即完备可分的度量空间), 则任意 S 上的 Borel-概率测度都是胎紧的.

为证明上面的定理 5.16, 我们需要如下的引理:

引理 5.8 设 (S, d) 是一个完备的度量空间和 $K \subset S$ 是一个闭集, 那么 K 是一个紧集当且仅当 K 是完全有界的 (totally bounded), 即对任意 $\varepsilon > 0$, 存在有限个半径不大于 ε 的开球覆盖住 K.

证 (i) 首先假设 K 是紧集. 那么, 根据紧集的定义, 任何中心在 K 中且覆盖住 K 的半径不大于 ε 的开球都有有限个.

(ii) 假设 K 是完全有界的. 设 $\{x_n\}_{n\geqslant 1} \subset K$ 是 K 中的任意序列. 为证 K 是紧的, 只需证明 $\{x_n\}_{n\geqslant 1}$ 在 K 中有一个收敛的子列. 用 B_ε 表示半径不大于 ε 的开球, 也就是

$$B_\varepsilon := \{x \in S;\ d(x, x_0) < \varepsilon\}, \quad x_0 \in S.$$

由于 K 是完全有界的, 那么对每一个 $m \geqslant 1$, 存在有限个 $\dfrac{1}{m}$-球覆盖住 K, 且至少有一个这样的开球包含无穷可数个 x_n. 于是, 取一个开球 B_r^1 $(r \leqslant 1)$ 使得 $N_1 := \{n \geqslant 1;\ x_n \in B_r^1\}$ 的元素个数是无穷的. 取 $n_1 \in N_1$ 和一个开球 $B_r^2 \left(r \leqslant \dfrac{1}{2}\right)$ 使得 $N_2 := \{n > n_1;\ x_n \in B_r^1 \cap B_r^2\}$ 的元素个数是无穷的. 取 $n_2 \in N_2$ 和一个开球 $B_r^3 \left(r \leqslant \dfrac{1}{3}\right)$ 使 $N_3 := \{n > n_2;\ x_n \in B_r^1 \cap B_r^2 \cap B_r^3\}$ 的元素个数是无穷的. 以此类推, 我们建立了 $\{x_n\}_{n\geqslant 1}$ 的一个子列 $\{x_{n_k}\}_{k\geqslant 1}$. 根据子列的构造, 我们有 $x_{n_l} \in B_r^k$, $\forall l \leqslant k$, 于是 $\{x_{n_k}\}_{k\geqslant 1}$ 是一个 Cauchy 列. 因为 (S, d) 是完备的, 故 $\{x_{n_k}\}_{k\geqslant 1}$ 在 S 中收敛. 又由于 K 是闭的, 故其极限也在 K 中. 这证明了 $\{x_n\}_{n\geqslant 1}$ 有一个收敛的子列, 因此 K 是一个紧集. □

下面证明定理 5.16.

定理 5.16 的证明 由于 S 是可分的, 那么设 $D = \{d_1, d_2, \cdots\} \subset S$ 是 S 的一个可数稠密子集. 于是, 对任意 $\delta > 0$, 我们有 $S = \bigcup_{k=1}^{\infty} B_\delta(d_k)$, 其中 $B_\delta(d_k)$ 表示以 d_k 为中心、半径为 δ 的开球. 因此, 由概率测度的连续性得到

---

① 如果 $S = \mathbb{R}^n$, 则 $K \subset S$ 是紧的当且仅当它是有界闭集. 如果 (S, d) 是一个度量空间, 那么 $K \subset S$ 是紧的当且仅当 K 是列紧的 (sequentially compact), 即对任意 $\{x_n\}_{n\geqslant 1} \subset K$ 都存在一个子列 $\{x_{n_k}\}_{k\geqslant 1}$ 和 $x^* \in K$ 使得 $\lim_{k\to\infty} d(x_{n_k}, x^*) = 0$.

$$\mu(S)=\lim_{n\to\infty}\mu\left(\bigcup_{k=1}^{n}B_\delta(d_k)\right)=\sup_{n\geqslant1}\mu\left(\bigcup_{k=1}^{n}B_\delta(d_k)\right).$$

于是, 对任意 $\varepsilon>0$ 和任意 $m\geqslant1$, 存在一个 $n_m\geqslant1$ 使得

$$\mu\left(\bigcup_{k=1}^{n_m}B_{\frac{1}{m}}(d_k)\right)\geqslant\mu(S)-2^{-m}\varepsilon=1-2^{-m}\varepsilon. \tag{5.84}$$

下面定义集合:

$$K:=\bigcap_{m=1}^{\infty}\bigcup_{k=1}^{n_m}\overline{B}_{\frac{1}{m}}(d_k).$$

那么 K 显然是闭的, 以及对任意 $m\geqslant1$,

$$K\subset\bigcup_{k=1}^{n_m}\overline{B}_{\frac{1}{m}}(d_k).$$

这样, 取 m 充分大使 $m>\delta^{-1}$, 则有

$$K\subset\bigcup_{k=1}^{n_m}B_\delta(d_k).$$

于是, 由引理 5.8 得到 K 是紧的. 进一步, 根据 (5.84) 得到

$$\begin{aligned}\mu(K^{\mathrm{c}})&=\mu\left(\bigcup_{m=1}^{\infty}\left[\bigcup_{k=1}^{n_m}\overline{B}_{\frac{1}{m}}(d_k)\right]^{\mathrm{c}}\right)\leqslant\sum_{m=1}^{\infty}\mu\left(\left[\bigcup_{k=1}^{n_m}\overline{B}_{\frac{1}{m}}(d_k)\right]^{\mathrm{c}}\right)\\&\leqslant\sum_{m=1}^{\infty}\mu\left(\left[\bigcup_{k=1}^{n_m}B_{\frac{1}{m}}(d_k)\right]^{\mathrm{c}}\right)\leqslant\sum_{m=1}^{\infty}2^{-m}\varepsilon=\varepsilon,\end{aligned}$$

此即 μ 是胎紧的. □

设 $I\subset\mathbb{R}$ 是一个紧集以及 $C(I;\mathbb{R})$ 表示定义在 I 上的所有实值连续函数的集合. 那么, 我们考虑度量空间 $(C(I;\mathbb{R}),d_u)$, 其中

$$d_u(f,g):=\|f-g\|_\infty=\sup_{x\in I}|f(x)-g(x)|,\quad\forall f,g\in C(I;\mathbb{R}). \tag{5.85}$$

这样 $(C(I;\mathbb{R}),d_u)$ 是一个 Polish 空间. 对于空间 $C(\mathbb{R};\mathbb{R})$, 则对任意 $f\in C(\mathbb{R};\mathbb{R})$, 定义 $\|f\|_N:=\sup_{|x|\leqslant N}|f(x)|$. 那么, 对任意 $f,g\in C(\mathbb{R};\mathbb{R})$, 我们引入如下局部一致度量:

$$d_{lu}(f,g):=\sum_{N\in\mathbb{N}^*}2^{-N}(\|f-g\|_N\wedge1),\quad f,g\in C(\mathbb{R};\mathbb{R}), \tag{5.86}$$

则 $(C(\mathbb{R};\mathbb{R}),d_{lu})$ 是一个 Polish 空间.

联系到任何 Borel 概率测度都是正则的 (参见定理 3.1), 我们有如下胎紧的度量空间上 Borel 概率测度的性质:

练习 5.12 设 (S,d) 是一个度量空间. 那么, 任意胎紧的 Borel-概率测度 μ 都满足

$$\mu(B)=\sup_{\text{紧集}K,\ K\subset B}\mu(K),\quad \forall B\in\mathcal{B}_S. \tag{5.87}$$

提示 由于 μ 是胎紧的, 故对任意 $\varepsilon>0$, 存在紧集 $K_\varepsilon\subset S$ 使得 $\mu(K_\varepsilon^{\rm c})\leqslant\varepsilon$. 因此, 对任意 $B\in\mathcal{B}_S$, 我们有

$$\mu(B)-\mu(B\cap K_\varepsilon)=\mu(B\cap K_\varepsilon^{\rm c})\leqslant\mu(K_\varepsilon^{\rm c})\leqslant\varepsilon.$$

于是,

$$\mu(B\cap K_\varepsilon)\geqslant\mu(B)-\varepsilon. \tag{5.88}$$

由于 μ 是 Borel-概率测度, 则定理 3.1 证明了任何 Borel-概率测度都是正则的, 那么有

$$\mu(B)=\sup_{\text{闭集}D,\ D\subset B}\mu(D),\quad \mu(B\cap K_\varepsilon)=\sup_{\text{闭集}D,\ D\subset B\cap K_\varepsilon}\mu(D). \tag{5.89}$$

由于紧集是闭集, 故由 (5.89) 得到

$$\mu(B)=\sup_{\text{闭集}D,\ D\subset B}\mu(D)\geqslant\sup_{\text{紧集}D,\ D\subset B}\mu(D).$$

另一方面, 由任何紧集中的闭子集都是紧集, 则应用 (5.89) 得到

$$\begin{aligned}\mu(B\cap K_\varepsilon)&=\sup_{\text{闭集}D,\ D\subset B\cap K_\varepsilon}\mu(D)=\sup_{\text{闭集}D,\ D\subset B,\ D\subset K_\varepsilon}\mu(D)\\&\leqslant\sup_{\text{紧集}D,\ D\subset B}\mu(D).\end{aligned}$$

于是, 由 (5.88) 得到

$$\sup_{\text{紧集}D,\ D\subset B}\mu(D)-\varepsilon\leqslant\mu(B)-\varepsilon\leqslant\mu(B\cap K_\varepsilon)\leqslant\sup_{\text{紧集}D,\ D\subset B}\mu(D).$$

这意味着, 对任意 $\varepsilon>0$,

$$\sup_{\text{紧集}D,\ D\subset B}\mu(D)\leqslant\mu(B)\leqslant\sup_{\text{紧集}D,\ D\subset B}\mu(D)+\varepsilon.$$

那么, 由 ε 的任意性证得 (5.87). □

下面引入概率测度列或族的一致胎紧性.

定义 5.10(概率测度列或族的胎紧性)　设 S 为一个拓扑空间, $\mathcal{B}_S$ 表示 Borel σ-代数和 $\{\mu_n\}_{n\geqslant1}\subset\mathcal{P}(S)$. 如果对任意的 $\varepsilon>0$, 存在一个紧集 $K_\varepsilon\subset S$ 使得

$$\sup_{n\geqslant1}\mu_n(K_\varepsilon^{\mathrm{c}})\leqslant\varepsilon, \tag{5.90}$$

则称 $\{\mu_n\}_{n\geqslant1}$ 是一致胎紧的 (uniform tightness). 设 $\mathcal{M}\subset\mathcal{P}(S)$. 如果对任意 $\varepsilon>0$, 存在一个紧集 $K_\varepsilon\subset S$ 使得

$$\sup_{\mu\in\mathcal{M}}\mu(K_\varepsilon^{\mathrm{c}})\leqslant\varepsilon, \tag{5.91}$$

则称 $\mathcal{M}$ 是 (一致) 胎紧的.

对任意 $n\geqslant1$, 设 $\mu_n\in\mathcal{P}(S)$ 是胎紧的概率测度, 但这并不意味着概率测度列 $\{\mu_n\}_{n\geqslant1}$ 是一致胎紧的, 参见下面的例子:

例 5.6　对任意的 $x\in\mathbb{R}$, 设 δ_x 为集中在点 x 的 Dirac 测度 (参见第 2 章中的 (2.13)), 也就是

$$\delta_x(A):=\begin{cases}1, & x\in A,\\ 0, & x\notin A,\end{cases}\qquad \forall A\in\mathcal{B}_{\mathbb{R}}.$$

不难验证, 对每一个 $x\in\mathbb{R}$, $\delta_x\in\mathcal{P}(\mathbb{R})$. 于是, 对任意 $n\in\mathbb{N}$, δ_n 为胎紧的. 然而, 作为 $(\mathbb{R},\mathcal{B}_{\mathbb{R}})$ 上的一列概率测度 $\{\delta_n\}_{n\geqslant1}$, 其并不是一致胎紧的. 事实上, 对任意 $\mathbb{R}$ 中的紧集 K (这等价于 K 是有界闭集), 则存在 $N\geqslant1$ 使得: 当 $n\geqslant N$ 时, 我们有 $\delta_n(K)=0$. 不过, 概率测度列 $\{\delta_{\frac{1}{n}}\}_{n\geqslant1}$ 是一致胎紧的. 事实上, 对任意的 $n\geqslant1$, $\delta_{\frac{1}{n}}([0,1])=1$, 而 $[0,1]\subset\mathbb{R}$ 是紧集. 另一方面, 我们还可以看到如下弱收敛成立:

$$\delta_{\frac{1}{n}}\Longrightarrow\delta_0,\quad n\to\infty.$$

对于 Polish 空间 (S,d), 对每一个 $n=1,\cdots,N$, 根据定理 5.16, $\mu_n\in\mathcal{P}(S)$ 为胎紧的. 那么, 有限个概率测度 $\{\mu_n\}_{1\leqslant n\leqslant N}$ 是一致胎紧的. 事实上, 由于对任意 $n=1,\cdots,N$, μ_n 是胎紧的. 于是, 对任意的 $\varepsilon>0$, 存在紧集 $K_\varepsilon^{(n)}\subset S$ 满足

$$\mu_n((K_\varepsilon^{(n)})^{\mathrm{c}})\leqslant\varepsilon,\quad n=1,\cdots,N. \tag{5.92}$$

那么, 取 $K_\varepsilon=\bigcup_{n=1}^N K_\varepsilon^{(n)}$, 故其为紧集①. 这样有

① 对于度量空间 (S,d) 和有限个紧集 $K_1,\cdots,K_N$, 其并 $K:=\bigcup_{n=1}^N K_n$ 是紧集. 事实上, 设 $\mathcal{O}$ 是 K 的一个开覆盖, 那么对每一个 $n=1,\cdots,N$, $\mathcal{O}$ 是 K_n 的开覆盖. 由于 K_n 是紧的, 故存在一个有限的子覆盖 $\mathcal{O}_n\subset\mathcal{O}$ 覆盖住 K_n. 这样得到 $\bigcup_{n=1}^N\mathcal{O}_n\subset\mathcal{O}$ 是 K 的一个有限子覆盖.

$$\max_{1\leqslant n\leqslant N}\mu_n(K_\varepsilon^{\mathrm{c}})=\max_{1\leqslant n\leqslant N}\mu_n\left(\bigcap_{n=1}^N(K_\varepsilon^{(n)})^{\mathrm{c}}\right)\leqslant\max_{1\leqslant n\leqslant N}\mu_n((K_\varepsilon^{(n)})^{\mathrm{c}})\leqslant\varepsilon,$$

此即说明 $\{\mu_n\}_{1\leqslant n\leqslant N}$ 是一致胎紧的.

在验证 $\mathcal{P}(\mathbb{R}^n)$ 中的概率测度族一致胎紧性时, 我们经常会用到下面练习中的条件.

练习 5.13 设 $\mathcal{M}\subset\mathcal{P}(\mathbb{R}^n)$. 如果如下条件成立:

$$\lim_{R\to\infty}\sup_{\mu\in\mathcal{M}}\mu(\{x\in\mathbb{R}^n;\ |x|>R\})=0,\tag{5.93}$$

那么 $\mathcal{M}\subset\mathcal{P}(\mathbb{R}^n)$ 是一致胎紧的.

提示 对任意 $R>0$, 定义如下 $\mathbb{R}^n$ 中的子集

$$K_R:=\{x\in\mathbb{R}^n;\ |x|\leqslant R\},$$

故 $K_R\subset\mathbb{R}^n$ 是一个紧集. 于是, 当 $R\to\infty$ 时,

$$\sup_{\mu\in\mathcal{M}}\mu(K_R^{\mathrm{c}})=\sup_{\mu\in\mathcal{M}}\mu\left(\{x\in\mathbb{R}^n;\ |x|>R\}\right)\to 0.$$

于是, 对任意 $\varepsilon>0$, 存在 $R_0>0$ 使得 $\sup_{\mu\in\mathcal{M}}\mu(K_{R_0}^{\mathrm{c}})\leqslant\varepsilon$. 这意味着 $\mathcal{M}$ 是一致胎紧性. □

下面的例子是练习 5.13 的一个应用:

例 5.7 设 $\{X_n\}_{n\geqslant 1}$ 为概率空间 $(\Omega,\mathcal{F},\mathbb{P})$ 上的一列实值一致 L^1-有界的 $\mathbb{R}^n$-值随机变量 (即 $\sup_{n\geqslant 1}\mathbb{E}[|X_n|]<+\infty$). 那么, $\{X_n\}_{n\geqslant 1}$ 的分布列 $\{\mathcal{P}_{X_n}\}_{n\geqslant 1}$ (视为 $(\mathbb{R}^n,\mathcal{B}_{\mathbb{R}^n})$ 上概率测度列) 是一致胎紧的. 事实上, 我们只需验证练习 5.13 中的条件 (5.93), 也就是

$$\sup_{n\geqslant 1}\mathcal{P}_{X_n}(\{x\in\mathbb{R}^n;\ |x|>R\})=\sup_{n\geqslant 1}\mathbb{P}(|X_n|>R)\to 0,\quad R\to\infty,\tag{5.94}$$

这是因为

$$\sup_{n\geqslant 1}\mathbb{P}(|X_n|>R)\leqslant\frac{1}{R}\sup_{n\geqslant 1}\mathbb{E}[|X_n|]\to 0,\quad R\to\infty.$$

这验证了条件 (5.93).

练习 5.14 设 X 为概率空间 $(\Omega,\mathcal{F},\mathbb{P})$ 上的一个 $C([0,1];\mathbb{R})$-值的随机变量. 对于 $f\in C([0,1];\mathbb{R})$ 和 $\alpha\in(0,1]$, 定义如下 Hölder-范数:

$$|f|_{0,\alpha}:=\sup_{t\in[0,1]}|f(t)|+\sup_{s,t\in[0,1],s\neq t}\frac{|f(t)-f(s)|}{|t-s|^\alpha}.\tag{5.95}$$

进一步, 定义如下 Hölder 连续函数空间:

$$C^{0,\alpha}([0,1];\mathbb{R}) := \{f \in C([0,1];\mathbb{R});\ |f|_{0,\alpha} < +\infty\}. \tag{5.96}$$

设 $\{X_n\}_{n\geqslant 1}$ 为概率空间 $(\Omega,\mathcal{F},\mathbb{P})$ 上的一列 $C([0,1];\mathbb{R})$-值的随机变量. 假设存在一个常数 $\alpha \in (0,1]$ 满足

$$\lim_{M\to\infty}\sup_{n\geqslant 1}\mathbb{P}(|X_n|_{0,\alpha} > M) = 0, \tag{5.97}$$

则 $\{\mathcal{P}_{X_n}\}_{n\geqslant 1} \subset \mathcal{P}(C([0,1];\mathbb{R}))$ 是一致胎紧的.

提示　这里应用 Arzela-Ascoli 定理. 为此, 我们首先回顾 Arzela-Ascoli 定理: 设 $\{f_n\}_{n\geqslant 1} \subset C([0,1];\mathbb{R})$, 如果其满足如下条件

(i) $\{f_n\}_{n\geqslant 1}$ 是等度连续的 (equicontinuous): 对任意 $x,y \in [0,1]$ 和 $\varepsilon > 0$, 存在一个常数 $\delta > 0$ 满足

$$|x-y| < \delta \Longrightarrow \sup_{n\geqslant 1}|f_n(x) - f_n(y)| < \varepsilon.$$

(ii) $\{f_n\}_{n\geqslant 1}$ 是逐点有界的: 对任意 $x \in [0,1]$, 实数列 $\{f_n(x)\}_{n\geqslant 1}$ 是有界的. 那么, 存在子列 $\{f_{n_k}\}$ 和 $f \in C([0,1];\mathbb{R})$ 使得 $f_{n_k} \to f$ (一致), $k \to \infty$.

注意到: 等度连续和逐点有界意味着一致有界 (参见练习 5.16). 于是, $B \subset C([0,1];\mathbb{R})$ 为相对紧的当且仅当 B 是等度连续的和逐点有界的 (参见下面的 Ascoli 定理 (定理 5.17)). 那么, 对任意 $M > 0$, 我们定义:

$$B_M = \{f \in C([0,1];\mathbb{R});\ |f|_{0,\alpha} \leqslant M\}.$$

由上面 $|f|_{0,\alpha}$ 的定义 (5.95) 得到: B_M 中的函数一定是 Hölder-连续的, 且具有相同的 Hölder-系数, 因此 B_M 为等度连续的. 进一步, B_M 还是一致有界的. 事实上, 对任意的 $f \in B_M$, 我们有: $\forall x,y \in [0,1]$,

$$\begin{aligned}
|f(x) - f(y)| &\leqslant \left(\sup_{s,t\in[0,1],s\neq t}\frac{|f(t)-f(s)|}{|t-s|^\alpha}\right)|x-y|^\alpha\\
&\overset{(5.95)}{\leqslant} |f|_{0,\alpha}|x-y|^\alpha\\
&\overset{f\in B_M}{\leqslant} M|x-y|^\alpha.
\end{aligned}$$

由于 M 并不依赖于 f 的选取, 故 B_M 是等度连续的. 另一方面, 对任意的 $f \in B_M$, 我们得到: 对任意 $x \in [0,1]$,

$$|f(x)| \leqslant \|f\|_\infty := \sup_{t\in[0,1]}|f(t)| \leqslant \|f\|_{0,\alpha} \leqslant M.$$

由于 M 并不依赖于 f 的选取, 故 B_M 也是一致有界的. 于是, 由 Arzela-Ascoli 定理, B_M 是相对紧的, 故其闭包 $\overline{B}_M$ 为紧的. 根据题设条件 (5.97), 这等价于

$$\lim_{M\to\infty}\sup_{n\geqslant 1}\mathbb{P}(X_n\in B_M^{\mathrm{c}})=0.$$

因此, 我们得到

$$\sup_{n\geqslant 1}\mathcal{P}_{X_n}(\overline{B}_M^{\mathrm{c}})=\sup_{n\geqslant 1}\mathbb{P}(X_n\in\overline{B}_M^{\mathrm{c}})\leqslant\sup_{n\geqslant 1}\mathbb{P}(X_n\in B_M^{\mathrm{c}})\to 0,\quad M\to\infty.$$

这证得 $\{\mathcal{P}_{X_n}\}_{n\geqslant 1}$ 是一致胎紧的. □

练习 5.15 设 $\{f_n\}_{n\geqslant 1}\subset C([0,1];\mathbb{R})$ 为等度连续且逐点有界的, 那么 $\{f_n\}_{n\geqslant 1}$ 是一致有界的.

提示 由于 $[0,1]\subset\mathbb{R}$ 为紧集和 $\{f_n\}_{n\geqslant 1}\subset C([0,1];\mathbb{R})$ 为等度连续, 故对任意 $\varepsilon>0$, 存在 $\delta>0$, 对所有 $n\geqslant 1$, 当 $|x-y|<\delta$ 时, $|f_n(x)-f_n(y)|<\varepsilon$.

对于 $x\in[0,1]$, 定义 $V_\delta(x):=\{y\in[0,1];\ |x-y|<\delta\}$, 则 $\{V_\delta(x)\}_{x\in[0,1]}$ 形成 $[0,1]$ 的一个开覆盖. 由于 $[0,1]$ 是紧的, 故存在有限个 $\{x_1,\cdots,x_m\}\subset[0,1]$ 使得 $[0,1]\subset\bigcup_{k=1}^m V_\delta(x_k)$. 现在, 对每一个 x_k, 由于 $\{f_n\}_{n\geqslant 1}$ 逐点有界, 存在 $M_k>0$, 对任意 $n\geqslant 1$ 满足 $|f_n(x_k)|\leqslant M_k$. 定义 $M:=\max_{k=1,\cdots,m}M_k$. 由上面的等度连续性得到: 对任意 $y\in[0,1]\subset\bigcup_{k=1}^m V_\delta(x_k)$, 存在某个 $k=1,\cdots,m$ 使得 $y\in V_\delta(x_k)$. 于是

$$|f_n(y)|\leqslant|f_n(x_k)|+\varepsilon\leqslant M+\varepsilon,\quad\forall n\geqslant 1.$$

这得到 $\{f_n\}_{n\in\mathbb{N}}$ 是一致有界的. □

练习 5.16 存在一个非紧集 $I\subset\mathbb{R}$ 和一列等度连续且逐点有界函数 $\{f_n\}_{n\geqslant 1}\subset C(I;\mathbb{R})$, 不存在一致收敛的子列.

提示 考虑如下函数

$$f(x)=\mathbb{1}_{x\in[0,2\pi]}\sin(x),\quad x\in\mathbb{R}.\tag{5.98}$$

对任意 $n\geqslant 1$, 定义:

$$f_n(x):=f(n\pi-x),\quad x\in\mathbb{R}.$$

显然 $\{f_n\}_{\geqslant 1}$ 逐点有界且等度连续以及对所有 $x\in\mathbb{R}$, $f_n(x)\to 0$, $n\to\infty$. 然而, 此收敛并不是一致的, 这是因为 $f_n\left(-\dfrac{\pi}{2}\right)=\sin\left(\dfrac{\pi}{2}\right)=1$. □

练习 5.17 设 $\{f_n\}_{n\geqslant 1}\subset C([0,1];\mathbb{R})$ 为等度连续且 f_n 逐点收敛, 则 $\{f_n\}_{n\geqslant 1}$ 在 $[0,1]$ 上是一致收敛的.

提示　由于 $[0,1]\subset\mathbb{R}$ 为紧集和 $\{f_n\}_{n\geqslant 1}\subset C([0,1];\mathbb{R})$ 为等度连续, 故对任意 $\varepsilon>0$, 存在 $\delta>0$, 对所有 $n\geqslant 1$, 当 $|x-y|<\delta$ 时, 有 $|f_n(x)-f_n(y)|<\varepsilon$.

对于 $x\in[0,1]$, 定义 $V_\delta(x):=\{y\in[0,1];\ |x-y|<\delta\}$, 则 $\{V_\delta(x)\}_{x\in[0,1]}$ 形成 $[0,1]$ 的一个开覆盖. 由于 $[0,1]$ 是紧的, 故存在有限个 $\{x_1,\cdots,x_m\}\subset[0,1]$ 使得 $[0,1]\subset\bigcup_{k=1}^m V_\delta(x_k)$. 由于 f_n 逐点收敛, 则存在 $N\geqslant 1$, 当 $n,p\geqslant N$ 时,

$$|f_n(x_k)-f_p(x_k)|<\varepsilon,\quad k=1,\cdots,m.$$

对任意 $x\in[0,1]$, 存在某个 $k=1,\cdots,m$ 使得 $x\in V_\delta(x_k)$. 于是, 由上面的等度连续得到: 对所有 $n\geqslant 1$, 有 $|f_n(x_k)-f_n(x)|<\varepsilon$. 因此, 当 $n,p\geqslant N$ 时,

$$|f_n(x)-f_p(x)|\leqslant|f_n(x_k)-f_n(x)|+|f_n(x_k)-f_p(x_k)|+|f_p(x_k)-f_p(x)|<3\varepsilon,$$

故 $\{f_n\}_{n\geqslant 1}$ 是一致 Cauchy 列. □

下面给出和证明 Ascoli 定理:

定理 5.17 (Ascoli 定理)　设 E 是一个 Banach 空间 (即完备的赋范向量空间) 和 $C([0,T];E):=\{f:[0,T]\to E;\ f\text{是连续函数}\}$, 那么, 函数集合 $B\subset C([0,T];E)$ 是相对紧的当且仅当如下条件成立:

(i) 对任意 $t\in[0,T]$, $B(t):=\{f(t);\ f\in B\}\subset E$ 是相对紧的;

(ii) B 是等度连续的.

证　首先假设 $B\subset C([0,T];E)$ 是相对紧的. 那么, 结论 (i) 显然成立. 进一步, 对任意 $f\in B$, 都存在一列 $\{f_{n_k}\}_{k\geqslant 1}\subset C([0,T];B)$ 在一致范数下收敛 f. 因此 B 是等度连续的.

下面假设 (i) 和 (ii) 成立. 对固定的 $N\in\mathbb{N}$ 和 $f\in B$, 定义函数 $f_N(t)=f(t)$, 当 $t=\dfrac{nT}{N}$, $n=0,1,\cdots,N$ 时; 当 $t\in\left[\dfrac{nT}{N},\dfrac{(n+1)T}{N}\right)$ $(n=1,\cdots,N-1)$ 时, 定义 f_N 为 f 的线性插值. 于是, $B_N=\{f_N;\ N\in\mathbb{N}\}$ 同构于集合 $B\left(\dfrac{nT}{N}\right):=\left\{f\left(\dfrac{nT}{N}\right);\ f\in B\right\}$, $n=0,\cdots,N$ 的乘积. 由 (i) 得到: 集合 $B\left(\dfrac{nT}{N}\right):=\left\{f\left(\dfrac{nT}{N}\right);\ f\in B\right\}$, $n=0,\cdots,N$ 的乘积在 B^{N+1} 中是相对紧的. 这样 $B_N=\{f_N;\ N\in\mathbb{N}\}\subset C([0,T];E)$ 是相对紧的. 由于 B 是相对紧集 B_N 的一致极限, 故 B 也是相对紧的. □

下面给出 $L^p([0,T];E)$ (其中 E 是 Banach-空间) 中紧集的刻画 (参见文献 [18]):

定理 5.18 (L^p 空间中紧集刻画)　设 $p\in[1,\infty)$ 和 $B\subset L^p([0,T];E)$, 则 B 在 $L^p([0,T];E)$ 中是相对紧的当且仅当如下条件成立:

(i) 对任意 $0 \leqslant t_1 < t_2 \leqslant T$, $\left\{\int_{t_1}^{t_2} f(t)\mathrm{d}t;\ f \in B\right\} \subset E$ 是相对紧的;

(ii) 当 $h \to 0$, 如下极限成立:

$$\sup_{f\in B}\int_0^{T-h}|f(t+h)-f(t)|^p\mathrm{d}t \to 0.$$

下面的练习是定理 5.18 的一个应用:

练习 5.18 设 $p \geqslant 1$ 和 $\{X_n\}_{n\geqslant 1}$ 为概率空间 $(\Omega, \mathcal{F}, \mathbb{P})$ 下的一列取值于 $L^p([0,T];\mathbb{R}^n)$ 的随机变量且满足

(i) 存在 $M > 0$ 使得 $\sup_{n\geqslant 1}\mathbb{E}\left[\int_0^T |X_n(t)|\mathrm{d}t\right] \leqslant M$;

(ii) 存在 $\alpha, C > 0$ 使得: 对任意 $\delta \in (0,T)$,

$$\sup_{n\geqslant 1}\mathbb{E}\left[\sup_{h\in(0,\delta]}\int_0^{T-h}|X_n(t+h)-X_n(t)|^p\mathrm{d}t\right] \leqslant C\delta^\alpha,$$

那么, 分布列 $\{\mathcal{P}_{X_n}\}_{n\geqslant 1}$ 是一致胎紧的.

注意到, 条件 (ii) 也可换成如下的条件:

(ii)′ 存在 $\alpha, C > 0$, 使对任意 $\delta \in (0,T)$,

$$\varlimsup_{n\to\infty}\mathbb{E}\left[\sup_{h\in(0,\delta]}\int_0^{T-h}|X_n(t+h)-X_n(t)|^p\mathrm{d}t\right] \leqslant C\delta^\alpha.$$

提示 对于任意 $\tilde{M} > 0$, $\tilde{C} > 0$, $\tilde{\alpha} > 0$ 和 $\tilde{\delta} \in (0,T)$, 定义如下 $L^p([0,T];E)$ 的子集:

$$\begin{aligned} &B_{\tilde{M},\tilde{C},\tilde{\alpha},\tilde{\delta}}\\ &:=\left\{f \in L^p([0,T];\mathbb{R}^n);\ \int_0^T |f(t)|\mathrm{d}t \leqslant \tilde{M},\right.\\ &\qquad\left.\sup_{h\in(0,\tilde{\delta}]}\int_0^{T-h}|f(t+h)-f(t)|^p\mathrm{d}t \leqslant \tilde{C}\tilde{\delta}^{\tilde{\alpha}}\right\}. \end{aligned}$$

由定理 5.18 得到: $B_{\tilde{M},\tilde{C},\tilde{\alpha},\tilde{\delta}}$ 在 $L^p([0,T];E)$ 中是相对紧的. 于是, 应用 Markov 不等式 (i) 和 (ii), 我们有

$$
\begin{aligned}
&\sup_{n\geqslant 1}\mathcal{P}_{X_n}(\overline{B}^{\mathrm{c}}_{\tilde{M},\tilde{C},\tilde{\alpha},\tilde{\delta}})\\
\leqslant&\sup_{n\geqslant 1}\mathcal{P}_{X_n}(B^{\mathrm{c}}_{\tilde{M},\tilde{C},\tilde{\alpha},\tilde{\delta}})\\
=&\sup_{n\geqslant 1}\left\{\mathbb{P}\left(\int_0^T|X_n(t)|\mathrm{d}t>\tilde{M}\right)\right.\\
&\left.+\mathbb{P}\left(\sup_{h\in(0,\tilde{\delta}]}\int_0^{T-h}|X_n(t+h)-X_n(t)|^p\mathrm{d}t>\tilde{C}\tilde{\delta}^{\tilde{\alpha}}\right)\right\}\\
\leqslant&\frac{1}{\tilde{M}}\sup_{n\geqslant 1}\mathbb{E}\left[\int_0^T|X_n(t)|\mathrm{d}t\right]+\frac{1}{\tilde{C}\tilde{\delta}^{\tilde{\alpha}}}\sup_{n\geqslant 1}\mathbb{E}\left[\sup_{h\in(0,\tilde{\delta}]}\int_0^{T-h}|X_n(t+h)-X_n(t)|^p\mathrm{d}t\right]\\
\leqslant&\frac{M}{\tilde{M}}+\frac{C\tilde{\delta}^{\alpha}}{\tilde{C}\tilde{\delta}^{\tilde{\alpha}}}.
\end{aligned}
$$

取 $\tilde{\alpha}=\alpha$, 再令 $\tilde{M}$ 和 $\tilde{C}$ 趋于 $+\infty$, 则 $\sup_{n\geqslant 1}\mathcal{P}_{X_n}(\overline{B}^{\mathrm{c}}_{\tilde{M},\tilde{C},\alpha,\tilde{\delta}})\to 0$. 因此 $\{\mathcal{P}_{X_n}\}_{n\geqslant 1}$ 是一致胎紧的. □

我们下面证明乘积空间上概率测度集合的胎紧性. 设 $(S_i,\mathcal{B}_{S_i})$, $i=1,2$ 为两个拓扑可测空间. 已知两个 Borel-概率测度 $\mu\in\mathcal{P}(S_1)$ 和 $\nu\in\mathcal{P}(S_2)$, 定义:

$$
\begin{aligned}
\Pi(\mu,\nu):=\big\{&\pi\in\mathcal{P}(S_1\times S_2);\ \pi(A\times S_2)=\mu(A),\ \pi(S_1\times B)=\nu(B),\\
&\forall A\in\mathcal{B}_{S_1},\ \forall B\in\mathcal{B}_{S_2}\big\}.
\end{aligned}\tag{5.99}
$$

由于乘积概率测度 $\mu\times\nu\in\Pi(\mu,\nu)$, 那么 $\Pi(\mu,\nu)$ 总是非空的. 进一步, 我们有如下的结论成立:

推论 5.1 如果 S_1 和 S_2 都是 Polish 空间, 那么 $\Pi(\mu,\nu)$ 是一致胎紧的.

证 由于 S_1 和 S_2 均为 Polish 空间, 那么乘积空间 $S_1\times S_2$ 也是 Polish 空间. 于是, 根据定理 5.16, 任意 $\pi\in\Pi(\mu,\nu)$ 是胎紧的. 然而, 这并不能说明 $\Pi(\mu,\nu)$ 是一致胎紧的. 但是, 由于 S_1 和 S_2 均为 Polish 空间, 则由定理 5.16, μ,ν 是分别胎紧的. 因此, 对任意 $\varepsilon>0$, 存在紧集 $K_\varepsilon\subset S_1$ 和紧集 $\hat{K}_\varepsilon\subset S_2$ 满足

$$
\mu(K_\varepsilon^{\mathrm{c}})\leqslant\frac{\varepsilon}{2},\quad \nu(\hat{K}_\varepsilon^{\mathrm{c}})\leqslant\frac{\varepsilon}{2}.
$$

于是有

$$
\begin{aligned}
\sup_{\pi\in\Pi(\mu,\nu)}\pi((K_\varepsilon\times\hat{K}_\varepsilon)^{\mathrm{c}})&\leqslant\sup_{\pi\in\Pi(\mu,\nu)}\pi(K_\varepsilon^{\mathrm{c}}\times S_2)+\sup_{\pi\in\Pi(\mu,\nu)}\pi(S_1\times\hat{K}_\varepsilon^{\mathrm{c}})\\
&\leqslant\mu(K_\varepsilon^{\mathrm{c}})+\nu(\hat{K}_\varepsilon^{\mathrm{c}})\leqslant\varepsilon.
\end{aligned}
$$

由于 $K_\varepsilon \times \hat{K}_\varepsilon \subset S_1 \times S_2$ 是紧的, 因此 $\Pi(\mu,\nu)$ 是一致胎紧的. □

我们这里解释为什么引入概率测度列一致胎紧的概念? 事实上, Bolzano-Weierstrass 定理告诉我们: 任意有界的实数列都存在收敛的子列 (即实数域中的有界集是相对紧的). 那么, 一个自然的问题是: 任何概率测度列 (注意到, 任何概率测度列都是有界的) 是否存在 (弱) 收敛的子列, 即 $\{\mu_n\}_{n\geqslant 1}$ 为拓扑可测空间 $(S,\mathcal{B}_S)$ 上的一列概率测度, 是否存在子列 $\{\mu_{n_k}\}$ 和一个 $(S,\mathcal{B}_S)$ 上的概率测度 μ 使得 $\mu_{n_k} \Longrightarrow \mu$, $n\to\infty$? 奥地利数学家 Eduard Helly (1884—1943) 首先给出了下面相关的结果, 其证明可参见 Prokhorov 定理 (定理 5.22) 的证明.

定理 5.19 (Helley 选择定理) 设 $\{F_n\}_{n\geqslant 1}$ 为一列分布函数, 那么存在一个子列 $\{F_{n_k}\}_{k\geqslant 1}$ 和一个单增、右连续函数 $F:\mathbb{R}\to[0,1]$ (称这样的函数为 defective-分布函数) 使得: 对任意 $x\in C_F$,

$$F_{n_k}(x)\to F(x),\quad n\to\infty,$$

其中 C_F 表示函数 F 所有连续点的全体. 我们以后称上面的收敛为 Vague 收敛, 记为

$$F_{n_k}\Longrightarrow_v F,\quad k\to\infty. \tag{5.100}$$

如果 $(S,\mathcal{B}_S)=(\mathbb{R},\mathcal{B}_{\mathbb{R}})$, 那么 Helley 定理告诉我们上面的猜测并不成立, 这是因为极限函数 F 一般并不是一个分布函数. 换句话说, 如果设 $\{\mu_n\}_{n\geqslant 1}$ 为 $(\mathbb{R},\mathcal{B}_{\mathbb{R}})$ 上的一列概率测度, 则存在一个子列 $\{\mu_{n_k}\}_{k\geqslant 1}$ 满足 $\mu_{n_k}\Longrightarrow\mu$, $k\to\infty$. 然而, μ 可能并不是 $(\mathbb{R},\mathcal{B}_{\mathbb{R}})$ 上的一个概率测度, 而可能只是一个次概率测度 (subprobability measure). 那进一步的问题是: 在什么额外的条件下, 极限 μ 会是一个概率测度? 为此, 我们看下面的例子:

例 5.8 让我们重返例 5.1. 对任意 $n\geqslant 1$, 定义 $F_n(x)=\dfrac{e^{nx}}{1+e^{nx}}$, $x\in\mathbb{R}$. 不难验证 $\{F_n\}_{n\geqslant 1}$ 是一列分布函数. 进一步, 对任意 $x\in C_F$,

$$F_n(x)\to F(x):=\mathbb{1}_{x\geqslant 0},\quad n\to\infty.$$

显然 $F(x)=\mathbb{1}_{x\geqslant 0}$, $x\in\mathbb{R}$ 是一个分布函数 (即常数 0 的分布函数). 此外, 对任意的 $\varepsilon>0$, 存在一个充分大 $M_\varepsilon>0$ 使得

$$1-F_n(M_\varepsilon)+F_n(-M_\varepsilon)\leqslant\varepsilon,\quad \forall n\geqslant 1.$$

对任意 $n\in\mathbb{N}$, $\delta_n\in\mathcal{P}(\mathbb{R})$. 于是, 其生成的分布函数为 $F_n(x)=\mathbb{1}_{[n,\infty)(x)}$, $x\in\mathbb{R}$. 因此, 对任意 $x\in\mathbb{R}$,

$$F_n(x)\to F(x)\equiv 0,\quad n\to\infty.$$

显然 $F(x)\equiv 0$ 是一个 defective-分布函数, 其对应 $\delta_{\infty}((-\infty,x])\equiv 0$, $x\in\mathbb{R}$. 分布函数列 $\{F_n\}_{n\geqslant 1}$ 之所以收敛到 $F\equiv 0$, 这是因为对所有的 $n\geqslant 1$, 我们并不能找到一个固定的有界闭集 (因此在 $\mathbb{R}$ 中是紧的) 使其所有的质量都集中在此. 也就是, 需要存在一个紧集 $K\subset\mathbb{R}$ 使得 $\sup_{n\geqslant 1}\delta_n(K^c)$ 尽可能小. 此即需要 $\{\delta_n\}_{n\geqslant 1}$ 是一致胎紧的, 例 5.6 已经证明 $\{\delta_n\}_{n\geqslant 1}$ 不可能是一致胎紧的.

上面的例 5.8 说明: 为了使 Helley 定理 (定理 5.19) 中的极限单增、右连续函数 $F:\mathbb{R}\to[0,1]$ 为一个分布函数, 我们需要 $(\mathbb{R},\mathcal{B}_{\mathbb{R}})$ 上的概率测度列是一致胎紧的. 事实上, 如下的结论成立:

练习 5.19 设 $\{\mu_n\}_{n\geqslant 1}\subset\mathcal{P}(\mathbb{R})$ 为一致胎紧的概率测度列. 定义分布函数列 $F_n(x):=\mu_n((-\infty,x])$, $x\in\mathbb{R}$. 那么, 存在一个子列 $\{F_{n_k}\}_{k\geqslant 1}$ 和分布函数 F 使得

$$F_{n_k}\Longrightarrow F,\quad k\to\infty.$$

提示 根据 Helley 定理 (定理 5.19), 我们只需证明 Helley 定理中的极限单增、右连续函数 $F:\mathbb{R}\to[0,1]$ 是一个分布函数, 即验证 $\lim_{x\to\infty}F(x)=1$ 和 $\lim_{x\to-\infty}F(x)=0$. 事实上, 由于 $\{\mu_n\}_{n\geqslant 1}$ 为 $(\mathbb{R},\mathcal{B}_{\mathbb{R}})$ 上的一致胎紧的概率测度列, 那么对任意 $\varepsilon>0$, 存在 $M_{\varepsilon}>0$ 使得

$$\mu_n([-M_{\varepsilon},M_{\varepsilon}])>1-\varepsilon,\quad \forall n\geqslant 1.$$

由于 $\mu_n([-M_{\varepsilon},M_{\varepsilon}])=F_n(M_{\varepsilon})-F_n((-M_{\varepsilon})-)$, 因此得到

$$1-\varepsilon<F_n(M_{\varepsilon})-F_n((-M_{\varepsilon})-)\leqslant F_n(M_{\varepsilon}),\quad \forall n\geqslant 1.$$

于是, 对任意 $x\in C_F$ 和 $x>M_{\varepsilon}$,

$$F_n(x)>1-\varepsilon. \tag{5.101}$$

因为 $F_n\Longrightarrow_v F$, $n\to\infty$, 故对任意 $x\in C_F$ 和 $x>M_{\varepsilon}$,

$$F(x)=\lim_{k\to\infty}F_{n_k}(x)\geqslant 1-\varepsilon.$$

注意到 F 是单增的, 那么 $F(+\infty)\geqslant 1-\varepsilon$. 再由 ε 的任意性得到 $F(+\infty)=1$.

另一方面, 我们还有

$$F_n((-M_{\varepsilon})-)\leqslant 1-F_n(M_{\varepsilon})+F_n((-M_{\varepsilon})-)\leqslant\varepsilon.$$

于是, 对任意 $y\in C_F$ 和 $y<-M_{\varepsilon}$,

$$F(y)=\lim_{k\to\infty}F_{n_k}(y)\leqslant\varepsilon. \tag{5.102}$$

由于 F 是单增的, 故 $F(-\infty)\leqslant\varepsilon$. 再由 ε 的任意性得到 $F(-\infty)=0$. 这样, 该练习得证. □

5.7 Prokhorov 定理

上一节中的练习 5.19 的结论可以拓展到 Polish 空间上概率测度列的情形, 此即本节所要引入的 Prokhorov 定理 (文献 [16]).

我们首先引入 Prokhorov 度量. 设 (S,d) 是一个度量空间. 对任意 $\mu,\nu\in\mathcal{P}(S)$, 定义:

$$d_{\rm P}(\mu,\nu):=\inf\{\varepsilon>0;\ \mu(B)\leqslant\nu(B^{\varepsilon})+\varepsilon \text{ 和 } \nu(B)\leqslant\mu(B^{\varepsilon})+\varepsilon,\ \forall B\in\mathcal{B}_S\},\tag{5.103}$$

其中, 对任意 $B\in\mathcal{B}_S$ 和 $\varepsilon>0$,

$$B^{\varepsilon}:=\{x\in S;\ d(x,B)\leqslant\varepsilon\}.\tag{5.104}$$

这里记 $\varnothing^{\varepsilon}=\varnothing$, $\forall\varepsilon>0$.

那么, 我们有

定理 5.20 设 (S,d) 为一个度量空间, 则有

(i) 由 (5.103) 定义的 $d_{\rm P}$ 是 $\mathcal{P}(S)\times\mathcal{P}(S)$ 上的一个度量;

(ii) 设 $\{\mu_n\}_{n\geqslant1}\subset\mathcal{P}(S)$ 和 $\mu\in\mathcal{P}(S)$, 那么

$$d_{\rm P}(u_n,\mu)\to0, n\to\infty\Longrightarrow\mu_n\Longrightarrow\mu, n\to\infty.$$

证 首先注意到 $\mu,\nu\in\mathcal{P}(S)$ 都是概率测度, 因此任意 $\varepsilon\geqslant1$ 都属于如下集合:

$$C_{\mu,\nu}:=\{\varepsilon>0;\ \mu(B)\leqslant\nu(B^{\varepsilon})+\varepsilon \text{ 和 } \nu(B)\leqslant\mu(B^{\varepsilon})+\varepsilon,\ \forall B\in\mathcal{B}_S\}.\tag{5.105}$$

于是 $d_{\rm P}(\mu,\nu)$ 是非负有限的 (事实上 $d_{\rm P}(\mu,\nu)\leqslant1$). 此外, 由定义 (5.103) 可得

$$d_{\rm P}(\mu,\nu)=d_{\rm P}(\nu,\mu).$$

我们下面依次证明如下的结论:

- $d_{\rm P}(\mu,\mu)=0$, $\forall\mu\in\mathcal{P}(S)$. 事实上, 对任意 $x\in B\in\mathcal{B}_S$ 和 $\varepsilon>0$, 则 $d(x,B)=0<\varepsilon$, 此即 $B\subset B^{\varepsilon}$. 于是 $\mu(B)\leqslant\mu(B^{\varepsilon})\leqslant\mu(B^{\varepsilon})+\varepsilon$. 这样 $d_{\rm P}(\mu,\mu)\leqslant\varepsilon$. 由于 ε 是任意的, 故有 $d_{\rm P}(\mu,\mu)=0$.
- $d_{\rm P}(\mu,\nu)=0\Longrightarrow\mu=\nu$. 现假设 $d_{\rm P}(\mu,\nu)=0$. 于是, 存在最小值序列 $\{\varepsilon_n\}_{n\geqslant1}\subset C_{\mu,\nu}$ 满足 $\varepsilon_n\downarrow0=d(\mu,\nu)$, $n\to\infty$. 由于 $\{\varepsilon_n\}_{n\geqslant1}\subset C_{\mu,\nu}$, 故对任意 $B\in\mathcal{B}_S$, 我们有

$$\mu(B)\leqslant\nu(B^{\varepsilon_n})+\varepsilon_n,\quad \nu(B)\leqslant\mu(B^{\varepsilon_n})+\varepsilon_n,\quad \forall n\geqslant1.$$

注意到 $x \in \overline{B} \iff d(x,B)=0$, 因此 $\overline{B}=\bigcap_{n=1}^{\infty} B^{\varepsilon_n}$. 由概率测度的连续性得到

$$\mu(B) \leqslant \nu(\overline{B}), \quad \nu(B) \leqslant \mu(\overline{B}), \quad \forall B \in \mathcal{B}_S.$$

那么, 对任意闭集 B (即 $B=\overline{B}$), 得到 $\mu(B)=\nu(B)$. 根据定理 3.1, 即任何 Borel-概率测度都是正则的 (或应用 π-λ 定理), 得到在 $\mathcal{B}_S$ 上, $\mu=\nu$.

- 三角不等式. 设 $\mu,\nu,m \in \mathcal{P}(S)$. 对任意 $\varepsilon_1 \in C_{\mu,m}$ 和 $\varepsilon_2 \in C_{\nu,m}$. 于是 $\varepsilon_1>0$ 满足

$$\mu(B) \leqslant m(B^{\varepsilon_1})+\varepsilon_1, \quad m(B) \leqslant \mu(B^{\varepsilon_1})+\varepsilon_1, \quad \forall B \in \mathcal{B}_S$$

和 $\varepsilon_2>0$ 满足

$$\nu(B) \leqslant m(B^{\varepsilon_2})+\varepsilon_2, \quad m(B) \leqslant \nu(B^{\varepsilon_2})+\varepsilon_2, \quad \forall B \in \mathcal{B}_S.$$

由于 $x \to d(x,B)$ 是连续的, 故 $B^{\varepsilon} \in \mathcal{B}_S$, $\forall \varepsilon>0$. 因此, 上面的不等式意味着: 对任意 $B \in \mathcal{B}_S$,

$$\begin{aligned}
\mu(B) &\leqslant m(B^{\varepsilon_1})+\varepsilon_1 \leqslant \nu((B^{\varepsilon_1})^{\varepsilon_2})+\varepsilon_1+\varepsilon_2,\\
\nu(B) &\leqslant m(B^{\varepsilon_2})+\varepsilon_2 \leqslant \nu((B^{\varepsilon_2})^{\varepsilon_1})+\varepsilon_2+\varepsilon_1.
\end{aligned} \tag{5.106}$$

下面我们断言: $(B^{\varepsilon_2})^{\varepsilon_1} \subset B^{\varepsilon_1+\varepsilon_2}$. 事实上, 对任意 $x \in (B^{\varepsilon_2})^{\varepsilon_1}$, 则有

$$d(x,B^{\varepsilon_1})=\inf_{y \in B^{\varepsilon_1}} d(x,y) \leqslant \varepsilon_2.$$

于是存在 $y \in B^{\varepsilon_1}$ 使得 $d(x,y) \leqslant \varepsilon_2$. 然而, 由于 $y \in B^{\varepsilon_1}$, 则 $d(y,B) \leqslant \varepsilon_1$. 这样, 存在 $z \in B$ 使得 $d(y,z) \leqslant \varepsilon_1$. 由度量 d 的三角不等式得到: $d(x,z) \leqslant d(x,y)+d(y,z) \leqslant \varepsilon_1+\varepsilon_2$, 此即 $x \in B^{\varepsilon_1+\varepsilon_2}$. 同理 $(B^{\varepsilon_1})^{\varepsilon_2} \subset B^{\varepsilon_1+\varepsilon_2}$. 那么, 根据 (5.106), 我们得到: 对任意 $B \in \mathcal{B}_S$,

$$\mu(B) \leqslant \nu(B^{\varepsilon_1+\varepsilon_2})+\varepsilon_1+\varepsilon_2 \text{ 和 } \nu(B) \leqslant \mu(B^{\varepsilon_1+\varepsilon_2})+\varepsilon_1+\varepsilon_2. \tag{5.107}$$

这意味着: 对任意 $\varepsilon_1 \in C_{\mu,m}$ 和 $\varepsilon_2 \in C_{\nu,m}$,

$$\varepsilon_1+\varepsilon_2 \in C_{\mu,\nu},$$

因此 $d_{\mathrm{P}}(\mu,\nu) \leqslant \varepsilon_1+\varepsilon_2$. 由于上述 ε_1 和 ε_2 的下确界分别为 $d_{\mathrm{P}}(\mu,m)$ 和 $d_{\mathrm{P}}(m,\nu)$, 因此得到如下三角不等式:

$$d_{\mathrm{P}}(\mu,\nu) \leqslant d_{\mathrm{P}}(\mu,m)+d_{\mathrm{P}}(m,\nu).$$

下面证明 (ii). 假设 $d_{\mathrm{P}}(\mu_n,\mu)\to 0,\ n\to\infty$. 则存在 $\varepsilon_n\downarrow 0$ 满足

$$\mu_n(B)\leqslant \mu(B^{\varepsilon_n})+\varepsilon_n,\quad \mu(B)\leqslant \mu_n(B^{\varepsilon_n})+\varepsilon_n,\quad \forall B\in\mathcal{B}_S.$$

于是, 对任意 $B\in\mathcal{B}_S$,

$$\overline{\lim_{n\to\infty}}\,\mu_n(B)\leqslant \overline{\lim_{n\to\infty}}\,(\mu(B^{\varepsilon_n})+\varepsilon_n)=\lim_{n\to\infty}\mu(B^{\varepsilon_n})=\mu(\overline{B}).$$

因此, 对所有闭集 $B\in\mathcal{B}_S$, 我们得到

$$\overline{\lim_{n\to\infty}}\,\mu_n(B)\leqslant \mu(B).$$

那么, 根据 Portmanteau 定理 (定理 5.13) 得到 $\mu_n\Longrightarrow\mu,\ n\to\infty$. □

下面证明定理 5.20-(ii) 的逆命题在可分度量空间 (S,d) 上也是成立的. 为此, 我们需要如下辅助的结论:

引理 5.9 设 (S,d) 是可分的度量空间以及 $\mu\in\mathcal{P}(S)$. 那么, 对任意 $\delta>0$, 存在可数个开 (或闭) 球 $\{B_n\}_{n\geqslant 1}$ 满足

(i) $\bigcup_{n=1}^{\infty}B_n=S$;

(ii) 对任意 $n\geqslant 1$, B_n 的半径小于 δ;

(iii) $\mu(\partial B_n)=0,\ \forall n\geqslant 1$.

证 由于 (S,d) 是可分的, 那么设 S 的一个可数稠密子集为 D. 对任意 $x\in D$, 定义:

$$C(x,r):=\{y\in S;\ d(y,x)=r\},\quad r>0.$$

显然以 x 为中心、半径为 r 的开 (或闭) 球的边界为 $C(x,r)$. 由于集合 $\mathcal{C}(x):=\{C(x,r);\ \delta/2<r<\delta\}$ 不可数且其中的元素是互不相交的, 于是应用练习 5.9 得到: $\mathcal{C}(x)$ 中存在至多可数个元素的测度大于 0. 也就是说, 存在一个 $r_0\in(\delta/2,\delta)$ 满足 $\mu(C(x,r_0))=0$. 因为 $C(x,r_0)$ 是以 x 为中心、半径为 r_0 的开球 (或闭球) $B_{r_0}(x)$ 的边界, 即有 $\mu(\partial B_{r_0}(x))=0$. 注意到 D 是 S 的可数稠密子集, 故对应可数的 $x\in D$, 那么我们可以找到可数个开 (或闭) 球 $\{B_n\}_{n\geqslant 1}$ 满足 (i), (ii) 和 (iii). □

定理 5.21 设 (S,d) 是可分的度量空间以及 $\{\mu_n\}_{n\geqslant 1}\subset\mathcal{P}(S)$ 和 $\mu\in\mathcal{P}(S)$, 则

$$\mu_n\Longrightarrow\mu,n\to\infty \text{ 当且仅当 } d_{\mathrm{P}}(\mu_n,\mu)\to 0,n\to\infty.$$

证 定理 5.20-(ii) 已经证明了 $d_{\mathrm{P}}(\mu_n,\mu)\to 0,n\to\infty\Longrightarrow\mu_n\Longrightarrow\mu,n\to\infty$. 下面假设 $\mu_n\Longrightarrow\mu,\ n\to\infty$. 我们需要证明 $d_{\mathrm{P}}(\mu_n,\mu)\to 0,\ n\to\infty$. 这等价于

证明: 对任意 $\varepsilon > 0$, 存在 $n_0 \geqslant 1$ 使得 $d_{\mathrm{P}}(\mu_n, \mu) \leqslant \varepsilon$, $\forall n \geqslant n_0$. 也就是: 对任意 $n \geqslant n_0$,

$$\mu_n(B) \leqslant \mu(B^{\varepsilon}) + \varepsilon, \quad \mu(B) \leqslant \mu_n(B^{\varepsilon}) + \varepsilon, \quad B \in \mathcal{B}_S.$$

下面取 $\delta \in (0, \varepsilon/3)$, 则由引理 5.9 得到: 存在开球 $\{B_n\}_{n\geqslant 1}$ 使其半径小于 $\delta/2$ 且满足 $\bigcup_{n=1}^{\infty} B_n = S$ 和 $\mu(\partial B_n) = 0$, $\forall n \geqslant 1$. 那么, 由概率测度的连续性得到

$$\lim_{m\to\infty} \mu\left(\bigcup_{n=1}^{m} B_n\right) = \mu(S) = 1.$$

因此, 存在一个 $m_0 \in \mathbb{N}$ 满足

$$\mu\left(\bigcup_{n=1}^{m_0} B_n\right) \geqslant 1 - \delta. \tag{5.108}$$

对于上面的 m_0, 定义如下集类:

$$\mathcal{A}_{m_0} := \left\{\bigcup_{n\in J} B_n;\ J \subset \{1, \cdots, m_0\}\right\}. \tag{5.109}$$

由于, 对任意 $A \in \mathcal{A}_{m_0}$, 我们有

$$\partial A \subset \bigcup_{n=1}^{m_0} \partial B_n.$$

于是 $\mu(\partial A) \leqslant \sum_{n=1}^{m_0} \mu(\partial B_n) = 0$. 这样得到

$$\mu(\partial A) = 0, \quad \forall A \in \mathcal{A}_{m_0},$$

此即 $A \in \mathcal{A}_{m_0}$ 都是 μ-连续集. 因此, 根据 Portmanteau 定理 (定理 5.13), 我们有: $\mu_n(A) \to \mu(A)$, $n \to \infty$. 这样, 对任意 $A \in \mathcal{A}_{m_0}$, 存在 $k_0 \geqslant 1$ 使得

$$|\mu_n(A) - \mu(A)| < \delta, \quad \forall n \geqslant k_0. \tag{5.110}$$

由于 $\bigcup_{n=1}^{m_0} B_n \in \mathcal{A}$, 则对任意 $n \geqslant k_0$, 由 (5.108) 得

$$\mu_n\left(\bigcup_{n=1}^{m_0} B_n\right) > \mu\left(\bigcup_{n=1}^{m_0} B_n\right) - \delta \geqslant 1 - 2\delta. \tag{5.111}$$

下面对于任意 $B\in\mathcal{B}_S$, 我们取 $A^*:=\bigcup\{B_n;\ n=1,\cdots,m_0$ 使 $B_n\cap B\neq\varnothing\}$ 作为 B 的一个逼近. 因此 $A^*\in\mathcal{A}_{m_0}$. 进一步, 我们还有

(i) $A^*\subset B_\delta:=\{x\in S;\ d(x,B)<\delta\}$, 这是因为 B_n 的半径小于 δ;

(ii) $B=(B\cap\bigcup_{n=1}^{m_0}B_n)\cup(B\cap(\bigcup_{n=1}^{m_0}B_n)^{\rm c})\subset A^*\cup(\bigcup_{n=1}^{m_0}B_n)^{\rm c}$, 这是因为 $B\cap(\bigcup_{n=1}^{m_0}B_n)=\bigcup_{n=1}^{m_0}(B\cap B_n)\subset A^*$;

(iii) $|\mu_n(A^*)-\mu(A^*)|<\delta$, $\forall n\geqslant k_0$, 这是因为 (5.110) 和 $A^*\in\mathcal{A}_{m_0}$;

(iv) 对任意 $n\geqslant k_0$, $\mu((\bigcup_{n=1}^{m_0}B_n)^{\rm c})\leqslant\delta$ 和 $\mu_n((\bigcup_{n=1}^{m_0}B_n)^{\rm c})\leqslant 2\delta$, 这是因为 (5.108) 和 (5.111).

这样, 对任意 $n\geqslant k_0$, 由 (ii), (iii), (iv), (5.110) 和 (i) 得到

$$\begin{aligned}\mu(B)&\leqslant\mu(A^*)+\mu\left(\left(\bigcup_{n=1}^{m_0}B_n\right)^{\rm c}\right)\leqslant\mu(A^*)+\delta\leqslant\mu_n(A^*)+2\delta\\&\leqslant\mu_n(B_\delta)+2\delta\leqslant\mu_n(B^\varepsilon)+\varepsilon,\end{aligned}$$

以及

$$\begin{aligned}\mu_n(B)&\leqslant\mu_n(A^*)+\mu_n\left(\left(\bigcup_{n=1}^{m_0}B_n\right)^{\rm c}\right)\leqslant\mu_n(A^*)+2\delta\leqslant\mu(A^*)+3\delta\\&\leqslant\mu(B_\delta)+3\delta\leqslant\mu(B^\varepsilon)+\varepsilon.\end{aligned}$$

那么, 由 $B\in\mathcal{B}_S$ 的任意性, 我们有: $d_{\rm P}(\mu_n,\mu)\leqslant\varepsilon$, $\forall n\geqslant k_0$. 这证明了 $d_{\rm P}(\mu_n,\mu)\to 0$, $n\to\infty$. □

下面给出本节所要引入的主要定理:

定理 5.22 (Prokhorov 定理) *设 (S,d) 是一个 Polish 空间和 $\mathcal{M}\subset\mathcal{P}(S)$, 那么 $\mathcal{M}$ 是相对紧的 (在弱拓扑下) 当且仅当 $\mathcal{M}$ 是一致胎紧的.*

证 这里仅证明 $S=\mathbb{R}$ 的情形. 对于一般 Polish 空间情况的一部分证明可参见下面的练习 5.20 的证明; 对于完全的证明, 读者可参见文献 [6] (第 277—284 页).

- **设 $\mathcal{M}\subset\mathcal{P}(S)$ 是一致胎紧的**. 我们证明 $\mathcal{M}$ 在弱拓扑下是相对紧的. 为此, 设 $\{\mu_n\}_{n\geqslant1}\subset\mathcal{M}$ 和 $Q=\{q_k\}_{k\geqslant1}\subset\mathbb{R}$ 为 $\mathbb{R}$ 的一个可数稠密子集 (例如, 所有有理数). 对任意 $n\geqslant1$, 定义分布函数 $F_n(x):=\mu_n((-\infty,x])$, $x\in\mathbb{R}$. 那么, 数列 $\{F_n(q_1)\}_{n\geqslant1}$ 是有界的. 于是, 存在某个收敛的子列 (这个子列索引我们仍用 $n_{1,k}$, $k\geqslant1$ 来表示). 同理, $\{F_{n_{1,k}}(q_2)\}_{k\geqslant1}$ 也是有界的. 因此, 其也存在某个收敛的子列 (这个子列索引我们用 $n_{2,k}$, $k\geqslant1$ 来表示). 以此类推, 我们可以得到一列增的序列 $n_{i,k}$, $i,k\geqslant1$ 满足 $n_{i+1,k}$, $k\geqslant1$ 是 $n_{i,k}$, $k\geqslant1$ 的子列, 且对任意 $j\leqslant i$, $\{F_{n_{i,k}}(q_j)\}_{k\geqslant1}$ 是收敛的. 取

序列 $n_{i,k}$, $i,k \geqslant 1$ 的对角序列 $m_k := n_{k,k}$ 和定义函数 $\tilde{F}: Q \to [0,1]$ 为

$$G(q) := \lim_{k\to\infty} F_{m_k}(q), \quad q \in Q. \tag{5.112}$$

由于对任意 $n \geqslant 1$, F_n 是分布函数, 故是单增的. 于是 G 是单增的. 定义 G 的如下右连续的版本:

$$F(x) := G(x+) := \lim_{q>x,\ q\in Q} G(q) = \inf_{q>x,\ q\in Q} G(q), \quad x \in Q. \tag{5.113}$$

也就是说, 由 (5.113) 所定义的 F 是单增和右连续的. 此外, 对任意 $q > x$ 和 $q \in Q$, $F(x) \leqslant G(q)$.

下面证明 $F_{m_k}(x) \to F(x)$, $\forall x \in C_F$. 事实上, 对任意 $x \in C_F$ 和 $\varepsilon > 0$, 取 $q_1, q_2, y \in Q$ 满足 $q_1 < q_2 < x < y$ 以及

$$F(x) - \varepsilon < F(q_1) \leqslant F(q_2) \leqslant F(x) \leqslant F(y) < F(x) + \varepsilon.$$

根据 (5.112), $F_{m_k}(q_2) \to G(q_2) \overset{q_2>q_1}{\geqslant} F(q_1)$ (由 (5.113)). 另一方面, 由 G 的单增性得

$$F_{m_k}(y) \to G(y) \leqslant G(y+) = F(y).$$

于是, 对充分大的 $k \geqslant 1$, 我们有 (其中用到了分布函数 F_{m_k} 的单增性, 得到 $F_{m_k}(q_2) \leqslant F_{m_k}(x) \leqslant F_{m_k}(y)$)

$$F(x) - \varepsilon < F_{m_k}(q_2) \leqslant F_{m_k}(x) \leqslant F_{m_k}(y) < F(x) + \varepsilon.$$

这意味着 $F_{m_k}(x) \to F(x)$, $\forall x \in C_F$. **上面的内容本质是对 Helley 选择定理 (定理 5.19) 的证明**. 进一步, 由于 $\mathcal{M} \subset \mathcal{P}(S)$ 是一致胎紧的, 那么由练习 5.19 得到: F 是一个分布函数.

- **假设 $\mathcal{M} \subset \mathcal{P}(S)$ 是相对紧的**. 我们证明 $\mathcal{M}$ 是一致胎紧的. 这里采用反证法. 为此, 假设 $\mathcal{M}$ 并不是一致胎紧的. 于是, 存在 $\varepsilon > 0$ 使得: 对任意 $n \geqslant 1$, 都存在 $\mu_n \in \mathcal{M}$ 使得 $\mu_n([-n,n]) \leqslant 1-\varepsilon$. 因此, 对任意 $n \geqslant M$,

$$\mu_n([-M,M]) \leqslant \mu_n([-n,n]) \leqslant 1-\varepsilon. \tag{5.114}$$

由于 $\mathcal{M}$ 的相对紧性 (在弱拓扑下), 即 $\overline{\mathcal{M}}$ 是紧的. 则 $\{\mu_n\}_{n\geqslant 1} \subset \mathcal{M}$ 存在一个弱收敛的子列 $\{\mu_{n_k}\}_{k\geqslant 1}$ 和 $\mu \in \overline{\mathcal{M}}$ 满足 $\mu_{n_k} \Longrightarrow \mu$, $k \to \infty$. 根据 (5.114), 我们得到

$$\varlimsup_{k\to\infty} \mu_{n_k}([-M,M]) \leqslant 1-\varepsilon, \quad \forall M > 0. \tag{5.115}$$

再由 Portmanteau 定理 (定理 5.13), 对任意 $M>0$,

$$\mu((-M,M))\leqslant\varliminf_{k\to\infty}\mu_{n_k}((-M,M))\leqslant\varlimsup_{k\to\infty}\mu_{n_k}([-M,M])\leqslant 1-\varepsilon. \tag{5.116}$$

由概率测度的连续性有 $1=\mu(\mathbb{R})\leqslant 1-\varepsilon$, 这样得到了矛盾.

至此, 该定理证毕. □

下面练习的证明给出了一般 Polish 空间上 $\mathcal{P}(S)$ 中相对紧的子集是胎紧的证明:

练习 5.20 设 (S,d) 是一个 Polish 空间和 $\mathcal{M}\subset\mathcal{P}(S)$. 如果 $\mathcal{M}$ 是相对紧的, 则 $\mathcal{M}$ 是一致胎紧的.

提示 设 $\{U_n\}_{n\geqslant1}\subset S$ 为 S 的一列开覆盖满足 $\bigcup_{n=1}^{\infty}U_n=S$. 那么, 对任意 $\varepsilon>0$, 存在 $n\geqslant1$ 使得: 对任意的 $\mu\in\mathcal{M}$ 满足

$$\mu\left(\bigcup_{i=1}^{n}U_i\right)>1-\varepsilon. \tag{5.117}$$

我们用反证法证明上面的断言. 为此, 假设对任意 $n\geqslant1$, 存在 $\mu_n\in\mathcal{M}$ 满足

$$\mu_n\left(\bigcup_{i=1}^{n}U_i\right)\leqslant 1-\varepsilon.$$

由于 $\overline{\mathcal{M}}$ 是紧的, 故存在 $\mu\in\overline{\mathcal{M}}$ 和子列 $\{\mu_{n_k}\}_{k\geqslant1}\subset\{\mu_n\}_{n\geqslant1}$ 使得 $\mu_{n_k}\Longrightarrow\mu$, $k\to\infty$. 由于对任意 $n\geqslant1$, $\bigcup_{i=1}^{n}U_i$ 是开的, 故由 Portmanteau 定理 (定理 5.13) 得到

$$\mu\left(\bigcup_{i=1}^{n}U_i\right)\leqslant\varliminf_{k\to\infty}\mu_{n_k}\left(\bigcup_{i=1}^{n}U_i\right)\leqslant\varliminf_{k\to\infty}\mu_{n_k}\left(\bigcup_{i=1}^{n_k}U_i\right)\leqslant 1-\varepsilon.$$

由概率测度的连续性得到 $\mu(\bigcup_{i=1}^{n}U_i)\to\mu(S)=1$, $n\to\infty$. 这样 $1\leqslant 1-\varepsilon$, 因此矛盾. 于是 (5.117) 成立.

由于 S 可分, 设 $D=\{a_1,a_2,\cdots\}$ 是 S 的一个可数稠密子集. 那么, 对任意 $m\geqslant1$, $S=\bigcup_{i=1}^{\infty}B_{\frac{1}{m}}(a_i)$. 于是, 由 (5.117) 得: 存在 $n_m\geqslant1$ 使得

$$\mu\left(\bigcup_{i=1}^{n_m}B_{\frac{1}{m}}(a_i)\right)>1-\varepsilon 2^{-m},\quad\forall\mu\in\mathcal{M}.$$

进一步, 定义:

$$K:=\bigcap_{m=1}^{\infty}\bigcup_{i=1}^{n_m}\overline{B}_{\frac{1}{m}}(a_i). \tag{5.118}$$

因此 K 是闭集. 另一方面, 对任意 $\delta > 0$, 取 $m^{-1} < \delta$, 则有

$$K \subset \bigcup_{i=1}^{n_m} B_\delta(a_i),$$

此即 K 是完全有界的. 由于 S 是完备的, 故 K 是紧的. 进一步, 对任意 $\mu \in \mathcal{M}$, 我们有

$$\begin{aligned}
\mu(K^c) &= \mu\left(\bigcup_{m=1}^{\infty}\left[\bigcup_{i=1}^{n_m}\overline{B}_{\frac{1}{m}}(a_i)\right]^c\right) \leqslant \sum_{m=1}^{\infty}\mu\left(\left[\bigcup_{i=1}^{n_m}\overline{B}_{\frac{1}{m}}(a_i)\right]^c\right) \\
&= \sum_{m=1}^{\infty}\left\{1-\mu\left(\bigcup_{i=1}^{n_m}\overline{B}_{\frac{1}{m}}(a_i)\right)\right\} \\
&< \sum_{m=1}^{\infty}\varepsilon 2^{-m} = \varepsilon.
\end{aligned}$$

这证得 $\mathcal{M}$ 是一致胎紧的. □

上面的 Prokhorov 定理即说明: Polish 空间上的概率测度列的一致胎紧性等价于其列紧性. 于是, 我们有下面的推论:

推论 5.2 设 (S,d) 为一个 Polish 空间, $\mu \in \mathcal{P}(S)$ 和 $\{\mu_n\}_{n\geqslant 1} \subset \mathcal{P}(S)$. 如果 $\mu_n \Longrightarrow \mu$, $n \to \infty$, 则 $\{\mu_n\}_{n\geqslant 1}$ 是一致胎紧的.

证 由于 $\mu_n \Longrightarrow \mu$, $n \to \infty$, 故 $\{\mu_n\}_{n\geqslant 1}$ 是列紧的. 因此, 由 Prokhorov 定理知 $\{\mu_n\}_{n\geqslant 1}$ 是一致胎紧的. □

5.8 Wasserstein 度量

由上一节 (5.103) 所定义的 Prokhorov 度量 d_{P} 在实际应用中并不容易计算. 本节介绍一种在实际中常用于刻画两个概率分布之间距离的度量——Wasserstein 度量.

为此, 我们首先给出 Wasserstein 空间的定义:

定义 5.11 (p-阶 Wasserstein 空间) 设 (S,d) 是一个 Polish 空间. 对任意 $p \geqslant 1$, 定义:

$$\mathcal{P}_p(S) := \left\{\mu \in \mathcal{P}(S);\ \int_S d(x_0,x)^p \mu(\mathrm{d}x) < +\infty,\ \exists x_0 \in S\right\}, \tag{5.119}$$

那么称 $\mathcal{P}_p(S)$ 为 p-阶 Wasserstein 空间.

于是, 我们有

引理 5.10 对于 $p \geqslant 1$, 设 $\mu \in \mathcal{P}_p(S)$, 则有

$$\int_S d(y,x)^p \mu(\mathrm{d}x) < +\infty, \quad \forall y \in S,$$

证 应用度量 d 的三角不等式, 对于任意 $x_0 \in S$, 我们得到

$$d(y,x)^p \leqslant 2^{p-1}\{d(y,x_0)^p + d(x_0,x)^p\}, \quad x,y \in S. \tag{5.120}$$

那么有

$$\begin{aligned}
\int_S d(y,x)^p \mu(\mathrm{d}x) &\leqslant 2^{p-1}\int_S d(y,x_0)^p \mu(\mathrm{d}x) + 2^{p-1}\int_S d(x_0,x)^p \mu(\mathrm{d}x) \\
&\leqslant 2^{p-1} d(y,x_0)^p \mu(S) + 2^{p-1}\int_S d(x_0,x)^p \mu(\mathrm{d}x) \\
&= 2^{p-1} d(y,x_0)^p + 2^{p-1}\int_S d(x_0,x)^p \mu(\mathrm{d}x) \\
&< +\infty.
\end{aligned}$$

这样, 该引理得证. □

对于 $p \geqslant 1$, p-阶 Wasserstein 度量定义为: 对任意 $\mu,\nu \in \mathcal{P}_p(S)$,

$$W_p(\mu,\nu) := \left\{\inf_{\pi\in\Pi(\mu,\nu)} \int_{S\times S} d(x,y)^p \pi(\mathrm{d}x,\mathrm{d}y)\right\}^{\frac{1}{p}}, \tag{5.121}$$

其中 $\Pi(\mu,\nu)$ 由 (5.99) 给出. 进一步, W_p 在 $\mathcal{P}_p(S)$ 上是有限的. 事实上, 对任意 $x_0 \in S$, 由于 $\mu \times \nu \in \Pi(\mu,\nu)$, 应用 (5.120) 得

$$\begin{aligned}
W_p^p(\mu,\nu) &= \inf_{\pi\in\Pi(\mu,\nu)} \int_{S\times S} d(x,y)^p \pi(\mathrm{d}x,\mathrm{d}y) \leqslant \int_{S\times S} d(x,y)^p \mu(\mathrm{d}x)\nu(\mathrm{d}y) \\
&\leqslant 2^{p-1}\int_{S\times S} d(x,x_0)^p \mu(\mathrm{d}x)\nu(\mathrm{d}y) + 2^{p-1}\int_{S\times S} d(y,x_0)^p \mu(\mathrm{d}x)\nu(\mathrm{d}y) \\
&= 2^{p-1}\int_S d(x,x_0)^p \mu(\mathrm{d}x) + 2^{p-1}\int_S d(y,x_0)^p \nu(\mathrm{d}y) \\
&< +\infty.
\end{aligned}$$

可以证明 W_p 的确是 $\mathcal{P}_p(S)$ 上的一个度量. 此外, 我们还有 (参见文献 [21] 中的定理 6.18)

如果 (S,d) 是一个 Polish 空间, 那么 $(\mathcal{P}_p(S), W_p)$ 也是一个 Polish 空间.

另外, 应用 Hölder 不等式, 我们可得

$$p \geqslant q \geqslant 1 \Longrightarrow W_p \geqslant W_q. \tag{5.122}$$

乘积空间上概率测度的集合 $\Pi(\mu,\nu)$ 还可以表述为如下随机变量分布的形式:

$$\begin{aligned}\Pi(\mu,\nu) &= \tilde{\Pi}(\mu,\nu)\\ &:= \big\{(X,Y);\ (X,Y)\text{ 是 } S\times S\text{-值 r.v. 满足 } \mathcal{P}_X=\mu,\ \mathcal{P}_Y=\nu\big\},\end{aligned} \tag{5.123}$$

那么称 $(X,Y)\in\Pi(\mu,\nu)$ 为 (μ,ν) 的一个耦合 (coupling). 根据 (5.123), 应用变量变换公式, 则 Wasserstein 度量 W_p 可写成

$$\begin{aligned}W_p(\mu,\nu) &:= \left\{\inf_{(X,Y)\in\tilde{\Pi}(\mu,\nu)}\int_{S\times S} d(x,y)^p\mathcal{P}_{(X,Y)}(\mathrm{d}x,\mathrm{d}y)\right\}^{\frac{1}{p}}\\ &= \left\{\inf_{(X,Y)\in\tilde{\Pi}(\mu,\nu)}\mathbb{E}[d(X,Y)^p]\right\}^{\frac{1}{p}}.\end{aligned} \tag{5.124}$$

我们通常称 W_2 为平方 Wasserstein 度量, 而称 W_1 为 Kantorovich-Rubinstein (KR) 度量. 之所以称 W_1 为 KR 度量, 这是因为 W_1 满足如下所谓的 Kantorovich-Rubinstein 对偶表示 (参见文献 [20] 和 [21]):

$$W_1(\mu,\nu) = \sup_{g\in C^d_{\mathrm{Lip},1}(S)}\int_S g(x)(\mu(\mathrm{d}x)-\nu(\mathrm{d}x)), \tag{5.125}$$

其中 $C^d_{\mathrm{Lip},1}(S)$ 表示 Lipschitz 系数不大于 1 的 Lipschitz 函数 (关于度量 d) 的集合:

$$C^d_{\mathrm{Lip},1}(S) := \left\{g: S\to\mathbb{R};\ \|g\|_{\mathrm{Lip}} := \sup_{x\neq y}\frac{|g(x)-g(y)|}{d(x,y)}\leqslant 1\right\}. \tag{5.126}$$

上面的一阶 Wasserstein 度量 $W_1(\cdot,\cdot)$ 的对偶表示 (5.125) 可用来作为两个欧式期权风险中性价格之间距离的上界 (参见习题 7 的第 22 题). 进一步, 当 $S=\mathbb{R}$ 时, 一阶 Wasserstein 度量 $W_1(\cdot,\cdot)$ 还等于两个概率测度对应的累积分布函数的 L^1-距离 (参见习题 7 的第 22 题中的等式 (7.94)).

此外, 上面的对偶公式 (5.125) 可推出下面重要的全变差公式 (total variation formula).

引理 5.11 (全变差公式) 对于 Polish 空间 S 和对任意 $\mu,\nu\in\mathcal{P}(S)$, 我们有

$$\inf_{\pi\in\Pi(\mu,\nu)}\pi(\{x\neq y\}) = \inf_{(X,Y)\in\tilde{\Pi}(\mu,\nu)}\mathbb{P}(X\neq Y)$$

$$
\begin{aligned}
&= (\mu-\nu)^+(S) = (\mu-\nu)^-(S) \\
&= \frac{1}{2}|\mu-\nu|_{\mathrm{TV}},
\end{aligned} \tag{5.127}
$$

其中 $((\mu-\nu)^+, (\mu-\nu)^-)$ 为符号测度 $\mu-\nu$ 的 Jordan 分解 (参见第 4 章中的 (4.24)), 以及

$$
|\mu-\nu|_{\mathrm{TV}} := (\mu-\nu)^+(S) + (\mu-\nu)^-(S).
$$

证 这里应用 Kantorovich-Rubinstein 对偶公式 (5.125) 来证明 (5.127). 事实上, 我们取 S 上的度量为 $d(x,y) = \mathbb{1}_{x\neq y}$, $x,y\in S$, 其是 S 上的一个下半连续的度量. 此时, 集合 $C^d_{\mathrm{Lip},1}(S)$ 为

$$
C^d_{\mathrm{Lip},1}(S) = \left\{ g: S\to\mathbb{R};\ \sup_{x\neq y}|g(x)-g(y)| \leqslant 1 \right\}.
$$

那么, 由 W_1 的定义和对偶公式 (5.125) 得到

$$
\inf_{\pi\in\Pi(\mu,\nu)} \pi(\{x\neq y\}) = \sup_{g\in C^d_{\mathrm{Lip},1}(S)} \int_S g(x)(\mu(\mathrm{d}x)-\nu(\mathrm{d}x)). \tag{5.128}
$$

定义 $D(S) := \{f: S\to[0,1];\ f\text{是 Borel 可测的}\}$. 那么 $D(S)\subset C^d_{\mathrm{Lip},1}(S)$. 这意味着

$$
\sup_{f\in D(S)} \int_S f(x)d(\mu(\mathrm{d}x)-\nu(\mathrm{d}x)) \leqslant \sup_{g\in C^d_{\mathrm{Lip},1}(S)} \int_S g(x)(\mu(\mathrm{d}x)-\nu(\mathrm{d}x)). \tag{5.129}
$$

另一方面, 对任意 $g\in C^d_{\mathrm{Lip},1}(S)$, 则有 $\sup_{x\neq y}|g(x)-g(y)|\leqslant 1$. 于是, 定义 $\tilde{g}(x) := g(x) - \inf_{y\in S} g(y)$, $x\in S$. 因此 $\tilde{g}\geqslant 0$. 由于, 对任意 $x,y\in S$, $g(x)-g(y)\in[-1,1]$, 那么 $\sup_{y\in S}(g(x)-g(y))\leqslant 1$. 注意到 $\tilde{g}(x) = \sup_{y\in S}(g(x)-g(y))$, 因此 $\tilde{g}\in[0,1]$, 此即 $\tilde{g}\in D(S)$. 这样得到

$$
\begin{aligned}
\int_S \tilde{g}(x)(\mu(\mathrm{d}x)-\nu(\mathrm{d}x)) &= \int_S \left[g(x) - \inf_{y\in S} g(y)\right](\mu(\mathrm{d}x)-\nu(\mathrm{d}x)) \\
&= \int_S g(x)(\mu(\mathrm{d}x)-\nu(\mathrm{d}x)).
\end{aligned}
$$

于是, 对任意 $g\in C^d_{\mathrm{Lip},1}(S)$, 我们有

$$
\int_S g(x)(\mu(\mathrm{d}x)-\nu(\mathrm{d}x)) = \int_S \tilde{g}(x)(\mu(\mathrm{d}x)-\nu(\mathrm{d}x))
$$

$$\leqslant \sup_{f\in D(S)}\int_S f(x)d(\mu(\mathrm{d}x)-\nu(\mathrm{d}x)).$$

由上面 $g\in C^d_{\mathrm{Lip},1}(S)$ 的任意性得到

$$\sup_{g\in C^d_{\mathrm{Lip},1}(S)}\int_S g(x)(\mu(\mathrm{d}x)-\nu(\mathrm{d}x))\leqslant \sup_{f\in D(S)}\int_S f(x)d(\mu(\mathrm{d}x)-\nu(\mathrm{d}x)).$$

应用 (5.129) 得到

$$\begin{aligned}\inf_{\pi\in\Pi(\mu,\nu)}\pi(\{x\neq y\})&=\sup_{g\in C^d_{\mathrm{Lip},1}(S)}\int_S g(x)(\mu(\mathrm{d}x)-\nu(\mathrm{d}x))\\&=\sup_{f\in D(S)}\int_S f(x)d(\mu(\mathrm{d}x)-\nu(\mathrm{d}x)).\end{aligned}\tag{5.130}$$

由于 $(\mu-\nu)(S)=0$, 我们显然有

$$\begin{aligned}\sup_{f\in D(S)}\int_S f(x)d(\mu(\mathrm{d}x)-\nu(\mathrm{d}x))&=\int_S 1(\mu-\nu)^+(\mathrm{d}x)=(\mu-\nu)^+(S)\\&=(\mu-\nu)^-(S)=\frac{1}{2}|\mu-\nu|_{\mathrm{TV}}.\end{aligned}$$

那么结合 (5.130) 得到全变差公式 (5.127). □

例 5.9 设 $(S,\|\cdot\|)$ 是一个 Banach 空间. 对任意 $\mu\in\mathcal{P}_2(S)$ 和 $a\in S$, 概率测度 μ 与 δ_a 的平方 Wasserstein 度量为

$$W_2^2(\mu,\delta_a)=\int_S\|x-a\|^2\mu(\mathrm{d}x).\tag{5.131}$$

事实上, 根据 (5.124) 以及注意到 δ_a 为点 a 的分布, 则由 (5.123) 得到

$$\tilde{\Pi}(\mu,\delta_a):=\{(X,a);\ (X,a)\text{ 为 }S\times S\text{-值 r.v. 且满足 }\mathcal{P}_X=\mu\}.$$

由于 a 与任何随机变量都独立, 则根据 (5.124) 得到

$$\begin{aligned}W_2^2(\mu,\delta_a)&=\inf_{(X,a)\in\tilde{\Pi}(\mu,\delta_a)}\mathbb{E}[d(X,a)^2]=\inf_{(X,a)\in\tilde{\Pi}(\mu,\delta_a)}\int_S\|x-a\|^2\mu(\mathrm{d}x)\\&=\int_S\|x-a\|^2\mu(\mathrm{d}x).\end{aligned}$$

因此有

$$\inf_{a\in S} W_2(\mu,\delta_a)=\inf_{a\in S}\left\{\int_S \|x-a\|^2\mu(\mathrm{d}x)\right\}^{\frac{1}{2}}=\left\{\int_S \|x-a^*\|^2\mu(\mathrm{d}x)\right\}^{\frac{1}{2}},$$

其中 $a^*=\int_S x\mu(\mathrm{d}x)$, 即 μ 的均值. 于是 $\inf_{a\in S}W_2(\mu,\delta_a)$ 为 μ 的均方差.

下面的练习给出了一类协方差不等式:

练习 5.21 (协方差不等式) 设 (S,d) 为 Polish 空间和 $\mu\in\mathcal{P}_1(S)$. 设 Borel 函数 $f:S\to\mathbb{R}_+$ 为关于概率测度 μ 的概率密度函数, 也就是 $\int_S f(x)\mu(\mathrm{d}x)=1$. 那么, 对任意 Lipschitz 函数 $g:S\to\mathbb{R}$, 我们有

$$\left(\int_S f(x)\mu(\mathrm{d}x)\right)\left(\int_S g(x)\mu(\mathrm{d}x)\right)-\int_S f(x)g(x)\mu(\mathrm{d}x)\leqslant\|g\|_{\mathrm{Lip}}W_1(\mu,f\mu). \tag{5.132}$$

提示 对任意 Lipschitz 函数 $g:S\to\mathbb{R}$, 则有 $\tilde{g}:=\dfrac{g}{\|g\|_{\mathrm{Lip}}}\in C^d_{\mathrm{Lip},1}(S)$. 那么, 应用 Kantorovich-Rubinstein 对偶表式 (5.125) 得到

$$\begin{aligned}W_1(\mu,f\mu)&=\sup_{h\in C^d_{\mathrm{Lip},1}(S)}\int_S h(x)\left(\mu(\mathrm{d}x)-(f\mu)(\mathrm{d}x)\right)\\&=\sup_{h\in C^d_{\mathrm{Lip},1}(S)}\left\{\int_S h(x)\mu(\mathrm{d}x)-\int_S h(x)f(x)\mu(\mathrm{d}x)\right\},\end{aligned}$$

其中, 对任意 $A\in B_S$, $f\mu(A):=\int_A f\mathrm{d}\mu$. 于是,

$$W_1(\mu,f\mu)\geqslant\int_S\tilde{g}(x)\mu(\mathrm{d}x)-\int_S\tilde{g}(x)f(x)\mu(\mathrm{d}x).$$

因此得到

$$\int_S g(x)\mu(\mathrm{d}x)-\int_S g(x)f(x)\mu(\mathrm{d}x)\leqslant\|g\|_{\mathrm{Lip}}W_1(\mu,f\mu).$$

那么, 根据 $\int_S f(x)\mu(\mathrm{d}x)=1$, 我们证得协方差不等式 (5.132) 成立. □

练习 5.22 设 (S,d) 为 Polish 空间和 $\{\mu_n\}_{n\geqslant1}$ 为 $(\mathcal{P}_p(S),W_p)$ 中的一个 Cauchy 列, 那么 $\{\mu_n\}_{n\geqslant1}$ 是一致胎紧的.

提示 由于 $\{\mu_n\}_{n\geqslant 1}$ 在 $(\mathcal{P}_p(S), W_p)$ 中是一个 Cauchy 列, 这等价于

$$W_p(\mu_k, \mu_l) \to 0, \quad k, l \to \infty. \tag{5.133}$$

进一步, 对任意 $x_0 \in S$, 根据例 5.9, 我们有

$$\begin{aligned}\int_S d(x_0, x)^p \mu_k(\mathrm{d}x) &= W_p^p(\mu_k, \delta_{x_0}) \\ &\leqslant (W_p(\mu_1, \delta_{x_0}) + W_p(\mu_1, \mu_k))^p, \quad \forall k \geqslant 1.\end{aligned} \tag{5.134}$$

应用 (5.122) 和 $p \geqslant 1$, 则有 $\{\mu_n\}_{n\geqslant 1}$ 在 W_1 中也是 Cauchy 列, 即 $W_1(\mu_k, \mu_l) \to 0$, $k, l \to \infty$. 那么, 对任意 $\varepsilon > 0$, 存在 $N \geqslant 1$ 使得: 当 $k \geqslant N$ 时,

$$W_1(\mu_k, \mu_N) \leqslant \varepsilon^2. \tag{5.135}$$

而当 $k < N$ 时, $W_1(\mu_k, \mu_k) = 0 \leqslant \varepsilon^2$. 这意味着, 对任意 $k \geqslant 1$, 都存在 $j \in \{1, \cdots, N\}$ 使得

$$W_1(\mu_k, \mu_j) \leqslant \varepsilon^2. \tag{5.136}$$

事实上, 当 $k \geqslant N$ 时, 我们取 $j = N$, 而当 $k < N$ 时, 则取 $j = k$ 即可.

由于有限个概率测度 $\{\mu_n\}_{n=1,\cdots,N}$ 是一致胎紧的, 那么存在紧集 $K = K_\varepsilon \subset S$ 满足 $\mu_j(K^c) \leqslant \varepsilon$, $\forall j = 1, \cdots, N$. 注意到, 紧集 K 是完全有界的. 于是存在有限个任意小半径的开球 $\{B_\varepsilon(x_i)\}_{i=1,\cdots,m}$ 使得 $K \subset U := \bigcup_{i=1}^m B_\varepsilon(x_i)$. 因此,

$$K \subset U \subset U^\varepsilon := \{x \in S;\ d(x, U) < \varepsilon\} \subset \Gamma := \bigcup_{i=1}^m B_{2\varepsilon}(x_i). \tag{5.137}$$

根据 (5.63), 我们定义:

$$g_\varepsilon(x) := \left(1 - \frac{d(x, U)}{\varepsilon}\right)^+, \quad x \in S. \tag{5.138}$$

那么有: $\|g_\varepsilon\|_{\mathrm{Lip}} = \varepsilon^{-1}$, 即 $\varepsilon g_\varepsilon \in C_{\mathrm{Lip},1}^d(S)$ 以及

$$\mathbb{1}_U \leqslant g_\varepsilon \leqslant \mathbb{1}_{U^\varepsilon}.$$

应用 Kantorovich-Rubinstein 对偶表示 (5.125) 得到: 对任意 $k \geqslant 1$ 和 $j \in \{1, \cdots, N\}$,

$$W_1(\mu_j, \mu_k) \geqslant \varepsilon \int_S g_\varepsilon(x)(\mu_j(\mathrm{d}x) - \mu_k(\mathrm{d}x)).$$

因此, 我们得到如下不等式:

$$\begin{aligned}\mu_k(U^\varepsilon) &\geqslant \int_S g_\varepsilon(x)\mu_k(\mathrm{d}x)\\ &= \int_S g_\varepsilon(x)\mu_j(\mathrm{d}x) + \int_S g_\varepsilon(x)(\mu_k(\mathrm{d}x) - \mu_j(\mathrm{d}x))\\ &\geqslant \int_S g_\varepsilon(x)\mu_j(\mathrm{d}x) - \varepsilon^{-1}W_1(\mu_j, \mu_k)\\ &\geqslant \mu_j(U) - \varepsilon^{-1}W_1(\mu_j, \mu_k). \end{aligned} \tag{5.139}$$

由于对任意 $j \in \{1, \cdots, N\}$, 我们有 $\mu_j(U) \geqslant \mu_j(K) > 1 - \varepsilon$. 那么, 应用 (5.136) 和 (5.139) 得到: 对任意 $k \geqslant 1$,

$$\mu_k(U^\varepsilon) \geqslant \mu_j(U) - \varepsilon^{-1}W_1(\mu_j, \mu_k) \geqslant 1 - 2\varepsilon.$$

于是, 根据 (5.137) 得到: 对任意 $\varepsilon > 0$, 存在 $m \geqslant 1$ 和 $\{x_i\}_{i=1,\cdots,m} \subset S$ 使得

$$\mu_k(\Gamma) \geqslant \mu_k(U^\varepsilon) \geqslant 1 - 2\varepsilon, \quad \Gamma := \bigcup_{i=1}^m B_{2\varepsilon}(x_i). \tag{5.140}$$

因此, 对任意 $\ell \geqslant 1$, 存在 $m_\ell \geqslant 1$ 和 $\{x_i\}_{i=1,\cdots,m_\ell} \subset S$ 使得

$$\mu_k\left(\bigcup_{i=1}^{m_\ell} B_{2^{-\ell}\varepsilon}(x_i)\right) \geqslant 1 - 2^{-\ell}\varepsilon, \quad \forall k \geqslant 1. \tag{5.141}$$

下面定义 S 中的如下闭集:

$$C := \bigcap_{\ell=1}^\infty \bigcup_{i=1}^{m_\ell} \overline{B}_{2^{-\ell}\varepsilon}(x_i).$$

那么, 对任意 $\delta > 0$, 取 $\ell \geqslant 1$ 使 $2^{-\ell}\varepsilon < \delta$, 于是有

$$C \subset \bigcup_{i=1}^{m_\ell} B_\delta(x_i),$$

因此 C 是完全有界的. 由于 S 是完备的, 故 C 是紧的. 应用 (5.141) 有

$$\mu_k(C^{\mathrm{c}}) \leqslant \sum_{\ell=1}^\infty 2^{-\ell}\varepsilon = \varepsilon, \quad \forall k \geqslant 1,$$

此即 $\{\mu_k\}_{k\geqslant 1}$ 是一致胎紧的. □

本节最后给出 Wasserstein 空间中序列收敛的充分必要条件, 其证明可参见文献 [21] 第 7 章中的定理 7.12.

定理 5.23 (Wasserstein 空间中序列的收敛) 设 (S,d) 是一个 Polish 空间. 对于 $p\geqslant 1$, $\{\mu_n\}_{n\geqslant 1}\subset\mathcal{P}_p(S)$ 和 $\mu\in\mathcal{P}_p(S)$, 则下面的条件是等价的:

(i) $W_p(\mu_n,\mu)\to 0$, $n\to\infty$.

(ii) $\mu_n\Longrightarrow\mu$, $n\to\infty$ 以及存在 $x_0\in S$ 使得

$$\lim_{R\to\infty}\overline{\lim_{n\to\infty}}\int_{\{x\in S;\ d(x,x_0)\geqslant R\}}d(x_0,x)^p\mu_n(\mathrm{d}x)=0. \tag{5.142}$$

(iii) $\mu_n\Longrightarrow\mu$, $n\to\infty$ 以及存在 $x_0\in S$ 使得

$$\lim_{n\to\infty}\int d(x_0,x)^p\mu_n(\mathrm{d}x)=\int d(x_0,x)^p\mu(\mathrm{d}x). \tag{5.143}$$

(iv) 对任意连续函数 $\phi: S\to\mathbb{R}$ 且满足增长条件 $|\phi(x)|\leqslant C(1+d(x_0,x)^p)$, 其中 $x_0\in S$ 和 $C\in\mathbb{R}$, 则 $\int_S|\phi(x)|\mu(\mathrm{d}x)<+\infty$ 和

$$\lim_{n\to\infty}\int_S\phi(x)\mu_n(\mathrm{d}x)=\int\phi(x)\mu(\mathrm{d}x). \tag{5.144}$$

设 $\mathcal{M}\subset\mathcal{P}_p(S)$ 是弱闭的. 那么, 根据定理 5.23, 如果 $\mu_n\in\mathcal{M}$, $n\geqslant 1$ 和 $\mu_n\to\mu$, $n\to\infty$, 在 $\mathcal{P}_p(S)$ 中, 那么 $\mu_n\Longrightarrow\mu$, $n\to\infty$, 故 $\mu\in\mathcal{M}$. 由定理 5.23, 证明 Wasserstein 空间中序列的收敛常用策略是, 首先验证该序列的胎紧性, 从而得到弱收敛以及候选的极限概率测度, 然后证明更强的 Wasserstein 度量下的收敛成立. 然而, 在某些特殊的情况下, Wasserstein 度量下的收敛与弱收敛等价 (参见习题 5 的第 7 题).

习 题 5

1. 设 (S,d) 是一个度量空间以及 $\{X_n\}_{n\geqslant 1}$ 和 X 为概率空间 $(\Omega,\mathcal{F},\mathbb{P})$ 上的一列 S-值随机变量. 证明如下等价关系:

$$X_n\xrightarrow{d}X, n\to\infty\Longleftrightarrow \text{对任意有界函数 } g:S\to\mathbb{R} \text{ 且满足 } \mathcal{P}_X(D_g)=0,\text{ 有}$$

$$\lim\nolimits_{n\to\infty}\mathbb{E}[g(X_n)]=\mathbb{E}[g(X)],$$

其中 $\mathcal{P}_X$ 表示 X 的分布和 S 的子集 $D_g:=\{x\in S; g \text{ 在 } x \text{ 处不连续}\}$.

2. 设 (S,d) 是一个度量空间以及 $\{X_n\}_{n\geqslant1}$ 和 X 为概率空间 $(\Omega,\mathcal{F},\mathbb{P})$ 上的一列 S-值随机变量. 证明连续映射定理 5.11 中的 (i) 和 (ii).

3. (Cramér-Wold 定理) 设 $\{X_n\}_{n\geqslant1}$ 和 X 为概率空间 $(\Omega,\mathcal{F},\mathbb{P})$ 上的一列 $\mathbb{R}^d$-值随机变量. 如果对任意列向量 $a\in\mathbb{R}^d$, $a^\top X_n\xrightarrow{d}a^\top X$, $n\to\infty$, 那么 $X_n\xrightarrow{d}X$, $n\to\infty$.

提示 读者可在学习完第 6 章后应用特征函数法来证明该习题.

4. (多维 Slutzky 定理) 设 $\{X_n\}_{n\geqslant1}$ 和 X 为定义在 $(\Omega,\mathcal{F},\mathbb{P})$ 上的 $\mathbb{R}^d$-值随机变量, 而 $\{Y_n\}_{n\geqslant1}$ 为定义在同一概率空间上的 $\mathbb{R}^m$-值随机变量. 设 $X_n\xrightarrow{d}X$ 和 $Y_n\xrightarrow{d}C$ (其中 $C\in\mathbb{R}^m$), $n\to\infty$. 证明:

$$\begin{pmatrix} X_n^\top \\ Y_n^\top \end{pmatrix}\xrightarrow{d}\begin{pmatrix} X^\top \\ C^\top \end{pmatrix},\quad n\to\infty.$$

5. 设 $\{X_n\}_{n\geqslant1}$ 为概率空间 $(\Omega,\mathcal{F},\mathbb{P})$ 上的一列 i.i.d. 实值随机变量且 $\mu=\mathbb{E}[X_1]\in\mathbb{R}$ 和 $\sigma^2=\mathrm{Var}[X_1]>0$. 让我们定义如下的 t-统计量:

$$t_n:=\frac{\overline{X}_n-\mu}{\sqrt{S_X^2/n}},\quad n\geqslant2,\tag{5.145}$$

其中 $S_X^2:=\dfrac{1}{n-1}\sum_{i=1}^n(X_i-\overline{X}_n)^2$, $n\geqslant2$. 证明随机变量列 $\{t_n\}_{n\geqslant2}$ 依分布收敛, 并给出依分布收敛的极限.

6. 证明: 定理 5.6 对于 $\mathbb{R}^d$-值的随机变量列也是成立的.

7. 设 (S,d) 是一个 Polish 空间, $\{\mu_n\}_{n\geqslant1}\subset\mathcal{P}_p(S)$ 和 $\mu\in\mathcal{P}_p(S)$ $(p\geqslant1)$. 假设 $K\subset S$ 是一个有界集且满足

$$\mu_n(K)=1,\quad \forall n\geqslant1.$$

证明: $W_p(\mu_n,\mu)\to0$, $n\to\infty$ 当且仅当 $\mu_n\Longrightarrow\mu$, $n\to\infty$.

8. 设 $\{X_n\}_{n\in\mathbb{N}}$ 是定义在概率空间 $(\Omega,\mathcal{F},\mathbb{P})$ 上的一列相互独立的随机变量且满足

$$\mathbb{P}(X_n=1)=p_n,\quad \mathbb{P}(X_n=0)=1-p_n,\quad n\in\mathbb{N},$$

其中 $p_n\in[0,1]$, $\forall n\in\mathbb{N}$. 证明如下结论:

(i) $X_n\xrightarrow{\mathbb{P}}0$, $n\to\infty$ 当且仅当 $p_n\to0$, $n\to\infty$;

(ii) $X_n\xrightarrow{\text{a.e.}}0$, $n\to\infty$ 当且仅当 $\sum_{n=1}^\infty p_n<+\infty$.

9. 对于 $p\geqslant1$, 举出一个依概率收敛但不是 L^p 收敛的例子和一个满足 L^p 收敛但不几乎处处收敛的例子.

10. 构造一列概率密度函数分别为 $f_1(\cdot),f_2(\cdot),\cdots$ 的随机变量列 $X_1,X_2,\cdots$ 使得: 当 $n\to\infty$ 时, X_n 依分布收敛于一个服从 $(0,1)$ 上均匀分布的随机变量, 但对任意 $x\in(0,1)$, $f_n(x)$ 并不收敛于 1.

11. 设 $\{X_n\}_{n\in\mathbb{N}}$ 为定义在概率空间 $(\Omega,\mathcal{F},\mathbb{P})$ 上独立同分布的随机变量列. 记其共同的分布函数为 $F(\cdot)$ 以及定义 $M_n:=\max_{m\leqslant n}X_m$, $n\in\mathbb{N}$. 回答以下问题:

(i) 假设对任意 $x \geqslant 1$, $F(x)=1-x^{-\alpha}$, 其中 $\alpha>0$. 证明: 对任意 $y>0$, 当 $n\to\infty$ 时,

$$\mathbb{P}\left(\frac{M_n}{n^{1/\alpha}} \leqslant y\right) \to \exp\left(-y^{-\alpha}\right).$$

(ii) 假设对任意 $-1 \leqslant x \leqslant 0$, $F(x)=1-|x|^{\beta}$, 其中 $\beta>0$. 证明: 对任意 $y<0$, 当 $n\to\infty$ 时,

$$\mathbb{P}\left(n^{1/\beta} M_n \leqslant y\right) \to \exp\left(-|y|^{\beta}\right).$$

(iii) 假设对任意 $x \geqslant 0$, $F(x)=1-e^{-x}$. 证明: 对任意 $y\in\mathbb{R}$, 当 $n\to\infty$ 时,

$$\mathbb{P}(M_n-\ln n \leqslant y) \to \exp\left(-e^{-y}\right).$$

12. 设连续函数 $g,h:\mathbb{R}\to\mathbb{R}$ 满足 $g(x)>0$, $\forall x\in\mathbb{R}$ 以及当 $|x|\longrightarrow\infty$ 时, $|h(x)|/g(x)\to 0$. 当 $n\to\infty$ 时, 如果分布函数列 $\{F_n;n\in\mathbb{N}\}$ 弱收敛于某个分布函数 F 和

$$\sup_{n\in\mathbb{N}}\int g(x)\mathrm{d}F_n(x)<+\infty,$$

证明: 当 $n\to\infty$ 时,

$$\int_{\mathbb{R}} h(x)\mathrm{d}F_n(x) \longrightarrow \int_{\mathbb{R}} h(x)\mathrm{d}F(x).$$

13. 设 $X_1,X_2,\cdots$ 是定义在概率空间 $(\Omega,\mathcal{F},\mathbb{P})$ 上取值于整数的随机变量. 证明: 当 $n\to\infty$ 时, $X_n \xrightarrow{d} X_\infty$ 当且仅当对任意的 $m\in\mathbb{N}$,

$$\mathbb{P}(X_n=m)\to\mathbb{P}(X_\infty=m),\quad n\to\infty.$$

14. 设 $\{X_n\}_{n\in\mathbb{N}}$ 为概率空间 $(\Omega,\mathcal{F},\mathbb{P})$ 上互不相关的平方可积随机变量且满足: 当 $n\to\infty$ 时, $\mathrm{Var}[X_n]/n\to 0$. 对任意 $n\in\mathbb{N}$, 定义 $\mu_n:=\mathbb{E}[X_n]$, $S_n:=\sum_{k=1}^n X_k$ 和 $\nu_n:=\mathbb{E}[S_n/n]$. 证明: 当 $n\to\infty$ 时,

$$S_n/n-\nu_n \xrightarrow{L^2} 0.$$

15. 设 $\{X_n\}_{n\in\mathbb{N}}$ 为概率空间 $(\Omega,\mathcal{F},\mathbb{P})$ 上均值为零的随机变量列且存在函数 $r:\mathbb{R}\to\mathbb{R}$ 使得: 当 $k\to\infty$ 时, $r(k)\to 0$ 和对任意 $m\leqslant n$, 都有 $\mathbb{E}[X_nX_m]\leqslant r(n-m)$. 证明: 当 $n\to\infty$ 时,

$$\frac{\sum_{k=1}^n X_k}{n} \xrightarrow{\mathbb{P}} 0.$$

16. 设 $\{X_n\}_{n\in\mathbb{N}}$ 是概率空间 $(\Omega,\mathcal{F},\mathbb{P})$ 上独立同分布 (分布函数为 $F(\cdot)$) 的随机变量且满足 $\mathbb{P}(0\leqslant X_n<\infty)=1$ 和对任意的 $x\geqslant 0$, $\mathbb{P}(X_n>x)>0$. 定义 $\mu(s):=\int_0^s x\mathrm{d}F(x)$ 和 $\nu(s):=\mu(s)/s(1-F(s))$, $s>0$. 证明: 存在一个常数 a_n 使得 $S_n/a_n\xrightarrow{\mathbb{P}}1$, $n\to\infty$ 的充分必要条件是: 当 $s\to\infty$ 时, $\nu(s)\to\infty$.

17. 对任意 $n\in\mathbb{N}$, 设 $X_n=(X_n^1,\cdots,X_n^n)$ 是概率空间 $(\Omega,\mathcal{F},\mathbb{P})$ 上服从 $\mathbb{R}^n$ 中半径为 $\sqrt{n}$ 的均匀分布的随机向量. 证明: 当 $n\to\infty$ 时, X_n^1 的分布弱收敛于标准正态分布.

提示 设 $\{Y_n\}_{n\in\mathbb{N}}$ 为i.i.d. 的标准正态分布随机变量和 $X_n^i=Y_i(n/\sum_{m=1}^n Y_m^2)^{1/2}$, $n\in\mathbb{N}$.

18. 设 $\{X_n\}_{n\in\mathbb{N}}$ 是概率空间 $(\Omega,\mathcal{F},\mathbb{P})$ 上的非负随机变量且存在 $0<\alpha<\beta$ 使得: 当 $n\to\infty$ 时, $\mathbb{E}[X_n^\alpha]\to 1$ 和 $\mathbb{E}[X_n^\beta]\to 1$. 证明: 当 $n\to\infty$ 时, $X_n\xrightarrow{\mathbb{P}}1$.

19. 证明如下收敛结果:

(i) 设在概率空间 $(\Omega,\mathcal{F},\mathbb{P})$ 上, 当 $n\to\infty$ 时, $X_n\xrightarrow{L^p}X$ 和 $Y_n\xrightarrow{L^p}Y$. 证明: 当 $n\to\infty$ 时, $X_n+Y_n\xrightarrow{L^p}X+Y$.

(ii) 设定义在某个概率空间下的随机变量满足: 当 $n\to\infty$ 时, $X_n\xrightarrow{d}X$, $Y_n\xrightarrow{d}Y$ 和对每一个 $n\in\mathbb{N}$, X_n 与 Y_n 相互独立以及 X 与 Y 相互独立. 证明 $X_n+Y_n\xrightarrow{d}X+Y$, $n\to\infty$.

20. 设 $\{X_n\}_{n\in\mathbb{N}}$ 和 X 是概率空间 $(\Omega,\mathcal{F},\mathbb{P})$ 下的随机变量且满足

$$X_n\xrightarrow{L^p}X,\quad n\to\infty.$$

证明: 对任意 Lipschitz 函数 $g:\mathbb{R}\to\mathbb{R}$, 则有

$$g(X_n)\xrightarrow{L^p}g(X),\quad n\to\infty.$$

该结论说明连续映射定理对 L^p 收敛并不成立. 然而, 如果把连续映射定理中的函数条件换成: 函数 g 是 Lipschitz 的, 则连续映射定理中的结论对几乎处处收敛、依概率收敛、L^p 收敛和依分布收敛都成立, 这是因为 Lipschitz 函数一定是连续函数.

21. 设 $Y,\{X_n\}_{n\in\mathbb{N}}$ 是概率空间 $(\Omega,\mathcal{F},\mathbb{P})$ 上的一列随机变量且满足: $\{X_n\}_{n\in\mathbb{N}}$ 被非负可积随机变量 Y 所控制或它们是同分布可积的随机变量. 证明: $\{X_n\}_{n\in\mathbb{N}}$ 是一致可积的.

22. 设 $\{X_n\}_{n\in\mathbb{N}}$ 是概率空间 $(\Omega,\mathcal{F},\mathbb{P})$ 上的一列随机变量. 证明: 如果 $\{X_n\}_{n\in\mathbb{N}}$ 一致可积, 则如下随机变量列

$$\left\{\frac{1}{n}\sum_{k=1}^n X_k;\ n\in\mathbb{N}\right\}$$

也是一致可积的.

23. 设 $\{X_n\}_{n\geqslant1}$, $\{Y_n\}_{n\geqslant1}$ 和 $\{R_n\}_{n\geqslant1}$ 为概率空间 $(\Omega,\mathcal{F},\mathbb{P})$ 上的实值随机变量列. 我们记:

(i) 如果 $X_n=Y_nR_n$ 和 $Y_n\xrightarrow{\mathbb{P}}0$, $n\to\infty$, 则记为: $X_n=o_{\mathbb{P}}(R_n)$;

(ii) 如果 $\{Y_n\}_{n\geqslant1}$ 是一致胎紧的, 则记为: $Y_n=O_{\mathbb{P}}(1)$;

(iii) 如果 $X_n=Y_nR_n$ 和 $Y_n=O_P(1)$, 则记为: $X_n=O_{\mathbb{P}}(R_n)$.

利用本章所学的结论, 证明如下关系:

$$o_{\mathbb{P}}(1)+o_{\mathbb{P}}(1)=o_{\mathbb{P}}(1),\quad O_{\mathbb{P}}(1)+O_{\mathbb{P}}(1)=O_{\mathbb{P}}(1),\quad o_{\mathbb{P}}(R_n)=O_{\mathbb{P}}(R_n).\tag{5.146}$$

24. 设 $\{X_n\}_{n\geqslant1}$ 为概率空间 $(\Omega,\mathcal{F},\mathbb{P})$ 上的一个实值随机变量列且满足 $X_n\xrightarrow{\mathbb{P}}0$, $n\to\infty$ 以及函数 $R:\mathbb{R}\to\mathbb{R}$ 满足 $R(0)=0$. 证明如下结论: 对于 $p\in\mathbb{N}$,

(i) 如果 $R(h)=o(|h|^p)$, $h\to0$, 那么 $R(X_n)=o_{\mathbb{P}}(|X_n|^p)$;

(ii) 如果 $R(h)=O(|h|^p)$, $h\to0$, 那么 $R(X_n)=O_{\mathbb{P}}(|X_n|^p)$.

第 6 章　特征函数及其应用

"新的数学方法和概念，常常比解决数学问题本身更重要." (华罗庚)

本章主要引入特征函数的定义、性质和级数展开形式. 通过引入 Lévy 连续性定理，利用特征函数的级数展开证明 Lindeberg 中心极限定理. 本章的内容安排如下: 6.1 节引入半正定函数的概念; 6.2 节介绍特征函数和性质; 6.3 节讨论特征函数的级数展开; 6.4 节证明 Lévy 逆转公式; 6.5 节介绍 Lévy 连续性定理; 6.6 节给出 Lindeberg 中心极限定理以及 Lindeberg-Feller 中心极限定理; 最后为本章课后习题.

6.1　半正定函数

特征函数是概率测度的 Fourier-变换且是一个半正定函数. 为此，本节介绍半正定函数的概念和相关性质. 首先，半正定函数的定义如下:

定义 6.1 (半正定函数)　设 $\varphi:\mathbb{R}^n\to\mathbb{C}$ 是一个复值函数. 如果 φ 满足: 对任意 $m\in\mathbb{N}$, $x_1,\cdots,x_m\in\mathbb{R}^n$ 和 $\xi_1,\cdots,\xi_m\in\mathbb{C}$,

$$\sum_{i,j=1}^{m}\xi_i\bar{\xi}_j\varphi(x_i-x_j)\geqslant 0, \tag{6.1}$$

那么称 $\varphi:\mathbb{R}^n\to\mathbb{C}$ 是一个半正定函数.

半正定函数具有如下一些基本的性质:

引理 6.1　设 $\varphi:\mathbb{R}^n\to\mathbb{C}$ 是一个半正定函数, 则有

(i) $\varphi(0)\geqslant 0$;

(ii) 对任意 $x\in\mathbb{R}$, 如下不等式成立:

$$|\varphi(x)|\leqslant\varphi(0). \tag{6.2}$$

证　我们在定义 6.1 中取 $m=1$ 和 $\xi_1=1$. 于是 (6.1) 意味着

$$\varphi(0)=\varphi(x_1-x_1)\geqslant 0.$$

这证得 (i) 成立.

对任意 $x \in \mathbb{R}^n$, 在定义 6.1 中取 $m=2$ 和 $x_1=x,\ x_2=0$, 则对任意 $\xi_1,\xi_2 \in \mathbb{C}$, 根据 (6.1), 我们有

$$\xi_1\overline{\xi}_2\varphi(x)+\overline{\xi_1\overline{\xi}_2}\varphi(-x)\geqslant -(|\xi_1|+|\xi_2|)\varphi(0). \tag{6.3}$$

由 (i) 知: $-(|\xi_1|+|\xi_2|)\varphi(0)\in\mathbb{R}$. 于是, 对任意 $\xi_1,\xi_2,x\in\mathbb{R}$,

$$\xi_1\overline{\xi}_2\varphi(x)+\overline{\xi_1\overline{\xi}_2}\varphi(-x)\in\mathbb{R}.$$

设 $\xi_1\overline{\xi}_2=a+\mathrm{i}b$ $(a,b\in\mathbb{R})$ 和 $\varphi(x)=\varphi_r(x)+\mathrm{i}\varphi_c(x)$. 那么 $\xi_1\overline{\xi}_2\varphi(x)+\overline{\xi_1\overline{\xi}_2}\varphi(-x)$ 的虚部为

$$b(\varphi_r(x)-\varphi_r(-x))+a(\varphi_c(x)+\varphi_c(-x))=0,\quad a,b\in\mathbb{R}.$$

由于 $\xi_1,\xi_2\in\mathbb{C}$ 是任意的, 故我们取 $a=0$, 于是 $\varphi_r(x)=\varphi_r(-x)$; 取 $b=0$, 则有 $\varphi_c(x)=-\varphi_c(-x)$. 这样, 我们得到

$$\varphi(-x)=\overline{\varphi(x)},\quad \forall\, x\in\mathbb{R}. \tag{6.4}$$

在 (6.3) 中取 $\xi_2=1$, 则根据 (6.3) 和 (6.4) 得到

$$\xi_1\varphi(x)+\overline{\xi_1\varphi(x)}\geqslant -(|\xi_1|+1)\varphi(0).$$

于是, 我们在上式中分别取 $\xi_1=\pm\frac{1}{\sqrt{2}-1}$ 和 $\xi_1=\pm\frac{\mathrm{i}}{\sqrt{2}-1}$ 得到: 对任意 $x\in\mathbb{R}$, $|\varphi_r(x)|\leqslant\frac{1}{\sqrt{2}}\varphi(0)$ 和 $|\varphi_c(x)|\leqslant\frac{1}{\sqrt{2}}\varphi(0)$. 这意味着不等式 (6.2) 成立. □

设 m 为 $\mathcal{B}_{\mathbb{R}^n}$ 上的 Lebesgue 测度, 定义如下尺度化的 Lebesgue 测度:

$$m_n(\mathrm{d}x):=(2\pi)^{-\frac{n}{2}}m(\mathrm{d}x). \tag{6.5}$$

那么, 我们可以定义两个可积复值函数的卷积:

定义 6.2 (可积函数的卷积) 设 $f,g:\mathbb{R}^n\to\mathbb{C}$ 为两个可积复值函数, 即 $f,g\in L^1(\mathbb{R}^n;\mathbb{C})$. 定义复值函数 $f*g:\mathbb{R}^n\to\mathbb{C}$ 为

$$f*g(x):=\int_{\mathbb{R}^n}f(y)g(x-y)m_n(\mathrm{d}y),\quad x\in\mathbb{R}^n, \tag{6.6}$$

则我们称 $f*g$ 为函数 f 和 g 的卷积.

应用 Young 卷积不等式, 则有

$$\|f * g\|_{L^1} \leqslant \|f\|_{L^1}\|g\|_{L^1}. \tag{6.7}$$

这意味着卷积 $f * g : \mathbb{R}^n \to \mathbb{C}$ 也是可积的.

我们下面定义复值函数的支撑和本质支撑. 对任意 $f : \mathbb{R}^n \to \mathbb{C}$, 定义其支撑为

$$\mathrm{supp}(f) := \{x \in \mathbb{R}^n;\ f(x) \neq 0\}, \tag{6.8}$$

以及其本质支撑 (闭集) 为

$$\mathrm{esssupp}(f) := \mathbb{R}^n \setminus \cup\{\text{开集 } O \subset \mathbb{R}^n;\ f = 0,\ m\text{-a.e. 在 } O \text{ 中}\}. \tag{6.9}$$

如果 f 是连续的, 则 $\mathrm{esssupp}(f) = \overline{\mathrm{supp}(f)}$. 进一步, 对任意 $f, g \in L^1(\mathbb{R}^n; \mathbb{C})$, 我们还有

$$\mathrm{esssupp}(f * g) \subset \overline{\mathrm{esssupp}(f) + \mathrm{esssupp}(g)}. \tag{6.10}$$

此外, 对于 $f : \mathbb{R}^n \to \mathbb{C}$, 我们定义:

$$f^*(x) := \overline{f(-x)}, \quad x \in \mathbb{R}^n, \tag{6.11}$$

以及引入如下函数空间:

- $C_c(\mathbb{R}^n; \mathbb{C})$: 所有 $\mathbb{R}^n$ 上的连续函数且具有紧支撑, 即 $f \in C(\mathbb{R}^n; \mathbb{C})$ 和 $\mathrm{esssupp}(f) = \overline{\mathrm{supp}(f)}$ 是紧的;
- $C_0(\mathbb{R}^n; \mathbb{C})$: 所有 $\mathbb{R}^n$ 上的连续函数且在无穷处收敛于 0.

注意到, 空间 $C_c(\mathbb{R}^n; \mathbb{C})$ 在 $C_0(\mathbb{R}^n; \mathbb{C})$ 和 $L^1(\mathbb{R}^n; \mathbb{C})$ 中都是稠密的. 那么, 我们有如下关于半正定函数的性质:

引理 6.2 设 $\varphi : \mathbb{R}^n \to \mathbb{C}$ 是一个连续半正定函数. 则对任意的 $f \in C_c(\mathbb{R}^n; \mathbb{C})$, 我们有

$$\int_{\mathbb{R}^n} (f^* * f)(x)\varphi(x) m_n(\mathrm{d}x) \geqslant 0,$$

其中 $f^* : \mathbb{R}^n \to \mathbb{C}$ 定义为 (6.11).

证 设 $K := \mathrm{esssupp}(f)$. 由于 $f \in C_c(\mathbb{R}^n; \mathbb{C})$, 故 K 是紧的. 定义函数 $F : \mathbb{R}^n \times \mathbb{R}^n \to \mathbb{C}$ 为

$$F(x, y) := f(x)\overline{f(y)}\varphi(x - y), \quad x, y \in \mathbb{R}^n. \tag{6.12}$$

由于 φ 和 f 都是连续的, 故 F 是连续的. 根据引理 6.1 和 (6.10), 则有 $\mathrm{esssupp}(F) \subset K \times K$. 因为 $\mathrm{esssupp}(F)$ 是闭的, 故紧集中的闭集也是紧的. 于是 $\mathrm{esssupp}(F)$ 是紧的. 那么 F 在 $K \times K$ 上是一致连续的. 这样, 对任意 $\varepsilon > 0$, 存在 $\delta > 0$ 使得对所有 $(x, y), (a, b) \in K \times K$ 满足 $|(x, y) - (a, b)| < \delta$ 时, $|F(x, y) - F(a, b)| < \varepsilon$. 注意到 $\{B_\delta(x);\ x \in K\}$ 是 K 的一个开覆盖. 那么, 因为 K 是紧的, 则存在有限个不同的 $x_i \in K, i = 1, \cdots, k$ 使得 $\{B_\delta(x_i)\}_{i=1}^k$ 覆盖 K. 这样 $\{B_\delta(x_i) \times B_\delta(x_j);\ i, j = 1, \cdots, k\}$ 是 $K \times K$ 的一个有限覆盖.

设 $A_i, i = 1, \cdots, k$ 是互不相交可测集且满足 $x_i \in A_i \subset B_\delta(x_i)$ 和 $\{A_i\}_{i=1}^k$ 覆盖住 K. 那么 $\{A_i \times A_j;\ i, j = 1, \cdots, k\}$ 覆盖住 $K \times K$. 定义:

$$I_k := \sum_{i,j=1}^k \int_{A_i \times A_j} [F(x, y) - F(x_i, x_j)] m_n(\mathrm{d}x) m_n(\mathrm{d}y).$$

于是有

$$\begin{aligned}
|I_k| &\leqslant \sum_{i,j=1}^k \int_{A_i \times A_j} |F(x, y) - F(x_i, x_j)| m_n(\mathrm{d}x) m_n(\mathrm{d}y) \\
&\leqslant \sum_{i,j=1}^k \int_{A_i \times A_j} \varepsilon m_n(\mathrm{d}x) m_n(\mathrm{d}y) \\
&= \varepsilon \sum_{i,j=1}^k m_n(A_i) m_n(A_j) \\
&= \varepsilon m_n(K)^2.
\end{aligned}$$

这样得到

$$\begin{aligned}
\int_{K \times K} F(x, y) m_n(\mathrm{d}x) m_n(\mathrm{d}y) &= \sum_{i,j=1}^k \int_{A_i \times A_j} F(x, y) m_n(\mathrm{d}x) m_n(\mathrm{d}y) \\
&= I_k + \sum_{i,j=1}^k \int_{A_i \times A_j} F(x_i, y_i) m_n(\mathrm{d}x) m_n(\mathrm{d}y) \\
&= I_k + \sum_{i,j=1}^k F(x_i, y_i) m_n(A_i) m_n(A_j) \\
&= I_k + \sum_{i,j=1}^k f(x_i) \overline{f(x_j)} \phi(x_i - y_j) m_n(A_i) m_n(A_j)
\end{aligned}$$

$$=I_k+\sum_{i,j=1}^{k} f(x_i)m_n(A_i)\overline{f(x_j)m_n(A_j)}\varphi(x_i-y_j). \tag{6.13}$$

因为 $\varphi:\mathbb{R}^n\to\mathbb{C}$ 是半正定的, 故有

$$\sum_{i,j=1}^{k} f(x_i)m_n(A_i)\overline{f(x_j)m_n(A_j)}\varphi(x_i-y_j)\geqslant 0.$$

另一方面, 由于 $\mathrm{esssupp}(F)=K\times K$, 则有

$$\begin{aligned}\int_{K\times K}F(x,y)m_n(\mathrm{d}x)m_n(\mathrm{d}y)&=\int_{\mathbb{R}^n\times\mathbb{R}^n}F(x,y)m_n(\mathrm{d}x)m_n(\mathrm{d}y)\\&=\int_{\mathbb{R}^n\times\mathbb{R}^n}f(x)\overline{f(y)}\varphi(x-y)m_n(\mathrm{d}x)m_n(\mathrm{d}y).\end{aligned} \tag{6.14}$$

那么, 根据 (6.13), 我们得到

$$\int_{K\times K}F(x,y)m_n(\mathrm{d}x)m_n(\mathrm{d}y)\geqslant -|I_k|\geqslant -\varepsilon m_n(K)^2.$$

因为 $\varepsilon>0$ 是任意的, 故 $\int_{K\times K}F(x,y)m_n(\mathrm{d}x)m_n(\mathrm{d}y)\geqslant 0$. 因此, 由 (6.14) 证得该引理的结论. □

引理 6.2 可拓展到如下更一般的情形:

练习 6.1　设 $\varphi:\mathbb{R}^n\to\mathbb{C}$ 是一个连续半正定函数和 $f\in L^1(\mathbb{R}^n;\mathbb{C})$, 那么有

$$\int_{\mathbb{R}^n}(f^**f)(x)\varphi(x)m_n(\mathrm{d}x)\geqslant 0.$$

提示　由于 $C_c(\mathbb{R}^n;\mathbb{C})\subset L^1(\mathbb{R}^n;\mathbb{C})$ 是稠密的, 故存在 $\{f_m\}_{m\geqslant1}\subset C_c(\mathbb{R}^n;\mathbb{C})$ 使得 $\lim_{m\to\infty}\|f_m-f\|_{L^1}=0$. 于是有

$$\begin{aligned}\|f_m^**f_m-f^**f\|_{L^1}&\leqslant\|f_m^**(f_m-f)\|_{L^1}+\|(f_m-f)^**f\|_{L^1}\\&\leqslant\|f_m^*\|_{L^1}\|f_m-f\|_{L^1}+\|f\|_{L^1}\|(f_m-f)^*\|_{L^1}\\&=\|f_m\|_{L^1}\|f_m-f\|_{L^1}+\|f\|_{L^1}\|f_m-f\|_{L^1}.\end{aligned} \tag{6.15}$$

根据 (6.11), 我们有 $\|f^*\|_{L^1}=\|f\|_{L^1}$. 由于 $\lim_{m\to\infty}\|f_m-f\|_{L^1}=0$, 故

$$\lim_{m\to\infty}\|f_m\|_{L^1}=\|f\|_{L^1}.$$

那么 (6.15) 意味着

$$\lim_{m\to\infty}\|f_m^* * f_m - f^* * f\|_{L^1} = 0.$$

引理 6.1 说明 φ 是有界的, 因此得到

$$\lim_{n\to\infty}\int_{\mathbb{R}^n}(f_m^* * f_m)(x)\varphi(x)m_n(\mathrm{d}x) = \int_{\mathbb{R}^n}(f^* * f)(x)\varphi(x)m_n(\mathrm{d}x).$$

由引理 6.2 得到: 对任意 $m \geqslant 1$,

$$\lim_{n\to\infty}\int_{\mathbb{R}^n}(f_m^* * f_m)(x)\varphi(x)m_n(\mathrm{d}x) \geqslant 0.$$

于是, 其极限 $\int_{\mathbb{R}^n}(f^* * f)(x)\varphi(x)m_n(\mathrm{d}x) \geqslant 0$. □

6.2 特征函数

本节引入关于概率测度特征函数的概念, 其等价于为关于随机变量分布的 Fourier-变换.

定义 6.3 (特征函数) 设 $\mu \in \mathcal{P}(\mathbb{R})$. 对任意 $\theta \in \mathbb{R}$, 定义:

$$\Phi_\mu(\theta) := \int_{\mathbb{R}^n} e^{\mathrm{i}\theta x}\mu(\mathrm{d}x) = \int_{\mathbb{R}}\cos(\theta x)\mu(\mathrm{d}x) + \mathrm{i}\int_{\mathbb{R}^n}\sin(\theta x)\mu(\mathrm{d}x), \tag{6.16}$$

则称 $\Phi_\mu(\theta)$ 为概率测度 μ 的特征函数.

设 X 为概率空间 $(\Omega, \mathcal{F}, \mathbb{P})$ 上的实值随机变量以及 $\mathcal{P}_X$ 为其分布, 那么称 $\mathcal{P}_X$ 的特征函数:

$$\Phi_X(\theta) := \Phi_{\mathcal{P}_X}(\theta) = \int_{\mathbb{R}} e^{\mathrm{i}\theta x}\mathcal{P}_X(\mathrm{d}x) = \mathbb{E}[e^{\mathrm{i}\theta X}] \tag{6.17}$$

为随机变量 X 的特征函数. 对于 $\mu \in \mathcal{P}(\mathbb{R}^n)$, 我们定义 μ 的特征函数为: 对任意 $\theta \in \mathbb{R}^n$,

$$\Phi_\mu(\theta) := \int_{\mathbb{R}^n} e^{\mathrm{i}\langle\theta,x\rangle}\mu(\mathrm{d}x) = \int_{\mathbb{R}^n}\cos(\langle\theta,x\rangle)\mu(\mathrm{d}x) + \mathrm{i}\int_{\mathbb{R}^n}\sin(\langle\theta,x\rangle)\mu(\mathrm{d}x), \tag{6.18}$$

其中 $\langle\theta, x\rangle$ 表示向量 $\theta \in \mathbb{R}^n$ 和 $x \in \mathbb{R}^n$ 之间的点乘.

下面的练习说明特征函数可以看成一类定义在概率测度空间上的映射:

练习 6.2 我们可以将由 (6.18) 所定义的特征函数 Φ_μ 视为定义在 $\mathcal{P}(\mathbb{R}^n)$ 上取值于有界连续函数空间的一个映射, 即对任意 $\mu \in \mathcal{P}(\mathbb{R}^n)$, 定义 $\Phi_\mu := (\Phi_\mu(\theta))_{\theta\in\mathbb{R}^n}$. 于是, 对任意的 $\mu \in \mathcal{P}(\mathbb{R}^n)$, 我们有 $\Phi_\mu : \mathcal{P}(\mathbb{R}^n) \to C_b(\mathbb{R}^n)$.

提示 我们需要证明, 对任意 $\mu \in \mathcal{P}(\mathbb{R}^n)$, $\theta \to \Phi_\mu(\theta)$ 属于 $C_b(\mathbb{R}^n)$ 对于 $\theta \to \Phi_\mu(\theta)$ 的有界性, 我们有

$$\sup_{\theta\in\mathbb{R}^n} |\Phi_\mu(\theta)| \leqslant \sup_{\theta\in\mathbb{R}^n} \int_{\mathbb{R}^n} \left|e^{\mathrm{i}\langle\theta,x\rangle}\right| \mu(\mathrm{d}x) = \mu(\mathbb{R}^n) = 1.$$

对于 $\theta \to \Phi_\mu(\theta)$ 的连续性, 则可由控制收敛定理直接证得. □

我们下面给出随机变量的特征函数所满足的基本性质:

引理 6.3 设 X 为概率空间 $(\Omega, \mathcal{F}, \mathbb{P})$ 上的一个实值随机变量. 那么, X 的特征函数 $\Phi_X(\theta)$ 存在且满足

(i) $\Phi_X(0) = 1$, $|\Phi_X(\theta)| \leqslant 1$, $\Phi_X(-\theta) = \overline{\Phi_X(\theta)}$, $\forall\, \theta \in \mathbb{R}$.

(ii) $\theta \to \Phi_X(\theta)$ 是一致连续的.

(iii) 对任意 $a, b \in \mathbb{R}$, $\Phi_{aX+b}(\theta) = e^{\mathrm{i}\theta b}\Phi_X(a\theta)$.

(iv) 对任意 $\theta_1, \cdots, \theta_m \in \mathbb{R}$, 则复值矩阵 $A = \{a_{jk}\} := \{\Phi_X(\theta_j - \theta_k)\} \in \mathbb{C}^{m\times m}$ 是 Hermite 半正定矩阵, 即 $A = A^*$ 和对任意 $\xi = (\xi_1, \cdots, \xi_m)^\top \in \mathbb{C}^m$, 我们有

$$\xi^\top A\overline{\xi} \geqslant 0,$$

也就是说 $\theta \to \Phi_X(\theta)$ 是一个半正定函数.

(v) 设 $\{X_n\}_{n\geqslant 1}$ 和 X 为 $(\Omega, \mathcal{F}, \mathbb{P})$ 上的一列实值随机变量满足 $X_n \xrightarrow{d} X$, $n \to \infty$, 则对任意 $\theta \in \mathbb{R}$, $\Phi_{X_n}(\theta) \to \Phi_X(\theta)$, $n \to \infty$.

证 由特征函数的定义 (定义 6.3) 直接证得性质 (i). 下面证明性质 (ii). 事实上, 对任意 $h \in \mathbb{R}$, 我们有

$$\begin{aligned}\sup_{\theta\in\mathbb{R}} |\Phi_X(\theta + h) - \Phi_X(\theta)| &= \sup_{\theta\in\mathbb{R}} \left|\mathbb{E}\left[e^{\mathrm{i}\theta X}\left(e^{\mathrm{i}hX} - 1\right)\right]\right| \\ &\leqslant \delta(h) := \mathbb{E}\left[\left|e^{\mathrm{i}hX} - 1\right|\right].\end{aligned}$$

应用控制收敛定理得到 $\lim_{h\to 0}\delta(h) = 0$. 因此 $\theta \to \Phi_X(\theta)$ 是一致连续的. 直接计算可得到性质 (iii).

下面证明 (iv). 由于 $a_{jk} = \mathbb{E}[e^{\mathrm{i}(\theta_j-\theta_k)X}] = \overline{\mathbb{E}[e^{-\mathrm{i}(\theta_j-\theta_k)X}]} = \overline{\mathbb{E}[e^{\mathrm{i}(\theta_k-\theta_j)X}]} = \overline{a_{kj}}$, 这说明 $A = \{a_{jk}\}$ 是 Hermite 矩阵. 观察到 $a_{jk} = \mathbb{E}[e^{\mathrm{i}(\theta_j-\theta_k)X}] = \mathbb{E}[e^{\mathrm{i}\theta_j X}e^{-\mathrm{i}\theta_k X}]$. 于是,

$$\xi^\top A\overline{\xi} = \sum_{j=1}^n\sum_{k=1}^n \xi_j\overline{\xi}_k a_{jk} = \sum_{j=1}^n\sum_{k=1}^n \mathbb{E}[\xi_j e^{\mathrm{i}\theta_j X}\overline{\xi}_k e^{-\mathrm{i}\theta_k X}]$$

$$= \mathbb{E}\left[\left|\sum_{j=1}^{n} \xi_j e^{\mathrm{i}\theta_j X}\right|^2\right]$$
$$\geqslant 0.$$

对于性质 (v), 我们注意到 $x \to \cos(\theta x)$ 和 $x \to \sin(\theta x)$ 都是有界连续函数, 故由定理 5.12 证得性质 (v). □

由于复值矩阵 $A = \{a_{jk}\} := \{\Phi_X(\theta_j - \theta_k)\} \in \mathbb{C}^{m\times m}$ 是 Hermite 半正定矩阵, 那么 A 的特征值都是非负实数. 设 A 的特征值为 $0 \leqslant \lambda_1 \leqslant \lambda_2 \leqslant \cdots \leqslant \lambda_m$ 和对应于这些特征值的规范正交化特征向量为 $v_1, \cdots, v_m$. 那么, A 可以对角化, 即可写为

$$A = V\Lambda V^* = \sum_{i=1}^{m} \lambda_i v_i v_i^*, \tag{6.19}$$

其中 $V = [v_1, \cdots, v_m] \in \mathbb{C}^{m\times m}$ 和

$$\Lambda = \begin{pmatrix} \lambda_1 & 0 & \cdots & 0 \\ 0 & \lambda_2 & \cdots & 0 \\ \vdots & \vdots & \ddots & \vdots \\ 0 & 0 & \cdots & \lambda_m \end{pmatrix} \in \mathbb{R}^{m\times m}.$$

下面的注释给出了一个函数为特征函数的充要条件:

注释 6.1 (Bochner 定理) 设 $\Phi(\theta): \mathbb{R} \to \mathbb{C}$ 是一个复值函数且满足

(i) $\Phi(0) = 1$;

(ii) Φ 在 $\theta = 0$ 处连续,

那么, 函数 Φ 为某个 $\mu \in \mathcal{P}(\mathbb{R})$ 的特征函数当且仅当 $\Phi: \mathbb{R} \to \mathbb{C}$ 是半正定的. 此即 Bochner 定理的内容. 对于 Bochner 定理的证明, 感兴趣的读者可参见文献 [4] (第 126—128 页).

在本节最后, 我们引入关于特征函数的 Parseval 等式:

引理 6.4 (Parseval 等式) 设 $\mu, \nu \in \mathcal{P}(\mathbb{R})$, 则对任意 $y \in \mathbb{R}$,

$$\int_{\mathbb{R}} e^{-\mathrm{i}\theta y} \Phi_\mu(\theta)\nu(\mathrm{d}\theta) = \int_{\mathbb{R}} \Phi_\nu(x - y)\mu(\mathrm{d}x). \tag{6.20}$$

证 对任意 $y \in \mathbb{R}$, 应用 Fubini 定理得到

$$\int_{\mathbb{R}} e^{-\mathrm{i}\theta y} \Phi_\mu(\theta)\nu(\mathrm{d}\theta) = \int_{\mathbb{R}} e^{-\mathrm{i}\theta y}\left(\int_{\mathbb{R}} e^{\mathrm{i}\theta} x\mu(\mathrm{d}x)\right)\nu(\mathrm{d}\theta)$$

$$
\begin{aligned}
&= \int_{\mathbb{R}} \left(\int_{\mathbb{R}} e^{i\theta(x-y)} \nu(d\theta) \right) \mu(dx) \\
&= \int_{\mathbb{R}} \Phi_\nu(x-y) \mu(dx).
\end{aligned}
$$

于是, 该引理证毕. □

6.3 特征函数的级数展开

本节讨论特征函数的级数展开. 众所周知, 复指数函数 $\mathbb{R} \ni x \to e^{i\theta x}$ 满足如下的泰勒展开: 对固定的 $\theta \in \mathbb{R}$,

$$
e^{i\theta x} = 1 + \sum_{k=1}^{\infty} \frac{(i\theta x)^k}{k!} = 1 + i\theta x - \frac{\theta^2 x^2}{2} + \frac{(i\theta x)^3}{3!} + \cdots, \quad x \in \mathbb{R}.
$$

我们应用归纳法可以证明: 对任意 $n \geqslant 1$ 和 $\theta, x \in \mathbb{R}$,

$$
\left| e^{i\theta x} - \sum_{k=0}^{n} \frac{(i\theta x)^k}{k!} \right| \leqslant \min\left\{ \frac{|\theta x|^{n+1}}{(n+1)!}, \frac{2|\theta x|^n}{n!} \right\}. \tag{6.21}
$$

下面应用 (6.21) 可得到如下关于特征函数的展开形式:

引理 6.5 设 $p \in \mathbb{N}$ 和 X 为概率空间 $(\Omega, \mathcal{F}, \mathbb{P})$ 上具有 p-阶矩的实值随机变量 (即 $\mathbb{E}[|X|^p] < \infty$). 那么, 对任意 $\theta \in \mathbb{R}$,

$$
\left| \Phi_X(\theta) - \sum_{k=0}^{p} \frac{(i\theta)^k \mathbb{E}[X^k]}{k!} \right| \leqslant \mathbb{E}\left[\min\left(\frac{|\theta X|^{p+1}}{(p+1)!}, \frac{2|\theta X|^p}{p!} \right) \right]. \tag{6.22}
$$

证 根据特征函数的定义 (6.18) 和 Jensen 不等式, 则有

$$
\begin{aligned}
\left| \Phi_X(\theta) - \sum_{k=0}^{p} \frac{(i\theta)^k \mathbb{E}[X^k]}{k!} \right| &= \left| \mathbb{E}[e^{i\theta X}] - \sum_{k=0}^{p} \frac{(i\theta)^k \mathbb{E}[X^k]}{k!} \right| \\
&= \left| \mathbb{E}\left[e^{i\theta X} - \sum_{k=0}^{p} \frac{(i\theta)^k X^k}{k!} \right] \right| \\
&\leqslant \mathbb{E}\left[\left| e^{i\theta X} - \sum_{k=0}^{p} \frac{(i\theta)^k X^k}{k!} \right| \right].
\end{aligned}
$$

对上面的不等式应用复指数函数的展开误差估计 (6.21) 则可得到误差估计 (6.22).

□

让我们取上面引理 6.5 中指数 $p=2$. 那么, 误差估计 (6.22) 的右侧则变为

$$\mathbb{E}\left[\min\left(\frac{|\theta X|^3}{3!},\frac{2|\theta X|^2}{2!}\right)\right]=|\theta|^2\mathbb{E}\left[\min\left(\frac{|\theta||X|^3}{3!},\frac{2|X|^2}{2!}\right)\right]=o(|\theta|^2).$$

于是, 所导致的误差估计 (6.22) 可被重写为

$$\Phi_X(\theta)=1+\mathrm{i}\theta\mathbb{E}[X]-\frac{|\theta|^2}{2}\mathbb{E}[X^2]+o(|\theta|^2),\quad \forall\,\theta\in\mathbb{R}. \tag{6.23}$$

类似于上述 $p=2$ 的情况, 我们还可以将展开式 (6.23) 拓展到任意正整数 $p\in\mathbb{N}$ 的情形:

定理 6.1 设 $p\in\mathbb{N}$ 和 X 为概率空间 $(\Omega,\mathcal{F},\mathbb{P})$ 上具有 p-阶矩的实值随机变量. 那么, 对任意 $\theta\in\mathbb{R}$,

$$\Phi_X(\theta)=1+\sum_{k=1}^{p}\frac{(\mathrm{i}\theta)^k}{k!}\mathbb{E}[X^k]+o(|\theta|^p). \tag{6.24}$$

上面的特征函数展开式 (6.24) 可用于证明一些相关的中心极限定理, 参见下面 6.5 节中的例 6.2.

练习 6.3 设 $p\in\mathbb{N}$ 和 X 为概率空间 $(\Omega,\mathcal{F},\mathbb{P})$ 上具有 p-阶矩的实值随机变量. 那么, 存在一个连续函数 $R_p^{\Phi}(\theta):\mathbb{R}\to\mathbb{C}$ 使得

$$\Phi_X(\theta)=1+\sum_{k=1}^{p}\frac{(\mathrm{i}\theta)^k}{k!}\mathbb{E}[X^k]+\frac{1}{p!}R_p^{\Phi}(\theta)\theta^p,\quad \theta\in\mathbb{R}, \tag{6.25}$$

其中函数 $\theta\to R_p^{\Phi}(\theta)$ 满足如下估计:

$$\left|R_p^{\Phi}(\theta)\right|\leqslant\sup_{v\in[0,1]}\left|\Phi_X^{(p)}(v\theta)-\Phi_X^{(p)}(0)\right|,\quad \theta\in\mathbb{R}. \tag{6.26}$$

提示 级数展开式 (6.25) 的证明依赖于如下的泰勒定理, 对任意 $f\in C^p(\mathbb{R})$,

$$\begin{aligned}f(x)&=\sum_{k=0}^{p-1}\frac{f^{(k)}(0)}{k!}x^k+\int_0^x\frac{(x-t)^{p-1}}{(p-1)!}f^{(p)}(t)\mathrm{d}t\\&=\sum_{k=0}^{p}\frac{f^{(k)}(0)}{k!}x^k+\int_0^x\frac{(x-t)^{p-1}}{(p-1)!}(f^{(p)}(t)-f^{(p)}(0))\mathrm{d}t\\&=\sum_{k=0}^{p}\frac{f^{(k)}(0)}{k!}x^k+R_p^f(x),\end{aligned} \tag{6.27}$$

其中连续函数 $x \to R_p^f(x)$ 具有如下的形式:

$$R_p^f(x) := \int_0^x \frac{(x-t)^{p-1}}{(p-1)!}(f^{(p)}(t) - f^{(p)}(0))\mathrm{d}t.$$

因此, 对任意 $x \in \mathbb{R}$,

$$\left|R_k^f(x)\right| \leqslant \left(\sup_{v\in[0,1]}\left|f^{(p)}(vx) - f^{(p)}(0)\right|\right)\frac{|x|^p}{p!}. \tag{6.28}$$

由于随机变量 X 具有 p-阶矩, 故特征函数 $\Phi_X \in C^p(\mathbb{R})$. 将其应用于 (6.27), 从而得到 (6.25). □

6.4 Lévy 逆转公式

本节介绍 Lévy 逆转公式. Lévy 逆转公式可以恢复出对应于特征函数的原概率测度.

定理 6.2 (Lévy 逆转公式) 设 $\mu \in \mathcal{P}(\mathbb{R})$, 则对任意 $-\infty < a < b < +\infty$,

$$\frac{\mu([a,b)) + \mu((a,b])}{2} = \lim_{T\to\infty}\int_{-T}^{T}\Phi_\mu(\theta)\Psi(\theta;a,b)\mathrm{d}\theta, \tag{6.29}$$

其中, 对任意 $\theta \in \mathbb{R}$, 我们定义:

$$\Psi(\theta;a,b) := \frac{1}{2\pi}\int_a^b e^{-\mathrm{i}\theta x}\mathrm{d}x = \frac{1}{2\pi}\frac{e^{-\mathrm{i}\theta a} - e^{-\mathrm{i}\theta b}}{\mathrm{i}\theta}. \tag{6.30}$$

如果 μ 的特征函数 $\Phi_\mu \in L^1(\mathbb{R})$, 那么有

(i) $\mu \ll m$, 其中 m 为 Lebesgue 测度;

(ii) Radon-Nikodym 导数 $f := \dfrac{\mathrm{d}\mu}{\mathrm{d}m} \in C_b(\mathbb{R})$ 满足

$$f(x) = \frac{1}{2\pi}\int_{\mathbb{R}} e^{-\mathrm{i}\theta x}\Phi_\mu(\theta)\mathrm{d}\theta, \quad \forall\, x \in \mathbb{R}. \tag{6.31}$$

证 根据 Fubini 定理, 我们有

$$\begin{aligned}F(T;a,b) &:= \int_{-T}^{T}\Phi_\mu(\theta)\Psi(\theta;a,b)\mathrm{d}\theta = \frac{1}{2\pi}\int_{-T}^{T}\Phi_\mu(\theta)\left(\int_a^b e^{-\mathrm{i}\theta x}\mathrm{d}x\right)\mathrm{d}\theta \\ &= \frac{1}{2\pi}\int_{[a,b]\times[-T,T]} e^{-\mathrm{i}\theta x}\Phi_\mu(\theta)\mathrm{d}x\mathrm{d}\theta.\end{aligned}$$

于是 $|F(T;a,b)| < +\infty$. 我们下面计算函数 $F(T;a,b)$:

$$\begin{aligned}
F(T;a,b) &= \frac{1}{2\pi}\int_{[a,b]\times[-T,T]} e^{-\mathrm{i}\theta x}\Phi_{\mu}(\theta)\mathrm{d}x\mathrm{d}\theta \\
&= \frac{1}{2\pi}\int_{[a,b]\times[-T,T]} e^{-\mathrm{i}\theta x}\left(\int_{\mathbb{R}} e^{\mathrm{i}\theta y}\mu(\mathrm{d}y)\right)\mathrm{d}x\mathrm{d}\theta \\
&= \frac{1}{2\pi}\int_{\mathbb{R}}\left(\int_{[a,b]\times[-T,T]} e^{\mathrm{i}\theta(y-x)}\mathrm{d}x\mathrm{d}\theta\right)\mu(\mathrm{d}y) \\
&= \frac{1}{2\pi}\int_{\mathbb{R}} h(y;T,a,b)\mu(\mathrm{d}y),
\end{aligned}$$

在上式中, 对任意 $y \in \mathbb{R}$,

$$\begin{aligned}
h(y;T,a,b) &:= \int_{-T}^{T}\frac{e^{\mathrm{i}\theta(y-a)} - e^{\mathrm{i}\theta(y-b)}}{\mathrm{i}\theta}\mathrm{d}\theta \\
&= 2\int_0^T\left(\frac{\sin((y-a)\theta) - \sin((y-b)\theta)}{\theta}\right)\mathrm{d}\theta \\
&=: 2G(y-a;T) - 2G(y-b;T),
\end{aligned}$$

其中, 对任意 $y \in \mathbb{R}$,

$$G(y;T) = \int_0^T \frac{\sin(y\theta)}{\theta}\mathrm{d}\theta = \begin{cases} \displaystyle\int_0^{yT}\frac{\sin(\theta)}{\theta}\mathrm{d}\theta = G(1;yT), & y > 0, \\ 0, & y = 0, \\ -G(1;-yT), & y < 0. \end{cases} \tag{6.32}$$

这意味着

$$\lim_{T\to\infty} G(y;T) = \lim_{T\to\infty}\int_0^T \frac{\sin(y\theta)}{\theta}\mathrm{d}\theta = \begin{cases} \dfrac{\pi}{2}, & y > 0, \\ 0, & y = 0, \\ -\dfrac{\pi}{2}, & y < 0. \end{cases}$$

因此, 我们得到

$$\lim_{T\to\infty} h(y;T,a,b) = 2\lim_{T\to\infty} G(y-a;T) - 2\lim_{T\to\infty} G(y-b;T)$$

$$
= \begin{cases} 0, & x \in [a,b]^{\mathrm{c}}, \\ \pi, & x = a \text{ 或 } x = b, \\ 2\pi, & x \in (a,b). \end{cases}
$$

应用 (6.32) 有

$$
\sup_{(y,T)\in\mathbb{R}\times\mathbb{R}_+} |h(y;T,a,b)| < +\infty.
$$

那么, 根据有界收敛定理, 我们有

$$
\begin{aligned}
\lim_{T\to\infty} F(T;a,b) &= \frac{1}{2\pi}\lim_{T\to\infty}\int_{\mathbb{R}} h(y;T,a,b)\mu(\mathrm{d}y) \\
&= \frac{1}{2\pi}\int_{\mathbb{R}}\lim_{T\to\infty} h(y;T,a,b)\mu(\mathrm{d}y) = \frac{\mu([a,b)) + \mu((a,b])}{2},
\end{aligned}
$$

此即等式 (6.29).

如果 $\Phi_\mu \in L^1(\mathbb{R})$, 那么由 (6.31) 所定义的函数 $f(x)$ 满足: 对任意 $x \in \mathbb{R}$,

$$
|f(x)| \leqslant \frac{1}{2\pi}\int_{\mathbb{R}} |\Phi_\mu(\theta)|\mathrm{d}\theta < +\infty.
$$

于是, 对任意 $-\infty < a < b < +\infty$, 我们得到

$$
\begin{aligned}
\int_a^b f(x)\mathrm{d}x &= \frac{1}{2\pi}\int_a^b \left(\int_{\mathbb{R}} e^{-\mathrm{i}\theta x}\Phi_\mu(\theta)\mathrm{d}\theta\right)\mathrm{d}x = \int_{\mathbb{R}} \Phi_\mu(\theta)\left(\frac{1}{2\pi}\int_a^b e^{-\mathrm{i}\theta x}\mathrm{d}x\right)\mathrm{d}\theta \\
&= \int_{\mathbb{R}} \Phi_\mu(\theta)\Psi(\theta;a,b)\mathrm{d}\theta = \frac{\mu([a,b)) + \mu((a,b])}{2}.
\end{aligned}
$$

选取 $a < b$ 满足 $\mu(\{a\}) = \mu(\{b\}) = 0$, 那么对这样的 $a < b$, 我们得到

$$
\mu((a,b)) = \int_a^b f(x)\mathrm{d}x.
$$

因此, 应用 π-λ 定理证得该定理. □

例 6.1 设随机变量 X 具有如下的概率密度函数:

$$
p_X(x) = \frac{1}{2}e^{-|x|}, \quad x \in \mathbb{R}.
$$

那么 X 的特征函数为

$$
\Phi_X(\theta) = \int_{\mathbb{R}} e^{\mathrm{i}\theta x} p_X(x)\mathrm{d}x = \frac{1}{1+\theta^2}, \quad \theta \in \mathbb{R}.
$$

于是, 我们有

$$\int_{\mathbb{R}} |\Phi_X(\theta)|\,\mathrm{d}\theta = \int_{\mathbb{R}} \frac{\mathrm{d}\theta}{1+\theta^2} = \pi < +\infty,$$

即特征函数 Φ_X 是可积的. 因此, 由定理 6.2 中的等式 (6.31) 得到

$$\frac{1}{2}e^{-|x|} = p_X(x) = \frac{1}{2\pi}\int_{\mathbb{R}} \frac{1}{1+\theta^2} e^{-\mathrm{i}\theta x}\mathrm{d}\theta.$$

这意味着, 对任意 $\theta \in \mathbb{R}$,

$$e^{-|\theta|} = \int_{\mathbb{R}} p_Y(y)e^{\mathrm{i}\theta y}\mathrm{d}y = \Phi_Y(\theta), \quad p_Y(y) = \frac{1}{\pi(1+y^2)}.$$

这证明了 Cauchy 分布的特征函数为 $\Phi_Y(\theta) = e^{-|\theta|}$, $\forall\, \theta \in \mathbb{R}$.

下面的练习说明随机变量的特征函数完全刻画了该随机变量的分布:

练习 6.4 设 X, Y 为定义在概率空间 $(\Omega, \mathcal{F}, \mathbb{P})$ 上的实值随机变量且满足

$$\Phi_X(\theta) = \Phi_Y(\theta),\ \forall\, \theta \in \mathbb{R} \ \Rightarrow\ X \overset{d}{=} Y.$$

提示 设 $\mu_X := \mathcal{P}_X$, $\mu_Y := \mathcal{P}_Y$ 和 F_X, F_Y 分别为随机变量 X, Y 的分布函数. 那么, 由定理 6.2 中的 (6.29) 得到: 对任意 $-\infty < a < b < +\infty$,

$$\frac{\mu_X([a,b)) + \mu_X((a,b])}{2} = \lim_{T\to\infty}\int_{-T}^{T} \Phi_X(\theta)\Psi(\theta;a,b)\mathrm{d}\theta,$$

$$\frac{\mu_Y([a,b)) + \mu_Y((a,b])}{2} = \lim_{T\to\infty}\int_{-T}^{T} \Phi_Y(\theta)\Psi(\theta;a,b)\mathrm{d}\theta,$$

其中 $\Psi(\theta;a,b)$ 由 (6.30) 给出. 由于 $\Phi_X(\theta) = \Phi_Y(\theta), \forall\theta \in \mathbb{R}$, 那么, 对任意 $-\infty < a < b < +\infty$,

$$\mu_X([a,b)) + \mu_X((a,b]) = \mu_Y([a,b)) + \mu_Y((a,b]).$$

也就是: 对任意 $-\infty < a < b < +\infty$,

$$[F_X(b-) - F_X(a-)] + [F_X(b) - F_X(a)] = [F_Y(b-) - F_Y(a-)] + [F_Y(b) - F_Y(a)].$$

这也等价于: 对任意 $-\infty < a < b < +\infty$,

$$\begin{aligned}&[F_X(b) + F_X(b-)] - [F_X(a) + F_X(a-)]\\ =&[F_Y(b) + F_Y(b-)] - [F_Y(a) + F_Y(a-)].\end{aligned} \tag{6.33}$$

令 $a \downarrow -\infty$, 那么 (6.33) 意味着

$$F_X(b) + F_X(b-) = F_Y(b) + F_Y(b-), \quad \forall\, b \in \mathbb{R}.$$

这给出了 $F_X = F_Y$ (在 $C_{F_X} \cap C_{F_Y}$ 上). 注意到, $C_{F_X} \cap C_{F_Y} \subset \mathbb{R}$ 为一个可数稠密子集且分布函数为单增右连续函数, 因此有

$$\begin{aligned} F_X(b) &= \lim_{x\downarrow b,\ x\in C_{F_X}\cap C_{F_Y}} F_X(x) \\ &= \inf\{F_X(x);\ x > b,\ x \in C_{F_X} \cap C_{F_Y}\}, \\ F_Y(b) &= \lim_{x\downarrow b,\ x\in C_{F_X}\cap C_{F_Y}} F_Y(x) \\ &= \inf\{F_Y(x);\ x > b,\ x \in C_{F_X} \cap C_{F_Y}\}. \end{aligned} \tag{6.34}$$

那么 $F_X = F_Y$ (在 $C_{F_X} \cap C_{F_Y}$ 上) 意味着 $F_X = F_Y$ (在 $\mathbb{R}$ 上), 即 $X \overset{d}{=} Y$. □

6.5 Lévy 连续定理

本节引入和证明 Lévy 连续定理. Lévy 连续定理是证明中心极限定理的一个常用工具, 其具体内容表述如下:

定理 6.3 (Lévy 连续定理) 对任意 $n \geqslant 1$, 设 $\mu_n \in \mathcal{P}(\mathbb{R})$ 和 $\Phi_{\mu_n}(\theta) : \mathbb{R} \to \mathbb{C}$ 为其特征函数. 假设存在一个函数 $\Phi(\theta) : \mathbb{R} \to \mathbb{C}$ 满足

(i) $\lim_{n\to\infty} \Phi_{\mu_n}(\theta) = \Phi(\theta)$, $\forall\, \theta \in \mathbb{R}$;

(ii) $\Phi(\theta)$ 在 $\theta = 0$ 处连续,

那么 Φ 为某个概率测度 $\mu \in \mathcal{P}(\mathbb{R})$ 的特征函数且满足 $\mu_n \Rightarrow \mu$, $n \to \infty$.

证 我们首先证明如下的不等式: 对任意 $n \geqslant 1$ 和 $\delta > 0$,

$$\mu_n\left(\left[-\frac{2}{\delta}, \frac{2}{\delta}\right]^{\mathrm{c}}\right) \leqslant \frac{1}{\delta} \int_{-\delta}^{\delta} (1 - \Phi_{\mu_n}(\theta))\, \mathrm{d}\theta. \tag{6.35}$$

事实上, 设 X_n 是一个实值随机变量使其分布为 μ_n (应用 Skorokhod 表示定理 (定理 5.9) 来建立一个概率空间 $(\Omega, \mathcal{F}, \mathbb{P})$ 和其上的满足分布为 μ 的随机变量). 于是, 应用 Fubini 定理得到

$$\begin{aligned} &\frac{1}{2\delta} \int_{-\delta}^{\delta} (1 - \Phi_{\mu_n}(\theta))\, \mathrm{d}\theta = \frac{1}{2\delta} \mathbb{E}\left[\int_{-\delta}^{\delta} \left(1 - e^{\mathrm{i}\theta X_n}\right) \mathrm{d}\theta\right] \\ &= \frac{1}{\delta} \mathbb{E}\left[\int_0^{\delta} (1 - \cos(\theta X_n))\, \mathrm{d}\theta\right] = \mathbb{E}\left[1 - \frac{\sin(\delta X_n)}{\delta X_n}\right]. \end{aligned} \tag{6.36}$$

注意到, 如下不等式成立:

$$1-\frac{\sin(x)}{x}\geqslant\frac{1}{2}\mathbb{1}_{|x|>2},\quad x\in\mathbb{R}. \tag{6.37}$$

那么, 由 (6.36) 得到

$$\begin{aligned}\frac{1}{2\delta}\int_{-\delta}^{\delta}(1-\Phi_{\mu_n}(\theta))\,\mathrm{d}\theta&=\mathbb{E}\left[1-\frac{\sin(\delta X_n)}{\delta X_n}\right]\geqslant\mathbb{E}\left[\frac{1}{2}\mathbb{1}_{|\delta X_n|>2}\right]\\&=\frac{1}{2}\mathbb{P}\left(|\delta X_n|>2\right)=\frac{1}{2}\mu_n\left(\left[-\frac{2}{\delta},\frac{2}{\delta}\right]^{\mathrm{c}}\right),\end{aligned}$$

此即证得了不等式 (6.35).

另一方面, 由条件 (ii) 得到: 对任意 $\varepsilon>0$, 存在一个常数 $\delta>0$ 使得

$$1-\Phi(\theta)\leqslant\varepsilon/2,\quad\forall\,|\theta|\leqslant\delta.$$

于是, 由 (i)、不等式 (6.35) 和控制收敛定理, 我们得到

$$\begin{aligned}\limsup_{n\to\infty}\mu_n\left(\left[-\frac{2}{\delta},\frac{2}{\delta}\right]^{\mathrm{c}}\right)&\leqslant\limsup_{n\to\infty}\frac{1}{\delta}\int_{-\delta}^{\delta}(1-\Phi_{\mu_n}(\theta))\,\mathrm{d}\theta\\&=\frac{1}{\delta}\int_{-\delta}^{\delta}(1-\Phi(\theta))\,\mathrm{d}\theta\\&\leqslant\varepsilon.\end{aligned}$$

这意味着, 存在 $\tilde{\delta}\in(0,\delta)$ 使得

$$\sup_{n\geqslant1}\mu_n\left(\left[-\frac{2}{\tilde{\delta}},\frac{2}{\tilde{\delta}}\right]^{\mathrm{c}}\right)\leqslant\varepsilon.$$

因此 $\{\mu_n\}_{n\geqslant1}\subset\mathcal{P}(\mathbb{R})$ 是一致胎紧的. 那么, 根据 Prokhorov 定理 (定理 5.22), 存在一个子列 $\{\mu_{n_k}\}_{k\geqslant1}\subset\{\mu_n\}_{n\geqslant1}$ 和一个概率测度 $\mu\in\mathcal{P}(\mathbb{R})$ 使得 $\mu_{n_k}\Rightarrow\mu$, $k\to\infty$. 由 (i) 得到

$$\Phi_{\mu_{n_k}}(\theta)=\int_{\mathbb{R}}e^{\mathrm{i}\theta x}\mu_{n_k}(\mathrm{d}x)\to\Phi(\theta),\quad k\to\infty.$$

因此 Φ 一定是极限测度 $\mu\in\mathcal{P}(\mathbb{R})$ 的特征函数. □

Lévy 连续定理是以法国著名概率学家 Paul Pierre Lévy (1886—1971) 的名字命名的, 其父亲也是一位数学家. P. Lévy 对概率论、泛函分析和偏微分方

程、级数和几何学等其他数学分析问题做出了重要贡献. 他在 1911 年担任法国数学学会主席. 他出版的主要著作包括: *Leçons d'analyse fonctionnelle* (1922, 2nd ed., *Lessons in Functional Analysis*); *Calcul des probabilités* (1925; *Calculus of Probabilities*); *Théorie de l'addition des variables aléatoires* (1937—1954; *The Theory of Addition of Multiple Variables*) 和 *Processus stochastiques et mouvement Brownien* (1948; *Stochastic Processes and Brownian Motion*). 在概率论领域, P. Lévy 引入了诸如局部时、稳定分布和特征函数等基本概念. Lévy 过程、Lévy 飞行、Lévy 度量、Lévy 常数、Lévy 分布、Lévy 反正弦定律和分形 Lévy C-曲线都是以他的名字命名的.

下面的例子是应用 Lévy 连续定理 (定理 6.3) 证明得到的标准中心极限定理:

例 6.2 (中心极限定理)　设 $\{X_n\}_{n\geqslant 1}$ 为概率空间 $(\Omega,\mathcal{F},\mathbb{P})$ 上的一列独立同分布的实值平方可积随机变量以及 $\mu=\mathbb{E}[X_n]$ 和 $\sigma^2=\mathrm{Var}[X_n]>0$, $\forall\, n\geqslant 1$. 我们定义 X_n 的如下标准化:

$$Y_n:=\frac{X_n-\mu}{\sigma},\quad n\geqslant 1. \tag{6.38}$$

考虑如下的随机变量之和:

$$S_n=\frac{1}{\sqrt{n}}\sum_{k=1}^{n}Y_k,\quad n\geqslant 1. \tag{6.39}$$

于是, 随机变量 S_n 的特征函数为: 对于 $\theta\in\mathbb{R}$,

$$\Phi_{S_n}(\theta)=\mathbb{E}\left[\exp\left(\mathrm{i}\theta\sum_{k=1}^{n}\frac{Y_k}{\sqrt{n}}\right)\right]=\prod_{k=1}^{n}\mathbb{E}\left[\exp\left(\frac{\mathrm{i}\theta}{\sqrt{n}}Y_k\right)\right]=\left(\Phi_{Y_1}\left(\frac{\theta}{\sqrt{n}}\right)\right)^n.$$

那么, 应用特征函数的展开式 (6.23), 我们得到: 对任意 $\theta\in\mathbb{R}$,

$$\begin{aligned}\Phi_{Y_1}\left(\frac{\theta}{\sqrt{n}}\right)&=1+\mathrm{i}\frac{\theta}{\sqrt{n}}\mathbb{E}[Y_1]-\frac{\theta^2}{2n}\mathbb{E}[Y_1^2]+o\left(\frac{\theta^2}{n}\right)\\&=1-\frac{\theta^2}{2n}+o\left(\frac{\theta^2}{n}\right).\end{aligned}$$

因此, 我们有如下的极限结果:

$$\begin{aligned}\lim_{n\to\infty}\Phi_{S_n}(\theta)&=\lim_{n\to\infty}\left(\Phi_{Y_1}\left(\frac{\theta}{\sqrt{n}}\right)\right)^n=\lim_{n\to\infty}\left(1-\frac{\theta^2}{2n}+o\left(\frac{\theta^2}{n}\right)\right)^n\\&=\exp\left(-\frac{|\theta|^2}{2}\right)=:\Phi(\theta),\quad\forall\,\theta\in\mathbb{R}.\end{aligned} \tag{6.40}$$

这意味着定理 6.3 中的条件 (i) 成立. 由 (6.40), 显然有

$$\theta \to \Phi(\theta) = \exp\left(-\frac{|\theta|^2}{2}\right) \text{ 在 } \theta = 0 \text{ 处连续.}$$

也就是, 定理 6.3 中的条件 (ii) 成立. 又由于 $\Phi(\theta) = \exp\left(-\frac{|\theta|^2}{2}\right)$ 是标准正态随机变量 $\xi \sim N(0,1)$ 的特征函数, 那么应用定理 6.3 得到

$$S_n \xrightarrow{d} \xi \sim N(0,1), \quad n \to \infty,$$

此即我们熟知的标准中心极限定理.

6.6 Lindeberg 中心极限定理

6.5 节中例 6.2 所陈述的标准中心极限定理需要随机变量列为独立同分布的假设条件. 本节将释放同分布的条件, 其对应的结果为所谓的 Lindeberg 中心极限定理.

在给出 Lindeberg 中心极限定理之前, 我们简要介绍中心极限定理 (central limit theorem, CLT) 的发展历史. CLT 在概率统计中是最重要的定理之一, 特别是在统计学中广泛应用. 另外, CLT 所陈述的结果简洁但用处广泛, 其核心的结论是: 在某些条件下, 当独立随机变量的个数趋于无穷时, 其算术平均值的分布接近于正态分布. 在简单随机取样的情形下, 只要取样的样本足够多, 那么样本平均可用正态分布来近似. 在 1810 年, P. S. Laplace (1749—1827) 发表了第一篇关于 CLT 的论文, 其应用的主要工具是 Laplace 在 1785 年引入的特征函数. 随后, 法国数学家和物理学家 Siméon-Denis Poisson (1781—1840) 分别在 1824 年和 1829 年发表了两篇关于 CLT 的论文. Poisson 的想法是, 物理世界中的所有过程都由不同的数学定律所控制. 基于此, 他试图对 Laplace 的 CLT 进行更加精确的数学刻画: 他为连续型随机变量的情形提供了更加严格的证明, 并通过构造一些反例来讨论 CLT 的正确性. 从基础数学的角度, 德国数学家 J. P. G. L. Dirichlet (1805—1859) 和 F. Bessel (1784—1846) 通过引入所谓的 “不连续因子” 证明了类似于 Laplace 和 Poisson 的 CLT. 法国数学家 A. L. Cauchy (1789—1857) 是最早把概率论视为 “纯粹” 数学的数学家之一. 他在数学的几个不同领域作出了重要贡献, 并提出了证明 CLT 的新方法. 不同于以前关于 CLT 的证明方法, Cauchy 采用了不同的证明思路, 他首先找到了实际分布与正态分布之差的上界, 然后给出了该上界趋于零的条件. 至此, Cauchy 的证明完成了所谓 **CLT 发展的第一阶段 (1810—1853)**. 然而, 这一阶段所提出的 CLT 成立的条件并不是令人满意的, 其原因主要在于:

(i) 随机变量列都被假设具有紧支撑;

(ii) CLT 成立的条件并不是很简洁, 不能表示成关于随机变量矩的条件;

(iii) 缺少对 CLT 收敛速度的研究.

上述问题 (i)—(iii) 最终在 1870 年至 1910 年间由几位数学家所解决, 其中包括最主要的三位著名数学家: **圣彼得堡数学学派**的创始人 Pafnuty Chebyshev (1821—1894) 和他的两位学生 Andrey Markov (1856—1922) 与 Aleksandr Lyapunov (1857—1918). 尽管还有数位数学家对 CLT 作出了贡献, 但我们这里重点介绍 "圣彼得堡学派" 关于 CLT 的结果, 这是因为人们通常认为 "圣彼得堡学派" 对 CLT 的贡献最大. 事实上, Chebyshev 和 Markov 利用矩方法先后完善了大家熟知的 Chebyshev 中心极限定理 (1887—1898). 在 1901 年, Lyapunov 采用特征函数方法 (定理 6.3) 严格证明了下面所谓的 Lyapunov 中心极限定理:

定理 6.4 (Lyapunov 中心极限定理) 设 $\{X_n\}_{n\geqslant 1}$ 为概率空间 $(\Omega,\mathcal{F},\mathbb{P})$ 上的一列均值为零的独立随机变量列且满足: 对任意 $k\in\mathbb{N}$, $\mathbb{E}[|X_k|^p]<+\infty$, $p\geqslant 2$. 如果存在常数 $\delta>0$ 使得

$$\lim_{n\to\infty}\frac{\sum_{k=1}^n\mathbb{E}[|X_k|^{2+\delta}]}{s_n^{2+\delta}}=0,\quad s_n:=\sqrt{\sum_{k=1}^n\mathrm{Var}[X_k]},\tag{6.41}$$

那么

$$\frac{\sum_{k=1}^n X_k}{s_n}\xrightarrow{d}\xi\sim N(0,1),\quad n\to\infty.$$

通常称条件 (6.41) 为 Lyapunov 条件 (参见下面的定义 6.5). 人们把 "圣彼得堡学派" 关于 CLT 的研究阶段称为 **CLT 发展的第二阶段 (1870—1910)**. 从 1920 年至 1937 年, 芬兰数学家 J. W. Lindeberg (1876—1932)、克罗地亚裔美籍数学家 W. Feller (1906—1970) 和法国概率学家 P. Lévy (1886—1971) 先后提出了 CLT 成立的更一般的条件 (Lindeberg 条件). 人们把这一阶段称为 **CLT 发展的第三阶段 (1920—1937)**. 我们下面着重引入和证明第三阶段发展起来的 CLT.

设 $\{X_n\}_{n\geqslant 1}$ 为概率空间 $(\Omega,\mathcal{F},\mathbb{P})$ 上的一列**独立且平方可积**随机变量. 基于此, 我们引入如下关于这列随机变量的进一步所满足的条件:

定义 6.4 (Lindeberg 条件) 对于上述独立的平方可积随机变量列 $\{X_n\}_{n\geqslant 1}$, 设 $m_n:=\mathbb{E}[X_n]\in\mathbb{R}$ 和 $\sigma_n:=\sqrt{\mathrm{Var}[X_n]}>0$. 对任意 $n\geqslant 1$ 和 $\varepsilon>0$, 我们定义:

$$L_n(\varepsilon):=\frac{1}{s_n^2}\sum_{k=1}^n\mathbb{E}\left[(X_k-m_k)^2\,\mathbb{1}_{|X_k-m_k|\geqslant\varepsilon s_n}\right],\quad s_n:=\sqrt{\sum_{k=1}^n\sigma_k^2}.\tag{6.42}$$

如果对任意 $\varepsilon>0$, $\lim_{n\to\infty} L_n(\varepsilon)=0$, 那么称 $\{X_n\}_{n\geqslant 1}$ 满足 Lindeberg 条件.

如果 $\{X_n\}_{n\geqslant 1}$ 是**独立同分布 (i.i.d.)** 的且均值为 $m=\mathbb{E}[X_1]\in\mathbb{R}$ 和 $\sigma:=\sqrt{\mathrm{Var}[X_1]}>0$. 定义 $Y_k:=X_k-m$, $k\in\mathbb{N}$. 于是 $s_n^2=\mathrm{Var}\left[\sum_{k=1}^n Y_k\right]=n\sigma^2>0$. 这样, 根据 (6.42), 我们有: 对任意 $\varepsilon>0$,

$$L_n(\varepsilon)=\frac{1}{n\sigma^2}\sum_{k=1}^n \mathbb{E}\left[Y_k^2 \mathbb{1}_{|Y_k|\geqslant\varepsilon\sqrt{n}\sigma}\right] \xlongequal{Y_k\text{同分布}} \frac{1}{\sigma^2}\mathbb{E}\left[Y_1^2 \mathbb{1}_{|Y_1|\geqslant\varepsilon\sqrt{n}\sigma}\right]. \tag{6.43}$$

注意到, Y_1^2 是非负可积的随机变量. 那么, 应用 3.4 节中的练习 3.7, 则有: 对任意 $\varepsilon>0$,

$$L_n(\varepsilon)=\frac{1}{\sigma^2}\mathbb{E}\left[Y_1^2 \mathbb{1}_{|Y_1|^2\geqslant\varepsilon^2 n\sigma^2}\right]\to 0,\quad n\to\infty.$$

这意味着 Lindeberg 条件成立, 即

独立同分布的平方可积随机变量列满足 Lindeberg 条件.

下面引入 Lyapunov 条件, 其具体定义表述如下:

定义 6.5 (Lyapunov 条件) 对于上述独立的平方可积随机变量列 $\{X_n\}_{n\geqslant 1}$, 如果存在一个常数 $\delta>0$ 使得: 对任意 $n\geqslant 1$, X_n 为 $2+\delta$-可积的且满足

$$\lim_{n\to\infty}\frac{1}{s_n^{2+\delta}}\sum_{k=1}^n \mathbb{E}\left[|X_k-m_k|^{2+\delta}\right]=0, \tag{6.44}$$

那么称 $\{X_n\}_{n\geqslant 1}$ 满足 Lyapunov 条件.

下面的练习说明 Lyapunov 条件暗含着 Lindeberg 条件.

练习 6.5 独立的随机变量列 $\{X_n\}_{n\geqslant 1}$ 满足 Lyapunov 条件, 则其一定满足 Lindeberg 条件.

提示 对任意 $\varepsilon>0$, 我们首先有

$$\begin{aligned}\{|X_k-m_k|\geqslant\varepsilon s_n\}&\subset\left\{|X_k-m_k|^{2+\delta}\geqslant|X_k-m_k|^2(\varepsilon s_n)^\delta\right\}\\&=\left\{\frac{|X_k-m_k|^{2+\delta}}{(\varepsilon s_n)^\delta}\geqslant|X_k-m_k|^2\right\}.\end{aligned}$$

因此, 根据 (6.44) 得到

$$L_n(\varepsilon)=\frac{1}{s_n^2}\sum_{k=1}^n \mathbb{E}\left[(X_k-m_k)^2\,\mathbb{1}_{|X_k-m_k|\geqslant\varepsilon s_n}\right]$$

$$\leqslant \frac{1}{s_n^2} \sum_{k=1}^{n} \mathbb{E}\left[\frac{|X_k - m_k|^{2+\delta}}{(\varepsilon s_n)^{\delta}} \mathbb{1}_{|X_k - m_k| \geqslant \varepsilon s_n}\right]$$

$$= \frac{1}{\varepsilon^{\delta} s_n^{2+\delta}} \sum_{k=1}^{n} \int_{|x-m_k| \geqslant \varepsilon s_n} |x - m_k|^{2+\delta} \mathbb{P}(X_k \in \mathrm{d}x)$$

$$\leqslant \frac{1}{\varepsilon^{\delta} s_n^{2+\delta}} \sum_{k=1}^{n} \int |x - m_k|^{2+\delta} \mathbb{P}(X_k \in \mathrm{d}x)$$

$$= \frac{1}{\varepsilon^{\delta}} \frac{1}{s_n^{2+\delta}} \sum_{k=1}^{n} \mathbb{E}\left[|X_k - m_k|^{2+\delta}\right]$$

$$\to 0, \quad n \to \infty.$$

此即 $\{X_n\}_{n\geqslant 1}$ 满足 Lindeberg 条件. □

下面引入所谓的 Feller 条件. Feller 条件是说, 当 n 很大时, 每个随机变量的方差对其前 n 项和的方差是可以忽略不计的.

定义 6.6 (Feller 条件) 对于上述独立的平方可积随机变量列 $\{X_n\}_{n\geqslant 1}$, 如果如下的极限成立:

$$\lim_{n\to\infty} \max_{k=1,\cdots,n} \left\{\frac{\sigma_k}{s_n}\right\} = 0, \tag{6.45}$$

则称 $\{X_n\}_{n\geqslant 1}$ 满足 Feller 条件.

下面的练习说明 Lindeberg 条件暗含着 Feller 条件.

练习 6.6 独立的随机变量列 $\{X_n\}_{n\geqslant 1}$ 满足 Lindeberg 条件, 则其一定满足 Feller 条件.

提示 对任意 $\varepsilon > 0$ 和 $k = 1, \cdots, n$,

$$\sigma_k^2 = \int |x - m_k|^2 \mathbb{P}(X_k \in \mathrm{d}x)$$

$$= \int_{|x-m_k| \geqslant \varepsilon s_n} |x - m_k|^2 \mathbb{P}(X_k \in \mathrm{d}x) + \int_{|x-m_k| < \varepsilon s_n} |x - m_k|^2 \mathbb{P}(X_k \in \mathrm{d}x)$$

$$\leqslant \sum_{i=1}^{n} \int_{|x-m_i| \geqslant \varepsilon s_n} |x - m_i|^2 \mathbb{P}(X_i \in \mathrm{d}x) + \varepsilon^2 s_n^2$$

$$= s_n^2 L_n(\varepsilon) + \varepsilon^2 s_n^2.$$

于是, 对任意 $\varepsilon > 0$, 我们得到

$$\max_{k=1,\cdots,n} \left\{\frac{\sigma_k^2}{s_n^2}\right\} \leqslant L_n(\varepsilon) + \varepsilon^2.$$

由于 Lindeberg 条件成立, 故 $\lim_{n\to\infty} L_n(\varepsilon)=0, \forall\, \varepsilon>0$. 因此有

$$0 \leqslant \varliminf_{n\to\infty} \max_{k=1,\cdots,n}\left\{\frac{\sigma_k^2}{s_n^2}\right\} \leqslant \varlimsup_{n\to\infty} \max_{k=1,\cdots,n}\left\{\frac{\sigma_k^2}{s_n^2}\right\} \leqslant \varepsilon^2.$$

再由 $\varepsilon>0$ 的任意性得到 (6.45), 即 Feller 条件成立. □

我们将上述三个条件的关系总结如下:

$$\boxed{\text{Lyapunov 条件} \Longrightarrow \text{Lindeberg 条件} \Longrightarrow \text{Feller 条件.}}$$

在本节最后, 我们引入和证明如下的 Lindeberg 中心极限定理:

定理 6.5 (Lindeberg 中心极限定理) 设 $\{X_n\}_{n\geqslant 1}$ 为概率空间 $(\Omega,\mathcal{F},\mathbb{P})$ 上的一列独立的平方可积随机变量且满足 Lindeberg 条件. 对任意 $n\geqslant 1$, 定义:

$$S_n := \frac{1}{s_n}\sum_{k=1}^{n}(X_k-m_k), \quad n\geqslant 1.$$

那么, 我们有

$$S_n \xrightarrow{d} \xi \sim N(0,1), \quad n\to\infty.$$

证 不失一般性, 我们假设 $m_n=0, \forall\, n\geqslant 1$. 对于 $n\geqslant 1$ 和 $k=1,\cdots,n$, 定义:

$$v_{n,k} := \frac{\sigma_k}{s_n}.$$

那么, 随机变量 $\dfrac{X_k}{s_n}$ 的均值和方差分别为

$$\mathbb{E}\left[\frac{X_k}{s_n}\right]=0, \quad \mathrm{Var}\left[\frac{X_k}{s_n}\right]=\frac{1}{s_n^2}\mathbb{E}[X_k^2]=v_{n,k}^2.$$

对于 $\theta\in\mathbb{R}$, 设 $f_{n,k}(\theta):=\Phi_{\frac{X_k}{s_n}}(\theta)$ 为 $\dfrac{X_k}{s_n}$ 的特征函数. 于是 $f_{n,k}\in C^2(\mathbb{R})$. 那么, 应用练习 6.3 中的 (6.25), 我们得到

$$f_{n,k}(\theta)=1-\frac{v_{n,k}^2}{2}\theta^2+R_{n,k}^f(\theta)\frac{\theta^2}{2}, \quad \forall\,\theta\in\mathbb{R}, \tag{6.46}$$

其中, 连续函数 $\theta\to R_{n,k}(\theta)$ 满足

$$\left|R_{n,k}^f(\theta)\right| \leqslant \sup_{l\in[0,1]}\left|f_{n,k}^{(2)}(l\theta)-f_{n,k}^{(2)}(0)\right|.$$

由于 $f_{n,k} \in C^2(\mathbb{R})$, 故

$$f_{n,k}^{(2)}(\theta) = -\int_{\mathbb{R}} x^2 e^{\mathrm{i}\theta x} \mu_{n,k}(\mathrm{d}x), \quad \text{其中 } \mu_{n,k} := \mathcal{P}_{\frac{X_k}{s_n}} = \mathbb{P} \circ \left(\frac{X_k}{s_n}\right)^{-1}.$$

于是,

$$\left|R_{n,k}^f(\theta)\right| \leqslant \sup_{l \in [0,1]} \left|\int_{\mathbb{R}} x^2 \left(1 - e^{\mathrm{i}l\theta x}\right) \mu_{n,k}(\mathrm{d}x)\right| \leqslant \sup_{l \in [0,1]} \int_{\mathbb{R}} x^2 \left|1 - e^{\mathrm{i}l\theta x}\right| \mu_{n,k}(\mathrm{d}x).$$

对于 $l \in [0,1]$, 我们有

$$|1 - e^{\mathrm{i}l\theta x}| \leqslant |l\theta x| \leqslant |\theta x|.$$

因此, 对任意 $\theta \in \mathbb{R}$ 和 $\varepsilon > 0$, 当 $|x| < \delta := \min\{\varepsilon, \varepsilon/|\theta|\}$ 时, $|1 - e^{\mathrm{i}l\theta x}| < \varepsilon$. 那么得到

$$\begin{aligned}
\left|R_{n,k}^f(\theta)\right| &\leqslant \sup_{l \in [0,1]} \int_{\mathbb{R}} x^2 \left|1 - e^{\mathrm{i}l\theta x}\right| \mu_{n,k}(\mathrm{d}x) \\
&= \sup_{l \in [0,1]} \int_{|x|<\delta} x^2 \left|1 - e^{\mathrm{i}l\theta x}\right| \mu_{n,k}(\mathrm{d}x) + \sup_{l \in [0,1]} \int_{|x| \geqslant \delta} x^2 \left|1 - e^{\mathrm{i}l\theta x}\right| \mu_{n,k}(\mathrm{d}x) \\
&\leqslant \varepsilon \int_{|x|<\delta} x^2 \mu_{n,k}(\mathrm{d}x) + 2\int_{|x| \geqslant \delta} x^2 \mu_{n,k}(\mathrm{d}x) \\
&\leqslant \varepsilon v_{n,k}^2 + 2\int_{|x| \geqslant \delta} x^2 \mu_{n,k}(\mathrm{d}x).
\end{aligned} \tag{6.47}$$

由于 $X_1, \cdots, X_n$ 是相互独立的, 故 S_n 的特征函数为

$$\Phi_{S_n}(\theta) = \prod_{k=1}^n f_{n,k}(\theta), \quad \theta \in \mathbb{R}.$$

注意到如下的辅助结果: 对任意 $a_k, b_k \in \mathbb{C}$,

$$\prod_{k=1}^n a_k - \prod_{k=1}^n b_k = \sum_{k=1}^n b_1 \cdots b_{k-1}(a_k - b_k) a_{k+1} \cdots a_n. \tag{6.48}$$

进一步, 如果 $|a_k| \leqslant 1$ 和 $|b_k| \leqslant 1$, 则有

$$\left|\prod_{k=1}^n a_k - \prod_{k=1}^n b_k\right| \leqslant \sum_{k=1}^n |a_k - b_k|. \tag{6.49}$$

另一方面, 设 $\xi_{n,k}\sim N(0,v_{n,k}^2)$, 故其特征函数为

$$g_{n,k}(\theta):=\Phi_{\xi_{n,k}}(\theta)=\exp\left(-\frac{v_{n,k}^2}{2}\theta^2\right),\quad \theta\in\mathbb{R}.$$

那么, 应用练习 6.3 中的 (6.25), 我们有

$$g_{n,k}(\theta)=1-\frac{v_{n,k}^2}{2}\theta^2+R_{n,k}^g(\theta)\frac{\theta^2}{2}. \tag{6.50}$$

应用估计 (6.47) 类似的方法, 则有

$$\left|R_{n,k}^g(\theta)\right|\leqslant\varepsilon v_{n,k}^2+2\int_{|x|>\delta}x^2\mu_{n,k}^0(\mathrm{d}x), \tag{6.51}$$

其中 $\mu_{n,k}^0:=\mathcal{P}_{\xi_{n,k}}$. 将 (6.46) 与 (6.50) 作差得到

$$f_{n,k}(\theta)-g_{n,k}(\theta)=\frac{\theta^2}{2}\left(R_{n,k}^f(\theta)-R_{n,k}^g(\theta)\right). \tag{6.52}$$

注意到 $\sum_{k=1}^n v_{n,k}^2=1$, 应用不等式 (6.49) 和等式 (6.52), 则有

$$\begin{aligned}\left|\Phi_{S_n}(\theta)-\exp\left(-\frac{\theta^2}{2}\right)\right|&=\left|\prod_{k=1}^n f_{n,k}(\theta)-\prod_{k=1}^n\exp\left(-\frac{(v_{n,k}\theta)^2}{2}\right)\right|\\&=\left|\prod_{k=1}^n f_{n,k}(\theta)-\prod_{k=1}^n g_{n,k}(\theta)\right|\\&\leqslant\sum_{k=1}^n|f_{n,k}(\theta)-g_{n,k}(\theta)|\\&=\frac{\theta^2}{2}\sum_{k=1}^n\left|R_{n,k}^f(\theta)-R_{n,k}^g(\theta)\right|.\end{aligned}$$

根据 (6.47) 和 (6.51) 得到: 对任意 $\theta\in\mathbb{R}$, $\varepsilon>0$ 和 $\delta:=\min\{\varepsilon,\varepsilon/|\theta|\}$,

$$\begin{aligned}&\sum_{k=1}^n\left|R_{n,k}^f(\theta)-R_{n,k}^g(\theta)\right|\\&\leqslant\sum_{k=1}^n\left(2\varepsilon v_{n,k}^2+2\int_{|x|\geqslant\delta}x^2\mu_{n,k}(\mathrm{d}x)+2\int_{|x|\geqslant\delta}x^2\mu_{n,k}^0(\mathrm{d}x)\right).\end{aligned}$$

因此, 对任意 $\theta \in \mathbb{R}$, $\varepsilon > 0$ 和 $\delta := \min\{\varepsilon, \varepsilon/|\theta|\}$,

$$\left|\Phi_{S_n}(\theta) - \exp\left(-\frac{\theta^2}{2}\right)\right| \leqslant \varepsilon\theta^2 + \left(\sum_{k=1}^n \int_{|x|\geqslant\delta} x^2 \mu_{n,k}(\mathrm{d}x)\right)\theta^2 + \left(\sum_{k=1}^n \int_{|x|\geqslant\delta} x^2 \mu_{n,k}^0(\mathrm{d}x)\right)\theta^2. \quad (6.53)$$

回顾定义 (6.42), 则有

$$L_n(\delta) = \frac{1}{s_n^2}\sum_{k=1}^n \int_{|X_k|\geqslant\delta s_n} X_k^2 \mathrm{d}\mathbb{P} = \sum_{k=1}^n \int_{\left|\frac{X_k}{s_n}\right|\geqslant\delta} \left(\frac{X_k}{s_n}\right)^2 \mathrm{d}\mathbb{P} = \sum_{k=1}^n \int_{|x|\geqslant\delta} x^2 \mu_{n,k}(\mathrm{d}x).$$

于是, 估计 (6.53) 成为

$$\left|\Phi_{S_n}(\theta) - \exp\left(-\frac{\theta^2}{2}\right)\right| \leqslant \varepsilon\theta^2 + L_n(\delta)\theta^2 + \left(\sum_{k=1}^n \int_{|x|\geqslant\delta} x^2 \mu_{n,k}^0(\mathrm{d}x)\right)\theta^2. \quad (6.54)$$

由于 Lindeberg 条件成立, 故 $\lim_{n\to\infty} L_n(\delta) = 0$. 因此, 对任意 $\theta \in \mathbb{R}$,

$$\varlimsup_{n\to\infty}\left|\Phi_{S_n}(\theta) - \exp\left(-\frac{\theta^2}{2}\right)\right| \leqslant \varepsilon\theta^2 + \varlimsup_{n\to\infty}\left(\sum_{k=1}^n \int_{|x|\geqslant\delta} x^2 \mu_{n,k}^0(\mathrm{d}x)\right)\theta^2. \quad (6.55)$$

进一步, 设 $\beta_n := \max_{k=1,\cdots,n} v_{n,k}$, 我们有

$$\begin{aligned}\sum_{k=1}^n \int_{|x|\geqslant\delta} x^2 \mu_{n,k}^0(\mathrm{d}x) &= \sum_{k=1}^n v_{n,k}^2 \int_{|x|\geqslant\delta/v_{n,k}} x^2 \frac{1}{\sqrt{2\pi}} \exp\left(-\frac{x^2}{2}\right)\mathrm{d}x \\ &\leqslant \left(\sum_{k=1}^n v_{n,k}^2\right)\int_{|x|\geqslant\delta/\beta_n} x^2 \frac{1}{\sqrt{2\pi}} \exp\left(-\frac{x^2}{2}\right)\mathrm{d}x \\ &= \int_{|x|\geqslant\delta/\beta_n} x^2 \frac{1}{\sqrt{2\pi}} \exp\left(-\frac{x^2}{2}\right)\mathrm{d}x.\end{aligned}$$

根据练习 6.6, 由于 Lindeberg 条件成立, 故 Feller 条件 (6.45) 成立. 于是有

$$\lim_{n\to\infty}\beta_n = 0.$$

因为标准正态随机变量具有任意阶矩, 故得到

$$\lim_{n\to\infty}\int_{|x|\geqslant\delta/\beta_n} x^2 \frac{1}{\sqrt{2\pi}} \exp\left(-\frac{x^2}{2}\right)\mathrm{d}x = 0.$$

这样有

$$\lim_{n\to\infty}\sum_{k=1}^{n}\int_{|x|\geqslant\delta}x^2\mu_{n,k}^0(\mathrm{d}x)=0. \tag{6.56}$$

根据 (6.55) 和 (6.56) 得到: 对任意 $\varepsilon>0$,

$$0\leqslant\varliminf_{n\to\infty}\left|\Phi_{S_n}(\theta)-\exp\left(-\frac{\theta^2}{2}\right)\right|\leqslant\varlimsup_{n\to\infty}\left|\Phi_{S_n}(\theta)-\exp\left(-\frac{\theta^2}{2}\right)\right|\leqslant\varepsilon\theta^2. \tag{6.57}$$

于是, 由 $\varepsilon>0$ 的任意性, 我们有

$$\lim_{n\to\infty}\left|\Phi_{S_n}(\theta)-\exp\left(-\frac{\theta^2}{2}\right)\right|=0,\quad \forall\,\theta\in\mathbb{R}. \tag{6.58}$$

这验证了定理 6.3 中的条件 (i). 另一方面, 注意到 $\theta\to\exp\left(-\frac{\theta^2}{2}\right)$ 在 $\theta=0$ 处连续, 即定理 6.3 中的条件 (ii) 成立. 因此, 根据定理 6.3, 我们得到 $S_n\xrightarrow{d}\xi\sim N(0,1)$, $n\to\infty$. □

作为推广, 我们下面考虑随机变量三角数组 (triangular arrays) 情形下的中心极限定理. 事实上, 定义在概率空间 $(\Omega,\mathcal{F},\mathbb{P})$ 上的一个随机变量三角数组可表述如下:

$$\begin{array}{llllll}
X_{11} & & & & & \hookleftarrow \text{独立的}\\
X_{21}, & X_{22} & & & & \hookleftarrow \text{独立的}\\
X_{31}, & X_{32}, & X_{33} & & & \hookleftarrow \text{独立的}\\
X_{41}, & X_{42}, & X_{43}, & X_{44} & & \hookleftarrow \text{独立的}\\
\vdots & \vdots & \vdots & \vdots & \vdots & \hookleftarrow \text{独立的,}
\end{array}$$

其中, **对任意 $n\in\mathbb{N}$, 我们已经假设 $X_{n1},X_{n2},\cdots,X_{nn}$ 是相互独立的**. 于是, 对任意 $i=1,\cdots,n$, 定义 $m_{ni}=\mathbb{E}[X_{ni}]$, $\sigma_{ni}^2:=\mathrm{Var}[X_{ni}]$ 以及

$$Y_{ni}:=X_{ni}-m_{ni},\quad T_n:=\sum_{i=1}^{n}Y_{ni},\quad s_n^2:=\mathrm{Var}[T_n]=\sum_{i=1}^{n}\sigma_{ni}^2. \tag{6.59}$$

显然, 对任意 $n\in\mathbb{N}$, $\mathbb{E}[T_n/s_n]=0$ 和 $\mathrm{Var}[T_n/s_n]=1$.

接下来我们讨论如下中心极限定理成立的充分必要条件:

$$\frac{T_n}{s_n} \xrightarrow{d} \xi \sim N(0,1), \quad n \to \infty. \tag{6.60}$$

此即所谓的 Lindeberg-Feller 中心极限定理.

定理 6.6 (Lindeberg-Feller 中心极限定理) 考虑上面的同一概率空间 $(\Omega, \mathcal{F}, \mathbb{P})$ 上的随机变量三角数组. 让我们分别引入如下关于此随机变量三角数组的 Lindeberg 条件和 Feller 条件:

- **Lindeberg 条件** 对任意 $\varepsilon > 0$,

$$\lim_{n\to\infty} \frac{1}{s_n^2} \sum_{i=1}^{n} \mathbb{E}\left[Y_{ni}^2 \mathbb{1}_{|Y_{ni}|\geqslant \varepsilon s_n}\right] = 0. \tag{6.61}$$

- **Feller 条件**

$$\lim_{n\to\infty} \frac{1}{s_n^2} \max_{i=1,\cdots,n} \left\{\sigma_{ni}^2\right\} = 0. \tag{6.62}$$

那么, **Lindeberg 条件** (6.61) **成立**当且仅当**中心极限定理** (6.60) 和 **Feller 条件** (6.62) 成立.

Lindeberg-Feller 中心极限定理说明: 如果随机变量三角数组没有一项的方差支配着方差 s_n^2, 那么关于随机变量三角数组的渐近正态性当且仅当 Lindeberg 条件成立.

定理 6.6 的证明 (6.61) $\Longrightarrow$ (6.60) + (6.62). 此关系的证明即为练习 6.6 和定理 6.5.

下面证明关系 (6.60) + (6.62) $\Longrightarrow$ (6.61), 此即为 Feller 定理. 我们下面给出 Feller 定理的证明步骤, 一些细节推导留作本章的课后习题.

(i) 对任意 $n \in \mathbb{N}$ 和 $i = 1, \cdots, n$, 定义:

$$A_{ni}(\theta) := \Phi_{Y_{ni}}(\theta/s_n) - 1, \quad \forall\, \theta \in \mathbb{R}.$$

那么, 应用 (6.21) (取 $n = 0$), 即

$$|e^{i\theta} - 1| \leqslant \min\{2, |\theta|\} \leqslant 2\min\{1, |\theta|\}.$$

于是得到

$$\max_{1\leqslant i\leqslant n} |A_{ni}(\theta)| \leqslant 2 \max_{1\leqslant i\leqslant n} \mathbb{P}(|Y_{ni}| \geqslant \varepsilon s_n) + 2\varepsilon|\theta|, \quad \forall\, \theta \in \mathbb{R}.$$

应用 Chebyshev 不等式和 Feller 条件 (6.62) 得到

$$\max_{1\leqslant i\leqslant n}|A_{ni}(\theta)|\to 0,\quad n\to\infty.$$

注意到 $|A_{ni}(\theta)|\leqslant|(\sigma_{ni}^2/s_n^2)\theta|^2$. 因此, 我们有

$$|A_{ni}(\theta)|^2\leqslant|A_{ni}(\theta)|\max_{1\leqslant i\leqslant n}|A_{ni}(\theta)|.$$

这意味着如下极限成立:

$$\lim_{n\to\infty}\sum_{i=1}^n|A_{ni}(\theta)|^2=0. \tag{6.63}$$

(ii) 由 (i), 存在 $N\in\mathbb{N}$ 使得: 当 $n\geqslant N$ 时, $\max_{1\leqslant i\leqslant n}|A_{ni}(\theta)|\leqslant 1/2$. 进一步, 应用如下不等式: 对任意 $z\in\mathbb{C}$,

$$\begin{aligned}&\left|e^{z-1}\right|\leqslant e^{\mathrm{Re}(z)-1}\leqslant 1,\quad \forall\ |z|\leqslant 1,\\&|e^z-1-z|\leqslant|z|^2,\quad \forall\ |z|\leqslant 1/2.\end{aligned}$$

那么, 根据不等式 (6.49), 则

$$\begin{aligned}&\left|\exp\left(\sum_{i=1}^n A_{ni}(\theta)\right)-\prod_{i=1}^n(1+A_{ni}(\theta))\right|\\=&\left|\prod_{i=1}^n e^{A_{ni}(\theta)}-\prod_{i=1}^n(1+A_{ni}(\theta))\right|\\\leqslant&\sum_{i=1}^n|A_{ni}(\theta)|^2.\end{aligned}$$

进一步, 应用中心极限收敛结果 (6.60), 我们得到: 对任意 $\theta\in\mathbb{R}$,

$$\prod_{i=1}^n(1+A_{ni}(\theta))=\mathbb{E}\left[\exp\left(\mathrm{i}\theta\frac{T_n}{s_n}\right)\right]\to\exp\left(-\frac{|\theta|^2}{2}\right),\quad n\to\infty. \tag{6.64}$$

于是, 我们应用 (6.63) 可以证明:

$$\sum_{i=1}^n A_{ni}(\theta)+\frac{|\theta|^2}{2}\to 0,\quad n\to\infty. \tag{6.65}$$

(iii) 根据特征函数的定义, 则有: 对任意 $\theta\in\mathbb{R}$ 和 $\varepsilon>0$,

$$\underbrace{\sum_{i=1}^n A_{ni}(\theta)+\frac{|\theta|^2}{2}}_{=:o(1)}=\sum_{i=1}^n\left\{\mathbb{E}\left[\exp\left(\mathrm{i}\theta\frac{Y_{ni}}{s_n}\right)\right]-1\right\}+\frac{|\theta|^2}{2}$$

$$=\sum_{i=1}^n\left\{\mathbb{E}\left[\cos\left(\theta\frac{Y_{ni}}{s_n}\right)\right]-1\right\}+\frac{|\theta|^2}{2}+\mathrm{i}\sum_{i=1}^n\mathbb{E}\left[\sin\left(\theta\frac{Y_{ni}}{s_n}\right)\right]$$

$$=\sum_{i=1}^n\mathbb{E}\left[\left(\cos\left(\theta\frac{Y_{ni}}{s_n}\right)-1\right)\mathbb{1}_{|Y_{ni}|>\varepsilon s_n}\right]$$

$$+\sum_{i=1}^n\mathbb{E}\left[\left(\cos\left(\theta\frac{Y_{ni}}{s_n}\right)-1\right)\mathbb{1}_{|Y_{ni}|\leqslant\varepsilon s_n}\right]+\frac{|\theta|^2}{2}+\mathrm{i}\sum_{i=1}^n\mathbb{E}\left[\sin\left(\theta\frac{Y_{ni}}{s_n}\right)\right].\tag{6.66}$$

注意到, 不等式: $\cos(x)-1\geqslant -x^2/2,\ \forall\ x\in\mathbb{R}$. 那么, 对任意 $\varepsilon>0$ 和 $\theta\in\mathbb{R}$,

$$\begin{aligned}
\frac{1}{s_n^2}\sum_{i=1}^n\mathbb{E}\left[Y_{ni}^2\mathbb{1}_{|Y_{ni}|>\varepsilon s_n}\right]&=\frac{1}{s_n^2}\sum_{i=1}^n\mathbb{E}\left[Y_{ni}^2\right]-\frac{1}{s_n^2}\sum_{i=1}^n\mathbb{E}\left[Y_{ni}^2\mathbb{1}_{|Y_{ni}|\leqslant\varepsilon s_n}\right]\\
&\overset{(6.59)}{=}1+\frac{2}{\theta^2}\sum_{i=1}^n\mathbb{E}\left[\left(-\frac{\theta^2Y_{ni}^2}{2s_n^2}\right)\mathbb{1}_{|Y_{ni}|\leqslant\varepsilon s_n}\right]\\
&\leqslant\frac{2}{\theta^2}\left\{\frac{\theta^2}{2}+\sum_{i=1}^n\mathbb{E}\left[\left(\cos\left(\theta\frac{Y_{ni}}{s_n}\right)-1\right)\mathbb{1}_{|Y_{ni}|\leqslant\varepsilon s_n}\right]\right\}\\
&\overset{(6.66)}{\leqslant}\frac{2}{\theta^2}\left\{o(1)+\left|\sum_{i=1}^n\mathbb{E}\left[\left(\cos\left(\theta\frac{Y_{ni}}{s_n}\right)-1\right)\mathbb{1}_{|Y_{ni}|>\varepsilon s_n}\right]\right|\right\}\\
&\leqslant\frac{2}{\theta^2}\sum_{i=1}^n2\mathbb{P}(|Y_{ni}|>\varepsilon s_n)+o(1)\\
&\leqslant\frac{4}{\theta^2}\sum_{i=1}^n\frac{\sigma_{ni}^2}{\varepsilon^2s_n^2}+o(1)\quad(\text{Chebyshev 不等式})\\
&=\frac{4}{\theta^2\varepsilon^2}+o(1).
\end{aligned}$$

先令 $n\to\infty$, 然后令 $\theta^2\to\infty$, 则应用 (6.65) 得到 Lindeberg 条件成立. □

习 题 6

1. 计算下列分布的特征函数:

(i) 区间 (a,b) 上的均匀分布 (其中 $-\infty < a < b < \infty$), 即其概率密度函数 $p(x) = \dfrac{1}{b-a}$, $x \in (a,b)$.

(ii) 三角分布, 即其概率密度函数 $p(x) = 1 - |x|$, $x \in (-1,1)$.

(iii) 标准指数分布, 即其概率密度函数 $p(x) = e^{-x}$, $x > 0$.

2. 对任意 $n \geqslant 2$, 设 $X_1, \cdots, X_n$ 为概率空间 $(\Omega, \mathcal{F}, \mathbb{P})$ 上的相互独立且均服从 $(-1,1)$ 上均匀分布的随机变量. 证明 $\sum_{i=1}^n X_i$ 的概率密度函数为

$$p(x) = \frac{1}{\pi}\int_0^\infty \left(\frac{\sin\theta}{\theta}\right)^n \cos(\theta x)\mathrm{d}\theta.$$

3. 设 $\mu \in \mathcal{P}(\mathbb{R})$ 和 $\Phi_\mu(\cdot)$ 为其特征函数. 利用定理 6.2 中的证明方法, 证明: 对任意 $x \in \mathbb{R}$,

$$\mu(\{x\}) = \lim_{T\to\infty}\frac{1}{2T}\int_{-T}^T e^{-i\theta x}\Phi_\mu(\theta)\mathrm{d}\theta.$$

4. 设 X, Y 为概率空间 $(\Omega, \mathcal{F}, \mathbb{P})$ 上的服从分布为 $\mu \in \mathcal{P}(\mathbb{R})$ 的相互独立随机变量. 设 $\Phi_\mu(\cdot)$ 为 μ 的特征函数. 证明如下等式成立:

$$\lim_{T\to\infty}\frac{1}{2T}\int_{-T}^T |\Phi_\mu(\theta)|^2\mathrm{d}\theta = \mathbb{P}(X=Y) = \sum_{x\in\mathbb{R}}\mu^2(\{x\}).$$

5. 对任意 $n \geqslant 1$, 设 $\mu_n = \mathcal{P}_{\xi_n}$, 其中 $\xi_n \sim N(0,\sigma_n^2)$ 和 $\sigma_n^2 > 0$. 假设存在 $\mu \in \mathcal{P}(\mathbb{R})$ 满足 $\mu_n \Rightarrow \mu$, $n \to \infty$. 证明: 当 $n \to \infty$ 时, σ_n^2 收敛于某个有限非负常数 σ^2.

6. 设 $\{X_n\}_{n\geqslant 1}$ 为概率空间 $(\Omega, \mathcal{F}, \mathbb{P})$ 上相互独立的随机变量和 $\{\Phi_n\}_{n\geqslant 1}$ 为相应的特征函数. 定义 $S_n := \sum_{i=1}^n X_i$, $n \geqslant 1$. 假设存在某个随机变量 S_∞ 使 $S_n \overset{\text{a.e.}}{\to} S_\infty$, $n \to \infty$. 证明: 随机变量 S_∞ 的特征函数 $\Phi_\infty(\cdot)$ 为

$$\Phi_\infty(\theta) = \prod_{i=1}^\infty \Phi_i(\theta), \quad \theta \in \mathbb{R}.$$

7. 设 $\{\mu_n\}_{n\geqslant 1} \subset \mathcal{P}(\mathbb{R})$ 是一致胎紧的. 对任意 $n \geqslant 1$, 设 $\Phi_n(\cdot)$ 为 μ_n 的特征函数. 证明如下结论:

(i) $\{\Phi_n\}_{n\geqslant 1}$ 是等度连续的.

(ii) 如果存在 $\mu_\infty \in \mathcal{P}(\mathbb{R})$ 使得 $\mu_n \Rightarrow \mu_\infty$, $n \to \infty$, 则 Φ_n 在紧集上一致收敛于 μ_∞ 的特征函数 Φ_∞, $n \to \infty$.

8. 设 X 为概率空间 $(\Omega, \mathcal{F}, \mathbb{P})$ 上的实值随机变量和 $\Phi_X(\cdot)$ 为其特征函数. 证明: 如果 $\lim\limits_{\theta\downarrow 0}(\Phi(\theta)-1)/\theta^2 = c > -\infty$, 则 $\mathbb{E}[X] = 0$ 和 $\mathbb{E}[X^2] = -2c < \infty$.

9. 设 $\Phi(\cdot)$ 是某个概率分布的特征函数和 $\Phi(\theta)=1+o(\theta^2)$. 证明 $\Phi(\theta)\equiv 1, \forall\, \theta\in\mathbb{R}$.

10. 设 $\{X_n\}_{n\geqslant 1}$ 是概率空间 $(\Omega,\mathcal{F},\mathbb{P})$ 上的实值随机变量列和对任意 $n\geqslant 1$, 记 X_n 的特征函数为 $\Phi_n(\cdot)$. 证明 $X_n \xrightarrow{d} 0$, $n\to\infty$ 当且仅当存在与 n 无关的 $\delta>0$ 使得当 $|\theta|<\delta$ 时, 都有 $\Phi_n(\theta)\to 1$, $n\to\infty$.

11. 设 $\{X_n\}_{n\geqslant 1}$ 是概率空间 $(\Omega,\mathcal{F},\mathbb{P})$ 上相互独立的随机变量和对任意 $n\geqslant 1$, 定义 $S_n=\sum_{i=1}^n X_i$, $n\geqslant 1$. 证明: 如果 S_n 依分布收敛, 那么其也依概率收敛.

12. 设 $\{X_n\}_{n\geqslant 1}$ 为概率空间 $(\Omega,\mathcal{F},\mathbb{P})$ 上的独立同分布随机变量和定义 $S_n=\sum_{i=1}^n X_i$, $n\geqslant 1$. 如果 $S_n/\sqrt{n}$ 依分布收敛, 证明 $\mathbb{E}[X_1^2]<+\infty$.

13. 设 $\{X_n\}_{n\geqslant 1}$ 为概率空间 $(\Omega,\mathcal{F},\mathbb{P})$ 上的独立同分布随机变量和定义 $S_n=\sum_{i=1}^n X_i$, $n\geqslant 1$. 如果 $X_1\geqslant 0$, $\mathbb{E}[X_1]=1$ 和 $\mathrm{Var}[X_1]=\sigma^2>0$, 证明:

$$2(\sqrt{S_n}-\sqrt{n}) \xrightarrow{d} \sigma\xi\sim N(0,\sigma^2),\quad n\to\infty.$$

14. 设 $\{X_n\}_{n\geqslant 1}$ 为概率空间 $(\Omega,\mathcal{F},\mathbb{P})$ 上的独立同分布随机变量且满足 $\mathbb{E}[X_1]=0$ 和 $\mathbb{E}[X_1^2]=\sigma^2>0$. 证明: 当 $n\to\infty$ 时,

$$\sum_{i=1}^n X_i \Bigg/ \left(\sum_{i=1}^n X_i^2\right)^{\frac{1}{2}} \xrightarrow{d} \xi\sim N(0,1).$$

15. 设 $\{X_n\}_{n\geqslant 1}$ 为概率空间 $(\Omega,\mathcal{F},\mathbb{P})$ 上的独立随机变量和定义 $S_n=\sum_{i=1}^n X_i$, $n\geqslant 1$. 如果存在常数 $M>0$ 使得 $|X_i|\leqslant M, \forall\, i\geqslant 1$ 和 $\sum_{n=1}^\infty \mathrm{Var}[X_n]=+\infty$, 证明: 当 $n\to\infty$ 时,

$$\frac{S_n-\mathbb{E}[S_n]}{\sqrt{\mathrm{Var}[S_n]}} \xrightarrow{d} \xi\sim N(0,1).$$

16. 设 $\{X_n\}_{n\geqslant 1}$ 为概率空间 $(\Omega,\mathcal{F},\mathbb{P})$ 上的独立随机变量且满足 $\mathbb{E}[X_n]=0$, $\mathbb{E}[|X_n|^2]=1$ 以及定义 $S_n=\sum_{i=1}^n X_i$, $n\geqslant 1$. 如果存在常数 $0<\delta, C<\infty$ 使得 $\mathbb{E}[|X_i|^{2+\delta}]<C, \forall\, i\geqslant 1$. 证明: 当 $n\to\infty$ 时,

$$\frac{S_n}{\sqrt{n}} \xrightarrow{d} \xi\sim N(0,1).$$

17. 设 $\{X_n\}_{n\geqslant 1}$ 为概率空间 $(\Omega,\mathcal{F},\mathbb{P})$ 上的独立随机变量和定义 $S_n=\sum_{i=1}^n X_i$, $n\geqslant 1$. 定义 $\alpha_n:=\{\mathrm{Var}[S_n]\}^{1/2}$, $n\geqslant 1$. 证明: 如果存在常数 $\delta>0$ 使得

$$\lim_{n\to\infty}\alpha_n^{-(2+\delta)}\sum_{i=1}^n \mathbb{E}\left[|X_i-\mathbb{E}[X_i]|^{2+\delta}\right]=0,$$

那么

$$\frac{S_n-\mathbb{E}[S_n]}{\alpha_n} \xrightarrow{d} \xi\sim N(0,1),\quad n\to\infty.$$

18. 设 X 是概率空间 $(\Omega,\mathcal{F},\mathbb{P})$ 上的一个实值随机变量且具有 p-阶矩 (即 $\mathbb{E}[|X|^p]<\infty$, $p\in\mathbb{N}$). 证明: 对任意 $\theta\in\mathbb{R}$, 其特征函数 $\Phi_X(\theta)$ 的 p-阶导数 $\Phi_X^{(p)}(\theta)$ 存在且满足

$$\Phi_X^{(p)}(\theta) = \mathbb{E}\left[(\mathrm{i}X)^p e^{\mathrm{i}\theta X}\right]. \tag{6.67}$$

特别地, X 的 p-阶矩具有如下表示:

$$\mathbb{E}[X^p] = (-\mathrm{i})^p \Phi_X^{(p)}(0). \tag{6.68}$$

提示 应用导数的定义.

19. 设 $\{X_n\}_{n\geqslant 1}$ 和 X 为概率空间 $(\Omega, \mathcal{F}, \mathbb{P})$ 上的一列实值随机变量且满足 $X_n \xrightarrow{\text{a.e.}} X$, $n \to \infty$. 如果 $\{X_n\}_{n\geqslant 1}$ 是一列服从正态分布的随机变量, 证明: 对任意 $p \geqslant 1$, $X_n \xrightarrow{L^p} X$, $n \to \infty$.

20. 设随机变量 $X \sim \text{Cantor}(\lambda)$ (其定义参见第 3 章中的 (3.26)), 其中 $\lambda \in (0,1)$. 计算 X 的特征函数. 设 $p \in \mathbb{N}$, 尝试推导 X 的 p-阶矩.

提示 参考文献 [11] 中的递归表示.

21. 证明不等式 (6.49) 和极限 (6.65).

22. 回顾参数为 (n,p) 的二项分布 Binomial(n,p) ($n \in \mathbb{N}$, $p \in (0,1)$) 的分布律为: 对任意 $\eta \sim \text{Binomial}(n,p)$,

$$\mathbb{P}(\eta = k) = \mathrm{C}_n^k p^k (1-p)^{n-k}, \quad k = 0, 1, \cdots, n.$$

现在, 对任意 $n \in \mathbb{N}$, 设 $X_n \sim \text{Binomial}(n, p_n)$, 其中 $p_n \in (0,1)$. 进一步, $\{X_n\}_{n\in\mathbb{N}}$ 是相互独立的. 证明如下收敛结果: 如果 $np_n(1-p_n) \to \infty$, $n \to \infty$, 那么

$$\frac{X_n - np_n}{\sqrt{np_n(1-p_n)}} \xrightarrow{d} \xi \sim N(0,1), \quad n \to \infty. \tag{6.69}$$

提示 应用 Lindeberg-Feller 中心极限定理 (定理 6.6). 事实上, 设 $Y_{n1}, \cdots, Y_{nn}$ 为独立同分布随机变量且分布为

$$\mathbb{P}(Y_{ni} = 1 - p_n) = 1 - \mathbb{P}(Y_{ni} = -p_n) = p_n.$$

于是 $\mathbb{E}[Y_{ni}] = 0$ 和 $\text{Var}[Y_{ni}] = p_n(1-p_n)$. 进一步, X_n 可写成 $X_n = np_n + \sum_{i=1}^n Y_{ni}$. 那么, 根据定理 6.6, 只需验证如下的 Lindeberg 条件: 对任意 $\varepsilon > 0$,

$$\frac{1}{np_n(1-p_n)} \sum_{i=1}^n \mathbb{E}\left[Y_{ni}^2 \mathbb{1}_{|Y_{ni}| \geqslant \varepsilon\sqrt{np_n(1-p_n)}}\right] \to 0, \quad n \to \infty.$$

23. 设 $\{X_n\}_{n\in\mathbb{N}}$ 是一列独立同分布的随机变量列且满足 $m = \mathbb{E}[X_1]$ 和 $\sigma^2 = \text{Var}[X_1] > 0$. 对任意 $n \in \mathbb{N}$, 设 $a_{n1}, \cdots, a_{nn}$ 是有限常数满足如下条件:

$$\frac{\max_{1\leqslant k\leqslant n} a_{nk}^2}{\sum_{i=1}^n a_{ni}^2} \to 0, \quad n \to \infty.$$

定义 $T_n = \sum_{i=1}^n a_{ni} X_i$, $n \in \mathbb{N}$. 证明如下收敛结果:

$$\frac{T_n - \mathbb{E}[T_n]}{\sqrt{\text{Var}[T_n]}} \xrightarrow{d} \xi \sim N(0,1), \quad n \to \infty.$$

第 7 章　随机过程基础

"我们知道的东西是有限的, 我们不知道的东西则是无穷的." (P. S. Laplace)

本章介绍随机过程的基础概念和引入几类诸如随机游走、平稳过程、高斯随机场、布朗运动和分数布朗运动等重要的随机过程. 本章的内容安排如下: 7.1 节引入随机过程的基本概念; 7.2 节证明 Kolmogorov 连续性定理; 7.3 节介绍平稳过程和相关性质; 7.4 节讨论平稳独立增量过程; 7.5 节引入高斯过程和高斯随机场; 7.6 节介绍布朗运动; 7.7 节简要介绍分数布朗运动; 最后为本章课后习题.

7.1　随机过程基本概念

本节引入一系列关于随机过程的基础概念. 随机过程, 顾名思义就是随着时间变化的随机变量, 更具体的数学定义为

定义 7.1 (随机过程)　设 $(\Omega, \mathcal{F}, \mathbb{P})$ 是一个概率空间, I 是一个索引集合和 S 为一个拓扑空间. 对任意 $t \in I$, 如果 $X_t : (\Omega, \mathcal{F}) \to (S, \mathcal{B}_S)$ 为 $(\Omega, \mathcal{F}, \mathbb{P})$ 上的一个随机变量, 则称随机变量族 $X = \{X_t;\ t \in I\}$ 是 $(\Omega, \mathcal{F}, \mathbb{P})$ 上的一个随机过程.

我们称 I 为随机过程 X 的时间索引集合, 而 S 为随机过程 X 的**状态空间**. 根据 (I, S), 随机过程可分为以下几类.

- 离散时间-离散状态随机过程: 例如, 离散时间 Markov 链, 即 $(I, S) = (\mathbb{N}^*, \mathbb{N})$.
- 离散时间-连续状态随机过程: 例如, 随机游走、离散时间鞅和时间序列, 即 $(I, S) = (\mathbb{N}^*, \mathbb{R})$.
- 连续时间-离散状态随机过程: 例如, 计数过程、Poisson 过程和连续时间 Markov 链, 即 $(I, S) = ([0, \infty), \mathbb{N}^*)$.
- 连续时间-连续状态随机过程: 例如, 布朗运动、连续时间鞅和 Itô-扩散过程, 即 $(I, S) = ([0, \infty), \mathbb{R})$.

此外, 我们提及以下重要的随机过程:

- **复值随机过程**　设 $X = \{X_t;\ t \in I\}$ 和 $Y = \{Y_t;\ t \in I\}$ 是同一概率空间 $(\Omega, \mathcal{F}, \mathbb{P})$ 上的实值随机过程, 则 $Z_t = X_t + \mathrm{i}Y_t$, $t \in I$ 是一个复值随机

过程.

- **随机场** (random field) 随机场是指随机过程的索引集合 I 是乘积空间的形式. 例如 $I=[0,\infty)\times\mathbb{R}$. 高斯随机场、随机偏微分方程 (SPDE) 的解都是随机场的重要例子.
- **随机测度** 设 $I=\mathcal{B}_K$ (其中 K 是一个拓扑空间). 对任意 $A\in I$, $X(A):(\Omega,\mathcal{F})\to(\mathbb{R},\mathcal{B}_{\mathbb{R}})$ 是 $(\Omega,\mathcal{F},\mathbb{P})$ 上的随机变量, 而对任意 $\omega\in\Omega$, $X(\cdot,\omega)$ 是 $\mathcal{B}_K$ 上的 σ-有限测度, 那么称 $X=\{X(A);\ A\in I\}$ 为 $(\Omega,\mathcal{F},\mathbb{P})$ 上一个随机测度. 进一步, 如果对任意两两不交的 $A_1,\cdots,A_n\in\mathcal{B}_K$, 我们有 $X(A_1),\cdots,X(A_n)$ 是相互独立的随机变量, 则称 X 为概率空间 $(\Omega,\mathcal{F},\mathbb{P})$ 上的完全随机测度. 经典的随机测度有高斯随机测度和 Poisson 随机测度.
- **测度值过程** 对任意 $t\in I=[0,\infty)$, 设 X_t 是一个随机测度, 那么称 $X=\{X_t;\ t\in I\}$ 是一个测度值过程. 例如, 考虑如下随机过程:

$$X_t:=\frac{1}{n}\sum_{i=1}^{n}\delta_{Y_t^i},\quad t\geqslant 0,\tag{7.1}$$

  其中 $Y^i=\{Y_t^i;\ t\geqslant 0\}, i=1,\cdots,n$ 为 n 个 $\mathbb{R}^d$-值随机过程. 那么称 $X=\{X_t;\ t\geqslant 0\}$ 为经验测度值过程. 显然, 过程 X 的状态空间 $S=\mathcal{P}(\mathbb{R}^d)$.

下面介绍随机过程的可测性:

定义 7.2 (可测随机过程) 设 I,S 为拓扑空间和 $X=\{X_t;\ t\in I\}$ 是 $(\Omega,\mathcal{F},\mathbb{P})$ 上的一个 S-值随机过程. 如果 $X_t(\omega):(I\times\Omega,\mathcal{B}_I\otimes\mathcal{F})\to(S,\mathcal{B}_S)$ 是可测的, 则称 X 为可测的随机过程.

我们下面引入过滤 (信息流) 的概念. 为此, 下面设时间索引 $I=[0,\infty)$.

定义 7.3 (过滤) 设 $(\Omega,\mathcal{F},\mathbb{P})$ 是一个概率空间. 对任意 $t\geqslant 0$, 设 $\mathcal{F}_t\subset\mathcal{F}$ 为一个 σ-代数. 如果 $\{\mathcal{F}_t;\ t\geqslant 0\}$ 为非减的, 即

$$\mathcal{F}_s\subset\mathcal{F}_t,\quad 0\leqslant s<t<\infty,$$

那么称 $\mathbb{F}=\{\mathcal{F}_t;\ t\geqslant 0\}$ 为一个过滤 (filtration). 特别地, 定义 $\mathcal{F}_\infty:=\sigma(\cup_{t\geqslant 0}\mathcal{F}_t)$.

在大多数情况下, 我们取 $\mathcal{F}_0=\{\varnothing,\Omega\}$, 即平凡 σ-代数. 以后称

$$(\Omega,\mathcal{F},\mathbb{F}=\{\mathcal{F}_t;\ t\geqslant 0\},\mathbb{P})$$

为一个过滤概率空间. 进一步, 我们定义:

$$\mathcal{F}_{t-}:=\sigma\left(\bigcup_{s<t}\mathcal{F}_s\right),\quad t>0,\quad \mathcal{F}_{0-}=\mathcal{F}_0,\quad \mathcal{F}_{t+}:=\bigcap_{\varepsilon>0}\mathcal{F}_{t+\varepsilon}.\tag{7.2}$$

如果对任意 $t \geqslant 0$, $\mathcal{F}_t = \mathcal{F}_{t+}$ (或 $\mathcal{F}_t = \mathcal{F}_{t-}$), 则称过滤 $\mathbb{F} = \{\mathcal{F}_t;\ t \geqslant 0\}$ 为右连续的 (或左连续的). 如果过滤 $\mathbb{F} = \{\mathcal{F}_t;\ t \geqslant 0\}$ 是右连续的且 $\mathcal{F}_0$ 包含所有零事件 (即 $\mathcal{N} \subset \mathcal{F}_0$), 则称过滤 $\mathbb{F}$ 满足**通常条件** (usual conditions). 如果概率空间 $(\Omega, \mathcal{F}, \mathbb{P})$ 是完备的且过滤 $\mathbb{F} = \{\mathcal{F}_t;\ t \geqslant 0\}$ 满足通常条件, 则称 $(\Omega, \mathcal{F}, \mathbb{F}, \mathbb{P})$ 为一个完备的过滤概率空间. 设 $X = \{X_t;\ t \geqslant 0\}$ 为概率空间 $(\Omega, \mathcal{F}, \mathbb{P})$ 上的一个随机过程. 定义:

$$\mathbb{F}^X := \{\mathcal{F}_t^X;\ t \geqslant 0\} = \{\sigma(X_s;\ s \leqslant t);\ t \geqslant 0\} \tag{7.3}$$

为由过程 X 生成的自然 σ-代数流 (**自然过滤**). 对任意 $t \in [0, \infty]$, 让我们定义:

$$\mathcal{N}_t^X := \{B \subset \Omega;\ \exists\ A \in \mathcal{F}_t^X \text{ 满足 } A \supset B \text{ 和 } \mathbb{P}(A) = 0\}, \tag{7.4}$$

其中 $\mathcal{F}_\infty^X := \sigma(\bigcup_{t \geqslant 0} \mathcal{F}_t^X)$. 那么称 $\mathcal{N}_\infty^X$ 中的每个元素为 “$\mathbb{P}$-零集”. 进一步, 对任意 $t \geqslant 0$, 定义:

$$\mathcal{F}_t^{X,a} := \sigma\left(\mathcal{F}_t^X \cup \mathcal{N}_\infty^X\right), \tag{7.5}$$

则称 $\mathbb{F}^{X,a} = \{\mathcal{F}_t^{X,a};\ t \geqslant 0\}$ 为过滤 $\mathbb{F}^X$ 的扩张 (augmentation).

下面引入随机过程关于过滤适应的概念:

定义 7.4 (适应随机过程)　设 $(\Omega, \mathcal{F}, \mathbb{F} = \{\mathcal{F}_t;\ t \geqslant 0\}, \mathbb{P})$ 为一个过滤概率空间和 $X = \{X_t;\ t \geqslant 0\}$ 是 $(\Omega, \mathcal{F}, \mathbb{P})$ 上的一个 S-值随机过程. 如果对任意 $t \geqslant 0$, X_t 是 $\mathcal{F}_t$-可测的 (即 $X_t : (\Omega, \mathcal{F}_t) \to (S, \mathcal{B}_S)$ 是可测的), 则称随机过程 X 是 $\mathbb{F}$-适应的 ($\mathbb{F}$-adapted).

对于任意随机过程 $X = \{X_t;\ t \geqslant 0\}$, 都是本身自然过滤 $\mathbb{F}^X$-适应的. 下面引入循序可测 (progressively measurable) 随机过程的概念:

定义 7.5 (循序可测随机过程)　设 $(\Omega, \mathcal{F}, \mathbb{F} = \{\mathcal{F}_t;\ t \geqslant 0\}, \mathbb{P})$ 为一个过滤概率空间和 $X = \{X_t;\ t \geqslant 0\}$ 是 $(\Omega, \mathcal{F}, \mathbb{P})$ 上的一个 S-值随机过程. 如果对任意 $t \geqslant 0$,

$$X(s, \omega) : ([0, t] \times \Omega, \mathcal{B}_{[0,t]} \otimes \mathcal{F}_t) \to (S, \mathcal{B}_S)$$

是可测的, 则称随机过程 X 是循序可测的.

显然, 循序可测随机过程一定是可测和 $\mathbb{F}$-适应的. 那么, 反之的结论是否成立? 为了回答该问题, 我们首先介绍随机过程的样本轨道的定义:

定义 7.6 (样本轨道)　设 (S, d_S) 和 (I, d_I) 是两个度量空间和 $X = \{X_t;\ t \in I\}$ 为 $(\Omega, \mathcal{F}, \mathbb{P})$ 上的一个 S-值随机过程. 对任意 $\omega \in \Omega$, 那么称 $t \to X_t(\omega)$ 为过程 X 的一条样本轨道. 进一步, 定义如下函数空间:

$$C_S(I) := \{f : I \to S;\ f \text{ 是连续的}\};$$

$$D_S(I) := \{f : I \to S;\ f \text{ 是右连续的且 } f(t-) \text{ 是有限的}\};$$

$$D_S^-(I) := \{f : I \to S;\ f \text{ 是左连续的且 } f(t+) \text{ 是有限的}\}.$$

那么, $\mathbb{P}$-a.e.,

(i) 如果 $X_\cdot(\omega) \in C_S(I)$, 则称随机过程 X 轨道是连续的;

(ii) 如果 $X_\cdot(\omega) \in D_S(I)$, 则称过程 X 轨道是右连左极的 (RCLL 或 càdlàg);

(iii) 如果 $X_\cdot(\omega) \in D_S^-(I)$, 则称过程 X 轨道是左连右极的 (LCRL 或 càglàd).

注意到, 分布函数是一个右连左极函数. 下面引入判别右连左极函数的条件. 为了方便, 设 $I = [0,1]$ 和 $S = \mathbb{R}^d$. 于是, 我们有:

引理 7.1 对于可测函数 $f : I \to S$, 定义 f 的右连左极模 (càdlàg modulus): 设 $\delta > 0$, $B_\delta := \{0 = t_0 < t_1 < \cdots < t_k = 1;\ k \in \mathbb{N}\}$ 和 $\min_i(t_i - t_{i-1}) > \delta$,

$$w'_f(\delta) := \inf_{B_\delta} \max_{1 \leqslant i \leqslant k} w_f([t_{i-1}, t_i)),$$

其中, 对任意 $A \subset I$, $w_f(A) := \sup_{s,t \in A} |f(s) - f(t)|$ 表示 f 的连续模 (modulus of continuity). 那么 $f \in D_S(I)$ 当且仅当 $\lim_{\delta \to 0} w'_f(\delta) = 0$.

我们下面对右连左极函数空间引入一个度量, 使其为一个 Polish 空间. 为此, 定义:

$$\Lambda := \{f : I \to I;\ f \text{ 是连续严格增的双射}\}. \tag{7.6}$$

对任意 $f, g \in D_S(I)$, 定义:

$$\sigma(f,g) := \inf_{\lambda \in \Lambda} \max\{\|\lambda - \mathrm{I}\|_\infty, \|f - g \circ \lambda\|_\infty\}, \tag{7.7}$$

其中 $I(x) = x$, $x \in I$ 和 $\|\cdot\|_\infty$ 由 (5.85) 给出. 我们称 $\sigma(\cdot,\cdot)$ 为 **Skorokhod 度量**, 而称 $(D_S(I), \sigma)$ 为 Skorokhod 空间, 其为一个 Polish 空间. 显然, 如果 $f, g \in C_S(I)$, 则有

$$\sigma(f,g) \leqslant \max\{\|\mathrm{I} - \mathrm{I}\|_\infty, \|f - g \circ \mathrm{I}\|_\infty\} = \|f - g\|_\infty.$$

于是 $C_S(I) \subset D_S(I)$, 而 $(C_S(I), \|\cdot\|_\infty)$ 为一个可分的 Banach 空间.

下面通过举例说明为什么在 $D_S(I)$ 上不能用一致距离而需要使用 Skorokhod 度量. 考虑 $(I, S) = ([0,1], \mathbb{R})$. 设 $\tau \in [0,1)$ 和 $\delta > 0$ 满足 $\tau + \delta < 1$. 定义如下函数:

$$f(t) := \mathbb{1}_{\tau \leqslant t} \text{ 和 } g(t) = \mathbb{1}_{\tau + \delta \leqslant t}, \quad \forall\, t \in I. \tag{7.8}$$

显然 $f,g\in D_S(I)$ 且满足

$$f(t)-g(t)=\mathbb{1}_{t\in[\tau,\tau+\delta)},\quad \forall\, t\in I.$$

那么, 我们有

$$\lim_{\delta\downarrow 0}[f(t)-g(t)]=\mathbb{1}_{\tau=t},\quad \forall\, t\in I.$$

尽管, 当 $\delta>0$ 充分小时, $f(t)$ 与 $g(t)$ 比较接近, 但它们之间的一致距离却为

$$\|f-g\|_\infty:=\sup_{t\in[0,1]}|f(t)-g(t)|=1.$$

也就是说, 当 δ 充分小时, 在一致距离下 f,g 不会任意接近. 为了刻画这种充分接近性, 我们定义如下的时间扭动 (wiggle in time) $\lambda_\delta(t):[0,1]\to[0,1]$ 为

$$\lambda_\delta(t):=\begin{cases}\dfrac{\tau}{\tau+\delta}t, & t\in[0,\tau+\delta),\\[2ex] \tau+\dfrac{1-\tau}{1-\tau-\delta}(t-\tau-\delta), & t\in[\tau+\delta,1].\end{cases}$$

于是, $\lambda(t):[0,1]\to[0,1]$ 连续、严格单增, $\lambda(0)=0,\ \lambda(1)=1$ 和 $\lambda_\delta(t)\to t$, $\delta\to 0$ (参见图 7.1). 进一步, 根据 (7.8), 对任意 $t\in I$,

$$f(\lambda_\delta(t))=\mathbb{1}_{\tau\leqslant\lambda_\delta(t)}=\mathbb{1}_{\tau\leqslant\frac{\tau}{\tau+\delta}t}\mathbb{1}_{t\in[0,\tau+\delta)}+\mathbb{1}_{\tau\leqslant\tau+\frac{1-\tau}{1-\tau-\delta}(t-\tau-\delta)}\mathbb{1}_{t\in[\tau+\delta,1]}=g(t).$$

这意味着函数 f 在时间扭动作用下与函数 g 是相等的.

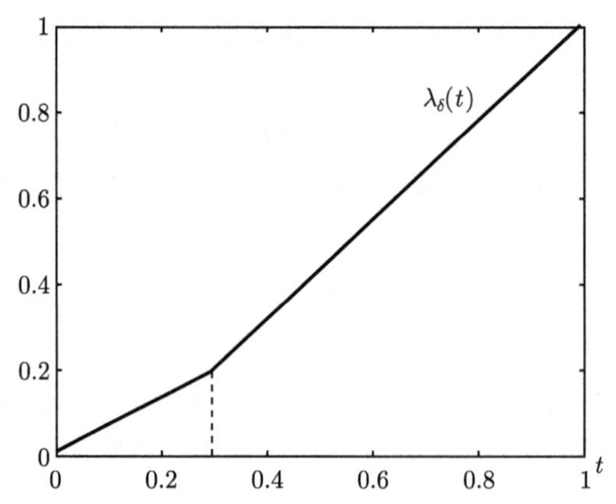

图 7.1　时间扭动函数 $[0,1]\ni t\to\lambda_\delta(t)$, 其中 $\tau=0.2$ 和 $\delta=0.1$

下面的定理说明右连续或左连续适应过程是循序可测的:

定理 7.1 设 $(\Omega,\mathcal{F},\mathbb{F}=\{\mathcal{F}_t;\ t\geqslant 0\},\mathbb{P})$ 为一个过滤概率空间和 $X=\{X_t;\ t\geqslant 0\}$ 是概率空间 $(\Omega,\mathcal{F},\mathbb{P})$ 上的一个 S-值 $\mathbb{F}$-适应随机过程. 如果 X 的轨道是右连续的或左连续的, 那么过程 X 是循序可测的.

证 这里仅考虑右连续轨道的情形. 于是, 对任意 $t>0$ 和 $n\in\mathbb{N}$, 我们定义: 对任意 $s\in[0,t]$,

$$X_s^{(n)}(\omega):=X_{\frac{(k+1)t}{2^n}}(\omega),\quad s\in\left(\frac{kt}{2^n},\frac{(k+1)t}{2^n}\right],\quad k=0,1,\cdots,2^n-1,$$

$$X_0^{(n)}(\omega):=X_0(\omega).$$

不难证明: 对任意 $n\geqslant 1$, $(s,\omega)\to X_s^{(n)}(\omega)$ 是 $\mathcal{B}_{[0,t]}\otimes\mathcal{F}_t$-可测的. 事实上, 对任意 $A\in\mathcal{B}_S$,

$$\begin{aligned}&\left\{(s,\omega)\in[0,t]\times\Omega;\ X_s^{(n)}(\omega)\in A\right\}\\=&\bigcup_{k=0}^{2^n-1}\left(\frac{kt}{2^n},\frac{(k+1)t}{2^n}\right]\times\left\{\omega\in\Omega;\ X_{\frac{(k+1)t}{2^n}}(\omega)\in A\right\}\in\mathcal{B}_{[0,t]}\otimes\mathcal{F}_t.\end{aligned}$$

另一方面, 由 X 的样本轨道 $t\to X_t(\omega)$ 的右连续性, 有

$$\lim_{n\to\infty}X_s^{(n)}(\omega)=X_s(\omega),\qquad\forall\ (s,\omega)\in[0,t]\times\Omega.$$

因此, 极限 $X_s(\omega)$ 也是 $\mathcal{B}_{[0,t]}\otimes\mathcal{F}_t$-可测的. □

由上面的证明可以看到: 如果 X 仅是右连续的或左连续的, 但并不一定是 $\{\mathcal{F}_t;\ t\geqslant 0\}$-适应的, 则其仅是可测的. 事实上, 对任意 $t>0$, $n\geqslant 1$ 和 $k=0,1,\cdots$, 定义:

$$X_t^{(n)}(\omega):=X_{\frac{k+1}{2^n}}(\omega),\quad t\in\left(\frac{k}{2^n},\frac{k+1}{2^n}\right],$$

$$X_0^{(n)}(\omega):=X_0(\omega).$$

注意到, 对任意 $A\in\mathcal{B}_S$,

$$\begin{aligned}&\left\{(s,\omega)\in(0,\infty)\times\Omega;\ X_t^{(n)}(\omega)\in A\right\}\\=&\bigcup_{k=0}^{+\infty}\left(\frac{k}{2^n},\frac{k+1}{2^n}\right]\times\left\{\omega\in\Omega;\ X_{\frac{k+1}{2^n}}(\omega)\in A\right\}\in\mathcal{B}_{[0,\infty)}\otimes\mathcal{F}.\end{aligned}$$

也就是, 对任意 $n\geqslant 1$, $(t,\omega)\to X_t^{(n)}(\omega)$ 为 $\mathcal{B}_{[0,\infty)}\otimes\mathcal{F}$-可测的. 另一方面, 由 X 的样本轨道 $t\to X_t(\omega)$ 的右连续性, 则有

$$\lim_{n\to\infty}X_t^{(n)}(\omega)=X_t(\omega),\quad\forall\ (t,\omega)\in[0,\infty)\times\Omega.$$

因此, 极限 $(t,\omega)\to X_t(\omega)$ 也是 $\mathcal{B}_{[0,\infty)}\otimes\mathcal{F}$-可测的.

在随机取样研究中, 我们经常会遇到时间指标是随机的情形. 设 $T:\Omega\to[0,+\infty]$ 为一个随机变量, 则称 T 为一个随机时.

定义 7.7 设 $X=\{X_t;\ t\geqslant 0\}$ 为概率空间 $(\Omega,\mathcal{F},\mathbb{P})$ 上的一个 S-值随机过程, 而 T 为 $(\Omega,\mathcal{F},\mathbb{P})$ 上的一个随机时. 考虑事件 $A=\{T<\infty\}$, 定义:

$$X_T(\omega):=X_{T(\omega)}(\omega),\quad \omega\in A.$$

如果 $X_\infty(\omega)$ 存在, 那么我们可以定义:

$$X_T(\omega):=X_{T(\omega)}(\omega),\quad \omega\in\Omega,$$

其中当 $\omega\in\{T=\infty\}$ 时, $X_T(\omega):=X_\infty(\omega)$. 为此记

$$\mathcal{F}_T^X:=\{\{X_T\in A\},\ \{T=\infty\};\ A\in\mathcal{B}_S\}\subset\mathcal{F}.\tag{7.9}$$

进一步, 其为一个子事件域. 如果随机时 T 是有限的且过程 X 是可测的, 则 X_T 是一个随机变量.

我们下面引入随机过程 "等价性" 的概念.

定义 7.8 设 $X=\{X_t;\ t\in I\}$ 和 $Y=\{X_t;\ t\in I\}$ 为概率空间 $(\Omega,\mathcal{F},\mathbb{P})$ 上的 S-值随机过程.

- 如果对任意 $t\in I$, $\mathbb{P}(X_t=Y_t)=1$, 则称 X 与 Y 互为**修正** (modification).
- 如果 $\mathbb{P}(X_t=Y_t,\ \forall\ t\in I)=1$, 则称 X 和 Y 是**无区别的** (indistinguishable).
- 对任意 $n\in\mathbb{N}$ 和互不相同的 $t_1,\cdots,t_n\in I$,

$$\mu_{t_1,\cdots,t_n}^X(A):=\mathbb{P}((X_{t_1},\cdots,X_{t_n})\in A),\quad A\in\mathcal{B}_{S^n},\tag{7.10}$$

  则称 $\mu_{t_1,\cdots,t_n}^X\in\mathcal{P}(S^n)$ 为过程 X 的 n-维分布. 进一步, 如果

$$\mu_{t_1,\cdots,t_n}^X=\mu_{t_1,\cdots,t_n}^Y,\quad \forall\ t_1,\cdots,t_n\ 和\ n\in\mathbb{N},$$

  则称 X,Y 互为**版本** (version).

我们有如下的关系:

$$\boxed{X,Y\ 无区别\Longrightarrow X,Y\ 互为修正\Longrightarrow X,Y\ 互为版本.}$$

如果随机过程 X,Y 无区别, 则 X,Y 具有相同的轨道性质. 因此 X,Y 是互为修正的. 于是, X,Y 具有相同的有限维分布. 事实上, 对任意 $A\in\mathcal{B}_{S^n}$,

$$\mathbb{P}\left(\{(X_{t_1},\cdots,X_{t_n})\in A\}\cap\left(\bigcap_{i=1}^n\{X_{t_i}=Y_{t_i}\}\right)\right)$$

$$=\mathbb{P}\left(\{(Y_{t_1},\cdots,Y_{t_n})\in A\}\cap\left(\bigcap_{i=1}^{n}\{X_{t_i}=Y_{t_i}\}\right)\right).$$

由于如下不等式成立:

$$\mathbb{P}\left(\{(X_{t_1},\cdots,X_{t_n})\in A\}\cap\left(\bigcap_{i=1}^{n}\{X_{t_i}=Y_{t_i}\}\right)^{\mathrm{c}}\right)\leqslant\mathbb{P}\left(\bigcup_{i=1}^{n}\{X_{t_i}=Y_{t_i}\}^{\mathrm{c}}\right)=0,$$

$$\mathbb{P}\left(\{(Y_{t_1},\cdots,Y_{t_n})\in A\}\cap\left(\bigcap_{i=1}^{n}\{X_{t_i}=Y_{t_i}\}\right)^{\mathrm{c}}\right)\leqslant\mathbb{P}\left(\bigcup_{i=1}^{n}\{X_{t_i}=Y_{t_i}\}^{\mathrm{c}}\right)=0.$$

这意味着 $\mu_{t_1,\cdots,t_n}^{X}(A)=\mu_{t_1,\cdots,t_n}^{Y}(A)$. 然而, 同一概率空间上具有相同有限维分布的过程也不一定是互为修正的. 让我们参见下面的例子. 设 ξ,η 独立同分布:

$$\mathbb{P}(\xi=0)=\mathbb{P}(\eta=0)=\mathbb{P}(\xi=1)=\mathbb{P}(\eta=1)=\frac{1}{2}.$$

然而, 我们有

$$\mathbb{P}(\xi=\eta)=\mathbb{P}(\xi=0,\eta=0)+\mathbb{P}(\xi=1,\eta=1)=\frac{1}{2}<1.$$

下面的例子说明互为修正的过程不一定是无区别的:

例 7.1 设 m 为 $\mathcal{B}_{\mathbb{R}}$ 上的 Lebesgue 测度, 那么 $(\Omega,\mathcal{F},\mathbb{P})=([0,1],\mathcal{B}_{[0,1]},m)$ 是一个概率空间. 在此概率空间上, 我们定义如下两个随机过程: 对任意 $\omega\in\Omega$,

$$X_t(\omega)=\begin{cases}1, & \omega=t,\\ 0, & \omega\neq t,\end{cases}\qquad Y_t(\omega)=0,\quad\forall\, t\in[0,1]. \tag{7.11}$$

对任意 $t\in[0,1]$, 定义:

$$A_t:=\{\omega\in\Omega;\ X_t(\omega)\neq Y_t(\omega)\}.$$

则 $A_t=\{t\}$. 于是,

$$\mathbb{P}(A_t)=m(A_t)=m(\{t\})=0,\quad\forall\, t\in[0,1].$$

因此, 对任意 $t\in[0,1]$,

$$\mathbb{P}(X_t=Y_t)=1-\mathbb{P}(A_t)=1.$$

此即说明随机过程 X,Y 是互为修正的. 那么 X,Y 具有相同的有限维分布函数. 但是, 过程 $X=\{X_t;\ t\in[0,1]\}$ 的轨道是不连续的, 而 $Y=\{Y_t;\ t\in[0,1]\}$ 的轨道是连续的. 特别地, 我们还有

$$\mathbb{P}\left(\sup_{t\in[0,1]} X_t \neq 0\right) = \mathbb{P}(\Omega) = 1 \quad 和 \quad \mathbb{P}\left(\sup_{t\in[0,1]} Y_t \neq 0\right) = 0.$$

故 X, Y 不是无区别的.

例 7.2　设 $(\Omega, \mathcal{F}, \mathbb{P})$ 为一个概率空间和 $\tau(\omega) : \Omega \to [0, \infty)$ 为一个连续型随机变量 (例如 τ 是指数随机变量). 对任意 $t \geqslant 0$, 定义:

$$X_t = 0 \text{ 和 } Y_t = \mathbb{1}_{t=\tau}, \quad \forall\, t \geqslant 0.$$

显然 X, Y 并不具有相同的样本轨道. 但是, 对任意 $t \geqslant 0$, 我们有

$$\mathbb{P}(X_t \neq Y_t) = \mathbb{P}(\tau = t) = 0.$$

也就是, X, Y 是互为修正的.

我们有如下的结果:

引理 7.2　对于时间索引集合 $I \subset \mathbb{R}$, 设 $X = \{X_t;\ t \in I\}$ 和 $Y = \{Y_t;\ t \in I\}$ 是互为修正的且具有右连续的样本轨道, 那么 X, Y 是无区别的.

证　由于 X, Y 互为修正, 故 $\mathbb{P}(X_t = Y_t,\ \forall\, t \in I \cap \mathbb{Q}) = 1$. 那么, 根据轨道 $t \to X_t - Y_t$ 的右连续性和概率测度的连续性, 我们得到 X, Y 为无区别的. □

下面的定理是关于随机过程等价性的更一般的结果. 对于其证明, 读者可参见文献 [13], 第 68 页:

定理 7.2　设 $(\Omega, \mathcal{F}, \mathbb{F} = \{\mathcal{F}_t;\ t \geqslant 0\}, \mathbb{P})$ 为一个过滤概率空间和 $X = \{X_t;\ t \geqslant 0\}$ 为该概率空间上的一个 $\mathbb{F}$-适应的 S-值随机过程. 那么, 存在一个循序可测的过程 Y 使得 X, Y 互为修正.

7.2　Kolmogorov 连续性定理

本节引入和证明 Kolmogorov 连续性定理. 为此, 我们先给出 Hölder 连续函数的概念:

定义 7.9 (Hölder 连续函数)　设 $\alpha \in (0, 1]$, 称函数 $f : \mathbb{R}^n \to \mathbb{R}^d$ 为 (全局) α-Hölder 连续函数, 如果其满足

$$\sup_{x,y\in\mathbb{R}^n, x\neq y} \frac{\|f(x) - f(y)\|}{\|x - y\|^{\alpha}} < +\infty.$$

特别地, 如果 $\alpha = 1$, 则称 f 为 Lipschitz 函数. 如果对任意紧集 $K \subset \mathbb{R}^n$ 满足

$$\sup_{x,y\in K, x\neq y} \frac{\|f(x) - f(y)\|}{\|x - y\|^{\alpha}} < +\infty,$$

那么称 $f : \mathbb{R}^n \to \mathbb{R}^d$ 为局部 α-Hölder 连续函数.

显然, 任何局部 Hölder 连续函数都是连续函数. Kolmogorov 连续性定理的内容表述如下:

定理 7.3 (Kolmogorov 连续性定理) 设 $X = \{X_t;\ t \in [0,T]\}$ 为概率空间 $(\Omega, \mathcal{F}, \mathbb{P})$ 上的一个实值随机过程. 假设过程 X 满足: 对任意 $s,t \in [0,T]$, 存在常数 $\alpha, \beta, C > 0$ 使得

$$\mathbb{E}\left[|X_t - X_s|^\alpha\right] \leqslant C|t-s|^{1+\beta}. \tag{7.12}$$

那么, 存在一个与 X 互为修正的轨道是局部 $\gamma \in (0, \beta/\alpha)$-Hölder 连续的随机过程, 即存在一个常数 $C > 0$ 和一个随机变量 $h(\omega) > 0$ 满足

$$\mathbb{P}\left(\left\{\omega \in \Omega;\ \sup_{s,t\in[0,T],0<|s-t|<h(\omega)} \frac{|Y_t(\omega) - Y_s(\omega)|}{|t-s|^\gamma} < C\right\}\right) = 1.$$

证 不失一般性, 我们设 $T = 1$. 证明的基本想法是构造 $[0,1]$ 中的一个稠密子集 D, 然后证明以概率 1, 过程 X 在 D 上是局部 $\gamma \in (0, \beta/\alpha)$-Hölder 连续的. 进一步, 我们构造一个与过程 X 互为修正且轨道为局部 $\gamma \in (0, \beta/\alpha)$-Hölder 连续的过程 $\tilde{X}$. 为此, 对任意 $n \in \mathbb{N}$, 我们定义:

$$D_n := \left\{\frac{k}{2^n};\ k = 0, 1, \cdots, 2^n\right\}, \quad n \in \mathbb{N}^*,$$

即其为 $[0,1]$ 的一个划分. 那么 $D = \bigcup_{n=0}^\infty D_n$ 为 $[0,1]$ 中的一个稠密子集. 我们分以下三个步骤来完成证明:

第一步 证明以概率 1, 对充分大的 $n \in \mathbb{N}$, 过程 X 在 D_n 上是局部 $\gamma \in (0, \beta/\alpha)$-Hölder 连续的. 事实上, 由 (7.12) 和 Chebyshev 不等式得到

$$\begin{aligned}
\mathbb{P}\left(\max_{1\leqslant k\leqslant 2^n}\left|X_{\frac{k}{2^n}} - X_{\frac{k-1}{2^n}}\right| \geqslant 2^{-\gamma n}\right) &= \mathbb{P}\left(\bigcup_{k=1}^{2^n}\left\{\left|X_{\frac{k}{2^n}} - X_{\frac{k-1}{2^n}}\right| \geqslant 2^{-\gamma n}\right\}\right) \\
&\leqslant \sum_{k=1}^{2^n} \mathbb{P}\left(\left|X_{\frac{k}{2^n}} - X_{\frac{k-1}{2^n}}\right| \geqslant 2^{-\gamma n}\right) \\
&\leqslant \sum_{k=1}^{2^n} \frac{\mathbb{E}\left[\left|X_{\frac{k}{2^n}} - X_{\frac{k-1}{2^n}}\right|^\alpha\right]}{2^{-\gamma\alpha n}} \\
&\leqslant C\sum_{k=1}^{2^n} 2^{\gamma\alpha n} \cdot 2^{-(1+\beta)n} \\
&= C2^{-n(\beta-\gamma\alpha)}.
\end{aligned}$$

由于 $\gamma \in (0,\beta/\alpha)$, 故 $\beta-\gamma\alpha>0$. 于是, 我们得到

$$\sum_{n=0}^{\infty}\mathbb{P}\left(\max_{1\leqslant k\leqslant 2^n}\left|X_{\frac{k}{2^n}}-X_{\frac{k-1}{2^n}}\right|\geqslant 2^{-\gamma n}\right)\leqslant C\sum_{n=0}^{\infty}2^{-n(\beta-\gamma\alpha)}<+\infty.$$

因此, 根据 Borel-Cantelli 引理, 则存在 $\Omega^*\in\mathcal{F}$ 和 $\mathbb{P}(\Omega^*)=1$ 使得: 对任意 $\omega\in\Omega^*$, 存在 $N(\omega)\geqslant 1$ 满足

$$\max_{1\leqslant k\leqslant 2^n}\left|X_{\frac{k}{2^n}}(\omega)-X_{\frac{k-1}{2^n}}(\omega)\right|<C2^{-\gamma n},\qquad \forall\, n\geqslant N(\omega). \tag{7.13}$$

第二步 证明以概率 1, 过程 X 在 D 上是局部 $\gamma\in(0,\beta/\alpha)$-Hölder 连续的. 事实上, 设 $\omega\in\Omega^*$. 考虑任意的 $s,t\in D$ 满足 $0<t-s<h(\omega):=2^{-N(\omega)}$. 注意到, 存在 $n\geqslant N(\omega)$ 使得 $2^{-(n+1)}\leqslant t-s\leqslant 2^{-n}$. 下面证明: 对任意的 $m\geqslant n+1$, 如果 $s,t\in D_m$, 则有

$$|X_t(\omega)-X_s(\omega)|\leqslant 2C\sum_{k=n+1}^{m}2^{-\gamma k}. \tag{7.14}$$

我们这里采用归纳法证明 (7.14). 首先, 假设 $s,t\in D_{n+1}$. 由于 $2^{-(n+1)}\leqslant t-s\leqslant 2^{-n}$, 则存在某个 $k\in\{1,\cdots,2^{n+1}\}$ 使得 $s=\dfrac{k-1}{2^{n+1}}$ 和 $t=\dfrac{k}{2^{n+1}}$. 于是, 估计 (7.13) 意味着

$$|X_t(\omega)-X_s(\omega)|\leqslant C2^{-\gamma(n+1)}.$$

这证明了, 当 $m=n+1$ 时, 估计 (7.14) 成立.

下面假设当 $m=n+1,\cdots,l$ 时, 估计 (7.14) 都成立. 为此, 对于 $s,t\in D_{l+1}$, 我们定义:

$$s':=\min\{u\in D_l;\ u\geqslant s\},\quad t':=\max\{u\in D_l;\ u\leqslant t\}.$$

于是 $s',t'\in D_l$, $s\leqslant s'\leqslant t'\leqslant t$ 和 $s'-s\leqslant 2^{-(l+1)}$, $t-t'\leqslant 2^{-(l+1)}$. 这样, 应用 (7.13)、三角不等式和迭代假设得到

$$\begin{aligned}|X_t(\omega)-X_s(\omega)|&\leqslant |X_{s'}(\omega)-X_s(\omega)|+|X_t(\omega)-X_{t'}(\omega)|+|X_{t'}(\omega)-X_{s'}(\omega)|\\&\leqslant C2^{-(l+1)}+C2^{-(l+1)}+2C\sum_{k=n+1}^{l}2^{-\gamma k}\\&=2C\sum_{k=n+1}^{l+1}2^{-\gamma k}.\end{aligned}$$

这证明了, 当 $m=l+1$ 时, 估计 (7.14) 成立. 那么, 由 (7.14) 得到: 对充分大的 m 和 $s,t\in D_m$,

$$|X_t(\omega)-X_s(\omega)|\leqslant 2C\sum_{k=n+1}^{\infty}2^{-\gamma k}=C\frac{2}{1-2^{-\gamma}}2^{-\gamma(n+1)}$$
$$\leqslant C\frac{2}{1-2^{-\gamma}}|t-s|^{\gamma}.$$

因此, 对任意 $s,t\in D$ 且满足 $0<t-s<h(\omega)$, 则有

$$|X_t(\omega)-X_s(\omega)|\leqslant C|t-s|^{\gamma}. \tag{7.15}$$

进一步, 估计 (7.15) 还说明 $t\to X_t(\omega)$ 在可数稠密子集 D 上是一致连续的.

第三步 定义如下概率空间 $(\Omega,\mathcal{F},\mathbb{P})$ 上的过程 $Y=\{Y_t;\ t\geqslant 0\}$: 当 $\omega\notin\Omega^*$ 时, $Y_t(\omega)=0,\ \forall\, t\in[0,1]$; 而当 $\omega\in\Omega^*$ 时, 定义:

$$Y_t(\omega):=\begin{cases}X_t(\omega), & t\in D,\\ \lim_{t_n\to t,t_n\in D}X_{t_n}(\omega), & t\notin D.\end{cases}$$

由于 $t\to X_t(\omega)$ 在可数稠密子集 D 上是一致连续, 故 $t\to Y_t(\omega)$ 是良定的. 根据 (7.15), 我们不难验证 Y 的轨道是局部 γ-Hölder 连续的且与过程 X 互为修正. □

在上面的 Kolmogorov 连续性定理中, 如果过程 X 的轨道本身是右连续的, 则在其证明中所建立的过程 Y 与 X 是无区别的 (参见引理 7.2). 另一方面, 定理 7.3 中的条件 (7.12) 还意味着过程 $X=\{X_t;\ t\in I\}$ 的轨道是**随机连续**的, 即对任意 $\varepsilon>0$,

$$\lim_{s\to t}\mathbb{P}(|X_s-X_t|>\varepsilon)=0,\quad \forall\, t\in I. \tag{7.16}$$

事实上, 应用 Chebyshev 不等式和条件 (7.12), 我们得到

$$\mathbb{P}(|X_s-X_t|>\varepsilon)\leqslant\frac{\mathbb{E}\left[|X_s-X_t|^{\alpha}\right]}{\varepsilon^{\alpha}}\leqslant C\frac{|t-s|^{1+\beta}}{\varepsilon^{\alpha}}\to 0,\quad s\to t.$$

我们还需要强调的是: 定理 7.3 中的条件 (7.12) 中的参数 β 不能等于 0, 否则 Kolmogorov 连续性定理的结论不一定成立. 让我们参见下面的反例.

例 7.3 设概率空间 $(\Omega,\mathcal{F},\mathbb{P})=([0,1],\mathcal{B}_{[0,1]},m)$, 其中 m 为 Lebesgue 测度. 考虑如下的随机过程:

$$X_t(\omega)=\mathbb{1}_{[0,t]}(\omega),\quad \forall\,(t,\omega)\in[0,1]\times\Omega.$$

显然, 对任意 $\omega \in \Omega$, $t \to X_t(\omega)$ 是右连续的. 进一步, 我们可以验证: 对任意的 $\alpha > 0$,

$$\mathbb{E}\left[|X_t - X_s|^{\alpha}\right] \leqslant |t-s|, \quad s,t \in [0,1].$$

那么, 我们可以断言: 过程 X 并不存在一个轨道连续的修正. 事实上, 用反证法, 假设存在一个轨道连续过程 $Y = \{Y_t;\ t \in [0,1]\}$ 与过程 X 互为修正. 由于 X, Y 的轨道都是右连续的, 故 X, Y 为无区别的, 即 $\mathbb{P}(X_t = Y_t,\ \forall\, t \in [0,1]) = 1$. 然而, 由于 X 是右连续, 但非连续的, 故 $\mathbb{P}(X_t = Y_t,\ \forall\, t \in [0,1]) = 1$ 并不成立.

最后, 我们考虑一个随机场 $X = \{X_t;\ t \in [0,T]^d\}$. 进一步, 我们假设: 对任意 $s,t \in [0,T]^d$, 存在常数 $\alpha, \beta, C > 0$ 使得

$$\mathbb{E}\left[|X_t - X_s|^{\alpha}\right] \leqslant C\|t-s\|^{d+\beta}. \tag{7.17}$$

那么, 存在一个与过程 X 互为修正的过程 $Y = \{Y_t;\ t \in [0,T]^d\}$, 且该过程的轨道是局部 $\gamma \in (0, \beta/\alpha)$-Hölder 连续的, 即存在常数 $C > 0$ 和一个随机变量 $h(\omega) > 0$ 满足

$$\mathbb{P}\left(\left\{\omega \in \Omega;\ \sup_{s,t \in [0,T], 0<\|s-t\|<h(\omega)} \frac{|Y_t(\omega) - Y_s(\omega)|}{\|t-s\|^{\gamma}} < C\right\}\right) = 1.$$

7.3 平稳随机过程

本节引入随机过程的数字特征. 基于此, 我们定义平稳随机过程.

定义 7.10 (数字特征) 设 $X = \{X_t;\ t \in I\}$ 为概率空间 $(\Omega, \mathcal{F}, \mathbb{P})$ 上的复值二阶矩随机过程 (即对任意 $t \in I$, $\mathbb{E}[|X_t|^2] < +\infty$). 对任意 $s, t \in I$, 我们定义:

$$m_X(t) := \mathbb{E}[X_t] \quad 和 \quad R_X(s,t) := \mathbb{E}[\overline{X}_s X_t]. \tag{7.18}$$

那么称 $m_X(t)$ 和 $R_X(s,t)$ 分别为过程 X 的均值函数和相关函数.

根据上面二阶矩随机过程的数字特征, 我们可以刻画随机过程的平稳性:

定义 7.11 (平稳过程) 设 $X = \{X_t;\ t \in I\}$ 为概率空间 $(\Omega, \mathcal{F}, \mathbb{P})$ 上的复值二阶矩随机过程. 如果 X 的均值函数和相关函数满足

$$m_X(t) \equiv m_X \in \mathbb{C} \text{ 和 } R_X(s,t) = R_X(t-s), \quad \forall\, s,t \in I. \tag{7.19}$$

那么称 $X = \{X_t;\ t \in I\}$ 为一个平稳随机过程.

由定义 7.11 所定义的平稳过程有时也被称为**宽平稳过程**. 对于概率空间 $(\Omega, \mathcal{F}, \mathbb{P})$ 上的随机过程 $X=\{X_t;\ t\in I\}$, 如果对任意不同的 $t_1,\cdots,t_n\in I$ $(n\in\mathbb{N})$ 以及任意 τ 满足 $t_i+\tau\in I,\ i=1,\cdots,n$, 过程 X 的有限维分布满足

$$\mu^X_{t_1,\cdots,t_n}=\mu^X_{t_1+\tau,\cdots,t_n+\tau}, \tag{7.20}$$

则称 $X=\{X_t;\ t\in I\}$ 为一个**严平稳过程**. 显然, 严平稳二阶矩过程一定是平稳过程, 但反之并不一定成立. 然而, 由于高斯过程 (参见定义 7.18) 的任意有限维分布完全由其均值函数和相关函数来决定. 于是有

平稳高斯过程也是严平稳高斯过程.

下面的练习说明平稳高斯过程可产生新的平稳过程.

练习 7.1 (平稳高斯过程) 设 $X=\{X_t;\ t\in\mathbb{R}\}$ 为一个平稳高斯过程 (高斯过程的定义可参见定义 7.18). 对任意 $\tau\in\mathbb{R}$, 我们定义:

$$Y_t^{\tau}:=X_tX_{t+\tau},\quad t\in\mathbb{R}.$$

证明: 对任意固定 $\tau\in\mathbb{R}$, 过程 $Y^{\tau}=\{Y_t^{\tau};\ t\in\mathbb{R}\}$ 也是一个平稳过程以及其相关函数为

$$R_{Y^{\tau}}(l)=R_X^2(\tau)+R_X^2(l)+R_X(l+\tau)R_X(l-\tau)-2m_X^4. \tag{7.21}$$

提示 由于 $X=\{X_t;\ t\in\mathbb{R}\}$ 是平稳的, 故对任意 $t\in\mathbb{R}$,

$$m_{Y^{\tau}}(t)=\mathbb{E}[Y_t^{\tau}]=R_X(\tau).$$

又因为 $X=\{X_t;\ t\in\mathbb{R}\}$ 是平稳高斯过程, 故也是严平稳的. 于是, 对任意 $l\in\mathbb{R}$,

$$(X_t,X_{t+\tau},X_{t+l},X_{t+l+\tau})\overset{d}{=}(X_0,X_{\tau},X_l,X_{l+\tau}),\quad \forall\, t\in\mathbb{R}.$$

这样, 对任意固定 $\tau\geqslant 0$, 我们得到: 对任意 $l\in\mathbb{R}$,

$$\begin{aligned}R_{Y^{\tau}}(t,t+l)&=\mathbb{E}[Y_t^{\tau}Y_{t+l}^{\tau}]=\mathbb{E}[X_tX_{t+\tau}X_{t+l}X_{t+l+\tau}]\\&=\mathbb{E}[X_0X_{\tau}X_lX_{l+\tau}]=R_{Y^{\tau}}(0,l).\end{aligned}$$

因此 $Y^{\tau}=\{Y_t^{\tau};\ t\in\mathbb{R}\}$ 是一个平稳过程. 因为 $X=\{X_t;\ t\in\mathbb{R}\}$ 是高斯过程, 故 $(X_0,X_{\tau},X_l,X_{l+\tau})$ 服从正态分布. 于是,

$$\begin{aligned}\mathbb{E}[X_0X_{\tau}X_lX_{l+\tau}]=&\,\mathbb{E}[X_0X_{\tau}]\mathbb{E}[X_lX_{l+\tau}]+\mathbb{E}[X_0X_l]\mathbb{E}[X_{\tau}X_{l+\tau}]\\&+\mathbb{E}[X_0X_{l+\tau}]\mathbb{E}[X_{\tau}X_l]-2\mathbb{E}[X_0]\mathbb{E}[X_{\tau}]\mathbb{E}[X_l]\mathbb{E}[X_{l+\tau}].\end{aligned} \tag{7.22}$$

那么, 利用 $X=\{X_t;\ t\in\mathbb{R}\}$ 的平稳性从而得到 (7.21). □

我们下面给出一些平稳过程的例子.

- **严白噪声** 设 X_n, $n \in \mathbb{Z}$ 是一列独立同分布的随机变量, 那么 $X = \{X_n;\ n \in \mathbb{Z}\}$ 是一个严平稳过程.
- **宽白噪声** 设零均值实值随机变量列 $X_n, n \in \mathbb{Z}$ 满足 $\mathbb{E}[X_m X_n] = \sigma^2 \delta_{mn}$, $m, n \in \mathbb{Z}$, 则 $X = \{X_n;\ n \in \mathbb{Z}\}$ 是一个平稳过程.
- **移动平均过程** 设 $Y_n = \dfrac{X_n + X_{n-1}}{2}$, $n \in \mathbb{Z}$. 假设 $X = \{X_n;\ n \in \mathbb{Z}\}$ 是一个宽白噪声. 那么 $m_Y(n) = \mathbb{E}[Y_n] = 0$, $n \in \mathbb{Z}$ 和相关函数为: 对于 $m, n \in \mathbb{Z}$,

$$R_Y(m,n) = \begin{cases} \dfrac{\sigma^2}{2}, & m = n, \\ \dfrac{\sigma^2}{4}, & |m-n| = 1, \\ 0, & \text{其他}. \end{cases} \tag{7.23}$$

那么 Y 是宽平稳的. 进一步, 如果 X 是严白噪声, 则移动平均过程也是严平稳过程, 以后记 Y 为 MV(1) 过程.

- **一阶自回归模型** 设 $X = \{X_n;\ n \in \mathbb{Z}\}$ 为一个宽白噪声. 我们定义:

$$Y_n = a_0 + a_1 Y_{n-1} + X_n, \quad n \in \mathbb{Z}, \tag{7.24}$$

其中 $|a_1| < 1$, 那么称 Y_n, $n \in \mathbb{Z}$ 为一阶自回归模型, 我们以后记其为 AR(1) 模型. 下面讨论 $Y = \{Y_n;\ n \in \mathbb{Z}\}$ 是否为宽平稳过程. 首先, 对 (7.24) 两边取数学期望, 则有

$$m_Y(n) = a_0 + a_1 m_Y(n-1).$$

设 $m_Y(n) = m_Y$, $n \in \mathbb{Z}$, 则 $m_Y = a_0 + a_1 m_Y$, 即

$$m_Y = \frac{a_0}{1-a_1}. \tag{7.25}$$

于是 (7.24) 可重写为

$$\begin{aligned} Y_n &= (1-a_1)m_Y + a_1 Y_{n-1} + X_n \Rightarrow Y_n - m_Y \\ &= a_1(Y_{n-1} - m_Y) + X_n. \end{aligned} \tag{7.26}$$

进一步迭代得到

$$Y_n - m_Y = \sum_{i=0}^{\infty} a_1^i X_{n-i}. \tag{7.27}$$

由于 $|a_1|<1$, 故 Y_n 的方差为

$$\mathrm{Var}[Y_n]=\mathbb{E}\left[\sum_{i,j=0}^{\infty}a_1^{i+j}X_{n-i}X_{n-j}\right]=\sigma^2\sum_{i=0}^{\infty}a_1^{2i}=\frac{\sigma^2}{1-a_1^2}. \tag{7.28}$$

应用 (7.27) 得到: 对任意 $n,m\in\mathbb{Z}$,

$$\begin{aligned}\mathbb{E}[(Y_m-m_Y)(Y_n-m_Y)]&=\mathbb{E}\left[\sum_{i,j=0}^{\infty}a_1^{i+j}X_{n-i}X_{m-j}\right]\\&=\mathbb{E}\left[\sum_{i-j=n-m}^{\infty}a_1^{i+j}X_{n-i}^2\right]\\&=\sigma^2\sum_{i-j=n-m}^{\infty}a_1^{i+j}.\end{aligned} \tag{7.29}$$

根据 (7.25) 和 (7.29), 这意味着 $Y=\{Y_n;\ n\in\mathbb{Z}\}$ 是宽平稳的.

- **随机调和函数** 设 $\xi\sim U(0,2\pi)$, 定义:

$$X_t=\cos(t+\xi),\quad t\in\mathbb{R}, \tag{7.30}$$

那么, 我们称 $X=\{X_t;\ t\in\mathbb{R}\}$ 为随机调和函数. 我们下面证明该随机调和函数是一个平稳过程. 事实上, X 的均值函数为

$$m_X(t)=\mathbb{E}[\cos(t+\xi)]=\frac{1}{2\pi}\int_0^{2\pi}\cos(t+x)\mathrm{d}x=0,\quad t\in\mathbb{R}.$$

而 X 的相关函数为

$$\begin{aligned}R_X(s,t)&=\mathbb{E}[\cos(s+\xi)\cos(t+\xi)]=\frac{1}{2}\mathbb{E}[\cos(s+t+2\xi)+\cos(s-t)]\\&=R_X(t-s)=\frac{1}{2}\cos(t-s),\quad s,t\in\mathbb{R}.\end{aligned} \tag{7.31}$$

因此 X 是一个平稳过程. 进一步, $X=\{X_t;\ t\in\mathbb{R}\}$ 也是一个严平稳过程. 事实上, 对固定的 $t\in\mathbb{R}$ 和 $x\in(-1,1)$, 我们有

$$\{\cos(t+\xi)\leqslant x\}=\bigcup_{k\in\mathbb{Z}}(2k\pi+\arccos(x),2k\pi+2\pi-\arccos(x)).$$

由于 $\mathrm{supp}(\xi)=(0,2\pi)$, 故 $\cos(t+\xi)\leqslant x$ 意味着存在唯一的 $k_0\in\mathbb{Z}$ 使得

$$\xi\in(2k_0\pi+\arccos(x)-t,2k_0\pi+2\pi-\arccos(x)-t).$$

因此 X_t 的分布函数为

$$\begin{aligned}F_t^X(x) &= \mathbb{P}(X_t \leqslant x)\\ &= \mathbb{P}(\xi \in (2k_0\pi + \arccos(x) - t, 2k_0\pi + 2\pi - \arccos(x) - t))\\ &= \frac{\pi - \arccos(x)}{\pi}, \quad x \in (-1,1).\end{aligned}$$

于是, X_t 的概率密度函数为

$$p_{X_t}(x) = \frac{1}{\pi\sqrt{1-x^2}}, \quad x \in (-1,1).$$

显然, 上面的概率密度函数独立于时间 $t \in \mathbb{R}$, 因此 X_t 的一维分布关于时间是平移不变的. 对于 X 的二维分布, 设 $-\infty < t_1 < t_2 < +\infty$ 和 $x_1, x_2 \in (-1,1)$, 我们有

$$\begin{aligned}&\{\cos(t_1+\xi) \leqslant x_1\}\\ =&\{\xi \in (2k_0\pi + \arccos(x_1) - t_1, 2k_0\pi + 2\pi - \arccos(x_1) - t_1)\},\\ &\{\cos(t_2+\xi) \leqslant x_2\}\\ =&\{\xi \in (2k_1\pi + \arccos(x_2) - t_2, 2k_1\pi + 2\pi - \arccos(x_2) - t_2)\},\end{aligned}$$

其中 $k_0, k_1 \in \mathbb{Z}$. 因此 (X_{t_1}, X_{t_2}) 的联合分布函数为

$$\begin{aligned}F_{t_1,t_2}^X(x_1,x_2) = \frac{1}{2\pi} \times \big|&(2k_0\pi + \arccos(x_1) - t_1, 2k_0\pi + 2\pi - \arccos(x_1) - t_1)\\ &\cap (2k_1\pi + \arccos(x_2) - t_2, 2k_1\pi + 2\pi - \arccos(x_2) - t_2)\big|.\end{aligned}$$

由此, 我们得到 $F_{t_1,t_2}^X(x_1,x_2)$ 只依赖于 $t_2 - t_1$. 类似地, 我们可以证明 X 的任意有限维分布关于时间是平移不变的.

设 $I \subset \mathbb{R}$ 和 $X = \{X_t;\ t \in I\}$ 是一个平稳过程, 其均值函数和相关函数分别为 $m_X \in \mathbb{C}$ 和 $R_X(\tau)$. 下面给出平稳过程 X 数字特征的相关性质:

(P1) $\overline{R_X(\tau)} = R_X(-\tau)$. 如果过程 X 是实值的, 则自相关函数 $R_X(\cdot)$ 是偶函数.

(P2) 对任意 $t \in I$, $|R_X(\tau)| \leqslant R_X(0) = \mathbb{E}[|X_t|^2]$.

提示 应用 Cauchy-Schwarz 不等式.

(P3) 相关函数 $R(\cdot)$ 是非负定的, 即对任意 $n \in \mathbb{N}$, $t_1, \cdots, t_n \in I$ 和任意 $a_i \in$

$\mathbb{C}$, $i=1,\cdots,n$,

$$\sum_{k,l=1}^{n}\bar{a}_k a_l R_X(t_k-t_l)\geqslant 0. \tag{7.32}$$

(P4) 如果过程 X 是 T-周期的, 即 $\mathbb{P}(X_t=X_{t+T})=1$, 那么 $R_X(\cdot)$ 也是 T-周期的.

由平稳过程相关函数的定义可直接可验证 (P1). 对于 (P3), 我们有

$$\begin{aligned}\sum_{k,l=1}^{n}\bar{a}_k a_l R_X(t_k-t_l)&=\sum_{k,l=1}^{n}\bar{a}_k a_l\mathbb{E}[\bar{X}_{t_k}X_{t_l}]=\mathbb{E}\left[\sum_{k,l=1}^{n}\overline{a_k X_{t_k}}a_l X_{t_l}\right]\\&=\mathbb{E}\left[\left|\sum_{k=1}^{n}a_k X_{t_k}\right|^2\right]\geqslant 0.\end{aligned}$$

对于 (P4), 我们事实上有

$$R_X(\tau+T)=\mathbb{E}[\bar{X}_t X_{t+\tau+T}]=\mathbb{E}[\bar{X}_t X_{t+\tau}]=R_X(\tau),$$

此即说明 $R_X(\cdot)$ 是 T-周期的. □

在实际应用中, 验证相关函数 $R_X(\cdot)$ 的**非负定性**是比较困难的. 为了解决这个问题, 我们可以通过验证相关函数 $R_X(\cdot)$ 的 Fourier-变换 (如果存在) 的**非负性**来得到相关函数的非负定性. 为此, 我们引入平稳过程功率谱密度的概念:

定义 7.12 [平稳过程的功率谱密度] 设 $X=\{X_t;\ t\in\mathbb{R}\}$ 为概率空间 $(\Omega,\mathcal{F},\mathbb{P})$ 上的一个平稳过程. 如果如下极限存在:

$$S_X(a):=\lim_{T\to\infty}\frac{1}{2T}\mathbb{E}\left[\left|\int_{-T}^{T}X_t e^{-\mathrm{i}at}\mathrm{d}t\right|^2\right],\quad a\in\mathbb{R}, \tag{7.33}$$

那么, 称 $S_X(a)$, $a\in\mathbb{R}$ 为平稳过程 X 的功率谱密度.

根据上面的功率谱密度的定义 (定义 7.12), 如果 $S_X(a)$ 存在, 则 $a\to S_X(a)$ 一个实值非负函数. 下面的定理说明平稳过程的功率谱密度实际上是其相关函数的 Fourier-变换:

定理 7.4 (Wiener-Khinchin 定理) 我们有如下结果:

(i) 设 $X=\{X_t;\ t\in\mathbb{R}\}$ 为一个连续时间平稳过程. 如果其相关函数 $R_X(\cdot)$ 绝对可积 $\left(即\ \int_{\mathbb{R}}|R_X(\tau)|\mathrm{d}\tau<+\infty\right)$, 则

$$S_X(a)=\int_{-\infty}^{\infty}R_X(\tau)e^{-\mathrm{i}a\tau}\mathrm{d}\tau,\quad a\in\mathbb{R};$$

$$R_X(\tau)=\frac{1}{2\pi}\int_{-\infty}^{\infty}S_X(a)e^{\mathrm{i}a\tau}\mathrm{d}a,\quad \tau\in\mathbb{R}.$$

(ii) 设 $X=\{X_n;\ n\in\mathbb{Z}\}$ 是一个离散时间平稳过程. 如果 $R_X(m)$ 是绝对收敛的 (即 $\sum_{m\in\mathbb{Z}}|R_X(m)|<\infty$), 则

$$S_X(a)=\sum_{m\in\mathbb{Z}}R_X(m)e^{-\mathrm{i}am},\quad a\in[-\pi,\pi];$$

$$R_X(m)=\frac{1}{2\pi}\int_{-\pi}^{\pi}S_X(a)e^{\mathrm{i}am}\mathrm{d}a,\quad m\in\mathbb{Z}.$$

证 我们仅证明 X 为连续时间平稳过程的情况. 由于 $R_X(\cdot)$ 是绝对可积的, 那么根据 (7.33), 应用 Fubini 定理, 对任意 $a\in\mathbb{R}$,

$$\begin{aligned}S_X(a)&=\lim_{T\to\infty}\frac{1}{2T}\mathbb{E}\left[\left|\int_{-T}^{T}X_te^{-\mathrm{i}at}\mathrm{d}t\right|^2\right]\\&=\lim_{T\to\infty}\frac{1}{2T}\mathbb{E}\left[\int_{-T}^{T}\int_{-T}^{T}\overline{X}_sX_te^{-\mathrm{i}a(t-s)}\mathrm{d}s\mathrm{d}t\right]\\&=\lim_{T\to\infty}\frac{1}{2T}\int_{-T}^{T}\int_{-T}^{T}R_X(t-s)e^{-\mathrm{i}a(t-s)}\mathrm{d}s\mathrm{d}t\\&=\lim_{T\to\infty}\int_{-T}^{T}\left(1-\frac{|\tau|}{T}\right)R_X(\tau)e^{-\mathrm{i}a\tau}\mathrm{d}\tau\\&=\int_{-\infty}^{\infty}R_X(\tau)e^{-\mathrm{i}a\tau}\mathrm{d}\tau.\end{aligned}$$

这样, 该定理得证. □

根据 Wiener-Khinchin 定理 (定理 7.4), 如果相关函数 $R_X(\cdot)$ 是绝对可积的, 则

$$R_X(\tau)=\frac{1}{2\pi}\int_{-\infty}^{\infty}S_X(a)e^{\mathrm{i}a\tau}\mathrm{d}a,\quad \tau\in\mathbb{R}.$$

于是, 对任意 $t_1,\cdots,t_n\in\mathbb{R}$ $(n\in\mathbb{N})$ 和任意 $a_i\in\mathbb{C}$, $i=1,\cdots,n$, 我们得到

$$\begin{aligned}\sum_{k,l=1}^{n}\bar{a}_ka_lR_X(t_k-t_l)&=\frac{1}{2\pi}\int_{-\infty}^{\infty}S_X(a)\left(\sum_{k,l=1}^{n}\bar{a}_ka_le^{\mathrm{i}a(t_k-t_l)}\right)\mathrm{d}a\\&=\frac{1}{2\pi}\int_{-\infty}^{\infty}S_X(a)\left(\sum_{k,l=1}^{n}\overline{a_ke^{-\mathrm{i}at_k}}a_le^{-\mathrm{i}at_l}\right)\mathrm{d}a\end{aligned}$$

$$= \frac{1}{2\pi}\int_{-\infty}^{\infty} S_X(a)\left|\sum_{k=1}^{n} a_k e^{-\mathrm{i}at_k}\right|^2 \mathrm{d}a$$
$$\geqslant 0, \tag{7.34}$$

这是因为功率谱密度 $S_X(a)$ 是非负的 (即相关函数 $R_X(\cdot)$ 的 Fourier-变换是非负的). 这验证了相关函数 $R_X(\cdot)$ 的非负定性.

另一方面, 应用定理 7.4, 我们有: 如果相关函数 $R_X(\cdot)$ 是绝对可积的, 则

$$R_X(\tau) = \frac{1}{2\pi}\int_{-\infty}^{\infty} e^{\mathrm{i}a\tau}\mathrm{d}F_X(a), \quad \tau \in \mathbb{R},$$

其中 $F_X(a) = \int_{-\infty}^{a} S_X(u)\mathrm{d}u$, $a \in \mathbb{R}$. 由于功率谱密度 $S_X(a), a \in \mathbb{R}$ 是实值非负函数, 故 $F_X(a), a \in \mathbb{R}$ 是单调不减、绝对连续函数, 以及 $F_X(-\infty) = 0$ 和 $F_X(+\infty) = \int_{-\infty}^{\infty} S_X(u)\mathrm{d}u = 2\pi R_X(0)$. 于是, 一个自然的问题是: 若相关函数 $R_X(\cdot)$ 并不一定是绝对可积的, 那么 $R_X(\tau)$ 是否还有上面类似的分解? 下面的定理给出了答案:

定理 7.5 (相关函数的谱分解) 设 $X = \{X_t;\ t \in \mathbb{R}\}$ 为一个平稳过程且其相关函数 $R_X(\cdot)$ 在 $\tau = 0$ 处连续, 则相关函数 $R_X(\tau)$ 满足如下分解:

$$R_X(\tau) = \frac{1}{2\pi}\int_{-\infty}^{\infty} e^{\mathrm{i}a\tau}\mathrm{d}F_X(a), \quad \tau \in \mathbb{R},$$

其中 $a \to F_X(a)$ 是一个单调不减、右连续函数且满足

$$F_X(-\infty) = 0, \quad F_X(+\infty) = 2\pi R_X(0).$$

证 如果 $R_X(0) = 0$, 则 $R_X(\tau) = 0$, $\forall\ \tau \in \mathbb{R}$. 因此, 我们取 $F_X(a) = 0$, $\forall\ a \in \mathbb{R}$.

下面假设 $R_X(0) > 0$. 为此, 我们定义函数:

$$\varphi(\tau) := \frac{R_X(\tau)}{R_X(0)}, \quad \tau \in \mathbb{R}.$$

由于 $R_X(\cdot)$ 在 $\tau = 0$ 处连续, 因此 $\varphi(\cdot)$ 在 $\tau = 0$ 处连续. 由性质 (P3), $\varphi(\cdot)$ 是非负定的且 $\varphi(0) = 1$. 于是, 我们得到: $\varphi(\cdot)$ 在 $\tau = 0$ 处连续、非负定和 $\varphi(0) = 1$. 那么, 根据 Bochner 定理 (参见注释 6.1), 这等价于说明 $\varphi(\tau)$ 是一个特征函数. 因此, 存在一个分布函数 $a \to F(a)$ 满足

$$\varphi(\tau) = \frac{R_X(\tau)}{R_X(0)} = \int_{-\infty}^{\infty} e^{\mathrm{i}a\tau}\mathrm{d}F(a).$$

那么, 我们取 $F_X(a) = 2\pi R_X(0)F(a), \forall\, a \in \mathbb{R}$. 这样, 该定理得证. □

上面定理 7.5 中的条件 "$R_X(\cdot)$ 在 $\tau = 0$ 处连续" 等价于 "平稳过程 $X = \{X_t;\ t \in \mathbb{R}\}$ 是均方连续的 (即对任意 $t \in \mathbb{R}$, $X_s \xrightarrow{L^2} X_t$, $s \to t$)". 事实上, 我们有: 对任意 $s, t \in \mathbb{R}$,

$$\begin{aligned}\mathbb{E}[|X_s - X_t|^2] &= \mathbb{E}[(\overline{X}_s - \overline{X}_t)(X_s - X_t)] = R_X(s,s) + R_X(t,t) - 2R_X(s,t)\\ &= 2R_X(0) - 2R_X(t-s).\end{aligned}$$

于是 $\lim_{s\to t} \mathbb{E}[|X_s - X_t|^2] = 0$ 等价于 $\lim_{\tau\to 0} R_X(\tau) = 0$.

7.4 独立增量过程

本节通过引入随机游动来介绍平稳独立增量过程和独立增量过程及其相关性质.

定义 7.13 [随机游动] 设 $\{\xi_k;\ k \in \mathbb{N}^*\}$ 是概率空间 $(\Omega, \mathcal{F}, \mathbb{P})$ 上的一列 i.i.d. 随机变量列. 那么, 我们定义: $S_0 = 0$ 和

$$S_n = \sum_{k=1}^{n} \xi_k, \quad \forall\, n \in \mathbb{N},$$

则称离散时间随机过程 $S = \{S_n;\ n \in \mathbb{N}^*\}$ 为一个随机游动.

由上面随机游动的定义 (定义 7.13) 知: 如果 ξ_1 的均值 $\mu = \mathbb{E}[\xi_1] \in \mathbb{R}$ 和方差 $\mathrm{Var}[\xi_1] = \sigma^2 > 0$, 则对任意 $n \in \mathbb{N}$, 我们有

$$\mathbb{E}[S_n] = n\mu \in \mathbb{R}, \quad \mathrm{Var}[S_n] = n\sigma^2 > 0.$$

那么, 由 (强) 大数定律得到: 当 $n \to +\infty$ 时,

$$\frac{S_n}{n} \xrightarrow{\text{a.e.}} \mu. \tag{7.35}$$

由 Lindeberg-Lévy 中心极限定理, 有

$$\frac{\dfrac{S_n}{n} - \mu}{\sqrt{\dfrac{\sigma^2}{n}}} \xrightarrow{d} \xi_0 \sim N(0,1), \quad n \to \infty. \tag{7.36}$$

在 n 重 Bernoulli 概型中, 如果用 $\xi_k = 1$ 表示第 k 次试验 "成功" (假设其发生的概率为 $p \in (0,1)$), 而 $\xi_k = 0$ 表示第 k 次试验 "失败" (因此发生的概率

为 $q=1-p$). 用 S_n 表示在这 n 重 Bernoulli 概型中试验"成功"的次数. 进一步, 随机变量 S_n 服从二项分布, 即对于 $n\in\mathbb{N}$,

$$\mathbb{P}(S_n=m)=\frac{n!}{m!(n-m)!}p^m q^{n-m},\quad m=0,1,\cdots,n. \tag{7.37}$$

于是 $\mathbb{E}[S_n]=np$ 和 $\mathrm{Var}[S_n]=npq$. 这样由 (7.35) 和 (7.36) 得到

$$\frac{S_n}{n}\xrightarrow{\text{a.e.}}p,\quad \frac{\frac{S_n}{n}-p}{\sqrt{\frac{pq}{n}}}\xrightarrow{d}\xi_0\sim N(0,1),\quad n\to\infty.$$

定义 7.14 (随机过程的增量) 设 $n_1<n_2$ 为两个正整数. 则称随机变量 $S_{n_2}-S_{n_1}$ 为随机游动 $S=\{S_n;\ n=0,1,2,\cdots\}$ 的一个增量.

由于随机游动的增量 $S_{n_2}-S_{n_1}=\sum_{k=n_1+1}^{n_2}\xi_k$ 和 $\{\xi_1,\cdots,\xi_k,\cdots\}$ 的相互独立性, 故增量 $S_{n_2}-S_{n_1}$ 与随机变量列 $\{\xi_1,\cdots,\xi_{n_1}\}$ 相互独立. 以后称随机游动所满足的这个性质为**独立增量性**. 另外, 比较下面两个等式:

$$S_{n_2}-S_{n_1}=\xi_{n_1+1}+\xi_{n_1+2}+\cdots+\xi_{n_2},$$

$$S_{n_2-n_1}=\xi_1+\xi_2+\cdots+\xi_{n_2-n_1}.$$

由于 $\{\xi_1,\cdots,\xi_k,\cdots\}$ 是 i.i.d., 故 $S_{n_2}-S_{n_1}\overset{d}{=}S_{n_2-n_1}$. 我们以后称随机游动所满足的这个性质为"平稳增量性". 于是, 统称上面的两个性质为随机游动的**平稳独立增量性**. 基于此, 我们可以定义一般的平稳独立增量过程:

定义 7.15 (平稳独立增量过程) 设 $X=\{X_t;\ t\in I\}$ 为概率空间 $(\Omega,\mathcal{F},\mathbb{P})$ 上的实值随机过程, 其中 $I\subset\mathbb{R}$. 如果其满足平稳独立增量性, 即

(a) 平稳增量性 对任意 $s<t$ $(s,t\in I)$, 增量 $X_t-X_s\overset{d}{=}X_{t-s}$;

(b) 独立增量性 对任意 $t_1<t_2<\cdots<t_n$ ($n\geqslant 2$ 和 $t_i\in I$, $i=1,\cdots,n$), 如下 n 个增量:

$$X_{t_n}-X_{t_{n-1}},\ X_{t_{n-1}}-X_{t_{n-2}},\ \cdots,\ X_{t_2}-X_{t_1}$$

是相互独立的随机变量,

那么称过程 X 是一个平稳独立增量过程. 如果 X 只满足独立增量性, 则称 X 是一个独立增量过程.

平稳独立增量过程的有限维分布仅由其一维分布来决定. 事实上, 设 $X=\{X_t;\ t\in I\}$ 为概率空间 $(\Omega,\mathcal{F},\mathbb{P})$ 上的一个平稳独立增量过程. 那么, 对任意 $t_1,\cdots,t_n\in I$ 和 $t_1<t_2<\cdots<t_n$, 回顾 X 的 n 分布函数:

$$F_{t_1,\cdots,t_n}(x_1,\cdots,x_n):=\mathbb{P}(X_{t_1}\leqslant x_1,\cdots,X_{t_n}\leqslant x_n),\quad x_1,\cdots,x_n\in\mathbb{R}.$$

对于 $n=2$, 我们有

$$\begin{aligned}F_{t_1,t_2}(x_1,x_2)&=\mathbb{P}(X_{t_1}\leqslant x_1,X_{t_2}\leqslant x_2)\\&=\int_{-\infty}^{x_1}\mathbb{P}(X_{t_2}\leqslant x_2,X_{t_1}\in\mathrm{d}z_1)\\&=\int_{-\infty}^{x_1}\mathbb{P}(X_{t_2}\leqslant x_2|X_{t_1}=z_1)\mathbb{P}(X_{t_1}\in\mathrm{d}z_1)\\&=\int_{-\infty}^{x_1}\mathbb{P}(X_{t_2}-X_{t_1}+z_1\leqslant x_2|X_{t_1}=z_1)\mathbb{P}(X_{t_1}\in\mathrm{d}z_1)\\&=\int_{-\infty}^{x_1}\mathbb{P}(X_{t_2-t_1}\leqslant x_2-z_1)\mathbb{P}(X_{t_1}\in\mathrm{d}z_1)\\&=\int_{-\infty}^{x_1}F_{t_2-t_1}(x_2-z_1)F_{t_1}(\mathrm{d}z_1).\end{aligned}$$

对于 $n=3$, 我们有

$$\begin{aligned}F_{t_1,t_2,t_3}(x_1,x_2,x_3)&=\mathbb{P}(X_{t_1}\leqslant x_1,X_{t_2}\leqslant x_2,X_{t_3}\leqslant x_3)\\&=\int_{-\infty}^{x_1}\int_{-\infty}^{x_2}\mathbb{P}(X_{t_3}\leqslant x_3,X_{t_2}\in\mathrm{d}z_2,X_{t_1}\in\mathrm{d}z_1)\\&=\int_{-\infty}^{x_1}\int_{-\infty}^{x_2}\mathbb{P}(X_{t_3}-X_{t_2}\leqslant x_3-z_2|X_{t_2}-X_{t_1}=z_2-z_1,X_{t_1}=z_1)\\&\quad\times\mathbb{P}(X_{t_1}\in\mathrm{d}z_1,X_{t_2}\in\mathrm{d}z_2)\\&=\int_{-\infty}^{x_1}\int_{-\infty}^{x_2}F_{t_3-t_2}(x_3-z_2)F_{t_1,t_2}(\mathrm{d}z_1,\mathrm{d}z_2)\\&=\int_{-\infty}^{x_1}\int_{-\infty}^{x_2}F_{t_3-t_2}(x_3-z_2)F_{t_2-t_1}(\mathrm{d}z_2-z_1)F_{t_1}(\mathrm{d}z_1).\end{aligned}$$

以此类推得到

$$\begin{aligned}&F_{t_1,\cdots,t_n}(x_1,\cdots,x_n)\\=&\int_{-\infty}^{x_{n-1}}\cdots\int_{-\infty}^{x_1}F_{t_n-t_{n-1}}(x_n-z_{n-1})F_{t_{n-1}-t_{n-2}}(\mathrm{d}z_{n-1}-z_{n-2})\\&\times F_{t_{n-2}-t_{n-3}}(\mathrm{d}z_{n-2}-z_{n-3})\times\cdots\times F_{t_2-t_1}(\mathrm{d}z_2-z_1)F_{t_1}(\mathrm{d}z_1).\end{aligned}\tag{7.38}$$

特别地, 如果有限维分布函数 $F_{t_1,\cdots,t_n}(x_1,\cdots,x_n)$ 具有密度函数 $p_{t_1,\cdots,t_n}(x_1,\cdots,x_n)$, 则 (7.38) 意味着

$$p_{t_1,\cdots,t_n}(x_1,\cdots,x_n)$$

$$=p_{t_n-t_{n-1}}(x_n-x_{n-1})p_{t_{n-1}-t_{n-2}}(x_{n-1}-x_{n-2})$$
$$\times p_{t_{n-2}-t_{n-3}}(x_{n-2}-x_{n-3})\times\cdots\times p_{t_2-t_1}(x_2-x_1)p_{t_1}(x_1). \tag{7.39}$$

随机游动作为一类特殊的平稳独立增量过程, 我们下面考虑随机游动的一种特殊的尺度极限. 为此, 用 $\lceil x\rceil$ 表示不超过实数 x 的最大整数. 现在, 假设随机游动跳高度 ξ_k 服从只取 $\{1,-1\}$ 的对称分布, 即

$$\mathbb{P}(\xi_k=1)=\mathbb{P}(\xi_k=-1)=\frac{1}{2}.$$

对任意的时刻 $t\geqslant 0$ 和正整数 n, 定义关于随机游动 $S_n=\sum_{k=1}^n\xi_k$ 的如下尺度变换过程:

$$W_t^{(n)}=\sqrt{t}\frac{S_{\lceil nt\rceil}}{\sqrt{\lceil nt\rceil}},\ t>0,\quad W_0^{(n)}=0.$$

对于 $m=1,2\cdots$, 在离散时间点 $t=\dfrac{m}{n}$, 则有

$$W_{\frac{m}{n}}^{(n)}=\frac{S_m}{\sqrt{n}}=W_{\frac{m-1}{n}}^{(n)}+\frac{\xi_m}{\sqrt{n}}.$$

由于 $\mathbb{E}[\xi_k]=0$ 和 $\mathrm{Var}[\xi_k]=1$, 故有

$$\mathrm{Var}\left[\frac{S_{\lceil nt\rceil}}{\lceil nt\rceil}\right]=\frac{1}{\lceil nt\rceil}.$$

于是, 根据 (7.36) 得到

$$\frac{S_{\lceil nt\rceil}}{\sqrt{\lceil nt\rceil}}=\frac{\dfrac{S_{\lceil nt\rceil}}{\lceil nt\rceil}-0}{\dfrac{1}{\sqrt{\lceil nt\rceil}}}\stackrel{d}{\to}\xi_0\sim N(0,1),\quad n\to+\infty.$$

于是, 对每一个时刻 $t>0$, 当 $n\to+\infty$ 时, 尺度变换过程 $W_t^{(n)}$ 依分布收敛到一个服从 $N(0,t)$ 的随机变量 W_t, 即对任意 $t>0$, $W_t^{(n)}\stackrel{d}{\to}W_t$, $n\to\infty$. 作为随机过程 $W^{(n)}=\{W_t^{(n)};\ t\geqslant 0\}$ 和 $W=\{W_t;\ t\geqslant 0\}$ (或视为 $C(\mathbb{R}_+^0;\mathbb{R})$-值的随机变量列), M. D. Donsker 在 1951 年证明了如下更一般的弱收敛性:

$$W^{(n)}\stackrel{d}{\to}W,\quad n\to\infty,$$

其中 W 是一个**布朗运动**, 此即为著名的 **Donsker 不变原理** (参见文献 [9], 定理 2.4.20). 我们将在 7.6 节中介绍布朗运动的定义和相关性质.

独立增量的随机过程还满足如下的性质: 考虑时间索引集合 $I=[0,\infty)$.

引理 7.3 设 $X=\{X_t;\ t\geqslant 0\}$ 为概率空间 $(\Omega,\mathcal{F},\mathbb{P})$ 上的独立增量过程以及 $\mathbb{F}^X=\{\mathcal{F}_t;\ t\geqslant 0\}$ 为过程 X 生成的自然过滤. 那么, 对任意 $0\leqslant s<t<+\infty$, 增量 X_t-X_s 与 $\mathcal{F}_s^X$ 独立, 我们记为 $X_t-X_s\perp\mathcal{F}_s^X$.

证 应用 π-λ 定理证明该引理. 为此, 定义如下两个集类

$$\mathcal{L}=\left\{A\in\mathcal{F}_s^X;\ A\perp X_t-X_s\right\},$$

$$\mathcal{A}=\left\{\bigcup_{0\leqslant s_1<\cdots<s_n=s}\sigma(X_{s_1},\cdots,X_{s_n});\ n\geqslant 1\right\}.$$

不难验证 $\mathcal{L}$ 为一个 λ-类, 而 $\mathcal{A}$ 为一个 π-类.

我们下面证明 $\mathcal{A}\subset\mathcal{L}$. 事实上, 由于 X 是独立增量过程, 故 $\sigma(X_{s_1},X_{s_2}-X_{s_1},\cdots,X_{s_n}-X_{s_{n-1}})$ 与增量 X_t-X_s 独立. 注意到如下关系式:

$$\sigma(X_{s_1},\cdots,X_{s_n})=\sigma(X_{s_1},X_{s_2}-X_{s_1},\cdots,X_{s_n}-X_{s_{n-1}}).$$

于是 $\mathcal{A}\subset\mathcal{L}$. 这样, 根据 π-λ 定理, 我们有 $\sigma(\mathcal{A})\subset\mathcal{L}$. 由于 $\sigma(\mathcal{A})=\mathcal{F}_s^X$, 故 $\mathcal{F}_s^X\subset\mathcal{L}$. 这样, 该引理得证. □

注释 7.1 (关于 $\mathbb{F}$ 的独立增量过程) 根据上面的引理 7.3, 我们还可以按如下的方式定义适应的独立增量过程: 设 $X=\{X_t;\ t\geqslant 0\}$ 为过滤概率空间 $(\Omega,\mathcal{F},\mathbb{F}=\{\mathcal{F}_t;\ t\geqslant 0\},\mathbb{P})$ 上一个 $\mathbb{F}$-适应 S-值随机过程. 如果对任意 $t>s\geqslant 0$,

$$X_t-X_s\perp\mathcal{F}_s,\tag{7.40}$$

则称 X 是一个关于过滤 $\mathbb{F}$ 的独立增量过程.

设 S 为一个拓扑空间以及 $X=\{X_t;\ t\geqslant 0\}$ 是一个 $\mathbb{F}$-适应 S-值独立增量过程, 那么 X 也是一个 Markov 过程. 事实上, 我们称在过滤概率空间 $(\Omega,\mathcal{F},\mathbb{F}=\{\mathcal{F}_t;\ t\geqslant 0\},\mathbb{P})$ 上适应的 S-值过程 $X=\{X_t;\ t\geqslant 0\}$ 为一个 Markov 过程, 如果对任意 $s,t\geqslant 0$ 和 $A\in\mathcal{B}_S$,

$$\mathbb{P}(X_{t+s}\in A|\mathcal{F}_s)=\mathbb{P}(X_{t+s}\in A|X_s),\quad \mathbb{P}\text{-a.e.},\tag{7.41}$$

此等价于: 对任意有界可测函数 $f:S\to\mathbb{R}$,

$$\mathbb{E}\left[f(X_{t+s})|\mathcal{F}_s\right]=\mathbb{E}\left[f(X_{t+s})|X_s\right],\quad \mathbb{P}\text{-a.e.}.\tag{7.42}$$

于是, 对于 $\mathbb{F}$-适应独立增量过 X, 我们定义: 对任意 $s,t\geqslant 0$,

$$\xi:=X_{t+s}-X_s,\quad \eta:=X_s.$$

因此 $\eta \in \mathcal{F}_s$ 和 $\xi \perp \mathcal{F}_s$. 那么, 根据 4.2 节中的性质 (C2), 对任意有界可测函数 $f : S \to \mathbb{R}$,

$$\mathbb{E}\left[f(X_{t+s})|\mathcal{F}_s\right] = \mathbb{E}\left[f(\xi+\eta)|\mathcal{F}_s\right] = \mathbb{E}\left[f(\xi+y)\right]|_{y=\eta}.$$

同理, 我们有

$$\mathbb{E}\left[f(X_{t+s})|X_s\right] = \mathbb{E}\left[f(\xi+\eta)|\sigma(\eta)\right] = \mathbb{E}\left[f(\xi+y)\right]|_{y=\eta}.$$

因此 (7.42) 成立.

7.5 高斯过程与随机场

本节引入另一类重要的随机过程: 高斯过程和高斯随机场. 为此, 我们首先介绍多维高斯 (正态) 分布的定义.

定义 7.16 (半正定矩阵) 设 $C = (C_{ij})_{i,j=1,\cdots,n}$ 为一个 $n \times n$-维对称方阵. 如果对任意 $\theta \in \mathbb{R}^n$, 如下不等式成立:

$$\langle \theta, C\theta \rangle := \sum_{i,j=1}^{n} \theta_i C_{ij} \theta_j \geqslant 0.$$

则称矩阵 C 为半正定的.

基于上面的半正定矩阵的定义, 我们下面引入多维高斯分布:

定义 7.17 (多维高斯分布) 设 $X = (X_1, \cdots, X_n)$ 为概率空间 $(\Omega, \mathcal{F}, \mathbb{P})$ 上的一个 n-维随机变量以及 $\mu \in \mathbb{R}^n$ 和 C 为一个 n-维半正定矩阵. 如果其特征函数为

$$\Phi_X(\theta) = e^{\mathrm{i}\langle \theta,\mu\rangle - \frac{1}{2}\langle \theta, C\theta\rangle}, \quad \theta \in \mathbb{R}^n,$$

则称 X 服从一个 n-维高斯分布, 以后记为 $X \sim N(\mu, C)$.

对于 $X \sim N(\mu, C)$, 称 μ 为均值向量和 C 为协方差矩阵. 如果 C 是可逆的 (即 C 是正定的), 则称 $X \sim N(\mu, C)$ 为非退化的. 如果 C 是非可逆的, 则称 $X \sim N(\mu, C)$ 为退化的. 例如, $X = \mu$, a.e. 是一个退化的高斯随机变量. 若 $X \sim N(\mu, C)$ 为非退化的, 则其具有如下的概率密度函数:

$$p(x) = \frac{1}{(2\pi)^{n/2}|C|^{1/2}} e^{-\frac{1}{2}\left\langle x-\mu, C^{-1}(x-\mu)\right\rangle}, \quad x \in \mathbb{R}^n. \tag{7.43}$$

因此 $\mu_i = \mathbb{E}[X_i]$ 和 $C_{ij} = \mathrm{Cov}(X_i, X_j) = \mathbb{E}[(X_i - \mu_i)(X_j - \mu_j)]$, $i, j = 1, \cdots, n$. 显然, 从定义 7.17 可以看到: 对任意高斯分布, 其具体的分布形式只由其均值向量和协方差矩阵决定.

下面的命题说明所有高斯随机变量所形成的集合在 L^2-意义下是闭的.

命题 7.1 设 $\{\xi_k;\ k \geqslant 1\}$ 是一列 n-维高斯随机变量. 对每一个 $k \geqslant 1$, $\xi_k \sim N(\mu_k, C_k)$. 如果存在一个 n-维平方可积随机变量 ξ 满足

$$\mathbb{E}\left[\|\xi_k - \xi\|^2\right] \to 0, \quad k \to \infty,$$

那么 $\xi \sim N(\mu, C)$, 其中 $\mu = \lim_{k\to\infty} \mu_k$ 和 $C = \lim_{k\to\infty} C_k$.

证 对每一个 $i, j = 1, \cdots, n$, 应用 Cauchy-Schwarz 不等式, 我们首先有

$$\begin{aligned}
\mathbb{E}\left[\left|\xi_k^{(i)}\xi_k^{(j)} - \xi^{(i)}\xi^{(j)}\right|\right] &\leqslant \mathbb{E}\left[\left|\xi^{(i)}(\xi_k^{(j)} - \xi^{(j)})\right|\right] + \mathbb{E}\left[\left|\xi^{(j)}(\xi_k^{(i)} - \xi^{(i)})\right|\right] \\
&\quad + \mathbb{E}\left[\left|\xi_k^{(i)} - \xi^{(i)}\right|\left|\xi_k^{(j)} - \xi^{(j)}\right|\right] \\
&\leqslant \sqrt{\mathbb{E}[|\xi^{(i)}|^2]\mathbb{E}[|\xi_k^{(j)} - \xi^{(j)}|^2]} + \sqrt{\mathbb{E}[|\xi^{(j)}|^2]\mathbb{E}[|\xi_k^{(i)} - \xi^{(i)}|^2]} \\
&\quad + \sqrt{\mathbb{E}[|\xi_k^{(i)} - \xi^{(i)}|^2]\mathbb{E}[|\xi_k^{(j)} - \xi^{(j)}|^2]}.
\end{aligned}$$

由题设的收敛条件得到

$$\xi_k^{(i)}\xi_k^{(j)} \xrightarrow{L^1} \xi^{(i)}\xi^{(j)}, \quad k \to \infty.$$

于是 $\mathbb{E}[\xi_k^{(i)}\xi_k^{(j)}] \to \mathbb{E}[\xi^{(i)}\xi^{(j)}]$ 和 $\mathbb{E}[\xi_k^{(i)}] \to \mathbb{E}[\xi^{(i)}]$, $k \to \infty$. 因此, 当 $k \to \infty$ 时, $\mu_k^{(i)} \to \mu^{(i)}$ 以及

$$\begin{aligned}
C_k^{(i,j)} &= \mathbb{E}[\xi_k^{(i)}\xi_k^{(j)}] - \mathbb{E}[\xi_k^{(i)}]\mathbb{E}[\xi_k^{(j)}] \\
&\to \mathbb{E}[\xi^{(i)}\xi^{(j)}] - \mathbb{E}[\xi^{(i)}]\mathbb{E}[\xi^{(j)}] = C^{(i,j)}, \quad i, j = 1, \cdots, n.
\end{aligned}$$

下面证明 ξ 服从高斯分布. 事实上, 由 $\xi_k^{(i)}\xi_k^{(j)} \xrightarrow{L^1} \xi^{(i)}\xi^{(j)}$, $k \to \infty$, 我们有: 对任意 $\theta \in \mathbb{R}^n$,

$$\langle \theta, \xi_k \rangle \xrightarrow{\mathbb{P}} \langle \theta, \xi \rangle, \quad k \to \infty.$$

于是, 特征函数 $\Phi_{\xi_k}(\theta) \to \Phi_\xi(\theta)$, $\theta \in \mathbb{R}^n$. 由于 $\xi_k \sim N(\mu_k, C_k)$, 则

$$\Phi_{\xi_k}(\theta) = e^{\mathrm{i}\langle \theta, \mu_k \rangle - \frac{1}{2}\langle \theta, C_k\theta \rangle}.$$

再由上面已证得的

$$\mu_k^{(i)} \to \mu^{(i)}, \quad C_k^{(i,j)} \to C^{(i,j)}, \quad k \to \infty.$$

因此 $\Phi_\xi(\theta) = e^{\mathrm{i}\langle \theta, \mu \rangle - \frac{1}{2}\langle \theta, C\theta \rangle}$, 此即 $X \sim N(\mu, C)$. □

在上面的命题 7.1 中, 极限的协方差矩阵 C 可能是退化的, 例如 $C = 0$, 这对应于 $X = \mu$, a.e.. 我们下面引入高斯过程的定义:

定义 7.18 (高斯过程) 设 $X = \{X_t;\ t \in I\}$ 为概率空间 $(\Omega, \mathcal{F}, \mathbb{P})$ 上的一个实值随机过程. 如果对任意不同的 $t_1, \cdots, t_n \in I$ $(n \in \mathbb{N})$, 其 n-维随机变量 $(X_{t_1}, \cdots, X_{t_n})$ 服从 n-维高斯分布, 那么称 X 是一个高斯过程或正态过程.

高斯过程的任意有限维分布均为高斯分布. 如果 X 是一个高斯过程, 那么其任意有限维分布只由其均值函数和相关函数来决定. 也就是

$$(X_{t_1}, \cdots, X_{t_n}) \sim N(\mu_n, C_n),$$

其中 $\mu_n = (m_X(t_i);\ i = 1, \cdots, n)^\top$ 和 $C_n = (R_X(t_i, t_j) - m_X(t_i)m_X(t_j))_{i,j=1,\cdots,n}$. 因此, 如果 X 是一个平稳高斯过程, 那么其也是一个严平稳过程.

作为高斯过程, 我们下面引入高斯随机场. 首先证明下面的引理:

引理 7.4 设 m 为 $\mathcal{B}_{\mathbb{R}^d}$ 上的 Lebesgue 测度. 定义集函数 $\Sigma : \mathcal{B}_{\mathbb{R}^d} \otimes \mathcal{B}_{\mathbb{R}^d} \to \mathbb{R}$ 如下:

$$\Sigma(A, B) := m(A \cap B), \quad \forall\ A, B \in \mathcal{B}_{\mathbb{R}^d}, \tag{7.44}$$

则 $\Sigma = \{\Sigma(A, B);\ A, B \in \mathcal{B}_{\mathbb{R}^d}\}$ 是半正定的.

证 显然 Σ 是对称的, 即 $\Sigma(A, B) = \Sigma(B, A), \forall\ A, B \in \mathcal{B}_{\mathbb{R}^d}$. 另一方面, 对任意 $A_1, \cdots, A_n \in \mathcal{B}_{\mathbb{R}^d}$ 和 $\theta_1, \cdots, \theta_n$ $(n \in \mathbb{N})$, 我们得到

$$\begin{aligned}\sum_{i,j=1}^{n} \theta_i\theta_j\Sigma(A_i, A_j) &= \sum_{i,j=1}^{n} \theta_i\theta_j m(A_i \cap A_j) = \int_{\mathbb{R}^n} \sum_{i,j=1}^{n} \left(\theta_i 1\!\!1_{A_i}(x)\theta_j 1\!\!1_{A_j}(x)\right) \mathrm{d}x \\ &= \int_{\mathbb{R}^n} \left|\sum_{i=1}^{n} \theta_i 1\!\!1_{A_i}(x)\right|^2 \mathrm{d}x \geqslant 0.\end{aligned}$$

这样, 该引理得证. □

下面引入高斯随机场的定义:

定义 7.19 (高斯随机场) 设 $W = \{W(A);\ A \in \mathcal{B}_{\mathbb{R}^d}\}$ 为概率空间 $(\Omega, \mathcal{F}, \mathbb{P})$ 上的一个实值随机过程. 如果过程 W 是一个均值函数为 0 和相关函数为 $\Sigma = \{\Sigma(A, B);\ A, B \in \mathcal{B}_{\mathbb{R}^d}\}$ 的高斯过程, 那么称 W 为 $\mathbb{R}^d$ 上的一个高斯随机场.

根据定义 7.19, 高斯随机场满足如下的性质:

引理 7.5 设 $W = \{W(A);\ A \in \mathcal{B}_{\mathbb{R}^d}\}$ 为概率空间 $(\Omega, \mathcal{F}, \mathbb{P})$ 下的一个高斯随机场, 那么有

$$W(A) \sim N(0, m(A)), \quad \forall\ A \in \mathcal{B}_{\mathbb{R}^d}.$$

进一步, 对任意 $A, B \in \mathcal{B}_{\mathbb{R}^d}$ 和 $A \cap B = \varnothing$, 则 $W(A)$ 与 $W(B)$ 相互独立.

证 对任意 $A, B \in \mathcal{B}_{\mathbb{R}^d}$ 和 $A \cap B = \varnothing$, 由定义 7.19 得到

$$\mathbb{E}[W(A)W(B)] = \Sigma(A, B) = m(A \cap B) = m(\varnothing) = 0.$$

由于 $W = \{W(A);\ A \in \mathcal{B}_{\mathbb{R}^d}\}$ 是高斯过程, 故 $(W(A), W(B))$ 服从二维正态分布且其均值向量和协方差矩阵为

$$\mu = (0, 0), \quad C = \begin{pmatrix} m(A) & 0 \\ 0 & m(B) \end{pmatrix}.$$

因此 $W(A)$ 与 $W(B)$ 相互独立. □

下面的引理说明高斯随机场作为 $\mathcal{B}_{\mathbb{R}^d}$ 上的随机集函数满足有限可加性:

引理 7.6 设 $W = \{W(A);\ A \in \mathcal{B}_{\mathbb{R}^d}\}$ 为概率空间 $(\Omega, \mathcal{F}, \mathbb{P})$ 上的一个高斯随机场. 如果 $A, B \in \mathcal{B}_{\mathbb{R}^d}$ 和 $A \cap B = \varnothing$, 那么有

$$\mathbb{E}\left[|W(A \cup B) - W(A) - W(B)|^2\right] = 0. \tag{7.45}$$

证 根据高斯随机场的定义, 我们有

$$\begin{aligned}
&\mathbb{E}\left[|W(A \cup B) - W(A) - W(B)|^2\right] \\
&= \mathbb{E}\left[|W(A \cup B)|^2\right] - 2\mathbb{E}\left[W(A \cup B)W(A)\right] \\
&\quad - 2\mathbb{E}\left[W(A \cup B)W(B)\right] + \mathbb{E}\left[|W(A) + W(B)|^2\right] \\
&= \Sigma(A \cup B, A \cup B) - 2\Sigma(A \cup B, A) - 2\Sigma(A \cup B, B) \\
&\quad + \Sigma(A) + \Sigma(B) + 2\Sigma(A, B) \\
&= m(A \cup B) - 2m(A) - 2m(B) + m(A) + m(B) + 2m(A \cap B) \\
&= m(A \cup B) - m(A) - m(B) + 2m(A \cap B) \\
&= m(A \cap B) \\
&= m(\varnothing) \\
&= 0.
\end{aligned}$$

此即等式 (7.45). 这样, 该引理得证. □

对于高斯随机场 $W = \{W(A);\ A \in \mathcal{B}_{\mathbb{R}^d}\}$ 和任意互不相交集合 $A, B \in \mathcal{B}_{\mathbb{R}^d}$, 我们定义:

$$\xi := W(A \cup B) - W(A) - W(B).$$

那么, 根据高斯随机场的定义 (定义 7.19), 我们有 $\mathbb{E}[\xi]=0$. 再根据引理 7.6 得到 $\mathbb{E}[|\xi^2|]=0$, 此即 $\mathrm{Var}[\xi]=0$. 因此得到

$$\mathbb{P}(\xi=0)=1\Leftrightarrow W(A\cup B)=W(A)+W(B),\ \text{a.e.}\ (A\cap B=\varnothing). \tag{7.46}$$

下面介绍高斯随机场的一些常见例子:

例 7.4 (布朗运动) 设 $W=\{W(A);\ A\in\mathcal{B}_{[0,\infty)}\}$ 为概率空间 $(\Omega,\mathcal{F},\mathbb{P})$ 上的一个高斯随机场. 我们定义:

$$\tilde{B}_t:=W([0,t]),\quad t\geqslant 0.$$

于是, 根据高斯随机场的定义知 $\tilde{B}=\{\tilde{B}_t;\ t\geqslant 0\}$ 是一个高斯过程且对任意 s, $t\geqslant 0$,

$$m_{\tilde{B}}(t)=\mathbb{E}[B_t]=\mathbb{E}\left[W([0,t])\right]=m([0,t])=t,$$

$$R_{\tilde{B}}(s,t)=\mathbb{E}[W(0,s)W([0,t])]=m([0,s]\cap[0,t])=s\wedge t.$$

我们可以证明 (参见 Lévy 定理和 Kolmogorov 连续性定理): 对于过程 $\tilde{B}$, 存在一个修正过程 $B=\{B_t;\ t\geqslant 0\}$, 而 B 就是一个布朗运动. (参见下一节关于布朗运动的定义)

例 7.5 (布朗单) 设 $W=\{W(A);\ A\in\mathcal{B}_{[0,\infty)^2}\}$ 为概率空间 $(\Omega,\mathcal{F},\mathbb{P})$ 上的一个高斯随机场. 我们定义:

$$\tilde{B}_{(s,t)}:=W([0,s]\times[0,t]),\quad s,t\geqslant 0,$$

那么称 $\tilde{B}=\{\tilde{B}_{(s,t)};\ s,t,\geqslant 0\}$ 为一个布朗单 (Brownian sheet). 进一步, 我们还有

$$m_{\tilde{B}}(s,t)=\mathbb{E}\left[W([0,s]\times[0,t])\right]=m([0,s]\times[0,t])=st,$$

$$R_{\tilde{B}}((s_1,s_2),(t_1,t_2))=\mathbb{E}[W([0,s_1]\times[0,s_2])W([0,t_1]\times[0,t_2])]=(s_1\wedge t_1)(s_2\wedge t_2).$$

上面的布朗单 $\tilde{B}=\{\tilde{B}_{(s,t)};\ s,t\geqslant 0\}$ 经常作为随机偏微分方程中的噪声扰动项.

7.6 布朗运动

在 1827 年, 苏格兰植物学家 Robert Brown (1773—1858) 用显微镜观察到悬浮在液体中的花粉粒子做大量无规则运动, 人们后来把这种物理现象称为布朗运动. 在 1905 年, 德国物理学家 Albert Einstein (1879—1955) 在他的一篇论文中首次对布朗运动给出了定量的理论解释. A. Einstein 还从理论上给出

了分子热运动的统计力学模型. 在 1923 年, 美国数学家、控制论之父 Norbert Wiener (1894—1864) 引入了布朗运动的严格数学定义, 并作出了一系列工作极大地促进了布朗运动数学理论的发展. 后来, 布朗运动也被人们称为 Wiener 过程. 基于 N. Wiener 的数学模型, 布朗运动已经被广泛用于金融风险、库存与需求、种群的模仿变异和物理粒子系统的建模.

下面给出 N. Wiener 在 1923 年所提出的布朗运动的数学定义:

定义 7.20 ($\mathbb{F}$-布朗运动或 Wiener 过程) 设 $B=\{B_t;\ t\geqslant 0\}$ 为过滤概率空间 $(\Omega,\mathcal{F},\mathbb{F}=\{\mathcal{F}_t;\ t\geqslant 0\},\mathbb{P})$ 上的一个 $\mathbb{F}$-适应的轨道连续实值随机过程. 如果过程 B 满足如下性质:

(i) $B_0=0$;

(ii) 对任意 $t>0$, $B_t\sim N(0,t)$;

(iii) 过程 B 是关于过滤 $\mathbb{F}$ 的平稳独立增量过程 (参见注释 7.1),

那么称过程 B 为一个 $\mathbb{F}$-标准布朗运动或 $\mathbb{F}$-Wiener 过程.

设 $\mathbb{F}^B=\{\mathcal{F}_t^B;\ t\geqslant 0\}=\{\sigma(B_s;\ s\leqslant t);\ t\geqslant 0\}$ 为过程 $B=\{B_t;\ t\geqslant 0\}$ 生成的自然过滤. 我们称 $B=\{B_t;\ t\geqslant 0\}$ 为概率空间 $(\Omega,\mathcal{F},\mathbb{P})$ 上的一个标准布朗运动, 如果在定义 7.20 中取 $\mathbb{F}=\mathbb{F}^B$, 也就是, 在定义 7.20-(iii) 中的独立增量性定义为: 对任意 $0=t_0<t_1<\cdots<t_n$ ($n\geqslant 2$ 和 $t_i\in I$, $i=1,\cdots,n$), 如下 n 个增量:

$$B_{t_n}-B_{t_{n-1}},\ B_{t_{n-1}}-B_{t_{n-2}},\ \cdots,\ B_{t_2}-B_{t_1},\ B_{t_1}$$

是相互独立的随机变量. 除非特别指出给定的过滤, 下面提及的布朗运动均表示概率空间 $(\Omega,\mathcal{F},\mathbb{P})$ 上的一个标准布朗运动.

由于布朗运动本身是独立增量过程, 那么根据 7.4 节中的结论, 布朗运动是一个 Markov 过程. 由 (ii), 显然布朗运动的一维分布函数具有如下的概率密度函数:

$$p_t(x):=\frac{\mathbb{P}(B_t\in \mathrm{d}x)}{dx}=\frac{1}{\sqrt{2\pi t}}e^{-\frac{x^2}{2t}},\quad (t,x)\in(0,\infty)\times\mathbb{R}.$$

对任意 $s>t\geqslant 0$, 我们定义:

$$p(t,s,x,y):=\frac{\mathbb{P}(B_s\in dy|B_t=x)}{dy},\quad (x,y)\in\mathbb{R}^2, \tag{7.47}$$

则称其为布朗运动 B 的状态转移概率密度函数. 由布朗运动定义中的条件 (iii), 我们得到

$$\begin{aligned}p(t,s,x,y)dy&=\mathbb{P}(B_s-B_t\in dy-x|B_t=x)=\mathbb{P}(B_{s-t}\in dy\in dy-x)\\&=p_{s-t}(y-x)dy.\end{aligned}$$

也就是说, 布朗运动的状态转移概率密度函数由其一维概率密度函数 $p_t(x)$ 来决定. 不难验证, $p_t(x)$ 满足

$$\begin{aligned}\frac{\partial p_t(x)}{\partial t} &= \frac{1}{2}\Delta_x p_t(x), \quad (t,x)\in(0,\infty)\times\mathbb{R},\\ p_0(x) &= \delta_0(x), \quad x\in\mathbb{R},\end{aligned} \tag{7.48}$$

其中 $\Delta_x = \dfrac{\partial^2}{\partial x^2}$ 表示 Laplace 算子. 我们称方程 (7.48) 为**向后 Kolmogorov 方程**. 另一方面, 从偏微分方程的角度, $p_t(x)$ 也称为如下热方程:

$$\begin{aligned}\frac{\partial u_t(x)}{\partial t} &= \frac{1}{2}\Delta_x u_t(x), \quad (t,x)\in(0,\infty)\times\mathbb{R},\\ u(0) &= h\in C_0^2(\mathbb{R})\end{aligned} \tag{7.49}$$

的基本解. 也就是说, 方程 (7.49) 的解可表示为

$$\begin{aligned}u_t(x) &= \int_{\mathbb{R}} h(y)p_t(x-y)\mathrm{d}y\\ &= \int_{\mathbb{R}} h(y)\mathbb{P}(B_t\in \mathrm{d}y|B_0=x) = \mathbb{E}[h(B_t)|B_0=x].\end{aligned} \tag{7.50}$$

这实际上给出了热方程 (7.49) 的概率解. 对于更一般的线性偏微分方程解的概率表示, 我们通常称为 Feynman-Kac 公式 (参见文献 [9] 中的第 4 章).

现在, 设 $\tilde{B} = \{\tilde{B}_t;\ t\geqslant 0\}$ 是满足定义 7.20 中条件 (ii) 和 (iii) 的一个实值随机过程, 那么, 根据正态分布矩的解析表示: 对任意 $s,t\geqslant 0$,

$$\mathbb{E}\left[\left|\tilde{B}_t - \tilde{B}_s\right|^{2n}\right] = \frac{(2n)!}{2^n n!}|t-s|^n, \quad n\geqslant 1. \tag{7.51}$$

在 (7.51) 中取 $n\geqslant 2$ 以及在 Kolmogorov 连续性定理 (定理 7.3) 中取 $\alpha = 2n$, $\beta = n-1$ 和 $C = \dfrac{(2n)!}{2^n n!}$. 于是 $\alpha,\beta,C>0$. 这样, 由定理 7.3 得到: $\tilde{B}$ 有一个连续轨道的修正过程 $B = \{B_t;\ t\geqslant 0\}$. 进一步, 这个修正过程 B 的轨道是局部 $\gamma\in\left(0,\dfrac{n-1}{2n}\right)\subset\left(0,\dfrac{1}{2}\right)$-Hölder 连续的. 因此, 在定义布朗运动时, 我们也可以将轨道连续的假设去掉. 在这种情况下, 我们将修正过程 B 定义为布朗运动.

布朗运动是一个高斯过程. 事实上, 对任意 $0 = t_0\leqslant t_1 < \cdots < t_n <$

$+\infty$ ($n \in \mathbb{N}$), 根据布朗运动的平稳独立增量性和定义 7.17 得到

$$(B_{t_1}, \cdots, B_{t_n}) = (B_{t_1}, B_{t_2} - B_{t_1}, \cdots, B_{t_n} - B_{t_{n-1}}) \begin{pmatrix} 1 & 1 & \cdots & 1 \\ 0 & 1 & \cdots & 1 \\ \vdots & \vdots & & \vdots \\ 0 & 0 & \cdots & 1 \end{pmatrix}$$

服从多维高斯分布, 这是因为 $(B_{t_1}, B_{t_2} - B_{t_1}, \cdots, B_{t_n} - B_{t_{n-1}})$ 是一个多维高斯随机变量. 进一步, 我们容易计算得到

$$m_B(t) = 0, \quad R_B(s,t) = s \wedge t, \quad s, t \geqslant 0. \tag{7.52}$$

下面的定理说明通过过程的数字特征可以判别该过程是否为布朗运动:

定理 7.6 (Lévy 定理)　设 $X = \{X_t;\ t \geqslant 0\}$ 是概率空间 $(\Omega, \mathcal{F}, \mathbb{P})$ 上的一个轨道连续的高斯过程且 $X_0 = 0$. 如果其数字特征满足 (7.52), 也就是

$$m_X(t) = 0, \quad R_X(s,t) = s \wedge t, \quad s, t \geqslant 0,$$

那么过程 X 是一个标准布朗运动.

我们将上面 Lévy 定理的证明留作本章课后习题 (参见本章课后习题第 19 题). 应用定理 7.6, 可以证明如下布朗运动的尺度变换过程仍为一个布朗运动. 设 $B = \{B_t;\ t \geqslant 0\}$ 为概率空间 $(\Omega, \mathcal{F}, \mathbb{P})$ 下的一个标准布朗运动. 对任意 $t \geqslant 0$, 定义如下过程:

$$X_t := \begin{cases} tB_{\frac{1}{t}}, & t \neq 0, \\ 0, & t = 0. \end{cases} \tag{7.53}$$

根据 (7.53), 不难计算得到

$$m_X(t) = 0, \quad R_X(s,t) = s \wedge t, \quad s, t \geqslant 0.$$

进一步, 对任意 $a_{ij} \in \mathbb{R}$ ($i = 1, \cdots, n$, $j = 1, \cdots, m$), 则有: 对任意 $0 < t_1 < t_2 < \cdots < t_n < +\infty$,

$$\left(\sum_{i=1}^{n} a_{i1} t_i B_{\frac{1}{t_i}}, \sum_{i=1}^{n} a_{i2} t_i B_{\frac{1}{t_i}}, \cdots, \sum_{i=1}^{n} a_{im} t_i B_{\frac{1}{t_i}} \right)$$

是一个 m-维高斯随机变量. 那么, 应用本章课后习题第 10 题得到 $X = \{X_t;\ t \geqslant 0\}$ 是一个高斯过程.

我们下面证明过程 $X=\{X_t;\ t\geqslant 0\}$ 的轨道是连续的. 显然, 根据 (7.53), 对任意 $t>0$, $t\to X_t=tB_{\frac{1}{t}}$ 是连续的 (因为布朗运动的轨道是连续的). 因此, 下面只需证明过程 X 在 $t=0$ 处也是连续的, 也就是

$$\lim_{t\to 0^+} tB_{\frac{1}{t}}=0,\quad \mathbb{P}\text{-a.e.}. \tag{7.54}$$

事实上, 由强大数定律得到

$$\lim_{t\to\infty}\frac{B_t}{t}=0,\quad \mathbb{P}\text{-a.e.}. \tag{7.55}$$

于是 $\lim_{t\to 0^+} tB_{\frac{1}{t}}=\lim_{t\to 0^+}\frac{B_{\frac{1}{t}}}{\frac{1}{t}}=0$, $\mathbb{P}$-a.e.. 这样得到 (7.54). 对于 (7.55) 的证明, 如果 $t=n\in\mathbb{N}$, 对任意 $n\geqslant 2$, $\xi_k:=B_k-B_{k-1}\sim N(0,1)$, $k=1,\cdots,n$ 是 n 个独立同分布的标准正态随机变量, 故由经典的强大数定律: 当 $n\to\infty$ 时,

$$\frac{B_n}{n}=\frac{\sum_{k=1}^n\xi_k}{n}\overset{\text{a.e.}}{\to}\mathbb{E}[\xi_1]=0.$$

这证得了当 $t=n$ 时的 (7.55). 对于任意 $t>0$ 的情况, 我们需要应用第 8 章中的 Doob 最大值不等式得到: 对任意 $\varepsilon>0$,

$$\mathbb{P}\left(\sup_{2^n\leqslant t\leqslant 2^{n+1}}\frac{|B_t|}{t}>\varepsilon\right)\leqslant\frac{8}{\varepsilon^2}2^{-n},\quad \forall\, n\geqslant 1. \tag{7.56}$$

那么, 由 Borel-Cantelli 引理可推出 (7.55).

下面的定理刻画了布朗运动更精细的轨道性质:

定理 7.7 (布朗运动的重对数律) 设 $B=\{B_t;\ t\geqslant 0\}$ 为概率空间 $(\Omega,\mathcal{F},\mathbb{P})$ 上的一个标准布朗运动, 那么, 存在 $\hat{\Omega}\in\mathcal{F}$ 满足 $\mathbb{P}(\hat{\Omega})=1$ 和对任意 $\omega\in\hat{\Omega}$,

$$\overline{\lim_{t\to\infty}}\frac{B_t(\omega)}{\sqrt{2t\ln(\ln(t))}}=1,\quad \underline{\lim_{t\to\infty}}\frac{B_t(\omega)}{\sqrt{2t\ln(\ln(t))}}=-1. \tag{7.57}$$

根据定理 7.7 和 (7.53), 对任意 $\omega\in\hat{\Omega}$,

$$\overline{\lim_{t\downarrow 0}}\frac{B_t(\omega)}{\sqrt{2t\ln(\ln(t^{-1}))}}=1,\quad \underline{\lim_{t\downarrow 0}}\frac{B_t(\omega)}{\sqrt{2t\ln(\ln(t^{-1}))}}=-1. \tag{7.58}$$

进一步, 应用 (7.58), 我们得到: $\mathbb{P}$-a.e.,

$$\overline{\lim_{h\downarrow 0}}\frac{|B_{t+h}-B_t|}{\sqrt{h}}=+\infty. \tag{7.59}$$

这说明布朗运动的轨道并**不是** $\frac{1}{2}$-阶局部 Hölder 连续的.

下面证明定理 7.7. 为此, 我们首先证明如下关于高斯分布尾概率的不等式:

引理 7.7　对任意 $x>0$, 如下不等式成立:

$$\frac{x}{1+x^2}e^{-\frac{x^2}{2}}\leqslant\int_x^\infty e^{-\frac{y^2}{2}}\mathrm{d}y\leqslant\frac{1}{x}e^{-\frac{x^2}{2}}.$$

证　当 $y>x>0$ 时, 则 $\frac{y}{x}>1$. 于是

$$\int_x^\infty e^{-\frac{y^2}{2}}\mathrm{d}y\leqslant\int_x^\infty\frac{y}{x}e^{-\frac{y^2}{2}}\mathrm{d}y=\frac{1}{x}e^{-\frac{x^2}{2}}.$$

另一方面, 定义:

$$g(x):=\int_x^\infty e^{-\frac{y^2}{2}}\mathrm{d}y-\frac{x}{1+x^2}e^{-\frac{x^2}{2}},\quad x>0.$$

因此 $g(0)=\sqrt{\frac{\pi}{2}}>0$. 进一步, 我们有

$$g'(x)=-\frac{2}{(1+x^2)^2}e^{-\frac{x^2}{2}}<0,\quad\forall\,x>0.$$

这意味着 $x\to g(x)$ 严格单减和 $\lim_{x\to\infty}g(x)=0$. 这样, 对所有 $x>0$, 我们得到 $g(x)>0$. □

下面证明定理 7.7. 为此, 定义:

$$h(t):=\sqrt{2t\ln(\ln(t))},\quad t>0. \tag{7.60}$$

定理 7.7 的证明　我们分以下几个步骤来证明该定理.

- 首先证明 $\overline{\lim}_{t\to\infty}\frac{B_t(\omega)}{h(t)}\leqslant 1$, $\mathbb{P}$-a.e..

这等价于说: $\mathbb{P}$-a.e., 对任意 $\varepsilon>0$ 和充分大的 $t>0$, $\frac{B_t(\omega)}{h(t)}\leqslant 1+\varepsilon$. 为证此, 应用引理 7.7 得到

$$\mathbb{P}(B_t>(1+\varepsilon)h(t))=\mathbb{P}\left(\frac{B_t}{\sqrt{t}}>\frac{(1+\varepsilon)h(t)}{\sqrt{t}}\right)=\frac{1}{\sqrt{2\pi}}\int_{\frac{(1+\varepsilon)h(t)}{\sqrt{t}}}^{+\infty}e^{-\frac{y^2}{2}}\mathrm{d}y$$
$$\leqslant\frac{1}{(1+\varepsilon)\sqrt{4\pi\ln(\ln(t))}}e^{-(1+\varepsilon)^2\ln(\ln(t))}.$$

于是, 我们取 $t_n=\theta^n$, 其中 $\theta>1$ 和 $n\in\mathbb{N}$. 那么, 上面不等式意味着

$$\begin{aligned}\mathbb{P}(B_{\theta^n}>(1+\varepsilon)h(\theta^n))&\leqslant\frac{1}{(1+\varepsilon)\sqrt{4\pi\ln(n\ln(\theta))}}e^{-(1+\varepsilon)^2\ln(n\ln(\theta))}\\&=\frac{1}{(1+\varepsilon)\sqrt{4\pi\ln(n\ln(\theta))}}e^{-(1+\varepsilon)^2\ln(n\ln(\theta))}\\&=\frac{(\ln(\theta))^{-(1+\varepsilon)^2}}{(1+\varepsilon)\sqrt{4\pi\ln(n\ln(\theta))}}n^{-(1+\varepsilon)^2}\\&=\frac{(\ln(\theta))^{-(1+\varepsilon)^2}}{(1+\varepsilon)\sqrt{4\pi(\ln(n)+\ln(\ln(\theta)))}}n^{-(1+\varepsilon)^2}\\&\leqslant C(\theta,\varepsilon)n^{-(1+\varepsilon)^2},\end{aligned}$$

其中, 上式中的常数:

$$C(\theta,\varepsilon):=\frac{(\ln(\theta))^{-(1+\varepsilon)^2}}{(1+\varepsilon)\sqrt{4\pi\ln(\ln(\theta))}}.$$

根据**布朗运动的反射原理** (参见 9.2 节) 得到

$$\begin{aligned}\mathbb{P}\left(\sup_{s\in[0,\theta^n]}B_s>(1+\varepsilon)h(\theta^n)\right)&=2\mathbb{P}(B_{\theta^n}>(1+\varepsilon)h(\theta^n))\\&\leqslant 2C(\theta,\varepsilon)n^{-(1+\varepsilon)^2}.\end{aligned}$$

由于 $\sum_{n=1}^{\infty}n^{-(1+\varepsilon)^2}<+\infty$, 故应用 Borel-Cantelli 引理得到

$$\mathbb{P}\left(\sup_{s\in[0,\theta^n]}B_s>(1+\varepsilon)h(\theta^n),\ \text{i.o.}\right)=0.$$

于是, 存在 $\Omega^*\in\mathcal{F}$ 满足 $\mathbb{P}(\Omega^*)=1$ 使得: 对任意 $\omega\in\Omega^*$, 存在 $N(\omega)\geqslant 1$ 满足

$$\sup_{s\in[0,\theta^n]}B_s(\omega)\leqslant(1+\varepsilon)h(\theta^n),\quad n>N(\omega).$$

那么, 对所有 $t\in[\theta^{n-1},\theta^n)$, 我们有

$$\frac{B_t(\omega)}{h(t)}\leqslant(1+\varepsilon)\frac{h(\theta^n)}{h(t)}\leqslant(1+\varepsilon)\frac{h(\theta^n)}{h(\theta^{n-1})}=(1+\varepsilon)\sqrt{\theta}\sqrt{\frac{\ln(n\ln(\theta))}{\ln((n-1)\ln(\theta))}}.\quad(7.61)$$

注意到, 如下极限成立:

$$\lim_{n\to\infty}\sqrt{\frac{\ln(n\ln(\theta))}{\ln((n-1)\ln(\theta))}}=1.$$

在不等式 (7.61) 两边令 $n\to+\infty$, 则得到: 对任意 $\omega\in\Omega^*$,

$$\overline{\lim_{t\to\infty}}\frac{B_t(\omega)}{h(t)}\leqslant(1+\varepsilon)\sqrt{\theta}. \tag{7.62}$$

再令上式中 $\varepsilon\downarrow 0$ 和 $\theta\downarrow 1$ 得到: 对任意 $\omega\in\Omega^*$,

$$\overline{\lim_{t\to+\infty}}\frac{B_t(\omega)}{h(t)}\leqslant 1. \tag{7.63}$$

- 证明 $\overline{\lim}_{t\to\infty}\dfrac{B_t(\omega)}{h(t)}\geqslant 1$, $\mathbb{P}$-a.e..

这等价于说: $\mathbb{P}$-a.e., 对任意 $\varepsilon>0$ 和充分大的 $t>0$, $\dfrac{B_t(\omega)}{h(t)}\geqslant 1-\varepsilon$. 为证此, 取 $t_n=\theta^n$ 和 $\theta>1$, 应用引理 (7.7) 前半部分不等式得到: 存在 $N\in\mathbb{N}$ 使得, 当 $n\geqslant N$ 时,

$$\begin{aligned}
&\mathbb{P}\left(B_{\theta^n}>(1-\varepsilon)h(\theta^n)\right)=\mathbb{P}\left(\frac{B_{\theta^n}}{\sqrt{\theta^n}}>(1-\varepsilon)\frac{h(\theta^n)}{\sqrt{\theta^n}}\right)\\
=&\frac{1}{\sqrt{2\pi}}\frac{\sqrt{2}(1-\varepsilon)\sqrt{\ln(n\ln(\theta))}}{1+2(1-\varepsilon)^2\ln(n\ln(\theta))}(\ln(\theta))^{-(1-\varepsilon)^2}n^{-(1-\varepsilon)^2}\\
\geqslant&\frac{1}{\sqrt{2\pi}}\frac{\sqrt{2}(1-\varepsilon)\sqrt{\ln(n\ln(\theta))}}{2(1-\varepsilon)^2\ln(n\ln(\theta))}(\ln(\theta))^{-(1-\varepsilon)^2}n^{-(1-\varepsilon)^2}\\
=&\frac{1}{\sqrt{2\pi}}\frac{1}{\sqrt{2}(1-\varepsilon)\sqrt{\ln(n\ln(\theta))}}(\ln(\theta))^{-(1-\varepsilon)^2}n^{-(1-\varepsilon)^2}\\
=&\frac{1}{\sqrt{2\pi}}\frac{1}{\sqrt{2}(1-\varepsilon)\sqrt{\ln(n)+\ln(\ln(\theta))}}(\ln(\theta))^{-(1-\varepsilon)^2}n^{-(1-\varepsilon)^2}\\
\geqslant&D(\theta,\varepsilon)n^{-(1-\varepsilon)^2}.
\end{aligned}$$

那么, 对于 $n\in\mathbb{N}$, 定义:

$$\begin{aligned}
A_n:=&\left\{\omega\in\Omega;\ B_{\theta^n}(\omega)-B_{\theta^{n-1}}(\omega)>(1-\varepsilon)\sqrt{1-\theta^{-1}}h(\theta^n)\right\}\\
=&\left\{\omega\in\Omega;\ \frac{B_{\theta^n}(\omega)-B_{\theta^{n-1}}(\omega)}{\sqrt{1-\theta^{-1}}}>(1-\varepsilon)h(\theta^n)\right\}.
\end{aligned}$$

根据布朗运动的平稳独立增量性得到 $\{A_n\}_{n\in\mathbb{N}}$ 是相互独立的, 以及

$$B_{\theta^n}-B_{\theta^{n-1}}\sim N(0,\theta^n(1-\theta^{-1})).$$

因此, 我们得到

$$\frac{B_{\theta^n}-B_{\theta^{n-1}}}{\sqrt{1-\theta^{-1}}}\sim N(0,\theta^n).$$

于是, 存在 $N\in\mathbb{N}$ 使得: 当 $n\geqslant N$ 时,

$$\mathbb{P}(A_n)\geqslant D(\theta,\varepsilon)n^{-(1-\varepsilon)^2}.$$

这样, 由 Borel-Cantelli 引理 II 得到: 存在 $\bar{\Omega}\in\mathcal{F}$ 满足 $\mathbb{P}(\bar{\Omega})=1$ 使得, 对任意 $\omega\in\bar{\Omega}$ 和 $M\geqslant 1$, 存在 $n=n(\omega)\geqslant M$ 时,

$$B_{\theta^n}(\omega)-B_{\theta^{n-1}}(\omega)>(1-\varepsilon)\sqrt{1-\theta^{-1}}h(\theta^n).$$

另一方面, 由 (7.63) 以及注意到 $-B=\{-B_t;\ t\geqslant 0\}$ 也是一个布朗运动知: 对任意 $\omega\in\hat{\Omega}:=\Omega^*\cap\bar{\Omega}$, 存在 $M^*(\omega)\geqslant 1$ 满足: 当 $n\geqslant M^*(\omega)$ 时,

$$-B_{\theta^{n-1}}(\omega)\leqslant(1+\varepsilon)h(\theta^{n-1})\leqslant(1+\varepsilon)\sqrt{\theta^{-1}}h(\theta^n).$$

于是, 对任意 $\omega\in\hat{\Omega}$, 当 $n\geqslant M\vee M^*(\omega)$ 时,

$$\frac{B_{\theta^n}(\omega)}{h(\theta^n)}>(1-\varepsilon)\sqrt{1-\theta^{-1}}-(1+\varepsilon)\sqrt{\theta^{-1}}.$$

因此, 令 $\theta\to\infty$ 和 $\varepsilon\to 0$, 则有

$$\varlimsup_{t\to\infty}\frac{B_t}{h(t)}\geqslant 1,\quad \mathbb{P}\text{-a.e.}.$$

这样, 我们证得了布朗运动的重对数律. □

下面引入布朗运动的二次变差过程. 事实上, 布朗运动的二次变差过程是关于布朗运动的 Itô 公式中的一个重要组成部分.

定义 7.21 (p-阶变差过程) 设 $X=\{X_t;\ t\geqslant 0\}$ 为概率空间 $(\Omega,\mathcal{F},\mathbb{P})$ 上的一个实值随机过程. 对任意 $t>0$, 设 $\sigma=\{t_0,t_1,\cdots,t_m\}$ 为 $[0,t]$ 的一个划分. 对任意 $t>0$, 定义:

$$V_t^{(p)}(\sigma):=\sum_{k=1}^m\left|X_{t_k}-X_{t_{k-1}}\right|^p,\quad p\in\mathbb{N},$$

则称 $V^{(p)}(\sigma)=\{V_t^{(p)}(\sigma);\ t\geqslant 0\}$ 为过程 X 关于划分 σ 的 p-阶变差过程. 特别地, 如果 $p=2$, 我们称其为关于划分 σ 的二次变差过程.

设 $B=\{B_t;\ t\geqslant 0\}$ 为概率空间 $(\Omega,\mathcal{F},\mathbb{P})$ 上的一个标准布朗运动, 那么, 布朗运动 B 关于划分 σ 的二次变差过程满足

$$\begin{aligned}V_t^{(2)}(\sigma)-t&=\sum_{k=1}^m\left|B_{t_k}-B_{t_{k-1}}\right|^2-\sum_{k=1}^m(t_k-t_{k-1})\\&=\sum_{k=1}^m\left\{\left|B_{t_k}-B_{t_{k-1}}\right|^2-(t_k-t_{k-1})\right\}\\&=\sum_{k=1}^m(t_k-t_{k-1})\left(\xi_k^2-1\right),\end{aligned}$$

其中, 对任意 $k=1,\cdots,m$, 我们定义:

$$\xi_k:=\frac{B_{t_k}-B_{t_{k-1}}}{\sqrt{t_k-t_{k-1}}}\sim N(0,1),$$

并且 $\xi_1,\cdots,\xi_m$ 是相互独立的. 定义 $\|\sigma\|:=\max\{t_k-t_{k-1};\ k=1,\cdots,m\}$, 于是有

$$\begin{aligned}\mathbb{E}\left[\left|V_t^{(2)}(\sigma)-t\right|^2\right]&=\mathbb{E}\left[\left|\sum_{k=1}^m(t_k-t_{k-1})\left(\xi_k^2-1\right)\right|^2\right]\\&=\sum_{k_1,k_2=1}^m(t_{k_1}-t_{k_1-1})(t_{k_2}-t_{k_2-1})\mathbb{E}\left[\left(\xi_{k_1}^2-1\right)\left(\xi_{k_2}^2-1\right)\right]\\&=\sum_{k=1}^m(t_k-t_{k-1})^2\mathbb{E}\left[\left|\xi_k^2-1\right|^2\right]=\sum_{k=1}^m(t_k-t_{k-1})^2\mathbb{E}\left[\left|\xi_1^2-1\right|^2\right]\\&\leqslant\|\sigma\|\mathbb{E}\left[\left|\xi_1^2-1\right|^2\right]\sum_{k=1}^m(t_k-t_{k-1})\\&=\|\sigma\|\mathbb{E}\left[\left|\xi_1^2-1\right|^2\right]t.\end{aligned}$$

设 $\{\sigma_n\}_{n\in\mathbb{N}}$ 为 $[0,t]$ 上的一列划分且满足

$$\lim_{n\to\infty}\|\sigma_n\|=0.$$

那么, 由上得到: 对任意 $t\geqslant 0$,

$$\mathbb{E}\left[\left|V_t^{(2)}(\sigma_n)-t\right|^2\right]\leqslant\|\sigma_n\|\mathbb{E}\left[\left|\xi_1^2-1\right|^2\right]t.\tag{7.64}$$

这意味着, 对任意 $t \geqslant 0$,

$$V_t^{(2)}(\sigma_n) \xrightarrow{L^2} t, \quad \|\sigma_n\| \to 0. \tag{7.65}$$

进一步, 根据 (7.64), 则有: 对任意 $\varepsilon > 0$,

$$\begin{aligned}\sum_{n=1}^{\infty} \mathbb{P}\left(\left|V_t^{(2)}(\sigma_n) - t\right| > \varepsilon\right) &\leqslant \sum_{n=1}^{\infty} \frac{\mathbb{E}\left[\left|V_t^{(2)}(\sigma_n) - t\right|^2\right]}{\varepsilon^2} \\ &\leqslant \frac{\mathbb{E}\left[\left|\xi_1^2 - 1\right|^2\right] t}{\varepsilon^2} \left(\sum_{n=1}^{\infty} \|\sigma_n\|\right).\end{aligned}$$

那么, 当 $\sum_{n=1}^{\infty} \|\sigma_n\| < +\infty$ 时, 因此, 应用 Borel-Cantelli 引理得到

$$V_t^{(2)}(\sigma_n) \xrightarrow{\text{a.e.}} t, \quad \|\sigma_n\| \to 0. \tag{7.66}$$

我们称上面极限等式 (7.66) 中的极限 $t \geqslant 0$ 为布朗运动的**二次变差过程**, 记为

$$\langle B, B \rangle_t = t, \quad t \geqslant 0. \tag{7.67}$$

下面的练习说明布朗运动的一次变差过程为无穷:

练习 7.2 设 $B = \{B_t;\ t \geqslant 0\}$ 为概率空间 $(\Omega, \mathcal{F}, \mathbb{P})$ 上的一个标准布朗运动. 对任意 $t \geqslant 0$, 设 $\{\sigma_n\}_{n \in \mathbb{N}}$ 为 $[0, t]$ 上的一列划分且满足 $\lim_{n \to \infty} \|\sigma_n\| = 0$. 对任意 $t \geqslant 0$, 我们定义:

$$V_t^{(1)} := \max_{\{\sigma_n;\ n \in \mathbb{N}\}} V_t^{(1)}(\sigma_n). \tag{7.68}$$

那么, 对任意 $t \geqslant 0$, 我们则有

$$\mathbb{P}\left(V_t^{(1)} = +\infty\right) = 1.$$

提示 我们应用反证法. 为此, 假设 $\mathbb{P}$-a.e., $V_t^{(1)} < +\infty$. 于是, 应用布朗运动的轨道连续性, 我们得到: $\mathbb{P}$-a.e.,

$$0 \leqslant \sum_{k=1}^{m_n} \left|B_{t_k^{(n)}} - B_{t_{k-1}^{(n)}}\right|^2 \leqslant V_t^{(1)} \max_{1 \leqslant k \leqslant m_n} \left|B_{t_k^{(n)}} - B_{t_{k-1}^{(n)}}\right| \to 0, \quad \|\sigma_n\| \to 0.$$

因此, 这与 (7.65) 矛盾. □

下面的引理证明布朗运动的轨道是几乎处处不可微的:

引理 7.8　设 $B = \{B_t;\ t \geqslant 0\}$ 为概率空间 $(\Omega, \mathcal{F}, \mathbb{P})$ 上的一个标准布朗运动. 那么, 对任意的 $t \geqslant 0$, 我们有

$$\overline{\lim_{s\to t}}\left|\frac{B_s - B_t}{s-t}\right| = +\infty, \quad \mathbb{P}\text{-a.e.}. \tag{7.69}$$

证　不失一般性, 设 $t = 0$. 那么, 对任意 $h > 0$ 和 $M > 0$, 我们定义:

$$A_h := \left\{\omega \in \Omega;\ \sup_{s\in[0,h]}\left|\frac{B_s(\omega)}{s}\right| > M\right\}.$$

设 $\{h_n\}_{n\in\mathbb{N}}$ 为一列单减、正的数列且满足 $h_n \downarrow 0,\ n \to \infty$. 于是,

$$A_{h_{n+1}} \subset A_{h_n}, \quad n \geqslant 1.$$

另一方面, 我们有

$$\begin{aligned}\mathbb{P}(A_{h_n}) &\geqslant \mathbb{P}\left(\left|\frac{B_{h_n}}{h_n}\right| > M\right) = \mathbb{P}\left(\left|\frac{B_{h_n}}{\sqrt{h_n}}\right| > M\sqrt{h_n}\right)\\ &= \mathbb{P}\left(|B_1| > M\sqrt{h_n}\right) \to 1, \quad n \to \infty.\end{aligned}$$

这意味着, 如下概率等式成立:

$$\mathbb{P}\left(\bigcap_{n=1}^{\infty} A_{h_n}\right) = \lim_{n\to\infty}\mathbb{P}\left(A_{h_n}\right) = 1.$$

此即说明: 存在 $\Omega^* \in \mathcal{F}$ 和 $\mathbb{P}(\Omega^*) = 1$ 满足, 对任意 $\omega \in \Omega^*$,

$$\sup_{s\in[0,h_n]}\left|\frac{B_s(\omega)}{s}\right| \geqslant M, \quad \forall\ n \geqslant 1,\ M > 0.$$

因此得到

$$\lim_{n\to\infty}\sup_{s\in[0,h_n]}\left|\frac{B_s(\omega)}{s}\right| = +\infty.$$

这样, 该引理得证. □

7.7　分数布朗运动

布朗运动是具有平稳独立增量的高斯过程. 然而, 在电子通信、排队论和金融统计等领域中对输入噪声或测量误差的建模往往需要非独立增量且同时具有长程

相依性和自相似性的要求. 特别地, 在平稳时间序列分析中, 当其协方差以幂函数形式趋于零时, 就会出现长程相依性. 这导致其长程相依性变化的速度很慢以至于协方差的和发散. 因此, 前面介绍的布朗运动并不能满足这种建模的需求. 作为经典布朗运动的推广, 分数布朗运动 (fractional Brownian motion) 是一种最简单的具有自相似和平稳增量但非独立增量的高斯过程.

分数布朗运动首先由 A. N. Kolmogorov 在 1940 年引入 (参见文献 [10]). 我们下面首先给出分数布朗运动的定义:

定义 7.22 (分数布朗运动) 设 $B^H=\{B_t^H;\ t\geqslant 0\}$ 是概率空间 $(\Omega,\mathcal{F},\mathbb{P})$ 上的一个初值和均值函数均为零的高斯过程且满足如下形式的相关函数: 对于 $H\in(0,1)$,

$$R_{B^H}(s,t)=\frac{1}{2}\left(s^{2H}+t^{2H}-|t-s|^{2H}\right),\quad s,t\geqslant 0. \tag{7.70}$$

那么则称 B^H 是一个 Hurst 参数为 $H\in(0,1)$ 的分数布朗运动.

显然, 当 Hurst 参数 $H=\dfrac{1}{2}$ 时, 应用 Lévy 定理得到: 分数布朗运动 $B^{\frac{1}{2}}$ 是一个布朗运动. 图 7.2 给出了不同 Hurst 参数下的分数布朗运动的样本轨道.

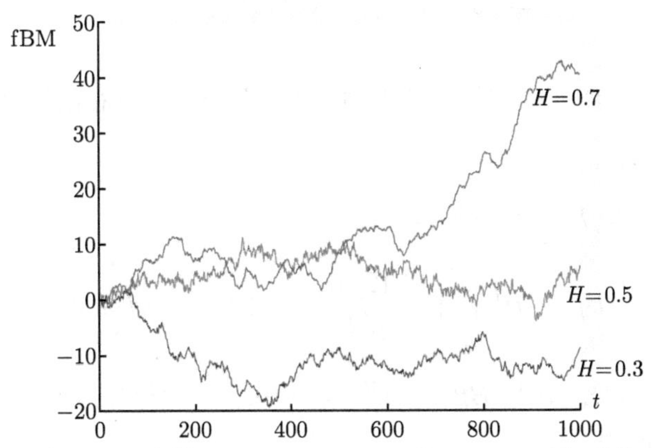

图 7.2 当 Hurst 参数 $H=0.3$, $H=0.5$ 和 $H=0.7$ 时, 分数布朗运动 $B^H=\{B_t^H;\ t\geqslant 0\}$ 的样本轨道仿真图

对于 Hurst 参数 $H\neq\dfrac{1}{2}$, 基于分数布朗运动的定义 (定义 7.22), 分数布朗运动具有如下的性质: 设 $B^H=\{B_t^H;\ t\geqslant 0\}$ 是概率空间 $(\Omega,\mathcal{F},\mathbb{P})$ 上的一个 Hurst 参数为 $H\in(0,1)$ 的分数布朗运动. 于是

(fBM1) 对任意 $s,t\geqslant 0$, 则有

$$\mathbb{E}\left[\left|B_t^H-B_s^H\right|^2\right]=|t-s|^{2H}. \tag{7.71}$$

事实上, 根据 (7.70), 我们得到

$$\begin{aligned}\mathbb{E}\left[\left|B_t^H - B_s^H\right|^2\right] &= \mathbb{E}[|B_t^H|^2] + \mathbb{E}[|B_s^H|^2] - 2\mathbb{E}[B_s^H B_t^H] \\ &= t^{2H} + s^{2H} - (s^{2H} + t^{2H} - |t-s|^{2H}) \\ &= |t-s|^{2H}.\end{aligned}$$

由于 B^H 是高斯过程, 故对任意 $s, t \geqslant 0$, (B_s^H, B_t^H) 服从二维高斯分布. 于是, 根据 (7.71) 得到 $B_s^H - B_t^H \sim N(0, |t-s|^{2H})$. 对于 $t > s \geqslant 0$, 定义 7.22 意味着 $B_{t-s}^H \sim N(0, R_{B^H}(t-s, t-s)) = N(0, (t-s)^{2H})$. 因此, 对任意 $t > s \geqslant 0$,

$$B_t^H - B_s^H \overset{d}{=} B_{t-s}^H \sim N(0, (t-s)^{2H}), \tag{7.72}$$

即分数布朗运动是平稳增量过程. 然而, 对任意 $t > s \geqslant 0$,

$$\begin{aligned}\mathbb{E}[(B_t^H - B_s^H)B_s^H] &= R_{B^H}(s,t) - R_{B^H}(s,s) = \frac{1}{2}(t^{2H} - s^{2H} - (t-s)^{2H}) \\ &\overset{H\neq\frac{1}{2}}{\neq} 0 = \mathbb{E}[B_t^H - B_s^H]\mathbb{E}[B_s^H].\end{aligned}$$

这说明增量 $B_t^H - B_s^H$ 与 B_s^H 并不是独立的. 因此, 分数布朗运动 $\left(H \neq \dfrac{1}{2}\right)$ 并不是独立增量过程.

(fBM2) 对任意 $p \in \mathbb{N}$, 我们有

$$\mathbb{E}\left[\left|B_t^H - B_s^H\right|^{2p}\right] = \frac{(2p)!}{p!2^p}|t-s|^{2Hp}, \quad s, t \geqslant 0. \tag{7.73}$$

事实上, 根据 (7.71), 由于 $B_t^H - B_s^H \sim N(0, |t-s|^{2H})$. 回顾标准正态随机变量 $\xi \sim N(0,1)$ 的矩表示:

$$\mathbb{E}[\xi^n] = \begin{cases} 0, & n \text{ 为奇数}, \\ 2^{-n/2}\dfrac{n!}{(n/2)!}, & n \text{ 为偶数}. \end{cases} \tag{7.74}$$

于是, 我们得到

$$\mathbb{E}[|B_t^H - B_s^H|^{2p}] = \mathbb{E}\left[\left|\frac{B_t^H - B_s^H}{|t-s|^H}\right|^{2p}\right]|t-s|^{2Hp} = \frac{(2p)!}{p!2^p}|t-s|^{2Hp}.$$

取合适的 $p \in \mathbb{N}$ 使得 $p > 1/(2H)$. 令 $\alpha = 2p$, $\beta = 2Hp - 1$ 和 $C = \frac{(2p)!}{p!2^p}$, 那么 $\alpha, \beta, C > 0$. 这样, 应用 Kolmogorov 连续性定理 (定理 7.3) 得到: 存在一个与 B^H 互为修正的轨道是局部 $\gamma \in (0, \beta/\alpha)$-Hölder 连续的随机过程. 注意到, $\beta/\alpha = H - \frac{1}{2p}$. 也就是, 与分数布朗运动互为修正的过程的轨道是 $H-\varepsilon$ Hölder 连续的, 其中 $\varepsilon > 0$ 充分小.

(fBM3) 对任意 $a > 0$, 根据定义 7.22, 我们有

$$B_{at}^H \overset{d}{=} a^H B_t^H, \quad t \geqslant 0. \tag{7.75}$$

称同分布关系 (7.75) 为分数布朗运动的自相似性. 自相似性是 "分形" 的一个典型特征. 一个自相似的对象与自身的一部分完全或近似相似, 即整体具有与一个或多个部分相同的形状 (这里指的是分布).

(fBM4) 定义 $\xi_n := B_n^H - B_{n-1}^H$, $n \in \mathbb{Z}$. 应用 (7.72), 则对任意 $n \in \mathbb{Z}$, $\xi_n \sim N(0,1)$ 以及 $\{\xi_n\}_{n\in\mathbb{Z}}$ 的相关函数为: 对任意 $m, n \in \mathbb{Z}$,

$$\begin{aligned} R_\xi(m,n) :&= \mathbb{E}[\xi_m \xi_n] = \mathbb{E}[(B_m^H - B_{m-1}^H)(B_n^H - B_{n-1}^H)] \\ &= \frac{1}{2}\left(|n-m+1|^{2H} + |n-m-1|^{2H} - 2|n-m|^{2H}\right) \\ &=: \rho_H(n-m). \end{aligned} \tag{7.76}$$

此外, 对任意 $n \in \mathbb{Z}$, $\rho_H(n) = \rho_H(-n)$. 因此 $\{\xi_n\}_{n\in\mathbb{Z}}$ 是一个离散时间平稳高斯过程 (或称平稳高斯序列). 进一步, 如下关于相关函数的渐近关系成立:

$$\rho_H(n) = \frac{1}{2}\left\{(n+1)^{2H} + (n-1)^{2H} - 2n^{2H}\right\} \overset{n\to\infty}{\sim} H(2H-1)n^{2(H-1)}. \tag{7.77}$$

事实上, 设 $f(x) = x^{2H}$, $x > 0$. 于是, 对充分大的 n,

$$\begin{aligned} |n+1|^{2H} + |n-1|^{2H} - 2|n|^{2H} &= n^{2(H-1)} \frac{f(1+1/n) - 2f(1) + f(1-1/n)}{\frac{1}{n^2}} \\ &\sim n^{2(H-1)} f''(1) = 2H(2H-1)n^{2(H-1)}. \end{aligned}$$

定义函数 $L(x) := \frac{x^2}{2}(f(1+1/x) + f(1-1/x) - 2)$, $x > 0$. 那么, 对任意 $a > 0$,

$$\lim_{x\to\infty} \frac{L(ax)}{L(x)} = \lim_{x\to\infty} \frac{a^2x^2}{x^2} \frac{f(1+1/(ax)) + f(1-1/(ax)) - 2}{f(1+1/x) + f(1-1/x) - 2}$$

$$= \frac{f''(1)}{f''(1)} = 1. \tag{7.78}$$

我们称满足 (7.78) 的函数 $x \to L(x)$ 为在无穷处慢消失函数. 根据 (7.77), 则有: 对任意 $n \in \mathbb{N}$,

$$\rho_H(n) = L(n)n^{2d-1}, \quad d := H - \frac{1}{2}. \tag{7.79}$$

对于 $H \in (1/2, 1)$, 则 $d \in (0, 1/2)$ 和 $\sum_{n=1}^{\infty} \rho_H(n) = \infty$. 此时, 称平稳序列 $\{\xi_n\}_{n\in\mathbb{Z}}$ 满足参数为 $d \in (0, 1/2)$ 的长程依赖性 (long-range dependent, LRD) 或称平稳序列 $\{\xi_n\}_{n\in\mathbb{Z}}$ 具有长记忆性 (long memory). 对于 $H \in (0, 1/2)$, 则 $d \in \left(-\frac{1}{2}, 0\right)$, $\sum_{n=1}^{\infty} |\rho_H(n)| < \infty$. 此时, 我们称平稳序列 $\{\xi_n\}_{n\in\mathbb{Z}}$ 具有间歇性 (intermittency).

本节最后应用 **Karhunen-Loéve 分解**建立分数布朗运动的一种级数表示. 为此, 我们首先引入平方可积随机过程的 Karhunen-Loéve 分解. 设 $X = \{X_t;\ t \in [0, T]\}$ 是概率空间 $(\Omega, \mathcal{F}, \mathbb{P})$ 上的均值函数为零的实值平方可积过程 ($\mathbb{E}[|X_t|^2] < \infty, \forall\, t \in [0, T]$). 假设过程 X 的相关函数 $(s, t) \to R_X(s, t)$ 在 $[0, T]^2$ 上是连续的, 即 $R_X \in C([0, T]^2)$. 定义如下积分算子: 对任意 $f \in L^2([0, T])$,

$$\mathcal{L}f(t) := \int_0^T R_X(t, s)f(s)\mathrm{d}s = \int_0^T R_X(s, t)f(s)\mathrm{d}s, \quad t \in [0, T]. \tag{7.80}$$

那么, 我们有如下关于积分算子 K 的性质.

引理 7.9 设 $R_X \in C([0, T]^2)$. 则定义为 (7.80) 的积分算子 $\mathcal{L}$ 满足:

(i) 积分算子 $\mathcal{L}$ 是自伴的;

(ii) 对任意 $f \in L^2([0, T])$, $\|\mathcal{L}f\|_{L^2} \leqslant \|R_X\|_{L^2}\|f\|_{L^2}$, 其中 $\|\cdot\|_{L^2}$ 表示 L^2-范数.

证 由于 $R_X \in C([0, T]^2)$, 故其在 $[0, T]^2$ 上是有界的. 于是, 我们有

$$\|R_X\|_{L^2}^2 := \int_0^T \int_0^T |R_X(s, t)|^2 \mathrm{d}s\mathrm{d}t < \infty.$$

因此, 应用 Fubini 定理得到: 对任意 $g \in L^2([0, T])$,

$$\begin{aligned}\langle \mathcal{L}f, g\rangle &= \int_0^T \left(\int_0^T R_X(t, s)g(t)\mathrm{d}t\right) f(s)\mathrm{d}s \\ &= \int_0^T \left(\int_0^T R_X(s, t)f(s)\mathrm{d}s\right) g(t)\mathrm{d}t = \langle \mathcal{L}g, f\rangle.\end{aligned}$$

这意味着 $\mathcal{L}$ 是自伴的 (self-adjoint).

另一方面, 对任意 $f\in L^2([0,T])$, 应用 Cauchy-Schwarz 不等式得到

$$\begin{aligned}\|\mathcal{L}f\|_{L^2}^2&:=\int_0^T|\mathcal{L}f(t)|^2\mathrm{d}t=\int_0^T\left(\int_0^T R_X(t,s)f(s)\mathrm{d}s\right)^2\mathrm{d}t\\&\leqslant\int_0^T\left(\int_0^T|R_X(t,s)|^2\mathrm{d}s\right)\left(\int_0^T|f(s)|^2\mathrm{d}s\right)\mathrm{d}t\\&=\|f\|_{L^2}^2\|R_X\|_{L^2}^2,\end{aligned}$$

此即 $\|\mathcal{L}f\|_{L^2}\leqslant\|R_X\|_{L^2}\|f\|_{L^2}$. □

应用引理 7.9-(ii), 则有

$$\|\mathcal{L}\|=\sup_{\|f\|_{L^2}\leqslant 1}\|\mathcal{L}f\|_{L^2}\leqslant\sup_{\|f\|_{L^2}\leqslant 1}\|R_X\|_{L^2}\|f\|_{L^2}\leqslant\sup_{\|f\|_{L^2}\leqslant 1}\|R_X\|_{L^2}=\|R_X\|_{L^2}.$$

因此 $\mathcal{L}$ 是一个 Hilbert-Schmidt 算子, 故也是一个紧算子. 由于 $\mathcal{L}$ 是一个紧自伴算子, 于是存在一列特征值和特征函数对 $\{\lambda_n,\phi_n\}_{n\in\mathbb{N}}$ 使得

$$\mathcal{L}\phi_n(t)=\lambda_n\phi_n(t),\quad t\in[0,T]. \tag{7.81}$$

进一步, 特征函数 $\{\phi_n\}_{n\in\mathbb{N}}$ 在 $L^2([0,T])$ 中是正交的, 即 $\langle\phi_m,\phi_n\rangle=\mathbb{1}_{m=n}$, $m,n\in\mathbb{N}$. 这样, 过程 X 的相关函数满足

$$R_X(s,t)=\sum_{n=1}^{\infty}\lambda_n\phi_n(s)\phi_n(t),\quad s,t\in[0,T]^2 \tag{7.82}$$

在 $[0,T]^2$ 上是一致绝对收敛的. 此外, 根据 (7.80) 和 (7.81), 我们还有

$$\begin{aligned}\lambda_n&=\langle\mathcal{L}\phi_n,\phi_n\rangle=\int_0^T\int_0^T\phi_n(s)R_X(s,t)\phi_n(t)\mathrm{d}s\mathrm{d}t\\&=\mathbb{E}\left[\int_0^T\int_0^T\phi_n(s)X_s\phi_n(t)X_t\mathrm{d}s\mathrm{d}t\right]=\mathbb{E}\left[\left|\int_0^T\phi_n(t)X_t\mathrm{d}t\right|^2\right]\geqslant 0.\end{aligned}$$

由于特征值不为零, 则 $\lambda_n>0$. 那么, 我们定义如下一列随机变量:

$$\xi_n:=\frac{1}{\sqrt{\lambda_n}}\int_0^T X_t\phi_n(t)\mathrm{d}t,\quad n\in\mathbb{N}. \tag{7.83}$$

于是, 对任意 $n\in\mathbb{N}$, $\mathbb{E}[\xi_n]=0$ 以及

$$\mathrm{Var}[\xi_n]=\mathbb{E}\left[\left|\frac{1}{\sqrt{\lambda_n}}\int_0^T X_t\phi_n(t)\mathrm{d}t\right|^2\right]=\frac{1}{\lambda_n}\langle\mathcal{L}\phi_n,\phi_n\rangle=1.$$

此外, 对任意 $m \neq n$,

$$\mathbb{E}[\xi_m\xi_n] = \frac{1}{\sqrt{\lambda_m\lambda_n}}\mathbb{E}\left[\int_0^T\int_0^T X_s\phi_m(s)\phi_n(t)X_t\mathrm{d}s\mathrm{d}t\right]$$
$$= \frac{1}{\sqrt{\lambda_m\lambda_n}}\langle\mathcal{L}\phi_m,\phi_n\rangle = \frac{\sqrt{\lambda_m}}{\sqrt{\lambda_n}}\langle\phi_m,\phi_n\rangle = 0,$$

也就是说, $\{\xi_n\}_{n\in\mathbb{N}}$ 是两两不相关的.

于是, 我们有如下关于平方可积过程 $X = \{X_t;\ t\in[0,T]\}$ 的级数表示:

定理 7.8 (Karhunen-Loève 分解) 设平方可积过程 $X = \{X_t;\ t\in[0,T]\}$ 的均值函数为零和相关函数 $R_X \in C([0,T]^2)$. 那么, 过程 X 满足如下的级数表示:

$$X_t = \sum_{n=1}^{\infty}\sqrt{\lambda_n}\phi_n(t)\xi_n, \quad t\in[0,T], \tag{7.84}$$

其中, 随机变量列 $\{\xi_n\}_{n\in\mathbb{N}}$ 定义为 (7.83). 进一步, 我们还有

$$\sup_{t\in[0,T]}\mathbb{E}\left[\left|X_t - \sum_{n=1}^{N}\sqrt{\lambda_n}\phi_n(t)\xi_n\right|^2\right] \overset{N\to\infty}{\to} 0. \tag{7.85}$$

我们把上面的定理 7.8 的证明留作本章课后习题.

下面根据定理 7.8 推导分数布朗运动 $B^H = \{B_t^H;\ t\in[0,T]\}$ 的 Karhunen-Loève 分解. 首先, 回顾分数布朗运动的相关函数 (参见 (7.70)):

$$R_{B^H}(s,t) = \frac{1}{2}\left(s^{2H} + t^{2H} - |t-s|^{2H}\right), \quad s,t\in[0,T].$$

显然 $R_{B^H} \in C([0,T]^2)$. 为应用定理 7.8, 我们需要解如下的积分方程:

$$\lambda_n\phi_n(t) = \frac{1}{2}\int_0^T\left(s^{2H} + t^{2H} - |t-s|^{2H}\right)\phi_n(s)\mathrm{d}s, \quad t\in[0,T].$$

然而, 在一般情形下 (除了布朗运动的情况, 即 $H = 1/2$, 我们将此情况留作本章课后习题), 满足上述积分方程的 $\{\lambda_n,\phi_n\}_{n\in\mathbb{N}}$ 并没有解析的表达式, 但具有如下的渐近展开形式. 对于 $H \neq 1/2$, 文献 [15] 讨论了一种特殊情况: $T = 1$. 在这种情况下, 对任意 $n\in\mathbb{N}$, 特征值为

$$\lambda_n = \frac{\cos((H-1/2)\pi)\Gamma(2H+1)}{a_n^{2H+1}}, \tag{7.86}$$

其中 $a_n := n - \frac{1}{2} - \frac{2H-1}{4}\pi + O(n^{-1})$, $n \to \infty$. 对任意 $n \in \mathbb{N}$, 特征函数为

$$\begin{aligned}\phi_n(t) &= \sqrt{2}\sin\left(a_n t + \frac{2H-1}{8}\pi\right)\\&\quad + \frac{\sqrt{2H+1}}{\pi}\int_0^\infty \rho(s)((-1)^{n-1}e^{(t-1)a_n s} - se^{-ta_n s})\mathrm{d}s + \frac{R_n(t)}{n}, \quad (7.87)\end{aligned}$$

其中 $R_n(t)$ 表示有界残差函数且其界仅依赖于 H, 而上式中的函数 $\rho(s)$ 则定义为

$$\begin{aligned}\rho(s) &:= \frac{\sin(\theta(s))}{\gamma(s)}\exp\left(\frac{1}{\pi}\int_0^\infty \frac{\theta(v)}{v+s}\mathrm{d}v\right), \quad s > 0,\\ \theta(s) &:= \arctan\left(\frac{s^{-2H-1}\sin((H-1/2)\pi)}{1+s^{-2H}\cos((H-1/2)\pi)}\right),\\ \gamma(s) &:= \sqrt{(s+s^{-2H}\cos^2((H-1/2)\pi)) + s^{-4H}\sin^2((H-1/2)\pi)}.\end{aligned}$$

习 题 7

1. 设 ξ, η 为概率空间 $(\Omega, \mathcal{F}, \mathbb{P})$ 上的独立随机变量以及 $\xi \sim N(0,1)$ 和 $\mathbb{P}(\eta = -1) = \mathbb{P}(\eta = 1) = 1/2$. 定义过程 $X_t := \xi + \eta t$, $t \geqslant 0$. 对任意 $n \in \mathbb{N}$, 计算过程 $X = \{X_t;\ t \geqslant 0\}$ 的 n-维分布函数和密度函数.

2. 设 ξ, η 为概率空间 $(\Omega, \mathcal{F}, \mathbb{P})$ 上的独立随机变量和 $(\xi, \eta) \sim N(\mu, C)$, 其中 $\mu \in \mathbb{R}^2$ 和 $C \in \mathbb{R}^{2\times 2}$ 为一协方差矩阵. 定义过程 $X_t := \xi + \eta t$, $t \geqslant 0$. 对任意 $n \in \mathbb{N}$, 计算过程 $X = \{X_t;\ t \geqslant 0\}$ 的 n-维特征函数.

3. 构造两个随机过程 $X = \{X_t;\ t \geqslant 0\}$ 和 $Y = \{Y_t;\ t \geqslant 0\}$ 使得: 对任意 $t \geqslant 0$, $X_t \overset{d}{=} Y_t$, 但 X 和 Y 并不是互为版本的.

4. 设 $X = \{X_t;\ t \in I\}$ 和 $Y = \{Y_t;\ t \in I\}$ 为概率空间 $(\Omega, \mathcal{F}, \mathbb{P})$ 上取值于 $\{0, 1\}$ 的随机过程. 证明 X 和 Y 是互为版本的当且仅当对任意 $n \in \mathbb{N}$ 和 $t_1, \cdots, t_n \in I$,

$$\mathbb{P}(X_{t_1} + \cdots + X_{t_n} > 0) = \mathbb{P}(Y_{t_1} + \cdots + Y_{t_n} > 0).$$

5. 设 $X = \{X_t;\ t \in \mathbb{R}\}$ 为概率空间 $(\Omega, \mathcal{F}, \mathbb{P})$ 上的一个平稳高斯过程且满足 $\mathbb{E}[X_t] = 0$ 和 $R_X(\tau) = 4e^{-|\tau|}$. 对任意 $t \in \mathbb{R}$, 计算:

$$\mathbb{P}(X_t \leqslant 3) \quad 和 \quad \mathbb{E}\left[|X_{t+1} - X_{t-1}|^2\right].$$

6. 设 $X = \{X_t;\ t \geqslant 0\}$ 为概率空间 $(\Omega, \mathcal{F}, \mathbb{P})$ 上初值为 0 的独立增量实值过程. 证明:
(i) 对任意 $s, t \geqslant 0$, $R_X(s,t) = R_X(s \wedge t, s \wedge t)$.
(ii) 对任意 $\varepsilon > 0$, 定义如下随机过程:

$$Y_t^\varepsilon := \frac{X_{t+\varepsilon} - X_t}{\varepsilon}, \quad t \geqslant 0.$$

如果存在常数 $q>0$ 使得: 对任意 $s,t\geqslant 0$, 有 $\mathbb{E}\left[|X_t-X_s|^2\right]=q|t-s|$, 那么, 对任意 $\varepsilon>0$, 过程 $Y^\varepsilon=\{Y_t^\varepsilon;\ t\geqslant 0\}$ 是一个平稳过程.

7. 设 $\{\xi_n\}_{n\in\mathbb{N}}$ 是一列独立同分布于标准正态的随机变量. 对于 $\alpha_i\geqslant 0$ 和 $m\in\mathbb{N}$, 定义如下随机过程:

$$X_t:=\sum_{i=1}^m \xi_i\cos(\alpha_i t),\quad t\geqslant 0.$$

证明 $X=\{X_t;\ t\geqslant 0\}$ 是一个高斯过程, 并计算其均值函数和协方差函数.

8. 设 $X=\{X_n;\ n\geqslant 1\}$ 是概率空间 $(\Omega,\mathcal{F},\mathbb{P})$ 上的一个离散时间实值平稳过程且满足

(i) $\mathbb{E}[X_1]=\mu$;

(ii) $\mathbb{E}[X_1X_{m+1}]=R_X(m)$, $m\in\mathbb{N}^*$.

定义平稳过程 X 的时间平均为

$$\overline{X}_n:=\frac{1}{n}\sum_{i=1}^n X_i,\quad n\geqslant 1. \tag{7.88}$$

如果 $\overline{X}_n\xrightarrow{L^2}\mu$, $n\to\infty$, 那么称平稳过程 X 具有**均值遍历性**. 给出平稳过程 X 均值具有均值遍历性的充分必要条件.

9. 设 $X=\{X_t;\ t\in\mathbb{R}\}$ 是概率空间 $(\Omega,\mathcal{F},\mathbb{P})$ 上的一个平稳过程和 $C_X(\tau)$, $\tau\in\mathbb{R}$ 为其协方差函数. 证明: 如果 $\lim_{|\tau|\to\infty}C_X(\tau)=0$, 那么平稳过程 X 具有均值遍历性.

10. 设 $X=\{X_t;\ t\in\mathbb{R}\}$ 是概率空间 $(\Omega,\mathcal{F},\mathbb{P})$ 上的一个平稳高斯过程且满足:

(i) 均值函数 $m_X=0$;

(ii) 存在常数 $a>0$ 使当 $|\tau|>a$ 时, $R_X(\tau)=0$.

证明该高斯平稳过程 X 的相关函数具有遍历性.

提示　应用练习 7.1 和条件 (i) 得到: 对任意 $\tau,l\in\mathbb{R}$,

$$R_{Y^\tau}(l)=R_X^2(\tau)+R_X^2(l)+R_X(l+\tau)R_X(l-\tau).$$

于是得到

$$C_{Y^\tau}(l)=R_{Y^\tau}(l)-R_X^2(\tau)=R_X^2(l)+R_X(l+\tau)R_X(l-\tau).$$

应用条件 (ii), 则 $\lim_{|l|\to\infty}C_{Y^\tau}(l)=0$.

11. 一个 n-维随机变量 X 为高斯随机变量当且仅当对任意 $a_{ij}\in\mathbb{R}$, $i=1,\cdots,n$, $j=1,\cdots,m$ $(\sum_{i=1}^n a_{ij}X_i;\ j=1,\cdots,m)$ 是一个 m-维高斯随机变量.

12. 设 $B=\{B_t;\ t\geqslant 0\}$ 和 $W=\{W_t;\ t\geqslant 0\}$ 是过滤概率空间 $(\Omega,\mathcal{F},\mathbb{F},\mathbb{P})$ 上的两个相互独立的布朗运动. 对于 $\rho\in(-1,1)$, 定义如下随机过程:

$$R_t=\rho B_t+\sqrt{1-\rho^2}W_t,\quad t\geqslant 0.$$

证明过程 $R=\{R_t;\ t\geqslant 0\}$ 是过滤概率空间 $(\Omega,\mathcal{F},\mathbb{F},\mathbb{P})$ 上的一个布朗运动.

13. 设 $B=\{B_t;\ t\in[0,T]\}$ 是过滤概率空间 $(\Omega,\mathcal{F},\mathbb{F},\mathbb{P})$ 上的一个布朗运动. 证明如下结论:

(i) (对称性) $-B=\{-B_t;\ t\in[0,T]\}$ 也是一个布朗运动.

(ii) (自相似性) 对任意 $\lambda>0$, 定义 $B_t^{\lambda}:=\frac{1}{\lambda}B_{\lambda^2 t}$, $t\geqslant 0$, 则 $B^{\lambda}=\{B_t^{\lambda};\ t\in[0,T]\}$ 也是一个布朗运动.

(iii) (时间反转性) 定义 $W_t:=B_T-B_{T-t}$, $t\in[0,T]$, 则 $W=\{W_t;\ t\in[0,T]\}$ 也是一个布朗运动.

14. 设 $B=\{B_t;\ t\geqslant 0\}$ 是过滤概率空间 $(\Omega,\mathcal{F},\mathbb{F},\mathbb{P})$ 上的一个布朗运动. 定义如下随机过程:

$$W_t:=B_t-tB_1,\quad t\in[0,1]. \tag{7.89}$$

我们称 $W=\{W_t;\ t\in[0,1]\}$ 为布朗桥. 证明 $W=\{W_t;\ t\in[0,1]\}$ 是一个高斯过程, 并计算该过程的均值函数和协方差函数.

15. 证明 Lévy 定理 (定理 7.6).

16. 设 $B=\{B_t;\ t\geqslant 0\}$ 是过滤概率空间 $(\Omega,\mathcal{F},\mathbb{F},\mathbb{P})$ 上的一个布朗运动. 对任意 $\mu\in\mathbb{R}$ 和 $\sigma>0$, 定义:

$$X_t:=\exp\left(\left(\mu-\frac{1}{2}\sigma^2\right)t+\sigma B_t\right),\quad t\geqslant 0. \tag{7.90}$$

那么, 过程 $X=\{X_t;\ t\geqslant 0\}$ 事实上满足如下的随机微分方程:

$$\frac{\mathrm{d}X_t}{X_t}=\mu\mathrm{d}t+\sigma\mathrm{d}B_t,\quad X_0=1. \tag{7.91}$$

通常称 $X=\{X_t;\ t\geqslant 0\}$ 为几何布朗运动. 计算 X 的均值函数、相关函数和有限维分布函数. 证明对数过程 $\{\ln X_t;\ t\geqslant 0\}$ 是一个高斯过程.

17. 设 ξ 是概率空间 $(\Omega,\mathcal{F},\mathbb{P})$ 下的一个复值随机变量和 $h:\mathbb{R}\to\mathbb{C}$ 为一个非常值、非零函数. 定义:

$$X_t=\xi h(t),\quad t\in\mathbb{R}.$$

给出 $X=\{X_t;\ t\in\mathbb{R}\}$ 为平稳过程的关于 $(\xi,h(t))$ 的充分必要条件.

18. 设 $\beta_0,\beta_1\in\mathbb{R}$ 和 $\{\xi_n\}_{n\in\mathbb{Z}}$ 为概率空间 $(\Omega,\mathcal{F},\mathbb{P})$ 上均值为 0 和方差为 $\sigma^2>0$ 的同分布互不相关的实值随机变量列. 定义:

$$X_n=\beta_0+\beta_1 n+\xi_n,\quad n\in\mathbb{Z}.$$

回答如下问题:

(i) 计算 X 的均值函数和相关函数;

(ii) 定义 $\delta X_n:=X_n-X_{n-1}$, $n\in\mathbb{Z}$. 判别 $\{\delta X_n\}_{n\in\mathbb{Z}}$ 是否是一个平稳过程?

(iii) 如果 $\{\xi_n\}_{n\in\mathbb{Z}}$ 是一个均值函数为 $m_\xi\in\mathbb{R}$ 和相关函数为 $R_\xi(n)$, $n\in\mathbb{Z}$ 的平稳过程, 判别 $\{\delta X_n\}_{n\in\mathbb{Z}}$ 是否为平稳过程?

19. 证明分数布朗运动的自相关函数是非负定的.

20. 证明 Karhunent-Loève 分解定理 (定理 7.8).

21. 计算经典布朗运动的 Karhunent-Loève 分解.

22. 在期权定价理论中, 一个基于 Black-Scholes 股票价格模型的买入或卖出期权的风险中性价格可以表示为如下形式:

$$P_1 = \mathbb{E}\left[e^{-rT} f(X_T^1)\right], \tag{7.92}$$

其中, $r \geqslant 0$ 为利率水平以及对任意 $x > 0$, $f = (x - K)^+$ (买入期权的收益函数) 或 $f = (K - x)^+$ (卖出期权的收益函数). 这里, $X^1 = \{X_t^1;\ t \in [0, T]\}$ 表示风险中性股票价格过程且满足如下的 Black-Scholes 模型:

$$\frac{\mathrm{d}X_t^1}{X_t^1} = r\mathrm{d}t + \sigma_1 \mathrm{d}B_t^1, \quad X_0^1 = x_0^1 > 0, \tag{7.93}$$

其中, $B^1 = \{B_t^1;\ t \in [0, T]\}$ 为概率空间 $(\Omega, \mathcal{F}, \mathbb{P})$ 上的标准布朗运动, 而 $\sigma_1 > 0$ 为该股票价格的波动率 (volatility). 现在, 还有另外一个基于 Black-Scholes 股票价格模型的买入或卖出期权, 其价格和标的股票的价格分别表示如下:

$$P_2 = \mathbb{E}\left[e^{-rT} f(X_T^2)\right],$$

$$\frac{\mathrm{d}X_t^2}{X_t^2} = r\mathrm{d}t + \sigma_2 \mathrm{d}B_t^2, \quad X_0^2 = x_0^2 > 0,$$

其中, $B^2 = \{B_t^2;\ t \in [0, T]\}$ 为概率空间 $(\Omega, \mathcal{F}, \mathbb{P})$ 上的标准布朗运动, 而 $\sigma_2 > 0$ 为这只股票价格的波动率. 证明如下估计成立:

$$\begin{aligned} |P_1 - P_2| &\leqslant e^{-rT} W_1(\mu_1, \mu_2) = e^{-rT} \int_0^1 \left|F_1^{-1}(z) - F_2^{-1}(z)\right| \mathrm{d}z, \\ &= e^{-rT} \int_{\mathbb{R}_+} |F_1(z) - F_2(z)|\, \mathrm{d}z, \end{aligned} \tag{7.94}$$

其中, $W_1(\cdot, \cdot)$ 表示一阶 Wasserstein 度量 或 KR 度量. 参见第 5 章中的 (5.125) 以及对于 $i = 1, 2$,

$$\mu_i(\mathrm{d}x) = \frac{1}{\sigma_i \sqrt{T} x} \phi\left(\frac{\ln \frac{x}{x_0^i} - \left(r - \frac{\sigma_i^2}{2}\right) T}{\sigma_i \sqrt{T}}\right) \mathrm{d}x, \quad x > 0.$$

这里, $\phi(z) = \frac{1}{\sqrt{2\pi}} e^{-\frac{z^2}{2}}$, $z \in \mathbb{R}$ 为标准正态分布的概率密度函数. 对于 $i = 1, 2$, $F_i(x) := \mu_i((-\infty, x])$, $x > 0$, 而 $F_i^{-1} : [0, 1] \mapsto \mathbb{R}$ 表示分布函数 $F_i : \mathbb{R}_+ \mapsto [0, 1]$ 的广义逆.

第 8 章 鞅论基础

“发现每一个新的群体在形式上都是数学的, 因为我们不可能有其他的指导.” (C. R. Darwin)

本章分别介绍离散时间和连续时间鞅的上下穿不等式、鞅的收敛定理、停时和可选时定理. 本章的内容安排如下: 8.1 节定义离散时间鞅和鞅变换; 8.2 节引入 Doob 上下穿不等式; 8.3 节证明离散时间上下鞅的 Doob 鞅收敛定理; 8.4 节引入连续时间 Doob 鞅收敛定理; 8.5 节给出停时的定义和相关性质; 8.6 节介绍和证明 Doob 可选时定理; 最后为本章课后习题.

8.1 离散时间鞅

本节主要介绍离散时间鞅的定义、Doob 上下穿不等式和 Doob 鞅收敛定理. 我们首先给出离散时间上、下鞅的定义:

定义 8.1 (离散时间鞅) 设 $X=\{X_n;\ n\in\mathbb{N}^*\}$ 为过滤概率空间 $(\Omega,\mathcal{F},\mathbb{F}=\{\mathcal{F}_n;\ n\in\mathbb{N}^*\},\mathbb{P})$ 上的一个可积 $\mathbb{F}$-适应随机过程. 如果其满足, 对任意 $n\in\mathbb{N}^*$, 如下不等式成立: $\mathbb{P}$-a.e.,

$$\mathbb{E}[X_{n+1}|\mathcal{F}_n]\geqslant(\leqslant)\ X_n, \tag{8.1}$$

则称过程 X 为 $\mathbb{F}$-下 (上) 鞅 (或写为 $\{X_n,\mathcal{F}_n;\ n\in\mathbb{N}^*\}$ 是一个下 (上) 鞅). 进一步, 如果 X 同时为 $\mathbb{F}$-下和上鞅, 那么称过程 X 为 $\mathbb{F}$-鞅.

如果 $X=\{X_n;\ n\in\mathbb{N}^*\}$ 是一个 $\mathbb{F}$-鞅, 则对任意 $n\in\mathbb{N}^*$ 和 $k\geqslant 2$, 我们还有

$$\mathbb{E}[X_{n+k}|\mathcal{F}_n]=X_n,\quad \mathbb{P}\text{-a.e.}. \tag{8.2}$$

事实上, 由条件数学期望的性质迭代得到

$$\begin{aligned}\mathbb{E}[X_{n+k}|\mathcal{F}_n]&=\mathbb{E}\left\{[X_{n+k}|\mathcal{F}_{n+k-1}]\big|\mathcal{F}_n\right\}=\mathbb{E}\left[X_{n+k-1}\big|\mathcal{F}_n\right]\\&=\mathbb{E}\left\{[X_{n+k-1}|\mathcal{F}_{n+k-2}]\big|\mathcal{F}_n\right\}=\mathbb{E}\left[X_{n+k-2}\big|\mathcal{F}_n\right]=\cdots=X_n.\end{aligned}$$

设 $\mathbb{G}=\{\mathcal{G}_n;\ n\geqslant 0\}\subset\mathcal{F}$ 也是一个过滤以及 $\mathcal{G}_n\subset\mathcal{F}_n$, $\forall n\geqslant 0$. 那么, 如果 $X=\{X_n;\ n\in\mathbb{N}^*\}$ 是一个 $\mathbb{F}$ 上 (或下) 鞅, 则 X 也是一个 $\mathbb{G}$ 上 (或下) 鞅. 下面引入可料过程的定义:

定义 8.2 (可料过程)　设 $C=\{C_n;\ n\in\mathbb{N}\}$ 为过滤概率空间 $(\Omega,\mathcal{F},\mathbb{F}=\{\mathcal{F}_n;\ n\in\mathbb{N}^*\},\mathbb{P})$ 上的一个随机过程. 如果对任意 $n\geqslant 0$, $C_{n+1}\in\mathcal{F}_n$ (即 C_{n+1} 是 $\mathcal{F}_n$-可测的), 则称 C 为一个 $\mathbb{F}$-可料过程.

下面引入鞅变换的概念:

定义 8.3 (鞅变换)　设 $X=\{X_n;\ n\in\mathbb{N}^*\}$ 为过滤概率空间 $(\Omega,\mathcal{F},\mathbb{F}=\{\mathcal{F}_n;\ n\in\mathbb{N}^*\},\mathbb{P})$ 上的一个 $\mathbb{F}$-鞅和 $C=\{C_n;\ n\in\mathbb{N}\}$ 为一个 $\mathbb{F}$-可料过程. 对任意 $n\geqslant 1$, 定义:

$$(C\cdot X)_n:=\sum_{k=1}^{n}C_k(X_k-X_{k-1}),\quad (C\cdot X)_0:=0,$$

那么称 $C\cdot X=\{(C\cdot X)_n;\ n\in\mathbb{N}^*\}$ 为通过可料过程 C 关于鞅 X 的鞅变换.

特别地, 设 $f:\mathbb{R}^n\to\mathbb{R}$ 是一个 Borel 函数和 $X_k\in\mathcal{F}_k$, $\forall k\in\mathbb{N}^*$, 则 $C_n:=f(X_0,\cdots,X_{n-1})$, $n\in\mathbb{N}$ 是一个 $\mathbb{F}$-可料过程. 另一方面, 如果上面的鞅变换 $C\cdot X$ 是可积的, 那么 $C\cdot X$ 是一个 $\mathbb{F}$-鞅. 事实上, 首先由定义 8.3 得到: $C\cdot X$ 是 $\mathbb{F}$-适应的. 于是, 对任意 $n\geqslant 0$, 我们有

$$\begin{aligned}\mathbb{E}\left[(C\cdot X)_{n+1}|\mathcal{F}_n\right]&=\mathbb{E}\left[(C\cdot X)_n+C_{n+1}(X_{n+1}-X_n)|\mathcal{F}_n\right]\\&=(C\cdot X)_n+C_{n+1}\mathbb{E}\left[X_{n+1}-X_n|\mathcal{F}_n\right]=(C\cdot X)_n.\end{aligned}$$

因此, 对于可积的鞅变换 $C\cdot X$, 则有

$$\mathbb{E}[(C\cdot X)_n]=0,\quad \forall n\in\mathbb{N}^*. \tag{8.3}$$

设 $S_n=\sum_{k=1}^{n}\xi_k$, $n\geqslant 1$ 和 $S_0:=0$ 为一个简单随机游动, 其中 $\{\xi_k\}_{k\in\mathbb{N}}$ 是独立同分布的随机变量且满足

$$\mathbb{P}(\xi_1=1)=\mathbb{P}(\xi=-1)=\frac{1}{2}.$$

设 $C=\{C_n;\ n\in\mathbb{N}\}$ 为过滤概率空间 $(\Omega,\mathcal{F},\mathbb{F}=\{\mathcal{F}_n;\ n\in\mathbb{N}^*\},\mathbb{P})$ 下的一个平方可积**可料**过程, 其中 $\mathcal{F}_n=\sigma(\xi_1,\cdots,\xi_n)$, $n\geqslant 1$ 和 $\mathcal{F}_0=\{\varnothing,\Omega\}$. 那么 $C\cdot S$ 是一个鞅变换, 即对任意 $n\in\mathbb{N}$,

$$(C\cdot S)_n=\sum_{k=1}^{n}C_k(S_k-S_{k-1})=\sum_{k=1}^{n}C_k\xi_k.$$

由于简单随机游动是一个 $\mathbb{F}$-鞅和 C 为平方可积的, 故鞅变换 $C\cdot S$ 是一个 $\mathbb{F}$-鞅.

另一方面, 对任意 $n\in\mathbb{N}$, 我们有

$$
\begin{aligned}
\|(C\cdot S)_n\|_{L^2(\Omega,\mathbb{P})}^2 &:= \mathbb{E}\left[\left|\sum_{k=1}^n C_k\xi_k\right|^2\right] = \sum_{k_1,k_2=1}^n \mathbb{E}\left[C_{k_1}C_{k_2}\xi_{k_1}\xi_{k_2}\right] \\
&= 2\sum_{1\leqslant k_1<k_2\leqslant n}\mathbb{E}\left[C_{k_1}C_{k_2}\xi_{k_1}\xi_{k_2}\right] + \sum_{k=1}^n \mathbb{E}\left[C_k^2\xi_k^2\right]. \qquad (8.4)
\end{aligned}
$$

注意到, 对任意 $k\in\mathbb{N}$, 由于 $C_k\in\mathcal{F}_{k-1}$ 和 $\xi_k\perp\mathcal{F}_{k-1}$, 则

$$
\begin{aligned}
\mathbb{E}\left[C_k^2\xi_k^2\right] &= \mathbb{E}\left\{\mathbb{E}\left[C_k^2\xi_k^2\middle|\mathcal{F}_{k-1}\right]\right\} = \mathbb{E}\left\{C_k^2\mathbb{E}\left[\xi_k^2\middle|\mathcal{F}_{k-1}\right]\right\} \\
&= \mathbb{E}\left\{C_k^2\mathbb{E}\left[\xi_k^2\right]\right\} = \mathbb{E}\left[\xi_k^2\right]\mathbb{E}[C_k^2] = \mathbb{E}[C_k^2].
\end{aligned}
$$

由于, 对任意 $1\leqslant k_1<k_2\leqslant n$,

$$
C_{k_1}\in\mathcal{F}_{k_1-1}\subset\mathcal{F}_{k_2-1},\quad C_{k_2}\in\mathcal{F}_{k_2-1},\quad \xi_{k_2}\perp\mathcal{F}_{k_2-1},\quad \xi_{k_1}\in\mathcal{F}_{k_1}\subset\mathcal{F}_{k_2-1},
$$

于是有

$$
\begin{aligned}
\mathbb{E}\left[C_{k_1}C_{k_2}\xi_{k_1}\xi_{k_2}\right] &= \mathbb{E}\left\{\mathbb{E}\left[C_{k_1}C_{k_2}\xi_{k_1}\xi_{k_2}|\mathcal{F}_{k_2-1}\right]\right\} = \mathbb{E}\left\{C_{k_1}C_{k_2}\xi_{k_1}\mathbb{E}\left[\xi_{k_2}|\mathcal{F}_{k_2-1}\right]\right\} \\
&= \mathbb{E}\left\{C_{k_1}C_{k_2}\xi_{k_1}\mathbb{E}\left[\xi_{k_2}\right]\right\} = \mathbb{E}\left[\xi_{k_2}\right]\mathbb{E}\left[C_{k_1}C_{k_2}\xi_{k_1}\right] = 0.
\end{aligned}
$$

那么, 等式 (8.4) 可简化为

$$
\begin{aligned}
\|(C\cdot S)_n\|_{L^2(\Omega,\mathbb{P})}^2 &= \mathbb{E}\left[\left|\sum_{k=1}^n C_k\xi_k\right|^2\right] = \mathbb{E}\left[\sum_{k=1}^n C_k^2\right] \\
&= \|(C_1,\cdots,C_n)\|_{L^2(\Omega,\mathbb{P})}^2. \qquad (8.5)
\end{aligned}
$$

这建立了鞅变换与可料过程之间的**等距性**. 我们以后称鞅变换 $C\cdot S$ 为 (平方可积) 可料过程 C 关于简单随机游动 S 的**随机积分**.

8.2 Doob 上下穿不等式

本节介绍由 Joseph L. Doob 建立的 Doob 上下穿不等式, 其可以被用来证明由 J. L. Doob 发展起来的鞅收敛定理. J. L. Doob (1910—2004) 是美国著名概率学家, 发展了鞅论. J. L. Doob 分别在 1950 年和 1963 年当选国际数理统计学会和美国数学会主席. 此外, 他还是美国艺术与科学院、美国国家科学院和法国科学院院士. J. L. Doob 的主要工作在于证明了鞅的收敛定理, 特别是引入了 “停时”

的概念和建立了鞅的可选时定理. J. L. Doob 在 1953 年出版了关于随机过程的专著 *Stochastic Processes* (New York: John Wiley & Sons, Inc.). 该书展示了概率论可以与数学的任何其他分支并列在一起, 是一部理论性极强的数学著作.

我们下面引入随机过程上下穿任意区间次数的概念:

定义 8.4 (随机过程的上穿次数) 设 $X = \{X_n;\ n \in \mathbb{N}^*\}$ 为过滤概率空间 $(\Omega, \mathcal{F}, \mathbb{F}, \mathbb{P})$ 上的一个 $\mathbb{F}$-适应随机过程以及 $-\infty < a < b < +\infty$ 和 $N \in \mathbb{N}$. 对任意 $\omega \in \Omega$, 我们称 $k(\omega) \in \mathbb{N}$ 为过程 X 在截止时刻 N 之前上穿区间 $[a, b]$ 的次数, 如果 $k(\omega)$ 为最大的正整数使得 $(s_i, t_i) = (s_i(\omega), t_i(\omega)) \in \mathbb{N}^2$, $i = 1, \cdots, k(\omega)$ 满足

$$\begin{aligned} &0 \leqslant s_1 < t_1 < s_2 < t_2 < \cdots < s_k < t_k \leqslant N, \\ &X_{s_i}(\omega) < a, \quad X_{t_i}(\omega) > b, \quad i = 1, \cdots, k. \end{aligned} \tag{8.6}$$

我们以后记 $U_N([a, b]; X)(\omega) := k(\omega)$.

我们也可以用如下形式来等价表述过程 X 上下穿区间 $[a, b]$ 的次数. 为此, 设 $t_0(\omega) = 0$, 我们定义:

$$s_1(\omega) := \inf\{n \geqslant t_0(\omega);\ X_n(\omega) < a\},$$

$$t_1(\omega) := \inf\{n > s_1(\omega);\ X_n(\omega) > b\},$$

其中记 $\inf \varnothing = +\infty$. 那么, 对于 $k \geqslant 2$, 定义:

$$s_k(\omega) := \inf\{n > t_{k-1}(\omega);\ X_n(\omega) < a\},$$

$$t_k(\omega) := \inf\{n > s_k(\omega);\ X_n(\omega) > b\}.$$

于是, 对任意 $N \geqslant 1$, 由定义 8.4 所定义的上穿次数可等价定义为

$$U_N([a, b]; X)(\omega) := \sup\{k \in \mathbb{N};\ t_k(\omega) \leqslant N\}. \tag{8.7}$$

通过上穿次数, 我们可以定义过程 X 在截止时刻 N 之前下穿区间 $[a, b]$ 的次数, 记为 $D_N([a, b]; X)(\omega)$. 也就是

$$U_N([a, b]; X)(\omega) = D_N([-b, -a]; -X)(\omega). \tag{8.8}$$

我们下面引入一类特殊的可料过程. 设 $X = \{X_n;\ n \in \mathbb{N}^*\}$ 为一个 $\mathbb{F}$-适应随机过程. 考虑用 $X_n - X_{n-1}$ 表示第 $n \geqslant 1$ 次游戏的收益, 其中游戏的规则如下: 任取两个常数 $-\infty < a < b < +\infty$,

- 当 X 首次低于 a 时游戏开始;

- 游戏持续进行直到 X 高于 b;
- 重复上面的步骤直到某个截止时刻 N 时游戏结束.

于是, 我们定义可料过程 (游戏策略) $C=\{C_n;\ n\in\mathbb{N}\}$ 如下 (参见图 8.1):

$$
\begin{aligned}
&C_1 := \mathbb{1}_{X_0<a},\\
&C_n := \mathbb{1}_{C_{n-1}=1}\mathbb{1}_{X_{n-1}\leqslant b} + \mathbb{1}_{C_{n-1}=0}\mathbb{1}_{X_{n-1}<a}.
\end{aligned}
\tag{8.9}
$$

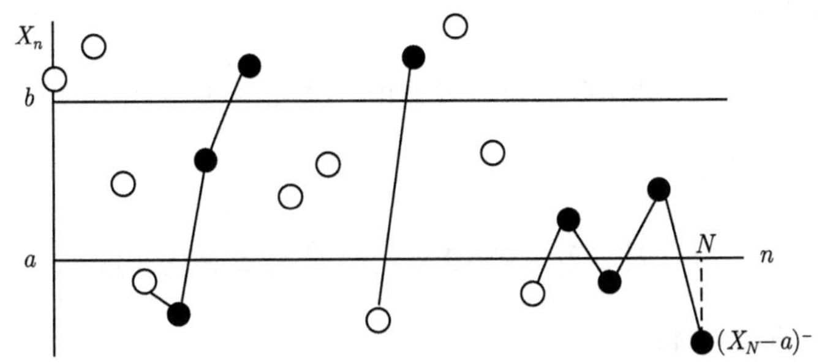

图 8.1 由 (8.9) 定义的可料过程 $C=\{C_n;\ n\in\mathbb{N}\}$. 空圈表示 C 的值为 0, 而实圈表示 C 的值为 1

根据 (8.9), 显然过程 C 是非负的. 进一步, 我们有

引理 8.1 设 $C=\{C_n;\ n\in\mathbb{N}\}$ 为任意一个非负的 $\mathbb{F}$-可料过程和 $X=\{X_n;\ n\in\mathbb{N}^*\}$ 为一个 $\mathbb{F}$-上鞅. 那么, 鞅变换 $C\cdot X$ 是一个 $\mathbb{F}$-上鞅.

证 对任意的 $n\in\mathbb{N}^*$, 由于 $C_{n+1}\geqslant 0$, 则有

$$
\begin{aligned}
\mathbb{E}\left[(C\cdot X)_{n+1}-(C\cdot X)_n|\mathcal{F}_n\right] &= \mathbb{E}\left[C_{n+1}(X_{n+1}-X_n)|\mathcal{F}_n\right]\\
&= C_{n+1}\mathbb{E}\left[X_{n+1}-X_n|\mathcal{F}_n\right]\\
&\leqslant 0,
\end{aligned}
$$

其中, 在上式中, 我们用到了 $X=\{X_n;\ n\in\mathbb{N}^*\}$ 的 $\mathbb{F}$-上鞅性. 这意味着 $C\cdot X$ 是一个 $\mathbb{F}$-上鞅. □

根据图 8.1, 我们得到

引理 8.2 设 $X=\{X_n;\ n\in\mathbb{N}^*\}$ 为一个 $\mathbb{F}$-适应过程和 $C=\{C_n;\ n\in\mathbb{N}\}$ 为由 (8.9) 所定义的 $\mathbb{F}$-可料过程. 那么, 对任意 $N\in\mathbb{N}$ 和实常数 $a<b$,

$$
(C\cdot X)_N(\omega)\geqslant (b-a)U_N([a,b];X)(\omega)-(X_N(\omega)-a)^-,\quad \forall\omega\in\Omega. \tag{8.10}
$$

联合应用上面的引理 8.1 和引理 8.2, 如下所谓的 Doob 上穿不等式成立:

定理 8.1(Doob 上穿不等式) 设 $X=\{X_n;\ n\in\mathbb{N}^*\}$ 为一个 $\mathbb{F}$-上鞅或 $\mathbb{F}$-鞅, 则对任意 $N\in\mathbb{N}$ 和实常数 $a<b$,

$$\mathbb{E}\left[U_N([a,b];X)\right]\leqslant\frac{\mathbb{E}\left[(X_N-a)^-\right]}{b-a}.\tag{8.11}$$

证 考虑 $X=\{X_n;\ n\in\mathbb{N}^*\}$ 为一个 $\mathbb{F}$-上鞅, 则由引理 8.1 得到: 对于由 (8.9) 所定义的 $\mathbb{F}$-可料过程 $C=\{C_n;\ n\in\mathbb{N}\}$, 鞅变换 $C\cdot X$ 是一个 $\mathbb{F}$-上鞅. 于是, 对任意 $N\in\mathbb{N}$,

$$\mathbb{E}\left[(C\cdot X)_N\right]\leqslant\mathbb{E}\left[(C\cdot X)_0\right]=0.$$

再应用引理 8.2, 则有

$$(b-a)\mathbb{E}\left[U_N([a,b];X)\right]-\mathbb{E}\left[(X_N-a)^-\right]\leqslant\mathbb{E}\left[(C\cdot X)_N\right]\leqslant 0.$$

这立即得到不等式 (8.11). □

根据 (8.7), 对任意 $a<b,\omega\in\Omega$, $N\to U_N([a,b];X(\omega))$ 是单增的, 故我们可以定义如下极限:

$$U_\infty([a,b];X(\omega)):=\lim_{N\to\infty}U_N([a,b];X(\omega)).\tag{8.12}$$

那么得到

推论 8.1 设 $X=\{X_n;\ n\in\mathbb{N}^*\}$ 为一个 $\mathbb{F}$-上鞅且满足如下可积性条件:

$$\sup_{n\in\mathbb{N}^*}\mathbb{E}\left[X_n^-\right]<+\infty.$$

那么, 对任意 $-\infty<a<b<\infty$, 则有

$$\mathbb{E}\left[U_\infty([a,b];X)\right]\leqslant\frac{a^+}{b-a}+\frac{1}{b-a}\sup_{n\in\mathbb{N}^*}\mathbb{E}\left[X_n^-\right].\tag{8.13}$$

因此, 对任意 $-\infty<a<b<\infty$, 我们有

$$\mathbb{P}\left(U_\infty([a,b];X)<+\infty\right)=1.\tag{8.14}$$

证 根据定理 8.1 和单调收敛定理得到

$$\mathbb{E}\left[U_\infty([a,b];X)\right]=\lim_{N\to\infty}\mathbb{E}\left[U_N([a,b];X)\right]\leqslant\frac{\sup\limits_{n\geqslant 0}\mathbb{E}\left[(X_n-a)^-\right]}{b-a}.$$

应用不等式 $(X_n - a)^- \leqslant a^+ + X_n^-$, 则有

$$\mathbb{E}\left[U_\infty([a,b];X)\right] \leqslant \frac{a^+}{b-a} + \frac{1}{b-a}\sup_{n\geqslant 0}\mathbb{E}\left[X_n^-\right].$$

这得到不等式 (8.13). 因此, 对任意 $M > 0$, 由 Chebyshev 不等式和 (8.13), 我们有

$$\begin{aligned}\mathbb{P}\left(U_\infty([a,b];X) > M\right) &\leqslant \frac{\mathbb{E}\left[U_\infty([a,b];X)\right]}{M}\\ &\leqslant \frac{a^+}{(b-a)M} + \frac{1}{(b-a)M}\sup_{n\in\mathbb{N}^*}\mathbb{E}\left[X_n^-\right]\\ &\to 0, \quad M\to\infty.\end{aligned}$$

于是, 由概率测度的连续性得 $\mathbb{P}(U_\infty([a,b];X) = +\infty) = 0$, 此即等式 (8.14). □

对于下鞅情形, 我们类似有

推论 8.2 设 $X = \{X_n;\ n\in\mathbb{N}^*\}$ 为一个 $\mathbb{F}$-下鞅且满足如下可积性条件:

$$\sup_{n\in\mathbb{N}^*}\mathbb{E}\left[X_n^+\right] < +\infty.$$

那么, 对任意 $-\infty < a < b < \infty$, 则有

$$\mathbb{E}\left[D_\infty([a,b];X)\right] \leqslant \frac{b^-}{b-a} + \frac{1}{b-a}\sup_{n\in\mathbb{N}^*}\mathbb{E}\left[X_n^+\right]. \tag{8.15}$$

因此, 对任意 $-\infty < a < b < \infty$, 我们有

$$\mathbb{P}\left(D_\infty([a,b];X) < +\infty\right) = 1. \tag{8.16}$$

证 由于 $X = \{X_n;\ n\in\mathbb{N}^*\}$ 为 $\mathbb{F}$-下鞅, 故 $-X$ 为 $\mathbb{F}$-上鞅. 那么, 应用 (8.13) 得到

$$\begin{aligned}\mathbb{E}\left[U_\infty([-b,-a];-X)\right] &\leqslant \frac{(-b)^+}{-a-(-b)} + \frac{1}{-a-(-b)}\sup_{n\in\mathbb{N}^*}\mathbb{E}\left[(-X_n)^-\right]\\ &= \frac{b^-}{b-a} + \frac{1}{b-a}\sup_{n\in\mathbb{N}^*}\mathbb{E}\left[X_n^+\right].\end{aligned}$$

于是, 应用 (8.8), 则有

$$\mathbb{E}\left[D_\infty([a,b];X)\right] = \mathbb{E}\left[U_\infty([-b,-a];-X)\right] \leqslant \frac{b^-}{b-a} + \frac{1}{b-a}\sup_{n\geqslant 0}\mathbb{E}\left[X_n^+\right].$$

由于 $\sup_{n\in\mathbb{N}^*}\mathbb{E}\left[X_n^+\right]<+\infty$, 于是得到 (8.16). □

如果 $X=\{X_n;\ n\in\mathbb{N}^*\}$ 为 $\mathbb{F}$-上鞅且满足 $\sup_{n\in\mathbb{N}^*}\mathbb{E}\left[X_n^-\right]<+\infty$. 那么, 根据 X 的上鞅性得到: $\mathbb{E}[X_n]=\mathbb{E}[X_n^+]-\mathbb{E}[X_n^-]\leqslant\mathbb{E}[X_0]$, $\forall n\in\mathbb{N}^*$. 于是有

$$\mathbb{E}[X_n^+]\leqslant\mathbb{E}[X_0]+\mathbb{E}[X_n^-]\Longrightarrow\sup_{n\in\mathbb{N}^*}\mathbb{E}[X_n^+]\leqslant\mathbb{E}[|X_0|]+\sup_{n\in\mathbb{N}^*}\mathbb{E}[X_n^-]<+\infty.$$

注意到, 如下等价关系成立:

$$\sup_{n\in\mathbb{N}^*}\mathbb{E}[|X_n|]<+\infty\Longleftrightarrow\sup_{n\in\mathbb{N}^*}\mathbb{E}[X_n^+]<+\infty\ \text{和}\ \sup_{n\in\mathbb{N}^*}\mathbb{E}[X_n^-]<+\infty.$$

那么, 如果 $X=\{X_n;\ n\in\mathbb{N}^*\}$ 为 $\mathbb{F}$-上鞅, 则

$$\sup_{n\in\mathbb{N}^*}\mathbb{E}\left[X_n^-\right]<+\infty\Longleftrightarrow\sup_{n\in\mathbb{N}^*}\mathbb{E}\left[|X_n|\right]<+\infty. \tag{8.17}$$

同理, 如果 $X=\{X_n;\ n\in\mathbb{N}^*\}$ 为 $\mathbb{F}$-下鞅, 这样有

$$\sup_{n\in\mathbb{N}^*}\mathbb{E}\left[X_n^+\right]<+\infty\Longleftrightarrow\sup_{n\in\mathbb{N}^*}\mathbb{E}\left[|X_n|\right]<+\infty. \tag{8.18}$$

8.3 Doob 鞅收敛定理

本节应用 8.2 节给出的 Doob 上下穿不等式证明离散时间上下鞅的 Doob 鞅收敛定理.

定理 8.2 (离散时间 Doob 鞅收敛定理) 设 $X=\{X_n;\ n\in\mathbb{N}^*\}$ 为过滤概率空间 $(\Omega,\mathcal{F},\mathbb{F},\mathbb{P})$ 上的一个一致 L^1-有界 $\mathbb{F}$-上鞅, 即其满足如下条件:

$$\sup_{n\in\mathbb{N}^*}\mathbb{E}\left[|X_n|\right]<+\infty\ \text{或等价于}\ \sup_{n\in\mathbb{N}^*}\mathbb{E}\left[X_n^-\right]<+\infty. \tag{8.19}$$

那么则有

$$X_\infty\overset{\text{a.e.}}{:=}\lim_{n\to\infty}X_n\ \text{存在且}\ \mathbb{E}[|X_\infty|]<+\infty.$$

证 定义如下事件

$$\begin{aligned}B&:=\left\{\omega\in\Omega;\ X_n(\omega)\ \text{并不收敛到一个}\ \overline{\mathbb{R}}\text{-值极限}\right\}\\&=\left\{\omega\in\Omega;\ \varliminf_{n\to\infty}X_n(\omega)<\varlimsup_{n\to\infty}X_n(\omega)\right\}\\&=\bigcup_{a,b\in\mathbb{Q},a<b}B_{a,b},\end{aligned}$$

其中, 对任意 $-\infty < a < b < \infty$,

$$B_{a,b} := \left\{\omega \in \Omega;\ \varliminf_{n\to\infty} X_n(\omega) < a < b < \varlimsup_{n\to\infty} X_n(\omega)\right\}.$$

由于, 对任意 $-\infty < a < b < \infty$,

$$B_{a,b} \subset \{\omega \in \Omega;\ U_\infty([a,b];X)(\omega) = +\infty\}.$$

于是, 由推论 8.1 中的 (8.14) 得到 $\mathbb{P}(B_{a,b}) = 0$. 根据概率测度的可列可加性, 这意味着 $\mathbb{P}(B) = 0$. 因此, $X_\infty(\omega) := \lim_{n\to\infty} X_n(\omega) \in \overline{\mathbb{R}}$ 存在, $\mathbb{P}$-a.e.. 进一步, 由 Fatou 引理, 我们有

$$\mathbb{E}\left[|X_\infty|\right] = \mathbb{E}\left[\varliminf_{n\to\infty} |X_n|\right] \leqslant \varliminf_{n\to\infty} \mathbb{E}\left[|X_n|\right] \leqslant \sup_{n\geqslant 0} \mathbb{E}\left[|X_n|\right] < +\infty.$$

这样, 该定理得证. □

根据 Doob 鞅收敛定理 (定理 8.2), 我们还有如下的结论:

(DC1) 如果 $X = \{X_n;\ n \in \mathbb{N}^*\}$ 为一个**非负 $\mathbb{F}$-上鞅**, 那么有

$$\sup_{n\in\mathbb{N}^*} \mathbb{E}[|X_n|] = \sup_{n\in\mathbb{N}^*} \mathbb{E}[X_n] \leqslant \mathbb{E}[X_0] < +\infty.$$

于是, 由定理 8.2 得到: $X_\infty := \lim_{n\to\infty} X_n$ 存在, $\mathbb{P}$-a.e.. 进一步, $\mathbb{E}[|X_\infty|] < +\infty$.

(DC2) 如果 $X = \{X_n;\ n \in \mathbb{N}^*\}$ 为**一致 L^1-有界 $\mathbb{F}$-下鞅**, 则 $-X$ 为一致 L^1-有界 $\mathbb{F}$-上鞅. 那么, 由定理 8.2 得到: $-X_\infty := -\lim_{n\to\infty} X_n$ 存在, $\mathbb{P}$-a.e. 和 $\mathbb{E}[|-X_\infty|] < +\infty$. 此即 $X_\infty := \lim_{n\to\infty} X_n$ 存在, $\mathbb{P}$-a.e. 且 $\mathbb{E}[|X_\infty|] < +\infty$.

(DC3) 如果 $X = \{X_n;\ n \in \mathbb{N}^*\}$ 为**一致可积 $\mathbb{F}$-上鞅 (或下鞅)**, 那么由 Vitali 收敛定理得到

$$X_n \xrightarrow{L^1} X_\infty, \quad n \to \infty. \tag{8.20}$$

事实上, 如果 X 一致可积, 则 X 为一致 L^1 有界. 因此, 定理 8.2 意味着 $X_n \xrightarrow{\text{a.e.}} X_\infty$, $n \to \infty$. 另一方面, 由 X 的一致可积性可得: $X_n \xrightarrow{L^1} X_\infty$, $n \to \infty$. 特别地, 如果 X 为 $\mathbb{F}$-上鞅 (或下鞅) 且满足: 存在一个 $\varepsilon > 0$ 使得

$$\sup_{n\in\mathbb{N}^*} \mathbb{E}\left[|X_n|^{1+\varepsilon}\right] < \infty,$$

那么 (8.20) 成立.

我们下面聚焦于 Lévy 0-1 律 (参见定理 8.4). 为此引入如下倒向下鞅的概念:

定义 8.5(倒向下鞅)　设 $X=\{X_n;\ n\in\mathbb{N}^*\}$ 为概率空间 $(\Omega,\mathcal{F},\mathbb{P})$ 上的可积实值随机过程和 $\mathbb{F}=\{\mathcal{F}_n;\ n\in\mathbb{N}^*\}\subset\mathcal{F}$ 为一列**递减**的 σ-代数流, 即

$$\mathcal{F}_{n+1}\subset\mathcal{F}_n,\quad \forall n\in\mathbb{N}^*.$$

进一步, 如果 $(X,\mathbb{F})$ 满足

(i) $X_n\in\mathcal{F}_n$, $\forall n\in\mathbb{N}^*$;

(ii) 对任意 $n\in\mathbb{N}^*$, $\mathbb{E}[X_n|\mathcal{F}_{n+1}]\geqslant(=)X_{n+1}$, $\mathbb{P}$-a.e.,

那么称 X 为一个 $\mathbb{F}$-倒向下鞅 (鞅).

根据倒向下鞅的定义 (定义 8.5), 我们有如下关于倒向下鞅的例子和相关性质:

(BS1) 设 ξ 为概率空间 $(\Omega,\mathcal{F},\mathbb{P})$ 下的一个可积随机变量 (一般记为 $\xi\in L^1(\Omega,\mathcal{F},\mathbb{P})$) 和 $\mathbb{F}=\{\mathcal{F}_n;\ n\in\mathbb{N}^*\}\subset\mathcal{F}$ 为一个递减 σ-代数流, 那么 $X_n:=\mathbb{E}[\xi|\mathcal{F}_n]$, $n\in\mathbb{N}^*$ 为一个 $\mathbb{F}$-倒向鞅.

(BS2) 设 $X=\{X_t;\ t\geqslant 0\}$ 为连续时间 $\mathbb{F}=\{\mathcal{F}_t;\ t\geqslant 0\}$-下鞅和 $\{t_n;\ n\in\mathbb{N}\}$ 为一列单减非负数列, 则 $\{X_{t_n},\mathcal{F}_{t_n};\ n\in\mathbb{N}\}$ 为一个倒向下鞅.

(BS3) 设 $X=\{X_n;\ n\in\mathbb{N}^*\}$ 为一个 $\mathbb{F}$-**倒向下鞅**. 定义如下时间反转过程:

$$\bar{X}_n:=X_{-n},\ \bar{\mathcal{F}}_n:=\mathcal{F}_{-n},\quad n\in\mathbb{N}^*,$$

那么 $\bar{\mathbb{F}}=\{\bar{\mathcal{F}}_n;\ n\in\mathbb{N}^*\}$ 是一个过滤. 进一步, 对任意 $n\in\mathbb{N}^*$,

$$\mathbb{E}[\bar{X}_n|\bar{\mathcal{F}}_{n-1}]\geqslant\mathbb{E}[\bar{X}_{n-1}].$$

于是 $\bar{X}=\{\bar{X}_n;\ n\in\mathbb{N}^*\}$ 为一个 $\bar{\mathbb{F}}=\{\bar{\mathcal{F}}_n;\ n\in\mathbb{N}^*\}$-下鞅.

(BS4) 设 $X=\{X_n;\ n\in\mathbb{N}^*\}$ 为一个 $\mathbb{F}$-倒向下鞅. 于是, 对任意 $n\in\mathbb{N}^*$, $\mathbb{E}[X_n]\leqslant\mathbb{E}[X_0]$. 因此 $\sup_{n\in\mathbb{N}^*}\mathbb{E}[X_n]\leqslant\mathbb{E}[X_0]$. 注意到, $n\to\mathbb{E}[X_n]$ 是单减的, 那么我们有

$$\sup_{n\in\mathbb{N}^*}\mathbb{E}[|X_n|]<+\infty\Longleftrightarrow l:=\lim_{n\to\infty}\mathbb{E}[X_n]>-\infty. \tag{8.21}$$

事实上, 假设 $l>-\infty$, 于是有

$$\mathbb{E}[|X_n|]=2\mathbb{E}[X_n^+]-E[X_n]\leqslant 2\mathbb{E}[X_0^+]-l<+\infty,\quad \forall\ n\in\mathbb{N}^*.$$

这意味着

$$\sup_{n\in\mathbb{N}^*}\mathbb{E}[|X_n|]\leqslant 2\mathbb{E}[X_0^+]-l<+\infty.$$

(BS5) 设 $X=\{X_n;\ n\in\mathbb{N}^*\}$ 为一个 $\mathbb{F}$-**倒向下鞅**, 那么, 对任意 $n\in\mathbb{N}^*$, 应用 Jensen 不等式得到

$$\mathbb{E}\left[X_n^+|\mathcal{F}_{n+1}\right]\geqslant\{\mathbb{E}\left[X_n|\mathcal{F}_{n+1}\right]\}^+\geqslant X_{n+1}^+.$$

这证明 $X^+ := \{X_n^+;\ n \in \mathbb{N}^*\}$ 也是一个 $\mathbb{F}$-倒向下鞅. 由于 X^+ 是非负的, 故 $\sup_{n\in\mathbb{N}^*} \mathbb{E}[X_n^+] \leqslant \mathbb{E}[X_0^+] < +\infty$, 此即说明 X^+ 是一致 L^1-有界的. 根据 Doob 下鞅收敛定理, 则有 $X_\infty \overset{\text{a.e.}}{:=} \lim_{n\to\infty} X_n$ 存在.

(BS6) 设 $X = \{X_n;\ n \in \mathbb{N}^*\}$ 为关于单减 σ-代数流 $\mathbb{F}$ 的一个**倒向下鞅**. 如果 $l := \inf_{n\in\mathbb{N}^*} \mathbb{E}[X_n] > -\infty$, 那么 $X^+ = \{X_n^+;\ n \in \mathbb{N}^*\}$ 是**一致可积**的. 事实上, 由 (BS5) 知: X^+ 也是一个 $\mathbb{F}$-倒向下鞅. 于是, 对任意 $n \in \mathbb{N}^*$ 和 $M > 0$,

$$\mathbb{E}[X_n^+ 1\!\!1_{X_n^+ > M}] \leqslant \mathbb{E}[X_0^+ 1\!\!1_{X_n^+ > M}] \leqslant \mathbb{E}[X_0^+ 1\!\!1_{|X_n| > M}].$$

另一方面, 由于 $\mathbb{E}[|X_n|] = 2\mathbb{E}[X_n^+] - \mathbb{E}[X_n] \leqslant 2\mathbb{E}[X_0^+] - l$, 则有

$$\sup_{n\in\mathbb{N}^*} \mathbb{P}(|X_n| > M) \leqslant \frac{1}{M} \sup_{n\in\mathbb{N}^*} \mathbb{E}[|X_n|] \leqslant \frac{2\mathbb{E}[X_0^+] - l}{M} \to 0, \quad M \to \infty.$$

因为 $\mathbb{E}[X_0^+] \leqslant \mathbb{E}[|X_0|] < +\infty$, 故

$$\sup_{n\in\mathbb{N}^*} \mathbb{E}[X_n^+ 1\!\!1_{X_n^+ > M}] \leqslant \sup_{n\in\mathbb{N}^*} \mathbb{E}[X_0^+ 1\!\!1_{|X_n| > M}] \to 0, \quad M \to \infty.$$

此即说明 X^+ 是一致可积的. 事实上, 我们下面还可以证明: 如果 $l > -\infty$, 则 X 也是一致可积的.

(BS6) 设 $X = \{X_n;\ n \in \mathbb{N}^*\}$ 为关于单减 σ-代数流 $\mathbb{F}$ 的一个**倒向鞅**, 那么 X 也是**一致可积**的. 由 X 的倒向鞅性得: 对任意 $n \in \mathbb{N}^*$ 和 $A \in \mathcal{F}_n$, 则

$$\mathbb{E}[X_0 1\!\!1_A] = \mathbb{E}[X_n 1\!\!1_A].$$

于是, 对任意 $M > 0$ 和 $n \in \mathbb{N}^*$, 我们有 $\{X_n > M\} \in \mathcal{F}_n$ 和 $\{X_n \leqslant -M\} \in \mathcal{F}_n$. 因此,

$$\begin{aligned}
\mathbb{E}[|X_n| 1\!\!1_{|X_n|>M}] &= \mathbb{E}[X_n 1\!\!1_{X_n > M}] - \mathbb{E}[X_n 1\!\!1_{X_n < -M}] \\
&= \mathbb{E}[X_0 1\!\!1_{X_n > M}] - \mathbb{E}[X_0 1\!\!1_{X_n < -M}] \\
&\leqslant \mathbb{E}[|X_0| 1\!\!1_{X_n > M}] + \mathbb{E}[|X_0| 1\!\!1_{X_n < -M}] \\
&= \mathbb{E}[|X_0| 1\!\!1_{|X_n| > M}].
\end{aligned} \tag{8.22}$$

由于, 对任意 $n \in \mathbb{N}^*$, $\mathbb{E}[X_n] = \mathbb{E}[X_0]$, 故 $\inf_{n\in\mathbb{N}^*} \mathbb{E}[X_n] = \mathbb{E}[X_0] > -\infty$ (因为 $\mathbb{E}[|X_0|] < +\infty$), 于是 $\sup_{n\in\mathbb{N}^*} \mathbb{E}[|X_n|] < +\infty$. 那么有

$$\sup_{n\in\mathbb{N}^*} \mathbb{P}(|X_n| > M) \leqslant \frac{1}{M} \sup_{n\in\mathbb{N}^*} \mathbb{E}[|X_n|] \to 0, \quad M \to \infty.$$

因此, 应用 (8.22), 我们得到

$$\sup_{n\in\mathbb{N}^*}\mathbb{E}[|X_n|\mathbb{1}_{|X_n|>M}]\leqslant\sup_{n\in\mathbb{N}^*}\mathbb{E}[|X_0|\mathbb{1}_{|X_n|>M}]\to 0,\quad M\to\infty.$$

此即说明 X 是一致可积的. 由于 X 为倒向鞅, 因此显然也是一个倒向下鞅. 这样, 根据 (BS5) 得到 $X_n\overset{\text{a.e.}}{\to}X_\infty, n\to\infty$. 再由 X 的一致可积得

$$X_n\overset{L^1}{\to}X_\infty,\quad n\to\infty. \tag{8.23}$$

下面证明, 在一定的条件下, 倒向下鞅也满足上面的 L^1 收敛.

定理 8.3 设 $X=\{X_n;\ n\in\mathbb{N}^*\}$ 为关于单减 σ-代数流 $\mathbb{F}=\{\mathcal{F}_n;\ n\in\mathbb{N}^*\}$ 的一个倒向下鞅. 于是, 由上面的 (BS5) 得到 $X_\infty:=\lim_{n\to\infty}X_n$ 存在. 如果下面的条件成立:

$$\sup_{n\in\mathbb{N}^*}\mathbb{E}[|X_n|]<+\infty,\ \text{或等价于}\ l:=\lim_{n\to\infty}\mathbb{E}[X_n]>-\infty, \tag{8.24}$$

那么有

$$X_n\overset{L^1}{\to}X_\infty,\quad n\to\infty. \tag{8.25}$$

进一步, 对任意 $n\in\mathbb{N}^*$, $\mathbb{E}[X_n|\mathcal{F}_\infty]\geqslant X_\infty$, 其中 $\mathcal{F}_\infty:=\bigcap_{n\in\mathbb{N}^*}\mathcal{F}_n$. 如果 X 为 $\mathbb{F}$-倒向鞅, 则有

$$\mathbb{E}[X_n|\mathcal{F}_\infty]=X_\infty,\quad \forall n\in\mathbb{N}^*. \tag{8.26}$$

证 为了证明 $X_n\overset{L^1}{\to}X_\infty, n\to\infty$, 根据 Vitali 收敛定理, 我们只需证明 X 是一致可积的. 为此, 定义如下过程:

$$\delta A_n:=\mathbb{E}[X_{n-1}-X_n|\mathcal{F}_n],\quad n\in\mathbb{N}. \tag{8.27}$$

于是, 由 X 的倒向下鞅性得: $\delta A_n\geqslant 0, \forall n\geqslant 1$. 进一步, 定义:

$$A_n:=\sum_{k=1}^{n}\delta A_k=\sum_{k=1}^{n}\mathbb{E}[X_{k-1}-X_k|\mathcal{F}_k]. \tag{8.28}$$

因此 $A=\{A_n;\ n\in\mathbb{N}^*\}$ 是一个非负单增过程. 进一步, 对任意 $n\in\mathbb{N}^*$, 我们得到

$$\mathbb{E}[A_n]=\mathbb{E}[X_0]-\mathbb{E}[X_n]\leqslant\mathbb{E}[X_0]-l<+\infty.$$

那么, 应用单调收敛定理: 设 $A_\infty := \lim_{n\to\infty} A_n$, 则

$$\mathbb{E}[A_\infty] = \lim_{n\to\infty} \mathbb{E}[A_n] < +\infty. \tag{8.29}$$

结合 (8.29), 对任意 $M > 0$,

$$\sup_{n\geqslant 0} \mathbb{E}[A_n 1\!\!1_{A_n > M}] \leqslant \mathbb{E}[A_\infty 1\!\!1_{A_\infty > M}] \xrightarrow{M\to 0} 0.$$

这证明了非负单增过程 A 是一致可积的.

我们下面定义:

$$M_n := X_n + A_n, \quad n \in \mathbb{N}^*. \tag{8.30}$$

于是, 对任意 $n \in \mathbb{N}^*$,

$$\mathbb{E}[M_n - M_{n+1} | \mathcal{F}_{n+1}] = \mathbb{E}[X_n - X_{n+1} - \delta A_{n+1} | \mathcal{F}_{n+1}] = 0.$$

这意味着 $M = \{M_n;\ n \in \mathbb{N}^*\}$ 为一个 $\mathbb{F}$-倒向鞅. 因此 M 也是一致可积的. 于是, $X = M - A$ 是一致可积的.

设 $A \in \mathcal{F}_\infty = \bigcap_{n\in\mathbb{N}^*} \mathcal{F}_n$. 那么, 对于 $n < m$, $A \in \mathcal{F}_m \subset \mathcal{F}_n$. 由于 X 为 $\mathbb{F}$ 倒向下鞅, 故

$$\mathbb{E}[X_m 1\!\!1_A] \leqslant \mathbb{E}[X_n 1\!\!1_A].$$

注意到 $X_m \xrightarrow{L^1} X_\infty$, $m \to \infty$. 在上式中令 $m \to \infty$, 则有

$$\mathbb{E}[X_\infty 1\!\!1_A] = \lim_{m\to\infty} \mathbb{E}[X_m 1\!\!1_A] \leqslant \lim_{m\to\infty} \mathbb{E}[X_n 1\!\!1_A] = \mathbb{E}[X_n 1\!\!1_A].$$

进一步, 如果 X 为 $\mathbb{F}$-倒向鞅, 则上面的不等式变为等式. □

根据定理 8.3, 我们下面引入本节的另一主要结果——Lévy 0-1 律:

定理 8.4(Lévy 0-1 律) 设 ξ 为概率空间 $(\Omega, \mathcal{F}, \mathbb{P})$ 上的一个可积随机变量和 $\mathbb{F} = \{\mathcal{F}_n;\ n \in \mathbb{N}\}$ 为一个单减 σ-代数流. 定义 $\mathcal{F}_\infty := \bigcap_{n\in\mathbb{N}} \mathcal{F}_n$. 那么, 当 $n \to \infty$ 时,

$$\mathbb{E}[\xi|\mathcal{F}_n] \xrightarrow{\text{a.e.}} \mathbb{E}[\xi|\mathcal{F}_\infty] \quad \text{和} \quad \mathbb{E}[\xi|\mathcal{F}_n] \xrightarrow{L^1} \mathbb{E}[\xi|\mathcal{F}_\infty]. \tag{8.31}$$

证 首先定义

$$X_n := \mathbb{E}[\xi|\mathcal{F}_n], \quad n \in \mathbb{N}.$$

根据 (BS1), 那么 $X = \{X_n;\ n \in \mathbb{N}\}$ 是一个 $\mathbb{F}$-倒向鞅. 于是, 应用 (BS5), $X_n \xrightarrow{\text{a.e.}} X_\infty$, $n \to \infty$ 和 $\mathbb{E}[|X_\infty|] < +\infty$.

下面证明 $X_\infty = \mathbb{E}[\xi|\mathcal{F}_\infty]$. 由于 $\sup_{n\in\mathbb{N}^*} \mathbb{E}[|X_n|] = \mathbb{E}[|\xi|] < +\infty$, 那么, 应用定理 8.3 得到

$$X_n \xrightarrow{L^1} X_\infty,\ n \to \infty \quad \text{和} \quad \mathbb{E}[X_n|\mathcal{F}_\infty] = X_\infty. \tag{8.32}$$

于是, 根据条件数学期望的性质得

$$X_\infty = \mathbb{E}[X_n|\mathcal{F}_\infty] = \mathbb{E}\left\{\mathbb{E}[\xi|\mathcal{F}_n]|\mathcal{F}_\infty\right\} = \mathbb{E}[\xi|\mathcal{F}_\infty].$$

因此, 应用 (8.32) 则有: $\mathbb{E}\left[\xi|\mathcal{F}_n\right] \xrightarrow{L^1} \mathbb{E}\left[\xi|\mathcal{F}_\infty\right]$, $n \to \infty$. 这样, 该定理证毕. □

8.4 连续时间鞅

前面的三节介绍了离散时间上下鞅的定义和相关的 Doob 鞅收敛定理. 本节将离散时间情况的鞅定义和收敛结果拓展到连续时间的情形. 为此, 我们首先给出连续时间上下鞅的定义:

定义 8.6 (连续时间上下鞅) 设 $X = \{X_t;\ 0 \leqslant t < \infty\}$ 为过滤概率空间 $(\Omega, \mathcal{F}, \mathbb{F} = \{\mathcal{F}_t;\ t \geqslant 0\}, \mathbb{P})$ 上的一个可积 $\mathbb{F}$-适应过程. 如果其满足: 对任意 $0 \leqslant s < t < \infty$, $\mathbb{P}$-a.e.,

$$\mathbb{E}[X_t|\mathcal{F}_s] \geqslant (\leqslant)\ X_s,$$

那么称过程 X 为一个 $\mathbb{F}$-下 (上) 鞅 (或写为 $\{X_t, \mathcal{F}_t;\ t \geqslant 0\}$ 是一个下 (上) 鞅). 进一步, 如果 X 同时为 $\mathbb{F}$-下鞅和上鞅, 则称过程 X 为一个 $\mathbb{F}$-鞅.

考虑一个简单例子. 设 $B = \{B_t;\ t \geqslant 0\}$ 为过滤概率空间 $(\Omega, \mathcal{F}, \mathbb{F} = \{\mathcal{F}_t;\ t \geqslant 0\}, \mathbb{P})$ 下的一个 $\mathbb{F}$-布朗运动. 对于 $\mu \in \mathbb{R}$ 和 $\sigma > 0$, 定义: $W_t^{\mu,\sigma} := \mu t + \sigma B_t$, $t \geqslant 0$. 则称 $W^{\mu,\sigma} = \{W_t^{\mu,\sigma};\ t \geqslant 0\}$ 为一个漂移布朗运动. 那么, 我们有

$$W^{\mu,\sigma}\ \text{是一个} \begin{cases} \mathbb{F}\text{-下鞅}, & \mu > 0, \\ \mathbb{F}\text{-鞅}, & \mu = 0, \\ \mathbb{F}\text{-上鞅}, & \mu < 0. \end{cases}$$

下面引入关于连续时间随机过程的上下穿次数. 为此, 设 $X = \{X_t;\ 0 \leqslant t < \infty\}$ 为过滤概率空间 $(\Omega, \mathcal{F}, \mathbb{F} = \{\mathcal{F}_t;\ t \geqslant 0\}, \mathbb{P})$ 下的一个 $\mathbb{F}$-适应可积过程. 于是, 我们下面定义过程 X 上穿 (下穿) 区间 $[a, b]$ 的次数, 其中 $-\infty < a < b < +\infty$. 定义的具体步骤如下:

- 设 $F=\{i_1<i_2<\cdots<i_d\}\subset[0,\infty)$ 为一个有限子集. 则根据离散时间过程上穿 (下穿) 区间 $[a,b]$ 次数的定义 (定义 8.4), 我们可以分别定义过程 X 在有限时间区间 F 内上穿和下穿区间 $[a,b]$ 的次数 $U_F([a,b];X)(\omega)$ 和 $D_F([a,b];X)(\omega)$, 其中 $\omega\in\Omega$.
- 对任意时间 $I\subset[0,\infty)$, 可以根据如下方式定义过程 X 在时间区间 I 内上穿和下穿区间 $[a,b]$ 的次数:

$$U_I([a,b];X)(\omega):=\sup_{\text{有限集}F\subset I}U_F([a,b];X)(\omega),$$

$$D_I([a,b];X)(\omega):=\sup_{\text{有限集}F\subset I}D_F([a,b];X)(\omega).\tag{8.33}$$

- 对任意 $n\in\mathbb{N}$, 设 $F=\{i_1<i_2<\cdots<i_d\}\subset[0,n]\cap\mathbb{Q}$ 为有限时间子集. 考虑 X 为一个 $\mathbb{F}$-下鞅, 那么 X^+ 也是一个 $\mathbb{F}$-下鞅. 于是, 对任意 $t\in F$,

$$\mathbb{E}[X_t^+]\leqslant\mathbb{E}[X_{i_d}^+]\leqslant\mathbb{E}[|X_{i_d}|]<+\infty.$$

定义过滤 $\mathbb{F}^d:=\{\mathcal{F}_{i_1},\cdots,\mathcal{F}_{i_d}\}$. 那么 $\{X_t^+;\ t\in F\}$ 是一个 $\mathbb{F}^d$-下鞅. 这样, 根据离散时间下鞅的下穿不等式得到

$$\mathbb{E}\left[D_F([a,b];X)\right]\leqslant\frac{b^-+\sup\limits_{t\in F}\mathbb{E}[X_t^+]}{b-a}\leqslant\frac{b^-+\mathbb{E}[X_{i_d}^+]}{b-a}<+\infty.$$

应用 (8.33), 对任意固定的 $n\in\mathbb{N}$, 我们有

$$\mathbb{E}\left[D_{[0,n]\cap\mathbb{Q}}([a,b];X)\right]\leqslant\frac{b^-+\sup\limits_{t\in[0,n]\cap\mathbb{Q}}\mathbb{E}[X_t^+]}{b-a}\leqslant\frac{b^-+\mathbb{E}[X_n^+]}{b-a}<+\infty.$$

进一步, 定义:

$$B_{a,b}^{(n)}:=\left\{\omega\in\Omega;\ D_{[0,n]\cap\mathbb{Q}}([a,b];X)(\omega)=+\infty\right\}.$$

于是 $\mathbb{P}(B_{a,b}^{(n)})=0$. 因此 $\mathbb{P}(B^{(n)})=0$, 其中 $B^{(n)}:=\bigcup_{a<b,a,b\in\mathbb{Q}}B_{a,b}^{(n)}$. 注意到, 如下集合包含关系成立:

$$\left\{\omega\in\Omega;\ \varliminf_{s\uparrow t,s\in\mathbb{Q}}X_s(\omega)<\varlimsup_{s\uparrow t,s\in\mathbb{Q}}X_s(\omega),\ \exists\ t\in[0,n]\right\}\subset B^{(n)}.$$

这意味着, 对任意 $\omega\in\Omega\setminus B^{(n)}$ 和 $t\in(0,n]$, $\lim_{s\uparrow t,s\in\mathbb{Q}}X_s(\omega)$ 存在. 因此

$$\forall\ \omega\in\Omega\Big\backslash\bigcup_{n=1}^{\infty}B^{(n)},\ \forall\ t\in(0,\infty),\quad X_{t-}(\omega):=\lim_{s\uparrow t,s\in\mathbb{Q}}X_s(\omega)\ \text{存在}.\tag{8.34}$$

相似地, 我们得到: $\mathbb{P}$-a.e.,

$$\forall\, t\in[0,\infty),\quad X_{t+}(\omega):=\lim_{s\downarrow t,s\in\mathbb{Q}}X_s(\omega)\ \text{存在}. \tag{8.35}$$

注意到, 由于过程 X 的轨道并不一定是右连续的, 因此 (8.35) 中的限制 $s\in\mathbb{Q}$ 并不能去掉.

下面的定理证明了关于下鞅右极限过程的下鞅性:

定理 8.5 设 $X=\{X_t;\ t\geqslant 0\}$ 为一个过滤 $\mathbb{F}=\{\mathcal{F}_t;\ t\geqslant 0\}$-下鞅, 那么有

$$X_t\leqslant \mathbb{E}\left[X_{t+}|\mathcal{F}_t\right],\quad t\geqslant 0. \tag{8.36}$$

进一步, 过程 $\{X_{t+},\mathcal{F}_{t+};\ t\geqslant 0\}$ 是一个下鞅. 如果 X 是 $\mathbb{F}$-鞅, 则 $\{X_{t+},\mathcal{F}_{t+};\ t\geqslant 0\}$ 是一个鞅.

证 对固定 $t\geqslant 0$, 设 $\{t_n;\ n\in\mathbb{N}\}\subset\mathbb{Q}$ 满足 $t_n\downarrow t$, $n\to\infty$. 由于 X 为 $\mathbb{F}$-下鞅, 故 $\{X_{t_n},\mathcal{F}_{t_n};\ n\geqslant 1\}$ 为一个**倒向下鞅**. 注意到, $n\to\mathbb{E}[X_{t_n}]$ 是单减的且满足

$$\mathbb{E}[X_{t_n}]\geqslant\mathbb{E}[X_t],\quad \forall n\in\mathbb{N}.$$

于是, 根据 X_t 的可积性得到

$$\inf_{n\in\mathbb{N}}\mathbb{E}[X_{t_n}]\geqslant\mathbb{E}[X_t]>-\infty.$$

那么, 应用定理 8.3, 则有

$$X_{t_n}\xrightarrow{L^1}X_{t+}:=\lim_{t_n\downarrow t}X_{t_n},\ n\to\infty\quad\text{和}\quad\mathbb{E}[|X_{t+}|]<\infty.$$

进一步, 由 X 的下鞅性有 $X_t\leqslant\mathbb{E}[X_{t_n}|\mathcal{F}_t]$, $n\in\mathbb{N}$. 对该不等式两边令 $n\to\infty$, 再结合应用 $X_{t_n}\xrightarrow{L^1}X_{t+}$, $n\to\infty$ 得到

$$X_t\leqslant\overline{\lim_{n\to\infty}}\,\mathbb{E}[X_{t_n}|\mathcal{F}_t]=\mathbb{E}[\lim_{n\to\infty}X_{t_n}|\mathcal{F}_t]=\mathbb{E}[X_{t+}|\mathcal{F}_t].$$

这证明了不等式 (8.36).

下面证明 $\{X_{t+},\mathcal{F}_{t+};\ t\geqslant 0\}$ 是一个下鞅. 事实上, 取 $\{s_n;\ n\in\mathbb{N}\}\subset\mathbb{Q}$ 满足 $s_n\downarrow s$ 和 $0\leqslant s<s_n<t$, $n\in\mathbb{N}$. 根据 X 的下鞅性和不等式 (8.36) 得到

$$X_{s_n}\leqslant\mathbb{E}[X_t|\mathcal{F}_{s_n}]\leqslant\mathbb{E}\left\{\mathbb{E}[X_{t+}|\mathcal{F}_t]|\mathcal{F}_{s_n}\right\}=\mathbb{E}[X_{t+}|\mathcal{F}_{s_n}].$$

对上式两边令 $n\to\infty$ 并应用 Lévy 0-1 律 (即定理 8.4), 我们得到

$$X_{s+}\leqslant\overline{\lim_{n\to\infty}}\,\mathbb{E}[X_{t+}|\mathcal{F}_{s_n}]=\mathbb{E}[X_{t+}|\mathcal{F}_{s+}],$$

此即说明 $\{X_{t+},\mathcal{F}_{t+};\ t\geqslant 0\}$ 是一个下鞅. 同理, 如果 X 为一个 $\mathbb{F}$-鞅, 则 $\{X_{t+},\mathcal{F}_{t+};\ t\geqslant 0\}$ 为一个鞅. 这样, 该定理得证. □

应用上面的定理 8.5, 我们下面证明在某些条件下, 下鞅存在一个与其互为修正的轨道右连续的下鞅.

定理 8.6 设过滤 $\mathbb{F}=\{\mathcal{F}_t;\ t\geqslant 0\}$ 满足通常条件和 $X=\{X_t;\ t\geqslant 0\}$ 是一个 $\mathbb{F}$-下鞅. 那么, 存在一个与 X 互为修正的轨道右连续 $\mathbb{F}$-下鞅当且仅当 X 的均值函数 $t\to\mathbb{E}[X_t]$ 是右连续的.

证 (i) 首先假设 X 均值函数 $t\to\mathbb{E}[X_t]$ 是右连续的. 那么, 根据定理 8.5 和过滤 $\mathbb{F}$ 满足通常条件, $\{X_{t+},\mathcal{F}_{t+};\ t\geqslant 0\}=\{X_{t+},\mathcal{F}_t;\ t\geqslant 0\}$ 是一个轨道右连续的下鞅. 我们下面想要证明 $\{X_{t+},\mathcal{F}_{t+};\ t\geqslant 0\}=\{X_{t+},\mathcal{F}_t;\ t\geqslant 0\}$ 与 X 互为修正. 为此, 只需证明

$$\mathbb{P}(X_t=X_{t+})=1,\quad \forall t\geqslant 0. \tag{8.37}$$

事实上, 对任意 $t\geqslant 0$, 设 $\{t_n;\ n\geqslant 1\}\subset\mathbb{R}_+$ 满足 $t_n\downarrow t$, $n\to\infty$. 由于 X 为 $\mathbb{F}$-下鞅, 故 $\{X_{t_n},\mathcal{F}_{t_n};\ n\geqslant 1\}$ 为一个**倒向下鞅**. 因为 $n\to\mathbb{E}[X_{t_n}]$ 单减且满足

$$\mathbb{E}[X_{t_n}]\geqslant\mathbb{E}[X_t],\quad \forall n\in\mathbb{N}.$$

根据 X_t 可积性, 则 $\inf_{n\in\mathbb{N}}\mathbb{E}[X_{t_n}]\geqslant\mathbb{E}[X_t]>-\infty$. 这样, 由定理 8.3 得到

$$X_{t_n}\stackrel{L^1}{\to}X_{t+}:=\lim_{t_n\downarrow t}X_{t_n},\ n\to\infty\quad \text{和}\quad \mathbb{E}[|X_{t+}|]<\infty.$$

因此 $\lim_{n\to\infty}\mathbb{E}[X_{t_n}]=\mathbb{E}[X_{t+}]$. 注意到, X 的均值函数 $t\to\mathbb{E}[X_t]$ 是右连续的, 那么 $\lim_{n\to\infty}\mathbb{E}[X_{t_n}]=\mathbb{E}[X_t]$. 由此获得

$$\mathbb{E}[X_{t+}]=\mathbb{E}[X_t]. \tag{8.38}$$

再根据 (8.36) 知: $X_t\leqslant\mathbb{E}[X_{t+}|\mathcal{F}_t]$. 由于过滤 $\mathbb{F}$ 是右连续的, 故 $\mathcal{F}_t=\mathcal{F}_{t+}$. 这样有: $\mathbb{P}$-a.e.,

$$X_t\leqslant\mathbb{E}[X_{t+}|\mathcal{F}_{t+}]=X_{t+}.$$

定义 $\xi:=X_{t+}-X_t$, 则 $\xi\geqslant 0$, $\mathbb{P}$-a.e., 而由 (8.38) 有 $\mathbb{E}[\xi]=0$, 故 $\mathbb{P}(\xi=0)=1$, 此即等式 (8.37) 成立.

(ii) 下面假设轨道右连续下鞅 $\{\tilde{X}_t,\mathcal{F}_t;\ t\geqslant 0\}$ 与 $\{X_t,\mathcal{F}_t;\ t\geqslant 0\}$ 互为修正. 对任意 $t\geqslant 0$, 设 $\{t_n;\ n\geqslant 1\}\subset\mathbb{Q}$ 满足 $t_n\downarrow t$, $n\to\infty$. 由于 $\tilde{X}$ 为 $\mathbb{F}$-下鞅, 故 $\{\tilde{X}_{t_n},\mathcal{F}_{t_n};\ n\geqslant 1\}$ 为一个**倒向下鞅**. 那么, 根据倒向下鞅的性质 (BS5):

$$\tilde{X}_{t_n}\stackrel{\text{a.e.}}{\to}\tilde{X}_{t+}=\tilde{X}_t,\quad n\to\infty.$$

由于 $\{\tilde{X}_t, \mathcal{F}_t;\ t \geqslant 0\}$ 与 $\{X_t, \mathcal{F}_t;\ t \geqslant 0\}$ 互为修正, 因此得到

$$\mathbb{P}(X_t = \tilde{X}_t, X_{t_n} = \tilde{X}_{t_n};\ n \in \mathbb{N}) = 1.$$

于是,

$$X_{t_n} \stackrel{\text{a.e.}}{\to} X_t, \quad n \to \infty.$$

容易验证 $\{\tilde{X}_{t_n};\ n \in \mathbb{N}\}$ 是**一致可积**的. 由于 X 与 $\tilde{X}$ 具有相同的有限维分布, 故 $\{X_{t_n};\ n \in \mathbb{N}\}$ 也是一致可积的. 那么, 应用 Vitali 收敛定理, 则有

$$X_{t_n} \stackrel{L^1}{\to} X_t, \quad n \to \infty.$$

因此 $\mathbb{E}[X_t] = \lim_{n\to\infty} \mathbb{E}[X_{t_n}]$, 此即说明 $t \to \mathbb{E}[X_t]$ 是右连续的. □

根据定理 8.6, 如果 X 是一个 $\mathbb{F}$-鞅, 那么 $\mathbb{E}[X_t] = \mathbb{E}[X_0]$ 是一个常值函数, 故其均值函数是右连续的. 因此, 如果过滤 $\mathbb{F}$ 满足通常条件, 则任何 $\mathbb{F}$-鞅都有轨道右连续修正的 $\mathbb{F}$-鞅. 定理 8.6 还意味着: 我们可以假设关于满足通常条件的过滤下的下鞅的轨道都是右连续的 (否则可以应用定理 8.6 考虑其右连续的修正过程). 之所以考虑下鞅轨道的右连续性, 是因为我们可以在此条件下通过离散时间的 Doob 鞅收敛定理来逼近得到连续时间的 Doob 鞅收敛定理.

定理 8.7(连续时间 Doob 鞅收敛定理) *设 $X = \{X_t;\ t \geqslant 0\}$ 为轨道右连续 $\mathbb{F} = \{\mathcal{F}_t;\ t \geqslant 0\}$-下鞅 (或上鞅). 如果 X 是一致 L^1-一致有界的, 也就是*

$$\sup_{t \geqslant 0} \mathbb{E}[|X_t|] < +\infty,$$

则 $X_\infty \stackrel{\text{a.e.}}{:=} \lim_{t\to\infty} X_t$ 存在和 $\mathbb{E}[|X_\infty|] < +\infty$.

证 这里只证明下鞅的情况, 而上鞅的情形是完全类似的. 对任意 $n \in \mathbb{N}$, 根据离散时间 Doob 下穿不等式: 对任意 $-\infty < a < b < +\infty$,

$$\mathbb{E}\left[D_{[0,n]\cap\mathbb{Q}}([a,b];X)\right] \leqslant \frac{b^- + \mathbb{E}[X_n^+]}{b-a}.$$

因为 $t \to X_t$ 是右连续的, 故对任意 $t \in [0,n]$, 存在 $t_m \downarrow t$ 满足 $X_{t_m} \to X_t$, $m \to \infty$. 这意味着 $D_{[0,n]\cap\mathbb{Q}}([a,b];X) = D_{[0,n]}([a,b];X)$. 于是, 应用单调收敛定理得到

$$\mathbb{E}\left[D_{[0,\infty)}([a,b];X)\right] \leqslant \frac{b^- + \sup_{t\geqslant 0}\mathbb{E}[X_t^+]}{b-a} \leqslant \frac{b^- + \sup_{t\geqslant 0}\mathbb{E}[|X_t|]}{b-a} < +\infty.$$

类似于离散时间 Doob 鞅收敛定理 (定理 8.2) 的证明, 我们有: $X_t \overset{\text{a.e.}}{\to} X_\infty, t\to\infty$. 进一步, 由 Fatou 引理得到

$$\mathbb{E}[|X_\infty|]=\mathbb{E}\Big[\lim_{t\to\infty}|X_t|\Big]\leqslant\varliminf_{t\to\infty}\mathbb{E}[|X_t|]\leqslant\sup_{t\geqslant 0}\mathbb{E}[|X_t|]<+\infty.$$

于是, 该定理证毕. □

练习 8.1 设 $X=\{X_t;\ t\geqslant 0\}$ 是一个右连续**非负** $\mathbb{F}$-**上鞅**. 那么 $X_t\overset{\text{a.e.}}{\to}X_\infty$, $t\to\infty$ 和 $\mathbb{E}[|X_\infty|]<+\infty$. 进一步, 我们还有: $\{X_t,\mathcal{F}_t;\ 0\leqslant t\leqslant\infty\}$ 是一个上鞅.

提示 由于 X 为非负 $\mathbb{F}$-上鞅, 那么 X 是一致 L^1-有界的. 因此, 根据 Doob 鞅收敛定理 (定理 8.7), 则有 $X_t\overset{\text{a.e.}}{\to}X_\infty$, $t\to\infty$ 和 $\mathbb{E}[|X_\infty|]<+\infty$. 进一步, 由 X 的上鞅性, 对任意 $0\leqslant s<t<+\infty$, 我们获得 $\mathbb{E}[X_t|\mathcal{F}_s]\leqslant X_s$. 于是有

$$\varlimsup_{t\to\infty}\mathbb{E}[X_t|\mathcal{F}_s]\leqslant X_s.$$

由于 X 是非负的, 故应用 Fatou 引理得到

$$X_s\geqslant\varliminf_{t\to\infty}\mathbb{E}[X_t|\mathcal{F}_s]\geqslant\mathbb{E}\Big[\lim_{t\to\infty}X_t|\mathcal{F}_s\Big]=\mathbb{E}[X_\infty|\mathcal{F}_s],$$

此即 $X_s\geqslant\mathbb{E}[X_\infty|\mathcal{F}_s]$. □

8.5 停时及其性质

为了引入和证明 Doob 鞅可选时定理, 本节介绍 J. L. Doob 所提出的“停时”的概念和关于停时的一系列关键性质. 为此, 我们首先给出如下“停时”的定义.

定义 8.7 (停时与可选时) 设 $\tau(\omega):\Omega\to\mathcal{T}\subset[0,+\infty]$ 为概率空间 $(\Omega,\mathbb{F},\mathbb{P})$ 下的一个随机变量以及 $\mathbb{F}=\{\mathcal{F}_t;\ t\in\mathcal{T}\}$ 是一个过滤. 如果对任意 $t\in\mathcal{T}$, 其满足

$$\{\omega\in\Omega;\ \tau(\omega)\leqslant t\}\in\mathcal{F}_t, \tag{8.39}$$

则称 τ 为一个 $\mathbb{F}$-停时. 如果对任意 $t\in\mathcal{T}$, 其满足

$$\{\omega\in\Omega;\ \tau(\omega)<t\}\in\mathcal{F}_t, \tag{8.40}$$

则称 τ 为一个 $\mathbb{F}$-可选时.

本节考虑停时取值空间 $\mathcal{T}=\mathbb{N}^*$ 和 $\mathcal{T}=[0,\infty]$ 这两种情况. 为此, 如果停时 τ 取值为 $\mathbb{N}^*$, 则称 τ 为一个离散停时. 如果停时 τ 取值为 $[0,+\infty]$, 则称 τ 为一个连续停时. 除非特殊说明, 下面提及的停时均表示连续停时. 根据定义 8.7, 停时具有如下的性质:

(ST1) 随机变量 τ 为离散停时当且仅当对任意 $n\in\mathbb{N}^*$, $\{\tau=n\}\in\mathcal{F}_n$.

(ST2) 如果非负随机变量 τ 满足 $\tau(\omega)=a\in[0,\infty]$, 则 τ 为一个连续 $\mathbb{F}$-停时. 事实上, 我们有

$$\{\tau\leqslant t\}=\{a\leqslant t\}=\varnothing \quad 或 \quad \Omega\in\mathcal{F}_t,\quad \forall t\geqslant 0.$$

(ST3) 设过滤 $\mathbb{F}=\{\mathcal{F}_t;\ t\geqslant 0\}$ 是右连续的, 那么, τ 为一个 $\mathbb{F}$-停时当且仅当 τ 为一个 $\mathbb{F}$-可选时. 事实上, 如果 τ 为 $\mathbb{F}$-停时, 则对任意 $t\geqslant 0$,

$$\{\tau<t\}=\bigcup_{n=1}^{\infty}\left\{\tau\leqslant t-\frac{1}{n}\right\}\in\mathcal{F}_t.$$

于是 $\{\tau<t\}\in\mathcal{F}_t$. 因此 τ 为 $\mathbb{F}$-可选时. 另一方面, 如果 τ 为 $\mathbb{F}$-可选时, 那么对任意 $t\geqslant 0$, 根据 $\mathbb{F}$-的右连续性和

$$\{\tau\leqslant t\}=\bigcap_{n=1}^{\infty}\left\{\tau<t+\frac{1}{n}\right\}\in\mathcal{F}_{t+}=\mathcal{F}_t.$$

这意味着 $\{\tau\leqslant t\}\in\mathcal{F}_t$. 因此 τ 为 $\mathbb{F}$-停时.

(ST4) 设 τ 为 $\mathbb{F}$-可选时, 那么, 对任意常数 $a>0$, 则 $\tau+a$ 为 $\mathbb{F}$-停时. 事实上, 对任意 $t\in[0,a)$, 我们有

$$\{\tau+a\leqslant t\}=\varnothing\in\mathcal{F}_t.$$

而对任意 $t\geqslant a$, 由 τ 为 $\mathbb{F}$-可选时可得

$$\{\tau+a\leqslant t\}=\{\tau\leqslant t-a\}=\bigcap_{n=1}^{\infty}\left\{\tau<t-a+\frac{1}{n}\right\}\in\mathcal{F}_{(t-a)+}\subset\mathcal{F}_t.$$

(ST5) 如果 τ_1,τ_2 为 $\mathbb{F}$-停时, 则 $\tau_1\wedge\tau_2$, $\tau_1\wedge\tau_2$ 和 $\tau_1+\tau_2$ 也是 $\mathbb{F}$-停时. 事实上, 对任意 $t\geqslant 0$,

$$\{\tau_1\wedge\tau_2>t\}=\{\tau_1>t\}\cap\{\tau_2>t\}\in\mathcal{F}_t,$$

$$\{\tau_1\wedge\tau_2\leqslant t\}=\{\tau_1\leqslant t\}\cap\{\tau_2\leqslant t\}\in\mathcal{F}_t.$$

因此 $\tau_1\wedge\tau_2$ 和 $\tau_1\wedge\tau_2$ 都是 $\mathbb{F}$-停时. 进一步, 我们还有

$$\begin{aligned}\{\tau_1+\tau_2>t\}=&\{\tau_1=0,\tau_2>t\}\cup\{\tau_1>t,\tau_2=0\}\\&\cup\{0<\tau_1<t,\tau_1+\tau_2>t\}\end{aligned}$$

$$\cup\{\tau_1>t,\tau_2>0\}.$$

显然 $\{\tau_1=0,\tau_2>t\}$, $\{\tau_1>t,\tau_2=0\}$ 和 $\{\tau_1>t,\tau_2>0\}$ 都在 $\mathcal{F}_t$ 中. 此外, 对任意 $t\geqslant 0$,

$$\{0<\tau_1<t,\tau_1+\tau_2>t\}=\bigcup_{r\in\mathbb{Q}_+,0<r<t}\{r<\tau_1<t,\tau_2>t-r\}\in\mathcal{F}_t.$$

综上得到: $\tau_1+\tau_2$ 也是 $\mathbb{F}$-停时.

(ST6) 设 $\{\tau_n\}_{n\in\mathbb{N}}$ 为一列 $\mathbb{F}$-停时, 那么 $\sup_{n\in\mathbb{N}}\tau_n$ 为 $\mathbb{F}$-停时. 事实上, 对任意 $t\geqslant 0$, 我们有

$$\left\{\sup_{n\in\mathbb{N}}\tau_n\leqslant t\right\}=\bigcap_{n=1}^{\infty}\{\tau_n\leqslant t\}\in\mathcal{F}_t.$$

(ST7) 设 $\{\tau_n\}_{n\in\mathbb{N}}$ 为一列 $\mathbb{F}$-可选时, 那么 $\inf_{n\in\mathbb{N}}\tau_n$ 为 $\mathbb{F}$-可选时. 事实上, 对任意 $t\geqslant 0$, 我们有

$$\left\{\inf_{n\in\mathbb{N}}\tau_n<t\right\}=\bigcup_{n=1}^{\infty}\{\tau_n<t\}\in\mathcal{F}_t.$$

(ST8) 设 $X=\{X_t;\ t\geqslant 0\}$ 为过滤 $\mathbb{F}=\{\mathcal{F}_t;\ t\geqslant 0\}$ 适应的一个右连续过程. 对任意 $B\in\mathcal{B}_{\mathbb{R}}$, 定义:

$$\tau_B(\omega):=\inf\{t\geqslant 0;\ X_t(\omega)\in B\},\quad \omega\in\Omega. \tag{8.41}$$

通常记 $\inf\varnothing=+\infty$. 那么称 τ_B 为过程 X 首穿集合 B 的时间 (first passage time). 进一步, 我们有如下性质成立:

(i) 假设过滤 $\mathbb{F}$ 为右连续的 (即 $\mathcal{F}_t=\mathcal{F}_{t+}$) 和 $B\subset\mathbb{R}$ 为开集, 则 τ_B 为 $\mathbb{F}$-停时.

(ii) 假设 X 为连续的和 $B\subset\mathbb{R}$ 为闭集, 则 τ_B 为 $\mathbb{F}$-停时.

首先证明 (i). 设 $D\subset[0,\infty)$ 为可数稠密子集, 于是有

$$\{\omega\in\Omega;\ \tau_B(\omega)<t\}=\bigcup_{s<t,s\in D}\{\omega\in\Omega;\ X_s(\omega)\in B\}.$$

由于 X 为 $\mathbb{F}$-适应的, 故对任意 $s<t$ 和 $s\in D$, 事件 $\{\omega\in\Omega;\ X_s\in B\}\in\mathcal{F}_s$. 因此, 由 σ-代数的性质得到

$$\bigcup_{s<t,s\in D}\{\omega\in\Omega;\ X_s(\omega)\in B\}\in\mathcal{F}_t,\quad \forall t\geqslant 0,$$

此即 $\{\omega\in\Omega;\ \tau_B(\omega)<t\}\in\mathcal{F}_t$, 也就是 τ_B 为一个 $\mathbb{F}$-可选时. 又因为过滤 $\mathbb{F}$ 是右连续的, 则根据 (ST3) 有: τ_B 为 $\mathbb{F}$-停时.

下面证明 (ii). 对任意 $x \in \mathbb{R}$, 定义 x 到 B 的距离 $d(x,B) := \inf_{y\in B}|x-y|$. 由 X 的轨道连续性得到: 对任意 $t \geqslant 0$,

$$\{\omega \in \Omega;\ \tau_B(\omega) \leqslant t\} = \left\{\omega \in \Omega;\ \inf_{s\in\mathbb{Q}, s\leqslant t} d(X_s(\omega), B) = 0\right\} \in \mathcal{F}_t.$$

因此 τ_B 为 $\mathbb{F}$-停时.

下面的引理本质上给出了过滤在停时处的定义.

引理 8.3　设 $(\Omega,\mathcal{F},\mathbb{P})$ 为一个概率空间和 $\mathbb{F}=\{\mathcal{F}_t;\ t\in\mathcal{T}\}$ 是一个过滤. 对于任意 $\mathbb{F}$-停时 τ, 定义:

$$\mathcal{F}_\tau := \{A \in \mathcal{F};\ A\cap\{\tau \leqslant t\} \in \mathcal{F}_t,\ \forall\, t \in \mathcal{T}\}, \tag{8.42}$$

那么 $\mathcal{F}_\tau$ 是一个 σ-代数且 $\tau \in \mathcal{F}_\tau$.

证　首先证明 $\mathcal{F}_\tau$ 是一个 σ-代数. 事实上, 显然 $\varnothing \in \mathcal{F}_\tau$. 进一步, 我们还有

- 对任意 $A \in \mathcal{F}_\tau$, 则根据 (8.42), 对任意 $t\in\mathcal{T}$, $A\in\mathcal{F}$ 和 $A\cap\{\tau\leqslant t\}\in\mathcal{F}_t$. 于是, 对任意 $t\in\mathcal{T}$,

$$A^{\mathrm{c}}\cap\{\tau\leqslant t\} = \{\tau\leqslant t\}\setminus(A\cap\{\tau\leqslant t\}) = \{\tau\leqslant t\}\cap(A\cap\{\tau\leqslant t\})^{\mathrm{c}} \in \mathcal{F}_t.$$

  因此 $A^{\mathrm{c}} \in \mathcal{F}_\tau$.

- 对任意 $\{A_i\}_{i\in\mathbb{N}} \subset \mathcal{F}_\tau$, 则 $A_i \in \mathcal{F}$ 和 $A_i\cap\{\tau\leqslant t\}\in\mathcal{F}_t$, $\forall t\in\mathcal{T}$. 因此 $\bigcap_{i=1}^{\infty}(A_i\cap\{\tau\leqslant t\})\in\mathcal{F}_t$. 注意到

$$\bigcap_{i=1}^{\infty}(A_i\cap\{\tau\leqslant t\}) = \left(\bigcap_{i=1}^{\infty}A_i\right)\cap\{\tau\leqslant t\}\ \text{和}\ \bigcap_{i=1}^{\infty}A_i\in\mathcal{F},$$

  则有 $\bigcap_{i=1}^{\infty}A_i\in\mathcal{F}_\tau$. 因此 $\mathcal{F}_\tau$ 是一个 σ-代数.

最后证明 $\tau\in\mathcal{F}_\tau$. 为此, 只需证明对任意 $a\geqslant 0$, $\{\tau\leqslant a\}\in\mathcal{F}_\tau$. 事实上, 由 τ 为 $\mathbb{F}$-停时, 则有

$$\{\tau\leqslant a\}\cap\{\tau\leqslant t\} = \{\tau\leqslant a\wedge t\}\in\mathcal{F}_{a\wedge t}\subset\mathcal{F}_t,\quad \forall t\in\mathcal{T}.$$

至此, 该引理证毕. □

进一步, 对于任意过滤 $\mathbb{F}=\{\mathcal{F}_t;\ t\geqslant 0\}$-停时 τ, 我们还可以定义 σ-代数:

$$\mathcal{F}_{\tau-} = \mathcal{F}_0\vee\{A\cap\{\tau>t\};\ A\in\mathcal{F}_t,\ t\geqslant 0\}. \tag{8.43}$$

下面的引理说明由 (8.42) 定义的 σ-代数族 $\{\mathcal{F}_\tau;\ \tau\ \text{为}\ \mathbb{F}\text{-停时}\}$ 是一个过滤.

引理 8.4 设 $(\Omega, \mathcal{F}, \mathbb{P})$ 为一个概率空间和 τ_1, τ_2 为 $\mathbb{F} = \{\mathcal{F}_t;\ t \geqslant 0\}$-停时. 那么有

(i) $\{\tau_2 \leqslant \tau_1\} \in \mathcal{F}_{\tau_1} \cap \mathcal{F}_{\tau_2}$;

(ii) 如果 $\tau_1 \leqslant \tau_2$, 则 $\mathcal{F}_{\tau_1} \subset \mathcal{F}_{\tau_2}$;

(iii) 对任意 $A \in \mathcal{F}_{\tau_1}$, 则 $A \cap \{\tau_1 \leqslant \tau_2\} \in \mathcal{F}_{\tau_2}$;

(iv) $\mathcal{F}_{\tau_1 \wedge \tau_2} = \mathcal{F}_{\tau_1} \cap \mathcal{F}_{\tau_2}$.

证 (i) 注意到: 对任意 $t \geqslant 0$,

$$\{\tau_2 > \tau_1\} \cap \{\tau_2 \leqslant t\} = \{\tau_2 \leqslant t\} \cap \left(\bigcup_{s \in \mathbb{Q}, s \leqslant t} \{\tau_2 > s\} \cap \{\tau_1 < s\} \right) \in \mathcal{F}_t.$$

因此 $\{\tau_2 > \tau_1\} \in \mathcal{F}_{\tau_2}$. 根据引理 8.3, 则 $\mathcal{F}_{\tau_2}$ 是一个 σ-代数. 于是 $\{\tau_2 \leqslant \tau_1\} \in \mathcal{F}_{\tau_2}$. 同理, 我们可证得 $\{\tau_2 \leqslant \tau_1\} \in \mathcal{F}_{\tau_1}$.

(ii) 对任意的 $A \in \mathcal{F}_{\tau_1}$ 和 $t \geqslant 0$,

$$A \cap \{\tau_1 \leqslant t\} \in \mathcal{F}_t.$$

由于 $\tau_2 \leqslant \tau_1$, 故 $\{\tau_2 \leqslant t\} \subset \{\tau_1 \leqslant t\}$. 又由于 τ_2 为 $\mathbb{F}$-停时, 故 $\{\tau_2 \leqslant t\} \in \mathcal{F}_t$. 于是,

$$A \cap \{\tau_2 \leqslant t\} = (A \cap \{\tau_1 \leqslant t\}) \cap \{\tau_2 \leqslant t\} \in \mathcal{F}_t, \quad \forall t \geqslant 0.$$

这意味着 $A \in \mathcal{F}_{\tau_2}$, 此即 $\mathcal{F}_{\tau_1} \subset \mathcal{F}_{\tau_2}$.

(iii) 对任意 $A \in \mathcal{F}_{\tau_1}$ 和 $t \geqslant 0$, 则有 $A \cap \{\tau_1 \leqslant t\} \in \mathcal{F}_t$, 那么有

$$(A \cap \{\tau_1 \leqslant \tau_2\}) \cap \{\tau_2 \leqslant t\} = (A \cap \{\tau_1 \leqslant t\}) \cap \{\tau_2 \leqslant t\} \cap \{\tau_1 \wedge t \leqslant \tau_2 \wedge t\}. \tag{8.44}$$

由于 τ_2 为 $\mathbb{F}$-停时, 故 $\{\tau_2 \leqslant t\} \in \mathcal{F}_t$. 又由于 $\tau_1 \wedge t$ 和 $\tau_2 \wedge t$ 均为 $\mathbb{F}$-停时, 那么根据 (i) 和 (ii) 得到

$$\{\tau_1 \wedge t \leqslant \tau_2 \wedge t\} \in \mathcal{F}_{\tau_1 \wedge t} \cap \mathcal{F}_{\tau_2 \wedge t} \subset \mathcal{F}_{\tau_2 \wedge t} \subset \mathcal{F}_t.$$

于是, 由 (8.44) 得

$$(A \cap \{\tau_1 \leqslant \tau_2\}) \cap \{\tau_2 \leqslant t\} \in \mathcal{F}_t, \quad \forall t \geqslant 0.$$

因此 $A \cap \{\tau_1 \leqslant \tau_2\} \in \mathcal{F}_{\tau_2}$.

(iv) 由 (ii) 得到

$$\mathcal{F}_{\tau_1 \wedge \tau_2} \subset \mathcal{F}_{\tau_1} \cap \mathcal{F}_{\tau_2}.$$

下面证明 $\mathcal{F}_{\tau_1}\cap\mathcal{F}_{\tau_2}\subset\mathcal{F}_{\tau_1\wedge\tau_2}$. 事实上, 对任意 $A\in\mathcal{F}_{\tau_1}\cap\mathcal{F}_{\tau_2}$, 我们有: $A\in\mathcal{F}$ 且对任意 $t\geqslant 0$,

$$A\cap\{\tau_1\leqslant t\}\in\mathcal{F}_t,\quad A\cap\{\tau_2\leqslant t\}\in\mathcal{F}_t,\quad \forall t\geqslant 0.$$

于是有

$$\begin{aligned}A\cap\{\tau_1\wedge\tau_2\leqslant t\}&=A\cap(\{\tau_1\leqslant t\}\cup\{\tau_2\leqslant t\})\\&=(A\cap\{\tau_1\leqslant t\})\cup(A\cap\{\tau_2\leqslant t\})\in\mathcal{F}_t,\quad \forall t\geqslant 0.\end{aligned}$$

这样, 该引理得证. □

定理 8.8 设 $\mathbb{F}=\{\mathcal{F}_t;\ t\in\mathcal{T}\}$ 为一个过滤和 τ 为过滤 $\mathbb{F}$-停时. 设 $X=\{X_t;\ t\in\mathcal{T}\}$ 为过滤概率空间 $(\Omega,\mathcal{F},\mathbb{P})$ 上的一个实值随机过程. 如果下面两个条件中的一个条件成立:

(i) $\mathcal{T}=\mathbb{N}^*$ 和 X 为 $\mathbb{F}$-适应的;

(ii) $\mathcal{T}=[0,\infty)$ 和 X 为循序可测的,

那么 $X_\tau\in\mathcal{F}_\tau$, 即 X_τ 是 $\mathcal{F}_\tau$-可测的.

证 为证明 X_τ 为 $\mathcal{F}_\tau$-可测的, 根据 (8.42), 我们只需证明: 对任意 $B\in\mathcal{B}_{\mathbb{R}}$,

$$\{X_\tau\in B\}\cap\{\tau\leqslant t\}\in\mathcal{F}_t,\quad \forall\, t\geqslant 0.\tag{8.45}$$

下面首先证明 (i). 于是, 对任意 $t\geqslant 0$,

$$\{X_\tau\in B\}\cap\{\tau\leqslant t\}=\bigcup_{n\leqslant t}(\{X_n\in B\}\cap\{\tau=n\}).$$

因为 X 为 $\mathbb{F}$-适应的, 故对任意 $n\in\mathbb{N}^*$, $\{X_n\in B\}\in\mathcal{F}_n$. 由于 τ 为 $\mathbb{F}$-停时, 则应用 (ST1) 有 $\{\tau=n\}\in\mathcal{F}_n$, $\forall n\in\mathbb{N}^*$. 这意味着, 对任意 $t\geqslant 0$,

$$\bigcup_{n=0}^{\infty}(\{X_n\in B\}\cap\{\tau=n\})\in\mathcal{F}_t,$$

此即 (8.45) 成立.

下面证明 (ii). 于是, 对任意 $t\geqslant 0$,

$$\{X_\tau\in B\}\cap\{\tau\leqslant t\}=\{X_{\tau\wedge t}\in B\}\cap\{\tau\leqslant t\}.$$

由于 τ 为 $\mathbb{F}$-停时, 故 $\{\tau\leqslant t\}\in\mathcal{F}_t$. 那么为证明 (8.45), 我们只需证明:

$$\{X_{\tau\wedge t}\in B\}\in\mathcal{F}_t,\quad \forall t\geqslant 0,$$

即证明对任意 $\mathbb{F}$-停时 $\hat{\tau} \leqslant t$, 有 $X_{\hat{\tau}} \in \mathcal{F}_t$. 为此, 对任意 $\mathbb{F}$-停时 $\hat{\tau} \leqslant t$, 定义:

$$\psi : (\Omega; \mathcal{F}_t) \to (\Omega \times [0,t], \mathcal{F}_t \otimes \mathcal{B}_{[0,t]}), \quad \psi(\omega) = (\omega, \hat{\tau}(\omega)).$$

因此 ψ 为 $\mathcal{F}_t$-可测的. 事实上, 对任意 $s \in [0,t]$ 和 $A \in \mathcal{F}_t$, 由于 $\hat{\tau} \leqslant t$ 为 $\mathbb{F}$-停时, 故有

$$\{\omega \in \Omega;\ \psi(\omega) \in A \times [0,s]\} = A \cap \{\hat{\tau} \leqslant s\} \in \mathcal{F}_t.$$

对任意 $t \geqslant 0$, 进一步定义:

$$Y : (\Omega \times [0,t], \mathcal{F}_t \otimes \mathcal{B}_{[0,t]}) \to (\mathbb{R}, \mathcal{B}_{\mathbb{R}}), \quad Y(\omega, s) = X_s(\omega).$$

由于 X 为循序可测的, 则 Y 为 $\mathcal{F}_t \otimes \mathcal{B}_{[0,t]}$-可测的. 因此 $X_{\hat{\tau}} = Y \circ \psi$ 为 $\mathcal{F}_t$-可测的. 这样, 该定理得证. □

8.6 Doob 可选时定理

基于上节引入的“停时”概念和相关性质, 本节介绍 Doob 可选时定理. 我们首先给出离散时间下鞅的 Doob 可选时定理.

定理 8.9 (离散时间 Doob 可选时定理) 设 $X = \{X_n;\ n \in \mathbb{N}^*\}$ 为过滤 $\mathbb{F} = \{\mathcal{F}_n;\ n \in \mathbb{N}^*\}$-下鞅和 τ_1, τ_2 为有界 $\mathbb{F}$-停时且满足 $\tau_1 \leqslant \tau_2$, 那么有

$$\mathbb{E}\left[X_{\tau_2} | \mathcal{F}_{\tau_1}\right] \geqslant X_{\tau_1}. \tag{8.46}$$

证 根据定理 8.8, 则有 $X_{\tau_i} \in \mathcal{F}_{\tau_i}$, $i = 1, 2$. 设正整数 N_i 为 τ_i 的上界. 因为 X 为 $\mathbb{F}$-下鞅, 故由 Doob-分解得到

$$X_n = M_n + A_n, \quad n \in \mathbb{N}^*,$$

其中 $M = \{M_n;\ n \in \mathbb{N}^*\}$ 为一个 $\mathbb{F}$-鞅以及 $A = \{A_n;\ n \in \mathbb{N}^*\}$ 是一个 $\mathbb{F}$-适应、非负可积增过程. 于是, 对于 $i = 1, 2$,

$$\mathbb{E}\left[|X_{\tau_i}|\right] = \sum_{n=0}^{N_i} \mathbb{E}\left[|X_n| \mathbb{1}_{\tau_i = n}\right] \leqslant \sum_{n=0}^{N_i} \mathbb{E}\left[|M_n| \mathbb{1}_{\tau_i = n}\right] + \sum_{n=0}^{N_i} \mathbb{E}\left[A_n \mathbb{1}_{\tau_i = n}\right].$$

由于 M 为 $\mathbb{F}$-鞅, 则由 Jensen 不等式得到: $|M|$ 也是一个 $\mathbb{F}$-下鞅. 于是, 对任意 $n = 0, 1, \cdots, N_i$, 由 $\{\tau_i = n\} \in \mathcal{F}_n$, 则有

$$\mathbb{E}\left[|M_n| \mathbb{1}_{\tau_i = n}\right] \leqslant \mathbb{E}\left[|M_{N_i}| \mathbb{1}_{\tau_i = n}\right].$$

因此, 对任意 $i=1,2$,

$$\begin{aligned}\mathbb{E}\left[|X_{\tau_i}|\right] &= \sum_{n=0}^{N_i}\mathbb{E}\left[|M_n|\mathbb{1}_{\tau_i=n}\right]+\sum_{n=0}^{N_i}\mathbb{E}\left[A_n\mathbb{1}_{\tau_i=n}\right]\\ &\leqslant \sum_{n=0}^{N_i}\mathbb{E}\left[|M_{N_i}|\mathbb{1}_{\tau_i=n}\right]+\sum_{n=0}^{N_i}\mathbb{E}\left[A_{N_i}\mathbb{1}_{\tau_i=n}\right]\\ &= \mathbb{E}\left[|M_{N_i}|+A_{N_i}\right]<+\infty,\end{aligned}$$

此即 X_{τ_i} 是可积的.

下面我们证明 (8.46). 这等价于证明: 对任意 $A\in\mathcal{F}_{\tau_1}$,

$$\mathbb{E}\left[X_{\tau_2}\mathbb{1}_A\right]\geqslant\mathbb{E}\left[X_{\tau_1}\mathbb{1}_A\right]. \tag{8.47}$$

注意到, $A\in\mathcal{F}_{\tau_1}$ 意味着, 对任意 $n\in\mathbb{N}^*$,

$$A_n:=A\cap\{\tau=n\}\in\mathcal{F}_n,$$

那么 $A=\bigcup_{n=0}^{\infty}A_n$. 由于 τ_2 为 $\mathbb{F}$-停时, 则 $\{\tau_2>n\}\in\mathcal{F}_n$, $\forall n\in\mathbb{N}^*$. 于是, 对任意 $n,j=1,\cdots,N_2$,

$$A_j\cap\{\tau_2>n\}\in\mathcal{F}_n,\quad \forall\, j\leqslant n.$$

再由 X 为 $\mathbb{F}$-下鞅性得到: 对任意 $n\geqslant j$,

$$\mathbb{E}\left[X_n\mathbb{1}_{A_j\cap\{\tau_2>n\}}\right]\leqslant\mathbb{E}\left[X_{n+1}\mathbb{1}_{A_j\cap\{\tau_2>n\}}\right].$$

因此, 对任意 $n\geqslant j$,

$$\begin{aligned}\mathbb{E}\left[X_n\mathbb{1}_{A_j\cap\{\tau_2\geqslant n\}}\right] &= \mathbb{E}\left[X_n\mathbb{1}_{A_j\cap\{\tau_2=n\}}\right]+\mathbb{E}\left[X_n\mathbb{1}_{A_j\cap\{\tau_2>n\}}\right]\\ &\leqslant \mathbb{E}\left[X_n\mathbb{1}_{A_j\cap\{\tau_2=n\}}\right]+\mathbb{E}\left[X_{n+1}\mathbb{1}_{A_j\cap\{\tau_2>n\}}\right]\\ &= \mathbb{E}\left[X_n\mathbb{1}_{A_j\cap\{\tau_2=n\}}\right]+\mathbb{E}\left[X_{n+1}\mathbb{1}_{A_j\cap\{\tau_2\geqslant n+1\}}\right].\end{aligned}$$

这意味着, 对任意 $n\geqslant j$,

$$\mathbb{E}\left[X_n\mathbb{1}_{A_j\cap\{\tau_2\geqslant n\}}\right]-\mathbb{E}\left[X_{n+1}\mathbb{1}_{A_j\cap\{\tau_2\geqslant n+1\}}\right]\leqslant\mathbb{E}\left[X_n\mathbb{1}_{A_j\cap\{\tau_2=n\}}\right]. \tag{8.48}$$

于是有

$$\sum_{n=j}^{N_2}\left\{\mathbb{E}\left[X_n\mathbb{1}_{A_j\cap\{\tau_2\geqslant n\}}\right]-\mathbb{E}\left[X_{n+1}\mathbb{1}_{A_j\cap\{\tau_2\geqslant n+1\}}\right]\right\}\leqslant\sum_{n=j}^{N_2}\mathbb{E}\left[X_n\mathbb{1}_{A_j\cap\{\tau_2=n\}}\right].$$

这样, 我们有

$$\begin{aligned}&\mathbb{E}\left[X_j 1\!\!1_{A_j\cap\{\tau_2\geqslant j\}}\right]-\mathbb{E}\left[X_{N_2+1}1\!\!1_{A_j\cap\{\tau_2\geqslant N_2+1\}}\right]\\ \leqslant&\sum_{n=j}^{N_2}\mathbb{E}\left[X_n 1\!\!1_{A_j\cap\{\tau_2=n\}}\right]=\mathbb{E}\left[X_{\tau_2}1\!\!1_{A_j\cap\{j\leqslant\tau_2\leqslant N_2\}}\right].\end{aligned}$$

由于 $\mathbb{E}\left[X_{N_2+1}1\!\!1_{A_j\cap\{\tau_2\geqslant N_2+1\}}\right]=0$ 以及回顾 $A_j=A\cap\{\tau_1=j\}$, 故

$$\mathbb{E}\left[X_j 1\!\!1_{A_j\cap\{\tau_2\geqslant j\}}\right]=\mathbb{E}\left[X_j 1\!\!1_{A\cap\{\tau_1=j\}\cap\{\tau_2\geqslant j\}}\right]=\mathbb{E}\left[X_{\tau_1}1\!\!1_{A_j\cap\{\tau_2\geqslant j\}}\right].$$

那么, 对任意 $j\in\{0,1,\cdots,N_2\}$,

$$\mathbb{E}\left[X_{\tau_1}1\!\!1_{A_j\cap\{\tau_2\geqslant j\}}\right]\leqslant\mathbb{E}\left[X_{\tau_2}1\!\!1_{A_j\cap\{j\leqslant\tau_2\leqslant N_2\}}\right],$$

此即, 对任意 $j\in\{0,1,\cdots,N_2\}$,

$$\mathbb{E}\left[X_{\tau_1}1\!\!1_{A\cap\{\tau_1=j\}\cap\{\tau_2\geqslant j\}}\right]\leqslant\mathbb{E}\left[X_{\tau_2}1\!\!1_{A\cap\{\tau_1=j\}\cap\{\tau_2\geqslant j\}}\right].\tag{8.49}$$

由于 $\tau_1\leqslant\tau_2$, 故 $\{\tau_1=j\}\cap\{\tau_2<j\}=\varnothing$, 于是得到

$$\mathbb{E}\left[X_{\tau_1}1\!\!1_{A\cap\{\tau_1=j\}\cap\{\tau_2<j\}}\right]=\mathbb{E}\left[X_{\tau_2}1\!\!1_{A\cap\{\tau_1=j\}\cap\{\tau_2<j\}}\right]=0.\tag{8.50}$$

那么, 将 (8.49) 与 (8.50) 左右两边分别相加得到

$$\mathbb{E}\left[X_{\tau_1}1\!\!1_{A\cap\{\tau_1=j\}}\right]\leqslant\mathbb{E}\left[X_{\tau_2}1\!\!1_{A\cap\{\tau_1=j\}}\right].\tag{8.51}$$

由于 τ_1 的界为 N_1, 故对上式两边关于 j 从 0 到 N_1 求和得到 (8.46). 这样, 该定理证毕. □

下面的引理用来证明连续时间 Doob 可选时定理.

引理 8.5 设 τ 为过滤 $\mathbb{F}=\{\mathcal{F}_t;\ t\geqslant 0\}$-可选时 (或停时), 则存在一列递减 $\mathbb{F}$-停时 $\{\tau_n;\ n\in\mathbb{N}\}$ 使得

$$\lim_{n\to\infty}\tau_n(\omega)=\tau(\omega),\quad \forall\omega\in\Omega.$$

证 对任意 $\omega\in\Omega$ 和 $n\in\mathbb{N}$, 我们定义

$$\tau_n(\omega):=\begin{cases}\tau(\omega), & \text{在 }\{\tau(\omega)=+\infty\}\text{ 中},\\[2mm] \dfrac{k}{2^n}, & \text{在 }\left\{\dfrac{k-1}{2^n}\leqslant\tau(\omega)<\dfrac{k}{2^n}\right\}\text{ 中},\ k\in\mathbb{N}.\end{cases}$$

于是 $\tau_n(\omega) \downarrow \tau(\omega)$ 且对任意 $\frac{k-1}{2^n} \leqslant t < \frac{k}{2^n}$,

$$\{\tau_n \leqslant t\} = \left\{\tau_n \leqslant \frac{k-1}{2^n}\right\} = \left\{\tau < \frac{k-1}{2^n}\right\} \in \mathcal{F}_{\frac{k-1}{2^n}} \subset \mathcal{F}_t,$$

此即 τ_n 是一个 $\mathbb{F}$-停时. □

我们下面给出并证明连续时间下鞅的 Doob 可选时定理:

定理 8.10(连续时间 Doob 可选时定理)　设 $X = \{X_t;\ t \geqslant 0\}$ 为轨道右连续关于过滤 $\mathbb{F} = \{\mathcal{F}_t;\ t \geqslant 0\}$-下鞅以及 τ_1, τ_2 为有界 $\mathbb{F}$-停时且满足 $\tau_1 \leqslant \tau_2$, 那么有

$$\mathbb{E}\left[X_{\tau_2} | \mathcal{F}_{\tau_1}\right] \geqslant X_{\tau_1}. \tag{8.52}$$

证　由于 X 为 $\mathbb{F}$-适应且是右连续的, 故 X 为循序可测的. 那么, 根据定理 8.8-(ii) 得到: $X_{\tau_i} \in \mathcal{F}_{\tau_i}$, $i = 1, 2$. 进一步, 由 Doob-分解可得 X_{τ_i} 是可积的. 应用引理 8.5, 则分别存在一列有界 $\mathbb{F}$-停时 τ_{1n} 和 τ_{2n}, $n \in \mathbb{N}$ 满足

$$\tau_{in} \downarrow \tau_i, \quad i = 1, 2, \quad \tau_{1n} \leqslant \tau_{2n}.$$

于是, 由离散时间 Doob 可选时定理 (定理 8.9) 得: 对任意 $A \in \mathcal{F}_{\tau_{1n}}$, $n \in \mathbb{N}$, 我们有

$$\mathbb{E}[X_{\tau_{1n}} \mathbb{1}_A] \leqslant \mathbb{E}[X_{\tau_{2n}} \mathbb{1}_A].$$

这意味着, 对任意 $A \in \mathcal{F}_{\tau_1+} := \bigcap_{n=1}^{\infty} \mathcal{F}_{\tau_{1n}}$, 则有

$$\mathbb{E}[X_{\tau_{1n}} \mathbb{1}_A] \leqslant \mathbb{E}[X_{\tau_{2n}} \mathbb{1}_A].$$

根据引理 8.4-(ii) 知: $\mathcal{F}_{\tau_1} \subset \mathcal{F}_{\tau_{1n}}$, $\forall n \in \mathbb{N}$. 于是, 对任意 $A \in \mathcal{F}_{\tau_1}$,

$$\mathbb{E}[X_{\tau_{1n}} \mathbb{1}_A] \leqslant \mathbb{E}[X_{\tau_{2n}} \mathbb{1}_A]. \tag{8.53}$$

根据离散时间 Doob 可选时定理 (定理 8.9) 不难看到: $\{X_{\tau_{1n}}, \mathcal{F}_{\tau_{1n}}\}_{n \in \mathbb{N}}$ 为一个倒向下鞅且

$$l := \inf_{n \in \mathbb{N}} \mathbb{E}[X_{\tau_{1n}}] \geqslant \mathbb{E}[X_0] > -\infty.$$

于是 $\{X_{\tau_{1n}};\ n \in \mathbb{N}\}$ 是一致可积的. 类似地, $\{X_{\tau_{2n}};\ n \in \mathbb{N}\}$ 也是一致可积的. 由于下鞅 X 是右连续的, 故对于 $i = 1, 2$,

$$X_{\tau_{in}} \xrightarrow{L^1} X_{\tau_i}, \quad n \to \infty.$$

对 (8.53) 两边取极限 $n\to\infty$, 那么, 对任意 $A\in\mathcal{F}_{\tau_1}$,

$$\mathbb{E}[X_{\tau_1}\mathbb{1}_A]\leqslant\mathbb{E}[X_{\tau_2}\mathbb{1}_A].\tag{8.54}$$

此即证得 (8.52). □

下面的 Wald 等式是 Doob 鞅收敛定理的简单应用:

练习 8.2(Wald 第一等式) 设 $\{\xi_i;\ i\in\mathbb{N}\}$ 是概率空间 $(\Omega,\mathcal{F},\mathbb{P})$ 上独立同分布的可积随机变量. 进一步, 设 τ 为 $\mathbb{F}=\{\mathcal{F}_n;\ n\in\mathbb{N}\}$-停时且满足 $\mathbb{E}[\tau]<+\infty$, 其中 $\mathcal{F}_n:=\sigma(\xi_1,\cdots,\xi_n)$, $n\in\mathbb{N}$. 定义 $S_n:=\sum_{i=1}^n\xi_i$, $n\in\mathbb{N}$, 则有

$$\mathbb{E}[S_\tau]=\mathbb{E}[\xi_1]\mathbb{E}[\tau].\tag{8.55}$$

提示 注意到 $\{S_n-n\mathbb{E}[\xi_1];\ n\geqslant 1\}$ 为一个 $\mathbb{F}$-鞅. 那么, 根据可选时定理 (定理 8.9) 得到

$$\mathbb{E}[S_{\tau\wedge N}]=\mathbb{E}[\xi_1]\mathbb{E}[\tau\wedge N],\quad \forall\ N\in\mathbb{N}.\tag{8.56}$$

我们首先假设 $\{\xi_i;\ i\in\mathbb{N}\}$ 均为非负的, 故 $n\to S_n$ 是单增的. 于是, 对等式 (8.58) 两边应用单调收敛定理即得等式 (8.55). 对于一般情形, 我们考虑:

$$\mathbb{E}[S_\tau]=\mathbb{E}\left[\sum_{i=1}^{\tau}\xi_i^+\right]-\mathbb{E}\left[\sum_{i=1}^{\tau}\xi_i^-\right].$$

由于 $\{\xi_i;\ i\in\mathbb{N}\}$ 独立同分布, 故 $\{\xi_i^+;\ i\in\mathbb{N}\}$ (resp. $\{\xi_i^-;\ i\in\mathbb{N}\}$) 也是独立同分布且具有有限的一阶矩. 于是, 我们有

$$\mathbb{E}[S_\tau]=\mathbb{E}[\xi_1^+]\mathbb{E}[\tau]-\mathbb{E}[\xi_1^-]\mathbb{E}[\tau]=\mathbb{E}[\xi_1]\mathbb{E}[\tau].$$

事实上, 我们也可以由下面方法证得 (8.55). 假设停时 τ 是有界的, 即存在一个 $N\in\mathbb{N}$ 使得 $\tau\leqslant N$, a.e.. 由于 τ 为 $\mathbb{F}$-停时, 故对任意 $i\in\mathbb{N}$, 我们有

$$\{\tau\geqslant i\}=\{\tau>i-1\}\in\mathcal{F}_{i-1}.$$

这意味着 $\{\tau\geqslant i\}=\{\tau>i-1\}$ 独立于 ξ_i, 因此

$$\mathbb{E}[S_\tau]=\mathbb{E}\left[\sum_{i=1}^{\tau}\xi_i\right]=\mathbb{E}\left[\sum_{i=1}^{N}\xi_i\mathbb{1}_{\tau\geqslant i}\right]=\mathbb{E}\left[\sum_{i=1}^{N}\xi_i\mathbb{1}_{\tau>i-1}\right]=\sum_{i=1}^{N}\mathbb{E}[\xi_i]\mathbb{E}[\mathbb{1}_{\tau>i-1}]$$

$$=\mathbb{E}[\xi_1]\sum_{i=1}^{N}\mathbb{P}(\tau>i-1)=\mathbb{E}[\xi_1]\mathbb{E}[\tau].$$ □

练习 8.3 (Wald 第二等式) 设 $\{\xi_i;\ i\in\mathbb{N}\}$ 是概率空间 $(\Omega,\mathcal{F},\mathbb{P})$ 上相互独立的随机变量且满足 $\mathbb{E}[\xi_i]=0$ 和 $\mathrm{Var}[\xi_i]=\sigma^2>0$, $i\in\mathbb{N}$. 对任意 $n\in\mathbb{N}$, 设 $\mathcal{F}_n:=\sigma(\xi_1,\cdots,\xi_n)$. 进一步, 设 τ 为 $\mathbb{F}=\{\mathcal{F}_n;\ n\in\mathbb{N}\}$-停时且满足 $\mathbb{E}[\tau]<+\infty$. 定义 $S_n:=\sum_{i=1}^n\xi_i$, $n\in\mathbb{N}$, 则有

$$\mathbb{E}[S_\tau^2]=\sigma^2\mathbb{E}[\tau]. \tag{8.57}$$

提示 注意到, 离散时间过程 $\{S_n^2-\sigma^2 n;\ n\in\mathbb{N}\}$ 为一个 $\mathbb{F}$-鞅. 那么, 由定理 8.9 得到

$$\mathbb{E}[S_{\tau\wedge N}^2]=\sigma^2\mathbb{E}[\tau\wedge N],\quad \forall\ N\in\mathbb{N}. \tag{8.58}$$

由于 $S_{\tau\wedge n}=\sum_{i=1}^n\xi_i\mathbb{1}_{\tau\geqslant i}$. 我们下面计算: 对任意 $0\leqslant m<n<+\infty$, 则有

$$\begin{aligned}\mathbb{E}\left[|S_{\tau\wedge n}-S_{\tau\wedge m}|^2\right]&=\mathbb{E}\left[\left|\sum_{i=m+1}^n\xi_i\mathbb{1}_{\tau\geqslant i}\right|^2\right]\\&=\sum_{i=m+1}^n\mathbb{E}\left[\xi_i^2\mathbb{1}_{\tau\geqslant i}\right]+\sum_{m+1\leqslant i\neq j\leqslant n}\mathbb{E}[\xi_i\mathbb{1}_{\tau\geqslant i}\xi_j\mathbb{1}_{\tau\geqslant j}].\end{aligned} \tag{8.59}$$

由于, 对任意 $1\leqslant i<j<+\infty$, 我们有 ξ_j 与 $(\xi_i,\mathbb{1}_{\tau\geqslant i},\mathbb{1}_{\tau\geqslant j})$ 相互独立, 因此

$$\mathbb{E}[\xi_i\mathbb{1}_{\tau\geqslant i}\xi_j\mathbb{1}_{\tau\geqslant j}]=\mathbb{E}[\xi_j]\mathbb{E}[\xi_i\mathbb{1}_{\tau\geqslant i}\mathbb{1}_{\tau\geqslant j}]=0.$$

这样, 等式 (8.59) 则变为

$$\begin{aligned}\mathbb{E}\left[|S_{\tau\wedge n}-S_{\tau\wedge m}|^2\right]&=\mathbb{E}\left[\left|\sum_{i=m+1}^n\xi_i\mathbb{1}_{\tau\geqslant i}\right|^2\right]=\sum_{i=m+1}^n\mathbb{E}\left[\xi_i^2\mathbb{1}_{\tau\geqslant i}\right]\\&=\sum_{i=m+1}^n\mathbb{E}\left[\xi_i^2\mathbb{1}_{\tau>i-1}\right]=\sum_{i=m+1}^n\mathbb{E}\left[\xi_i^2\right]\mathbb{P}(\tau>i-1)\\&=\sigma^2\sum_{i=m+1}^n\mathbb{P}(\tau>i-1)=\sigma^2\{\mathbb{E}[\tau\wedge n]-\mathbb{E}[\tau\wedge m]\}.\end{aligned} \tag{8.60}$$

由于 $\mathbb{E}[\tau]<+\infty$, 则 $\mathbb{E}[|S_{\tau\wedge n}-S_{\tau\wedge m}|^2]\to 0$, $m,n\to\infty$. 此即 $\{S_{\tau\wedge N};\ N\in\mathbb{N}\}$ 为 $L^2(\Omega)$ 中的一个 Cauchy 列. 因为 $S_{\tau\wedge N}\to S_\tau$, $N\to\infty$, $\mathbb{P}$-a.e., 于是,

$$\lim_{N\to\infty}\mathbb{E}\left[|S_{\tau\wedge N}-S_\tau|^2\right]=0.$$

这给出了 $\lim_{N\to\infty}\mathbb{E}[|S_{\tau\wedge N}|^2]=\mathbb{E}[|S_\tau|^2]$. 再在等式 (8.58) 左边应用单调收敛定理, 则得到等式 (8.57). □

我们将在下一章进一步介绍 Doob 可选时定理的应用.

习 题 8

1. 设 $\{X_n;\ n\in\mathbb{N}^*\}$ 和 $\{Y_n;\ n\in\mathbb{N}^*\}$ 为过滤 $\mathbb{F}=\{\mathcal{F}_n;\ n\in\mathbb{N}^*\}$-下鞅. 证明 $\{X_n\vee Y_n;\ n\in\mathbb{N}^*\}$ 也是一个 $\mathbb{F}$-下鞅.

2. 设 $\{\xi_i;\ i\in\mathbb{N}\}$ 是概率空间 $(\Omega,\mathcal{F},\mathbb{P})$ 上独立同分布和平方可积的随机变量且不恒为常数. 定义 $M_n:=\sum_{k=1}^n\xi_k\xi_{k+1}$, $n\in\mathbb{N}$ 和 $\mathcal{F}_n:=\sigma(\xi_1,\cdots,\xi_n)$, $n\in\mathbb{N}$. 提出合适的条件使得 $M=\{M_n;\ n\in\mathbb{N}\}$ 为 $\mathbb{F}=\{\mathcal{F}_n;\ n\in\mathbb{N}\}$-鞅.

3. 设 $\{\xi_i;\ i\in\mathbb{N}\}$ 是概率空间 $(\Omega,\mathcal{F},\mathbb{P})$ 上独立同分布的随机变量且满足

$$\mathbb{P}(\xi_k=k)=1/k,\quad \mathbb{P}(\xi_k=0)=(k-1)/k.$$

定义 $\mathcal{F}_n:=\sigma(\xi_1,\cdots,\xi_n)$, $n\in\mathbb{N}$, $\mathcal{F}_0=\{\varnothing,\Omega\}$, $M_n:=\prod_{k=1}^n\xi_k$, $n\in\mathbb{N}$ 和 $M_0=0$. 判别 $M=\{M_n;\ n\in\mathbb{N}^*\}$ 是否为 $\mathbb{F}=\{\mathcal{F}_n;\ n\in\mathbb{N}^*\}$-鞅.

4. 设 $\{X_n;\ n\in\mathbb{N}^*\}$ 和 $\{Y_n;\ n\in\mathbb{N}^*\}$ 为 $\mathbb{F}=\{\mathcal{F}_n;\ n\in\mathbb{N}^*\}$-鞅且满足 $\mathbb{E}[X_n^2]<\infty$ 和 $\mathbb{E}[Y_n^2]<\infty$, $\forall n\in\mathbb{N}^*$. 证明如下等式: 对任意 $n\in\mathbb{N}$,

$$\mathbb{E}[X_nY_n]-\mathbb{E}[X_0Y_0]=\sum_{m=1}^n\mathbb{E}[(X_m-X_{m-1})(Y_m-Y_{m-1})].$$

5. 设 $\{X_n;\ n\in\mathbb{N}^*\}$ 为 $\mathbb{F}=\{\mathcal{F}_n;\ n\in\mathbb{N}^*\}$-下鞅且满足 $\sup_{n\in\mathbb{N}^*}X_n<\infty$, $\mathbb{P}$-a.e.. 定义 $\xi_n:=X_n-X_{n-1}$, $n\in\mathbb{N}$ 且满足 $\mathbb{E}[\sup_{n\in\mathbb{N}^*}\xi_n^+]<\infty$. 证明: 当 $n\to\infty$ 时, $\{X_n;\ n\in\mathbb{N}^*\}$ 几乎处处收敛.

6. 设 $\{X_n;\ n\in\mathbb{N}^*\}$ 为一个 $\mathbb{F}=\{\mathcal{F}_n;\ n\in\mathbb{N}^*\}$-鞅且存在一个常数 $M\in(0,\infty)$ 使得

$$|X_{n+1}-X_n|\leqslant M,\quad \forall n\in\mathbb{N}^*.$$

定义如下事件:

$$C:=\left\{\lim_{n\to\infty}X_n\ \text{存在且有限}\right\},\quad D:=\left\{\varlimsup_{n\to\infty}X_n=+\infty,\ \varliminf_{n\to\infty}X_n=-\infty\right\}.$$

证明 $\mathbb{P}(C\cup D)=1$.

7. 设 $(\Omega,\mathcal{F},\mathbb{P})$ 为一个概率空间和 $\{\mathcal{F}_n;\ n\in\mathbb{N}^*\}$ 为一个过滤满足 $\mathcal{F}_0=\{\varnothing,\Omega\}$. 假设 $\{B_n;\ n\in\mathbb{N}^*\}\subset\mathcal{F}$ 为一列事件且满足 $B_n\in\mathcal{F}_n$, $\forall n\in\mathbb{N}^*$. 证明如下等式:

$$\{B_n,\ \text{i.o.}\}=\left\{\sum_{n=1}^\infty\mathbb{P}(B_n|\mathcal{F}_{n-1})=\infty\right\}.$$

8. 设 $\{X_n;\ n\in\mathbb{N}^*\}$ 和 $\{Y_n;\ n\in\mathbb{N}^*\}$ 为过滤 $\mathbb{F}=\{\mathcal{F}_n;\ n\in\mathbb{N}^*\}$-适应的两个非负可积随机过程. 假设如下条件成立:

$$\mathbb{E}[X_{n+1}|\mathcal{F}_n]\leqslant(1+Y_n)X_n\quad \text{和}\quad \sum_{n=1}^\infty Y_n<\infty,\ \text{a.e.},$$

那么, 当 $n\to\infty$ 时, X_n 几乎处处收敛到一个有限的极限.

9. 设 $\mathbb{F}$ 为一个过滤和 τ_L, τ_M 为两个 $\mathbb{F}$-停时且满足 $\tau_L \leqslant \tau_M$ 和 $\{X_{\tau_M \wedge n};\ n \in \mathbb{N}^*\}$ 为一致可积 $\mathbb{F}$-下鞅. 证明 $\mathbb{E}[X_{\tau_L}] \leqslant \mathbb{E}[X_{\tau_M}]$ 和 $X_{\tau_L} \leqslant \mathbb{E}[X_{\tau_M}|\mathcal{F}_{\tau_L}]$.

10. 设 $\{\xi_i;\ i \in \mathbb{N}\}$ 是概率空间 $(\Omega, \mathcal{F}, \mathbb{P})$ 上相互独立的随机变量且满足对任意 $i \in \mathbb{N}$, $\mathbb{E}[\xi_i] = 0$ 和 $\mathrm{Var}[\xi_i] = \sigma^2 > 0$. 对于 $a > 0$, 定义:

$$\tau := \min\{n \in \mathbb{N};\ |S_n| > a\}, \quad S_n = \sum_{i=1}^{n} \xi_i.$$

证明 $\mathbb{E}[\tau] \geqslant a^2/\sigma^2$.

11. 设 $\{X_n:\ n \in \mathbb{N}^*\}$ 为一个非负 $\mathbb{F}$-上鞅. 证明如下不等式: 对任意 $\lambda > 0$,

$$\mathbb{P}\left(\sup_{n \in \mathbb{N}^*} X_n > \lambda\right) \leqslant \frac{\mathbb{E}[X_0]}{\lambda}.$$

12. 设 $\mathbb{F} = \{\mathcal{F}_n;\ n \in \mathbb{N}\}$ 为一个过滤且存在一个 σ-代数 $\mathcal{F}_\infty$ 满足 $\mathcal{F}_n \uparrow \mathcal{F}_\infty$, $n \to \infty$ 和 $Y_n \xrightarrow{L^1} Y$, $n \to \infty$. 证明如下收敛成立:

$$\mathbb{E}[Y_n|\mathcal{F}_n] \xrightarrow{L^1} \mathbb{E}[Y|\mathcal{F}_\infty], \quad n \to \infty.$$

13. 设 $\tau_M \leqslant \tau_N$ 为两个 $\mathbb{F}$-停时. 对于 $A \in \mathcal{F}_{\tau_M}$, 定义如下随机时:

$$\tau_L := \begin{cases} \tau_M, & \text{在 } A \text{ 中}, \\ \tau_N, & \text{在 } A^{\mathrm{c}} \text{ 中}. \end{cases}$$

证明 τ_L 是一个 $\mathbb{F}$-停时.

14. 设 $\{\tau_n;\ n \in \mathbb{N}\}$ 为一列 $\mathbb{F}$-停时且单调递减收敛到一个随机变量 τ. 证明 τ 为一个 $\mathbb{F}$-停时和 $\mathcal{F}_\tau = \bigcup_{n=1}^{\infty} \mathcal{F}_{\tau_n}$.

15. 设 $\{\xi_i;\ i \in \mathbb{N}\}$ 是概率空间 $(\Omega, \mathcal{F}, \mathbb{P})$ 上独立同分布的随机变量和 f 为一个可测函数满足 $\mathbb{E}[|f(\xi_1)|] < \infty$. 对任意 $n \in \mathbb{N}$, 定义 $\mathcal{F}_n := \sigma(\xi_1, \cdots, \xi_n)$ 和 $X_n := \sum_{i=1}^{n} f(\xi_i) - n\mathbb{E}|f(\xi_1)|$. 证明 $X = \{X_n;\ n \in \mathbb{N}\}$ 是一个 $\mathbb{F} = \{\mathcal{F}_n;\ n \in \mathbb{N}\}$-鞅.

16. 设 $B = \{B_t;\ t \geqslant 0\}$ 是过滤概率空间 $(\Omega, \mathcal{F}, \mathbb{F}, \mathbb{P})$ 上的一个 $\mathbb{F}$-布朗运动. 证明: 对任意 $z \in \mathbb{R}$, $\exp\left(zB_t - \frac{1}{2}|z|^2 t\right)$, $t \geqslant 0$ 是一个 $\mathbb{F}$-鞅.

17. 设 $(\Omega, \mathcal{F}, \mathbb{F}, \mathbb{P})$ 为一个过滤概率空间和 $M = \{M_t;\ t \geqslant 0\}$ 是一个非负 $\mathbb{F}$-连续鞅且 $M_0 = x \in \mathbb{R}_+$. 假设 $M_t \xrightarrow{\text{a.e.}} 0$, $t \to \infty$. 证明: 对于任意 $y > x$,

$$\mathbb{P}\left(\sup_{t \geqslant 0} M_t \geqslant y\right) = \frac{x}{y}.$$

第 9 章　可选时定理的应用

"不发生作用的东西是不会存在的." (Gottfried Wilhelm Leibniz)

本章介绍第 8 章所引入的 Doob 可选时定理的几个重要应用. 本章的内容安排如下: 9.1 节讨论布朗运动的首穿时及其分布; 9.2 节介绍布朗运动的反射原理; 9.3 节讨论布朗运动退出时的分布; 9.4 节证明指数 Wald 等式; 9.5 节引入 Doob 最大值不等式; 最后为本章习题.

9.1　布朗运动的首穿时

本节应用连续时间 Doob 可选时定理 (参见定理 8.10) 研究布朗运动的首穿时的分布. 为此, 设 $B=\{B_t;\ t\geqslant 0\}$ 为过滤概率空间 $(\Omega,\mathcal{F},\mathbb{P})$ 上的一个标准布朗运动. 对任意 $b\in\mathbb{R}$, 我们定义布朗运动 B 的首穿时 (first passage time, FPT):

$$\tau_b := \inf\{t\geqslant 0;\ B_t=b\}. \tag{9.1}$$

通常记 $\inf\varnothing=+\infty$. 由于 $\{b\}$ 为闭集且布朗运动轨道是连续的, 故应用 8.5 节中的 (ST8) 得到: τ_b 是一个 $\mathbb{F}$-停时. 注意到, 对于 $b=0$, 由于 $B_0=0$, 那么根据 (9.1), 则显然有 $\tau_0=0$. 进一步还有 (参见图 9.1)

$$\tau_b = \begin{cases} \inf\{t\geqslant 0;\ B_t\geqslant b\}, & b>0,\\ \inf\{t\geqslant 0;\ B_t\leqslant b\}, & b<0. \end{cases} \tag{9.2}$$

最后, 由布朗运动的轨道连续性和定义 (9.1), 我们得到

$$B_{\tau_b}=b,\quad \forall b\in\mathbb{R}. \tag{9.3}$$

回顾第 8 章中的习题 16, 对任意常数 $\alpha>0$, 考虑如下布朗运动的指数鞅:

$$X_t^{\alpha} := \exp\left(\alpha B_t-\frac{1}{2}\alpha^2 t\right),\quad t\geqslant 0. \tag{9.4}$$

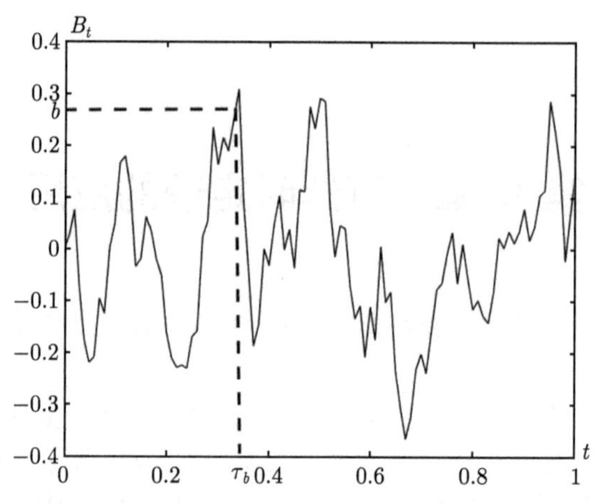

图 9.1　布朗运动 $B=\{B_t;\ t\geqslant 0\}$ 首穿水平 b 的时间

下面讨论 $b>0$ 和 $b<0$ 两种情形.

- 首先考虑 $b>0$ 的情况: 根据 (9.3), 对任意 $t\geqslant 0$, $\mathbb{P}$-a.e.,

$$\lim_{t\to\infty}\exp\left(\alpha B_{t_b\wedge t}-\frac{1}{2}\alpha^2(\tau_b\wedge t)\right)=1\!\!1_{\tau_b<+\infty}\exp\left(\alpha b-\frac{1}{2}\alpha^2\tau_b\right). \quad (9.5)$$

应用 (9.2), 则 $B_{\tau_b\wedge t}\leqslant b$, $\mathbb{P}$-a.e.. 于是, 对任意 $t\geqslant 0$,

$$0<\exp\left(\alpha B_{t_b\wedge t}\right)\leqslant e^{\alpha b}. \quad (9.6)$$

那么, 根据控制收敛定理和单调收敛定理得到

$$\mathbb{E}\left[\lim_{t\to\infty}\exp\left(\alpha B_{t_b\wedge t}-\frac{1}{2}\alpha^2(\tau_b\wedge t)\right)\right]=\lim_{t\to\infty}\mathbb{E}\left[\exp\left(\alpha B_{t_b\wedge t}-\frac{1}{2}\alpha^2(\tau_b\wedge t)\right)\right].$$

另一方面, 对任意 $t\geqslant 0$, $\tau_b\wedge t$ 为有界 $\mathbb{F}$-停时. 因此, 由连续时间 Doob 可选时定理 (定理 8.10) 有

$$\mathbb{E}\left[\exp\left(\alpha B_{t_b\wedge t}-\frac{1}{2}\alpha^2(t_b\wedge t)\right)\right]=1.$$

于是得到: 对任意 $t\geqslant 0$,

$$\mathbb{E}\left[\lim_{t\to\infty}\exp\left(\alpha B_{t_b\wedge t}-\frac{1}{2}\alpha^2(\tau_b\wedge t)\right)\right]=1.$$

根据 (9.5), 则

$$\mathbb{E}\left[1\!\!1_{\tau_b<+\infty}\exp\left(\alpha b-\frac{1}{2}\alpha^2\tau_b\right)\right]=1.$$

这等价于如下等式:

$$\mathbb{E}\left[\mathbb{1}_{\tau_b<+\infty}\exp\left(-\frac{1}{2}\alpha^2\tau_b\right)\right]=e^{-\alpha b}. \tag{9.7}$$

由于 $\alpha>0$ 是任意的, 运用单调收敛定理 $(\alpha\downarrow 0)$ 得到

$$\mathbb{P}(\tau_b<+\infty)=1. \tag{9.8}$$

于是从 (9.8) 中有: 对任意 $b>0$,

$$\mathbb{E}\left[\exp\left(-\frac{1}{2}\alpha^2\tau_b\right)\right]=e^{-\alpha b}. \tag{9.9}$$

- 对于 $b<0$ 的情况: 定义 $\tilde{B}_t=-B_t,\ t\geqslant 0$, 则 $\tilde{B}=\{\tilde{B}_t;\ t\geqslant 0\}$ 也是一个标准布朗运动. 那么, 应用 (9.2), 则有

$$\tau_b=\inf\{t\geqslant 0;\ \tilde{B}_t\geqslant -b\}=:\tilde{\tau}_{-b}.$$

由于 $-b>0$, 故由 (9.9) 得到

$$\mathbb{E}\left[e^{-\frac{1}{2}\alpha^2\tau_b}\right]=\mathbb{E}\left[e^{-\frac{1}{2}\alpha^2\tilde{\tau}_{-b}}\right]\overset{(9.9)}{=}e^{\alpha b}. \tag{9.10}$$

我们将上面两种情况的结果总结为如下的定理:

定理 9.1 (布朗运动首穿时的 Laplace 变换) 设 $B=\{B_t;\ t\geqslant 0\}$ 为概率空间 $(\Omega,\mathcal{F},\mathbb{P})$ 上的一个标准布朗运动. 对任意 $b\in\mathbb{R}$, 由 (9.1) 所定义的布朗运动的首穿时 τ_b 的 Laplace 变换为

$$\mathbb{E}\left[e^{-\theta\tau_b}\right]=e^{-|b|\sqrt{2\theta}},\quad \forall\theta>0. \tag{9.11}$$

进一步, 布朗运动的首穿时 τ_b 具有如下的概率密度函数:

$$p_b(t):=\frac{\mathbb{P}(\tau_b\in dt)}{dt}=\frac{|b|}{t\sqrt{2\pi t}}e^{-\frac{b^2}{2t}},\quad t>0. \tag{9.12}$$

证 对任意 $\theta>0$, 令 $\theta=\dfrac{1}{2}\alpha^2$, 则 $\alpha=\sqrt{2\theta}>0$. 于是, 等式 (9.9) 和 (9.10) 意味着

$$\begin{cases}\mathbb{E}\left[e^{-\theta\tau_b}\right]=\mathbb{E}\left[e^{-\frac{1}{2}\alpha^2\tau_b}\right]=e^{-\sqrt{2\theta}b}, & b>0,\\ \mathbb{E}\left[e^{-\theta\tau_b}\right]=\mathbb{E}\left[e^{-\frac{1}{2}\alpha^2\tau_b}\right]=e^{-\sqrt{2\theta}(-b)}, & b<0.\end{cases}$$

对于 $b=0$, 则 $\tau_b=0$. 于是 $\mathbb{E}\left[e^{-\theta\tau_b}\right]=1$. 综上, 我们得到 (9.11). 对于 τ_b 的概率密度函数的求解, 我们可以通过计算反 Laplace 变换得到. 这样, 该定理得证. □

练习 9.1 (布朗运动首穿时的期望)　由 (9.1) 所定义的布朗运动的首穿时的数学期望为

$$\mathbb{E}[\tau_b] = +\infty, \quad b \neq 0. \tag{9.13}$$

提示　对等式 (9.11) 两边关于 θ 分别求导, 我们得到

$$\mathbb{E}\left[\tau_b e^{-\theta\tau_b}\right] = \frac{|b|}{\sqrt{2\theta}} e^{-|b|\sqrt{2\theta}}.$$

对上式应用单调收敛定理, 则有

$$\lim_{\theta\downarrow 0} \frac{|b|}{\sqrt{2\theta}} e^{-|b|\sqrt{2\theta}} = \lim_{\theta\downarrow 0} \mathbb{E}\left[\tau_b e^{-\theta\tau_b}\right] = \mathbb{E}\left[\tau_b \lim_{\theta\downarrow 0} e^{-\theta\tau_b}\right] = \mathbb{E}[\tau_b].$$

对于 $b \neq 0$, 由于 $\lim_{\theta\downarrow 0} \frac{|b|}{\sqrt{2\theta}} e^{-|b|\sqrt{2\theta}} = +\infty$, 故 (9.13) 成立. □

应用定理 9.1, 我们还可以研究布朗运动 $B = \{B_t;\ t \geqslant 0\}$ **最大值过程**的分布:

$$M_t := \sup_{s\in[0,t]} B_s, \quad t > 0, \quad M_0 = 0. \tag{9.14}$$

显然, 根据 (9.14), 最大值过程 $M = \{M_t;\ t \geqslant 0\}$ 是非负的. 于是, 我们有

推论 9.1 (布朗运动最大值过程的分布)　设 $B = \{B_t;\ t \geqslant 0\}$ 为概率空间 $(\Omega, \mathcal{F}, \mathbb{P})$ 上的一个标准布朗运动, 那么, 对任意 $t > 0$,

$$\mathbb{P}(M_t \geqslant b) = \frac{2}{\sqrt{2\pi}} \int_{\frac{b}{\sqrt{t}}}^{\infty} e^{-\frac{y^2}{2}} \mathrm{d}y, \quad b > 0. \tag{9.15}$$

证　根据 (9.2), 对于 $t > 0$ 和 $b > 0$,

$$\{M_t \geqslant b\} = \{\tau_b \leqslant t\}. \tag{9.16}$$

那么, 运用定理 9.1 中的 (9.12) 得到: 对任意 $t > 0$,

$$\mathbb{P}(\tau_b \leqslant t) = \int_0^t p_b(s)\mathrm{d}s = \int_0^t \frac{b}{s\sqrt{2\pi s}} e^{-\frac{b^2}{2s}} \mathrm{d}s \xlongequal{y:=b/\sqrt{s}} \frac{2}{\sqrt{2\pi}} \int_{\frac{b}{\sqrt{t}}}^{\infty} e^{-\frac{y^2}{2}} \mathrm{d}y.$$

这样, 该推论得证. □

下面的引理给出了 τ_b 分布的另一种刻画.

引理 9.1 设 $B = \{B_t;\ t \geqslant 0\}$ 为概率空间 $(\Omega, \mathcal{F}, \mathbb{P})$ 上的一个标准布朗运动, 则对任意 $b > 0$ 和 $t > 0$,

$$\mathbb{P}(\tau_b \leqslant t) = 2\mathbb{P}(B_t \geqslant b). \tag{9.17}$$

证 采用两种方法来证明 (9.17):

- **方法 1** 应用推论 9.1 得到

$$\begin{aligned}\mathbb{P}(\tau_b \leqslant t) &= \frac{2}{\sqrt{2\pi}} \int_{\frac{b}{\sqrt{t}}}^{\infty} e^{-\frac{y^2}{2}} \mathrm{d}y = 2\mathbb{P}\left(B_1 > \frac{b}{\sqrt{t}}\right) \\ &= 2\mathbb{P}\left(\sqrt{t} B_1 > b\right) = 2\mathbb{P}(B_t \geqslant b).\end{aligned}$$

- **方法 2** 设 $0 < t < +\infty$, 则在事件 $\{\tau_b = s\}$ 上, 我们有: $B_t - B_{\tau_b} \sim N(0, t-s)$ 且独立于 τ_b. 于是有

$$\begin{aligned}\mathbb{P}(B_t - B_{\tau_b} \geqslant 0, \tau_b \leqslant t) &= \int_0^t \mathbb{P}(B_t - B_{\tau_b} \geqslant 0, \tau_b \in \mathrm{d}s) \\ &= \int_0^t \mathbb{P}(B_t - B_{\tau_b} \geqslant 0 | \tau_b = s) \mathbb{P}(\tau_b \in \mathrm{d}s) \\ &= \int_0^t \mathbb{P}(B_{t-s} \geqslant 0) \mathbb{P}(\tau_b \in \mathrm{d}s) \\ &= \frac{1}{2} \mathbb{P}(\tau_b \leqslant t).\end{aligned}$$

  另一方面, 我们还有

$$\mathbb{P}(B_t - B_{\tau_b} \geqslant 0, \tau_b \leqslant t) = \mathbb{P}(B_t \geqslant b, \tau_b \leqslant t).$$

  因此,

$$\mathbb{P}(B_t \geqslant b, \tau_b \leqslant t) = \frac{1}{2} \mathbb{P}(\tau_b \leqslant t).$$

  由于 $\{B_t \geqslant b\} \subset \{\tau_b \leqslant t\}$, 故 $\mathbb{P}(\tau_b \leqslant t) = 2\mathbb{P}(B_t \geqslant b)$.

这样, 该引理得证. □

9.2 布朗运动的反射原理

本节引入布朗运动所满足的一个重要性质——反射原理. 为此, 我们需要如下一些辅助的结果:

引理 9.2 设 $X=\{X_t;\ t\geqslant 0\}$ 是过滤概率空间 $(\Omega,\mathcal{F},\mathbb{F},\mathbb{P})$ 上的一个 $\mathbb{F}$-适应轨道连续的实值随机过程. 那么, 过程 X 是一个布朗运动当且仅当对任意 $\alpha\in\mathbb{R}$, 如下复值过程 $Y^\alpha=\{Y_t^\alpha;\ t\geqslant 0\}$ 是一个 $\mathbb{F}$-鞅:

$$Y_t^\alpha := e^{\mathrm{i}\alpha X_t-\frac{1}{2}\alpha^2 t},\quad t\geqslant 0. \tag{9.18}$$

特别地, 过程 X 还是一个 $\mathbb{F}$-Markov 过程, 即对任意 $B\in\mathcal{B}_{\mathbb{R}}$,

$$\mathbb{P}(X_{t+h}\in B|\mathcal{F}_t)=\mathbb{P}(X_{t+h}\in B|X_t),\quad \forall t,h\geqslant 0. \tag{9.19}$$

应用 Lévy 定理和布朗运动的独立增量性可证得引理 9.2. 为此, 我们将该引理的证明留作本章课后习题.

引理 9.3 设 $B=\{B_t;\ t\geqslant 0\}$ 是概率空间 $(\Omega,\mathcal{F},\mathbb{P})$ 上的一个标准布朗运动. 对任意 $t\geqslant 0$, 定义其自然过滤的右连续过滤 (参见第 7 章中的定义 (7.2)):

$$\mathcal{F}_t^{B+}:=\bigcap_{\varepsilon>0}\mathcal{F}_{t+\varepsilon}^B,\quad t\geqslant 0, \tag{9.20}$$

那么 B 是一个 $\mathbb{F}^{B+}=\{\mathcal{F}_t^{B+};\ t\geqslant 0\}$-布朗运动. 因此, 其也是一个 $\mathbb{F}^{B+}$-Markov 过程.

证 根据引理 9.2, 我们只需证明: 对任意 $\alpha\in\mathbb{R}$, 如下复值过程 $Y^\alpha=\{Y_t^\alpha;\ t\geqslant 0\}$ 是一个 $\mathbb{F}^{B+}$-鞅:

$$Y_t^\alpha := e^{\mathrm{i}\alpha B_t-\frac{1}{2}\alpha^2 t},\quad t\geqslant 0. \tag{9.21}$$

由题设, B 是 $\mathbb{F}^B$-布朗运动, 故对任意 $h>0$ 和 $\varepsilon\in(0,h)$, $\mathbb{P}$-a.e.,

$$\mathbb{E}\left[e^{\mathrm{i}\alpha B_{t+h}}|\mathcal{F}_{t+\varepsilon}^B\right]=e^{\mathrm{i}B_{t+\varepsilon}-\frac{1}{2}\alpha^2(h-\varepsilon)},\quad \forall\alpha\in\mathbb{R}.$$

由于 $\mathcal{F}_{t+}^B=\bigcap_{\varepsilon>0}\mathcal{F}_{t+\varepsilon}^B$, 故 $\mathcal{F}_{t+}^B\subset\mathcal{F}_{t+\varepsilon}^B$, $\forall\varepsilon>0$. 于是, 对上式应用条件期望的迭代性质, 则有, $\mathbb{P}$-a.e.,

$$\mathbb{E}\left[e^{\mathrm{i}\alpha B_{t+h}}|\mathcal{F}_{t+}^B\right]=\mathbb{E}\left[e^{\mathrm{i}B_{t+\varepsilon}-\frac{1}{2}\alpha^2(h-\varepsilon)}|\mathcal{F}_{t+}^B\right],\quad \forall\alpha\in\mathbb{R}.$$

对上式再令 $\varepsilon\downarrow 0$, 应用控制收敛定理和 B 的轨道连续性得到: 对任意 $\alpha\in\mathbb{R}$,

$$\mathbb{E}\left[e^{\mathrm{i}\alpha B_{t+h}}|\mathcal{F}_{t+}^B\right]=\mathbb{E}\left[e^{\mathrm{i}B_t-\frac{1}{2}\alpha^2 h}|\mathcal{F}_{t+}^B\right]\xlongequal{B_t\in\mathcal{F}_{t+}^B}e^{\mathrm{i}B_t-\frac{1}{2}\alpha^2 h},\quad \mathbb{P}\text{-a.e.}.$$

这意味着, 由 (9.21) 定义的过程 Y^α 是一个 $\mathbb{F}^{B+}$-鞅. □

下面的引理本质上证明了布朗运动所谓的强 Markov 性.

引理 9.4 (布朗运动的强 Markov 性) 设 $B = \{B_t;\ t \geqslant 0\}$ 为概率空间 $(\Omega, \mathcal{F}, \mathbb{P})$ 上的一个标准布朗运动和 τ 为一个有限的 $\mathbb{F}^{B+}$-停时. 对任意 $t \geqslant 0$, 定义:

$$W_t := B_{t+\tau} - B_t. \tag{9.22}$$

那么, 随机变量 $W_t \perp \mathcal{F}_{\tau}^{B+}$, 即 W_t 独立于 $\mathcal{F}_{\tau}^{B+}$. 进一步, $W = \{W_t;\ t \geqslant 0\}$ 也是一个标准布朗运动.

应用引理 9.2 和 Doob 可选时定理可以证明引理 9.4. 为此, 我们将其留作本章的课后习题. 基于引理 9.4, 我们下面可以证明布朗运动的**反射原理**:

定理 9.2 (布朗运动的反射原理) 设 $B = \{B_t;\ t \geqslant 0\}$ 为概率空间 $(\Omega, \mathcal{F}, \mathbb{P})$ 上的一个标准布朗运动. 那么, 对任意 $b \geqslant c$ 和 $b > 0$,

$$\mathbb{P}\left(M_t \geqslant b, B_t \leqslant c\right) = \mathbb{P}\left(\tau_b \leqslant t, B_t \leqslant c\right) = \mathbb{P}(B_t \geqslant 2b - c). \tag{9.23}$$

特别地, 我们还有

$$\mathbb{P}(M_t \geqslant b) = \mathbb{P}\left(\tau_b \leqslant t\right) = 2\mathbb{P}(B_t \geqslant b). \tag{9.24}$$

证 定义如下随机过程

$$Y_t := B_t,\ t \in [0, \tau_b], \quad Z_t := B_{\tau_b + t} - B_{\tau_b} = B_{\tau_b + t} - b, \quad t \geqslant 0.$$

由布朗运动的强 Markov 性 (引理 9.4), 故 $Z = \{Z_t;\ t \geqslant 0\}$ 是一个标准布朗运动且独立于 $Y = \{Y_t;\ t \in [0, \tau_b]\}$. 显然 $-Z$ 也是一个布朗运动且独立于 $Y = \{Y_t;\ t \in [0, \tau_b]\}$. 这样, 则有

$$(Y, Z) \overset{d}{=} (Y, -Z).$$

定义如下映射:

$$\varphi(Y, Z) := (Y_t \mathbb{1}_{t \leqslant \tau_b} + (b + Z_{t-\tau_b}) \mathbb{1}_{t > \tau_b})_{t \geqslant 0},$$

因此, 其是一个连续随机过程. 于是, 我们得到

$$\varphi(Y, Z) \overset{d}{=} \varphi(Y, -Z).$$

注意到 $\varphi(Y, Z) = B$ 和过程

$$\varphi(Y, -Z)_t = \begin{cases} B_t, & t \leqslant \tau_b, \\ 2b - B_t, & t > \tau_b. \end{cases}$$

这证明了 $\varphi(Y,-Z)$ 也是一个布朗运动.

进一步, 我们定义:

$$\tilde{\tau}_b := \inf\{t \geqslant 0;\ \varphi(Y,-Z)_t = b\},$$

则 $\tau_b = \tilde{\tau}_b$. 由于 $2b - c \geqslant b$, 于是

$$\begin{aligned}\mathbb{P}(M_t \geqslant b, B_t \leqslant c) &= \mathbb{P}(\tau_b \leqslant t, B_t \leqslant c) = \mathbb{P}(\tilde{\tau}_b \leqslant t, \varphi(Y,-Z)_t \leqslant c)\\ &= \mathbb{P}(\tau_b \leqslant t, \varphi(Y,-Z)_t \leqslant c) = \mathbb{P}(\tau_b \leqslant t, 2b - B_t \leqslant c)\\ &= \mathbb{P}(\tau_b \leqslant t, B_t \geqslant 2b - c) = \mathbb{P}(B_t \geqslant 2b - c).\end{aligned}$$

此即 (9.23). 特别地, 取 $b = c$, 则有

$$\mathbb{P}\left(M_t \geqslant b, B_t \leqslant b\right) = \mathbb{P}\left(\tau_b \leqslant t, B_t \leqslant b\right) = \mathbb{P}(B_t \geqslant b).$$

于是得到

$$\begin{aligned}\mathbb{P}(\tau_b \leqslant t) &= \mathbb{P}(\tau_b \leqslant t, B_t \leqslant b) + \mathbb{P}(\tau_b \leqslant t, B_t > b)\\ &= \mathbb{P}(B_t \geqslant b) + \mathbb{P}(B_t > b)\\ &= 2\mathbb{P}(B_t \geqslant b).\end{aligned}$$

此即 (9.24). 这样, 该定理得证. □

布朗运动的反射原理 (定理 9.2) 的直观解释可参见图 9.2.

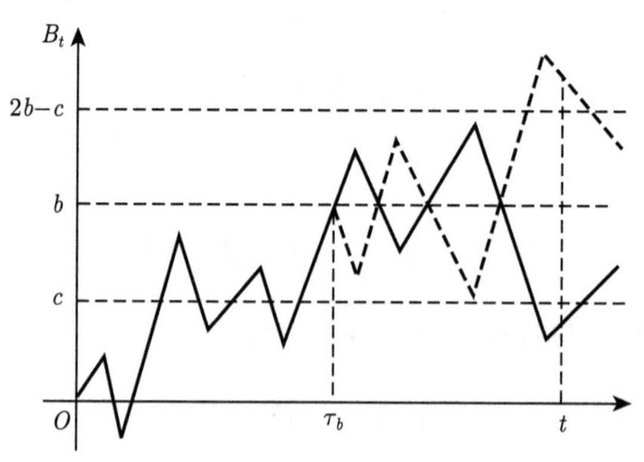

图 9.2 布朗运动 $B = \{B_t;\ t \geqslant 0\}$ 的反射原理

设 $B = \{B_t;\ t \geqslant 0\}$ 为概率空间 $(\Omega, \mathcal{F}, \mathbb{P})$ 上的一个标准布朗运动. 根据定理 9.2, 对任意 $t > 0$, $b \geqslant c$ 和 $b > 0$, 我们用 $p_{M_t,B_t}(b,c)$ 表示二维随机变量

(M_t, B_t) 的联合概率密度函数 (其中 $M = \{M_t;\ t \geqslant 0\}$ 表示布朗运动 B 的最大值过程, 参见 (9.14)). 那么, 应用 (9.23), 则有

$$\int_b^{+\infty}\int_{-\infty}^c p_{M_t,B_t}(x,y)\mathrm{d}x\mathrm{d}y = \frac{1}{\sqrt{2\pi t}}\int_{2b-c}^{\infty} e^{-\frac{z^2}{2t}}\mathrm{d}z.$$

关于 b 两边求导得到

$$-\int_{-\infty}^c p_{M_t,B_t}(b,y)\mathrm{d}y = -\frac{2}{\sqrt{2\pi t}}e^{-\frac{(2b-c)^2}{2t}}.$$

再对 c 两边分别求导有

$$p_{M_t,B_t}(b,c) = \frac{2(2b-c)}{t\sqrt{2\pi t}}e^{-\frac{(2b-c)^2}{2t}}, \quad b \geqslant c, \quad b > 0. \tag{9.25}$$

9.3 布朗运动的退出时

本节定义布朗运动的双边退出时并刻画其分布. 为此, 设 $B = \{B_t;\ t \geqslant 0\}$ 为概率空间 $(\Omega, \mathcal{F}, \mathbb{P})$ 上的一个标准布朗运动. 对任意 $a, b > 0$, 我们定义:

$$\tau_{ab} := \inf\{t \geqslant 0;\ B_t \notin (-a, b)\}, \tag{9.26}$$

那么称 τ_{ab} 为布朗运动 B 首次退出区间 $(-a, b)$ 的时间 (参见图 9.3).

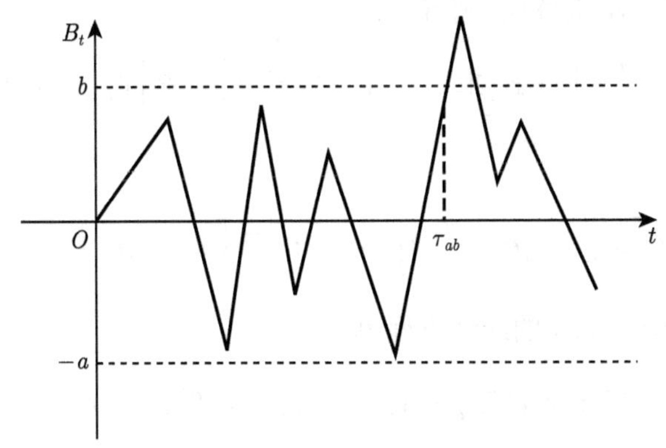

图 9.3 布朗运动 $B = \{B_t;\ t \geqslant 0\}$ 首次退出区间 $(-a, b)$ 的时间

回顾 τ_b 的定义 (9.1), 则有

$$\tau_{ab} = \tau_{-a} \wedge \tau_b.$$

根据 (9.8), 因此 $\mathbb{P}(\tau_{ab}<+\infty)=1$. 进一步, 根据布朗运动轨道的连续性, 我们有: $\mathbb{P}$-a.e.,

$$B_{\tau_{ab}}=B_{\tau_{-a}\wedge\tau_b}\in\{-a,b\},\quad B_{\tau_{ab}\wedge t}\in[a,b],\quad \forall t\geqslant 0. \tag{9.27}$$

另一方面, 由于 $(-a,b)^{\mathrm{c}}$ 为闭集和布朗运动轨道是连续的, 故由 (8.41) 知: τ_{ab} 是一个 $\mathbb{F}^B$-停时. 于是, 对任意的 $t\geqslant 0$, $\tau_{ab}\wedge t\in[0,t]$ 是一个有界 $\mathbb{F}^B$-停时. 这样, 应用连续时间 Doob 可选时定理 (定理 8.10) 得到: 对任意 $\alpha\in\mathbb{R}$,

$$\mathbb{E}\left[\exp\left(\alpha B_{t\wedge\tau_{ab}}-\frac{1}{2}\alpha^2(t\wedge\tau_{ab})\right)\right]=1.$$

应用 (9.27) 中的第二个结论, 即

$$B_{t\wedge\tau_{ab}}\in[-a,b],\quad \mathbb{P}\text{-a.e.}.$$

那么, 应用控制收敛定理得到

$$1=\lim_{t\to\infty}\mathbb{E}\left[\exp\left(\alpha B_{t\wedge\tau_{ab}}-\frac{1}{2}\alpha^2(t\wedge\tau_{ab})\right)\right]=\mathbb{E}\left[\exp\left(\alpha B_{\tau_{ab}}-\frac{1}{2}\alpha^2\tau_{ab}\right)\right].$$

再根据 (9.27), 则 $B_{\tau_{ab}}\in\{-a,b\}$, $\mathbb{P}$-a.e.. 于是

$$1=\mathbb{E}\left[e^{\alpha B_{\tau_{ab}}-\frac{1}{2}\alpha^2\tau_{ab}}\right]=\mathbb{E}\left[\mathbb{1}_{\tau_{ab}=\tau_{-a}}e^{-\alpha a-\frac{1}{2}\alpha^2\tau_{ab}}\right]+\mathbb{E}\left[\mathbb{1}_{\tau_{ab}=\tau_b}e^{\alpha b-\frac{1}{2}\alpha^2\tau_{ab}}\right].$$

将上式中的 α 用 $-\alpha$ 来替换, 则有

$$1=\mathbb{E}\left[e^{-\alpha B_{\tau_{ab}}-\frac{1}{2}\alpha^2\tau_{ab}}\right]=\mathbb{E}\left[\mathbb{1}_{\tau_{ab}=\tau_{-a}}e^{\alpha a-\frac{1}{2}\alpha^2\tau_{ab}}\right]+\mathbb{E}\left[\mathbb{1}_{\tau_{ab}=\tau_b}e^{-\alpha b-\frac{1}{2}\alpha^2\tau_{ab}}\right].$$

我们定义:

$$x_1:=\mathbb{E}\left[\mathbb{1}_{\tau_{ab}=\tau_{-a}}e^{-\frac{1}{2}\alpha^2\tau_{ab}}\right],\quad x_2:=\mathbb{E}\left[\mathbb{1}_{\tau_{ab}=\tau_b}e^{-\frac{1}{2}\alpha^2\tau_{ab}}\right].$$

于是得到如下关于 x_1,x_2 的线性方程组:

$$e^{-a\alpha}x_1+e^{\alpha b}x_2=1,\quad e^{a\alpha}x_1+e^{-\alpha b}x_2=1.$$

解上面的线性方程组得到

$$x_1=\frac{e^{b\alpha}-e^{-b\alpha}}{e^{(a+b)\alpha}-e^{-(a+b)\alpha}},\quad x_2=\frac{e^{a\alpha}-e^{-a\alpha}}{e^{(a+b)\alpha}-e^{-(a+b)\alpha}}. \tag{9.28}$$

因此, 我们有如下关于 τ_{ab} Laplace 变换的结果:

定理 9.3(布朗运动退出时的 Laplace 变换) 由 (9.26) 定义的布朗运动退出时 τ_{ab} 具有如下的 Laplace 变换: 对任意 $\theta>0$,

$$\mathbb{E}\left[e^{-\theta\tau_{ab}}\right]=\frac{e^{a\sqrt{2\theta}}+e^{b\sqrt{2\theta}}-(e^{-a\sqrt{2\theta}}+e^{-b\sqrt{2\theta}})}{e^{(a+b)\sqrt{2\theta}}-e^{-(a+b)\sqrt{2\theta}}}. \tag{9.29}$$

特别地, 如果 $a=b>0$, 则 Laplace 变换 (9.29) 简化为

$$\mathbb{E}\left[e^{-\theta\tau_{aa}}\right]=\frac{1}{\cosh(\sqrt{2\theta}a)},\quad \theta>0. \tag{9.30}$$

证 应用 (9.28), 则有

$$\begin{aligned}\mathbb{E}\left[e^{-\frac{1}{2}\alpha^2\tau_{ab}}\right]&=\mathbb{E}\left[1\!\!1_{\tau_{ab}=\tau_{-a}}e^{-\frac{1}{2}\alpha^2\tau_{ab}}\right]+\mathbb{E}\left[1\!\!1_{\tau_{ab}=\tau_b}e^{-\frac{1}{2}\alpha^2\tau_{ab}}\right]\\&=x_1+x_2=\frac{e^{a\alpha}+e^{b\alpha}-(e^{-a\alpha}+e^{-b\alpha})}{e^{(a+b)\alpha}-e^{-(a+b)\alpha}}.\end{aligned}$$

令 $\theta=\dfrac{1}{2}\alpha^2$ 和取 $\alpha>0$, 于是 $\alpha=\sqrt{2\theta}$, 这样将 $\alpha=\sqrt{2\theta}$ 代入上式得到 (9.29). □

应用定理 9.3, 我们可以进一步得到 τ_{ab} 如下的性质:

推论 9.2 由 (9.26) 定义的布朗运动退出时 τ_{ab} 满足:

(i) $\mathbb{E}[\tau_{ab}]=ab$;

(ii) $\mathbb{P}(\tau_{ab}=\tau_{-a})=\mathbb{P}(B_{\tau_{ab}}=-a)=\dfrac{b}{a+b}$;

(iii) $\mathbb{P}(\tau_{ab}=\tau_b)=\mathbb{P}(B_{\tau_{ab}}=b)=\dfrac{a}{a+b}$.

证 对定理 9.3 中的等式 (9.29) 两边关于 θ 求导并令 $\theta=0$, 则得到 $\mathbb{E}[\tau_{ab}]=ab$. 应用 (9.28) 得到

$$\mathbb{E}\left[1\!\!1_{\tau_{ab}=\tau_{-a}}e^{-\frac{1}{2}\alpha^2\tau_{ab}}\right]=\frac{e^{b\alpha}-e^{-b\alpha}}{e^{(a+b)\alpha}-e^{-(a+b)\alpha}}.$$

对于 $\alpha>0$ 且令 $\alpha\downarrow 0$, 则根据单调收敛定理, 我们有

$$\lim_{\alpha\downarrow 0}\mathbb{E}\left[1\!\!1_{\tau_{ab}=\tau_{-a}}e^{-\frac{1}{2}\alpha^2\tau_{ab}}\right]=\mathbb{P}\left(\tau_{ab}=\tau_{-a}\right)=\lim_{\alpha\downarrow 0}\frac{e^{b\alpha}-e^{-b\alpha}}{e^{(a+b)\alpha}-e^{-(a+b)\alpha}}=\frac{b}{a+b}.$$

因此,

$$\mathbb{P}\left(\tau_{ab}=\tau_b\right)=1-\mathbb{P}\left(\tau_{ab}=\tau_{-a}\right)=\frac{a}{a+b}.$$

由于 $\{B_{\tau_{ab}}=-a\}=\{\tau_{ab}=\tau_{-a}\}$ 和 $\{B_{\tau_{ab}}=b\}=\{\tau_{ab}=\tau_b\}$, 那么得到

$$\mathbb{P}\left(B_{\tau_{ab}}=-a\right)=\frac{b}{a+b},\quad \mathbb{P}\left(B_{\tau_{ab}}=b\right)=\frac{a}{a+b}.$$

这样, 该推论得证. □

推论 9.2 中的结论 (ii) 和 (iii) 还可通过对布朗运动 $B=\{B_t;\ t\geqslant 0\}$ 直接应用 Doob 可选时定理证得. 事实上, 由于布朗运动本事是一个鞅, 则根据 Doob 可选时定理 (定理 8.10) 得到

$$\mathbb{E}[B_{t\wedge\tau_{ab}}]=0,\quad \forall\, t\geqslant 0.$$

因为 $B_{t\wedge\tau_{ab}}\in[-a,b]$, $\mathbb{P}$-a.e., 故应用控制收敛定理得到

$$\mathbb{E}[B_{\tau_{ab}}]=0.$$

注意到, 如下等式成立:

$$\begin{aligned}\mathbb{E}[B_{\tau_{ab}}]&=\mathbb{E}\left[1\!\!1_{B_{\tau_{ab}}=-a}B_{\tau_{ab}}\right]+\mathbb{E}\left[1\!\!1_{B_{\tau_{ab}}=b}B_{\tau_{ab}}\right]\\&=-a\mathbb{P}\left(B_{\tau_{ab}}=-a\right)+b\mathbb{P}\left(B_{\tau_{ab}}=b\right).\end{aligned}$$

再应用 $\mathbb{P}(B_{\tau_{ab}}=-a)+\mathbb{P}(B_{\tau_{ab}}=b)=1$ 可得到推论 9.2 中的结论 (ii) 和 (iii).

9.4 指数 Wald 等式

我们在 8.6 节应用 Doob 可选时定理证明了 Wald 第一和第二等式. 本节将分别证明离散时间和连续时间的指数 Wald 等式.

首先考虑离散时间的指数 Wald 等式. 为此, 设 $\{\xi_k\}_{k\in\mathbb{N}}$ 是概率空间 $(\Omega,\mathcal{F},\mathbb{P})$ 下的一列独立同分布实值 (非零) 随机变量. 定义 $S_n=\sum_{k=1}^n\xi_k$, $n\in\mathbb{N}$. 进一步, 我们引入随机变量 ξ_1 的矩母函数 (MGF):

$$g_\xi(\alpha):=\mathbb{E}\left[e^{\alpha\xi_1}\right],\quad \alpha\in\mathcal{I},\tag{9.31}$$

其中 $\mathcal{I}$ 为使得 $g_\xi(\alpha)$ 有限的 α 所属于的集合, 即 $\mathcal{I}:=\{\alpha\in\mathbb{R};\ g_\xi(\alpha)<+\infty\}$.

我们假设 $\mathcal{I}=(\alpha_-,\alpha_+)$, 其中 $\alpha_-<0<\alpha_+$. 注意到, 这里 α_- 和 α_+ 可能分别为负无穷或正无穷. 如果 α_- 和 α_+ 有限, 那么端点 α_- 和 α_+ 也可能会包含在 $\mathcal{I}$ 中.

引理 9.5 (Chernoff 界) 对任意 $\alpha\in\mathcal{I}$, 我们有

$$\mathbb{P}\left(e^{\alpha\xi_1}\geqslant x\right)\leqslant\frac{g_\xi(\alpha)}{x},\quad \forall x>0.\tag{9.32}$$

应用 Markov 不等式可直接证得引理 9.5, 为此我们将该引理的证明留作本章课后习题. 另一方面, 我们还可以将 (9.32) 进一步写为如下的形式. 由于 $x > 0$, 定义 $\alpha a := \ln x$, 即 $x = e^{\alpha a}$. 于是

$$e^{\alpha\xi_1} \geqslant e^{\alpha a} \Longleftrightarrow \begin{cases} \xi_1 \geqslant a, & \alpha > 0, \\ \xi_1 \leqslant a, & \alpha < 0. \end{cases}$$

这样, 引理 9.5 意味着: 对任意 $a \in \mathbb{R}$,

$$\begin{aligned} &\alpha \in (0, \alpha_+) \Longrightarrow \mathbb{P}(\xi_1 \geqslant a) \leqslant g_\xi(\alpha)e^{-\alpha a}, \\ &\alpha \in (\alpha_-, 0) \Longrightarrow \mathbb{P}(\xi_1 \leqslant a) \leqslant g_\xi(\alpha)e^{-\alpha a}. \end{aligned} \tag{9.33}$$

下面将引理 9.5 应用到 S_n 上. 于是, 我们有如下关于 S_n 的 Chernoff 界.

引理 9.6 设 $\{\xi_k\}_{k\in\mathbb{N}}$ 是上面引入的独立同分布随机变量以及 $S_n = \sum_{k=1}^n \xi_k$, $n \in \mathbb{N}$. 那么, 对任意 $n \in \mathbb{N}$ 和 $a \in \mathbb{R}$,

$$\mathbb{P}(S_n \geqslant na) \leqslant \exp\left(n\mu(a)\right), \quad \mu(a) := \inf_{\alpha\in(0,\alpha_+)} \{\Phi_\xi(\alpha) - \alpha a\}, \tag{9.34}$$

其中 $\Phi_\xi(\alpha) := \ln g_\xi(\alpha)$, $\alpha \in \mathcal{I}$.

证 首先, S_n 的矩母函数为: 对任意 $n \in \mathbb{N}$,

$$g_{S_n}(\alpha) = \mathbb{E}[e^{\alpha S_n}] = (g_{\xi_1}(\alpha))^n, \quad \forall \alpha \in \mathcal{I} = (\alpha_-, \alpha_+).$$

于是, 应用 (9.33) 得到

$$\begin{aligned} &\alpha \in (0, \alpha_+) \Longrightarrow \mathbb{P}(S_n \geqslant na) \leqslant \exp\left(n(\Phi_\xi(\alpha) - \alpha a)\right), \\ &\alpha \in (\alpha_-, 0) \Longrightarrow \mathbb{P}(S_n \leqslant na) \leqslant \exp\left(n(\Phi_\xi(\alpha) - \alpha a)\right). \end{aligned} \tag{9.35}$$

定义 $H(\alpha) := \Phi_\xi(\alpha) - \alpha a$, $\alpha \in \mathbb{R}$. 那么有

$$H(0) = 0, \quad H'(0) = \mathbb{E}[\xi_1] - a, \quad H''(\alpha) > 0, \quad \alpha \in \mathcal{I}.$$

根据上面的性质, 我们不难得到 (9.34) 以及 $\mu(a)$ 所满足的进一步性质: 当 $a > \mathbb{E}[\xi_1]$ 时, 则 $\mu(a) < 0$; 当 $a \leqslant \mathbb{E}[\xi_1]$ 时, 则 $\mu(a) = 0$. □

对任意 $a, b > 0$, 我们下面定义:

$$\tau_{ab} := \min\{n \in \mathbb{N};\ S_n \geqslant b \text{ 或 } S_n \leqslant -a\}. \tag{9.36}$$

由于 ξ_k 不恒为零, 故存在某个 $n_0 \in \mathbb{N}$ 使得

$$\beta := \mathbb{P}(S_{n_0} \leqslant -(a+b)) > 0 \quad \text{或} \quad \gamma := \mathbb{P}(S_{n_0} \leqslant a+b) > 0.$$

进一步, 定义 $\delta_0 := \beta \vee \gamma > 0$. 于是, 对任意 $k \in \mathbb{N}$,

$$\mathbb{P}(\tau_{a,b} > n_0 k | \tau_{ab} > (n_0 - 1)k) \leqslant 1 - \delta_0. \tag{9.37}$$

因此, 重复应用 (9.37), 则有: 对任意 $m \in \mathbb{N}$,

$$\begin{aligned}\mathbb{P}(\tau_{ab} > n_0 m) &= \mathbb{P}(\tau_{ab} > n_0 m | \tau_{ab} > n_0(m-1))\mathbb{P}(\tau_{ab} > n_0(m-1)) \\ &\leqslant (1-\delta_0)\mathbb{P}(\tau_{ab} > n_0(m-1) | \tau_{ab} > n_0(m-2))\mathbb{P}(\tau_{ab} > n_0(m-2)) \\ &\leqslant (1-\delta_0)^2\mathbb{P}(\tau_{ab} > n_0(m-2)) \\ &\leqslant \cdots \\ &\leqslant (1-\delta_0)^m\mathbb{P}(\tau_{ab} > n_0(m-m)) \\ &= (1-\delta_0)^m. \end{aligned} \tag{9.38}$$

于是, 我们有如下离散时间指数 Wald 等式:

定理 9.4 (离散时间指数 Wald 等式)　设 $\{\xi_k\}_{k\in\mathbb{N}}$ 是上面引入的独立同分布随机变量以及 $S_n = \sum_{k=1}^n \xi_k$, $n \in \mathbb{N}$. 那么, 我们有: 对任意 $a, b > 0$,

$$\mathbb{E}\left[\exp\left(\alpha S_{\tau_{ab}} - \tau_{ab}\Phi_\xi(\alpha)\right)\right] = 1, \quad \forall \alpha \in \mathcal{I} = (\alpha_-, \alpha_+), \tag{9.39}$$

其中 τ_{ab} 定义为 (9.36) 和 $\Phi_\xi(\alpha) := \ln g_\xi(\alpha)$, $\alpha \in \mathcal{I}$.

证　首先根据 (9.38) 得到 τ_{ab} 具有任意阶矩以及 τ_{ab} 是一个有限停时. 对任意 $\alpha \in \mathbb{R}$, 注意到, 如下过程是一个鞅:

$$\exp\left(\alpha S_n - n\Phi_\xi(\alpha)\right), \quad n \in \mathbb{N}.$$

于是, 应用离散时间 Doob 可选时定理 (定理 8.9) (必要时截断停时 τ_{ab} 使其为有界的) 可证得离散时间指数 Wald 等式 (9.39). □

下面给出连续时间的指数 Wald 等式:

定理 9.5 (连续时间指数 Wald 等式)　设 $B = \{B_t;\ t \geqslant 0\}$ 为概率空间 $(\Omega, \mathcal{F}, \mathbb{P})$ 上的一个标准布朗运动和 τ 为一个停时且满足 $\mathbb{E}[e^{\tau/2}] < +\infty$, 那么有

$$\mathbb{E}\left[\exp\left(B_\tau - \frac{\tau}{2}\right)\right] = 1. \tag{9.40}$$

证　对任意常数 $\alpha \in (0,1)$, 取一个常数 $\beta = \beta(\alpha) > 1$ 且满足 $\beta < \alpha^{-1} \wedge \alpha^{-1}(2-\alpha)^{-1}$. 那么, 对任意 $t \geqslant 0$, $\tau \wedge t$ 为一个有界停时. 于是, 对于如下的指数鞅:

$$X_t^\alpha = e^{\alpha B_t - \frac{\alpha^2}{2}t}, \quad t \geqslant 0,$$

应用连续时间 Doob 可选时定理, 则有

$$\mathbb{E}\left[X_{\tau\wedge t}^{\alpha}\right]=1,\quad \forall t\geqslant 0.$$

那么, 根据 Hölder 不等式得到 (注意到 $1/(\alpha\beta)>1$)

$$\begin{aligned}
\mathbb{E}\left[\left|X_{\tau\wedge t}^{\alpha}\right|^{\beta}\right]&=\mathbb{E}\left[e^{\alpha\beta B_{\tau\wedge t}-\frac{1}{2}\alpha^2\beta\tau\wedge t}\right]=\mathbb{E}\left[e^{\alpha\beta(B_{\tau\wedge t}-\frac{1}{2}\tau\wedge t)}e^{\frac{1}{2}\alpha\beta(1-\alpha)\tau\wedge t}\right]\\
&\leqslant\left\{\mathbb{E}\left[\left(e^{\alpha\beta(B_{\tau\wedge t}-\frac{1}{2}\tau\wedge t)}\right)^{1/(\alpha\beta)}\right]\right\}^{\alpha\beta}\left\{\mathbb{E}\left[\left(e^{\alpha\beta(1-\alpha)\tau\wedge t}\right)^{1/(1-\alpha\beta)}\right]\right\}^{1-\alpha\beta}\\
&=\left\{\mathbb{E}\left[e^{B_{\tau\wedge t}-\frac{1}{2}\tau\wedge t}\right]\right\}^{\alpha\beta}\left\{\mathbb{E}\left[e^{\frac{\alpha\beta(1-\alpha)}{2(1-\alpha\beta)}\tau\wedge t}\right]\right\}^{1-\alpha\beta}\\
&=\left\{\mathbb{E}\left[X_{\tau\wedge t}^{1}\right]\right\}^{\alpha\beta}\left\{\mathbb{E}\left[e^{\frac{\alpha\beta(1-\alpha)}{2(1-\alpha\beta)}\tau\wedge t}\right]\right\}^{1-\alpha\beta}\\
&=\left\{\mathbb{E}\left[e^{\frac{\alpha\beta(1-\alpha)}{2(1-\alpha\beta)}\tau\wedge t}\right]\right\}^{1-\alpha\beta}\\
&\leqslant\left\{\mathbb{E}[e^{\tau/2}]\right\}^{1-\alpha\beta}\\
&<+\infty,
\end{aligned}$$

其中, 在上式中我们用到了关系 $\alpha\beta(1-\alpha)/(1-\alpha\beta)\leqslant 1$. 因此 $\{X_{\tau\wedge t}^{\alpha};\ t\geqslant 0\}$ 是**一致可积**的. 这样, 我们得到

$$1=\lim_{t\to\infty}\left[X_{\tau\wedge t}^{\alpha}\right]=\mathbb{E}\left[\lim_{t\to\infty}X_{\tau\wedge t}^{\alpha}\right]=\mathbb{E}\left[e^{\alpha B_{\tau}-\frac{\alpha^2}{2}\tau}\right]=\mathbb{E}\left[e^{\alpha(B_{\tau}-\tau/2)}e^{\frac{\alpha(1-\alpha)}{2}\tau}\right].$$

再应用 Hölder 不等式有

$$\begin{aligned}
1=\mathbb{E}\left[e^{\alpha(B_{\tau}-\tau/2)}e^{\frac{\alpha(1-\alpha)}{2}\tau}\right]&\leqslant\left\{\mathbb{E}\left[e^{B_{\tau}-\tau/2}\right]\right\}^{1/\alpha}\left\{\mathbb{E}\left[e^{\alpha\tau/2}\right]\right\}^{1-\alpha}\\
&\leqslant\left\{\mathbb{E}\left[e^{B_{\tau}-\tau/2}\right]\right\}^{\alpha}\left\{\mathbb{E}\left[e^{\tau/2}\right]\right\}^{1-\alpha}.
\end{aligned}$$

于是得到

$$\mathbb{E}\left[e^{B_{\tau}-\tau/2}\right]\geqslant\left\{\mathbb{E}[e^{\tau/2}]\right\}^{\frac{\alpha-1}{\alpha}}.$$

在上式两边令 $\alpha\uparrow 1$, 则有

$$\mathbb{E}\left[e^{B_{\tau}-\tau/2}\right]\geqslant 1.$$

那么, 由 Fatou 引理得到

$$1\leqslant\mathbb{E}\left[e^{B_{\tau}-\tau/2}\right]=\mathbb{E}\left[\varliminf_{t\to\infty}e^{B_{\tau\wedge t}-\tau\wedge t/2}\right]\leqslant\varliminf_{t\to\infty}\mathbb{E}\left[X_{\tau\wedge t}^{1}\right]=1.$$

这证明了连续时间指数 Wald 等式 (9.40). □

9.5 Doob L^p-最大值不等式

本节引入 Doob 可选时定理的另一重要应用——Doob L^p-最大值不等式. 下面首先讨论离散时间的 Doob L^p-最大值不等式. 为此, 我们首先证明如下关于下鞅和上鞅的相关概率不等式:

引理 9.7 设 $X=\{X_n;\ n\in\mathbb{N}^*\}$ 为过滤概率空间 $(\Omega,\mathcal{F},\mathbb{F}=\{\mathcal{F}_n;\ n\in\mathbb{N}^*\},\mathbb{P})$ 上的一个非负下鞅. 那么, 对任意 $\lambda>0$ 和 $n\in\mathbb{N}^*$,

$$\lambda\mathbb{P}\left(X_n^*\geqslant\lambda\right)\leqslant\mathbb{E}\left[X_n\mathbb{1}_{X_n^*\geqslant\lambda}\right]\leqslant\mathbb{E}[X_n], \tag{9.41}$$

其中 $X_n^*:=\max_{0\leqslant k\leqslant n}X_k$, $n\in\mathbb{N}^*$ 为 X 的最大值过程.

证 对任意 $\lambda>0$, 定义

$$\tau_\lambda:=\inf\{k\in\mathbb{N}^*;\ X_k\geqslant\lambda\},$$

其中记 $\inf\varnothing=+\infty$. 于是, $X_{\tau_\lambda}\geqslant\lambda$, $\mathbb{P}$-a.e.. 由于 X 为非负下鞅, 故由离散时间 Doob-可选时定理 (定理 8.9) 得到: 对任意 $n\in\mathbb{N}^*$,

$$\mathbb{E}[X_n]\geqslant\mathbb{E}[X_{\tau_\lambda\wedge n}]=\mathbb{E}[X_{\tau_\lambda}\mathbb{1}_{\tau_\lambda\leqslant n}]+\mathbb{E}[X_n\mathbb{1}_{\tau_\lambda>n}]. \tag{9.42}$$

注意到, 如下关系式成立:

$$\{\tau_\lambda\leqslant n\}=\{X_n^*\geqslant\lambda\}. \tag{9.43}$$

那么, 根据 (9.43) 得到: 对任意 $n\in\mathbb{N}^*$,

$$\mathbb{E}[X_{\tau_\lambda}\mathbb{1}_{\tau_\lambda\leqslant n}]=\mathbb{E}[X_{\tau_\lambda}\mathbb{1}_{X_n^*\geqslant\lambda}]\geqslant\mathbb{E}[\lambda\mathbb{1}_{X_n^*\geqslant\lambda}]=\lambda\mathbb{P}\left(X_n^*\geqslant\lambda\right).$$

由于 (9.43) 等价于 $\{\tau_\lambda>n\}=\{X_n^*<\lambda\}$, 故根据 (9.42) 有

$$\begin{aligned}\mathbb{E}[X_n]\geqslant\mathbb{E}[X_{\tau_\lambda\wedge n}]&=\mathbb{E}[X_{\tau_\lambda}\mathbb{1}_{\tau_\lambda\leqslant n}]+\mathbb{E}[X_n\mathbb{1}_{\tau_\lambda>n}]\\&\geqslant\lambda\mathbb{P}\left(X_n^*\geqslant\lambda\right)+\mathbb{E}[X_n\mathbb{1}_{X_n^*<\lambda}],\quad\forall n\in\mathbb{N}^*.\end{aligned}$$

上面的不等式即为: 对任意 $n\in\mathbb{N}^*$,

$$\mathbb{E}[X_n]\geqslant\lambda\mathbb{P}\left(X_n^*\geqslant\lambda\right)+\mathbb{E}[X_n\mathbb{1}_{X_n^*<\lambda}]. \tag{9.44}$$

于是, 由 (9.44) 得到如下不等式成立: 对任意 $n\in\mathbb{N}^*$,

$$\lambda\mathbb{P}\left(X_n^*\geqslant\lambda\right)\leqslant\mathbb{E}[X_n]-\mathbb{E}[X_n\mathbb{1}_{X_n^*<\lambda}]=\mathbb{E}[X_n\mathbb{1}_{X_n^*\geqslant\lambda}]\overset{X_n\geqslant 0}{\leqslant}\mathbb{E}[X_n].$$

此即为 (9.41). 这样, 该引理得证. □

如果上面引理 9.7 中的下鞅不一定是非负的, 则有如下的结果:

引理 9.8 设 $X=\{X_n;\ n\in\mathbb{N}^*\}$ 为过滤概率空间 $(\Omega,\mathcal{F},\mathbb{F}=\{\mathcal{F}_n;\ n\in\mathbb{N}^*\},\mathbb{P})$ 上的一个 $\mathbb{F}$-下鞅, 则对任意 $\lambda>0$ 和 $n\in\mathbb{N}^*$,

$$\lambda\mathbb{P}\left(X_n^*\geqslant\lambda\right)\leqslant\mathbb{E}\left[X_n^+\mathbb{1}_{X_n^*\geqslant\lambda}\right]\leqslant\mathbb{E}[X_n^+],\tag{9.45}$$

其中 $X_n^*:=\max_{0\leqslant k\leqslant n}X_k,\ n\in\mathbb{N}^*$ 为 X 的最大值过程.

证 应用 Jensen 不等式得到 $X^+=\{X_n^+;\ n\in\mathbb{N}^*\}$ 是一个非负 $\mathbb{F}$-下鞅. 于是, 我们定义:

$$\tau_\lambda:=\inf\{k\in\mathbb{N}^*;\ X_k\geqslant\lambda\},\quad \lambda>0.$$

那么, 我们也有 $\tau_\lambda=\inf\{k\in\mathbb{N}^*;\ X_k^+\geqslant\lambda\}$. 这样, 不等式 (9.45) 可由引理 9.7 的类似证明得到. □

下面的引理给出了上鞅情形下的相关概率不等式:

引理 9.9 设 $X=\{X_n;\ n\in\mathbb{N}^*\}$ 为过滤概率空间 $(\Omega,\mathcal{F},\mathbb{F}=\{\mathcal{F}_n;\ n\in\mathbb{N}^*\},\mathbb{P})$ 下的一个 $\mathbb{F}$-上鞅. 那么, 对任意 $\lambda>0$ 和 $n\in\mathbb{N}^*$,

$$\lambda\mathbb{P}\left(X_n^*\geqslant\lambda\right)\leqslant\mathbb{E}[X_0]+\mathbb{E}[X_n^-],\tag{9.46}$$

其中 $X_n^*:=\max_{0\leqslant k\leqslant n}X_k,\ n\in\mathbb{N}^*$ 为 X 的最大值过程.

证 对任意 $\lambda>0$, 我们定义

$$\tau_\lambda:=\inf\{k\in\mathbb{N}^*;\ X_k\geqslant\lambda\}.$$

那么, 根据离散时间 Doob-可选时定理 (定理 8.9), 我们得到

$$\mathbb{E}[X_0]\geqslant\mathbb{E}[X_{\tau_\lambda\wedge n}]=\mathbb{E}[X_{\tau_\lambda}\mathbb{1}_{\tau_\lambda\leqslant n}]+\mathbb{E}[X_n\mathbb{1}_{\tau_\lambda>n}],\quad \forall n\in\mathbb{N}^*.$$

注意到, 由 (9.43), 如下不等式成立: 对任意 $n\in\mathbb{N}^*$,

$$\mathbb{E}[X_{\tau_\lambda}\mathbb{1}_{\tau_\lambda\leqslant n}]\geqslant\lambda\mathbb{P}(\tau_\lambda\leqslant n)=\lambda\mathbb{P}\left(X_n^*\geqslant\lambda\right),$$

$$\mathbb{E}[X_n\mathbb{1}_{\tau_\lambda>n}]\geqslant-\mathbb{E}[X_n^-].$$

因此, 对任意 $n\in\mathbb{N}^*$,

$$\mathbb{E}[X_0]\geqslant\lambda\mathbb{P}\left(X_n^*\geqslant\lambda\right)-\mathbb{E}[X_n^-].$$

这等价于不等式 (9.46). 这样, 该引理得证. □

下面练习的结果是关于离散时间下鞅绝对值的最大值过程的相关概率不等式:

练习 9.2　设 $X = \{X_n;\ n \in \mathbb{N}^*\}$ 为过滤概率空间 $(\Omega, \mathcal{F}, \mathbb{F} = \{\mathcal{F}_n;\ n \in \mathbb{N}^*\}, \mathbb{P})$ 上的一个 $\mathbb{F}$-下鞅. 那么, 对任意 $\lambda > 0$ 和 $n \in \mathbb{N}^*$,

$$\lambda \mathbb{P}\left(\max_{k \leqslant n} |X_k| \geqslant \lambda\right) \leqslant 2\mathbb{E}[X_n^+] - \mathbb{E}[X_0]. \tag{9.47}$$

进一步, 如果 X 为一个 $\mathbb{F}$-鞅, 则对任意 $n \in \mathbb{N}^*$,

$$\lambda \mathbb{P}\left(\max_{k \leqslant n} |X_k| \geqslant \lambda\right) \leqslant \mathbb{E}[|X_n|]. \tag{9.48}$$

提示　由于 X 为 $\mathbb{F}$-下鞅, 故 $-X$ 为 $\mathbb{F}$-上鞅. 那么, 根据引理 9.9 得到: 对任意 $n \in \mathbb{N}^*$,

$$\lambda \mathbb{P}\left(\min_{k \leqslant n} X_k \leqslant -\lambda\right) \leqslant -\mathbb{E}[X_0] + \mathbb{E}[X_n^+].$$

进一步, 由引理 9.8 得到

$$\lambda \mathbb{P}\left(\max_{k \leqslant n} X_k \geqslant \lambda\right) \leqslant \mathbb{E}[X_n^+], \quad \forall n \in \mathbb{N}^*.$$

于是, 结合上面两个不等式得到不等式 (9.47).

如果 X 为一个 $\mathbb{F}$-鞅, 则 $\mathbb{E}[X_0] = \mathbb{E}[X_n], \forall n \in \mathbb{N}^*$. 那么, 由 (9.47) 有: 对任意 $n \in \mathbb{N}^*$,

$$\lambda \mathbb{P}\left(\max_{k \leqslant n} |X_k| \geqslant \lambda\right) \leqslant 2\mathbb{E}[X_n^+] - \mathbb{E}[X_0] = 2\mathbb{E}[X_n^+] - \mathbb{E}[X_n] = \mathbb{E}[|X_n|].$$

这样, 该引理得证. □

应用上面一系列辅助结果, 我们有如下的 Doob L^p-最大值不等式:

定理 9.6(离散时间 Doob L^p-最大值不等式)　设 $X = \{X_n;\ n \in \mathbb{N}^*\}$ 为过滤概率空间 $(\Omega, \mathcal{F}, \mathbb{F} = \{\mathcal{F}_n;\ n \in \mathbb{N}^*\}, \mathbb{P})$ 上的一个 L^p-可积 $\mathbb{F}$-鞅 (或正的 $\mathbb{F}$-下鞅), 其中 $p > 1$. 那么, 对任意 $n \in \mathbb{N}^*$,

$$\mathbb{E}\left[|X_n|^p\right] \leqslant \mathbb{E}\left[(X_n^*)^p\right] \leqslant \left(\frac{p}{p-1}\right)^p \mathbb{E}\left[|X_n|^p\right], \tag{9.49}$$

其中 $X_n^* := \max_{k \leqslant n} |X_k|, n \in \mathbb{N}^*$ 为 $|X| = \{|X_n|;\ n \in \mathbb{N}^*\}$ 的最大值过程.

证 先假设 X 为 L^p-可积 $\mathbb{F}$-鞅. 那么, 由 Jensen 不等式有: $|X|^p=\{|X_n|^p;\ n\in\mathbb{N}^*\}$ 为一个非负 $\mathbb{F}$-下鞅. 同理, 如果 X 为一个 L^p- 可积正的 $\mathbb{F}$-下鞅, 则由 Jensen 不等式有: $|X|^p=\{|X_n|^p;\ n\geqslant 0\}$ 也是一个非负 $\mathbb{F}$-下鞅. 由于 $p>1$ 和 X 是 p-阶可积的, 故 $|X|$ 也是一个非负 $\mathbb{F}$-下鞅. 这样, 根据引理 9.7 得到: 对任意 $\lambda>0$,

$$\lambda\mathbb{P}\left(X_n^*\geqslant\lambda\right)=\mathbb{E}\left[|X_n|1\!\!1_{X_n^*\geqslant\lambda}\right],\quad \forall n\in\mathbb{N}^*.$$

于是, 对 $p>1$, 应用 Hölder 不等式, 则有: 对任意 $n\in\mathbb{N}^*$,

$$\begin{aligned}\mathbb{E}\left[(X_n^*)^p\right]&=\mathbb{E}\left[\int_0^{X_n^*}p\lambda^{p-1}\mathrm{d}\lambda\right]=\mathbb{E}\left[\int_0^{\infty}p1\!\!1_{X_n^*\geqslant\lambda}\lambda^{p-1}\mathrm{d}\lambda\right]\\&=\int_0^{\infty}p\lambda^{p-1}\mathbb{P}\left(X_n^*\geqslant\lambda\right)\mathrm{d}\lambda\leqslant\int_0^{\infty}p\lambda^{p-2}\mathbb{E}\left[|X_n|1\!\!1_{X_n^*\geqslant\lambda}\right]\mathrm{d}\lambda\\&=p\mathbb{E}\left[|X_n|\int_0^{X_n^*}\lambda^{p-2}\mathrm{d}\lambda\right]=\frac{p}{p-1}\mathbb{E}\left[|X_n|\left(X_n^*\right)^{p-1}\right]\\&\leqslant\frac{p}{p-1}\left\{\mathbb{E}\left[|X_n|^p\right]\right\}^{\frac{1}{p}}\left\{\mathbb{E}\left[(X_n^*)^p\right]\right\}^{\frac{p-1}{p}}.\end{aligned}$$

这意味着: 对任意 $n\in\mathbb{N}^*$,

$$\frac{\mathbb{E}\left[(X_n^*)^p\right]}{\left\{\mathbb{E}\left[(X_n^*)^p\right]\right\}^{\frac{p-1}{p}}}\leqslant\frac{p}{p-1}\left\{\mathbb{E}\left[|X_n|^p\right]\right\}^{\frac{1}{p}},$$

此即不等式 (9.49). □

下面将上面的离散时间下鞅 L^p-最大值不等式拓展到连续时间下鞅的情形.

定理 9.7 (连续时间 Doob L^p-最大值不等式) 设 $(\Omega,\mathcal{F},\mathbb{F}=\{\mathcal{F}_t;\ t\geqslant 0\},\mathbb{P})$ 为一个过滤概率空间和 $X=\{X_t;\ t\geqslant 0\}$ 为一个 L^p-可积连续 $\mathbb{F}$-鞅 (或连续正的 $\mathbb{F}$-下鞅), 其中 $p>1$. 则对任意 $T>0$,

$$\mathbb{E}\left[(X_T^*)^p\right]\leqslant\left(\frac{p}{p-1}\right)^p\mathbb{E}\left[|X_T|^p\right],\tag{9.50}$$

其中 $X_T^*:=\sup_{t\in[0,T]}|X_t|$, $T>0$ 表示 $|X|=\{|X_t|;\ t\geqslant 0\}$ 的最大值过程.

证 证明类似于离散时间情形, 即定理 9.6 的证明. 由题设和 Jensen 不等式有: $|X|=\{|X_t|;\ t\geqslant 0\}$ 也是一个非负连续 $\mathbb{F}$-下鞅. 对任意 $\lambda>0$, 定义:

$$\tau_\lambda:=\inf\{t\geqslant 0;\ |X_t|\geqslant\lambda\},$$

其中记 $\inf\varnothing=+\infty$. 于是, τ_λ 是一个 $\mathbb{F}$-停时. 对任意 $T>0$, 则 $\tau\wedge T$ 是一个有界 $\mathbb{F}$-停时. 由于 $|X|$ 为连续下鞅, 那么应用连续时间 Doob 可选时定理 (定理 8.10) 得到

$$\mathbb{E}[|X_T|]\geqslant\mathbb{E}[|X_{\tau\wedge T}|]=\mathbb{E}[|X_{\tau_\lambda}|\mathbb{1}_{\tau_\lambda\leqslant T}]+\mathbb{E}[|X_T|\mathbb{1}_{\tau_\lambda>T}].$$

注意到, 如下不等式成立: 对任意 $\lambda>0$,

$$\mathbb{E}[|X_{\tau_\lambda}|\mathbb{1}_{\tau_\lambda\leqslant T}]\geqslant\lambda\mathbb{P}(\tau_\lambda\leqslant T).$$

于是, 上式意味着: 对任意 $\lambda>0$,

$$\lambda\mathbb{P}(\tau_\lambda\leqslant T)\leqslant\mathbb{E}[|X_T|]-\mathbb{E}[|X_T|\mathbb{1}_{\tau_\lambda>T}]=\mathbb{E}[|X_T|\mathbb{1}_{\tau_\lambda\leqslant T}].$$

由于如下等式成立:

$$\{\tau\leqslant T\}=\{X_T^*\geqslant\lambda\},\quad\forall\lambda>0,\tag{9.51}$$

那么得到: 对任意 $\lambda>0$,

$$\lambda\mathbb{P}(X_T^*\geqslant\lambda)\leqslant\mathbb{E}[|X_T|\mathbb{1}_{X_T^*\geqslant\lambda}].\tag{9.52}$$

因此, 对任意 $p>1$, 应用不等式 (9.52) 和 Hölder 不等式, 我们有

$$\begin{aligned}\mathbb{E}\left[(X_T^*)^p\right]&=\mathbb{E}\left[\int_0^{X_T^*}p\lambda^{p-1}\mathrm{d}\lambda\right]=\mathbb{E}\left[\int_0^\infty p\mathbb{1}_{X_T^*\geqslant\lambda}\lambda^{p-1}\mathrm{d}\lambda\right]\\&=\int_0^\infty p\lambda^{p-1}\mathbb{P}\left(X_T^*\geqslant\lambda\right)\mathrm{d}\lambda\leqslant\int_0^\infty p\lambda^{p-2}\mathbb{E}\left[|X_T|\mathbb{1}_{X_T^*\geqslant\lambda}\right]\mathrm{d}\lambda\\&=p\mathbb{E}\left[|X_T|\int_0^{X_T^*}\lambda^{p-2}\mathrm{d}\lambda\right]=\frac{p}{p-1}\mathbb{E}\left[|X_T|\left(X_T^*\right)^{p-1}\right]\\&\leqslant\frac{p}{p-1}\left\{\mathbb{E}\left[|X_T|^p\right]\right\}^{\frac{1}{p}}\left\{\mathbb{E}\left[(X_T^*)^p\right]\right\}^{\frac{p-1}{p}}.\end{aligned}$$

这意味着

$$\frac{\mathbb{E}\left[(X_T^*)^p\right]}{\left\{\mathbb{E}\left[(X_T^*)^p\right]\right\}^{\frac{p-1}{p}}}\leqslant\frac{p}{p-1}\left\{\mathbb{E}\left[|X_T|^p\right]\right\}^{\frac{1}{p}},$$

此即不等式 (9.50). 这样, 该定理得证. □

连续时间 Doob L^p-最大值不等式 (9.50) 是建立所谓的 Itô 随机微分方程解矩估计的主要工具.

习　题 9

1. 证明引理 9.2.

2. (Blumenthal 0-1 律)　设 $B=\{B_t;\ t\geqslant 0\}$ 是概率空间 $(\Omega,\mathcal{F},\mathbb{P})$ 上的一个标准布朗运动. 回顾过滤 $\mathbb{F}^{B+}$ 被定义为 (9.20). 对于 $t>0$, 那么, 对任意 $A\in\mathcal{F}_t^{B+}$, 存在一个 $\hat{A}\in\mathcal{F}_t^B$ 使得 $\mathbb{P}(A\Delta\hat{A})=0$.

3. 证明引理 9.4.

提示　根据引理 9.2, 只需证明: 对任意 $\alpha\in\mathbb{R}$, 如下指数过程关于过滤 $\{\mathcal{F}_{\tau+t}^B;\ t\geqslant 0\}$ 是一个鞅:

$$e^{\mathrm{i}\alpha B_{\tau+t}-\frac{1}{2}\alpha^2(\tau+t)},\quad t\geqslant 0.$$

应用 Doob 可选时定理证明如上过程的鞅性.

4. 设 $B=\{B_t;\ t\geqslant 0\}$ 为概率空间 $(\Omega,\mathcal{F},\mathbb{P})$ 上的一个标准布朗运动. 回答以下问题:

(i) 对于 $a>0$, 设 $\tau_{aa}:=\inf\{t: B_t\notin(-a,a)\}$. 构造一个形如 $B_t^6-c_1tB_t^4-c_2t^2B_t^2-c_3t^3$, $t\geqslant 0$ 的鞅并用其计算 $\mathbb{E}[\tau_{aa}^3]$.

(ii) 对于上面的 τ_{aa}, 证明 $\mathbb{E}[\tau_{aa}^2]=\dfrac{5a^4}{3}$.

(iii) 对于 $\mu>0$, 证明随机变量 $\sup_{t\geqslant 0}(B_t-\mu t)$ 服从参数为 2μ 的指数分布.

5. 设 $\{\xi_k;\ k\in\mathbb{N}\}$ 是概率空间 $(\Omega,\mathcal{F},\mathbb{P})$ 上一列独立同分布的随机变量且满足

$$\mathbb{P}(\xi_1=1)=\mathbb{P}(\xi_1=-1)=\frac{1}{2}.$$

定义 $S_n:=\sum_{k=1}^n\xi_k$, $n\in\mathbb{N}$ 和 $S_0=x\in(a,b)$, 其中 $x,a,b\in\mathbb{Z}$ 和 $a<b$. 定义:

$$\tau_{ab}:=\min\{n\in\mathbb{N}^*;\ S_n\notin(a,b)\}.$$

(i) 证明如下等式:

$$\mathbb{P}(S_{\tau_{ab}}=a)=\frac{b-x}{b-a},\quad \mathbb{P}(S_{\tau_{ab}}=b)=\frac{x-a}{b-a}.$$

(ii) 证明 $\mathbb{E}[\tau_{ab}]=(b-x)(x-a)$.

6. 设 $\{\xi_k;\ k\in\mathbb{N}\}$ 是概率空间 $(\Omega,\mathcal{F},\mathbb{P})$ 上一列独立同分布的随机变量且满足

$$\mathbb{P}(\xi_1=1)=p,\quad \mathbb{P}(\xi_1=-1)=q=1-p,\quad p\neq q.$$

定义 $S_n:=\sum_{k=1}^n\xi_k$, $n\in\mathbb{N}$ 和 $S_0=x\in\mathbb{Z}$. 对于 $z\in\mathbb{Z}$, 定义:

$$\tau_z:=\min\{n\in\mathbb{N}^*;\ S_n=z\}.$$

证明如下问题:

(i) 设 $\phi(y)=\left(\dfrac{1-p}{p}\right)^y$, $y\in\mathbb{Z}$. 那么 $\phi(S)=\{\phi(S_n);\ n\in\mathbb{N}^*\}$ 为一个关于随机游动自然过滤的鞅.

(ii) 对于 $a,b\in\mathbb{Z}$ 和 $x\in(a,b)$, 那么则有

$$\mathbb{P}(\tau_a<\tau_b)=\frac{\phi(b)-\phi(x)}{\phi(b)-\phi(a)},\quad \mathbb{P}(\tau_b<\tau_a)=\frac{\phi(x)-\phi(a)}{\phi(b)-\phi(a)}.$$

7. 设 $\{\xi_k;\ k\in\mathbb{N}\}$ 是概率空间 $(\Omega,\mathcal{F},\mathbb{P})$ 上一列独立同分布的随机变量且满足

$$\mathbb{P}(\xi_1=1)=\mathbb{P}(\xi_1=-1)=\frac{1}{2}.$$

定义 $S_n:=\sum_{k=1}^n\xi_k$, $n\in\mathbb{N}$ 和 $S_0=0$. 对于 $a,b\in\mathbb{Z}$ 和 $a<b$, 定义:

$$\tau_{ab}:=\min\{n\in\mathbb{N}^*;\ S_n\notin(a,b)\}.$$

求解常数 b,c 使得 $X_n:=S_n^4-6nS_n^2+bn^2+cn$, $n\in\mathbb{N}^*$ 为一个关于随机游动自然过滤的鞅, 并由此计算 $\mathbb{E}[\tau_{ab}^2]$.

8. 设 $\{\xi_k;\ k\in\mathbb{N}\}$ 是概率空间 $(\Omega,\mathcal{F},\mathbb{P})$ 上一列独立同分布的实值随机变量. 定义 $S_n=\sum_{k=1}^n\xi_k$, $n\in\mathbb{N}$ 和 $\tau_{ab}=\min\{n\in\mathbb{N}^*;\ S_n\notin(a,b)\}$, 其中 $a,b\in\mathbb{R}$ 和 $a<b$. 假设 ξ_k 不是常数且存在 $\theta_o<0$ 使得

$$\phi(\theta_o)=\mathbb{E}\left[\exp(\theta_o\xi_1)\right]=1.$$

定义 $X_n:=\exp(\theta_oS_n)$, $n\in\mathbb{N}$. 证明 $\mathbb{E}[X_{\tau_{ab}}]=1$ 和 $\mathbb{P}(S_{\tau_{ab}}\leqslant a)\leqslant\exp(-\theta_oa)$.

9. 在上一题中, 假设 ξ_k 取值于整数且满足: 对任意 $k\in\mathbb{N}$,

$$\mathbb{P}(\xi_k<-1)=0,\ \ \mathbb{P}(\xi_k=-1)>0,\ \ \mathbb{E}[\xi_k]>0.$$

定义 $\tau_a:=\inf\{n\in\mathbb{N};\ S_n=a\}$, 其中 a 为负整数. 证明如下概率等式成立:

$$\mathbb{P}(\tau_a<\infty)=\exp(-\theta_oa).$$

10. 设 $X=\{X_n;\ n\in\mathbb{N}^*\}$ 为一个 $\mathbb{F}=\{\mathcal{F}_n;\ n\in\mathbb{N}^*\}$-鞅且满足 $X_0=0$ 和

$$\mathbb{E}[X_n^2]<\infty,\quad \forall n\in\mathbb{N}.$$

证明如下不等式: 对任意 $\lambda>0$,

$$\mathbb{P}\left(\max_{1\leqslant m\leqslant n}X_m\geqslant\lambda\right)\leqslant\frac{\mathbb{E}[X_n^2]}{\mathbb{E}[X_n^2]+\lambda^2},\quad \forall n\in\mathbb{N}^*.$$

11. 设 $X=\{X_n;\ n\in\mathbb{N}^*\}$ 为一个非负 $\mathbb{F}=\{\mathcal{F}_n;\ n\in\mathbb{N}^*\}$-下鞅. 记 $\ln^+x=\max(\ln x,0)$, $x\geqslant0$. 证明如下不等式:

$$\mathbb{E}[X_n^*]\leqslant(1-e^{-1})^{-1}\{1+\mathbb{E}[X_n\ln^+(X_n)]\},\quad \forall n\in\mathbb{N}^*,$$

其中 $X^*=\{X_n^*;\ n\in\mathbb{N}^*\}$ 为 X 的最大值过程.

12. 设 $X=\{X_n;\ n\in\mathbb{N}^*\}$ 为一个非负 $\mathbb{F}=\{\mathcal{F}_n;\ n\in\mathbb{N}^*\}$-下鞅. 定义 $\xi_n:=X_n-X_{n-1}$, $\forall n\in\mathbb{N}$. 如果 $\mathbb{E}[X_0]<+\infty$ 和 $\sum_{n=1}^\infty\mathbb{E}[\xi_n^2]<+\infty$. 证明: $X_n\xrightarrow{\text{a.e.}}X_\infty$ 和 $X_n\xrightarrow{L^2}X_\infty$, $n\to\infty$.

13. 在上一题中, 设 $b_n \uparrow +\infty$, $n \to \infty$ 和 $\sum_{k=1}^{\infty} \mathbb{E}[\xi_k^2/b_k] < \infty$. 证明: $X_n/b_n \xrightarrow{\text{a.e.}} 0$, $n \to \infty$.

14. 证明引理 9.5.

15. 设 $X = \{X_n;\ n \in \mathbb{N}^*\}$ 为一个 $\mathbb{F} = \{\mathcal{F}_n;\ n \in \mathbb{N}^*\}$-鞅且满足 $\sup_{n\in\mathbb{N}^*} \mathbb{E}[|X_n|^p] < +\infty$, 其中 $p > 1$. 证明: $X_n \xrightarrow{\text{a.e.}} X_\infty$ 和 $X_n \xrightarrow{L^p} X_\infty$, $n \to \infty$.

16. 设 $(\Omega, \mathcal{F}, \mathbb{F} = \{\mathcal{F}_t;\ t \geqslant 0\}, \mathbb{P})$ 为一个过滤概率空间以及 $X = \{X_t;\ t \geqslant 0\}$ 是一个 $\mathbb{F}$-适应过程. 如果存在一列单增 $\mathbb{F}$-停时 $\{\tau_n\}_{n\in\mathbb{N}}$ 满足 $\tau_n \uparrow +\infty$, $n \to \infty$, a.e., 且使得对任意 $n \in \mathbb{N}$, $X^{\tau_n} = \{X_{t\wedge\tau_n};\ t \geqslant 0\}$ 是一个 $\mathbb{F}$-鞅, 则称 X 是一个 $\mathbb{F}$-**局部鞅**. 证明任意连续有界 $\mathbb{F}$-局部鞅是一个 $\mathbb{F}$-鞅.

提示 应用控制收敛定理.

17. 设 $B = \{B_t;\ t \geqslant 0\}$ 为概率空间 $(\Omega, \mathcal{F}, \mathbb{P})$ 上的一个标准布朗运动. 对任意 $t > 0$ 和 $\sigma > 0$, 设 $p_\sigma(t, x)$, $x \in \mathbb{R}$ 为随机变量 σB_t 的概率密度函数. 回答如下问题: 对任意 $t > 0$,

(i) 证明如下等式:

$$\|\partial_t p_\sigma(t, \cdot)\|_{L^1} = \sqrt{\frac{2}{\pi\sigma^2 t}}, \quad \|\partial_t p_\sigma(t, \cdot)\|_{L^2}^2 = \frac{1}{4\sqrt{\pi}\sigma^3 t^{3/2}},$$
$$\|p_\sigma(t, \cdot)\|_{L^2}^2 = \frac{1}{2\sigma\sqrt{\pi t}}.$$

(ii) 证明如下等式成立: 对任意 Borel 可测函数 $f : [0, \infty) \to \mathbb{R}$,

$$\int_{-\infty}^{\infty} \int_0^t p_\sigma^2(t - s, f(s) - x)\mathrm{d}s\mathrm{d}x = \frac{1}{\sigma}\sqrt{\frac{t}{\pi}}.$$

第 10 章　随机点过程

"成功 = 艰苦劳动 + 正确的方法 + 少说空话." (Albert Einstein)

在排队论中, 随机点过程是由服务到达的时刻所建立的累积计数过程. 随机点过程在分析所观察到的点模式时可用作统计模型, 其中点表示某些研究对象 (如森林中的树木和鸟巢等) 的位置或坐标. 点过程也在随机几何中扮演着特殊的角色, 它是更复杂的随机集模型的基本构造模块. 本章将介绍随机点过程的定义、经典实例 (如 Poisson 过程和标记点过程等) 以及点过程的统计特征等. 本章的内容安排如下: 10.1 节引入计数过程的定义; 10.2 节介绍随机计数测度和 Poisson 随机测度; 10.3 节介绍 Poisson 过程及其性质; 10.4 节讨论标记点过程和其相关信息流的性质; 最后为本章课后习题.

10.1　计数过程的定义

本节将分别介绍一维和多维点过程. 相较于多维点过程的定义, 一维点过程的表述相对简单, 这是因为一维时间相比于高维时间具有自然的有序性.

让我们设 $0 < T_1 < T_2 < \cdots < T_n < \cdots$ 表示某些事件 (如紧急呼叫) 的发生时刻, 也就是 T_n 是第 n 个点的到达时间 (同一概率空间 $(\Omega, \mathcal{F}, \mathbb{P})$ 上的非负随机变量). 我们称随机变量 $\{T_n;\ n \in \mathbb{N}\}$ 为一个点过程的**到达时间**. 对于 $n \in \mathbb{N}$, 称 $\tau_n := T_n - T_{n-1}$ 为第 n 个**到达时间间隔** (这里令 $T_0 = 0$). 于是: 对任意 $n \in \mathbb{N}$,

$$T_n = \sum_{i=1}^{n} \tau_i. \tag{10.1}$$

那么, 计数过程定义如下:

定义 10.1 (计数过程)　*设 $\{T_n;\ n \in \mathbb{N}\}$ 为定义如上的到达时间. 定义如下取值于 $\mathbb{N}^*$ 的随机过程:*

$$N_t = \sum_{n=1}^{\infty} \mathbb{1}_{T_n \leqslant t}, \quad t \geqslant 0, \tag{10.2}$$

那么称 $N = \{N_t;\ t \geqslant 0\}$ 为对应于到达时间 $\{T_n;\ n \in \mathbb{N}\}$ 的计数过程. 也就是说, 对任意 $t > 0$, N_t 计数的是 $[0, t]$ 时间段内点到达的次数.

设 $N=\{N_t;\ t\geqslant 0\}$ 为对应于到达时间 $\{T_n;\ n\in\mathbb{N}\}$ 的计数过程. 于是, 对任意的 $0\leqslant t_1<t_2<\infty$, 增量 $N(t_1,t_2]:=N_{t_2}-N_{t_1}$ 计数的是时间段 $(t_1,t_2]$ 点到达的次数. 进一步, 如果计数过程 N 对于任意不交的时间段, 增量是相互独立的, 则称计数过程 N 满足独立增量性.

在 d-维时间的情形, 我们并不能像一维那样的情况来定义到达时间、到达时间间隔和计数过程. 代替地, 定义多维点过程最有效的方法是将间隔计数 $N(t_1,t_2]$ 拓展到如下的区域计数: 对任意有界闭集 $B\subset\mathbb{R}^d$,

$$N(B):=\#\{\text{落在 } B \text{ 中的点}\}. \tag{10.3}$$

下面是多维计数过程的一个例子:

例 10.1 (二项过程) 让我们在有界区域 $C\subset\mathbb{R}^2$ 内随机放置 n 个点. 设 $\xi_1,\cdots,\xi_n$ 是 n 个独立同分布于 C 上均匀分布的随机变量, 也就是 ξ_i 满足如下的概率密度函数:

$$p_{\xi_i}(x)=\begin{cases}\dfrac{1}{S(C)}, & x\in C,\\[2mm] 0, & x\notin C,\end{cases} \tag{10.4}$$

其中 $S(C)$ 表示 C 的面积. 那么, 对任意有界集 $B\subset\mathbb{R}^2$, 定义:

$$N(B):=\sum_{i=1}^{n}\mathbb{1}_{\xi_i\in B}. \tag{10.5}$$

显然, 对任意有界集 $B\subset\mathbb{R}^2$, 随机变量 $N(B)\in\{0,1,\cdots,n\}$. 于是, 由 $\{\xi_1,\cdots,\xi_n\}$ 的独立同分布性得到: 对任意 $k=0,1,\cdots,n$,

$$\mathbb{P}(N(B)=k)=\mathbb{P}\left(\sum_{i=1}^{n}\mathbb{1}_{\xi_i\in B}=k\right)=\mathrm{C}_n^k p^k(1-p)^{n-k}, \tag{10.6}$$

其中 $\mathrm{C}_n^k:=\dfrac{n!}{k!(n-k)!}$ 和 $p=\mathbb{P}(\xi_1\in B)$. 根据 (10.4), 进一步得到

$$p=\mathbb{P}(\xi_1\in B)=\frac{S(B\cap C)}{S(C)},$$

也就是说 $N(B)$ 是一个服从参数为 (n,p) 的二项分布. 于是, 我们称由 (10.5) 所定义的点过程为**二项过程**. 事实上, 对于互不相交的 $B_1,B_2\subset\mathbb{R}^2$, 由 (10.5) 得到

$$N(B_1)+N(B_2)=N(B_1\cup B_2).$$

我们可以证明 $N(B_1)$ 与 $N(B_2)$ 还是相互独立的.

10.2　随机计数测度

本节通过引入随机测度的概念来重新定义点过程. 在本节中, 设 $(S, \mathcal{S})$ 是一个可测空间. 那么, 随机测度的定义如下:

定义 10.2 (随机测度)　设 $\{M(B);\ B \in \mathcal{S}\}$ 为概率空间 $(\Omega, \mathcal{F}, \mathbb{P})$ 上的一个集合索引的随机过程. 如果其满足

(i) 对任意 $\omega \in \Omega$, $M(\omega, \cdot)$ 是一个 $(S, \mathcal{S})$ 的测度;

(ii) 对任意 $B \in \mathcal{S}$, $M(B)$ 是一个 $(\Omega, \mathcal{F}, \mathbb{P})$ 上的实值随机变量,

那么称 $\{M(B);\ B \in \mathcal{S}\}$ 为概率空间 $(\Omega, \mathcal{F}, \mathbb{P})$ 上的一个随机测度.

如果随机测度的取值为非负整数, 那么该随机测度被称为计数测度, 其具体定义如下:

定义 10.3 (随机计数测度)　设 $\{M(B);\ B \in \mathcal{S}\}$ 为概率空间 $(\Omega, \mathcal{F}, \mathbb{P})$ 上的一个随机测度. 如果其进一步满足

(i) 对任意 $B \in \mathcal{S}$, 随机变量 $M(B)$ 的取值空间为 $\mathbb{N}^*$;

(ii) 对任意有界 $B \in \mathcal{S}$, $\mathbb{P}(M(B) < \infty) = 1$,

那么称 $\{M(B);\ B \in \mathcal{S}\}$ 为概率空间 $(\Omega, \mathcal{F}, \mathbb{P})$ 上的一个随机计数测度. 我们一般也称随机计数测度为点过程.

让我们取 $\{s_k\}_{k\in\mathbb{N}} \subset S$ 和 $\{l_k\}_{k\in\mathbb{N}} \subset \mathbb{N}$ 为一列正整数, 于是定义:

$$M(B) := \sum_{k=1}^{\infty} l_k \delta_{s_k}(B) = \sum_{k=1}^{\infty} l_k \mathbb{1}_{s_k \in B}, \quad \forall B \in \mathcal{S}. \tag{10.7}$$

那么, 根据定义 10.3, 我们可以验证 $\{M(B);\ B \in \mathcal{S}\}$ 是一个**确定性**的计数测度. 进一步, 如果 $l_k = 1$, $k \geqslant 1$, 则称 $\{M(B);\ B \in \mathcal{S}\}$ 是一个**简单**的计数测度.

设 $\{\xi_n;\ n \in \mathbb{N}\}$ 为概率空间 $(\Omega, \mathcal{F}, \mathbb{P})$ 上的一列 S-值的随机变量. 于是, 如下定义的随机测度:

$$M(B) := \sum_{k=1}^{\infty} \delta_{\xi_k}(B) = \sum_{k=1}^{\infty} \mathbb{1}_B(\xi_k), \quad \forall B \in \mathcal{S} \tag{10.8}$$

是一个随机计数测度 (点过程). 如果随机变量 $\{\xi_n;\ n \in \mathbb{N}\}$ 以概率为 1 是互不相同的, 则该点过程是简单的. 也就是说, 以概率为 1, 点过程中没有两个点同时发生.

作为一类特殊的随机计数测度 (点过程), Poisson 随机测度在定义 Poisson 过程、连续时间 Markov 链、Lévy 过程, 甚至在半鞅表示中都扮演着重要的角色. 下面, 我们引入一类特殊的随机计数测度——Poisson 随机测度:

定义 10.4 (Poisson 随机测度) 设 $\lambda(\cdot)$ 为定义在 $\mathcal{S}$ 上的一个 σ-有限测度以及过程 $N=\{N(B);\ B\in\mathcal{S}\}$ 为概率空间 $(\Omega,\mathcal{F},\mathbb{P})$ 上的一个随机计数测度 (点过程). 如果其满足如下性质:

(i) 对任意 $B\in\mathcal{S}$, 随机变量 $N(B)$ 服从参数为 $\lambda(B)$ 的 Poisson 分布, 即

$$\mathbb{P}\left(N(B)=n\right)=\frac{\lambda(B)^n}{n!}e^{-\lambda(B)},\quad n\in\mathbb{N}^*.$$

(ii) 如果 $B_1,\cdots,B_n\in\mathcal{S}(n\geqslant 2)$ 是互不相交的, 则随机变量 $N(B_1),\cdots,N(B_n)$ 是相互独立的,

那么称 $N=\{N(B);\ B\in\mathcal{S}\}$ 是一个以强度测度为 $\lambda(\cdot)$ 的 Poisson 随机测度. 我们以后记其为

$$N=\mathrm{PRM}(\lambda).\tag{10.9}$$

下面证明讨论 Poisson 随机测度的存在性. 注意到, 强度测度 $\lambda(\cdot)$ 是 $\mathcal{S}$ 上的 σ-有限测度, 那么我们根据 $\lambda(\cdot)$ 的特点分以下两个步骤来构造一个 Poisson 随机测度.

第一步 强度测度 $\lambda(\cdot)$ 为有限测度的情形 $\lambda(S)<\infty$.

设 $N,\xi_1,\xi_2,\cdots$ 为概率空间 $(\Omega,\mathcal{F},\mathbb{P})$ 上一列独立的随机变量, 其分布分别为

$$N\sim\mathrm{Poisson}(\lambda(S)),\quad \mathbb{P}(\xi_i\in B)=\frac{\lambda(B)}{\lambda(S)},\quad \forall B\in\mathcal{S}.$$

于是, 我们定义:

$$M(B):=\sum_{k=1}^{N}\mathbb{1}_B(\xi_k),\quad \forall B\in\mathcal{S}.\tag{10.10}$$

下面计算随机测度 $M=\{M(B);\ B\in\mathcal{S}\}$ 的有限维分布, 即对任意互不相交的 $B_1,\cdots,B_n\in\mathcal{S}$ $(n\geqslant 1)$ 和 $\theta=(\theta_1,\cdots,\theta_n)\in\mathbb{R}^n$,

$$\begin{aligned}
&\mathbb{E}\left[\exp\left(\mathrm{i}\sum_{k=1}^{n}\theta_k M(B_k)\right)\right]=\mathbb{E}\left[\exp\left(\mathrm{i}\sum_{k=1}^{n}\theta_k\left(\sum_{i=1}^{N}\mathbb{1}_{B_k}(\xi_i)\right)\right)\right]\\
&=\mathbb{E}\left[\exp\left(\mathrm{i}\sum_{i=1}^{N}\left(\sum_{k=1}^{n}\theta_k\mathbb{1}_{B_k}(\xi_i)\right)\right)\right]=\mathbb{E}\left[\prod_{i=1}^{N}\exp\left(\mathrm{i}\left(\sum_{k=1}^{n}\theta_k\mathbb{1}_{B_k}(\xi_i)\right)\right)\right]\\
&=\sum_{l=0}^{\infty}\mathbb{E}\left[\prod_{i=1}^{l}\exp\left(\mathrm{i}\sum_{k=1}^{n}\theta_k\mathbb{1}_{B_k}(\xi_i)\right)\middle|N=l\right]\mathbb{P}(N=l)
\end{aligned}$$

$$= \sum_{l=0}^{\infty}\left\{\mathbb{E}\left[\exp\left(\mathrm{i}\sum_{k=1}^{n}\theta_k \mathbb{1}_{B_k}(\xi_1)\right)\right]\right\}^l \mathbb{P}(N=l).$$

由于 $B_1,\cdots,B_n$ 是互不相交的, 即 $B_i\cap B_j=\varnothing$ $(i\neq j)$, 故有

$$\exp\left(\mathrm{i}\sum_{k=1}^{n}\theta_k \mathbb{1}_{B_k}(x)\right)=1+\sum_{k=1}^{n}\mathbb{1}_{B_k}(x)\left(e^{\mathrm{i}\theta_k}-1\right),\quad \forall x\in S.$$

于是, 我们得到

$$\begin{aligned}\mathbb{E}\left[\exp\left(\mathrm{i}\sum_{k=1}^{n}\theta_k \mathbb{1}_{B_k}(\xi_1)\right)\right]&=1+\sum_{k=1}^{n}\mathbb{P}(\xi_1\in B_k)\left(e^{\mathrm{i}\theta_k}-1\right)\\&=1+\sum_{k=1}^{n}\frac{\lambda(B_k)}{\lambda(S)}\left(e^{\mathrm{i}\theta_k}-1\right).\end{aligned}$$

因此, n-维随机变量 $(M(B_1),\cdots,M(B_n))$ 的特征函数为

$$\begin{aligned}\mathbb{E}\left[\exp\left(\mathrm{i}\sum_{k=1}^{n}\theta_k M(B_k)\right)\right]&=\sum_{l=0}^{\infty}\left\{\mathbb{E}\left[\exp\left(\mathrm{i}\sum_{k=1}^{n}\theta_k \mathbb{1}_{B_k}(\xi_1)\right)\right]\right\}^l \mathbb{P}(N=l)\\&=\sum_{l=0}^{\infty}\left[1+\sum_{k=1}^{n}\frac{\lambda(B_k)}{\lambda(S)}\left(e^{\mathrm{i}\theta_k}-1\right)\right]^l\frac{\lambda(S)^l}{l!}e^{-\lambda(S)}\\&=\exp\left(\sum_{k=1}^{n}\lambda(B_k)(e^{\mathrm{i}\theta_k}-1)\right).\end{aligned}$$

这证明了由 (10.10) 定义的点过程 $\{M(B);\ B\in\mathcal{S}\}$ 满足定义 10.4 中的条件 (i)—(ii). 故由定义 (10.10) 知: 点过程 $\{M(B);\ B\in\mathcal{S}\}$ 是一个 Poisson 随机测度.

第二步 强度测度 $\lambda(\cdot)$ 为 σ-有限测度的情形, 即存在 S 的一个划分 $\{S_l\}_{l\geqslant 1}\subset\mathcal{S}$ 使得 $\lambda(S_l)<\infty, l\geqslant 1$. 于是, 根据 (10.10), 在 S_l 上我们可以定义点过程 M_l. 注意到 $M_l, l\geqslant 1$ 是相互独立的, 则 $M(B):=\sum_{l=1}^{\infty}M_l(B\cap S_l)$, $B\in\mathcal{S}$ 为 PRM(λ). □

对于 $p\geqslant 1$, 设 $L^p(S;\lambda)$ 表示所有可测函数 $f:S\to\mathbb{R}^d$ 且满足如下可积条件:

$$\int_S |f(x)|^p\lambda(\mathrm{d}x)<\infty. \tag{10.11}$$

也就是说, 如果 $f\in L^p(S;\lambda)$, 则 f 关于测度 $\lambda(\cdot)$ 是 p-阶可积的. 设 $M=$

PRM(λ). 那么, 根据定义 10.3, 对任意 $f \in L^1(S;\lambda)$, 我们有: 积分 $\int_S f(x)M(\mathrm{d}x)$ 是一个几乎处处有限的 d-维随机变量. 进一步, 该积分的特征函数具有如下表示:

引理 10.1 对任意 $f \in L^1(S;\lambda)$, 随机变量 $\int_S f(x)M(\mathrm{d}x)$ 的特征函数为: 对任意 $\theta \in \mathbb{R}^d$,

$$\begin{aligned}\Phi_{\int_S f(x)M(\mathrm{d}x)}(\theta) &:= \mathbb{E}\left[e^{\mathrm{i}\left\langle \theta, \int_S f(x)M(\mathrm{d}x)\right\rangle}\right] \\ &= \exp\left(-\int_S \left(1 - e^{\mathrm{i}\langle \theta, f(x)\rangle}\right)\lambda(\mathrm{d}x)\right).\end{aligned} \tag{10.12}$$

证 根据 π-λ 定理, 我们只需证明在具有如下形式的函数 f 下等式 (10.12) 成立:

$$f(x) = \sum_{k=1}^{n} c_k \mathbb{1}_{B_k}(x), \quad x \in S, \tag{10.13}$$

其中 $c_k \in \mathbb{R}^d$ 和互不相交的 $B_1, \cdots, B_n \in \mathcal{S}$ 满足 $\lambda(B_k) < \infty$, $k = 1, \cdots, n$. 于是,

$$\int_S f(x)M(\mathrm{d}x) = \sum_{k=1}^{n} c_k M(B_k).$$

应用定义 10.4-(ii), 则有 $M(B_1), \cdots, M(B_n)$ 是相互独立的, 因此得到

$$\Phi_{\int_S f(x)M(\mathrm{d}x)}(\theta) = \mathbb{E}\left[\exp\left(\mathrm{i}\sum_{k=1}^{n} M(B_k)\langle \theta, c_k\rangle\right)\right] = \prod_{k=1}^{n} \mathbb{E}\left[e^{\mathrm{i}\langle \theta, c_k\rangle M(B_k)}\right]. \tag{10.14}$$

根据定义 10.4-(i), 我们得到 $M(B_k) \sim \mathrm{Poisson}(\lambda(B_k))$, 故有

$$\begin{aligned}\mathbb{E}\left[e^{\mathrm{i}M(B_k)\langle \theta, c_k\rangle}\right] &= \sum_{l=0}^{\infty} \frac{\lambda(B_k)^l}{l!} e^{-\lambda(B_k)} e^{\mathrm{i}\langle \theta, c_k\rangle l} \\ &= \exp\left(\lambda(B_k)\left(e^{\mathrm{i}\langle \theta, c_k\rangle} - 1\right)\right).\end{aligned}$$

那么应用 (10.14), 这得到了等式 (10.12). □

对于 $M = \mathrm{PRM}(\lambda)$, 根据引理 10.1 中的特征函数 (10.12), 我们得到

$$\mathbb{E}\left[\int_S f(x)M(\mathrm{d}x)\right] = \int_S f(x)\lambda(\mathrm{d}x), \quad f \in L^1(S;\lambda). \tag{10.15}$$

上面的等式 (10.15) 也被称为 **Campbell 公式**.

练习 10.1 设 $M=\mathrm{PRM}(\lambda)$, 那么, 对任意 $f\in L^2(S;\lambda)$,

$$\mathbb{E}\left[\left|\int_S f(x)M(\mathrm{d}x)-\int_S f(x)\lambda(\mathrm{d}x)\right|^2\right]\leqslant 2^{d-1}\int_S |f(x)|^2\lambda(\mathrm{d}x). \tag{10.16}$$

提示 我们只需证明该不等式 (10.16) 对形式为 (10.13) 的函数 f 成立. 考虑 $f=(f_1,\cdots,f_d)$ 和 $c_k=(c_k^1,\cdots,c_k^d)\in\mathbb{R}^d$. 于是有

$$\mathbb{E}\left[\left|\int_S f_i(x)M(\mathrm{d}x)-\int_S f_i(x)\lambda(\mathrm{d}x)\right|^2\right]=\sum_{k=1}^n\left|c_k^i\right|^2\lambda(B_k)=\int_S |f_i(x)|^2\lambda(\mathrm{d}x).$$

因此, 我们得到

$$\begin{aligned}
&\mathbb{E}\left[\left|\int_S f(x)M(\mathrm{d}x)-\int_S f(x)\lambda(\mathrm{d}x)\right|^2\right]\\
&\leqslant 2^{d-1}\sum_{i=1}^d\mathbb{E}\left[\left|\int_S f_i(x)M(\mathrm{d}x)-\int_S f_i(x)\lambda(\mathrm{d}x)\right|^2\right]\\
&=2^{d-1}\int_S |f(x)|^2\lambda(\mathrm{d}x),
\end{aligned}$$

此即 (10.16). □

下面的引理计算了 Poisson 随机测度的条件分布:

练习 10.2 设 $M=\mathrm{PRM}(\lambda)$ 以及任意 $A,B\in\mathcal{S}$ 满足 $A\subset B$ 和 $\lambda(B)<\infty$. 那么, 对任意 $n\in\mathbb{N}$ 和 $k=0,1,\cdots,n$,

$$\mathbb{P}\left(M(A)=k|M(B)=n\right)=\mathrm{C}_n^k p^k(1-p)^{n-k}, \tag{10.17}$$

其中 $\mathrm{C}_n^k=\dfrac{n!}{k!(n-k)!}$ 和 $p=\dfrac{\lambda(A)}{\lambda(B)}$.

提示 根据条件概率的定义, 则有

$$\begin{aligned}
\mathbb{P}\left(M(A)=k|M(B)=n\right)&=\frac{\mathbb{P}(M(A)=k,M(B)=n)}{\mathbb{P}(M(B)=n)}\\
&=\frac{\mathbb{P}(M(A)=k,M(B)-M(A)=n-k)}{\mathbb{P}(M(B)=n)}\\
&=\frac{\mathbb{P}(M(A)=k,M(B/A)=n-k)}{\mathbb{P}(M(B)=n)}.
\end{aligned}$$

根据 Poisson 随机测度的定义 (定义 10.4), 我们有

$$
\begin{aligned}
\frac{\mathbb{P}(M(A)=k,M(B/A)=n-k)}{\mathbb{P}(M(B)=n)} &= \frac{\mathbb{P}(M(A)=k)\mathbb{P}(M(B/A)=n-k)}{\mathbb{P}(M(B)=n)} \\
&= \frac{\dfrac{\lambda(A)^k}{k!}e^{-\lambda(A)}\dfrac{\lambda(B/A)^{n-k}}{(n-k)!}e^{-\lambda(B/A)}}{\dfrac{\lambda(B)^n}{n!}e^{-\lambda(B)}} \\
&= \mathrm{C}_n^k\left(\frac{\lambda(A)}{\lambda(B)}\right)^k\left(\frac{\lambda(B/A)}{\lambda(B)}\right)^{n-k}.
\end{aligned}
$$

由于 $\dfrac{\lambda(B/A)}{\lambda(B)}=1-p$, 故条件概率 (10.17) 成立. □

10.3 Poisson 过程

本节引入 Poisson 过程的定义和相关性质. 事实上, 一维时间轴上的 Poisson 随机测度就是经典的 Poisson 过程. 在本节中, 设可测空间 $(S,\mathcal{S})=(\mathbb{R}_+^0,\mathcal{B}_{\mathbb{R}_+^0})$ 和 σ-有限测度:

$$
\lambda(\cdot):=\delta m(\cdot),\quad \delta>0, \tag{10.18}
$$

其中 $m(\cdot)$ 为 Lebesgue 测度.

根据 10.2 节中的定义 10.4, 我们定义经典的 Poisson 过程如下:

定义 10.5 (Poisson 过程) 设 $\lambda(\cdot)$ 由 (10.18) 给出以及 $M=\mathrm{PRM}(\lambda)$. 对任意 $t\in\mathbb{R}_+$, 定义 $N_t:=M((0,t])$. 那么称 $N=\{N_t;\ t\in\mathbb{R}_+^0\}$ 是参数为 $\delta>0$ 的 Poisson 过程.

根据定义 10.4, 显然有 $N_0=M(\varnothing)=0$. 进一步, 对任意 $0=t_0<t_1<\cdots<t_n<\infty$ $(n\in\mathbb{N})$, 由定义 10.4中的条件 (ii) 知: $N_{t_1}-N_{t_0},N_{t_2}-N_{t_1},\cdots,N_{t_n}-N_{t_{n-1}}$ 是相互独立的. 再由定义 10.4 中的条件 (ii), 则有: 对任意 $n\in\mathbb{N}$,

$$
N_{t_n}-N_{t_{n-1}}=M((t_{n-1},t_n])\sim\mathrm{Poisson}(\delta(t_n-t_{n-1})), \tag{10.19}
$$

$$
N_{t_n-t_{n-1}}=M((0,t_n-t_{n-1}])\sim\mathrm{Poisson}(\delta(t_n-t_{n-1})). \tag{10.20}
$$

这证明了 Poisson 过程也具有与布朗运动相同的性质——平稳独立增量性. 然而, 由 (10.20), 与布朗运动具有连续样本轨道不同, Poisson 过程的样本轨道是纯跳的, 参见图 10.1 关于 Poisson 过程的样本轨道.

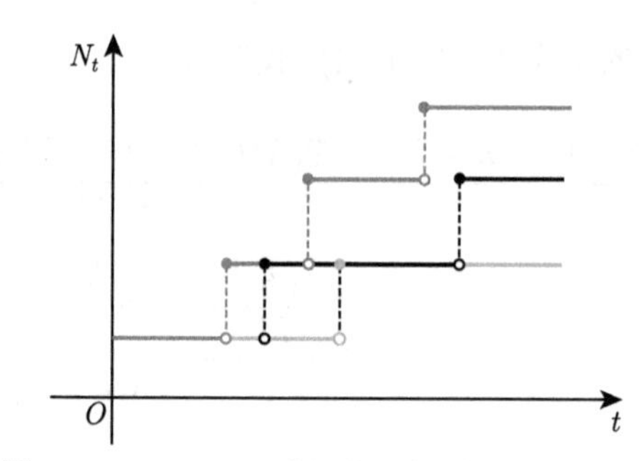

图 10.1 Poisson 过程的三条样本轨道示意图

下面的引理给出了 Poisson 过程的另一等价的刻画:

引理 10.2 (Poisson 过程的等价定义) 设 $N=\{N_t;\ t\in\mathbb{R}_+^0\}$ 为概率空间 $(\Omega,\mathcal{F},\mathbb{P})$ 上的一个计数过程 $(N_0=0)$. 那么, N 是一个参数为 $\delta>0$ 的 Poisson 过程当且仅当其满足如下条件:

(i) N 是平稳独立增量的过程;

(ii) 当 $h\to 0$, $\mathbb{P}(N_h=1)=\delta h+o(h)$;

(iii) 当 $h\to 0$, $\mathbb{P}(N_h\geqslant 2)=o(h)$.

证 如果 N 是一个参数为 $\delta>0$ 的 Poisson 过程, 那么由定义 10.5 很容易证得 (i)—(iii) 成立. 下面, 我们假设 (i)—(iii) 成立. 目标是证明 N 是一个参数为 $\delta>0$ 的 Poisson 过程. 为此, 我们只需证明 $N_t\sim\text{Poisson}(\delta t)$, $t>0$. 事实上, 由 (i)—(iii), 则对任意 $h>0$, 考虑 N_{t+h} 的特征函数: 对任意 $\theta\in\mathbb{R}$,

$$\begin{aligned}\Phi_{N_{t+h}}(\theta)&=\mathbb{E}\left[e^{\mathrm{i}\theta N_{t+h}}\right]=\mathbb{E}\left[e^{\mathrm{i}\theta N_t}\right]\mathbb{E}\left[e^{\mathrm{i}\theta(N_{t+h}-N_t)}\right]\\&=\Phi_{N_t}(\theta)\left(\mathbb{P}(N_h=0)+e^{\mathrm{i}\theta}\mathbb{P}(N_h=1)+\sum_{n\geqslant 2}e^{\mathrm{i}\theta n}\mathbb{P}(N_h=n)\right)\\&=\Phi_{N_t}(\theta)\left\{1-\delta h+o(h)+e^{\mathrm{i}\theta}(\delta h+o(h))+o(h)\right\}\\&=\Phi_{N_t}(\theta)+(e^{\mathrm{i}\theta}-1)\delta h\Phi_{N_t}(\theta)+o(h).\end{aligned}$$

于是,

$$\frac{\Phi_{N_{t+h}}(\theta)-\Phi_{N_t}(\theta)}{h}=(e^{\mathrm{i}\theta}-1)\delta\Phi_{N_t}(\theta)+\frac{o(h)}{h}.$$

这意味着

$$\Phi'_{N_t}(\theta)=(e^{\mathrm{i}\theta}-1)\delta\Phi_{N_t}(\theta),\quad \Phi_{N_0}(\theta)=1.$$

求解上面的常微分方程得到: 对任意 $t>0$,

$$\Phi_{N_t}(\theta)=\exp\left((e^{\mathrm{i}\theta}-1)\delta t\right).$$

应用引理 10.1, 则我们得到 $N_t \sim \text{Poisson}(\delta t)$, $t>0$. 这样, 该引理得证. □

应用练习 10.2 和 Poisson 过程的定义 (定义 10.5), 我们得到如下关于 Poisson 过程的条件分布:

引理 10.3 设 $N=\{N_t;\ t\in\mathbb{R}_+^0\}$ 为概率空间 $(\Omega,\mathcal{F},\mathbb{P})$ 上的参数为 $\delta>0$ 的 Poisson 过程. 那么, 对任意 $n\in\mathbb{N}^*$ 和 $k=0,1,\cdots,n$,

$$\mathbb{P}\left(N_s=k|N_t=n\right)=\mathrm{C}_n^k\left(\frac{s}{t}\right)^k\left(\frac{s}{t}\right)^{n-k},\quad 0\leqslant s<t<\infty, \tag{10.21}$$

也就是说, 在 $N_t=n$ 的条件下, 随机变量 N_s 服从参数为 $\dfrac{s}{t}$ 的二项分布.

下面引入 Poisson 过程 $N=\{N_t;\ t\in\mathbb{R}_+^0\}$ 的到达时间. 我们按照如下方式迭代地定义到达时间序列:

$$\begin{cases} T_0:=0,\\ T_1:=\inf\{t>T_0;\ N_t=1\},\\ T_2:=\inf\{t>T_1;\ N_t=2\},\\ \qquad\qquad\cdots\cdots\\ T_n:=\inf\{t>T_{n-1};\ N_t=n\},\quad n\in\mathbb{N}. \end{cases} \tag{10.22}$$

那么称 $\tau_n:=T_n-T_{n-1}$, $n\in\mathbb{N}$ 为 Poisson 过程的第 n 个到达时间间隔. 注意到, Poisson 过程的轨道 $t\to N_t$ 是单增的, 故对任意 $t>0$, 我们有

$$\{T_n\leqslant t\}=\{N_t\geqslant n\},\quad n\in\mathbb{N}. \tag{10.23}$$

这意味着: 对任意 $n\in\mathbb{N}$ 和 $t>0$,

$$F_n(t):=\mathbb{P}(T_n\leqslant t)=\mathbb{P}(N_t\geqslant n)=1-\mathbb{P}(N_t<n)=1-\sum_{k=0}^{n-1}\frac{(\delta t)^k}{k!}e^{-\delta t}. \tag{10.24}$$

于是, 第 n 个到达时间 T_n 的概率密度函数为: 对任意 $t>0$,

$$\begin{aligned} p_n(t)=F_n'(t)&=\delta e^{-\delta t}\sum_{k=0}^{n-1}\frac{(\delta t)^k}{k!}-\delta e^{-\delta t}\sum_{k=0}^{n-1}\frac{k(\delta t)^{k-1}}{k!}\\ &=\delta e^{-\delta t}\left(\sum_{k=0}^{n-1}\frac{(\delta t)^k}{k!}-\sum_{k=0}^{n-2}\frac{(\delta t)^k}{k!}\right)\\ &=\frac{\delta^n t^{n-1}}{\Gamma(n)}e^{-\delta t}. \end{aligned}$$

此即: 对任意 $n \in \mathbb{N}$,

$$T_n \sim \mathrm{Er}(n,\delta) = \mathrm{Gam}(n,\delta). \tag{10.25}$$

特别地, 我们有

$$\mathbb{P}(\tau_1 \leqslant t) = \mathbb{P}(T_1 \leqslant t) = \sum_{k=1}^{\infty} \frac{(\delta t)^k}{k!} e^{-\delta t} = 1 - e^{-\delta t}, \tag{10.26}$$

也就是说 $\tau_1 \sim \mathrm{Exp}(\delta)$, 即 τ_1 服从参数为 δ 的指数分布.

另一方面, 我们还注意到: 对任意 $n \in \mathbb{N}^*$,

$$\{T_n \leqslant t < T_{n+1}\} = \{N_t = n\}. \tag{10.27}$$

那么, 对任意 $t_2 > t_1 > 0$ 和充分小的 $r_1, r_2 > 0$, 有 $t_2 > t_1 + r_1$, 根据 Poisson 过程的平稳独立增量性 (参见引理 10.2-(i)) 得到

$$\begin{aligned}
&\mathbb{P}\left(t_1 < T_1 \leqslant t_1 + r_1, t_2 < T_2 \leqslant t_2 + r_2\right) \\
&= \mathbb{P}(N_{t_1} = 0, N_{t_1+r_1} - N_{t_1} = 1, N_{t_2} - N_{t_1+r_1} = 0, N_{t_2+r_2} - N_{t_2} = 1) \\
&= \mathbb{P}(N_{t_1} = 0)\mathbb{P}(N_{t_1+r_1} - N_{t_1} = 1)\mathbb{P}(N_{t_2} - N_{t_1+r_1} = 0) \\
&\quad \times \mathbb{P}(N_{t_2+r_2} - N_{t_2} = 1) \\
&= \delta^2 r_1 r_2 e^{-\delta(t_2+r_2)}.
\end{aligned}$$

这意味着 (T_1, T_2) 的联合概率密度函数为

$$p_{(T_1,T_2)}(t_1,t_2) = \begin{cases} \delta^2 e^{-\delta t_2}, & t_2 > t_1 > 0, \\ 0, & \text{其他}. \end{cases}$$

由于 $\tau_1 = T_1$ 和 $\tau_2 = T_2 - T_1$, 那么 (τ_1, τ_2) 的联合概率密度函数为

$$p_{(\tau_1,\tau_2)}(t_1,t_2) = \begin{cases} \delta^2 e^{-\delta(t_1+t_2)}, & t_2 > 0,\ t_1 > 0, \\ 0, & \text{其他}. \end{cases}$$

因此 $\tau_2 \sim \mathrm{Exp}(\delta)$ 且与 τ_1 独立同分布. 以此类推并应用 (10.24), 我们得到

引理 10.4　对任意 $n \in \mathbb{N}$, 参数为 $\delta > 0$ 的 Poisson 过程的第 n 个到达时间 T_n 的分布为 $\mathrm{Er}(n,\delta)$ 分布, 也就是

$$p_{T_n}(t) = \frac{\delta^n t^{n-1}}{(n-1)!} e^{-\delta t}, \quad t > 0. \tag{10.28}$$

进一步, Poisson 过程的到达时间间隔序列 $\{\tau_n;\ n\in\mathbb{N}\}$ 独立同分布于参数为 δ 的指数分布, 即 $\mathrm{Exp}(\delta)$.

下面的引理给出了 Poisson 过程到达时间序列的条件概率密度函数:

引理 10.5 设 $N=\{N_t;\ t\geqslant 0\}$ 为概率空间 $(\Omega,\mathcal{F},\mathbb{P})$ 上的参数为 $\delta>0$ 的 Poisson 过程. 对任意 $n\in\mathbb{N}$ 和 $t>0$, 在事件 $\{N_t=n\}$ 的条件下, Poisson 过程的到达时刻 $T_1<T_2<\cdots<T_n$ 的联合分布为 n 个 i.i.d. 于 $(0,t)$ 上均匀分布的随机变量 $U_1,\cdots,U_n$ 的次序统计量 $U_{(1)}<U_{(2)}<\cdots<U_{(n)}$ 的联合分布, 即其具有如下联合概率密度函数:

$$p(s_1,\cdots,s_n)=\frac{n!}{t^n},\quad 0<s_1<\cdots<s_n<t. \tag{10.29}$$

证 我们需要计算如下条件概率: 对于 $0<s_1<\cdots<s_n<t$ 和充分小的 $\mathrm{d}s_i$ 使得 $s_i+\mathrm{d}s_i\leqslant t$, $s_i+\mathrm{d}s_i\leqslant s_{i+1}$ 和 $(s_i,s_i+\mathrm{d}s_i)$ $(i=1,\cdots,n)$ 互不相交, 则由 Poisson 过程的平稳独立增量性得到

$$\begin{aligned}
&\mathbb{P}\left(S_1\in(s_1,s_1+\mathrm{d}s_1],\cdots,S_n\in(s_n,s_n+\mathrm{d}s_n]|N_t=n\right)\\
=&\frac{\mathbb{P}\left(S_1\in(s_1,s_1+\mathrm{d}s_1],\cdots,S_n\in(s_n,s_n+\mathrm{d}s_n],N_t=n\right)}{\mathbb{P}(N_t=n)}\\
=&\frac{1}{\mathbb{P}(N_t=n)}\mathbb{P}(N_{s_1}=0,N_{s_1+\mathrm{d}s_1}-N_{s_1}=1,N_{s_2}-N_{s_1+\mathrm{d}s_1}=0,\cdots,\\
&\qquad N_{s_n+\mathrm{d}s_n}-N_{s_n}=1,N_t-N_{s_n+\mathrm{d}s_n}=0)\\
=&\frac{1}{\frac{(\lambda t)^n}{n!}e^{-\lambda t}}\mathbb{P}(N_{s_1}=0)\mathbb{P}(N_{\mathrm{d}s_1}=1)\mathbb{P}(N_{s_2-s_1-\mathrm{d}s_1}=0)\times\cdots\times\mathbb{P}(N_{\mathrm{d}s_n}=1)\\
&\times\mathbb{P}(N_{t-s_n-\mathrm{d}s_n}=0)\\
=&\frac{n!}{(\delta t)^n}e^{\delta t}e^{-\delta s_1}\delta\mathrm{d}s_1e^{-\delta\mathrm{d}s_1}e^{-\delta(s_2-s_1-\mathrm{d}s_1)}\times\cdots\times\delta\mathrm{d}s_ne^{-\delta\mathrm{d}s_n}e^{-\delta(t-s_n-\mathrm{d}s_n)}\\
=&\frac{n!}{t^n}\mathrm{d}s_1\times\cdots\times\mathrm{d}s_n.
\end{aligned}$$

这给出了联合密度函数 (10.29). □

相比于直接仿真 Poisson 过程的指数分布的到达时间间隔:

$$\tau_n\overset{d}{=}-\frac{1}{\delta}\ln U_n,\quad U_n\sim U((0,1)),\quad n\in\mathbb{N},$$

上述引理 10.5 可以用来更加有效地仿真一个截止到一个终止时间 T 的 Poisson 过程的样本轨道. 具体实施的算法如下: 对于给定的常数 $\delta>0$,

(1) 生成一个服从参数为 δT 的 Poisson 随机变量 N. 如果 $N=0$, 则算法终止.

(2) 令 $n=N$, 然后生成 n 个 i.i.d. 的服从 $(0,1)$ 上的均匀分布随机变量 $U_1,\cdots,U_n$, 且令 $U_i=TU_i$, $i=1,\cdots,n$ (因此 $U_1,\cdots,U_n$ 为 i.i.d.$\sim U((0,T))$).

(3) 对 $U_1,\cdots,U_n$ 按递增形式排序得到 $U_{(1)}<\cdots<U_{(n)}$.

(4) 令 $S_i=U_{(i)}$, $i=1,\cdots,n$.

例 10.2(Poisson 到达看时间平均 (PASTA)) Poisson 到达看时间平均 (**Poisson arrivals see time averages, PASTA**) 是研究排队论的核心工具之一, 其结果表明: 观察到过程处于某一状态的到达次数的比例等于该过程处于该状态所花时间的比例. 于是, 由 Poisson 过程表示的顾客到达的排队模型中的任何**参数的期望值**都可以用该**参数的长时间平均值**来刻画. 数学上, 我们可以表述 PASTA 如下:

设 $X=\{X_t;\ t\geqslant 0\}$ 为概率空间 $(\Omega,\mathcal{F},\mathbb{P})$ 上的一个 $(S,\mathcal{S})$-值随机过程以及 $N=\{N_t;\ t\geqslant 0\}$ 为同一概率空间下参数为 $\delta>0$ 的 Poisson 过程. 对任意 $t\geqslant 0$, X_t 可以用来表示一个系统在时刻 t 的状态, 而 Poisson 过程用来描述顾客到达系统的过程. 例如: X_t 可以表示时刻 t 时在系统中的顾客数, 其在每个 Poisson 到达时刻都会增加 1. 那么, 证明 PASTA 的前提是比较过程 X 在某个集合中花费时间的比例与在该集合中看到 (到达时发现) 系统的相应顾客数的比例. 为此, 让我们定义: 对任意 $B\in\mathcal{S}$ 和 $t>0$,

$$I_t^B:=\mathbb{1}_{X_t\in B},\quad L_t^B:=\frac{\displaystyle\int_0^t I_s^B\mathrm{d}s}{t},\quad C_t^B:=\int_0^t I_s^B\mathrm{d}N_s,\quad D_t^B:=\frac{C_t^B}{N_t}. \tag{10.30}$$

这里假设过程 $t\to I_t^B$ 是 LCRL 的 (参见第 7 章中的定义 7.6). 对于 $t>0$, L_t^B 表示的是在时间段 $[0,t]$ 内过程 X 在状态空间 B 中滞留时间的比例; C_t^B 是在时间段 $[0,t]$ 内发现过程 X 在状态空间 B 中的到达顾客数; D_t^B 则为在时间段 $[0,t]$ 内发现过程 X 在状态空间 B 中的到达顾客数占 $[0,t]$ 内所有到达顾客数的比例.

我们需要提出如下 PASTA 成立的前提假设 (参见文献 [23]):

• **(LAA)** 对任意 $t\in\mathbb{R}_+^0$, $\{N_{t+s}-N_t;\ s\in\mathbb{R}_+\}$ 独立于 $\{I_s^B;\ s\in[0,t]\}$.

于是, 我们有:

假设 **(LAA)** 成立, 那么 $L_t^B\overset{\text{a.e.}}{\to}L_\infty^B$, $t\to\infty$ 当且仅当 $D_t^B\overset{\text{a.e.}}{\to}L_\infty^B$, $t\to\infty$.

上述结论的证明可参见文献 [23].

例 10.3(复合 Poisson 过程) 我们拓展第 4 章练习 4.4 中的随机变量为如下的随机过程, 也就是

$$X_0 := 0, \quad X_t = \sum_{k=1}^{N_t} \xi_k, \quad t > 0, \tag{10.31}$$

其中 $N = \{N_t;\ t \geqslant 0\}$ 是概率空间 $(\Omega, \mathcal{F}, \mathbb{P})$ 上的参数为 $\delta > 0$ 的 Poisson 过程和 $\xi_1, \cdots, \xi_n, \cdots$ 为同一概率空间下独立同分布 (i.i.d.) 的 $\mathbb{R}^m$-值随机变量, 其共同的分布函数为 $F(x)$, $x \in \mathbb{R}^m$. 进一步, $N, \xi_1, \cdots, \xi_n, \cdots$ 是相互独立的. 我们定义:

$$M(B \times (0,t]) = \#\{s \in (0,t];\ X_s - X_{s-} \in B\}, \quad (t,B) \in \mathbb{R}_+ \times \mathcal{B}_{\mathbb{R}^m}. \tag{10.32}$$

那么, 可以表示 M 为

$$M(B \times (0,t]) = \sum_{n=1}^{\infty} 1\!\!1_{\xi_n \in B} 1\!\!1_{T_n \leqslant t}, \quad (t,B) \in \mathbb{R}_+ \times \mathcal{B}_{\mathbb{R}^m}, \tag{10.33}$$

其中 T_n 为 Poisson 过程 N 的第 n 个到达时间. 于是, 应用 (10.33) 和引理 10.4 得到

$$\begin{aligned}
\mathbb{E}\left[M(\mathrm{d}x, \mathrm{d}t)\right] &= \mathbb{E}\left[\sum_{n=1}^{\infty} 1\!\!1_{\xi_n \in \mathrm{d}x} 1\!\!1_{S_n \in \mathrm{d}t}\right] = \mathbb{E}\left[1\!\!1_{\xi_1 \in \mathrm{d}x}\right] \sum_{n=1}^{\infty} \mathbb{E}\left[1\!\!1_{S_n \in \mathrm{d}t}\right] \\
&= F(\mathrm{d}x) \left(\sum_{n=1}^{\infty} \frac{\delta^n t^{n-1}}{(n-1)!}\right) e^{-\delta t} \mathrm{d}t \\
&= F(\mathrm{d}x) \delta \left(\sum_{n=0}^{\infty} \frac{\delta^n t^n}{n!}\right) e^{-\delta t} \mathrm{d}t \\
&= \delta F(\mathrm{d}x) \mathrm{d}t.
\end{aligned} \tag{10.34}$$

因此, 根据 (10.32) 和 (10.34), 我们不难证明: $M = \{M(B \times (0,t]);\ B \in \mathcal{B}_{\mathbb{R}^m},\ t \in \mathbb{R}_+\}$ 是强度为 $\lambda(B \times (0,t]) = \delta t \int_B F(\mathrm{d}x)$ 的 Poisson 随机测度. 事实上, 由 $\xi_1, \cdots, \xi_n, \cdots$ 的独立性, 我们计算得到: 对任意 $n \in \mathbb{N}^*$,

$$\begin{aligned}
&\mathbb{P}(M(B \times (0,t]) = n) \\
&= \sum_{m=n}^{\infty} \mathrm{C}_m^n \mathbb{P}(N_t = m,\ \xi_k \in B,\ k = 1, \cdots, n,\ \xi_l \notin B,\ k = n+1, \cdots, m)
\end{aligned}$$

$$
\begin{aligned}
&=\sum_{m=n}^{\infty} \mathrm{C}_m^n \mathbb{P}(N_t=m)\mathbb{P}(\xi_1\in B)^n\mathbb{P}(\xi_1\notin B)^{m-n}\\
&=\sum_{m=n}^{\infty}\frac{m!}{n!(m-n)!}\frac{(\delta t)^m}{m!}e^{-\delta t}\left(\int_B F(\mathrm{d}x)\right)^n\left(1-\int_B F(\mathrm{d}x)\right)^{m-n}\\
&=\sum_{k=0}^{\infty}\frac{(k+n)!}{n!k!}\frac{(\delta t)^{k+n}}{(k+n)!}e^{-\delta t}\left(\int_B F(\mathrm{d}x)\right)^n\left(1-\int_B F(\mathrm{d}x)\right)^{k}\\
&=\frac{(\delta t)^n}{n!}\left(\int_B F(\mathrm{d}x)\right)^n e^{-\delta t}\sum_{k=0}^{\infty}\frac{(\delta t)^k}{k!}\left(1-\int_B F(\mathrm{d}x)\right)^{k}\\
&=\frac{\left(\delta t\int_B F(\mathrm{d}x)\right)^n}{n!}e^{-\delta t}\exp\left(\delta\left(1-\int_B F(\mathrm{d}x)\right)t\right)\\
&=\frac{\left(\delta t\int_B F(\mathrm{d}x)\right)^n}{n!}\exp\left(-\delta\left(\int_B F(\mathrm{d}x)\right)t\right)\\
&=\frac{\lambda(B\times(0,t])^n}{n!}\exp\left(-\lambda(B\times(0,t])\right),
\end{aligned}
$$

也就是, 对任意 $(t,B)\in\mathbb{R}_+\times\mathcal{B}_{\mathbb{R}^m}$,

$$
M(B\times(0,t])\sim \mathrm{Poisson}(\lambda(B\times(0,t])).
$$

于是, 应用 (10.1) 得到: 对任意 $f\in L^1(\mathbb{R}^m\times\mathbb{R}_+;\lambda)$, 如下随机变量

$$
\xi:=\int_{\mathbb{R}^m\times[0,t]} f(x,s)M(\mathrm{d}x,\mathrm{d}s)
$$

的特征函数为对任意 $\theta\in\mathbb{R}^d$,

$$
\begin{aligned}
\Phi_\xi(\theta)&=\mathbb{E}\left[\exp\left(\mathrm{i}\left\langle\theta,\int_0^t\int_{\mathbb{R}^d} f(x,s)M(\mathrm{d}x,\mathrm{d}s)\right\rangle\right)\right]\\
&=\exp\left(-\delta\int_0^t\int_{\mathbb{R}^m}\left(1-e^{\mathrm{i}\langle\theta,f(x,s)\rangle}\right)F(\mathrm{d}x)\mathrm{d}s\right). \qquad (10.35)
\end{aligned}
$$

下面引入具有随机强度的 Poisson 过程, 其在实际应用中经常被称为**双随机 Poisson 过程** (或 **Cox 过程**):

例 10.4(双随机 Poisson 过程)　设 $(\Omega,\mathcal{F},\mathbb{F}=\{\mathcal{F}_t;\ t\geqslant 0\},\mathbb{P})$ 为一个过滤概率空间和 $\lambda=\{\lambda_t;\ t\geqslant 0\}$ 为一个 $\mathbb{F}$-适应的非负随机过程. 设 $N=\{N_t;\ t\geqslant 0\}$

为该概率空间下的一个计数过程. 那么, 我们称 $N=\{N_t;\ t\geqslant 0\}$ 是强度过程为 λ 的双随机 Poisson 过程 (或称条件 Poisson 过程), 如果其满足: 对任意 $0\leqslant s<t<+\infty$,

$$\mathbb{P}\left(N_t-N_s=n|\mathcal{F}_t\vee\mathcal{G}_s\right)=\exp\left(-\int_s^t\lambda_v\mathrm{d}v\right)\frac{\left(\int_s^t\lambda_v\mathrm{d}v\right)^n}{n!},\quad n\in\mathbb{N}^*,\tag{10.36}$$

其中, 对任意 $t\geqslant 0$, 定义如下过滤

$$\mathcal{G}_t=\mathcal{F}_t\vee\mathcal{F}_t^N,\quad \mathcal{F}_t^N:=\sigma(N_s;\ s\leqslant t),\quad t\geqslant 0.\tag{10.37}$$

应用 (10.36), 于是得到: 对任意 $0\leqslant s<t<+\infty$,

$$\begin{aligned}\sum_{n=0}^{\infty}n\mathbb{P}\left(N_t-N_s=n|\mathcal{F}_t\vee\mathcal{G}_s\right)&=\exp\left(-\int_s^t\lambda_v\mathrm{d}v\right)\sum_{n=1}^{\infty}\frac{\left(\int_s^t\lambda_v\mathrm{d}v\right)^n}{(n-1)!}\\&=\int_s^t\lambda_v\mathrm{d}v.\end{aligned}$$

这意味着, 对任意 $0\leqslant s<t<+\infty$, 我们有

$$\mathbb{E}\left[N_t-N_s|\mathcal{F}_t\vee\mathcal{G}_s\right]=\int_s^t\lambda_v\mathrm{d}v.$$

那么, 根据第 4 章中的条件数学期望的迭代性质 (4.39), 对任意 $0\leqslant s<t<+\infty$,

$$\mathbb{E}[N_t-N_s|\mathcal{G}_s]=\mathbb{E}\left\{\mathbb{E}\left[N_t-N_s|\mathcal{F}_t\vee\mathcal{G}_s\right]|\mathcal{G}_s\right\}=\mathbb{E}\left[\int_s^t\lambda_v\mathrm{d}v\middle|\mathcal{G}_s\right].\tag{10.38}$$

这证明: 对于过滤 $\mathbb{G}=\{\mathcal{G}_t;\ t\geqslant 0\}$,

$$\boxed{\left\{N_t-\int_0^t\lambda_s\mathrm{d}s;\ t\geqslant 0\right\}\text{ 是一个 }(\mathbb{P},\mathbb{G})\text{-鞅.}}$$

特别地, 如果 $N=\{N_t;\ t\geqslant 0\}$ 是一个参数为 $\delta>0$ 的 Poisson 过程, 那么 $\mathbb{G}=\mathbb{F}^N$. 于是, 应用 (10.38) 得到: $\{N_t-\delta t;\ t\geqslant 0\}$ 是一个 $(\mathbb{P},\mathbb{F}^N)$-鞅.

练习 10.3 设 $N=\{N_t;\ t\geqslant 0\}$ 是强度过程为 $\lambda=\{\lambda_t;\ t\geqslant 0\}$ (其为 $\mathbb{F}$-适应的) 的双随机 Poisson 过程. 那么, 对任意 $0\leqslant s<t$, 已知 $\mathcal{F}_t$ 下, 双随机 Poisson 过程 N 的增量 N_t-N_s 独立于 $\mathcal{G}_s$.

提示 根据 (10.36), 我们有: 对任意 $k\in\mathbb{N}^*$,

$$
\begin{aligned}
\mathbb{P}(N_t-N_s=k|\mathcal{F}_t) &= \mathbb{E}\left[\mathbb{P}(N_t-N_s=k|\mathcal{F}_t\vee\mathcal{G}_s)|\mathcal{F}_t\right]\\
&= \mathbb{E}\left[\exp\left(-\int_s^t\lambda(v)\mathrm{d}v\right)\frac{\left(\int_s^t\lambda(v)\mathrm{d}v\right)^k}{k!}\middle|\mathcal{F}_t\right]\\
&= \exp\left(-\int_s^t\lambda(v)\mathrm{d}v\right)\frac{\left(\int_s^t\lambda(v)\mathrm{d}v\right)^k}{k!}\\
&= \mathbb{P}(N_t-N_s=k|\mathcal{F}_t\vee\mathcal{G}_s).
\end{aligned}\tag{10.39}
$$

上面的等式 (10.39) 即说明, 已知 $\mathcal{F}_t$ 下, 双随机 Poisson 过程 N 的增量 N_t-N_s 独立于 $\mathcal{G}_s$. □

设 $W=\{W_t;\ t\geqslant 0\}$ 为 $(\Omega,\mathcal{F},\mathbb{P})$ 上的一个标准布朗运动和 $\mathbb{F}^W=\{\mathcal{F}_t^W;\ t\geqslant 0\}$ 为由 W 生成的自然过滤. 于是, 下面的模型表述了一个双随机 Poisson 过程的参考过滤和强度模型: 对于参数 $a,b,\varepsilon>0$,

$$
\begin{cases}
\lambda_t:=aW_t^2+bt+\varepsilon, & t\geqslant 0,\\
\mathbb{F}=\mathbb{F}^W.
\end{cases}\tag{10.40}
$$

若双随机 Poisson 过程 $N=\{N_t;\ t\geqslant 0\}$ 的强度过程 $\lambda=\{\lambda_t;\ t\geqslant 0\}$ 为确定性的, 则称此时的双随机 Poisson 过程 N 为一个**非齐次 Poisson 过程**. 也就是, 称一个计数过程 $N=\{N_t;\ t\geqslant 0\}$ 是一个强度函数为 $\lambda=\{\lambda_t;\ t\geqslant 0\}$ 的非齐次 Poisson 过程, 如果其满足: $N_0=0$ 和

(i) N 具有独立增量性;

(ii) 对任意 $0\leqslant s<t<\infty$,

$$
\mathbb{P}(N_t-N_s=n)=\frac{\left(\int_t^s\lambda_v\mathrm{d}v\right)^n}{n!}\exp\left(-\int_t^s\lambda_v\mathrm{d}v\right),\quad n\in\mathbb{N}^*.\tag{10.41}
$$

注意到, 根据上面条件 (ii) 中的等式 (10.41), 非齐次 Poisson 过程的增量并不是平稳的. 类似于引理 10.2, 我们还有

引理 10.6 设 $N=\{N_t;\ t\geqslant 0\}$ 为概率空间 $(\Omega,\mathcal{F},\mathbb{P})$ 上的一个计数过程 $(N_0=0)$. 那么, 过程 N 是一个强度函数为 $\lambda=\{\lambda_t;\ t\geqslant 0\}$ 的非齐次 Poisson 过程当且仅当其满足如下条件:

(i) N 具有独立增量性;

(ii) 当 $h \to 0$ 时, $\mathbb{P}(N_{t+h} - N_h = 1) = \lambda_t h + o(h)$, $\forall t \geqslant 0$;

(iii) 当 $h \to 0$ 时, $\mathbb{P}(N_{t+h} - N_h \geqslant 2) = o(h)$, $\forall t \geqslant 0$.

10.4 标记点过程

例 10.3 中定义的点过程 (10.33) 是一类特殊的标记点过程 (marked point process), 其中 (10.33) 中的随机变量 ξ_n, T_n, $n \geqslant 1$ 具有指定的分布. 本节将点过程 (10.33) 拓展到更加一般的形式: 设 $(S, \mathcal{S})$ 为一个可测空间, 我们定义:

$$M(B \times (0,t]) := \sum_{n=1}^{\infty} \mathbb{1}_{\xi_n \in B} \mathbb{1}_{T_n \leqslant t}, \quad (B,t) \in \mathcal{S} \times \mathbb{R}_+^0, \tag{10.42}$$

其中 $\{\xi_n;\ n \in \mathbb{N}\}$ 为某个概率空间 $(\Omega, \mathcal{F}, \mathbb{P})$ 上的一列 S-值随机变量和 $\{T_n;\ n \geqslant 1\}$ 为一列单增非负随机变量. 随机变量列 $\{T_n;\ n \geqslant 1\}$ 一般解释为标记点过程的跳跃时间. 例如: T_n 是某个物理现象的第 n 次发生或出现. 对于每个 $n \in \mathbb{N}$, T_n 的发生或出现由某个属性值 ξ_n 来刻画 (比如 ξ_n 是第 n 批到达中的客户数或 ξ_n 是第 n 个客户进入服务阶段所需的服务量). 于是, 我们可以把 ξ_n 看作是与 T_n 相对应的"**标记**". 因此, 我们称由 (10.42) 所定义的点过程 $M = \{M(B \times (0,t]);\ (B,t) \in \mathcal{S} \times \mathbb{R}_+\}$ (或 $\{\xi_n, S_n;\ n \geqslant 1\}$) 为**标记点过程或空-时点过程**. 由例 10.3 知: 复合 Poisson 过程是一个标记点过程.

例 10.5(多变量点过程) 考虑 $S = \{s_1, \cdots, s_m\}$, $m \in \mathbb{N}$. 我们定义:

$$M_t(k) := \sum_{n=1}^{\infty} \mathbb{1}_{\xi_n = s_k} \mathbb{1}_{T_n \leqslant t}, \quad k = 1, \cdots, m, \tag{10.43}$$

那么称 $\{M_t(k);\ t \geqslant 0,\ k = 1, \cdots, m\}$ 是一个多变量点过程, 其也是一个特殊的标记点过程. 图 10.2 给出了多变量点过程的一条样本轨道.

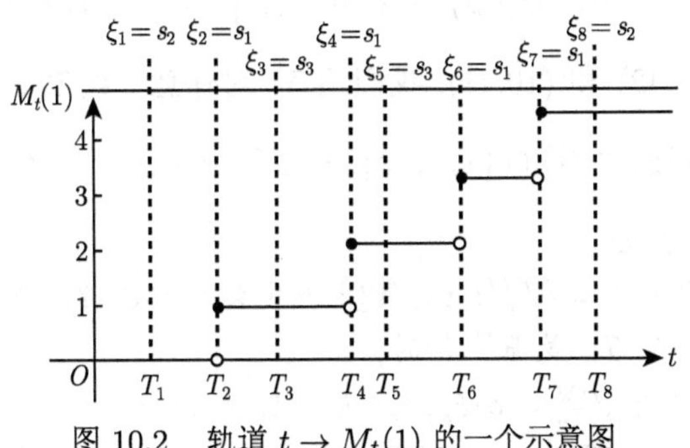

图 10.2 轨道 $t \to M_t(1)$ 的一个示意图

例 10.6 (违约示性过程)　假设一个金融市场中有 n 个公司以及 $0 < T_1 < T_2 < \cdots < T_n$ 为该 n 个公司的序列违约时. 我们用随机变量 $\xi_k \in \{1, 2, \cdots, n\}$ 表示在随机时刻 T_k 违约的公司的标识 (身份). 定义:

$$M_t(i) = \sum_{k=1}^{n} \mathbb{1}_{\xi_k = i} \mathbb{1}_{T_k \leqslant t}, \quad (i, t) \in \{1, \cdots, n\} \times \mathbb{R}_+^0. \tag{10.44}$$

那么, 对任意 $t \geqslant 0$, $M_t(i)$ 表示在时刻 t 之前违约为公司 i 的示性过程. 根据 (10.5), 我们有 $\{M_t(i);\ t \geqslant 0,\ i = 1, \cdots, n\}$ 是一个多变量点过程.

对于一个 (确定性的可测) 空-时函数 $f(x, t) : S \times \mathbb{R}_+ \to \mathbb{R}^d$, 我们可以定义其关于标记点过程的积分:

$$\int_0^t \int_B f(x, s) M(\mathrm{d}x, \mathrm{d}s) = \sum_{n=1}^{\infty} f(\xi_n, T_n) \mathbb{1}_{\xi_n \in A} \mathbb{1}_{T_n \leqslant t}, \quad (B, t) \in \mathcal{S} \times \mathbb{R}_+^0. \tag{10.45}$$

因此得到

$$\int_0^\infty \int_S f(x, s) M(\mathrm{d}x, \mathrm{d}s) = \sum_{n=1}^{\infty} f(\xi_n, T_n) \mathbb{1}_{T_n \leqslant \infty}. \tag{10.46}$$

于是, 引理 10.1、练习 10.1 和 练习 10.2 对如下积分也是成立的:

$$\int_0^t \int_B f(x, s) M(\mathrm{d}x, \mathrm{d}s), \quad \int_0^\infty \int_S f(x, s) M(\mathrm{d}x, \mathrm{d}s).$$

下面聚焦于相关于标记点过程的信息流 (过滤) 性质的研究. 让我们回顾由 (10.42) 定义的标记点过程 M 或 $\{\xi_n, T_n;\ n \geqslant 1\}$. 于是, 定义关于 M 或 $\{\xi_n, T_n;\ n \geqslant 1\}$ 的历史信息:

$$\begin{aligned}\mathcal{F}_t^M &:= \sigma(M_s(B);\ s \leqslant t,\ B \in \mathcal{S}) \\ &= \sigma(\{M_s(B) = n,\ n \in \mathbb{N}^*\};\ s \leqslant t,\ B \in \mathcal{S}).\end{aligned} \tag{10.47}$$

显然, 根据定义 (10.42) 和 (10.47), 我们还有: 对任意 $t \in \mathbb{R}_+^0$,

$$\mathcal{F}_t^M = \sigma(\{\xi_n \in B\} \cap \{T_n \leqslant s\};\ n \in \mathbb{N},\ s \in [0, t],\ B \in \mathcal{S}). \tag{10.48}$$

那么有如下的主要结果:

定理 10.1　设 $\mathbb{F}^M = \{\mathcal{F}_t^M;\ t \in \mathbb{R}_+^0\}$ 被定义为 (10.47). 那么, 如下性质成立:

(i) 对任意 $n \in \mathbb{N}$, T_n 是 $\mathbb{F}^M$-停时;

(ii) 对任意 $n \in \mathbb{N}$, $\mathcal{F}_{T_n}^M = \sigma(\xi_k, T_k;\ k = 1, \cdots, n)$;

(iii) 对任意 $n \in \mathbb{N}$, $\mathcal{F}_{T_n-}^M = \sigma(T_k, \xi_k, T_n;\ k = 1, \cdots, n-1)$.

为了证明定理 10.1, 需要一些辅助的结果, 其中我们略去这些辅助结果的证明.

引理 10.7 设 $\{X_t;\ t\geqslant 0\}$ 为概率空间 $(\Omega,\mathcal{F},\mathbb{P})$ 上的一个 S-值随机过程. 假设对任意 $t\geqslant 0$ 和 $\omega\in\Omega$, 存在一个严格正的实常数 $\varepsilon(t,\omega)$ 满足

$$X_{t+s}(\omega)=X_t(\omega),\quad s\in[t,t+\varepsilon(t,\omega)).$$

那么, 过程 X 的自然过滤 $\mathbb{F}^X=\{\mathcal{F}_t^X:=\sigma(X_s;\ s\leqslant t);\ t\in\mathbb{R}_+\}$ 是右连续的.

上面的引理 10.7 可用来证明 $\mathbb{F}^M=\{\mathcal{F}_t^M;\ t\in\mathbb{R}_+^0\}$ 是右连续的, 即 $\mathcal{F}_t^M=\bigcap_{h>0}\mathcal{F}_{t+h}^M$, $\forall t\in\mathbb{R}_+$. 事实上, 任取 $\gamma\in S$, 我们定义过程:

$$X_t=\begin{cases}\gamma, & t\in[0,T_1),\\ \xi_n, & t\in[T_n,T_{n+1}),\ n\in\mathbb{N},\\ \gamma, & t\geqslant T_\infty.\end{cases}\tag{10.49}$$

于是, 过程 $X=\{X_t;\ t\in\mathbb{R}_+^0\}$ 满足引理 10.7 的条件. 那么, 如果能够证明 $\mathbb{F}^X=\mathbb{F}^M$, 则 $\mathbb{F}^M=\{\mathcal{F}_t^M;\ t\in\mathbb{R}_+^0\}$ 是右连续的. 事实上, 根据 (10.49), 我们有: 对任意 $t\geqslant 0$,

$$\begin{aligned}\mathcal{F}_t^X&=\sigma(\{\xi_n\mathbb{1}_{[T_n,T_{n+1})};\ n\in\mathbb{N}\})\\&=\sigma(\xi_1,\mathbb{1}_{[T_1,T_2)}(t),\xi_2,\mathbb{1}_{[T_2,T_3)}(t),\cdots)\\&=\sigma(\xi_1,\mathbb{1}_{T_1\leqslant t},\xi_2,\mathbb{1}_{T_2\leqslant t},\cdots)\\&=\sigma(\{\xi_k\in B\}\cap\{T_k\leqslant s\};\ s\leqslant t,\ B\in\mathcal{S},\ k\in\mathbb{N})\\&\overset{(10.48)}{=\!=}\mathcal{F}_t^M.\end{aligned}\tag{10.50}$$

引理 10.8 设 $X=\{X_t;\ t\geqslant 0\}$ 为由引理 10.7 中满足所需条件的 S-值过程. 那么, 对任意 $\mathbb{F}^X$-停时 τ, 我们有

$$\mathcal{F}_\tau^X=\sigma(X_{t\wedge\tau};\ t\geqslant 0).$$

应用上面的辅助结果, 我们下面证明定理 10.1.

定理 10.1 的证明 首先对于 (i), 我们只需注意到如下等式成立: 对任意 $t\geqslant 0$,

$$\{T_n\leqslant t\}=\{M_t(S)\geqslant n\},\quad n\in\mathbb{N}.$$

对于 (ii), 根据第 8 章中的引理 8.4, 我们有 T_k 是 $\mathcal{F}_{T_k}^M$-可测的且 $\mathcal{F}_{T_k}^M \subset \mathcal{F}_{T_n}^M$ $(1 \leqslant k \leqslant n)$. 于是, 对任意 $1 \leqslant k \leqslant n$, T_k 是 $\mathcal{F}_{T_n}^M$-可测的. 另一方面, 对任意 $k \in \mathbb{N}$ 和 $B \in \mathcal{S}$,

$$\mathbb{1}_{\xi_k \in B} = \sum_{i=1}^{k} \mathbb{1}_{\xi_i \in B} - \sum_{i=1}^{k-1} \mathbb{1}_{\xi_i \in B} = M_{S_k}(B) - M_{S_{k-1}}(B).$$

由于 $M_{T_k}(B)$ 是 $\mathcal{F}_{T_k}^M$-可测的, 故对任意 $k = 1, \cdots, n$, $\mathbb{1}_{\xi_k \in B}$ 是 $\mathcal{F}_{T_n}^M$-可测的. 因此 $\sigma(T_k, \xi_k;\ 1 \leqslant k \leqslant n) \subset \mathcal{F}_{T_n}^M$. 根据 (10.50) 和 (10.49), 应用引理 10.8, 则有

$$\mathcal{F}_{T_n}^M = \sigma(M_{t \wedge T_n}(B);\ t \in \mathbb{R}_+^0,\ B \in \mathcal{S}).$$

由于, 对任意 $t \geqslant 0$ 和 $B \in \mathcal{S}$,

$$\begin{aligned} M_{t \wedge T_n}(B) &= \sum_{k \geqslant 1} \mathbb{1}_{T_k \leqslant t \wedge T_n} \mathbb{1}_{\xi_k \in B} \\ &= \sum_{k \geqslant 1} \mathbb{1}_{T_k \leqslant t} \mathbb{1}_{T_k \leqslant T_n} \mathbb{1}_{\xi_k \in B} \\ &= \sum_{k=1}^{n} \mathbb{1}_{T_k \leqslant t} \mathbb{1}_{\xi_k \in B}, \end{aligned}$$

故 $M_{t \wedge T_n}(B)$ 是 $\sigma(T_k, \xi_k;\ 1 \leqslant k \leqslant n)$-可测的. 这意味着 $\mathcal{F}_{T_n}^M \subset \sigma(T_k, \xi_k;\ 1 \leqslant k \leqslant n)$. 这样证得 (ii).

对于 (iii), 应用第 8 章中的 (8.43), 我们有

$$\mathcal{F}_{T_n-}^M = \sigma(\{B_s \cap \{T_n > s\}\},\ s \in \mathbb{R}_+^0,\ B_s \in \mathcal{F}_s^M), \quad n \in \mathbb{N}. \tag{10.51}$$

于是, 我们考虑 B_s 具有形式 $B_s = \{N_r(C) = k\}$, 其中 $r \leqslant s$, $k \in \mathbb{N}$ 和 $C \in \mathcal{S}$. 那么有

$$\begin{aligned} \{N_r(C) = k\} \cap \{T_n > s\} &= \left\{ \sum_{k \geqslant 1} \mathbb{1}_{T_k \leqslant r} \mathbb{1}_{\xi_k \in C} = k \right\} \cap \{T_n > s\} \\ &= \left\{ \sum_{k=1}^{n-1} \mathbb{1}_{T_k \leqslant r} \mathbb{1}_{\xi_k \in C} = k \right\} \cap \{T_n > s\} \end{aligned}$$

这给出了结论 (iii). 这样, 该定理得证. □

设 $(\Omega, \mathcal{F}, \mathbb{P})$ 为一个概率空间和 $\mathbb{F} = \{\mathcal{F}_t;\ t \geqslant 0\} \subset \mathcal{F}$ 为一族单增子事件域 (过滤). 设 τ 是 $(\Omega, \mathcal{F}, \mathbb{P})$ 上的一个随机时. 我们定义: 对任意 $t \geqslant 0$,

$$\mathcal{G}_t^* := \{B \in \mathcal{F};\ \exists\ B_t \in \mathcal{F}_t \text{ 使得 } B \cap \{\tau > t\} = B_t \cap \{\tau > t\}\}. \tag{10.52}$$

于是:

$$\mathcal{G}_t^* \cap \{\tau > t\} = \mathcal{F}_t \cap \{\tau > t\}, \quad \mathcal{F}_t \subset \mathcal{G}_t^*, \quad t \geqslant 0.$$

进一步, 对任意 $\mathcal{G}_t^*$-可测随机变量 η^*, 都存在一个 $\mathcal{F}_t$-可测随机变量 ξ 使得

$$\eta^* = \xi, \quad 在 \ \{\tau > t\} \ 上.$$

设 $T_0 := 0 < T_1 < \cdots < T_n < \cdots$ 为 $(\Omega, \mathcal{F}, \mathbb{P})$ 上的实值随机变量以及

$$\mathcal{F}_t(\tau) := \sigma\left(\mathbb{1}_{\tau \leqslant s} \vee \sum_{k \geqslant 1} X_{T_k} \mathbb{1}_{T_k \leqslant s}; \ s \leqslant t\right), \quad t \geqslant 0, \tag{10.53}$$

其中 $X = \{X_t; \ t \geqslant 0\}$ 是一个 $\mathbb{F}$-适应随机过程. 那么, 我们有如下结论:

(i) 设 $\sigma(\tau) = \sigma(\{\tau \leqslant s\}; \ s \geqslant 0)$. 于是, 对任意 $t \geqslant 0$,

$$\sigma(\mathbb{1}_{\tau \leqslant s}; \ s \leqslant t) = \sigma(\{\tau \leqslant s\}; \ s \leqslant t) = \sigma(\sigma(\tau) \cap \{\tau \leqslant t\}). \tag{10.54}$$

(ii) 对任意 $t \geqslant 0$ 和 $n \in \mathbb{N}$, 则我们有

$$\begin{aligned} &\mathcal{F}_t(\tau) \cap \{\tau > t, T_n \leqslant t < T_{n+1}\} \\ &= \sigma(T_k, X_{\tau_k}; \ 1 \leqslant k \leqslant n) \cap \{\tau > t, T_n \leqslant t < T_{n+1}\}. \end{aligned} \tag{10.55}$$

对于 (ii) 的证明, 根据 (10.53), 我们有

$$\mathcal{F}_t(\tau) \cap \{\tau > t\} = \sigma\left(\sum_{k \geqslant 1} X_{T_k} \mathbb{1}_{T_k \leqslant t}\right) \cap \{\tau > t\}, \quad t \geqslant 0.$$

然而, 注意到, 如下关系式成立:

$$\begin{aligned} &\sigma(T_k, X_{T_k}; \ 1 \leqslant k \leqslant n) \\ &= \sigma(\{T_k \leqslant t_k\} \cap \{X_{T_k} \leqslant x_k\}; \ t_k \in \mathbb{R}_+^0, \ x_k \in \mathbb{R}, \ 1 \leqslant k \leqslant n). \end{aligned}$$

因此得到: 对任意 $t \geqslant 0$,

$$\begin{aligned} &\sigma(T_k, X_{T_k}; \ 1 \leqslant k \leqslant n) \cap \{T_n \leqslant t, \tau > t\} \\ &= \sigma(\{T_k \leqslant t\} \cap \{X_{T_k} \leqslant x_k\}; \ x_k \in \mathbb{R}, \ 1 \leqslant k \leqslant n) \cap \{\tau > t\} \\ &= \sigma\left(\sum_{k \geqslant 1} X_{T_k} \mathbb{1}_{T_k \leqslant s}; \ s \leqslant t\right) \cap \{\tau > t\}. \end{aligned}$$

上面的结果在信用风险建模和定价理论中具有重要的应用. 对于概率空间 $(\Omega, \mathcal{F}, \mathbb{P})$, 设 $\mathbb{F} = \{\mathcal{F}_t; \ t \geqslant 0\} \subset \mathbb{G} := \{\mathcal{G}_t; \ t \geqslant 0\} \subset \mathcal{F}$ 为两个过滤. 那么, 我们有

定理 10.2 设 τ 为 $\mathbb{G}$-停时 (而并不一定是 $\mathbb{F}$-停时). 假设过滤 $\mathbb{F}$ 和 $\mathbb{G}$ 满足: 对任意 $t \geqslant 0$,

$$\mathcal{F}_t \cap \{\tau > t\} = \mathcal{G}_t \cap \{\tau > t\}. \tag{10.56}$$

那么, 对任意 $(\Omega, \mathcal{F}, \mathbb{P})$ 上的非负可积随机变量, 我们有: 对任意 $t \geqslant 0$,

$$\mathbb{E}[\xi \mathbb{1}_{\tau > t} | \mathcal{G}_t] = \frac{\mathbb{E}[\xi \mathbb{1}_{\tau > t} | \mathcal{F}_t]}{\mathbb{P}(\tau > t | \mathcal{F}_t)} \mathbb{1}_{\tau > t}, \quad \text{a.e..} \tag{10.57}$$

证 应用 (10.55), 并在练习 4.3-(4.42) 中取 $A = \{\tau > t\}$, 则对任意 $t \geqslant 0$, 等式 (10.57) 成立. □

在信用风险建模中, 非负随机变量 τ 经常被用来建模金融系统中一个公司的**违约时**. 进一步, 我们称 $H_t := \mathbb{1}_{\tau \leqslant t}$, $t \geqslant 0$ 为该公司的**违约示性过程**. 因此, 过程 H 的状态空间为 $\{0, 1\}$. 类似于机器或设备的寿命用指数随机变量来建模, 我们假设公司违约时 τ 服从参数为 $\delta > 0$ 的指数分布, 即 $\tau \sim \mathrm{Exp}(\delta)$. 于是, 该公司的生存概率为

$$S_t := \mathbb{P}(\tau > t) = e^{-\delta t}, \quad t \geqslant 0.$$

在实际应用中, 更常用的信用风险模型是假设 τ 为一个参数为 $\delta > 0$ 的 Poisson 过程的第一个跳时. 在这种情况下, 如下过程:

$$\begin{aligned} M_t &:= H_t - \int_0^t \delta(1 - H_s) \mathrm{d}s \\ &= H_t - \int_0^{\tau \wedge t} \delta \mathrm{d}s = H_t - \delta(\tau \wedge t), \quad t \geqslant 0 \end{aligned} \tag{10.58}$$

是一个 $\mathbb{H} = \{\mathcal{H}_t := \sigma(H_s;\ s \leqslant t);\ t \geqslant 0\}$-鞅. 我们一般称 $M = \{M_t;\ t \geqslant 0\}$ 为违约纯跳鞅.

下面拓展 $H_t = \mathbb{1}_{\tau \leqslant t}$, $t \geqslant 0$ 中的随机时 $\tau > 0$ 是一个具有概率密度函数为 $p(t)$, $t > 0$ 的随机变量. 我们下面计算 $H = \{H_t;\ t \geqslant 0\}$ 的强度过程. 对充分小的 $\mathrm{d}t > 0$,

$$\mathbb{P}(H_{t+\mathrm{d}t} - H_t = 1 | H_t = 0) = \mathbb{P}(t < \tau \leqslant t + \mathrm{d}t | \tau > t) = \frac{F(t + \mathrm{d}t) - F(t)}{1 - F(t)}, \quad t \geqslant 0,$$

其中 $F(t) = \displaystyle\int_0^t p(s) \mathrm{d}s$, $t \geqslant 0$ 为 τ 的分布函数. 由于 $H_t = \mathbb{1}_{\tau \leqslant t} \in \{0, 1\}$, 那么 $\mathbb{P}(H_{t+\mathrm{d}t} - H_t = 1 | H_t = 1) = 0$. 这意味着: 对任意 $t \geqslant 0$,

$$\frac{\mathbb{P}(H_{t+\mathrm{d}t}-H_t=1|H_t)}{\mathrm{d}t}=\frac{1}{1-F(t)}\frac{F(t+\mathrm{d}t)-F(t)}{\mathrm{d}t}(1-H_t).$$

因此得到: 对任意 $t\geqslant 0$,

$$\lim_{\mathrm{d}t\to 0}\frac{\mathbb{P}(H_{t+\mathrm{d}t}-H_t=1|H_t)}{\mathrm{d}t}=\frac{p(t)}{1-F(t)}(1-H_t). \tag{10.59}$$

这给出 $H=\{H_t;\ t\geqslant 0\}$ 的强度过程为 $\dfrac{p(t)}{1-F(t)}(1-H_t),\ t\geqslant 0$. 于是, 根据 (10.38), 则有如下过程是一个 $\mathbb{H}=\{\mathcal{H}_t;\ t\geqslant 0\}$-鞅:

$$M_t:=H_t-\int_0^t\frac{p(s)}{1-F(s)}(1-H_s)\mathrm{d}s,\quad t\geqslant 0. \tag{10.60}$$

习 题 10

1. 计算 $M=\mathrm{PRM}(\lambda)$ 的协方差, 即对任意 $B_1,B_2\in\mathcal{S}$, 计算 $\mathrm{Cov}(M(B_1),M(B_2))$.

2. 设实值函数 $f\in L^1(\mathbb{R}^d;m)$, 其中 m 为 Lebesgue 测度. 应用 Campbell 公式 (10.15), 构造一个 Poisson 随机测度 $M=\mathrm{PRM}(\lambda)$ 建立一个离散和逼近 I 使其数学期望为积分 $\int_B f(x)m(\mathrm{d}x)$, 其中 $B\in\mathcal{S}$. 我们称这样的离散和逼近 I 为积分 $\int_B f(x)m(\mathrm{d}x)$ 的 Monte-Carlo 积分.

3. 我们这里回顾第 1 章中的 1.3 节关于排队模型的字符表示规则. 排队论中经常使用斜线分隔的字符来表述常见类型的排队系统. 第一个字符表示队列的到达过程. M 表示无记忆, 即表示 Poisson 到达过程; D 代表确定性, 其意味着顾客到达间隔是固定且非随机的; G 代表一般的到达间隔分布. 一般假设顾客的到达间隔为独立同分布的 (i.i.d.). 第二个字符用来描述服务过程. 用字母 M 表示指数服务时间分布. 第三个字符表示服务器的数量. 使用符号 M 时, 意味着服务时间为 i.i.d., 且与到达时间和使用的服务器无关. 考虑一个 $M/M/1$ 队列, 即具有 Poisson 到达的排队系统 (假设 Poisson 过程的参数为 $\delta>0$) 和以服从指数分布 (假设参数为 $\mu>0$) 的服务时间为到达顾客服务的单个服务器. 因此, 在服务器繁忙期间, 顾客根据一个参数为 $\mu>0$ 的 Poisson 过程 (独立于顾客到达的 Poisson 过程) 离开系统. 然后我们看到, 如果 j 个或更多顾客在给定时间等待, 计算在第 j 个顾客离开系统之前, 第 k 个顾客后续到达的概率.

4. 回顾第 1 章中的 1.3 节所表述的计数过程 $N^{(1)}=\{N_t^{(1)};\ t\in[0,T]\}$, 其中 $N_t^{(1)}$ 表示是 0 到 $t>0$ 之间顾客到达且在 T 时刻仍接受服务的数量. 证明该计数过程具有独立增量性.

5. 设 $N=\{N_t;\ t\geqslant 0\}$ 为概率空间 $(\Omega,\mathcal{F},\mathbb{P})$ 上参数为 $\delta>0$ 的 Poisson 过程. 证明: $\dfrac{N_t}{t}\xrightarrow{\mathbb{P}}\delta,\ t\to\infty$.

6. 计算参数为 $\delta>0$ 的 Poisson 过程的前 n 个到达时间 $(T_1,\cdots,T_n)$ 的联合概率密度函数.

7. 证明引理 10.6.

8. 证明 Poisson 过程是依概率连续的. 也就是, 设 $N = \{N_t;\ t \geqslant 0\}$ 为概率空间 $(\Omega, \mathcal{F}, \mathbb{P})$ 上的一个参数为 $\lambda > 0$ 的 Poisson 过程, 那么有: 对任意 $t \geqslant 0$,

$$N_s \xrightarrow{\mathbb{P}} N_t, \quad s \to t. \tag{10.61}$$

9. 设 $N = \{N_t;\ t \geqslant 0\}$ 和 $\tilde{N} = \{\tilde{N}_t;\ t \geqslant 0\}$ 分别为概率空间 $(\Omega, \mathcal{F}, \mathbb{P})$ 上参数为 δ_1, δ_2 的两个独立的 Poisson 过程. 设 S_1 和 T_1 分别表示 Poisson 过程 N 和 $\tilde{N}$ 的第一个到达时间. 证明如下概率等式:

$$\mathbb{P}(S_1 \leqslant T_1) = \frac{\delta_1}{\delta_1 + \delta_2}.$$

10. 设 $N = \{N_t : t \geqslant 0\}$ 是概率空间 $(\Omega, \mathcal{F}, \mathbb{P})$ 上参数为 $\delta = 2$ 的 Poisson 过程. 定义如下新的随机过程:

$$X_t = \left\lfloor \frac{N_t}{2} \right\rfloor, \quad t \geqslant 0,$$

其中 $\lfloor \cdot \rfloor$ 为向下取整函数, 即对任意 $x \in \mathbb{R}$, 若 k 为整数且 $k \leqslant x < k + 1$, 则 $\lfloor x \rfloor = k$. 计算下面的概率:

$$\mathbb{P}(X_1 = 1, X_2 = 1) \quad 和 \quad \mathbb{P}(X_3 = 3 | X_1 = 1, X_2 = 1).$$

11. 设 $N = \{N_t : t \geqslant 0\}$ 是概率空间 $(\Omega, \mathcal{F}, \mathbb{P})$ 上参数为 δ 的 Poisson 过程. 证明 $\{(N_t - \delta t)^2 - \delta t;\ t \geqslant 0\}$ 为关于 N 生成的自然过滤的鞅.

12. 设 $N = \{N_t;\ t \geqslant 0\}$ 是概率空间 $(\Omega, \mathcal{F}, \mathbb{P})$ 上强度为 Λ 的双随机 Poisson 过程, 其中 Λ 是一个概率密度函数为 $p(\lambda) = \alpha e^{-\alpha\lambda}$ 和 $\lambda > 0$ 的非负随机变量. 对于 $t > 0$ 和 $n \in \mathbb{N}$, 计算概率 $\mathbb{P}(N_t = n)$.

13. 设 $N = \{N_t : t \geqslant 0\}$ 是概率空间 $(\Omega, \mathcal{F}, \mathbb{P})$ 上参数为 $\lambda = \{\lambda_t;\ t \geqslant 0\}$ 的非齐次 Poisson 过程, 其中 $t \to \lambda_t$ 是非负确定性可积函数. 计算 N 的均值函数、相关函数和有限维特征函数.

14. 设 $N = \{N_t;\ t \geqslant 0\}$ 是概率空间 $(\Omega, \mathcal{F}, \mathbb{P})$ 上一个参数为 $\delta > 0$ 的 Poisson 过程. 证明: 对任意 $t > 0$,

$$\frac{\mathbb{P}(N_t\ 为偶数)}{\mathbb{P}(N_t\ 为奇数)} = \frac{\cosh(\delta t)}{\sinh(\delta t)}.$$

15. 设 $N = \{N_t;\ t \geqslant 0\}$ 是概率空间 $(\Omega, \mathcal{F}, \mathbb{P})$ 上的一个强度函数为 $\lambda = \{\lambda_t;\ t \geqslant 0\}$ 的非齐次 Poisson 过程. 证明该非齐次 Poisson 过程是一个 Markov 过程并计算其转移概率函数.

16. 设 $N = \{N_t;\ t \geqslant 0\}$ 是概率空间 $(\Omega, \mathcal{F}, \mathbb{P})$ 上一个参数为 $\delta > 0$ 的 Poisson 过程. 定义:

$$U_t := \frac{N_t - \mathbb{E}[N_t]}{\sqrt{\mathrm{Var}[N_t]}}, \quad t > 0.$$

计算如下函数:

$$M_t(x) = \mathbb{E}[\exp(xU_t)], \quad (t, x) \in \mathbb{R}_+ \times \mathbb{R}.$$

证明如下极限: 对任意 $x \in \mathbb{R}$,

$$\lim_{t \to \infty} M_t(x) = \exp\left(\frac{x^2}{2}\right).$$

17. 证明由 (10.58) 所定义的过程 $M = \{M_t;\ t \geqslant 0\}$ 是一个鞅.
18. 证明由 (10.60) 所定义的过程 $M = \{M_t;\ t \geqslant 0\}$ 是一个鞅.

参考文献

[1] Arikan E. Channel polarization: A Method for Constructing Capacity-Achieving Codes for Symmetric Binary-input Memoryless Channels. IEEE Trans. Inform. Theor., 2009, 55(7): 3051-3073.

[2] Billingsley P. Convergence of Probability Measures. New York: John Wiley & Sons Inc., 1999.

[3] Chung K L. A Course in Probability Theory. 3rd ed. San Diego: Academic Press, 2000.

[4] Cramér H, Leadbetter M R. Stationary and Related Stochastic Processes: Sample Function Properties and Their Applications. New York: Dover Publications Inc., 2004.

[5] Dembo A. Probability Theory. Lecture Note (STAT310/MATH230). Stanford: Stanford University, 2021.

[6] Durrett R. Stochastic Calculus: A Practical Introduction. Boca Raton: CRC Press, 1996.

[7] Halmos P R. Measure Theory. 2nd ed. New York: Springer-Verlag, 1978.

[8] Jones F. Lebesgue Integration on Euclidean Space. New York: Jones & Bartlett Pub., 2000.

[9] Karatzas I, Shreve S E. Brownian Motion and Stochastic Calculus. 2nd ed. New York: Springer-Verlag, 1991.

[10] Kolmogorov A N. Wiener Spirals and Some Other Interesting Curves in a Hilbert Space. C. R. (Doklady) Acad. URSS (NS.), 1940. 26: 115-118.

[11] Lad F R, Taylor W F C. The Moments of the Cantor Distribution. Stats. Probab. Lett., 1992, 13(4): 307-310.

[12] Lawler G F. Introduction to Stochastic Processes. New York: Chapman & Hall, 2006.

[13] Meyer P A. Probability and Potentials. New York: Blaisdell Pub. Co., 1966.

[14] Song M, Montanari A, Nguyen P M. A Mean Field View of the Landscape of Two-Layer Neural Networks. PNAS, 2018, 115(33): E7665-E7671.

[15] Pipiras V, Taqqu M S. Long-Range Dependence and Self-Similarity. Cambridge: Cambridge University Press, 2017.

[16] Prokhorov Y V. Convergence of Random Processes and Limit Theorems in Probability Theory. Theory Prob. Appl., 1956, 2(2): 157-214.

[17] Rosenthal J S. A First Look at Rigorous Probability Theory. Singapore: World Scientific Publishing Co., 2006.

[18] Simon J. Compact Sets in the Space $L^p(0, \mathrm{T}; \mathrm{B})$. Ann. Mat. Pura. Appl., 1956, 146(4): 65-96.

[19] Skorokhod A V. Limit Theorems for Stochastic Processes. Theory Prob. Appl., 1956, 1(3): 261-290.

[20] Villani C. Topics in Optimal Transportation. American Mathematical Society, 2003.

[21] Villani C. Optimal Transport: Old and New. New York: Springer-Verlag, 2009.

[22] Williams D. Probability with Martingales. Cambridge: Cambridge University Press, 1991.

[23] Wolff R W. Poisson Arrivals See Time Averages. Opers. Res., 1982, 30(2): 223-231.